U0174271

CC ME____

张景中 ◎ 著

教育数学文选

华东师范大学出版社 · 上海

图书在版编目(CIP)数据

张景中教育数学文选/张景中著.—上海:华东师范
大学出版社,2021
(当代中国数学教育名家文选)
ISBN 978 - 7 - 5760 - 2144 - 8

Ⅰ.①张… Ⅱ.①张… Ⅲ.①数学教学-文集
Ⅳ.①O1 - 53

中国版本图书馆 CIP 数据核字(2021)第 187296 号

当代中国数学教育名家文选

张景中教育数学文选

著 者	张景中
策划编辑	刘祖希
责任编辑	刘祖希
特约审读	彭翕成
责任校对	陈 易
装帧设计	卢晓红

出版发行 华东师范大学出版社
社 址 上海市中山北路 3663 号 邮编 200062
网 址 www.ecnupress.com.cn
电 话 021 - 60821666 行政传真 021 - 62572105
客服电话 021 - 62865537 门市(邮购)电话 021 - 62869887
地 址 上海市中山北路 3663 号华东师范大学校内先锋路口
网 店 http://hdsdcbs.tmall.com

印 刷 者 上海雅昌艺术印刷有限公司
开 本 787×1092 16 开
印 张 38
字 数 621 千字
插 页 4
版 次 2021 年 10 月第 1 版
印 次 2022 年 1 月第 2 次
书 号 ISBN 978 - 7 - 5760 - 2144 - 8
定 价 168.00 元

出 版 人 王 焰

(如发现本版图书有印订质量问题,请寄回本社客服中心调换或电话 021 - 62865537 联系)

1989 年，出版著作《从数学教育到教育数学》（四川教育出版社），书中首次提出"教育数学"的概念

1995 年 10 月，成果"几何定理机器证明理论与算法的新进展"获中国科学院自然科学奖一等奖

2004 年 5 月 15 日，中国高等教育学会教育数学专业委员会在广州大学成立

2008 年 11 月，第一篇基于教育数学思想的中学数学教学改革试验论文《用"菱形面积"定义正弦的一次教学探究》发表于《数学教学》

2009 年 9 月，关于初等数学改革的专著《一线串通的初等数学》由北京的科学出版社出版

2018 年 1 月 14-15 日，教育数学与中小学课程专题研讨会在广州举行

2018 年 12 月，成果"用教育数学思想改
革初中数学课程的研究与实践"获国家级
教学成果奖二等奖

2018 年 12 月 28-30 日，中国教育数学
实践论坛在成都祥福中学召开

第18卷 第2期　　广州大学学报（自然科学版）　　Vol. 18 No. 2
2019年 4月　　Journal of Guangzhou University（Natural Science Edition）　　Apr. 2019

文章编号：1671-4229(2019)02-0075-12

初中重构三角首次全程教学的课程设计研究

张东方[1]，俞　健[2*]，张景中[2]

（1. 广州市海珠外国语实验中学，广东 广州 510230；2. 广州大学 计算科技研究院，广东 广州 510006）

摘　要：基于教育数学的观点和研究成果，广州市海珠外国语实验中学做以重构三角为主线的初中数学教学体系改革的三年实验。实验课程设计路线：①教师从小学生熟悉的面积计算方法出发，结合动态几何的演示提出问题，用一种新的定义方法引入正弦；②直观而严谨地导出正弦的性质，证明了新定义和传统定义是一致的；③利用面积计算推出正弦定理、正弦和角公式；④基于正弦引进余弦，并用图形联系代数方程推出余弦定理；⑤用这些三角知识研究几何图形的性质，把计算、推理和代数变换联系起来。以上知识路线贯穿的三年实验显示出良好的效果，学生解决问题能力得到显著提高，为进一步教学实践提供了一种全方位的范本。

关键词：教育数学；重构三角；正弦；面积法；教学实践

中图分类号：O 124.1　　文献标志码：A

1989年文献[1]中提出了教育数学的观点：为了数学教育的需要，对数学成果进行再创造，是"教育数学"的任务。其中涉及中学课程中三角和几何的知识结构改革的想法[2-3]，后来这一思想得到进一步的丰富和发展[4-7]。

教育数学这一理论能够均衡数学教育中"教育方面"与"数学方面"的关系[8]，是数学的三种（原始、学术、教育）形态之一[9]，它赋予了数学亲近和简巧的感觉，易于被人接受，在教学实践中小试牛刀便发挥出了威力[10]。究其缘由，发现其真正的旨趣所在便是改造数学使之更适宜教学和学习[11]。在规模实践中能展现出数学教育改革的关键与核心是其在课程改革上的理论成果[12]。有些研究者尝试构建包含数学本质、数学展现、认知特征、课程目标四个维度的教育数学分析框架[13]，探索教育数学成果的判别标准[14]，这些使得教育数学的理论研究也日渐羽丰翼满。同时，这些方面相关工作和进展开始得到数学家的支持[15]。近期在广州召开的"教育数学与中小学课程专题研讨会"上[16]，诸多数学教育界的专家学者对教育数学进行剖析和把脉，为教育数学怎样更好地促进数学课程改革群策群力。本文也是对这次会议所形成建议的一个呼应。

教育数学在初中阶段的舞台上，三角是其研究内容的一方面。按现行的义务教育数学课程标准，在九年级同时引进4种三角比，而正弦就是其一。教材中把"直角三角形中锐角的对边与斜边的比值，叫做这个锐角的正弦"。此定义形成于16世纪。到高中阶段，再引进18世纪数学家欧拉所建立的三角函数定义系统。

按照这样的数学定义体系，正弦是较为深层的概念。即使仅仅讲锐角的正弦，须先有相似形知识，故只能到九年级才能教。然而对于七八年级学生来说，正是逻辑思维形成的关键阶段，这个阶段让他们体会不同种类知识之间的联系，对激发其思维能力非常重要。三角中正弦概念，是数形结合的纽带，是代数与几何间的桥梁。

能否设想在七年级就引入正弦，使学生早些把代数、几何和三角方面的知识串通起来，并使他们体会先进的函数思想呢？这一想法并非独创，著名的数学教育家和数学家弗赖登塔尔早就提出让中学生提前两年学习三角的想法[7]，而且主张

收稿日期：2019-02-22；修回日期：2019-04-16
基金项目：国家高技术研究发展计划（863计划）资助项目（SS2015AA011802）
作者简介：张东方（1983—），女，中学高级教师．E-mail：1780029609@qq.com
* 通信作者．E-mail：yujianmail@126.com

2019年4月，关于广州市海珠外国语实验中学开展首次全程"教育数学"教学实验（2012-2015）的论文发表于《广州大学学报》

2019年8月，基于教育数学思想的初中《新思路数学——教育数学》系列丛书正式出版

2020 年 3 月，成果"基于教育数学思想
的高校数学创新教学模式构建与实践"
获广东省教育教学成果奖（高等教育）
一等奖

2020 年 10 月，首次全省范围内开展
的"教育数学"教学实验项目在甘肃省
启动

目录

总序 1

前言 1

第一章   从数学教育到教育数学 1

    1.1 什么是"教育数学"(1989) 3

    1.2 从数学难学谈起(1996) 11

    1.3 把数学变容易一些(2000) 34

    1.4 教育数学:把数学变容易(2013) 42

    1.5 把数学变容易大有可为——科技名家笔谈(2020) 45

第二章   一线串通的初等数学 49

    2.1 改变平面几何推理系统的一点想法——略谈面积公式在几何推理中的重要作用(1980) 51

    2.2 三角园地的侧门(1983) 69

    2.3 重建三角,全局皆活——初中数学课程结构性改革的一个建议(2006) 76

    2.4 三角下放,全局皆活——初中数学课程结构性改革的一个方案(2007) 88

    2.5 一线串通的初等数学(2010) 109

第三章   几何新方法和新体系 119

    3.1 平面几何要重视面积关系(1993) 121

    3.2 论向量法解几何问题的基本思路(2008) 125

    3.3 几何代数基础新视角下的初步探讨(2010) 144

    3.4 点几何纲要(2018) 158

    3.5 点几何的教育价值(2019) 175

    3.6 点几何的解题应用:计算篇(2019) 185

　　　　　3.7　点几何的解题应用:恒等式篇(2019)　**196**

　　　　　3.8　点几何的解题应用:复数恒等式篇(2019)　**206**

第四章　　**微积分推理体系的新探索**　**215**

　　　　　4.1　微积分学的初等化(2006)　**217**

　　　　　4.2　定积分的公理化定义方法(2007)　**242**

　　　　　4.3　把高等数学变得更容易(2007)　**253**

　　　　　4.4　不用极限怎样讲微积分(2008)　**273**

　　　　　4.5　微积分基础的新视角(2009)　**294**

　　　　　4.6　微积分之前可以做些什么(2019)　**308**

　　　　　4.7　余弦面积正弦高(2019)　**343**

　　　　　4.8　先于极限的微积分(2020)　**348**

　　　　　4.9　先于极限的微积分中引入连续性(2020)　**384**

第五章　　**数学机械化与几何定理机器证明**　**405**

　　　　　5.1　定理机械化证明的数值并行法及单点例证法原理概述

　　　　　　　(1989)　**407**

　　　　　5.2　消点法浅谈——兼贺《数学教师》创刊十周年(1995)　**422**

　　　　　5.3　机器证明的回顾与展望(1997)　**435**

　　　　　5.4　几何定理机器证明 20 年(1997)　**441**

　　　　　5.5　自动推理与教育技术的结合(2001)　**461**

　　　　　5.6　数学机械化与现代教育技术(2003)　**466**

第六章　　**信息技术与动态几何**　**475**

　　　　　6.1　从 PPT 到动态几何与超级画板(2007)　**477**

　　　　　6.2　超级画板在高中数学教学中的应用(2008)　**493**

　　　　　6.3　基于《超级画板》开设《动态几何》课程的实践与思考

　　　　　　　(2008)　**520**

　　　　　6.4　教育技术研究要深入学科(2010)　**533**

第七章　　**数学教育及其他**　**547**

　　　　　7.1　从战略高度加速高级软件人才培养(2001)　**549**

　　　　　7.2　我们这样编湘教版的高中数学教材(2006)　**554**

　　　　　7.3　感受小学数学思想的力量——写给小学数学教师们

(2007) **558**

7.4 小学数学教学研究前瞻(2007) **566**

7.5 为数学竞赛说几句话(2010) **572**

7.6 从数学科普到数学教学改革(2016) **573**

7.7 2019版普通高中数学(湘教版)教科书的主要特色
(2019) **582**

附录 **数学美妙好玩——张景中院士访谈录（2015） 589**

总序

数学教育具有悠久的历史. 从一定程度上来讲,有数学就有数学教育. 据记载,中国周代典章制度《礼记·内则》就有明确的对数学教学的内容要求:"六年教之数与方名……九年教之数日,十年出就外傅,居宿于外,学书计."又据《周礼·地官》:"保氏掌谏王恶,而养国子以道,乃教之六艺,一曰五礼,二曰六乐,三曰五射,四曰五驭,五曰六书,六曰九数."尽管周代就有关于数学教育的记载,但长期以来我国数学教学的规模很小,效果也不太好,大多数数学人才不是正规的官学(数学)教育培养出来的. 中国古代的数学教育作为官方教育的一个组成部分,用现在的话语体系来讲,其目标主要是培养管理型和技术型人才,既不是"精英"教育,也不是"大众"教育.

1582 年,意大利传教士利玛窦来到中国. 1600 年,徐光启和李之藻向利玛窦学习西方的科学文化知识,翻译了欧几里得的《几何原本》,对中国的数学与数学教育产生了一定的影响. 1920 年以后,在学习模仿和探索的基础上,中国人编写的数学教学法著作逐渐增多,内容不断扩展,水平也逐步提高,但主要还只是小学数学教育研究,大多数只是根据教学实践对前人或外国的教学法进行修补、总结而成的经验,并没有形成成熟的教育理论. 1949 年新中国成立后,通过苏联教育文献的引入,数学教学法得到系统的发展. 如"中学数学教学法"就是从苏联伯拉基斯的《中学数学教学法》翻译而来,主要内容是介绍中学数学教学大纲的内容和体系,以及中学数学中的主要课题的教学法.

从国际范围来看,数学教育学科的形成、理论体系的建立时间也不长. 在相当长一段时间内,数学教育主要是由数学家在从事数学研究的同时兼教数学,并没形成专职数学教师队伍. 在社会经济、科学技术不发达的时代,能够有机会(需要)学习数学的人也只是少数,对数学教育(学)进行系统的研究自然就没有太多的需求. 数学教师除了需要掌握数学还要懂得教学法才能胜任数学教学工作,这一点直到 19 世纪末才被人们充分认识到. "会数学不一定会教数学""数学教师是有别于数学家的另一种职业"这样的观念开始逐渐被认同. 最早提出把数学教育过程从教育过程中分离出来,作为一门独立的科学加以研究的,是瑞士教育家别斯塔洛齐(J. H. Pestalozzi). 1911 年,哥廷根大学的鲁道夫·斯马克(Rudolf Schimmack)成为第一个数学教育的博士,其导师便是赫赫有名的德国数学家、数学教育学家菲利克斯·克莱因(Felix Klein). 数学家一直是数学教育与研究的中坚力量. 随着数学教育队伍的不断发展,教育学家、心理学家、哲学家、社会学家的不断融入,数学教育学术共同体不断走向多元化,其中有些学者本身就出自数学界.

我国对数学教育系统深入的研究,总体上来讲起步更晚. 1977 年恢复高考后,我国的教育开始走上了正规化的道路. 进入 21 世纪以后,随着我国经济的发展,教育进入了一个飞速发展的新时代.

(1) "数学教育学"的提出

随着 20 世纪以来对数学教育学科建设的探讨,人们逐渐认识到"数学教材教法"这一提法的局限性:相关研究主要集中在中小学数学内容如何教、教学大纲(课程标准)及教材如何编写等方面,而且以经验性的总结为主,从而提出了建立"数学教育学"学科的设想,在很大程度上赋予了这一领域更为广泛的学术内涵,并将其进一步细分为:数学教学论、数学课程论、数学教育心理学、数学教育哲学、数学教育测量与评价等相关研究领域,使得数学教育学科建设逐步走向深入.

(2) 数学教育学术共同体的形成

数学教育内涵的明晰与发展,伴随着数学教育学术共同体的形成. 一方面,一批长期致力于数学与数学教育研究的专家学者对我国数学教育研究领域的问题进行了深入的思考与研究,取得了丰硕成果,引领着我国数学教育的研究与实践. 另一方面,随着数学教育研究生培养体系的形成与完善,数学教育方向博士、硕士毕业生成为数学教育研究队伍中新生力量的主体. 更为重要的是,随着近年数学课程改革的不断深入,广大的一线教师成为新课程理念与实践的探索者、研究者,在数学课程改革中发挥了重要的作用. 一批长期致力于数学与数学教育的专家学者,以及广大的一线教师、教研员,形成了老中青数学教育工作者多维度梯队,为我国数学教育理论体系的建设作出了重要贡献.

(3) 国际数学教育学术交流与合作研究

随着我国改革开放的推进与社会经济的发展,数学教育国际合作交流活动日渐频繁,逐步走向深层次、平等对话交流与合作研究.20 世纪八九十年代,数学教育国际合作交流的形式主要是邀请国外专家来华访问、做学术报告,中国的研究者向国外学者请教、学习.这对我国的数学教育研究走向国际起到了非常重要的作用.这一阶段的主要特点是介绍国外先进的教育理论、数学教育理论,经常提到的话题是"与国际接轨".进入 21 世纪,国内学者出国访问、参加学术会议、博士研究生联合培养,以及国外博士生毕业回国工作等人数爆发式增长.通过参加国际学术交流,反思我国的数学教育研究,我国学者的数学教育研究水平得到了极大的提高.这一时期我国的数学教育界经常提到的话题是"要让中国的数学教育走向世界".近年来,数学教育国际合作交流进入了的新发展时期.人们逐渐认识到,听讲座报告、参加学术会议已经不能满足我国数学教育发展的需求.我国学者通过上述交流平台,与国外学者开展合作项目研究,针对中国以及国际数学教育共同关注的问题,形成中国特色数学教育理论.通过举办、承办重大学术会议(如第 14 届国际数学教育大会)等让国际数学教育界更好地了解中国,从而使我国学者得以在国际数学教育舞台上与国外学者开展平等的对话交流、合作研究.这一时期常常提到的是"在国际数学教育舞台上发出中国的声音".我国数学教育国际化程度的不断提升,在很大程度上促进了我国数学教育研究的发展,提升了我国数学教育研究的水平.

(4) 数学教育研究成果的不断丰富

近年来,随着数学教育研究水平的提升、数学教育研究方法的不断完善,我国数学教育研究的成果不断丰富.数学教育研究不仅在国内的学科教育研究领域独领风骚,而且在国际上的影响力不断提升.这里特别需要提及的是,进入 21 世纪,数学教育方向的博士研究生的学位论文以及他们后续的相关研究,在某种程度上对整体拉升数学教育研究的水平起到了关键性作用,而《数学教育学报》则为此提供了最主要的阵地.不言自明的是,我国数学教育博士点开创者,对中国的数学教育理论与实践逐步走向世界舞台,起到了关键的、决定性的作用.我们需要很好地学习、总结他们的研究成果.

华东师范大学出版社计划出版"当代中国数学教育名家文选"丛书,开放式地逐步邀请对数学教育有系统深入研究的资深数学家、数学教育家,将他们的研究成果汇集在一起,供大家学习、研究.本套丛书策划编辑刘祖希副编审代表出版社约请我担任丛书主编,虽然我一直有这样的朦胧念头,但未曾深入思考,我深感责任重大,担心不能很好完成这一历史使命.然而,这一具有重大意义的工作机缘既然已到,就不应该推辞,必须全力去完成,责无旁贷.特别值得一提的是,正当丛书(第一批)即将正式出版之际,传来该丛书入选上海市重点图书出版项目的喜讯,这更增加了我们的信心和使命感.

当然,所收录的数学教育名家文选的作者只是当代中国数学教育研究各领域的资深学者中的一部分,由于各种原因以及条件限制,并不是全部.真诚欢迎数学教育同仁与我或刘祖希副编审联系,推荐(自荐)加入作者队伍.

北京师范大学特聘教授、博士生导师

义务教育数学课程标准修订组组长

2021 年春节完成初稿

"五一"劳动节定稿

前言

本书选录了笔者在 1980—2020 年这 40 年间发表的四十多篇与教育数学有关的文章,其中有十来篇是联合署名的合作研究成果.

所谓教育数学,就是为教育的数学.改造数学使之更适宜于教学和学习,是教育数学为自己提出的任务.为把数学变容易,而提出新定义新概念,建立新方法新体系,发掘新问题新技巧,寻求新思路新趣味.凡此种种,无不是为教育而做数学.

"教育数学"的提法,最早见于笔者 1989 年在四川教育出版社出版的《从数学教育到教育数学》一书.该书在 1996 年由台湾九章出版社出版繁体字版本时,笔者在其后记中对教育数学想法的产生和那几年的进展做了简单的回顾,照抄如下:

我于 1974—1976 年间曾在新疆巴州 21 团场子女校教中学数学,用面积方法改革几何教学的想法就是那时产生的.曹培生先生当时也在该校任教.在那十分困难的情形下,他从一开始就全力支持我的想法并与我合作从事这一工作.由于客观形势的限制,这个工作没有可能在该校进行下去,但教育数学的种子是从那时萌芽的.

从 1979 年以后,我在这方面的研究有机会陆续发表.到 1986 年,我为《四川教育学院学报》(1986 年 1、2 期,总第 3、4 期)写了《连续归纳法与一般归纳原理》和《珍贵的遗产,沉重的负担》两篇文章,形成了本书的基本观点和内容.后来由于田景黄教授和余秉本女士(四川教育出版社编辑)贤伉俪热情约稿,我与曹培生先生商量后,由我执笔写成本书初版的稿子,于 1989 年出版,署名为井中、沛生.后来还曾以执笔者的署名于 1994 年收入四川教育出版社的"教育数学丛书".此次征得曹先生同意,由我做一些校订补充,署作者本名用原书名出版.

自 1989 年至今几年来,本书提出的一些想法已经产生了出乎作者意料的影响.例如:

（1）面积方法在国内不胫而走，成为中学生数学奥林匹克培训必备内容之一，并被编入多种数学奥林匹克读物.

（2）师范院校、教育学院和教师进修学校的数学专业必修课教材《初等几何研究》（左铨如、季素月编著，上海科技教育出版社，1991）中，详细地介绍了系统面积方法的基本原理，并称之为二十一世纪中学平面几何新体系.

（3）由我国著名数学家和数学教育家陈重穆教授主持编写的《GX 初中数学实验教程》中，已经把面积方法的两个基本工具（共边定理和共角定理）作为重要定理.经教学实验，效果很好，可节省学时，提高学生能力.

（4）1992 年美国 Wichita 大学计算机系周咸青教授邀请我赴美合作研究，把面积方法发展为计算机算法并实现为微机程序，使几何定理可读证明自动生成这一多年难题得到突破.我们出版了英文专著（S. C. Chou, X. S. Gao & J. Z. Zhang,《Machine Proofs in Geometry》, World Scientific, Singapore, 1994），并开发了有关软件.此成果被一些国际著名计算机科学家誉为"自动推理领域三十年来最重要的工作"，"计算机能像处理算术那样处理几何的发展道路上的里程碑"，"具有教育学和数学方法论上的意义"，并获得 1995 年中国科学院自然科学奖一等奖.

（5）1995 年 5 月，含本书在内的"教育数学丛书"（共三册，分别是本书及《平面几何新路》《平面几何新路——解题研究》）在第一届全国数学教育图书奖评选中获得一等奖.1995 年 11 月，该丛书又获第九届中国图书奖.

（6）1992 年，四川都江教育学院刘宗贵先生根据本书所提方法写出教材《非 ε 语言一元微积分学》（1993 年由贵州教育出版社出版）在教学中试用，取得了预期的效果.一方面节省了课时 30%，另一方面又提高了教学质量.用传统的 ε 语言讲极限，学生解题的正确率不到 50%，而用了新方法，正确率达到 87%.

由此可见，教育数学这一思想还是有生命力的.但它在数学教育改革中所起的作用毕竟刚刚起步.它的内容有待丰富和完善，观点也要在教育实践中进一步检验.

最后，作者感谢孙文先先生和九章出版社同仁，把此书呈献给使用繁体汉字的读者，使它有机会得到更多的批评指正.

在这篇后记中，提到了教育数学思想萌发于 1974—1976 年笔者在新疆教中学时的教学实践.当时想到的主要是用面积法解几何题和用面积关系引入正弦,这些内容后来写成《改变平面几何推理系统的一点想法》一文(1980 年发表于合肥的《中学数学教学》期刊,现收录于本书第三章),是笔者有关教育数学探索的最早公开发表的资料,但文中还没有"教育数学"的提法. 上面这篇后记中提到的在《四川教育学院学报》上发表的两篇文章,由于资料散失,未能收入本书,但其内容可见于本书第一章收录的几篇文章.

如上所述,尽管面积方法用于几何定理机器证明的研究很有成效(详见本书第五章),确实把几何解题变得容易了,但主要是用于奥数,对常规教学影响不大. 事实上,国内外的中学数学教材里,已经把几何证明的内容删得所剩无几,而且对后续知识没有显著影响. 三角就不一样了. 它是联系几何与代数的一座桥梁,是沟通初等数学和高等数学的一条通道. 函数、向量、坐标以及复数等许多重要的知识与三角有关,大量实际问题的解决要用到三角. 如何让学生顺利地学好三角,是我在新疆教书时反复思考和在教学实践中刻意探索的问题. 上面提到的 1980 年发表的文章的主题之一,就是用面积引入三角函数的探索. 其中把单位菱形面积叫做正弦,在这方面开了一个头.

1982 年,在《三角园地的侧门》文中,正式提出了用单位菱形面积定义正弦(发表于《教学通讯》1982 年 12 月,收录于本书第二章).

有的老师说,"这样引进正弦很有趣. 不过,讲讲科普可以;在数学课程里这样讲,就要误人子弟了."

我理解,他是怕这样会影响成绩,分数上不去.

更多的老师和专家,逐渐对教育数学的理念有所认同. 2004 年,中国高等教育学会成立了教育数学专业委员会. 在每次教育数学年会上,老师们热情地交流教育数学有关的教学经验和探索心得.

2006 年,我在《数学教学》月刊发表了《重建三角,全局皆活——初中数学课程结构性改革的一个建议》一文(见本书第二章),大胆地提出能不能用单位菱形面积引入正弦的办法让学生在初中一年级学习三角? 我国数学教育领域的著名学者张奠宙先生当即发文《让我们来重新认识三角》回应,热情支持,对"用单位菱形面积引入正弦"给以高度评价,还提出了有关教学实验策略的宝贵建议.

张奠宙先生看得很远. 他在 2009 年出版的《我亲历的数学教育》一书中回顾此事时写道:"如果三角学真的有一天会下放到小学的话,这大约是一个历史起点."

2007年,更详细的《三角下放,全局皆活——初中数学课程结构性改革的一个方案》一文在《数学通报》1、2期连载(见本书第三章).

真的要改革数学课程的结构,只有顶层设计远远不够. 老师需要可以操作的方案. 为此,我写了《一线串通的初等数学》,由科学出版社在2009年出版. 这是"走进教育数学"丛书中的一册(本书第二章收录了同一主题的文章).

经过三十年的发酵,用单位菱形面积定义正弦的想法,终于从科普开始渐渐渗入课堂.

华东师大2008年的一篇教育硕士论文《高中阶段"用面积定义正弦"教学初探》(作者王文俊)中说,王老师为无锡市辅仁高中高一、高二的4个班198名学生讲了用单位菱形面积定义正弦的有关内容,论文的研究结论认为:"总的看来,学生、教师均对用面积定义正弦持欢迎态度. 与以往比较呆板枯燥的定义相比,新定义出发点别具一格,体系的走向简洁易懂,学生易于接受也就在情理之中了."

做过有关教学实验的,还有青海民族学院数学系的王雅琼老师. 她的文章《利用菱形的面积公式学习三角函数》刊登于2008年11期的《数学教学》月刊. 从内容上分析,是针对高中数学教学的.

但我提出重建三角的初衷,是在初中早期引入正弦,并由此把三角、几何和代数串联起来.

在张奠宙先生的鼓励支持下,宁波教育学院的崔雪芳教授与一位有经验的数学教师合作,于2007年底在宁波一所普通初级中学初一的普通班上了一堂"角的正弦"的实验课. 实验的结果写成《用"菱形面积"定义正弦的一次教学探究》一文(发表于《数学教学》2008年11期).

文章得出的结论说,"初步结果显示,学生可以懂. 三角和面积相联系,比起直角三角形的'对边比斜边'定义更直观,更容易把握."作者最后在"教学反思"中说,用菱形面积定义正弦能够"降低教学台阶,学生掌握新概念比较顺利";"克服了以往正弦概念教学中从抽象到抽象的弊端".

崔教授接着又组织了宁波市4所初中的7个班进行实验. 并完成了浙江省教科规划课题《基于初中数学"用菱形面积定义正弦"教学实验"重建三角"教学逻辑的策略研究》,获宁波市教科规划研究优秀成果二等奖.

2012 年,在广州市科协项目支持下,广州市海珠外国语实验中学大胆尝试,进行了贯穿初中全程的"重建三角"教学实验.两个实验班共有 105 名学生,由青年教师张东方来讲课.

实验班将上面提到的《一线串通的初等数学》的主要内容与人教版数学教材上的知识点进行整合,形成一种新的体系结构,效果就更明显了.七年级下学期引入菱形面积定义正弦后,代数、几何知识密切联系,学生的思维能力提升,分析和解决问题的能力增强,在测试成绩上也有了明显的表现.2015 年中考,两个班的数学成绩优秀率达到 100%.

这 3 年的教学实验,引起了广泛关注.四川邛崃的赖虎强校长、成都师院的李兴贵院长、贵州师院的左羽院长等,积极组织实施这一主题的教学实验.他们更为关注农村山区学数学较为困难的学校班级,通过重建三角的教学实验提升了孩子们的数学兴趣和成绩.

2018 年 1 月,由北京师范大学中国教育创新研究院、中国高等教育学会教育数学专业委员会和广州市教育研究院主办,在广州召开了"教育数学与中小学课程专题研讨会".来自全国各地的 30 多位数学教育的专家学者和一线教师,听取了有关"重建三角"的研究和 6 年来教学实践情形汇报.与会专家热情地肯定了这方面的探索,提出了要编写实验教材并逐步扩大教学实验的建议.

目前,由李尚志教授主编的含有重建三角内容的初中实验教材《新思路数学》已开始出版发行(由湖南科学技术出版社出版),并在近 20 个省立项组织教学实验.

本书第三章中,第一篇文章的主题是延续发展 20 世纪 70 年代的想法,其余几篇文章都与高中的向量教学有关.学了向量,自然想尝试用向量法解决已经学过的几何问题,各国教材中都有用向量法证明几何题的例题,但有些题解法较繁,给人以向量解题不如平面几何之感.为此我们写了《论向量法解几何问题的基本思路》(见本书第三章),提出用向量回路法可以简明快捷地解决许多几何问题.此文后来扩充为《绕来绕去的向量法》一书,作为"走进教育数学"丛书之一,由科学出版社出版.

受莱布尼兹提出的"两个点如何相加"的启示,笔者近几年做了"点几何"的探索.基本想法写成《点几何纲要》一文,收入本书第三章.接下来的四篇进一步阐述了点几何带来的好处.点几何能够把向量、解析几何和复数联系起来,用十分简明的方式表达和论证几何关系. 尤其是点几何恒等式, 使大量几何题的解答比题目本身还要简短. 古老的初等几何领域居然还能发现这种新奇而高效能的方法, 数学的丰富多彩使人惊讶!

第四章的九篇文章讲的都是微积分. 其实第一章的前三篇都谈了教育数学对微积分的两项探索, 一是提出了不用 ε 语言的极限定义方法, 二是发现了连续归纳法, 这都是笔者 1985 年前在中国科学技术大学讲授微积分时想到的. 直到 1996 年, 林群学长向我谈了他长期坚持微积分教学改革研究的体会和决心, 受到了鼓舞和启发, 笔者才重新拾起这个方向的探索. 这里的九篇文章, 都是我 2005 年以后的工作. 特别是后面四篇, 是近两年和林群学长合作的成果, 看来有了实质性的进展. 当然, 还有待教学实践的检验.

第五章收录了关于几何定理机器证明的六篇文章. 这方面的工作基本上是 1994 年前做的. 从 1974 年到 1992 年, 我用面积法做几何做了 18 年, 才发现了其中的关键是消点. 消点法实现了可读机器证明的突破. 这在前述"后记"中已经谈过. 当时没有想到, 还有可读性更强的点几何恒等式呢.

1996 年后, 为了将机器证明的成果用于数学教育, 我开始做教育信息技术方面的探讨和实践. 在第六章的四篇文章中, 有三篇都涉及我们团队自主开发的动态几何软件《超级画板》. 目前在它的基础上已经发展出更便于使用的《网络画板》, 为上百万数学教师服务.

近 20 年来, 应有关方面邀约, 我在数学教育领域还编写过一些其他资料. 本书第七章收录几篇, 略见一斑.

最后, 感谢华东师范大学出版社刘祖希老师和有关编校人员的辛勤工作, 将笔者这四十年的探索记录呈献于读者. 非常欢迎读者的批评指正和学术交流 (电子邮箱: zjz2271@163.com).

张景中

2021 年 8 月

第一章　　从数学教育到教育数学

1.1　什么是"教育数学"(1989)

1.2　从数学难学谈起(1996)

1.3　把数学变容易一些(2000)

1.4　教育数学:把数学变容易(2013)

1.5　把数学变容易大有可为

　　　——科技名家笔谈(2020)

1.1　什么是"教育数学"(1989)①

教育数学与数学教育不同,但两者有密切的关系.数学教育是教育学的一支,而教育数学是数学的一支.要讲什么是教育数学,得从数学教育谈起.

数学教育要研究的主要有两点:

其一是"教什么"? 即教材问题.

其二是"怎样教"? 即教法问题.

两者之中,更重要的当然是教材问题.因为如果不知道教什么,怎样教就无从谈起.

那么,数学教材从何而来呢?

数学教育通常认为:把数学家的研究成果作为基本素材——数学材料,经过教学法的加工,便可以形成教材.

$$\xrightarrow{\text{数学家创造}} \boxed{\text{数学成果}} \xrightarrow{\text{教学法加工}} \boxed{\text{数学教材}}$$

所谓教学法加工,只是剪裁、整理,不包括数学上的创造.

但是,笔者认为,从数学家的研究成果出发,仅仅进行不包含数学上的创造的"教学法加工",是难以形成好教材的.

事实上,从数学家的研究成果到课堂上使用的教材,通常要经过两种性质不同的加工.

首先要进行数学上的再创造,使琳琅满目但杂乱无章的材料蔚然成序,成为符合教育基本规律的"经典教程".这部分工作是数学的任务.承担这一任务的数学家也就是教育数学家.

在经典教程的基础上进行一次或多次的教学法加工,使之适合当地的学生、教师及社会的条件,成为实际应用的教材,这部分工作是教育学的任务.具

---

① 本文是作者在 1988 年 8 月举行的"中国 21 世纪数学展望会议"上的发言摘要,原载《数学教师》1989 年第 2 期,后被《高等数学研究》2004 年第 6 期转载.

体地,是数学教育的任务.承担这一任务的是数学教育家.

也就是说,应当是这样的过程:

$$\boxed{\text{数学成果}} \xrightarrow[\text{(教育数学)}]{\text{数学的再创造}} \boxed{\text{经典教程}} \xrightarrow[\text{(数学教育)}]{\text{教学法加工}} \boxed{\text{数学教材}}$$

让我们看看历史事实.

欧几里得《几何原本》的出现,是对古希腊几何研究成果进行数学上的再创造的结晶.

经过两千多年的探讨,对几何学的见解已远比欧几里得时代深刻了.希尔伯特在一系列成果基础上,进行数学上的再创造,写出了著名的《几何基础》.

柯西总结了牛顿、莱布尼兹以来丰富的微积分研究成果,进行了数学上的再创造,其结果是《分析教程》,成为后人微积分教材的蓝本.

如果只有"教学法加工",那就不可能有《几何原本》《几何基础》《分析教程》.这些足以在相当长的时期内影响课堂的经典教程的出现,要靠教育数学家的辛勤劳动.

欧几里得、柯西、希尔伯特,他们不但是数学大师,同时也是卓越的教育数学家.

现代数学教育学里忘记了教育数学,以为只靠教学法加工就可产生好的教材,这是因为古人已为我们准备了出色的经典教程.教学法加工是从经典教程出发,或是从加工过几次、十几次、几十次的加工品出发.既然都不进行数学上的创造,那么也就想不到应当有教育数学.

但是,世界在前进,科技在迅猛发展.社会对数学教育提出了更高的要求.人们希望孩子们在更少的时间内学得更多、更好、更现代化、更津津有味.于是要改革.从20世纪60年代开始,改革数学教材之风几乎刮遍全世界.数学家们、数学教育家们热心地面对数学成果,剪裁整理进行教学法加工编出新的教材,然而收效甚微.原因是多方面的.但其中重要的一条是缺少数学上的再创造,没有针对古人留给我们的遗产已暴露出的缺点进行再创造,没有创造出符合教育学基本规律的新的经典教程.

说古人留下的东西不好,说欧几里得留下的几何不好,说柯西留下的极限概念不好,总要有真凭实据,要说出道理来.所谓道理,首先应当有判断优劣的原则.

也许,下面的三条值得参考. 不妨先来个正名,称这为"教育数学三原理"吧!

第一条原理:在学生头脑里找概念.

第二条原理:从概念里产生方法.

第三条原理:方法要形成模式.

这三条需要说明.

讲数学,基本概念当然必不可少,十分重要. 人人皆知,把概念教给学生,与磁带、录音、录像、胶卷感光完全不是一回事. 学生头脑里已有很多知识印象,它们要和新来的概念起反应发生变化,使新概念格格不入甚至被歪曲. 把学生头脑里的东西研究一番,利用其中已有的东西加以改造形成有用的概念,是个重要手段. 这样,学生学起来亲切容易.

光有概念不够,还必须有方法. 数学的中心是解题,没有方法怎么解题? 从概念里产生方法,就是说有了概念之后,概念要能迅速转化为方法. 不能推来推去走过长长的逻辑道路学生还看不见有趣的题目,摸不到犀利的方法.

方法不能过多,不能零乱. 要形成统一的模式. 像吃饭一样,光吃零食不利于肠胃吸收,不利于健康. 形成模式,即形成较一般的方法,学生才会心里踏实信心倍增.

总之,教育数学三原理很简单,无非是说概念要平易、直观、亲切,逻辑推理展开要迅速简明,方法要通用有力.

说起来简单的事做起来却不容易. 用这三条对照欧几里得的几何推理体系,老先生明显地没有做好.

初中学生要学平面几何. 他们头脑里已有的小学课本上的几何知识与马上要学的概念相距甚远. 学了基本概念公理要推来推去几个星期才触及有趣的习题与巧妙的方法. 而方法又是东一下西一下,见到题目挖空心思作辅助线无一定章法可循.

以方法而论,欧几里得的基本证题工具是全等三角形. 在随便给出的图形里通常难以找出这样的一对一对的三角形. 全等三角形与相似三角形不是一般图形的基本细胞. 这决定了欧几里得提供的方法不是一般的通用方法. 两个三角形全等有三个条件. 用全等三角形性质证两条线段相等或两角相等时要凑够三个等式才能得到一个等式. 这决定了欧几里得的方法通常不是简捷有力的工具.

但不能怪欧老先生. 他代表了两千多年前人类当时最高的科学水平与认识水平.

循着教育数学三原理进行数学上的再创造, 我们找到了更为符合教育规律的新路.

把什么作为平面几何的主导概念? 我们从学生头脑中寻找. 小学里多少学些几何知识. 小学生头脑里印象最深的是面积. 抓住面积, 抓住三角形面积公式的一个简单推论(若△ABC 的 BC 边上有一点 P, 则△ABC 与△ABP 面积之比等于 BC∶BP), 可以成功地展开全部平面几何.

在这个新的几何体系中, 一开始就提供两个易于掌握的工具——关于共边三角形的共边比例定理和关于共角三角形的共角比例定理.

共边比例定理 若直线 AB 与 PQ 相交于 M, 则

$$\frac{\triangle PAB}{\triangle QAB}=\frac{PM}{QM}.$$

共角比例定理 若△ABC 与△A′B′C′中有 ∠A = ∠A′ 或 ∠A + ∠A′ = 180°, 则

$$\frac{\triangle ABC}{\triangle A'B'C'}=\frac{AB \cdot AC}{A'B' \cdot A'C'}.$$

这里我们用△ABC 同时表示三角形 ABC 的面积. 这通常不至于混淆.

一对共边三角形, 就是有一条公共边的两个三角形. 一对共角三角形, 就是有一个角相等或互补的三角形. 这两个概念简易直观. 这两种三角形处处出现. 上述两条定理作为解题工具十分灵活有力.《数学教师》连载过的长文《平面几何新路》中对这两条定理的多种应用有详细的介绍(参看《数学教师》1985 年第 2 期至 1986 年第 6 期), 这里仅举几个典型例子.

例 1 已知 △ABC 中, ∠B = ∠C, 求证: AB = AC.

证明 把△ABC 看成一对共角三角形△BAC 与△CAB, 用一下共角比例定理, 便得

$$1=\frac{\triangle BAC}{\triangle CAB}=\frac{BA \cdot BC}{CA \cdot CB}=\frac{AB}{AC}, AB=AC.$$

例 2 已知 $\triangle ABC$ 与 $\triangle A'B'C'$ 中 $\angle A = \angle A'$，$\angle B = \angle B'$，$\angle C = \angle C'$，求证：

$$\frac{AB}{A'B'} = \frac{BC}{B'C'} = \frac{AC}{A'C'}.$$

证明 由共角比例定理：

$$\frac{\triangle ABC}{\triangle A'B'C'} = \frac{AB \cdot AC}{A'B' \cdot A'C'} = \frac{BA \cdot BC}{B'A' \cdot B'C'}.$$

立得 $\dfrac{AC}{A'C'} = \dfrac{BC}{B'C'}$. 同理有 $\dfrac{AB}{A'B'} = \dfrac{AC}{A'C'}$.

例 3 如图 1，在 $\triangle ABC$ 的两边 AB，AC 上分别取点 P、Q. 已知 $AQ : CQ = 1 : \lambda$，$AP : BP = 1 : \mu$. 又 PC 与 BQ 交于 M，求 $\dfrac{BM}{QM}$.

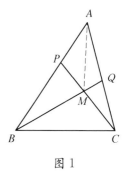

图 1

解 用共边比例定理，得

$$\frac{BM}{QM} = \frac{\triangle BMC}{\triangle QMC} = \frac{\triangle BMC}{\triangle AMC} \cdot \frac{\triangle AMC}{\triangle QMC} = \mu \cdot \frac{1 + \lambda}{\lambda}.$$

例 4 如图 2，两直线分别与三条平行线交于 A，B，C 和 A'，B'，C'.

求证：$\dfrac{AB}{BC} = \dfrac{A'B'}{B'C'}$.

证明 用共边比例定理，得

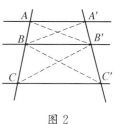

图 2

$$\frac{AB}{BC} = \frac{\triangle ABB'}{\triangle BCB'} = \frac{\triangle A'BB'}{\triangle C'BB'} = \frac{A'B'}{B'C'}.$$

与传统的方法对比，繁简判然.

不仅如此. 以面积为基础，可以形成解题模式，可以导出全部初等几何，可以通向更高深的数学教程.

这表明，教育数学三原理的应用，不是空谈. 它能引导我们走向数学教材改革的新天地. 但它的应用必须伴随着数学上的创造，要付出实实在在的劳动.

目前，数学教育中存在两个大难点，也就是学生成绩分化点. 一个分化点是平面几何. 这一个分化点使一部分同学的数学成绩一蹶不振. 另一个分化点是极限概念与实数理论. 它使一部分同学几乎终生不能真正理解微积分的推理过程而只能形式地运用几个公式.

运用教育数学三原理,我们在前一个难点的处理问题上提出了新的办法——抓住面积建立新的体系. 对后一个难点,有没有什么突破性的建议呢?

目前,讲极限概念用的是柯西的 ε-δ 语言. 一般认为,离开 ε-δ 语言,无法严格地引入极限概念.

其实这是误解. 柯西的 ε-δ 语言,并不是极限概念的最好表述方式. 它没有从学生头脑里已有的东西出发,也没有提供有力而带一般性的方法.

让我们循着"三原理",寻求新路.

极限概念与无穷紧密相关. 学生头脑里,与无穷有关的东西是什么呢?

自然数. 学生对自然数已十分熟悉. 自然数有两条明显而易于理解的性质:第一,它是一个比一个大,不减少的数列;第二,它是无界的.

抓住这两条性质,引入"无界不减数列",是毫无困难的.

定义 如果数列 $\{D_n\}$ 满足:

(1) $D_1 \leqslant D_2 \leqslant \cdots \leqslant D_n \leqslant D_{n+1} \leqslant \cdots$;

(2) 不存在实数 A 大于一切 D_n.

则称 $\{D_n\}$ 为"无界不减数列".

学生自然认为,无界不减数列是趋于无穷大的数列. 那么,比无界不减数列更大的数列岂不更应当是趋于无穷大列了吗? 因而下述定义是自然的.

无穷大列定义 设 $\{a_n\}$ 是数列. 如果有一个无界不减数列 $\{D_n\}$,使得

$$|a_n| \geqslant D_n, \ (n=1, 2, \cdots),$$

则称 $\{a_n\}$ 为无穷大数列.

有了无穷大,顺理成章地有无穷小:

无穷小列定义 设 $\{a_n\}$ 是数列. 如果有一个无界不减数列 $\{D_n\}$,使得

$$|a_n| \leqslant \frac{1}{D_n}, \ (n=1, 2, \cdots),$$

则称 $\{a_n\}$ 为无穷小数列.

有了无穷小概念,极限概念就呼之欲出了.

数列极限定义 设 $\{a_n\}$ 是数列. 如果有一个实数 a,使 $\{a_n-a\}$ 是无穷小

数列,则称数列 $\{a_n\}$ 以 a 为极限.

就这样,借助于学生头脑中已有的自然数概念,不花大力气就引入了极限定义.至于函数的极限,也可照此办理.

这样引入的概念本身提供了证明极限存在或计算极限的方法(可参看上海教育出版社《从 $\sqrt{2}$ 谈起》一书,张景中著).

继续抓住"从学生头脑中找寻概念"这一条,让我们看看有没有更好的办法来讲实数理论.

传统的实数理论包含一系列基本定理,这些定理是研究连续性的基本工具.但是,我们从学生头脑里却能发掘出更有力的工具.

学生对数学归纳法是熟悉的.数学归纳法是关于自然数的.把自然数改一下,变成可以连续变化的实数,行不行呢?

可以,这就是"连续归纳法".

让我们把两种归纳法从形式上作一比较:

关于实数的连续归纳法	关于自然数的数学归纳法
设 P_x 是一个关于实数 x 的命题. 如果——	设 P_n 是一个关于自然数 n 的命题. 如果——
(1) 有实数 x_0,使对一切 $x < x_0$,有 P_x 成立;	(1) 有自然数 n_0,使对一切自然数 $n < n_0$,有 P_n 成立.
(2) 若对一切实数 $x < y$,有 P_x 成立,则有 $\delta_y > 0$,使 P_x 对一切 $x < y + \delta_y$ 也成立.	(2) 若对一切自然数 $n < m$,有 P_n 成立,则有 P_n 对一切自然数 $n < m + 1$ 也成立.
那么,对一切实数 x 有 P_x 成立.	那么,对一切自然数 n 有 P_n 成立.

两种归纳法如此相似,学生很容易从他们熟悉的数学归纳法进一步掌握连续归纳法.

人们会问:连续归纳法对不对?它有什么用?它与实数理论有什么关系?

可以证明,连续归纳法与实数的戴德金公理等价,从它可以用一个模式推出区间套定理、有限覆盖定理、确界定理、波尔查诺-维尔斯特拉斯定理等一切关于实数以及连续函数的定理.(可参看辽宁教育出版社的《数理化信息》,1986年第 2 期,136—148 页;或《四川教育学院学报》,1986 年 1 期,74—82 页,1986

年2期,74—82页.)

上述三个例子——以面积为基础的几何体系、不用 $\varepsilon-\delta$ 语言的极限概念表述、连续归纳法——表明,教育数学是有切实内容的一个研究领域.关心教育的数学工作者可以在这一领域一试身手.

教育数学的研究,当然不限于中学至大学低年级的数学课程.当代著名的法国布尔巴基学派,提出结构思想,整理现代数学的成果,写出百科全书式的《数学原理》四十多卷,这也是教育数学的工作.他们干的是高层次的教育数学,为当代和下一代的数学家准备经典教程.此外,把复杂的数学论文理出头绪写成专著,把深奥的数学定理证明初等化使更多的人理解,也属于教育数学的内容.

教育数学的成果如何为数学教育服务?这个问题更具有迫切性、实践性,也更为困难.它期待着关心数学教育的志士仁人的指点、批评及切实的工作.

1.2 从数学难学谈起(1996)[①]

提要:数学教育面临的困难是多方面的.其中重要的一个方面是数学本身难学.只靠数学教育的研究不可能完全解决数学难学的问题.如果数学知识本身有缺陷,就应当进行数学上的再创造,使数学适应教育的需要.为数学教育而对数学成果进行再创造,是教育教学的任务.教育数学追求的目标是:简单明快的逻辑结构,平易直观的概念,有力而通用的解题方法.在教育数学的观点引导下,对中学几何教学这个老大难问题,引出了系统面积方法,使两千多年来几何解题无定法的困难得到了基本的解决;对微积分入门教学中的公认难点——极限概念,提出了既严密又易于掌握的新的定义和相应的解题方法,并在教学实践中初步得到好的效果.教育数学的思想是有生命力的.它将在数学教育的实践中得到进一步的检验.

1 数学教育很重要

数学教育是一件大事.

最近(指 1994 年 12 月),江苏教育出版社出版了《面向 21 世纪的中国数学教育——数学家谈数学教育》一书.我觉得这是本好书.书中开宗明义的第一篇,是中国科学院数学物理学部的《今日数学及其应用》(王梓坤教授执笔)[1].文中用无可争议的大量事实,雄辩地发挥了华罗庚在《大哉数学之为用》[2]中的精彩论点,把数学在国富民强中的重要意义——"国家的繁荣昌盛,关键在于高新科技的发达和经营管理的高效率";"高新科技的基础是应用科学,而应用科学的基础是数学"——论述得淋漓尽致.同书齐民友教授在另一文[3]中更痛切地大声疾呼:"在 21 世纪,没有相当的数学知识就是没有文化,就是文盲.所谓

---

① 本文原载《世界科技研究与发展》1996 年第 2 期.

社会主义市场经济,所谓现代企业制度,乃至整个改革运动,没有具备相当程度数学知识的人民群众和各级干部作为支撑,都只能是一句空话."

此处不必再论证了,数学教育确实是一件大事.世界各国的许多科学家多年来都在反复鼓吹这一看法.可惜,这件大事在世界上很多国家都做得不太令人满意.

2 数学教育的困境

近几十年来,数学教育在世界各国遭遇到了不同程度的困难.学生对数学的兴趣降低,解题能力下降.成绩优秀的中学生报考数学系的日益减少.数学奥林匹克的许多优胜者不肯去学数学.国外有个大学的数学系曾因无生源关了门.数学教师和数学教育家们在众多的改革方案之间徘徊争论而莫衷一是.美国一位著名的数学家在一篇讨论数学教育的文章中说:"我们有钱,有人才,但是没有方向."

在我国,许多专家和教师在各级教委领导下进行了积极的探索和稳步的教改试验,有了一定的效果.但是,数学教育的困难局面并未根本改观.数学习题难做而且量大是学生负担沉重的重要因素之一.有关数学解题方法的文章书籍之多,流行之广,也说明了这一问题.有些数学专家认为造成这种局面的重要原因是高考指挥棒下的应试教育.例如,严士健教授说:"按现在的高考办法,数学教育改革几乎不可能进行."[4]但是,高考也考别的课程,比如英语,而英语教育却不像数学教育有这么多困难.在美国,几乎不存在高考问题,数学教育的改革也是举步维艰.在中国,对大学生也没有高考问题,数学仍被看成一门困难而不受欢迎的课程.可见,数学教育的困难,必定还有它另外的更为深刻的原因.

3 困难从何而来

一方面是社会经济的现实原因."空气哺育万物而自身无赏,数学教育众人而报酬极低."[1]支持数学研究和数学教育的经费相对较少,数学工作者的报酬相对较低,学数学的难找到好的工作,甚至找不到工作."学习数学又难,成为拔尖人物更难.无怪乎现代青年人大都不愿学数学,即使有数学天才者也避而远之."[1] 付出多而回报低,数学当然受到冷遇.但是,中小学学生,非数学专业的大学生,不存在以数学为职业的问题,也不像几十年前那么喜欢数学,为什么呢?

看来,这里还有另一方面的原因:数学是一门具有特殊重要地位的非学不可的课程,而且越来越难了.这一情形出现的根本原因,是由于当代科学技术特别是计算机技术的发展,使数学思想和数学方法渗透到了每个科学技术领域以及人文学科.社会对人们的数学素质提出了更高的要求.又由于数学本身的发展,数学知识日益丰富.一些过去被认为是高等数学的内容,被下放到中学.数学竞赛和考试中产生出来的难题妙招,年复一年地渗透到补充习题之中.过去是数学家研究的内容,现在已经写入大学的教材.学生要学的数学知识多了,时间并没有增加(物理、化学、生物各科内容也更加丰富,要求更高.学生课外还有了更多有趣的活动),当然显得紧张了.

时间少,内容多,学生没有反复琢磨品味的余地,自然难以产生浓厚的兴趣.数学方法又灵活多变,学了些定理公式却往往做不出那千变万化的题目,难以体验到成功的快乐.于是,"对大多数学生来说,数学学习就只是一个失败的经验,而这事实上也是存在于世界各国的一个普遍现象".更为严重的是,"美国数学教育家戴维斯教授就曾指出,一些学生正是由于数学学习失败而丧失了对于整个人生的信心——从而,在这样的意义上,我们的学校已接近于毁灭年轻的一代"[5].也许,特别是在中国,事情还没有到如此悲惨的境地.但数学被认为是一门难学的课程,已经是不争的事实.

4 克服困难的努力和局限

几十年来,人们付出了很大的努力,以改善数学教育.

一方面下了很大功夫改革数学教学的内容,即改革数学教材.在西方,20世纪 60 年代开展了一场轰轰烈烈的"新数学运动",试图以现代数学思想改造传统数学教育内容.在苏联,世界级的数学大师柯尔莫哥洛夫提出简化了的平面几何公理系统,并主持编写了中学几何教材.在我国,出现了农村版、内地版、项武义系统等多种数学教材,删繁就简,减少抽象性和逻辑推理,增加直观性和实际应用.不少国家和地区在中学里增加了微积分初步、向量、统计等内容.

另一方面,不遗余力地研究和改革数学教学的方法.在西方,先是提出"程序教学",后又提倡"问题解决".我国也有许多研究和试验,如启发式、讨论式、精讲多练、淡化概念、重视实验操作、重视感性认识到理性的过渡和提高等等.这些工作丰富了我们对数学教学的认识,不同程度地改善了数学教育.

但是,这些努力没有超出数学教育活动的范围,没有改变数学本身.数学教材的改革,只是选择现成的数学材料并加以排列组合,下功夫做出一个好的拼盘.而教法的研究,只是变着法儿引导学生如何把拼盘吃下去,吃得有味,消化得好.如果食品的原料本来缺少某种营养,或含有某种不利于健康的物质,那就不是做拼盘和讲吃法所能解决的问题了.当然,做拼盘也是一种了不起的艺术,吃法更必须讲究.但这并不能解决全部问题.

也就是说,如果数学教育面临的困难来自数学知识本身的缺陷或不足,这困难就不可能由数学教育的努力从根本上加以克服.只有数学上的创造活动,才可能解决问题.

5 教育数学应运而生

举个简单的例子.英语中十二个月各有自己的名字,要记着这十二个单词必须花一定的力气.这里,删繁就简是无能为力的,总不能只要六个月吧.直观引路,把十二个月和花儿草儿联系起来似乎也无大帮助.这是知识本身的缺陷.如果像汉语那样,把十二个月叫作一月、二月(month one、month two)等等,就可立竿见影地收到化难为易的效果.可惜语言太难改革,这只是说说而已.

在数学中,类似的情形不少,要是用罗马数字做加减乘除,无论如何去编教材,去研究教学法,总会困难重重.改用阿拉伯数字和十进制记数法,问题迎刃而解.算术里的四则应用题,一题一法,做得学生焦头烂额.而代数方程一来,摧枯拉朽,使人进入了更高的数学境界.学习数学的困难,主要是不会解题.数学本身的进步,新的数学思想、新的方法、新的算法的创立,能够最有效地化难为易,提供更有效的解题工具,消除数学教育的难点.其结果是数学教学的效率大大提高.现在中学生的数学知识,远比古代的大学士丰富,主要是由于数学本身的进步,而不是由于教育学的进步.

可是,长期以来,数学创造的活动已经集中在数学发展的前沿.从小学到大学低年级所学的数学,被认为是完全成熟了的、定型了的知识. 这样就形成了一种思维定式,只想到教材的取舍和教学方法的改进,而没去想数学知识本身是否有可能改进. 这是数学教育中的某些老大难问题长期存在的一个重要的原因.

教育数学,正是针对这种局面而提出来的.[6] 为了数学教育的需要,对数学的成果进行再创造,改进数学的方法、体系及表述形式使之更适于学习,是教育数学的任务.

6 为教育优化数学

在[5]中,郑毓信教授提出:数学教育的基本矛盾乃是"数学方面"与"教育方面"的对立与统一. 他认为,新数学运动的失败,就是因为只注意到了数学方面而忽视了教育方面. 这一观点是颇有道理的. 数学教育,要研究教什么(教材)和怎样教(教法)这两方面的问题. 编教材要考虑可接受性,是使数学方面适应于教育. 教法的研究,则是让教育方面适应于数学. 而教育数学的研究,补充了一种新的思路:改造数学内容,使之更好地适应教育.

今天,世界上有数以万计的数学家在孜孜不倦地劳动. 从几百个不同的数学分支里,雨后春笋般地产生出新的数学成果. 徐利治教授估计[7],每年至少有20万条定理被提供给"数学共同体". 从浩如烟海的原始文献到提纲撮要的综合报告,到自成体系的专著,再到引导初学者登堂入室的教程,需要艰苦繁重的劳动,更需要数学上的再创造. 这种再创造的劳动果实为科学界所共享,为数学教育所必需. 它是接近数学前沿的教育数学的活动,为大家所熟悉、所承认. 但是,在数学的大后方,面对着数学家们早已熟悉的材料,面对着已经进入中小学课堂和大学教程的"老生常谈",还有没有再创造的必要与可能呢?还有没有教育数学的用武之地呢?

数学知识,特别是作为数学教育内容的基础知识,是现实的客观世界的空间形式和数量关系的反映. 同样的空间形式,同样的数量关系,可以用不同的数学体系、数学方法和数学命题来反映,正如从不同角度给一座大楼拍照片一样. 只是,有的反映方式生动、直观、便于学习、易于理解,有的则不然. 有的适合少年儿童学习,有的适合成年人学习,有的则不适合教育. 用古罗马记数法和十进制记数法做算术,都能得出正确的答案,可见两者都反映了客观世界的数量关系.但在教育效果上的差别,是显而易见的.

因此,为了数学教育的目的,应当用"批判"的眼光审视已有的数学知识.这批判,不是怀疑它的正确性,而是检查它在教育上的适用性.看一看,问一问,能不能找到更优的反映方式?

寻找更优的反映方式,这是数学上的再创造活动.但是,从何处下手来干呢?

7 优劣的标准

教育数学着眼于两点:难点和新点.

数学教育中,有些传统公认的难点,如几何解题、极限概念、三角变换等.对付它们的办法,常用分散难点、推迟难点、反复强化、适当回避等手段.而从教育数学的观点看来,难点的产生,很可能是由于现有的数学知识对某些客观规律反映得不够好,不适用于教育.哪里难,就在哪里开刀,改造它,进行再创造.优化数学概念的表述方式,找寻更有力、更好学的方法,从根本上化解难点.

随着数学的发展和科学技术的进步,数学教材的内容会变化、更新.新的数学知识进入教材,产生了新点.如何推陈出新,更妥善地安排整个教材系统,不能只靠对新内容作教学法的加工,还需要数学上的再创造.这里就有了教育数学的任务.

教育数学有了自己的工作点:难点与新点.它又该如何工作呢?要优化数学,什么是优劣的标准呢?

我们在[6]中提出三个目标:逻辑结构尽可能简单;概念的引入要平易直观;要建立有力而通用的解题工具.

其实,这也是数学教育中从来都赞成的目标.教育数学提出的新观点不过是:通过数学上的再创造来达到这些目标.

教育数学不应停留在一般的观点和泛泛的讨论上,它是实实在在的数学工作.特别在数学的大后方,它所面对的材料常常是经过千百年锤炼的,经由名师巨匠之手留下来的珍贵的数学遗产.要从这样的精华之中找出缺点并进行再创造,无异于向前辈数学大师挑战.但是不必胆怯,我们站在巨人的肩膀上,能够看得更远.

我们在[6]中,用具体的研究表明:在数学的大后方,教育数学也能做出相当有意义的工作.该书在教育数学的观点和一般原理引导之下,针对数学教育中的两个世界性的老大难问题,即平面几何教材改革和微积分入门教学问题,提出了具体的解决方案.在几何中引入系统面积方法,在微积分中引入极限概念的非 ε 语言和连续归纳法.几年来,这些观点和方法在国内外已产生相当大的影响,并经受了教育实践的初步检验.

8　用面积方法改造欧氏几何

据说,欧几里得曾不无骄傲地教训一位国王:"没有一条通向几何的王者之路."

欧几里得认为,几何不可能变得更容易.

这种局面持续了两千多年.甚至笛卡儿、希尔伯特、柯尔莫哥洛夫等大师们的出色工作,都未能使之改观.欧几里得确有远见.

但是,系统面积方法的出现,使开辟一条通向几何的"王者之路"成为可能!

系统面积方法,通常又称面积方法.它是由一种古老的几何解题技巧发展出来的直观、简便、易学、有效而通用的几何证明和几何计算方法.我国古代数学家曾用面积关系给出勾股定理的多种证明方法.但长期以来,它仅仅被认为是一种特殊的解题技巧.我们在 1974 年至 1994 年这 20 年间,逐步把面积技巧发展为一般性方法并建立了以面积关系为逻辑主线的几何新体系[8][9][10][11][12],从理论和实践上解决了两千年来"几何解题无通用方法"的难题.经过这 20 年的工作,用面积方法改革几何教学在科学上的准备已经完成.

面积方法用于几何教学的好处是:

(1)直观易学,起点低.学生在小学阶段已经熟悉了基本几何图形的面积及其计算公式,在此基础上学习平面几何知识顺理成章,自然平易.

(2)面积方法提供了有效而简便的解题工具,基本上解决了长期存在的"几何好学题难做"的问题.

(3)面积方法大大简化了许多基本几何定理的证明,可节省课堂教学时间.

(4)面积方法直观地把几何与代数,推理与计算,作图与证明结合起来了.

这有利于培养学生树立形数结合的观点.

（5）面积法的发展是体积法,可以用于立体几何的计算与证明.

（6）面积方法已经实现为计算机程序[12],为计算机辅助教学提供了丰富的内容和有利的基础.

（7）面积在高等数学中以各种形式出现.面积是坐标,是积分,是行列式,是外微分形式,是向量的外积,是测度.微积分里最常用的三角函数和对数(指数)函数及最基本的极限式,都可以用面积给出直观易学的定义和证明.以面积为主线,从小学、初中,到高中、大学,数学的内容可以一线相串.

（8）面积方法简化了三角和解析几何中的许多推理论证.面积方法发表后,在国内不胫而走,成为中学生数学奥林匹克培训必备内容之一,并被编入多种数学奥林匹克读物.某些师范院校教材中,详细地介绍了系统面积方法的基本原理,并称之为 21 世纪中学平面几何新体系[13].

应当说明的是,面积方法并不排斥传统几何方法中那些有效的工具和技巧.相反,它能够为传统方法提供更简捷的证明.它把零乱的几何方法系统化了,使古老的几何学发展到一个新的阶段,更具系统性和科学性的阶段.

9   面积方法的两个工具

面积方法的起点十分平易.它从小学生所熟悉的一个几何命题出发.这命题是:"共高三角形的面积比等于底之比.还可以在命题的表述中不涉及高,更简单地说成:

共高定理   若 A、B、C、D 在一直线上,则对任一点 P,有

$$CD \cdot \triangle PAB = AB \cdot \triangle PCD.$$

这里和后面,记号 $\triangle XYZ$ 既表示三角形 XYZ,也可表示它的面积.其意义可由上下文看出,不会混淆.上述命题中的等式,当两点 C、D 不重合时,$CD \neq 0$,可写成更直观的比的形式:

$$\frac{\triangle PAB}{\triangle PCD} = \frac{AB}{CD}.$$

(这其实就是《几何原本》第六卷命题一.欧几里得用它证明过平行截割定理,即

同卷命题二. 可惜欧氏没有深入研究并发展这一方法, 不然, 几何早就变得容易些了.)应用这个简单而基本的共高定理, 可以开门见山地建立面积法的两个基本工具:

共边定理　若直线 PQ 交 AB 于 M, 则

$$\frac{\triangle PAB}{\triangle QAB} = \frac{PM}{QM}.$$

证明　在 AB 上取一点 N, 使 $MN = AB$, 由共高定理得

$$\frac{\triangle PAB}{\triangle QAB} = \frac{\triangle PMN}{\triangle QMN} = \frac{PM}{QM}, \text{证毕}.$$

共角定理　若 $\angle ABC$ 与 $\angle XYZ$ 相等或互补, 则当 $\triangle XYZ \neq 0$ 时有

$$\frac{\triangle ABC}{\triangle XYZ} = \frac{AB \cdot BC}{XY \cdot YZ}.$$

证明　如图 1, 把两个三角形拼在一起, 使 B、Y 两点重合. 用共高定理, 两种情形下都有

$$\frac{\triangle ABC}{\triangle XYZ} = \left(\frac{\triangle ABC}{\triangle XBC} \right) \left(\frac{\triangle XBC}{\triangle XYZ} \right)$$

$$= \left(\frac{AB}{XY} \right) \left(\frac{BC}{YZ} \right)$$

$$= \frac{AB \cdot BC}{XY \cdot YZ}, \text{证毕}.$$

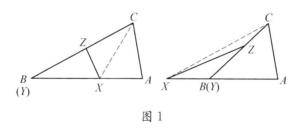

图 1

这两个定理得来不费功夫. 由于平凡, 两千多年间无人重视. 其实, 它们用处很大, 有"鸡刀杀牛"之效. 陈重穆教授主持编写的"高效初中数学实验教材"在相似形一章中, 已经把这两个基本工具作为重要定理. 教学实践表明可节省

课时,提高学生能力,有多快好省的效果.

关于共边定理和共角定理的大量应用,见[6][9][10][12]等.以下略举两例,可窥一斑.

10 班门弄斧两例

数学大师华罗庚在[13]中称下列命题包含了射影几何的基本原理,并为中学生读者写了一个初等的证明.

例1 (射影几何基本原理)直线 AD、BC 交于 K, AB、CD 交于 L, AC、BD 交于 M,直线 AC、BD 分别与 KL 交于 G、F. 则

$$\frac{KF}{LF} = \frac{KG}{LG}.$$

[华证]设 $\triangle KFD$ 中 KF 边上的高为 h,利用

$$2\triangle KFD = KF \cdot h = KD \cdot DF \cdot \sin\angle KDF,$$

得到

$$KF = KD \cdot DF \cdot \sin\angle KDF \cdot \frac{1}{h}.$$

同理,再求出 LF、LG 与 KG 的类似表达式.因而

$$\left(\frac{KF}{LF}\right)\left(\frac{LG}{KG}\right)$$

$$= \frac{(KD \cdot DF \cdot \sin\angle KDF)(LD \cdot DG \cdot \sin\angle LDG)}{(LD \cdot DF \cdot \sin\angle LDF)(KD \cdot DG \cdot \sin\angle KDG)}$$

$$= \left(\frac{\sin\angle KDF}{\sin\angle LDF}\right)\left(\frac{\sin\angle LDG}{\sin\angle KDG}\right).$$

同样可以得到

$$\left(\frac{AG}{CM}\right)\left(\frac{CG}{AG}\right) = \left(\frac{\sin\angle ADM}{\sin\angle CDM}\right)\left(\frac{\sin\angle CDG}{\sin\angle ADG}\right).$$

所以

$$\left(\frac{KF}{LF}\right)\left(\frac{LG}{KG}\right)=\left(\frac{AM}{CM}\right)\left(\frac{CG}{AG}\right).$$

类似地可以证明

$$\left(\frac{LF}{KF}\right)\left(\frac{KG}{LG}\right)$$

$$=\left(\frac{\sin\angle LBF}{\sin\angle KBF}\right)\left(\frac{\sin\angle KBG}{\sin\angle LBG}\right)$$

$$=\left(\frac{\sin\angle ABM}{\sin\angle CBM}\right)\left(\frac{\sin\angle CBG}{\sin\angle ABG}\right)$$

$$=\left(\frac{AM}{CM}\right)\left(\frac{CG}{AG}\right).$$

由此可见 $\left(\frac{KF}{LF}\right)\left(\frac{LG}{KG}\right)^2=1$. 即证得结论.

上述证明,思路虽巧,但过程较繁,不易掌握. 特别是证明中还用了"同理""同样可以得到""类似地可以证明"等略语,否则就更长了. 如果用共边定理,则可给出一更简捷、更基本的单线推理的证明:

[用共边定理的证法]由共边定理和共高定理得:

$$\frac{KF}{LF}=\frac{\triangle KBD}{\triangle LBD}=\left(\frac{\triangle KBD}{\triangle KBL}\right)\left(\frac{\triangle KBL}{\triangle LBD}\right)$$

$$=\left(\frac{CD}{CL}\right)\left(\frac{KA}{AD}\right)=\left(\frac{\triangle ACD}{\triangle ACL}\right)\left(\frac{\triangle ACK}{\triangle ACD}\right)$$

$$=\frac{\triangle ACK}{\triangle ACL}=\frac{KG}{LG},证毕.$$

另一个例子是传统欧氏几何的重要定理,项武义教授在[14]中称之为"相似形基本定理",即

例 2 (相似形基本定理)若在△ABC 和△XYZ 中有

$$\angle A=\angle X、\angle B=\angle Y、\angle X=\angle Z,$$

则

$$\frac{AB}{XY}=\frac{BC}{YZ}=\frac{AC}{XZ}.$$

[欧氏几何传统证法提要]《几何原本》中语言太繁,下面根据项武义教授在[14]中整理的证法略述其梗概.

（1）先证引理：

设△ABC 和△XYZ 的三个内角对应相等，而且 $AB = n \cdot XY$（n 为一正整数），则 $AC = n \cdot XZ$，$BC = n \cdot YZ$（见[14]，61—62 页）.

（2）再证命题：

设△ABC 和△XYZ 的三个内角对应相等，而且 $\dfrac{AB}{XY} = \dfrac{m}{n}$（是一个分数），则 $\dfrac{AC}{XZ} = \dfrac{BC}{YZ} = \dfrac{m}{n}$（见[14]，63—64 页）.

（3）引入欧都克斯法则（见[14]，70—73 页）.

（4）完成证明（见[14]，73—75 页）.

[用共角定理的证法]由题设及共角定理得

$$\frac{\triangle ABC}{\triangle XYZ} = \left(\frac{AB}{XY}\right)\left(\frac{BC}{YZ}\right)$$
$$= \left(\frac{BC}{YZ}\right)\left(\frac{AC}{XZ}\right)$$
$$= \left(\frac{AB}{XY}\right)\left(\frac{AC}{XZ}\right),$$

约简后即得所要结论.

显而易见，新方法简单多了. 简单了，就可以节省教学时间，减轻负担. 富余时间多了，学生又可以多思考讨论，学得更好，形成良性循环.

11　大巧小巧和中巧

学数学当然要解题. 而数学难学，特别是几何难学，主要也是学了知识之后仍不会解题. 年复一年的竞赛和考试不断产生花样翻新的题目，使学生接触到越来越多的自己不会的题目. 各式各样关于解题的书应运而生. 而且，20 世纪 80 年代以来，"问题解决"已经成为美国数学教育的口号.

如何教会学生解题呢？

一种方法是题海战术，收集大量问题，分成类型，传授巧法和妙招，以备套用. 我国近年出版的大量数学读物，属于此类. 这样做教师省心，应付考试也有短期效果，所以颇受欢迎，流行不衰.

一种方法是强调基本知识和技能,强调一般的解题思考原则. 这是数学家波利亚在他的一系列著作中所提倡的,也是许多数学家所赞成的. 可惜曲高和寡,多数教师学生难以掌握,实效不大.

笔者曾在新加坡与项武义教授讨论过这个问题. 他把前一方法叫作小巧,后一方法叫作大巧. 他主张要教学生大巧,提倡灵活,"运用之妙,存乎一心".

但我以为,小巧一题一法,固不应提倡,大巧法无定法,也确实太难. 吴文俊教授在[15]中指出,"不能用数学家的要求来指导中小学数学教学". 要求学生掌握大巧,是想让他们学会数学家的思维方法. 这对绝大多数学生而言,不是几年内能做到的. 事实上,即使是数学家,在自己的专长领域之外,也未必敢说掌握了大巧.

华罗庚在[13]中提到,在 1978 年为全国中学生数学竞赛命题时,"本来想出从光行最速原理推出关于折射角的问题","由于我们没有想到适合于当前中学生的解法,所以没有采用". 据当时参加命题的裘宗沪教授说,那几天,华先生一直想把这个问题用初等方法解出来,但没有成功.

其实这个问题的初等解法很多,也并不难. 光学家惠更斯早就有一个简单的初等解法. 有兴趣的读者可参看本文下节.

我们总不能说数学大师华罗庚的数学基本知识不够,基本技能不精,或不掌握一般的解题思维原则吧? 这只能表明,靠一般的大巧要想解决千变万化的数学题目是很难的. 即使是出色的数学家,面对一个不很难却陌生的题目,也不一定能在短时间内解决.

当然,评价科学家,是看他解决了什么问题,而不是看他没做出什么. 华罗庚不拒绝小题目,且能坦然地把自己没做出的小题目公之于众,正是伟大学者的本色.

提倡"问题解决"的美国数学家们,开始把波利亚的一般解题方法论作为指导方针. 但不久就发现,实践未能取得预期的效果. 学生已经具备了足够的数学知识,也已经掌握了相应的方法论原则,却仍然不能有效地解决问题[5]. 这一点也不奇怪. 就是数学家也不能有效地解决他不熟悉的问题. 何况学生还没有足够的时间呢!

我想,出路在于提倡"中巧". 所谓中巧,就是能有效地解决一类问题的算法或模式. 它不像小巧那么呆板琐碎,又不像大巧那么法无定法. 代数里的解方程、列方程解题,分析里求导数、用导数研究函数的增减凸凹,还有数学归纳法,均属中巧.长期以来,几何难学,是因为几何里只有小巧大巧,而没有中巧.我们用面积法和消点法创造了几何解题的一类中巧,使初等几何方法从四则杂题的水平提高到代数方程的水平.下面将用一节较具体地谈这件事.

中巧要靠数学家研究创造出来,才能编入教材,教给学生.学生主要是学,而不是创.在学习中巧过程中体验数学的思想方法,锻炼逻辑推理的能力,或能部分地掌握大巧.至于小巧,学一点也好,但不足为法.小巧是零食,大巧是养生之道,中巧才是主食正餐.

教育数学要研究有效而易学的解题方法,要提供中巧.

12 插话:光折射几何不等式

上面提到华罗庚所说的"从光行最速原理推出关于折射角的问题",是要证明一个几何不等式:

例 3 (从光行最速原理导出光折射定律)设平面上 A、B 两点在直线 CD(C、D 不重合)的两侧.AC、BC 分别和直线 CD 成锐角 Φ 和 Ψ,且这两角不相邻.则

$$\frac{AC}{\cos\Phi} + \frac{BC}{\cos\Psi} < \frac{AD}{\cos\Phi} + \frac{BD}{\cos\Psi}. \tag{F}$$

例 3 与费马的光行最速原理有关.这个原理说:"光在传播时,走的总是最节省时间的路线."

如图 2,光线从 A 点射出,在介质分界面 CD 上一点 C 处折射后到达 B 点,AC、BC 分别和直线 CD 成锐角 Φ 和 Ψ,且这两角不相邻.光在两种介质中的速度分别为 u、v.按光折射定律,有

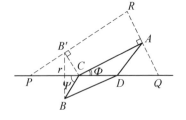

图 2

$$\frac{u}{v} = \frac{\cos\Phi}{\cos\Psi}. \tag{G}$$

如果光经 D 点到 B,所用的时间是不是更多一些呢?

光由 A 到 C,需时 $\dfrac{AC}{u}$,由 C 到 B,需时 $\dfrac{BC}{v}$.如果光行最速,则应有

$$\frac{AC}{u}+\frac{BC}{v}<\frac{AD}{u}+\frac{BD}{v} \tag{H}$$

但因(G): $\dfrac{u}{v}=\dfrac{\cos\Phi}{\cos\Psi}$,故不等式(H)等价于(F).

一方面,从光折射定律出发,由不等式(F)可知光在折射时走的总是最节省时间的路线. 反之,如果承认了光行最速原理,由不等式(F)即可导出光折射定律.

不等式(F)的初等证法很多,这里略举两个风格不同的方法.

[面积证法]如图 2,设 B' 是 B 关于直线 CD 的对称点. 过 B' 作 $B'C$ 的垂线与 CD 交于 P,过 A 作 AC 的垂线与 CD 交于 Q, PB'、QA 交于 R. 则

$$B'C \cdot PR + AC \cdot QR = 2(\triangle RPC + \triangle RQC)$$
$$= 2(\triangle RPD + \triangle RQD) < B'D \cdot PR + AD \cdot QR.$$

由正弦定律,$\dfrac{PR}{QR}=\dfrac{\sin\angle Q}{\sin\angle P}=\dfrac{\cos\Phi}{\cos\Psi}$,并注意到有 $B'C=BC$、$B'D=BD$, 代入前式得

$$BC \cdot \cos\Phi + AC \cdot \cos\Psi < BC \cdot \cos\Phi + AD \cdot \cos\Psi.$$

两端除以 $\cos\Phi \cdot \cos\Psi$,即得所要的不等式(F).

此证法有两个关键,一是作对称点 B',二是作两垂线. 前一技巧华罗庚在同文[13]中谈到反射定律时已提及,后一技巧是有关三角形的费马点的古典方法,讨论费马的光行最速原理时易想到费马点. 可见这个证法并非来自灵感. 而下一证法,更是常规的推理.

[三角证法]不妨设 $\Phi=\angle ACD$,如图 3,则 $BC<BD$. 要证的(F)等价于 $\dfrac{(AC-AD)}{\cos\Phi}<\dfrac{(BD-BC)}{\cos\Psi}$. 为估计式中的线段差,自 D 向直线 AC、BC 分别引垂足 P、Q,如图 3:

则有

$$AC-AD < AC - AD \cdot \cos\angle A = CP,$$

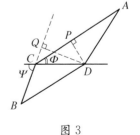

图 3

$$CQ = BD \cdot \cos\angle B - BC < BD - BC,$$

故

$$\frac{(AC - AD)}{\cos\Phi} < \frac{CP}{\cos\Phi} = CD = \frac{CQ}{\cos\Psi} < \frac{(BD - BC)}{\cos\Psi}, \text{证毕}.$$

13 几何定理机器证明与消点法

几何解题法无定法,这问题已存在了两千多年. 几何这"一理一证"的特点,给初学者带来很大困难,也给数学教师加重了负担.

如果能找到一种通用的方法,像列方程解应用题那样,以不变应万变,对成类的几何问题,变"一理一证"为"万理一证",该使人们节省多少高级的脑力劳动啊!这就是数学机械化的想法.

如[16]中所说,"实现数学定理证明的机械化,是数学的认识和实践中的一次飞跃". 数学机械化的思想吸引了许多卓越的数学家为之倾注心血. 笛卡儿为此创立了坐标方法;莱布尼兹为此设想过推理机器;希尔伯特在数十年的数学生涯中不断探求数学机械化的途径,并在其名著《几何基础》中证明了第一条关于一类几何命题的机械化定理[16][17];冯·诺伊曼发明的电子计算机,为数学机械化准备了物质条件. 数学机械化的道路漫长而艰难. 直到 20 世纪 50 年代,才仅仅从理论上证明了初等几何证明机械化的可能性,这是塔尔斯基的著名结果.

20 世纪 70 年代吴法问世[18],是数学机械化研究的一大突破. 使用吴法,在微机上能迅速地证明很难的几何定理. 随后,周咸青将吴法改进并实现为通用程序[19],在微机上证明了 512 条非平凡的几何定理. 数学机械化的古老的梦,第一次成为现实.

在此之前,西方学者从 20 世纪 60 年代起即研究用逻辑方法实现几何证明的机械化,但进展不大. 吴法在笛卡儿坐标的基础上,使用代数工具而得到成功. 在它的启发之下,又出现了 GB 法[20]、数值并行法[21]等有效的代数方法.

但是,用这些代数方法给出的证明,往往是成百上千项的多项式的计算或大量数值计算的过程,人难以理解和检验. 能不能用计算机生成简捷而易于理解和检验的、像人所给出的那样的证明呢？这就是所谓几何定理可读证明的自动生成问题.

许多人，包括有些在数学机械化领域卓有成就的科学家，都认为让计算机生成几何定理的可读证明是太难了.这种想法有道理.因为几何命题千变万化，人可因题而异想出妙手巧招得到简捷的证明.计算机以不变应万变，以繁重的计算代替严谨的推理，怎么可能做到简捷可读呢？事实上，这个方向的研究在世界上已进行了几十年，只用计算机证明了少数简单的例子.

直到 1992 年，消点法的出现，使这一难题得到突破.

两千多年来，在解几何题山穷水尽时，总是想在图上添加些点或线，以求出现柳暗花明的转机.消点法则反其道而行之，力求从图上把某些点去掉，使其愈来愈简单，最后达到水落石出.而面积方法，恰好为消点法提供了有力的基本工具.关于消点法，有兴趣的读者可参看[11][12][23]或通俗短文[22].此处仅举一简单的例子.

例 4　设 $\triangle ABC$ 的两条中线 AM、BN 交于 G，则 $BG = 2GN$.

此题的图可按以下步骤作出：

（1）任取不共线三点 A、B、C，

（2）取 BC 的中点 M，

（3）取 AC 的中点 N，

（4）作 AM、BN 的交点 G.

要证的结论可写成 $\dfrac{BG}{GN} = 2$.消点法的思路，是要从表达式 $\dfrac{BG}{GN}$ 中按作图的相反顺序消去 G、N、M 等点，以求结果.过程是：

$$\frac{BG}{GN} = \frac{\triangle ABM}{\triangle AMN}（用共边定理消去 G）$$

$$= \frac{2\triangle ABM}{\triangle AMC}（因 N 是 AC 中点，\triangle AMN = \frac{\triangle AMC}{2}，消 N）$$

$$= 2（因 M 是 AB 中点，\triangle ABM = \triangle AMC，消 M），$$

这就机械地给出了一个简捷而漂亮的证法.

使用消点法时，涉及三种几何量：面积、共线或平行的线段的比和勾股差.四边形 $ABCD$ 的勾股差，即 AB、CD 的平方和减去 AD、BC 的平方和之差.三

角形 ABC 的勾股差,定义为四边形 $ABBC$ 的勾股差. 于是,ABA 的勾股差是线段 AB 平方的两倍. 而 $\triangle ABC$ 的面积与勾股差的比恰是 $\angle ABC$ 的正切的 $\frac{1}{4}$. 用这三种几何量能表达各种其他几何量.

只要一个几何命题的前提可以用作图语句描述,而结论可以表达为这三种几何量的有理式,就能够用消点法判定其是否成立. 如果成立,判定过程中也就给出了有几何意义的证明. 在多数情形下,这证明是简明可读的. 证明过程中,每个前提条件仅使用一次. 在这种意义下,证明是最短的了.

可以引进更多的几何量以扩大消点法的使用范围,并得到多种风格的证明. 例如,消点法与复数运算结合,能对许多与角度有关的命题机械地给出简明的证法,包括著名的莫勒定理. 消点法打开了几何解题方法的丰富的宝藏.

消点法既可以在微机上实现,也能由中学生用笔和纸进行. 它不仅使古老的几何有了成批解题的"中巧",也给计算机辅助教学提供了丰富的内容.

顺便提到,消点法已经推广于非欧几何. 这改变了非欧几何解题的局面,并发现了一批非欧几何新定理.[23]

14 极限概念的非 ε 语言

教育数学的又一项研究,针对着微积分入门教学的难点.

由牛顿和莱布尼兹所创立的微积分是不严格的. 在两百年之后,经柯西等一批数学家的努力,建立了严密的极限理论,才为微积分提供了坚实的基础. 但柯西的极限理论,要用 ε 语言来叙述,其逻辑结构复杂,初学者难以理解和掌握. 一百年来,极限概念的 ε 语言已成为进入高等数学大门的难关. 它是公认的微积分入门教学难点. 例如,美国斯皮瓦克所写的一本著名的微积分教材中,竟无可奈何地要求学生不管明白不明白,把关于极限概念的 ε 语言定义"像背一首诗一样背下来,这样做,至少比把它说错来得强". 波利亚在[24]中提到,工科学生顾不上 ε-δ 证明,对 ε-δ 证明没有兴趣,教给他们的微积分规则就像是从天上掉下来的.

这种情形下,数学专业的学生只有花很多时间精力,做大量练习来闯过 ε 语言难关. 而非数学专业的学生,则干脆对极限概念不求甚解,模糊地从直观上了解一下,只求会套用公式算题罢了.1979—1984 年间,我在中国科学技术大学教少年班和数学系的微积分.这些学生入学成绩是国内一流的,但在学习 ε-δ 语言极限概念阶段,仍然感到困难,测验成绩平均仅 60 多分.

对这一难点,长期以来大家几乎束手无策.有些教材(如龚升、张声雷编的《简明微积分》,上海科学技术出版社出版)采用一年级先直观地学极限概念,二、三年级再严格地学 ε 语言的办法.这样炒夹生饭的办法,并未从根本上解决问题,收效不大.因为学生学会了用微积分解决许多应用问题后,不再有新鲜感,对严格化已无兴趣了.

通过总结在中国科学技术大学几年的教学心得,笔者于 1984 年提出了极限概念的非 ε 语言.初步试用效果颇好.后因离开教学岗位,没有继续试下去.这一想法在刊物上发表后,又写入[6]中.1992 年,四川都江堰教育学院刘宗贵教授根据[6]中的方法写出教材《非 ε 语言一元微积分学》(1993 年由贵州教育出版社出版)[25],并在教学中试用,取得了预期的好效果.一方面节省了 30% 课时,另一方面又提高了教学质量.用传统的 ε 语言讲极限,学生习题的正确率不到 50%,而用了新方法,正确率达到 87%.

新方法充分利用了学生头脑里已有的信息.以数列极限为例.在学极限概念之前,他们已知道了什么是数列、单调不减数列和无界数列.于是容易引入:

无穷大数列的定义　设 $\{a_n\}$ 是一数列.如果有无界不减数列 $\{D_n\}$ 使 $|a_n| > D_n$ 对所有的 n 都成立,则称 $\{a_n\}$ 为无穷大数列.

顺理成章地有:

无穷小数列定义　设 $\{a_n\}$ 是一数列.如果有无界不减数列 $\{D_n\}$,使 $|a_n| < \dfrac{1}{D_n}$ 对所有 n 都成立,则称 $\{a_n\}$ 为无穷小数列.

于是极限概念就瓜熟蒂落了:

数列极限的定义　设 $\{a_n\}$ 是一数列.如果有实数 A,使得数列 $\{a_n - A\}$ 是无穷小数列,则称数列 $\{a_n\}$ 以 A 为极限.

这样定义的极限概念的特点是:

(1) 在学生已学过的概念的基础上平易自然地引入极限概念,没有逻辑上的跳跃.

(2) 直观而又严格.

（3）定义有可操作性,学生可直接应用概念做题而很少遇到困难.

（4）用统一的模式处理多种极限过程,系统性强.

（5）逻辑上与 ε 语言的极限概念等价. 数学系学生入门后很容易再掌握传统方法,不影响数学上的进修.

记得徐利治教授在他的一本书中提出这样的看法:"不用 ε 语言不可能严格地讲极限概念."他说,下面这个题目不用 ε 语言是无法做出来的:

例 5 设 $\{a_n\}$ 是无穷小数列. 记

$$S_n = \frac{1}{n}(a_1 + a_2 + \cdots + a_n),$$

则 $\{S_n\}$ 也是无穷小数列.

用 ε 语言的传统证法,见于许多教材. 这里是非 ε 语言的证法:

证明 因 $\{a_n\}$ 是无穷小数列,故有无界不减数列 $\{D_n\}$ 使得

$$|a_n| < d_n = \frac{1}{D_n}.$$

取 m 为 $\sqrt{n}$ 的整数部分,则

$$
\begin{aligned}
|S_n| &= \frac{|a_1 + a_2 + \cdots + a_n|}{n} \\
&\leqslant \frac{(d_1 + d_2 + \cdots + d_n)}{n} \\
&\leqslant \frac{(d_1 + d_2 + \cdots + d_m) + (n-m)d_{m+1}}{n} \\
&\leqslant \frac{md_1}{n} + d_m \leqslant \frac{d_1}{m} + d_m.
\end{aligned}
$$

这证明了 $\{S_n\}$ 是无穷小数列.

这表明,不用 ε 语言也能严格地讲极限概念. 而且做起题目来比用 ε 语言更便当.

预期极限概念的非 ε 语言在教学中推广后,数学专业师生可节省时间和精力且学会更灵活的思考和解题方法. 非数学专业学生将结束波利亚所说的"微积分的规则就像是从天上掉下来的一样"这种局面,能真正掌握极限概念,提高数学素质,把微积分知识学得更透,用得更好.

15 展望与希望

前面还没有提到连续归纳法.连续归纳法把数学归纳法从自然数系推广到了实数系,是初等分析中一条被前辈大师们遗漏了的重要的原理和有用的工具.在教育数学观点的引导下.它被找出来了[6].有了它,分析中一系列与实数和连续函数有关的基本定理可以用统一的模式证明.这又克服了分析入门教学中一大难点.由于这个问题只涉及数学专业,就不多谈了.

教育数学的成果表明,数学难学的一个重要原因是数学知识本身还有不足之处.通过教育数学的工作,丰富了数学,使数学更适合于教育.

但已有的工作主要是教育数学的基础研究.把基础研究的成果变成实际的好处,变成数学教育的改善,有更多的工作要做.

(1)培养师资:短训班与师范院校相结合.

(2)编写教材和教学参考资料:不同程度地吸取面积法和消点法的中学几何教材和教参;非 ε 语言的大专微积分教材、中学微积分教材和教参;相应的师范院校教材.

(3)在现有机器证明成果的基础上开发新型的几何教学辅导软件,把数学教材改革与计算机辅助教学结合起来.

(4)组织教学试验:可用课外活动和课堂教学等不同形式进行.

以上工作现在已经有些热心的教师和研究人员在自发地做.教育行政部门如能加强领导,计划组织并给以支持,可大大加快成功的过程,得到更好的效果.

最低的支持,是对自发地学习使用面积方法的教师和学生采取允许和鼓励的政策.由于面积方法易学好用,不少教师和学生在课外学习了它的一些基本定理.其中主要是共边定理和共角定理.这两个定理非常简单,非常基本,可以从小学的几何知识推出,在解题时用途很大.但因为是新的研究成果,以前的教材上没有,教学大纲上也没有.那么,在中考和高考时能不能用这两个定理解题呢?这个问题只能由教委研究后做出行政决定.例如,把面积方法的基本定理作为选修内容,允许在考试中应用.这样可解除师生和家长的后顾之忧.对非 ε 语言的极限概念,在研究生考试中,也应有相应的政策.

积极的支持,是把"教育数学及其应用"作为一个重点项目有组织地来进行.目前在全国许多地方有不少志士仁人在从事教育数学的研究和教学实践,或对教育数学有浓厚的兴趣.把这些力量组织在一个项目之中,可以取长补短,配合协助,避免重复劳动,有事半功倍的效果.

把数学本身变容易些,是数学教育改革中投资小,收效大,立竿见影,稳妥可靠的一种办法(当然还有别的办法:改革高考制度,改进教学方法,计算机辅助教学等).做好了,亿万师生受益,国家科学技术事业受益.做出经验来,是我们留给后代的一份珍贵遗产,也是中华民族对国际数学教育事业的一份贡献.

把数学变容易些,是自古以来无数学子的希望.到 21 世纪,这希望应当可以变成现实了吧.

参考文献

[1]王梓坤.今日数学及其应用[A].严士健.面向 21 世纪的中国数学教育——数学家谈数学教育[M].南京:江苏教育出版社,1994:1-36.

[2]华罗庚.大哉数学之为用[N].人民日报,1959-05-28.

[3]齐民友.关于中学数学教育改革的一些看法[A].严士健.面向 21 世纪的中国数学教育——数学家谈数学教育[M].南京:江苏教育出版社,1994:70-77.

[4]严士健.数学教育应为面向 21 世纪而努力[A].苏州大学编.21 世纪基础数学改革国际研讨会大会邀请报告集[R].1994:60-90.

[5]郑毓信.数学教育哲学[M].成都:四川教育出版社,1995:129,181,263.

[6]井中,沛生.从数学教育到教育数学[M].成都:四川教育出版社,1989.

[7]徐利治.数学史、数学方法和数学评价[A].严士健.面向 21 世纪的中国数学教育——数学家谈数学教育[M].南京:江苏教育出版社,1994:54-60.

[8]张景中.面积关系帮你解题[M].上海:上海教育出版社,1982.

[9]张景中.平面几何新路[J].数学教师,1985(2)-1986(6).

[10]张景中.平面几何新路[M].成都:四川教育出版社,1992;台北:九章出版社,1995.

[11]张景中.平面几何新路——解题研究[M].成都:四川教育出版社,1992.

[12]CHOU S C,GAO X S and ZHANG J Z.Machine Proofs in Geometry[J].World Scientific,Singapore,1994.

[13]全国数学竞赛委员会.全国中学数学竞赛题解[M].北京:科学普及出版社,

1978：前言(华罗庚).

[14] 项武义.几何学的源起与发展[M].台北：九章出版社,1983.

[15] 吴文俊.数学教育不能从培养数学家的要求出发[A].严士健.面向 21 世纪的中国数学教育——数学家谈数学教育[M].南京：江苏教育出版社,1994:37－40.

[16] 石赫.数学机械化证明的吴文俊原理[A].程民德.中国数学发展的若干主攻方向[M].南京：江苏教育出版社,1994:3－18.

[17] 吴文俊.几何定理机器证明的基本原理[M].北京：科学出版社,1984.

[18] 吴文俊.初等几何判定问题与机械化证明[J].中国科学,1977:507－516.

[19] CHOU S C. Mechanical Geometry Theorem Proving [M]. D. Reidel Publishing Company,1987.

[20] CHOU S C, SCHELTER W F. Proving Geometry Theorem with Rewrite Rules [J]. Journal of Automated Reasoning,1986(3):253－273.

[21] ZHANG J Z, YANG L and DENG M K. The Parallel Numerical Method of Mechanical Theorem Proving [J]. Theoretical Computer Science,1990(74):253－271.

[22] 张景中.消点法浅谈[J].数学教师,1995(1):6－11,29.

[23] 张景中,杨路,高小山,周咸青.几何定理可读证明的自动生成[J].计算机学报,1995(5):380－393.

[24] G.波利亚.数学与猜想(第二卷)[M].北京：科学出版社,1984:178.

[25] 刘宗贵.非 ε 语言一元微积分学[M].贵阳：贵州教育出版社,1993.

1.3　把数学变容易一些(2007)^①

1

现在世界上,大家都知道数学教育非常重要.我们正处在信息时代,信息技术实际上就是数学技术.姜伯驹院士讲,现在数学系报名的学生越来越少,可想听数学课的人却越来越多.一方面大家觉得数学非常重要,另一方面一辈子搞数学又不甘心,不愿意.一是工作不好找,待遇比较低;二是学数学太辛苦.这不仅是中国的现象.美国前几年有位数学家写了一篇有关数学教育的文章,说现在的数学教育是一年不如一年,学生的数学成绩是越来越差,学生对数学学习的兴趣越来越低,简直没什么办法.澳大利亚有一个大学的数学系,某年只招到3名学生,这个数学系只好停办.

数学教育的不景气是世界范围内近几十年来的事情,当然原因是多种多样的.其中有一个重要的原因就是数学不好学,太难,花了很大力气去学,学了之后觉得不划算.美国有一个著名的数学教育家说,由于学数学,就使一些学生从年少时就对人生道路失去了信心,从这个意义上讲,我们的数学教育在毁灭年轻的一代.虽然他说得严重了一些,但在一定程度上反映了实际情形.

学数学为什么感到难呢?其他的学科,往往经过历史上的变革,原来的就没用了.如物理学中的光学,原来是粒子说,粒子说被推翻了,就不学了.化学原来有"燃素说",物理上原来有"热素说",这些理论,一被推翻就不用学了.数学则是从古到今,几乎每一个年代的成果都要继承下来.所以人们说,哲学家是把人家的那一页涂掉,写上自己的一页,而数学家是加上自己的一页,越积累越多.另外数学用处越来越大,社会对数学的要求越来越高.如果一位电机的学生学的数学太少,一到工作单位人家马上就发现了,对他说不行啊,数学上什么

① 本文原载《河南教育》2000年第9期和第10期.

什么都没学……社会对数学的要求越来越高,数学发展越来越快,数学积累的知识越来越多,所以数学越来越难学.

学生学习要考试,要做题目,这本身是很难的.评价一个科学家,往往是看他会做什么.评价一个学生则是看他不会做什么,所以学生是很苦的.对科学家是说他在某方面做出了贡献,不会说他哪个题目没做出来.对学生是说他哪门功课还不及格.学生要对付那么多功课,要在短短 3 年、6 年或 12 年里把几千年积累的数学知识学会,本来就难.

2

在数学难学的客观事实的基础上,我们还人为地制造了许多难点,自找了许多麻烦.从小学开始,比方说出了一个题目:3 个人每人分 2 个苹果,一共多少苹果? 小学生一定要写"2×3=6",如果写成"3×2"老师就要扣分.这个问题,我多年来是想不通的,许多数学家也想不通.你辛辛苦苦地教学生 2×3 不能写成 3×2,然后又要辛辛苦苦地教学生 2×3=3×2(交换律),人为地增加了难点.这是一个定义问题,你一开始规定 2×3 和 3×2 是一样的,既可以代表 2 个 3,又可以代表 3 个 2,这样就可以了,学生就不会犯这个"错误"了.人犯不犯法不仅依赖于人,还依赖于法律.法律规定太严格了,人犯法就多一些,法律适当,犯法的人就少一些.1984 年我给上海的一家杂志写过 2 篇短文讲这个事情,引起了一场讨论.最近北师大数学教育研究所编了一套 21 世纪的小学教材,吸取了这个观点,3×2 和 2×3 可以通用.试教时,老师有一种"解放了"的感觉,学生也感到高兴,这少犯了许多"错误".

要减少一些人为产生的难点,这是把数学变容易一些的第一个要求.陈重穆先生曾给我寄来一篇文章,提到高中数学里讲幂函数时,$x < 0$ 时有些函数有意义,有些没有意义.他说这样做没有必要.把幂函数推广到分数指数,目的是为了引进对数,而这只要考虑 $x > 0$ 时的定义就够了,其他的可以不予考虑.不予考虑,有关的题目就没有了,这是釜底抽薪之法.将来如果真的要用到 $x < 0$ 时的定义,再定义起来也容易.凡是有 x 的分数次幂的地方,规定 x 必须大于或等于 0.从定义开始,就使钻牛角尖的题不可能出来.我很赞成陈重穆先生的这种看法.现在学生学幂函数,要考虑幂指数分母是奇数还是偶数,分子是奇数

还是偶数,是奇函数还是偶函数,又要考虑在负半轴上是否有定义,一共有十余种情况,学生学得很苦,反而把主要的数学思想冲淡了.我问过学生,他们说每种情况是可以慢慢想出来的,但考试中每个题目只有两分钟的时间,如果是选择题,必须平时背熟,考场上才能在限定时间内做出来.

现在考试的方式多,题量大,钻牛角尖的题也多.一个多小时要做几十道题目,这就要求学生反应快,平时把方法、公式都背熟,不允许考生反复思考.而真正搞数学则要求慢慢思考.华罗庚先生说,他小时候是这样学数学的:人家一个小时能做的题目,他要花四个小时把它想通,然后他就有新的收获了.按照现在出题目考试的方式,一般不留给学生充分思考的时间,原因之一是课本上的一些东西使考试有可乘之机.就像刚才举的例子一样,如果从根本上、定义上让他们没有犯错误的可能,就可以使数学变得容易一些.我认为这是最基本的,应该做到的.要简化,这个简化不是少学某些知识,而是要突出关键的知识.另外我也很同意陈重穆先生的主张,不要斤斤计较某些概念,比如说什么叫方程啊……反正就是这个问题,就看你会不会用,能不能做出来.古代许多大数学家,用今天的标准看,许多概念是不清楚的,但有许多新的发现,做出了大的贡献.

还有追求严格性的问题.吴文俊先生在一次会上讲,说学几何要严谨是吹牛,欧几里得的几何从来就不严谨,而且就是到了希尔伯特做了改进以后,教科书上也做不到严谨.为什么呢?举个例子,证明平行四边形对角线互相平分,要用到"两条直线平行则内错角相等"的定理.但是,你怎么知道哪两个角是内错角?你证明没有?要证明是内错角,就要证明有两个点是在对角线的两侧,而这是非常难证明的.没有一本教科书(包括欧几里得的原本)证明了它是内错角,都是直观看出来的.我们主张,学几何不要强调它的公理,它的严谨,而要强调它的思想和方法.用几个基本原理,可以解决许多问题,这就是思想方法的高明.基本原理对了,细节上不要追求,可以查文献,历史上许多数学家的重要论文都是不严谨的,关键要有新思想.牛顿的微积分不严谨了两百年,后来让别人给"严谨"了.那个两百年如果要严谨的话,微积分就没法发展了,最主要的是要有新思想.

我主张不要制造人为的困难,还要搞点人为的"容易".什么叫"容易"?我认为"容易"对学生来说,就是具体、熟悉,而不是抽象、陌生.一个人感到什么东西很难,因为对它比较陌生.如果你到一个新的城市,你可能一时找不到你需要去的地方,因为你以前没到过这里.如果你住了几年了,你就感到很容易了.所以"容易"和"难",关键是熟悉和不熟悉,熟悉了的东西感到是具体的,陌生的东西则感到是很抽象的.所以我们给学生讲数学或编书的时候,首先要想到学生头脑里熟悉的是什么.

下面这个例子,是我的一个经验."鸡兔同笼"类问题大家都很熟悉.鸡和兔共有 15 个头,40 只脚,问有多少鸡多少兔.书上讲的办法是假定鸡都是兔(或兔都是鸡).难点在于学生对这个讲法不熟悉,他们马上就会问:为什么要假定都是鸡呢?明明是有鸡有兔嘛.后来我给一个学生试验这么一种讲法:鸡有 2 只脚,兔子 4 只脚.鸡为什么少 2 只脚?为啥不平等呢?它有 2 个翅膀,因为翅膀不算脚,所以说鸡有 2 只脚.就是说本来鸡有 4 只脚,实际上是平等的.15 个头本来应有 60 只脚,为什么只有 40 只脚呢?因为翅膀不算脚.有 20(即 60-40)个翅膀,有多少只鸡啊,20 个翅膀是 10 只鸡.这样只讲一次,只有 20 分钟的时间,半年之内再问他,他仍旧记得牢牢.这就是利用了学生的生活经验,学生知道鸡有 2 个翅膀.要下功夫,就能把数学变容易.可以找一些难点,收集一些具有可重复性的这种课堂经验.关键是要利用学生熟悉的、具体的东西来讲数学.

我从 1974 年以来,一直提倡用面积方法讲几何.因为面积是学生在小学里学的几何知识中印象最深的东西,是他们最熟悉的.从面积入手讲几何,必然是最容易接受的.当然还有别的根据,因面积方法确实可以解决各式各样的几何问题,甚至可以在电脑上实现,可以变成算法.我的基本想法是,要讲一个新的东西,先要仔细分析一下学生在学习新知识之前他掌握了哪些东西,一定要从他掌握的东西出发,加进去最少的新东西让他进入一个新的领域.我在一本小册子《从数学教育到教育数学》(再版以后改名为《教育数学探索》)中,介绍了怎样从面积概念出发讲中学的几何,怎么从递增数列出发讲极限概念.有的地方也做了一些试验.用面积讲几何,如果完全把旧的一套换掉是不容易的,逐步渗透的话,现在看来是有可能的.

人为地把数学变容易一些,还有一点是尽可能对一些定理少加附加条件,少加附着的东西.高中讲单调函数(增函数),当 $x_1 > x_2$ 可推出 $f(x_1) > f(x_2)$,称 $f(x)$ 是增函数.这个定义给学生带来一些麻烦,学生在做题时既要

考虑 $x_1 > x_2$，又要考虑 $f(x_1) > f(x_2)$，多了一个逻辑环节. 如果在定义时就说当 $x_1 - x_2$ 与 $f(x_1) - f(x_2)$ 同号就是增函数，学生做题时就会感到容易得多. 只要把两个差比一比，而不考虑这差是正是负，尽管实质是一样的，学起来却容易一些. 而且这样定义抓住了本质，为学习微分埋下了伏笔. 像这类事情，引进概念要返璞归真，要把条件变得较少、较简单，人为地让学生做起来容易一些. 这是把数学变容易的第二个想法.

3

第三个想法是，要着重教给学生方法而不是技巧. 技巧很重要，但在中学阶段不应当强调技巧，要提倡方法. 方法学了之后可以解决一类问题，技巧只能解决偶尔碰到的一个或几个问题. 方法只有几种、十几种或几十种，而技巧是无穷无尽的. 初等数学题目虽是初等的，但有时教授、专家都会感到困难. 姜伯驹先生讲到在台湾一个会上，当大陆学者演讲讲到数学奥林匹克竞赛的几个题目时，问陈省身先生："你看这些题怎么样?"陈先生说："这些题我一个也解不出来."当然如果在家里慢慢想是可以做出来的，但是要求考试当场做出来，这对学生要求太高了.

我举个极端的例子，1978 年华罗庚先生主持数学竞赛的命题工作，他在发表的一篇文章说，他想出一道题，是有关光折射的几何不等式的证明，但是找不到可以用中学几何知识证明的方法，只会用微积分方法证明. 其实，这个问题 16 世纪惠更斯有一个非常简单的初等方法，用初中的三角或几何方法证明，只用了几行字. 像华先生这么伟大的大师级的数学家，事先没见过这个题目，在短时间内也没能想到这个办法. 但华罗庚不愧是大师，有科学家实事求是的态度，自己写文章承认小题目没做出来. 华先生一讲，许多人就去想了. 后来杨路有篇文章，总结了十二种方法，每种方法都用一些技巧，只有几行. 靠技巧做题，再伟大的数学家也不一定能保证在短时间内做出来.

还有一道几何题，国外的数学家做了二十多年. 这道题很简单，一个三角形，周长的三等分点构成内接三角形，要证明内接三角形的周长不小于原三角形周长的一半. 加拿大有位数学家写了一篇论文，有十几页，把它解决了，用好多引理才证出来. 后来我国有位中学数学老师，用初中的知识，只用几行字，很简单地就把它证出来了,也是靠了技巧.中学生主要的任务,应该是学思想方法,诸如如何根据实际问题列方程,怎么解方程,哪几类方程是可以解出来的,哪几类方程需要变一变才能解,排列组合公式怎么找,等等.掌握技巧不是主要的,这一点必须十分明确.要是没有方法,就要研究,给学生提供方法.平面几何原来是没有方法的,我们研究了面积方法,就可以提供一般方法了.平面几何如果每道题都用技巧,那对学生是非常苦的事情,研究出方法来,就简单多了.所以我提倡的教育数学里有一点就是为了教育要研究数学,一个题目一个方法,这不利于教育.如果我们研究出一个比较通用的方法,大多数题目都可以做出来,学生不那么苦,老师也不那么苦,数学就可以变容易一些了.总的来说,把数学变容易,我想主要有三个途径:

（1）好好动脑筋想哪些难点是人为制造的难点.像 2×3 与 3×2 一样,不必要的规定要改掉.有些定义、概念可以改容易一些,比如定义幂函数,只要 $x>0$,就简单了,去掉了人为难点.

（2）引进新的概念时,必须适合学生的思想,符合学生的生活经验.比如讲面积方法,利用学生对面积的熟悉,有利于学生接受.

（3）教给学生比较一般的解题方法.这要数学家参加进来,才能做好.

有一次我在新加坡遇到美籍华人数学家项武义先生,谈到数学教育.他说,解题有所谓"大巧"和"小巧"."大巧"是以不变应万变,学了基本的东西就可以解各种各样的题目;"小巧"就是各种各样的技巧,学会一样只能解几个题目.他说不要提倡"小巧",要提倡"大巧".当时我说,"小巧"不应提倡,但"大巧"未免太难了,以不变应万变连数学家都做不到.我提倡"中巧",就像中国古代的《九章算术》,把问题分门别类,学一个方法就能解一类题.哪些问题有确定的方法能解决的,让学生掌握,这是最基本的.此外,稍微浏览一下古今中外一些精彩的东西,对中学生这样要求已经很不错了.美国著名的数学教育家波利亚就是提倡以不变应万变的.他写过一本书《怎样解题》,上面华罗庚先生谈到的那个题目,波利亚却说,不用微积分是没法做的.美国有的学校做了实验,叫作"解题教学",让学生学波利亚的《怎样解题》,但学生学了之后还是不会解题.确实,一个比较简单的问题,一般只要思路清晰就能解决了,难一点的问题,还是解决不了.如果一般思路清晰就能解出各种题来,那么数学奥林匹克竞赛也不用举行了.每年都能找到许多解法很简单的题,但许多人解不出来,说明这种技巧是无穷无尽的. 以不变应万变的"大巧",真正意义上是没有的. 如果一定要以不变应万变,就要采用题海战术,变成每个题的解法都记住,通通记住之后就能以不变应万变了. 但这个万变是在他学过的题中来变的,他一回忆,这个题做过就会了. 要说创造性,我不相信学生临考时五分钟靠创造性就把题做出来,那种天才太少了.

"中巧"是把题目分门别类,一类一类来解决. 如果没有"中巧",就要靠数学家研究创造一些"中巧". 数学教学中长期以来有两个难点:一个是中学的平面几何怎么教,怎么使学生能做出题来;一个是微积分入门,极限概念怎么教才能使学生容易理解. 我个人从 1974 年以来一直围绕这两个问题在思考,在实践. 现在简单介绍一下自己思考的一些体会. 平面几何,我提倡面积方法,不是想把整个系统都改成面积方法,我只希望将来在编写考试大纲时,能允许学生在考试中使用两个基本定理,一个叫共边定理,一个叫共角定理. 只要允许用这两个定理,改革就迈出了第一步.

共边定理 两条直线 AB 和 PQ 交于一点 M,则有 $\triangle PAB$ 面积$/PM =$ $\triangle QAB$ 面积$/QM$.

共角定理 在$\triangle ABC$ 与$\triangle XYZ$ 中,若 $\angle YXZ = \angle CAB$,则两个三角形面积比等于$(AB \cdot AC)/(XY \cdot XZ)$.

这两个定理完全可以根据小学的知识推出,什么公理都不用,什么平行、垂直知识都不用. 推出之后,往前走一步就可以有很丰富的成果. 举个例子,有一个定理:两个三角形对应角相等,则三边对应成比例. 项武义先生在一本给中学教师写的书里,前后用了十几页证明这个定理. 有了前面的共角定理,这个定理马上就出来了. 这两个定理(共边定理和共角定理),陈重穆先生把它写进了高效率几何教材做实验,一开始是五个班,后来已实验到几万人,没发生什么困难,节省了许多课时,节省了师生的精力.

另外一个例子,就是怎么改革 ε-δ 极限概念. ε-δ 语言是柯西-维尔斯特拉斯对数学分析的一大贡献,但是也给数学教育带来一大难题. 如果当初人们不这么定义极限,现在根本就没有这么多困难. 现在几乎是全世界学工科的学生学不懂微积分. 波利亚在他的书中说:"工科的学生学不懂 ε-δ 语言,对他们来说,微积分的规则就像是从天上掉下来的一样." 如果换个定义就没有这么困难了. 怎么定义? 还是利用学生头脑中已经有了的东西. 首先引进无界递增数列概念,这个概念并不难,小学生学的 1, 2, 3, …就是一个无界递增数列. 一分钟,学生就明白:没有上界、单调上升. 如果有一个数列,绝对值不比某个无界递增数列小,就说它是无穷大数列. 要是绝对值不比某个无界递增数列的倒数列大,就说它是无穷小数列. 如果一个数列减去一个常数列就得到一个无穷小数列,就说这个数列以这个常数为极限. 这就可以毫不费力地让学生接受极限概念. 按这个概念做数学分析类的题,要比用 $\varepsilon - \delta$ 语言简单两个逻辑环节,在数学教育上有非常好的效果. 这个定义极限的方法,叫作非 $\varepsilon - \delta$ 语言的极限概念.

　　四川省的刘宗贵老师,按非 $\varepsilon - \delta$ 语言概念写了微积分教材,做了教学试验. $\varepsilon - \delta$ 语言在中国科大、北大的学生学起来往往都较困难,而非 $\varepsilon - \delta$ 概念,刘宗贵老师的学生学起来却非常顺利,还比教学大纲的计划节约了二十多个学时. 原来只要求讲一元微积分,结果还补充了一些多元微积分,学生学得很满意. 重庆师范学院的一位老师也把这个教材拿去试过,发现学生对极限理解的困难都没有了,这个非 $\varepsilon - \delta$ 语言的极限概念是严格的. 我国著名的数学教育家徐利治先生在一本书上说,$\varepsilon - \delta$ 概念是很难学的,但如果不学它很多定理就证明不了. 他还举了一个例子:要证明无穷小数列的前 n 项的算术平均数列仍是无穷小数列,不用 $\varepsilon - \delta$ 语言怎么证明? 这题目是比较难的,记得我上大学时用 $\varepsilon - \delta$ 语言把它证明出来心里非常高兴,觉得自己掌握了 $\varepsilon - \delta$ 语言的方法,学会了极限概念. 一般数学老师也认为,如能用 $\varepsilon - \delta$ 语言把这个题目证出,就算掌握了 $\varepsilon - \delta$ 语言极限概念的精髓了. 实际上这个题目用非 $\varepsilon - \delta$ 语言也能做,而且更容易.

1.4 教育数学:把数学变容易(2013)①

数学教育很重要,这早有共识.但如何做好数学教育,长期以来莫衷一是.

可以把学数学比作吃核桃.数学教育学研究的是如何砸核桃和吃核桃.教育数学则要研究改良核桃的品种,使核桃味道更美、营养更丰富,更容易砸开吃净.

改造数学使之更适宜于教育,是教育数学为自己提出的任务.简言之,教育数学的目标是把数学变容易.

"教育数学",首见于 1989 年笔者的《从数学教育到教育数学》一书;但教育数学的活动早已有之.欧几里得著《几何原本》,柯西写《分析教程》,都是教育数学成功的经典工作.拉格朗日为了使自己的学生能够更容易地学习微积分,写了《解析函数论》一书,提出"不用无穷小及正在消失的量或极限与流数等概念,而归结为有限的代数分析的艺术",试图不用极限概念来建立微积分理论.这应看成教育数学的一次重要尝试.但这次尝试没有成功,因为其基本工具无穷级数仍然离不开极限的概念.

数学教育中有世界公认的若干难点,如初等数学里的几何与三角、高等数学里的微积分入门等.经过数学教育学专家、数学家以及数学教师多年的研究和实践,仍然找不到克服这些难点的好办法,至今只能"删繁就简",直白说,就是"难了就不学".教育数学则认为,难点的存在,可能是由于现有的数学知识组织得不够好,不适于教学与学习;重构知识,优化数学,化难为易,则大有可为.

教育数学研究的基本思路,在于发掘认知规律、推陈出新,低起点、高观点,从看似平凡之处寻求创新的胚芽.建立新方法新体系、提出新定义新概念、发掘新问题新技巧、寻求新思路新趣味——凡此种种,无不是为教育而做数学.

初等几何的教学受到广泛的重视,数学大师柯尔莫哥洛夫曾亲自主持苏联初中几何教科书的编写工作.教育数学早期也非常关注这个方向.通过教育数

---

① 本文原载《科技导报》2013 年第 17 期.

学的研究,建立了几何解题的通用面积方法.这种新方法不胫而走,已成为奥数培训的常见内容.作为副产品,它进一步发展为几何定理可读机器证明的消点法,被国外同行誉为计算机处理几何问题发展道路上的一个里程碑.

连续归纳法以至一般归纳原理的发现,改变了过去仅仅对良序集合才能使用数学归纳方法的框架.极限定义的非 ε 语言的提出,提供了较简单而同样严谨的极限概念表述方法.教育数学的这些成果,已经被几种微积分教材采用,在教学中初见成效.

如果说上述几项工作是属于方法层次的改进,教育数学在三角方面的探索则基于新定义的提出和推理体系的改革.

初等几何的内容在各国的基础数学教材中已被淡化.三角函数部分尽管难学,但由于其在应用中和高等数学理论中的重要性,将长期在数学教育中保持稳定的地位.把三角部分变容易自然成为教育数学的重要课题.引进三角函数定义的传统方法至少有五种(微分方程方法、函数方程方法、无穷级数方法、直角坐标方法和直角三角形方法).其中起点最低的是最后一种,但依然要用到相似的知识.教育数学的探索提供了更低起点的三角函数定义方法,使得在小学基础上就能够引入三角知识.由此发现了一条把几何、三角、代数一线串通的新路.这引起数学教育工作者的浓厚兴趣.在初步试验成功的基础上,多个学校更进一步的教学实践正在开展.

教育数学在微积分方面的探索,则从基本认知层次走出了新路.

微积分入门教学的改革是国内外数学教育领域长盛不衰的话题,也是教育数学一直关注的方向.在国内,林群是这个方向的积极倡导者.他十多年来身体力行,提出了令人瞩目的创见并进行了大量的教学实践探索.前面提到,数学巨匠拉格朗日出于教学的需要,曾致力于不用极限建立微积分,可惜最终没有成功.教育数学在这方面的研究圆了拉格朗日之梦,证实了不用极限概念确实能够直观严谨地建立微积分.这方面的进展颠覆了两百年来"微积分必须以极限或无穷小概念为基础"的成见,为微积分思想发展史增添了新的一页.微积分的几个最基本的常用定理的严谨证明,历来要依赖实数理论和极限概念.教育数学的研究表明并非如此.这些工作澄清了微积分的基本事实对实数理论和极限概念的依赖程度,简化了微积分的学习中逻辑演进的过程.

教育数学的主题是把数学变容易.至于如何判断数学内容及其表述方式的

难易,目前只有借助于直观的印象和教学实践. 由于教学实践的效果涉及学生基础条件以及应试要求等多方面的复杂因素,并且需要很长的周期才能显现,因此教育数学成果的实践检验是一个艰巨的、长时间的系统工程. 如何对数学内容进行定量的"教学复杂度"的理论分析,从而预测其教学效果以及估计需要消耗的学时,是教育数学有待探索的领域. 这方面的研究可能需要把数学与认知科学以及教育测量学等联系起来.

但是,数学教育改革的紧迫需求,不会坐等尚未启动的设想中的"教学复杂度"的理论探索. 年轻的教育数学所获得的成果,已经引起了若干数学教育工作者的热情关注,并面临教学实践的检验. 教育数学将在教学实践的反复检验过程中得到丰富和优化. 它所追求的目标,是获取大面积提高学生数学素质的可以复制的经验. 这正是半个世纪以来国际数学教育领域为之坚持努力而尚未实现的理想.

1.5 把数学变容易大有可为

——科技名家笔谈(2020)①

数学重要,但难学.改善数学教育是世纪性世界大课题.

30 年前,我在一本书里提出了"教育数学"的想法.所谓教育数学,就是为教育改造数学,把数学变得更容易. 要让概念更平易,推理更简捷,方法更有力.

40 多年前,我在新疆一个农场中学教数学时,有几件事情启发了我,让我认识到数学能够变得更容易.1977 年的一道高考题,我用小学里的面积计算方法做出来了.1978 年的一道奥数题,我又是用基于小学知识的面积方法找到了一个不到两行的证明.10 多年后,我才明白,这其实是发现了一种几何定理机器证明的新方法.

三角难懂,我用菱形面积定义正弦,接着通过面积计算轻松获得了正弦定理和正弦和角公式. 对此,初二学生说容易懂,记得牢,有趣.

40 年后,我才知道,数学教育大师弗赖登塔尔曾提出,能否提前 2 年先学正弦. 我找到了三角学在小学数学知识基础上的生长点,实现了他的设想.

1979 年,我到中国科学技术大学任教,整理了这些心得,写了《平面几何新路》等读物. 不久,我又结合讲微积分的体会,在 1989 年出版了《从数学教育到教育数学》一书,提出了"教育数学"的观点,举出了一批把数学变容易的实例,涉及几何、三角和微积分.

"教育数学"的主张赢得了广泛赞同.2004 年,中国高等教育学会教育数学专业委员会成立,专家们在多届委员会年会上就教育数学进行了深入交流.

数学究竟能不能变容易,还是要由教学实践来检验. 为了给教学实践做更多准备,提供可操作的内容,2006—2007 年,我在《数学教学》和《数学通报》撰文,提出了"重建三角,全局皆活"的主张;2009 年,我写了《一线串通的初等数

---

① 本文原载 2020 年 3 月 23 日《人民日报(海外版)》.

学》,作为科学出版社《走进教育数学》丛书中的一册出版.

经过 30 年的发酵,重建三角的思路,终于开始渗入课堂.

从相关学术刊物和学位论文,我们可以捕捉到有关教学实验的信息:对教育数学,学生教师均表示欢迎,认为新的概念方法别具一格,简捷易懂,易于接受.

宁波教育学院的崔雪芳教授曾组织在初一教正弦的实验课,得出的结论是:学生始终保持浓厚的兴趣,对后续学习产生了强烈的期待,学习的动力被进一步激发;在三角、几何、代数间搭建了一个互相联系的思维通道,后续学习的思维空间得到整体的拓展.

从 2012 年到 2015 年,在广州市科协项目支持下,广州市海珠实验中学青年教师张东方,对 2 个班 105 名学生,做了初中全程的"重建三角"教学实验.实验结果显示:学生的思维更活跃,分析和解决问题的能力明显提升.中考数学成绩优秀率达到 100%,而对比班级为 67%.

成功的实验引起了关注.有些师范学院把教育数学列入教学内容,组织相关教学实验;农村山区的实验学校,学生学习积极性提高,进步也很快;不少老师自发地投入教学实践,组织课外活动,编写校本教材,推广教育数学的新思想和新方法.30 年磨一剑,把数学变容易在初中里开始成为现实.

解析几何、向量能不能变容易? 微积分呢?

莱布尼兹问过,点如何相加? 我们提出的"点几何"给出了最为浅显的回答,由此对上千个几何问题给出了简单清楚的恒等式解答.这解答立刻能转化为向量、复数或坐标的表达方式.这将把解析几何、复数、向量的学习变得更容易.

历史上不少大家如拉格朗日,曾致力于建立不用极限的容易理解的微积分,都未成功.后人普遍认为此路不通.《普林斯顿微积分读本》干脆宣称,如果没有极限概念,微积分将不复存在.

在中国科学技术大学时,我曾致力把微积分变容易,虽小有所获,终因进展艰难而停顿.在林群学长这方面长期坚持不懈的探索启发激励下,近 20 年,我重拾此方向的研究.最近,我们发现,从一些很平常的想法出发,即使没有微积分,也能够系统而简捷地解决通常认为微积分才能解决的许多问题.沿此思路,可以在引入极限之前严谨地建立微积分了.

　　著名英国数学家阿蒂亚认为,为了知识的传承,必须不断努力把它们简化和统一. 他希望:"过去曾经使成年人困惑的问题,在以后的年代里,连孩子们都能容易地理解."

　　把数学变容易,任重道远,但大有可为.

第二章　　　一线串通的初等数学

2.1　改变平面几何推理系统的一点想法——略谈面积
　　　公式在几何推理中的重要作用(1980)

2.2　三角园地的侧门(1983)

2.3　重建三角,全局皆活——初中数学课程结构性改革
　　　的一个建议(2006)

2.4　三角下放,全局皆活——初中数学课程结构性改革
　　　的一个方案(2007)

2.5　一线串通的初等数学(2010)

2.1 改变平面几何推理系统的一点想法

——略谈面积公式在几何推理中的重要作用(1980)[①]

几何学像一座宏伟瑰丽的城市,几何推理系统则好像游览这座城市时所经行的交通中心和路线.在目前的几何教学中,中学生大体上还是沿着欧几里得当初建造的老路去欣赏古老的艺术.能不能改变一下这种状况呢?能不能在不减少传统的几何的丰富内容的前提下,给出一些更直接、更简捷的方法来给出平面几何的一些基本结果呢?

平面几何的命题,无非是长度、角度、面积这些几何量之间的关系的表述.我们设想:如果找到这三个量之间的普遍联系,不就可以运用这一普遍联系去解决多样的几何问题了吗?

下面谈谈我所探求的一点线索.

1 面积公式把长度、角度、面积三者联系了起来

早在小学阶段,我们已经知道矩形面积公式 $S=ab$,这个公式是由下面图形直观地引进的.

$=2\times3\times1.$（1 是单位正方形面积）

如果把上图中的直角变成某一个角 α,矩形便变成了有一个夹角为 α 的平行四边形.

$=2\times3\times$.

（ 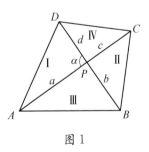 是有一个角为 α 的单位菱形面积）

因此我们可以定义：边长为1，一夹角为 α 的菱形面积为 $\sin\alpha$，叫作 α 的面积系数（或 α 的"正弦"，这里 $0° \leqslant \alpha \leqslant 180°$）.

这个定义不过是引进一个记号"sin"而已，后面将看到，这个定义与通常 $\sin\alpha$ 的定义是一致的.

和矩形面积公式类似，容易得出平行四边形面积公式：若平行四边形有一角为 α，夹此角的两边为 a、b，则平行四边形面积

$$S_{\square} = ab\sin\alpha. \tag{1}$$

三角形面积公式：把平行四边形用对角线分成两个三角形，立即看出 $S_{\triangle} = \dfrac{1}{2}S_{\square}$.

$$S_{\triangle} = \frac{1}{2}ab\sin C = \frac{1}{2}bc\sin A = \frac{1}{2}ca\sin B. \tag{2}$$

这个面积公式十分重要，因为它把长度、角度、面积联系在一起了. 我们把公式（2）看成几何城市的交通中心，从这里通向各个基本定理. 至于如何从欧氏公理出发，尽快地建立（2）可以有多种方法，也可以适当改变欧氏公理，使之便于推出（2）.

$\sin\alpha$ 的基本性质　由定义，$\sin\alpha$ 对 $0° \leqslant \alpha \leqslant 180°$ 有意义，且

（ⅰ）$\sin 0° = \sin 180° = 0$；

（ⅱ）$\sin 90° = 1$；

（ⅲ）$\sin\alpha = \sin(180° - \alpha)$. $\tag{3}$

（因菱形有两角互补）

例　若四边形 $ABCD$ 的对角线 AC 与 BD 的夹角为 α，则其面积

$$S_{ABCD} = \frac{1}{2}AC \cdot BD\sin\alpha.$$

证明　（1）若 $ABCD$ 为凸四边形如图1，对角线把它分为四块.

图 1

$$S_{ABCD} = \frac{1}{2}\left[ad\sin\alpha + bc\sin\alpha + ab\sin(180° - \alpha) + cd\sin(180° - \alpha) \right]$$

$$= \frac{1}{2}\left[ad + bc + ab + cd \right]\sin\alpha$$

$$= \frac{1}{2}(c + a)(b + d)\sin\alpha$$

$$= \frac{1}{2}AC \cdot BD\sin\alpha.$$

（2）若 $ABCD$ 为凹四边形如图 2，同样可得

$$S = \frac{1}{2}AC \cdot BD\sin\alpha. \qquad （证明过程略）$$

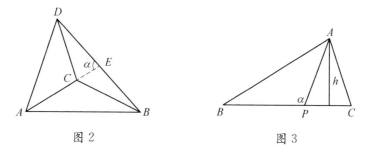

图 2   图 3

作为特例，当 D 在 AC 上时（这时 $d = 0$）如图 3，即为 $\triangle ABC$。在 BC 边上任取一点 P，AP 与 BC 的交角为 α，则得三角形面积公式

$$S_{\triangle ABC} = \frac{1}{2}AP \cdot BC\sin\alpha.$$

当 $\alpha = 90°$ 时，$AP = h$。令 $BC = a$，得

$$S_\triangle = \frac{1}{2}ah.$$

2 从面积公式导出 sin α 的进一步性质

若 $\triangle ABC$ 的三边为 a、b、c，$\angle C = 90°$，则

$$\sin A = \frac{a}{c}, \quad \sin B = \frac{b}{c}. \tag{4}$$

证明 由公式(2),得

$$S_\triangle = \frac{1}{2}ab\sin C = \frac{1}{2}bc\sin A = \frac{1}{2}ac\sin B,$$

$\because \sin C = \sin 90° = 1,$

$\therefore a\sin 90° = c\sin A,$

$\quad b\sin 90° = c\sin B.$

$\therefore \sin A = \dfrac{a}{c}, \quad \sin B = \dfrac{b}{c}.$

由(2)和(3)又可推知,当 $0° < \alpha < 180°$ 时,$\sin\alpha > 0$.

由此还可以推导出和、差角公式.

若 α、β 为锐角,则有和角公式

$$\sin(\alpha + \beta) = \sin\alpha\sin(90° - \beta) + \sin\beta\sin(90° - \alpha). \tag{5}$$

证明 如图 4,设 $AH \perp BC$.

$\because S_{\triangle ABC} = S_{\text{I}} + S_{\text{II}},$

$\therefore \dfrac{1}{2}bc\sin(\alpha + \beta) = \dfrac{1}{2}hc\sin\alpha + \dfrac{1}{2}hb\sin\beta.$

$\therefore \sin(\alpha + \beta) = \dfrac{h}{b}\sin\alpha + \dfrac{h}{c}\sin\beta$

$\qquad\qquad = \sin\alpha\sin(90° - \beta) + \sin\beta\sin(90° - \alpha).$

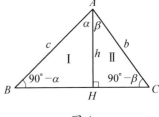

图 4

从这里又可导出下面几个推论.

（ⅰ）**勾股关系** 在(5)中取

$$\alpha + \beta = 90°,$$

得

$$\sin 90° = \sin^2\alpha + \sin^2(90° - \alpha),$$

$\therefore \sin^2\alpha + \sin^2(90° - \alpha) = 1.$

由此可知 $\quad |\sin\alpha| \leqslant 1,$

由(4)得 $\quad a^2 + b^2 = c^2.$

（ⅱ）$\sin 30° = \dfrac{1}{2}$.

证明 在（5）中取 $\alpha = \beta = 30°$，得 $\sin 60° = \sin 30°\sin 60° + \sin 60°\sin 30°$，

$\therefore 2\sin 30° = 1$，$\sin 30° = \dfrac{1}{2}$.

（ⅲ）$\sin 45° = \dfrac{\sqrt{2}}{2}$.（在（5）中取 $\alpha = \beta = 45°$）

（ⅳ）由勾股关系可得

$$\sin^2 60° = 1 - \sin^2 30° = \dfrac{3}{4} ,$$

$\therefore \sin 60° = \dfrac{\sqrt{3}}{2}$.

若 α、β、$\alpha - \beta$ 都是锐角，则有差角公式

$$\sin(\alpha - \beta) = \sin\alpha\sin(90° - \beta) - \sin\beta\sin(90° - \alpha). \tag{6}$$

证明 如图 5，

$\because S_{\mathrm{I}} = S_{\triangle ABH} - S_{\mathrm{II}}$，

$\dfrac{1}{2}bc\sin(\alpha - \beta) = \dfrac{1}{2}ch\sin\alpha - \dfrac{1}{2}bh\sin\beta$，

$\therefore \sin(\alpha - \beta) = \dfrac{h}{b}\sin\alpha - \dfrac{h}{c}\sin\beta$

$\qquad\qquad = \sin\alpha\sin(90° - \beta) - \sin\beta\sin(90° - \alpha).$

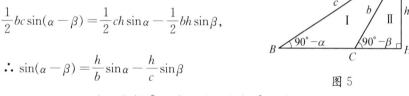

图 5

有了和角、差角公式，我们可以对 $0°$—$180°$之外的角 α 给出 $\sin\alpha$ 的定义，即用和、差角公式开拓它，这里从略. 但有必要引出负角公式

$$\sin(-\beta) = -\sin\beta. \tag{7}$$

这里只要把 $\alpha = 0$ 代入（6）即得.

由于 $\sin(90° - \alpha)$ 形的记号经常出现，故引入定义

余弦 余角的正弦叫作余弦.

$$\cos\alpha = \sin(90° - \alpha). \tag{8}$$

容易推出：$\cos 0° = 1$，$\cos 90° = 0$，$\cos 180° = -1$，以及 $30°$、$45°$、$60°$的余弦.

$$\cos(180° - \alpha) = \sin[90° - (180° - \alpha)]$$
$$= -\sin(90° - \alpha)$$
$$= -\cos\alpha.$$

在直角三角形 ABC 中, $\cos A = \dfrac{b}{c}$, $\cos B = \dfrac{a}{c}$.

平方关系: $\qquad\qquad \sin^2\alpha + \cos^2\alpha = 1.$

加法定理 $\qquad \sin(\alpha + \beta) = \sin\alpha\cos\beta + \cos\alpha\sin\beta;$
$$\sin(\alpha - \beta) = \sin\alpha\cos\beta - \cos\alpha\sin\beta.$$

中学课本中一系列三角公式——倍角、半角、和差化积等等都可由此导出.
$\tan\alpha$ 何时引入? 值得讨论. 引入方法可用

$$\tan\alpha = \frac{\sin\alpha}{\cos\alpha}. \tag{9}$$

3　从面积公式导出正弦、余弦定理以及两三角形全等、相似的条件

正弦定理

$$\frac{\sin A}{a} = \frac{\sin B}{b} = \frac{\sin C}{c} = \frac{2S}{abc}. \tag{10}$$

证明　由三角形面积公式,得

$$S = \frac{1}{2}bc\sin A = \frac{1}{2}ac\sin B = \frac{1}{2}ab\sin C,$$

两边同除以 $\dfrac{1}{2}abc$ 即得结论.

余弦定理　在 $\triangle ABC$ 中,

$$c^2 = a^2 + b^2 - 2ab\cos C. \tag{11}$$

证明　如图 6,把 $\triangle ABC$ 绕 C 点转一小角 δ,连接 AA'、BB'、AB'、$A'B$,则有

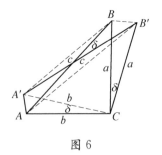

图 6

$$S_{AB'BA'} = S_{\triangle ACA'} + S_{\triangle BCB'} + S_{\triangle A'CB} - S_{\triangle ACB'},$$

即　$\dfrac{1}{2}c^2\sin\delta=\dfrac{1}{2}a^2\sin\delta+\dfrac{1}{2}b^2\sin\delta+\dfrac{1}{2}ab\sin(C-\delta)-\dfrac{1}{2}ab\sin(C+\delta)$

$$=\dfrac{1}{2}a^2\sin\delta+\dfrac{1}{2}b^2\sin\delta+ab(-\cos C\sin\delta).$$

两边约去 $\dfrac{1}{2}\sin\delta$，即得余弦定理.

若取 $\delta=90°$，证明更简单，不需用和角公式.

根据正弦、余弦定理，可导出两个三角形全等的条件：

（ⅰ）边、边、边

根据余弦定理，由 $a=a'$，$b=b'$，$c=c'$，

得 $\cos C=\dfrac{a^2+b^2-c^2}{2ab}=\dfrac{a'^2+b'^2-c'^2}{2a'b'}=\cos C'$，$\angle C=\angle C'$.

同理 $\angle A=\angle A'$，$\angle B=\angle B'$.

（ⅱ）边、角、边

已知 $a=a'$，$b=b'$，$\angle C=\angle C'$，

由余弦定理

$$
\begin{aligned}
c^2&=a^2+b^2-2ab\cos C\\
&=a'^2+b'^2-2a'b'\cos C'\\
&=c'^2,
\end{aligned}
$$

所以 $c=c'$.

再由（ⅰ）可证

$$\angle A=\angle A',\ \angle B=\angle B'.$$

（ⅲ）角、边、角

已知 $\angle A=\angle A'$，$\angle B=\angle B'$，$c=c'$，显然 $\angle C=\angle C'$；

由正弦定理，得

$$\dfrac{a}{\sin A}=\dfrac{b}{\sin B}=\dfrac{c}{\sin C},$$

$$\dfrac{a'}{\sin A'}=\dfrac{b'}{\sin B'}=\dfrac{c'}{\sin C'},$$

两式相除,得
$$\frac{a}{a'} = \frac{b}{b'} = \frac{c}{c'}.$$

由 $c = c'$ 可得 $a = a'$, $b = b'$.

两三角形相似的条件:

（ⅰ）三边成比例

若
$$\frac{a}{a'} = \frac{b}{b'} = \frac{c}{c'} = k,$$

则
$$\cos C = \frac{a^2 + b^2 - c^2}{2ab}$$
$$= \frac{k^2(a'^2 + b'^2 - c'^2)}{k^2(2a'b')} = \cos C',$$

所以 $\angle C = \angle C'$.

同理 $\angle A = \angle A'$, $\angle B = \angle B'$.

（ⅱ）一角相等,两夹边成比例

设
$$\angle C = \angle C', \frac{a}{a'} = \frac{b}{b'} = k,$$

则
$$c^2 = a^2 + b^2 - 2ab\cos C$$
$$= k^2(a'^2 + b'^2 - 2a'b'\cos C')$$
$$= k^2 c'^2,$$

所以 $\frac{c}{c'} = k = \frac{a}{a'} = \frac{b}{b'}$, 由（ⅰ）,两三角形相似.

（ⅲ）两角相等

已知 $\angle A = \angle A'$, $\angle B = \angle B'$,则 $\angle C = \angle C'$.

由正弦定理可得(同前 ⅲ)
$$\frac{a}{a'} = \frac{b}{b'} = \frac{c}{c'},$$

所以两三角形相似.

相似三角形面积比:

若 $\triangle ABC \backsim \triangle A'B'C'$,则

$$\frac{a}{a'}=\frac{b}{b'}=\frac{c}{c'}=k\,,\ \angle C=\angle C'\,,\cdots$$

由三角形面积公式,得

$$\frac{S_{\triangle ABC}}{S_{\triangle A'B'C'}}=\frac{\dfrac{1}{2}ab\sin C}{\dfrac{1}{2}a'b'\sin C'}=\frac{ab}{a'b'}=k^2. \tag{12}$$

4　用面积公式证题举例

既然用面积公式可导出常用的一系列定理,那么,原则上可以用它推证一切可用这些定理推演的命题.

但是,更有趣的是,可以直接从面积关系出发,解决不少几何证明题,而且推理过程代数化,很少用到辅助线,下面是一些例子.

例 1　等腰三角底角相等,反之亦然(类似地,证明等腰三角形三线重合).

即在 $\triangle ABC$ 中,已知 $b=c$,求证 $\angle B=\angle C$;已知 $\angle B=\angle C$,求证 $b=c$.

证明　由三角形面积公式,得

$$S_{\triangle}=\frac{1}{2}ab\sin C=\frac{1}{2}ac\sin B\,,$$

所以 $b\sin C=c\sin B$.

若 $\angle B=\angle C$, $\sin B=\sin C(\neq 0)$,

则 $b=c$.

若　$b=c$,

则 $\sin B=\sin C$.

$\because \angle B+\angle C<180°$,

$\therefore \angle B=\angle C$.

例 2　在三角形中,大边对大角,大角对大边.

证明　同上题,由 $b\sin C=c\sin B$ 出发.

若 $b>c$,则 $\sin B>\sin C$.

若 $\angle B$、$\angle C$ 同非钝角,知 $\angle B>\angle C$.

（若同为钝角,是不可能的.若 $\angle B$ 为钝角,当然 $\angle B > \angle C$;若 $\angle C$ 为钝角,由 $\angle B + \angle C < 180°$, $\angle B < 180° - \angle C$,则 $\sin B < \sin(180° - C) = \sin C$,也不可能）

反之,若 $\angle B > \angle C$, $\angle B$ 为锐角时,显然有 $\sin B > \sin C$, $b > c$.

$\angle B$ 为钝角时,由 $\angle B + \angle C < 180°,180° - \angle B > \angle C$.

$\therefore \sin B = \sin(180° - \angle B) > \sin C$,

$\therefore b > c$.

例3 等腰三角形两腰上之高相等.

（由面积公式 $\dfrac{1}{2}bh_b = \dfrac{1}{2}ch_c$,显然成立）

例4 在等腰 $\triangle ABC$ 底边上任取一点 P, P 到两腰距离为 h_1、h_2, h 为腰上的高,则 $h = h_1 + h_2$.

证明 如图7,由 $S_{\triangle ABC} = S_{\triangle ABP} + S_{\triangle APC}$,得

$$\frac{1}{2}bh = \frac{1}{2}ch_1 + \frac{1}{2}bh_2,$$

$\because b = c$,

$\therefore bh = b(h_1 + h_2)$.

$\therefore h = h_1 + h_2$.

推广与变化:

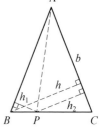

（ⅰ）P 点在 BC 延长线上,$h_1 + h_2$ 变为 $h_1 - h_2$;

（ⅱ）若 $\triangle ABC$ 是等边三角形,在平面上任一点 P,均有对应的命题.

图 7

例5 已知 $\triangle ABC$ 两边 b、c 及 $\angle A$,求 $\angle A$ 的平分线长 l.

解 如图8,$S_{\mathrm{I}} + S_{\mathrm{II}} = S_{\triangle ABC}$,

$$\alpha = \frac{A}{2},$$

$\therefore \dfrac{1}{2}cl\sin\alpha + \dfrac{1}{2}bl\sin\alpha = \dfrac{1}{2}bc\sin 2\alpha$,

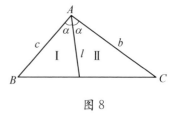

图 8

$$l(b+c) = bc \cdot \frac{\sin 2\alpha}{\sin\alpha} = 2bc\cos\alpha.$$

$$\therefore l = \frac{2bc\cos\alpha}{b+c}.$$

例 6　在 $\triangle ABC$、$\triangle A'B'C'$ 中,若 $b=b'$, $c=c'$,$\angle A$ 的平分线 l 与 $\angle A'$ 的平分线 l' 等长,则

$$\triangle ABC \cong \triangle A'B'C'.$$

证明　由上题结果可推出

$$\cos\frac{A}{2} = \frac{l}{2}\left(\frac{1}{b}+\frac{1}{c}\right) = \frac{l'}{2}\left(\frac{1}{b'}+\frac{1}{c'}\right) = \cos\frac{A'}{2},$$

$$\therefore \angle A = \angle A'.$$

$$\therefore \triangle ABC \cong \triangle A'B'C'. \text{(SAS)}$$

例 7　已知 $\triangle ABC$ 中,$\angle B$、$\angle C$ 两角之平分线 $l_b = l_c$,求证 $b=c$.

如图 9,用例 5 的方法,推得

$$\frac{2\cos\frac{B}{2}}{l} = \frac{1}{a}+\frac{1}{c},$$

同理:

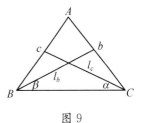

图 9

$$\frac{2\cos\frac{C}{2}}{l} = \frac{1}{a}+\frac{1}{b}.$$

两式相减,得

$$\frac{2}{l}\left(\cos\frac{B}{2}-\cos\frac{C}{2}\right) = \frac{1}{c}-\frac{1}{b}.$$

再用大边对大角,余弦的递降性质,及反证法证明.

例 8　$\triangle ABC$ 中,角 A 的平分线交 BC 于 F,求证:

$$\frac{AB}{BF} = \frac{AC}{CF}.$$

证明　如图 10,

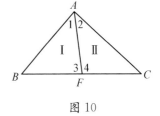

图 10

$$S_I = \frac{1}{2}AB \cdot AF\sin\frac{A}{2} = \frac{1}{2}BF \cdot AF\sin\angle 3,$$

$$S_{II} = \frac{1}{2}AC \cdot AF\sin\frac{A}{2} = \frac{1}{2}CF \cdot AF\sin\angle 4,$$

两式相除,得

$$\frac{AB}{AC} = \frac{BF}{CF},$$

交换中项即得结论.

例 9 在 $\triangle ABC$ 的角 A 的对顶角内任取一点 P,作直线 PA、PB、PC,分别交三边(或其延长线)于 D、E、F,求证:

$$\frac{PD}{AD} - \frac{PE}{BE} - \frac{PF}{CF} = 1.$$

(此题 P 在不同区域有不同形式)

证明 如图 11,由面积公式,得

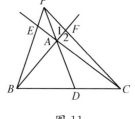

图 11

$$S_{\triangle PAB} = S_{\triangle PFB} - S_{\triangle PFA}$$

$$= \frac{1}{2}PF \cdot BF\sin\angle 1 - \frac{1}{2}PF \cdot AF\sin\angle 1$$

$$= \frac{1}{2}AB \cdot PF\sin\angle 1,$$

$$S_{\triangle ABC} = S_{\triangle FBC} - S_{\triangle FAC}$$

$$= \frac{1}{2}AB \cdot CF\sin\angle 2,$$

两式相除,由 $\sin\angle 1 = \sin\angle 2$,得

$$\frac{S_{\triangle PAB}}{S_{\triangle ABC}} = \frac{PF}{CF}.$$

同理

$$\frac{S_{\triangle PAC}}{S_{\triangle ABC}} = \frac{PE}{BE}, \qquad \frac{S_{\triangle PBC}}{S_{\triangle ABC}} = \frac{PD}{AD}.$$

由

$$S_{\triangle PBC} - S_{\triangle PAC} - S_{\triangle PAB} = S_{\triangle ABC},$$

两边用 $S_{\triangle ABC}$ 除,即得结论.

例 10 已知 D、E 为 AB 的三等分点,以 DE 为直径作半圆,在半圆上取点 C,求证

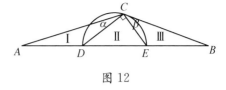

图 12

$$\tan\alpha\tan\beta=\frac{1}{4}.$$

证明 如图 12,

$$S_{\text{I}}=\frac{1}{2}AC\cdot DC\sin\alpha,$$

$$S_{\text{I}}+S_{\text{II}}=\frac{1}{2}AC\cdot CE\sin(90°+\alpha)$$

$$=\frac{1}{2}AC\cdot CE\cos\alpha,$$

由 $S_{\text{I}}=S_{\text{II}}$,两式相除,得

$$\frac{1}{2}=\frac{DC}{CE}\tan\alpha.$$

同理

$$\frac{1}{2}=\frac{CE}{DC}\tan\beta.$$

两式相乘即得.

例 11 已知线段 AB、CD 交于 P,作 $\square APDE$、$\square BPCF$,$AB=CD$,连接 BE、DF,分别交 CD、AB 于 G、H,求证 $PH=PG$.

证明 如图 13,连接 AG、PE、CH.

∵ $AE/\!/PG$,

∴ $S_{\triangle APG}=S_{\triangle EPG}$,$S_{\triangle ABG}=S_{\triangle EPB}$.

∵ $PB/\!/DE$,

∴ $S_{\triangle EPB}=S_{\triangle DPB}$,

　　$S_{\triangle ABG}=S_{\triangle DPB}.$

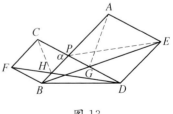

图 13

同理　$S_{\triangle CDH}=S_{\triangle DPB}$,　$S_{\triangle ABG}=S_{\triangle CDH}.$

但　$S_{\triangle ABG}=\frac{1}{2}AB\cdot PG\sin\alpha,$

$$S_{\triangle CDH} = \frac{1}{2}CD \cdot PH\sin\alpha,$$

两式相除,得 $\quad 1 = \dfrac{AB \cdot PG}{CD \cdot PH} = \dfrac{PG}{PH},$

$$\therefore PH = PG.$$

例 12 设 □$ABCD$ 对角线为 AC,在 AC 上取一点 E,过 E 作直线交 AB、AD 于 Q、P,求证:

$$\frac{AD}{AP} + \frac{AB}{AQ} = \frac{AC}{AE}.$$

(利用这个原理可设计并联电阻计算图)

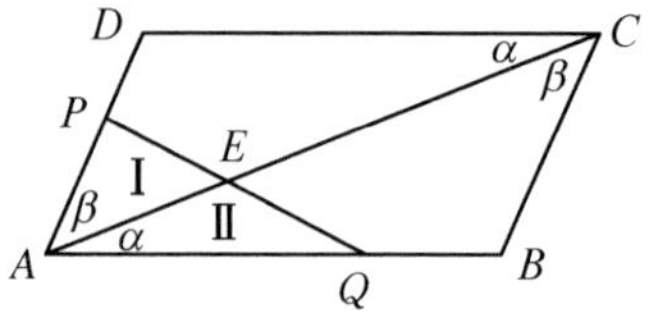

图 14

证明 如图 14,

$$\because S_{\triangle ABC} = \frac{1}{2}AB \cdot AC\sin\alpha$$

$$= \frac{1}{2}BC \cdot AC\sin\beta$$

$$= \frac{1}{2}AB \cdot BC\sin[180° - (\alpha + \beta)],$$

$$\therefore \frac{\sin\beta}{AB} = \frac{\sin\alpha}{BC} = \frac{\sin(\alpha + \beta)}{AC}$$

$$= k = \left(\frac{2S_{\triangle ABC}}{AB \cdot AC \cdot BC}\right).$$

$$\because S_{\text{I}} + S_{\text{II}} = S_{\triangle APQ},$$

$$\therefore \frac{1}{2}AQ \cdot AE\sin\alpha + \frac{1}{2}AP \cdot AE\sin\beta = \frac{1}{2}AP \cdot AQ\sin(\alpha + \beta).$$

$$\therefore \frac{\sin\alpha}{AP} + \frac{\sin\beta}{AQ} = \frac{\sin(\alpha + \beta)}{AE}.$$

$$\therefore \frac{kAD}{AP} + \frac{kAB}{AQ} = \frac{kAC}{AE}.$$

约去 k 即得结论.

例 13 (蝴蝶定理)已知圆内弦 AB 中点为 M,过 M 作弦 CD、EF,连 CF、DE 交 AB 于 G、H,求证 $MG = MH$.

证明 如图 15,

$$\because S_{\triangle MDE} = S_{\text{I}} + S_{\text{II}},$$

$$\therefore \frac{1}{2}ME \cdot MD\sin(\alpha+\beta) = \frac{1}{2}ME \cdot MH\sin\alpha + \frac{1}{2}MH \cdot MD \cdot \sin\beta.$$

$$\therefore \frac{\sin(\alpha+\beta)}{MH} = \frac{\sin\alpha}{MD} + \frac{\sin\beta}{ME}.$$

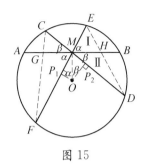

图 15

同理 $\quad \dfrac{\sin(\alpha+\beta)}{MG} = \dfrac{\sin\alpha}{MC} + \dfrac{\sin\beta}{MF}.$

欲证 $MG = MH$，只要证明

$$\frac{\sin\alpha}{MD} + \frac{\sin\beta}{ME} = \frac{\sin\alpha}{MC} + \frac{\sin\beta}{MF}.$$

此式等价于

$$\frac{MD-MC}{MD \cdot MC}\sin\alpha = \frac{MF-ME}{MF \cdot ME}\sin\beta.$$

又等价于

$$(MD-MC)\sin\alpha = (MF-ME)\sin\beta.$$

但显然有：

$$MD-MC = 2P_2M = 2OM\sin\beta,$$

$$MF-ME = 2P_1M = 2OM\sin\alpha,$$

命题得证.

例 14 （射影几何基本定理）如图 16，在 OC 上任取一点 A，直线外任取一点 B，AB 上任取一点 P，连 PO、PC，交 BC、BO 于 Q、D，连 DQ 延长后交 OC 于 E，则

$$\frac{EC}{EO} = \frac{AC}{AO}.$$

（此题见《中学理科教学》1978 年第 5 期华罗庚先生文章）

证明　如图 16，记 $AO=a$，$BO=b$，$CO=c$，$DO=d$，$EO=e$，$PO=p$，$QO=q$，

设 PQ 分 $\angle BOA$ 为 α、β 角，

要证的是：

$$\frac{e-c}{e}=\frac{c-a}{a}, \text{即} 1-\frac{c}{e}=\frac{c}{a}-1,$$

即 $\frac{c}{a}+\frac{c}{e}=2$, 即 $\frac{1}{a}+\frac{1}{e}=\frac{2}{c}$.

(即 AO, CO, EO 倒数成等差数列)

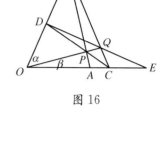

图 16

$\because S_{\triangle ABO}=S_{\triangle APO}+S_{\triangle PBO}$,

$\therefore \frac{1}{2}bp\sin\alpha+\frac{1}{2}ap\sin\beta=\frac{1}{2}ab\sin(\alpha+\beta)$.

$$\therefore \frac{\sin\alpha}{a}+\frac{\sin\beta}{b}=\frac{\sin(\alpha+\beta)}{p}. \tag{1}$$

同理

$$\frac{\sin\alpha}{c}+\frac{\sin\beta}{b}=\frac{\sin(\alpha+\beta)}{q}, \tag{2}$$

$$\frac{\sin\alpha}{c}+\frac{\sin\beta}{d}=\frac{\sin(\alpha+\beta)}{p}, \tag{3}$$

$$\frac{\sin\alpha}{e}+\frac{\sin\beta}{d}=\frac{\sin(\alpha+\beta)}{q}. \tag{4}$$

$(1)+(4)-(2)-(3)$ 得:

$$\frac{\sin\alpha}{a}+\frac{\sin\alpha}{e}-\frac{2\sin\alpha}{c}=0.$$

即

$$\frac{1}{a}+\frac{1}{e}=\frac{2}{c}.$$

例 15 如图 17,求证 G、O 内外分 FE,即

$$\frac{GF}{GE}=\frac{OF}{OE}.$$

证明 与上题类似,记 $AO=a$, $BO=b$, $\cdots$, EO $=e$.

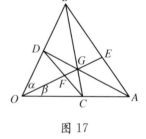

图 17

同样得:

$$\frac{\sin\alpha}{a}+\frac{\sin\beta}{b}=\frac{\sin(\alpha+\beta)}{e}, \tag{1}$$

$$\frac{\sin\alpha}{c}+\frac{\sin\beta}{b}=\frac{\sin(\alpha+\beta)}{g},\tag{2}$$

$$\frac{\sin\alpha}{c}+\frac{\sin\beta}{d}=\frac{\sin(\alpha+\beta)}{f},\tag{3}$$

$$\frac{\sin\alpha}{a}+\frac{\sin\beta}{d}=\frac{\sin(\alpha+\beta)}{g},\tag{4}$$

$(1)-(2)+(3)-(4)$,得

$$0=\frac{\sin(\alpha+\beta)}{e}+\frac{\sin(\alpha+\beta)}{f}-\frac{2\sin(\alpha+\beta)}{g},$$

即
$$\frac{1}{e}+\frac{1}{f}=\frac{2}{g},$$

即
$$\frac{g}{e}+\frac{g}{f}=2.$$

$\therefore \dfrac{g}{f}-1=1-\dfrac{g}{e}$, $\dfrac{g-f}{f}=\dfrac{e-g}{e}$.

得证.

例 16　求证三角形三中线交于一点.

证明　如图 18,设 D、E 分别是 BC、AC 中点,AD、BE 交于 G,连接 CG.

只要证明 $DG=\dfrac{1}{3}AD$. 那么,同理,AB 上的中线也交 AD 于 $\dfrac{1}{3}$ 处,即得证.

$\because D$ 是 BC 中点,

$\therefore S_{\triangle ADC}=\dfrac{1}{2}S_{\triangle ABC}$.

同理: $S_{\triangle BCE}=\dfrac{1}{2}S_{\triangle ABC}$.

$\therefore S_{\text{I}}=S_{\text{II}}$.

显然 $S_{\text{I}}=S_{\text{III}}$, $S_{\text{II}}=S_{\text{IV}}$,

$\therefore S_{\text{I}}=S_{\text{II}}=S_{\text{III}}=S_{\text{IV}}=\dfrac{1}{6}S_{\triangle ABC}$,

$$\frac{1}{2}DG\cdot BC\sin\alpha=S_{\triangle BCG}=\frac{1}{3}S_{\triangle ABC}=\frac{1}{6}AD\cdot BC\sin\alpha,$$

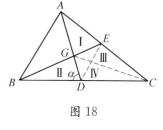

图 18

$$\therefore DG = \frac{1}{3}AD.$$

例 17 圆内接四边形 $ABCD$，$\angle B = 60°$，$\angle A = 90°$，$AD = 1$，$BC = 2$. 求 AB、CD.

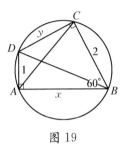

图 19

解 如图 19，设 $AB = x$，$CD = y$.

$$\because S_{\triangle ABC} + S_{\triangle ADC} = S_{\triangle DAB} + S_{\triangle BCD},$$

$$\therefore \frac{1}{2} 2x\sin 60° + \frac{1}{2} y\sin 120° = \frac{1}{2}x + \frac{1}{2} 2y,$$

$$\therefore \sqrt{3}\,x + \frac{\sqrt{3}}{2}y = x + 2y;$$

$$(\sqrt{3}-1)x = \left(2 - \frac{\sqrt{3}}{2}\right)y.$$

又由勾股定理，得

$$x^2 + 1 = y^2 + 4, \quad x^2 - y^2 = 3.$$

解之得

$$x = 4 - \sqrt{3}, \quad y = 2(\sqrt{3}-1).$$

2.2　三角园地的侧门(1983)[①]

　　人们常把数学比作万紫千红的花园,那么,也许可以说,"定义"就是花园的入口或门户吧.在学习"三角函数"这一部分时,定义所起的作用尤其明显.平平淡淡的一个直角三角形,似乎没有多少文章可做.但是,平地起波澜,正弦、余弦、正切、余切的定义一旦建立,立刻导出了一连串的公式、定理.利用它们解一些几何题,会势如破竹般得心应手.

　　同学们学到这部分,常常会提出:这些定义从何而来? 为什么这样定义就有用? 能不能把定义改一改?

　　对此,教师常常无法给出满意的回答,只有强调让学生牢记定义,在应用中体会定义之妙.

　　其实,三角学作为数学大花园中的一个小花园,并不是只有一个入口.它有正门,也有侧门.常用的定义是正门;另外,还有许多不同的定义方法,好比侧门.有时,从侧门而入,还能更方便地观赏那些奇花异草哩! 目前教科书所选取的正门,往往是历史留下的习惯之路,但不一定是最方便之门.

　　下面,我们介绍三角函数的另外两种引入方法.这些方法,作为学生课外研究内容,可以开阔眼界、启迪思路、增加趣味.

　　往下看时,请暂时忘记通常的三角函数定义.

1　用圆的弦长定义正弦

　　有人想知道正弦的"弦"字是什么意思,下面的定义也许可以算是一个解答吧.

　　定义 1　在直径为 1 的圆中,圆周角 α 所对的弦长,叫作角 α 的正弦,记作 $\sin\alpha$(图 1).

[①] 本文原载《教学通讯》1982 年第 12 期,后被收入《数学杂谈》一书.

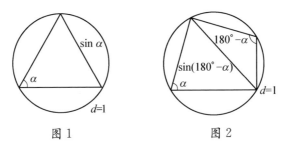

图 1   图 2

由于在同圆内,相等的圆周角对等弦,所以定义是合理的. 由定义 1 立刻推出

正弦性质:

(1) $\sin\alpha$ 对 $0°$ 到 $180°$ 之间的一切 α 有定义. $\sin 0° = \sin 180° = 0$,而对 $0° < \alpha < 180°$,有 $\sin\alpha > 0$.

(2) 因为 $90°$ 的圆周角所对的弦为直径,故得 $\sin 90° = 1$.

(3) 由圆内接四边形对角互补可知 α 和 $(180° - \alpha)$ 的正弦相等(图 2),即 $\sin(180° - \alpha) = \sin\alpha$.

(4) 把圆的直径和弦按比例放大成为原来的 d 倍,可知在直径为 d 的圆中,圆周角 α 所对的弦长 $a = d\sin\alpha$. 亦即在任意圆中,若长为 a 的弦所对之圆周角为 α,则:

$$\frac{a}{\sin\alpha} = 圆的直径 d.$$

(5) 作为(4)的直接推论,有**正弦定理**:在任意 $\triangle ABC$ 中,以 a、b、c 记角 A、B、C 之对边长,d 记 $\triangle ABC$ 外接圆直径,则有

$$\frac{a}{\sin A} = \frac{b}{\sin B} = \frac{c}{\sin C} = d.$$

(6) 若 $\triangle ABC$ 中 C 为直角,由上述正弦定理可知

$$\sin A = \frac{a}{c}, \ \sin B = \frac{b}{c}.$$

可见,当 α 为锐角时,定义 1 引入的正弦和通常定义是一致的. 当 α 为钝角时,由诱导公式可知两种定义仍然一致.

现在,我们还只引进了正弦.我们还可以利用正弦引入余弦,进而引入正切和余切.

定义 2　若 $0° \leqslant \alpha \leqslant 90°$,我们把 α 的余角的正弦简称为 α 的余弦,记作 $\cos\alpha$,即

$$\cos\alpha = \sin(90° - \alpha);$$

若 $90° < \alpha \leqslant 180°$,则定义 α 的余弦为:

$$\cos\alpha = -\sin(\alpha - 90°).$$

如果我们定义负角的正弦 $\sin(-\alpha) = -\sin\alpha$ 的话 $(0° \leqslant \alpha \leqslant 180°)$,$\cos\alpha$ 的定义可统一为:

$$\cos\alpha = \sin(90° - \alpha).$$

定义 3　若 $\alpha \neq 90°$,且 $0° \leqslant \alpha \leqslant 180°$,约定

$$\tan\alpha = \frac{\sin\alpha}{\cos\alpha}$$

叫作 α 的正切.若 $0° < \alpha < 180°$,约定

$$\cot\alpha = \frac{\cos\alpha}{\sin\alpha}$$

叫作 α 的余切.

根据定义,不难验证熟知的公式 $\tan\alpha\cot\alpha = 1$ 以及 $\tan(90° - \alpha) = \cot\alpha$,$\tan\alpha = \cot(90° - \alpha)$,以及 C 为直角时,$\triangle ABC$ 中 $\cos A = \frac{b}{c}$,$\cos B = \frac{a}{c}$,以及 $\tan A = \frac{a}{b}$,等等.

按照我们这里的定义系统,导出重要的正弦和角公式是相当方便的:

正弦和角公式　当 α、β 为锐角时,

$$\sin(\alpha + \beta) = \sin\alpha\cos\beta + \cos\alpha\sin\beta.$$

证明　如图 3,设 $\angle A = \alpha + \beta$,作过 A 之直径为 1 的圆,交 $\angle A$ 的两边及 α、β 之分界线于 B、D、C,则由定义及圆周角定理,以及余弦性质有:

$$\sin(\alpha + \beta) = BD = BE + ED$$

71

$$= BC\cos\beta + DC\cos\alpha$$

$$= \sin\alpha\cos\beta + \cos\alpha\sin\beta.$$

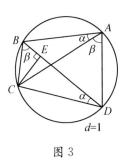 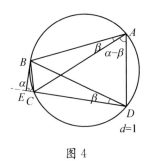

图 3   图 4

值得注意的是,这里我们不像通常教科书上的证明那样要求 $(\alpha+\beta)$ 为锐角. 事实上,稍作一些讨论,读者不难看到,上述论证可推广到 $(\alpha+\beta)$ 在 $0°$ 到 $180°$ 之间的一般情形. 差角公式完全可以类似地导出(如图 4),只要注意到

$$\sin(\alpha-\beta) = CD = DE - CE$$

即可. 然后,可利用和差角公式定义任意角的正弦,进而定义任意角的其他三角函数,并导出普遍的和差角公式、和差化积公式等.

在正弦和角公式中取 $\alpha+\beta=90°$ 的特例,立刻得到 $\sin^2\alpha + \cos^2\alpha = 1$;但我们这里没有利用勾股定理,而是给了勾股定理一个新的证法.

2　用菱形面积定义正弦

下面的定义看来似乎颇为奇特,但它极为方便,易于掌握.

定义 4　边长为 1,夹角为 α 的菱形的面积,定义为 α 的正弦,记作 $\sin\alpha$(图 5).

立刻推出:

(1) $\sin\alpha$ 对 $0°$ 到 $180°$ 间的一切 α 有定义. $\sin 0° = \sin 180° = 0$,对 $0° < \alpha < 180°$,有 $\sin\alpha > 0$.

(2) $\alpha = 90°$ 时,按定义 $\sin 90°$ 是单位正方形面积,故 $\sin 90° = 1$.

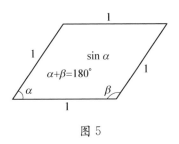

图 5

（3）因菱形中两个不相对的角是互补的,故当 $\alpha+\beta=180°$ 时,有 $\sin\alpha=\sin\beta$,即

$$\sin(180°-\alpha)=\sin\alpha.$$

（4）利用我们熟知的从正方形面积计算导出矩形面积公式的方法,可以把平行四边形面积和菱形面积联系起来. 如图 6,若平行四边形有一角为 α,其夹边为 a、b,则平行四边形之面积为:

$$S_{\square}=ab\sin\alpha.$$

这里,我们略去了 a、b 为一般实数时的证明. 若 a、b 都是有理数,这个公式的正确性很容易从 a、b 为整数的情况导出.

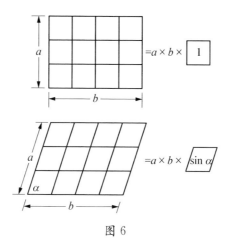

图 6

（5）把 $\triangle ABC$ 看成半个平行四边形,便导出了已知一角及两夹边求三角形面积的公式:

$$\triangle ABC=\frac{1}{2}bc\sin A=\frac{1}{2}ac\sin B=\frac{1}{2}ab\sin C.$$

把此式两边同用 $\frac{1}{2}abc$ 除,得到:

$$\frac{2\triangle ABC}{abc}=\frac{\sin A}{a}=\frac{\sin B}{b}=\frac{\sin C}{c},$$

也就是正弦定理.

（6）在正弦定理中，取 $\angle C = 90°$ 的特例，即得 $\sin A = \dfrac{a}{c}$，$\sin B = \dfrac{b}{c}$. 说明定义 4 在 α 为锐角的情形下与通常定义一致.

至此，我们可以依照定义 2、定义 3 引入余弦、正切、余切的定义，兹不赘述.

（7）正弦和角公式证明也很简单. 如图 7，设 α、β 为锐角，作 $\angle A = \alpha + \beta$，作 α、β 之公共边的垂线交 $\angle A$ 的两边于 B、C，则

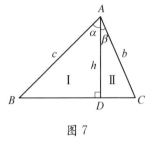

图 7

$$\triangle ABC = \triangle \text{I} + \triangle \text{II},$$

即 $\dfrac{1}{2} bc \sin(\alpha + \beta) = \dfrac{1}{2} ch \sin \alpha + \dfrac{1}{2} bh \sin \beta.$

两端用 $\dfrac{1}{2} bc$ 除，得

$$\sin(\alpha + \beta) = \frac{h}{b} \sin \alpha + \frac{h}{c} \sin \beta$$

$$= \sin \alpha \cos \beta + \cos \alpha \sin \beta.$$

差角公式也可以类似地证明.

（8）有趣的是，和差化积公式也可直接从面积关系得出来. 如图 8，在等腰三角形 ABC 中，顶角 $A = \alpha + \beta$，AD 是高，设 $AB = AC = b$，$AE = l$，$AD = h$，则

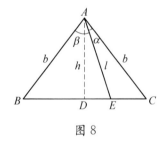

图 8

$$\triangle ABC = \triangle ABE + \triangle ACE$$

$$= \frac{1}{2} bl(\sin \alpha + \sin \beta).$$

另一方面，

$$\triangle ABC = \frac{1}{2} h \cdot BC$$

$$= \frac{1}{2} l \cos \angle DAE \cdot 2b \sin \frac{1}{2} \angle BAC$$

$$= \frac{1}{2} \cdot 2bl \cos \frac{1}{2}(\beta - \alpha) \sin \frac{1}{2}(\alpha + \beta),$$

所以 $\sin\alpha + \sin\beta = 2\sin\dfrac{\alpha+\beta}{2}\cos\dfrac{\alpha-\beta}{2}$.

这个证明,由于非常直观而便于记忆.

最后,我们指出,利用正弦定理和余弦与正弦的和差角公式,很容易导出余弦定理.这是我们前面一直没有给出余弦定理的原因.余弦的和差角公式,则可以根据我们的定义 2 及正弦的和差角公式改写而成.

事实上,由三角形内角和定理,在 $\triangle ABC$ 中,

$$\sin C = \sin(A+B) = \sin A\cos B + \cos A\sin B,$$

两端平方,得

$$\begin{aligned}
\sin^2 C &= \sin^2 A\cos^2 B + \cos^2 A\sin^2 B + 2\sin A\sin B\cos A\cos B\\
&= \sin^2 A + \sin^2 B - 2\sin^2 A\sin^2 B + 2\sin A\sin B\cos A\cos B\\
&= \sin^2 A + \sin^2 B + 2\sin A\sin B(\cos A\cos B - \sin A\sin B)\\
&= \sin^2 A + \sin^2 B + 2\sin A\sin B\cos(A+B).
\end{aligned}$$

再用正弦定理及 $\cos(A+B) = -\cos C$,即得余弦定理.

除了以上两种定义方法外还可以从 $\sin x$ 与 $\cos x$ 所满足的和差公式出发,用公理化方法引入正余弦函数,或用幂级数定义正弦余弦,也可以用复变元指数函数定义正弦余弦.由于这些定义涉及较多的高等数学知识,这里就不多谈了.有兴趣的读者可参看有关的微积分学讲义.

2.3 重建三角，全局皆活
——初中数学课程结构性改革的一个建议(2006)①

数学课程中,三角至关重要.三角是联系几何与代数的一座桥梁,沟通初等数学和高等数学的一条通道.函数、向量、坐标、复数等许多重要的数学知识与三角有关,大量的实际问题的解决要用到三角知识.因此,国外国内的许多数学教育改革,删这个减那个,却对三角谨慎从事,不敢轻举妄动.相反,三角在初等数学中的地位越来越重要.

那么,我们可不可以换一个思路,给三角学重新定位,将三角、几何、代数有机地结合在一起,进行逻辑结构的改造,重新构造课程体系呢?

在传统的课程中,三角函数是作为直角三角形的两边的比值而引进的.这样的定义,依赖于有关相似三角形的知识,而且只能定义锐角的三角函数.其实,三角函数的定义,无非是给三角函数提供一个几何模型.几何模型有多种选择.可以是"直角三角形的边角关系",也可以是平行四边形、三角形的面积.本文试图用面积方法建立三角学,它并不影响三角函数的数值,且有利于展开三角学的内涵,帮助我们进行几何中的推理和论证.

1 认识正弦

我们从小学数学课程里的三角形面积的计算公式出发.

1.1 基本命题

类比矩形面积公式,把平行四边形分成若干边长为1的菱形来计算其面积,如图1.

定义1 把边长为1,有一个角为 A 的菱形面积记作 $\sin A$.

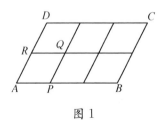

图1

---

① 本文原载《数学教学》2006 年第 10 期.

于是,容易得到平行四边形的面积公式

$$S_{\Box ABCD} = AB \cdot AD \cdot \sin A,$$

取它的一半,得到三角形面积公式

$$S_{\triangle ABC} = \frac{bc\sin A}{2} = \frac{ac\sin B}{2} = \frac{ab\sin C}{2}.$$

这样用单位菱形面积引入正弦,小学生不难接受.

1.2　正弦的基本性质

由定义得出:

命题 1　(正弦的基本性质)

(1) $\sin 0° = \sin 180° = 0$;

(2) $\sin 90° = 1$;

(3) $\sin A = \sin(180° - A)$.

上面(1)和(2)显然,(3)如果单位菱形有一个内角为 A,那么必有一个内角为 $180° - A$,于是可得 $\sin A = \sin(180° - A)$.

马上可以看出,这样引进正弦至少有三个好处:不依赖相似的知识和比的概念,难度降低了;锐角、直角和钝角的正弦都有定义,范围拓宽了;不必像传统定义中用逼近的办法来解释直角的正弦,表达更严谨了.

更大的好处,还在于下面展示的推理体系的简捷和有力.

1.3　直角三角形中锐角的正弦

小学数学中,有三角形面积等于"底乘高的一半"的结果. 如图 2,若 $\angle ACB = 90°$,用两种方法计算 $S_{\triangle ABC}$,就得到 $\dfrac{ab}{2} = \dfrac{bc\sin A}{2}$.

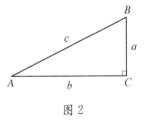

图 2

于是有

命题 2　在直角三角形中,锐角的正弦等于对边比斜边.

$$\sin A = \frac{a}{c}.$$

和命题"三角形内角和等于 180 度"相配合,已知一边和一锐角,就可以解直角三角形了.

在实际的教学中,上述命题的学习和"用字母代替数"以及"等式变形"的教学与练习应当穿插进行. 三角知识的发生和发展为代数方法的应用提供了天然的例子. 为举例而精心编写的例题也许还要有一些,但那将显得勉强且不太重要了.

2 正弦定理及其应用

2.1 正弦定理

把三角形面积公式

$$S_{\triangle ABC} = \frac{bc\sin A}{2} = \frac{ac\sin B}{2} = \frac{ab\sin C}{2}$$

同用 2 乘,同用 abc 除,得到

命题 3 (正弦定理)

$$\frac{2S_{\triangle ABC}}{abc} = \frac{\sin A}{a} = \frac{\sin B}{b} = \frac{\sin C}{c}.$$

这里又一次显示,等式的变形是多么有用.

正弦定理本来是高中数学课程的内容,现在用简单的等式变形,在初中一年级学习,看来是轻而易举的. 有了正弦定理,解任意三角形的问题解决了一半. 在解三角形的计算中,计算机和计算器的使用有了充分的理由.

2.2 用正弦定理解几何问题

学生一旦掌握了正弦定理,学起几何知识来就如高屋建瓴,更为主动了.

传统的数学课程,学习正弦定理是在学习相似三角形之后,正弦定理对几何的内容的展现,几乎没有关系. 现在不同了,正弦定理成为推导许多几何命题的有力工具:

(1) 三角形中等角对等边;

(2) 若两个三角形的三个角对应相等,则对应边成比例;

(3) 三角形全等的"角边角"判别法.

有了这几个命题,可以解决大量的几何问题了.

当然,凡是用这三个命题可以解决的问题,用正弦定理也可以解决. 正弦定

理来自面积公式,所以这些问题也可以直接用面积法解决. 这样一来,几何知识不但更容易掌握,而且更加丰富多彩了.

2.3 正弦和角公式

命题 4 （正弦和角公式)对于锐角 α 和 β,有

$$\sin(\alpha + \beta) = \sin\alpha\sin(90° - \beta) + \sin\beta\sin(90° - \alpha).$$

证明 如图 3,设 $\angle BAD = \alpha$,$\angle CAD = \beta$,过 D 作 AD 的垂线分别和直线 AB、AC 交于 B、C,则由面积公式可得:

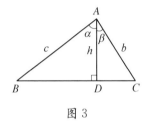

图 3

$$S_{\triangle ABC} = S_{\triangle ABD} + S_{\triangle ADC}$$

$$\Rightarrow bc\sin(\alpha + \beta) = ch\sin\alpha + bh\sin\beta$$

$$\Rightarrow \sin(\alpha + \beta) = \left(\frac{h}{b}\right)\sin\alpha + \left(\frac{h}{c}\right)\sin\beta$$

$$= \sin C\sin\alpha + \sin B\sin\beta$$

$$= \sin\alpha\sin(90° - \beta) + \sin\beta\sin(90° - \alpha).$$

推论 （二倍角公式)当 A 不是钝角时,有

$$\sin 2A = 2\sin A\sin(90° - A).$$

2.4 特殊角的正弦与简单的方程

在正弦和角公式 $\sin(\alpha + \beta) = \sin\alpha\sin(90° - \beta) + \sin\beta\sin(90° - \alpha)$ 中,分别给 α 和 β 以特殊值,可得

(1) 若 $\alpha = \beta = 30°$,则

$$\sin 60° = \sin 30°\sin 60° + \sin 30°\sin 60°.$$

约去 $\sin 60°$,把 $\sin 30°$ 看成未知数,解出

$$\sin 30° = \frac{1}{2}.$$

(2) 若 $\alpha = \beta = 45°$,则

$$\sin 90° = \sin 45°\sin 45° + \sin 45°\sin 45°.$$

由 $\sin 90° = 1$,解简单的二次方程得出

$$\sin 45° = \frac{\sqrt{2}}{2}.$$

（3）若 $\alpha = 30°$，$\beta = 60°$，则

$$\sin 90° = \sin 30° \sin 30° + \sin 60° \sin 60°.$$

解简单的二次方程得出

$$\sin 60° = \frac{\sqrt{3}}{2}.$$

推论　直角三角形中，$30°$ 角的对边是斜边的一半.

2.5　勾股定理

命题 5　（勾股定理）直角三角形中，斜边的平方等于另两边的平方之和.

证明　若在三角形 ABC 中，$\angle ACB = 90°$，则 $A + B = 90°$，在正弦和角公式中，取 $\alpha = A$，$\beta = B$，得到 $\sin 90° = \sin A \sin(90° - B) + \sin B \sin(90° - A)$，可推出

$$(\sin A)^2 + (\sin B)^2 = 1,$$

$$\left(\frac{a}{c}\right)^2 + \left(\frac{b}{c}\right)^2 = 1,$$

于是可得

$$a^2 + b^2 = c^2.$$

证毕.

这样简单地推出勾股定理，显示出代数方法的力量. 有了勾股定理，解直角三角形的问题完全解决了. 以后引入余弦和正切，只是使得计算起来更方便而已.

3　正弦的增减性与不等式初步

在传统的中学课程中，正弦函数的增减性没有证明，只是直观地说明一下. 这里则可以给出简单的证明.

3.1　正弦的增减性

命题 6　设有两个 $0°$ 到 $180°$ 的角 α 和 β，如果两个角之和 $\alpha + \beta$ 小于 $180°$，且

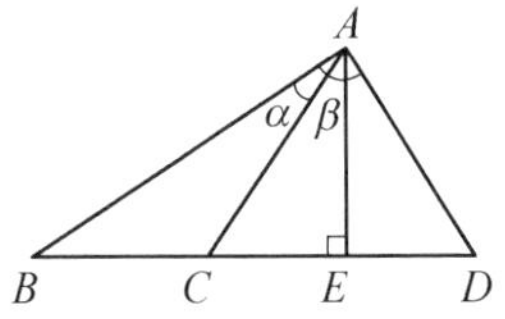

$\alpha < \beta$，则较大的角的正弦也较大，即 $\sin\alpha < \sin\beta$.

证明　如图 4，设 $\angle BAC = \alpha$，$\angle BAD = \beta$，则 $\angle CAD = \beta - \alpha$. 设 AE 是 $\angle CAD$ 的平分线，过点 E 作 AE 的垂线 l，分别交 AC、AD 于 C、D.

图 4

由于 $\alpha + \beta < 180°$，故 $\dfrac{\beta - \alpha}{2} + \alpha < 90°$，即 $\angle BAE$

$< 90°$，因此射线 AB 与直线 l 相交，不妨设交点为 B.

于是
$$AC = AD.$$

$$S_{\triangle BAD} > S_{\triangle BAC}$$

$$\Rightarrow AB \cdot AD \sin\beta > AB \cdot AC \sin\alpha,$$

所以 $\sin\beta > \sin\alpha$. 证毕.

推论

(1) 当 x 由 $0°$ 到 $90°$ 变化时，$\sin x$ 随 x 的增加而增加；

当 x 由 $90°$ 到 $180°$ 变化时，$\sin x$ 随 x 的增加而减少；

(2) $\sin x \leqslant \sin 90° = 1$，等式仅当 $x = 90°$ 时成立；

(3) 在三角形中，大角对大边，大边对大角，等角对等边，等边对等角；

(4) 在三角形中，钝角或直角所对的边最大. 这时可以讲等腰三角形的性质，以及轴对称.

3.2　三角形不等式

命题 7　(三角形不等式)任意三角形 ABC 中，两边之和大于第三边.

证明 1　只要证明 $a + b > c$ 即可.

若 A 和 B 中有一个为直角或钝角，显然.

若 A 和 B 都是锐角，则：

$$\begin{aligned}
\sin C &= \sin[180° - (A + B)] \\
&= \sin(A + B) \\
&= \sin A \sin(90° - B) + \sin B \sin(90° - A) \\
&< \sin A + \sin B.
\end{aligned}$$

再用正弦定理：

$$\frac{2S_{\triangle ABC}}{abc} = \frac{\sin A}{a} = \frac{\sin B}{b} = \frac{\sin C}{c},$$

将 $\sin A = ka$，$\sin B = kb$，$\sin C = kc$ 代入上面的不等式，即可得所要的结论.

证明 2 如图 5，过点 C 作 AB 的垂线，设垂足为 D，得两个直角三角形 ADC 和 BDC. 由于在直角三角形中斜边最大，故 $AC + BC > AD + BD \geqslant AB$，证毕.

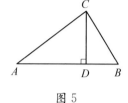

图 5

3.3 负角的正弦

在一些公式中，出现 $\sin(90° - A)$，若 A 是钝角，就没有意义了.

如果约定 $\sin(-A) = -\sin A$，上面的公式还成立吗？

容易检验，如果这样约定，正弦和角公式中可以仅仅限制两角和不超过 $180°$，而不必限制其都是锐角. 正弦和角公式的适用范围大大拓宽了.

所以，今后约定

$$\sin(-A) = -\sin A.$$

4 引进余弦

4.1 余弦定义

定义 2 设 A 为 0 到 $180°$ 的角，A 的余角的正弦叫作余弦，记作 $\cos A$.

也就是说，$\cos A = \sin(90° - A)$.

前面经常遇到 $\sin(90° - A)$ 一类的式子，用这个新记号可以简化它.

当 A 不是钝角时，

$$\cos A = \sin(90° - A) = \sin(90° + A) = \cos(-A);$$

当 A 是钝角时，$\cos A = \sin(90° - A) = -\sin(A - 90°)$；

这样，对于 0 到 $180°$ 的角 A，$\cos A$ 都有意义.

根据正弦的性质可推出余弦的性质：

(1) $\cos(180° - A) = \sin[90° - (180° - A)] = \sin(A - 90°) = -\sin(90° - A) = -\cos A$；

（2）当 x 从 $0°$ 增长到 $180°$ 时，$\cos x$ 从 1 减少到 -1；

（3）若 x、y 是 0 到 $180°$ 的角，则 $x < y \Leftrightarrow \cos x > \cos y$；

（4）特殊角的余弦的值：

$$\cos 0° = 1, \quad \cos 30° = \frac{\sqrt{3}}{2},$$

$$\cos 45° = \frac{\sqrt{2}}{2}, \quad \cos 60° = \frac{1}{2},$$

$$\cos 90° = 0,$$

$$\cos 120° = -\frac{1}{2}, \quad \cos 135° = -\frac{\sqrt{2}}{2},$$

$$\cos 150° = -\frac{\sqrt{3}}{2}, \quad \cos 180° = -1.$$

4.2　余弦的进一步的性质

（1）在直角三角形中，锐角的余弦等于角的邻边比斜边.

$$\cos A = \frac{b}{c}, \ \cos B = \frac{a}{c}.$$

（2）正弦和余弦的平方关系：

$$\sin^2 A + \cos^2 A = 1.$$

（3）正弦和差角公式等的简化形式：

$$\sin(\alpha + \beta) = \sin\alpha\cos\beta + \sin\beta\cos\alpha,$$

$$\sin(\alpha - \beta) = \sin\alpha\cos\beta - \sin\beta\cos\alpha,$$

$$\sin 2\alpha = 2\sin\alpha\cos\alpha.$$

（4）余弦和差角公式：

由于 $\cos(\alpha + \beta) = \sin[(90° - \alpha) - \beta] = \sin(90° - \alpha)\cos\beta - \cos(90° - \alpha)\sin\beta$，

于是可得

$$\cos(\alpha + \beta) = \cos\alpha\cos\beta - \sin\alpha\sin\beta.$$

类似地

$$\cos(\alpha-\beta)=\cos\alpha\cos\beta+\sin\alpha\sin\beta.$$

4.3 余弦定理

运用平方和公式,从正弦定理推导余弦定理:

$$\begin{aligned}
\sin^2 C &= \sin^2(A+B)\\
&= (\sin A\cos B+\cos A\sin B)^2\\
&= \sin^2 A\cos^2 B+2\sin A\sin B\cos A\cos B+\cos^2 A\sin^2 B\\
&= \sin^2 A(1-\sin^2 B)+2\sin A\sin B\cdot\cos A\cos B+(1-\sin^2 A)\sin^2 B\\
&= \sin^2 A+\sin^2 B+2\sin A\sin B\cdot(\cos A\cos B-\sin A\sin B)\\
&= \sin^2 A+\sin^2 B+2\sin A\sin B\cos(A+B)\\
\Rightarrow& c^2=a^2+b^2-2ab\cos C.
\end{aligned}$$

于是得到

命题 8 (余弦定理)若以 a、b、c 顺次记三角形 ABC 的角 A、B、C 的对边,则有:

$$a^2=b^2+c^2-2bc\cos A,$$
$$b^2=a^2+c^2-2ac\cos B,$$
$$c^2=a^2+b^2-2ab\cos C.$$

4.4 用一次方程组推出余弦定理

在三角形 ABC 中,有

(1) $a=b\cos C+c\cos B$;

(2) $b=a\cos C+c\cos A$;

(3) $c=a\cos B+b\cos A$.

$a\times(1)+b\times(2)-c\times(3)$,得到

$$a^2+b^2-c^2=2ab\cos C.$$

同理得到另外两式.

推论 (三斜求积公式)若 a、b、c 为三角形 ABC 的三边,则三角形 ABC 的面积为:

$$S_{\triangle ABC} = \frac{\sqrt{4b^2c^2 - (b^2+c^2-a^2)^2}}{4}.$$

证明 由面积公式 $S_{\triangle ABC} = \frac{bc\sin A}{2}$ 得

$$\sin A = \frac{2S_{\triangle ABC}}{bc};$$

由余弦定理 $a^2 = b^2 + c^2 - 2bc\cos A$ 得

$$\cos A = \frac{b^2+c^2-a^2}{2bc};$$

代入等式 $\sin^2 A + \cos^2 A = 1$ 得到：

$$\left(\frac{2S_{\triangle ABC}}{bc}\right)^2 + \left(\frac{b^2+c^2-a^2}{2bc}\right)^2 = 1.$$

整理后得到：

$$16(S_{\triangle ABC})^2 = 4b^2c^2 - (b^2+c^2-a^2)^2,$$

即

$$S_{\triangle ABC} = \frac{\sqrt{4b^2c^2 - (b^2+c^2-a^2)^2}}{4}.$$

证毕.

5 全等三角形和相似三角形的判定与应用

如果需要,不学平面几何,也可以用三角证明以下结论(当然,这并非好的选择).

5.1 相似三角形的判定定理

原来已经知道,从正弦定理可以推出相似三角形的基本定理:

"若两个三角形的三个角对应相等,则对应边成比例."

有了余弦定理,立刻可以推出"若两个三角形的对应边成比例,则对应角相等",以及相似三角形的"边角边"判定法则.

5.2 全等三角形的判定定理

把全等三角形看成是相似比为1的相似三角形,自然就得到一系列全等三角形的判定定理.

当然,从正弦定理和余弦定理直接推出这些判定定理也容易.

这时,可以利用全等三角形复习等腰三角形性质,以及轴对称图形和轴对称变换.

5.3 圆和正多边形

圆和点、直线、圆的位置关系,垂径定理等有关的线段计算;主要是勾股定理和等腰三角形性质的应用.

圆半径为 R 时,大小为 A 的圆心角所对的弦长的计算公式:

$$L = 2R\sin\frac{A}{2}.$$

这个公式也是"正弦"名称的由来.

圆周角定理、圆幂定理、圆内接四边形等仍如传统教材.

在直径为 D 的圆中,大小为 A 的圆周角所对的弦长的计算公式:

$$L = D\sin A.$$

我们还可以引入弧度制,讨论圆周的弧长.内接外切正多边形性质等几何问题,将另文讨论.

有了上面的几何、三角和代数的准备,学习下面的内容是顺理成章的事:直角坐标系和函数的图像,一次函数和二次函数,直线和圆的方程,极坐标和参数方程初步等.这样的结构性改革,优点是显而易见的:

(1) 从小学生熟悉的三角形面积计算入手,学生容易接受.

(2) 推理具有简捷严谨的代数风格,容易理解和记忆.

(3) 系统展开明快,可以用较少的课时学到更多的数学知识,给学生留下更大的思考讨论的空间.

(4) 三角、几何和代数密切联系相互渗透,有利于提高学生的数学素质和思维能力.

(5) 更早更多地体现方程和函数的思想,有利于学生今后学习高等数学和用数学知识、数学方法解决实际问题.

总之,这样的改革,使初等数学课程变得更容易、更清楚、更严谨、更丰富,也更有力量.

本文初稿完成后曾就教于张奠宙先生,并根据奠宙先生的建议作了少量的压缩和修改. 作者在此谨向张奠宙先生表示诚挚的谢意.

后记 本文中的基本思想和方法,开端于 1974 年. 当时笔者到中学教数学. 笔者发现用面积方法讲几何和三角颇受学生欢迎,且有助于学生成绩的提高,曾计划以面积法为基础进行教材改革,后因政治运动不了了之.

1979 年笔者任教于中国科大时,为合肥市参加全国数学竞赛的中学生做过一次关于面积方法的讲座,其中说明了用单位菱形面积定义正弦的好处,讲稿发表于安徽省的《中学数学教学》双月刊上(1980 年 1、2 期),题为《改变平面几何推理系统的一点想法》.

1980 年,笔者为上海教育出版社的《初等数学论丛》(第 1、3 辑)写过两篇有关面积方法的文章. 后来进一步写成《面积方法帮你解题》一书,在 1982 年出版.

以后,笔者把面积方法和教材改革更多地联系起来,在郑州的《数学教师》月刊发表长篇连载《平面几何新路》共 18 章. 后来修改补充,按教材形式写成同名的书,先后于四川教育出版社(1992)和台湾九章出版社(1995)出版. 其间还将用面积定义正弦的想法,写进四川教育出版社出版的《从数学教育到教育数学》一书(1989).

后来,这些思想方法进一步得到系统化,写在中国少年儿童出版社出版的《几何解题新思路》(1993)和《平面三角解题新思路》(1997)两书中. 而"重构三角,对数学课程进行结构性的改革"的思路,则是近三年内形成,第一次正式发表.

2.4　三角下放，全局皆活

——初中数学课程结构性改革的一个方案(2007)①

0　引言:为何下放三角?

在中学数学课程中,三角的内容至关重要. 三角是联系几何与代数的一座桥梁,是沟通初等数学和高等数学的一条通道. 函数、向量、坐标、复数等许多重要的数学知识与三角有关,大量的实际问题的解决要用到三角知识. 所以,尽管三角学起来并不比几何容易,尽管几何学起来比三角有趣得多,国外国内的许多数学教育专家在考虑数学课程的改革方案时,总是想删去更多的几何内容,而对三角却谨慎从事,不肯轻举妄动.

看来,再过若干年,三角在初等数学中的地位仍然难以动摇. 人们感到三角的有些内容难学时,往往是把它向上推. 于是,在数学课程改革活动中出现了有趣的现象:一些原来属于大学课程的内容向高中下放,例如导数;一些原来在初中要学的内容却向高中上调,例如解任意三角形.

可是高中只有三年,有些老师还要留下一年半载来帮学生复习应考. 时间紧而课程繁,想学好学透也难.

可不可以换一个思路,让三角也下放呢?

三角是解决几何问题的有力工具,是训练代数变换能力的天然平台. 如果三角下放成功,对几何和代数的学习必有好处.

从历史看,三角学是在几何学充分发展后才诞生的. 从逻辑体系看,讲了相似三角形才好定义三角函数. 三角出现,几何学习已近尾声,代数课程的进度也不便等待姗姗来迟的三角. 想让三角下放,起到帮助几何代数学习的作用,必须进行逻辑结构的改造.

---

① 本文原载《数学通报》2007 年第 1 期和第 2 期.

在传统的课程中,三角函数是作为直角三角形的两边的比值而引进的. 这样的定义,依赖于有关相似三角形的提示,而且只能定义锐角的三角函数.

其实,所谓定义三角函数,无非是给三角函数提供一个几何模型. 这个几何模型可以有多种选择. 几何模型的选择不影响三角函数的数值,但会影响对三角函数的性质和几何中的应用的推理与论证. 如果能够选择一个更简单的更便于推理论证的几何模型,就有可能带来化繁为简、化难为易的好处.

对于这个问题,作者是在 1974 年于新疆巴州 21 团子女学校教初中数学时开始探索的. 经过 30 多年的思索和实践,为三角函数的定义找到了一种更简单更便于推理论证的几何模型,并发展出相应的一套适用于初中数学教学的逻辑体系. 下面作一个简要的介绍,请大家指正.

1 基本出发点

我们从小学数学课程里的三角形面积的计算公式出发.

1.1 基本命题

根据"三角形面积等于底与高的乘积之半",可以得出:

"等高三角形的面积比等于底之比".

如果想要简单一些,可以回避"比"的概念,用数学表达式来表示这个命题. 以下用记号 $S(ABC)$ 来表示三角形 ABC 的面积,AB 表示线段 AB 的长度,则有:

命题 1 (共高定理)如图 1,若点 C 在直线 AB 上,C 不同于 A,则对直线外任意点 P,有

$$\frac{S(PAB)}{AB} = \frac{S(PAC)}{AC}.$$

这个命题小学生都容易理解. 因为他们先已经承认了"三角形面积等于底与高的乘积之半". 其实,这个公式涉及更多的概念,例如"高"的概念. 从逻辑上,完全可以不考虑上面的面积公式,而把命题 1 看作基本的出发点.

在欧几里得的《几何原本》中,上述命题 1 是第 6 卷的第一个命题. 也就是原本中建立"比"的概念后的第一个命题. 其证明并不依赖于三角形面积公式.

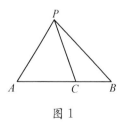

图 1

这个命题体现了欧氏平面的特点. 由它可以推出平面上有面积任意大的三角形,从而推出第五公设. 不过,在中学教材里并不要求公理的独立性,我们在承认它的同时也承认平行线的其他基本性质,例如目前通常承认的有关平行线的同位角判定条件.

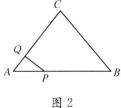

图 2

在小学教材里,涉及命题 1 的题目是常常出现的.

例如:在图 2 中, $AB = 3AP$, $AC = 4AQ$,那么,三角形 ABC 的面积是三角形 APQ 面积的多少倍?

把这个例子推广到一般的情形,就是:

命题 2 (共角定理)若 $\angle ABC$ 和 $\angle XYZ$ 相等或互补,则有

$$\frac{S(ABC)}{S(XYZ)} = \frac{AB \cdot BC}{XY \cdot YZ}.$$

证明 如图 3,两次用命题 1,即得:

$$\frac{S(ABC)}{S(XYZ)} = \frac{S(ABC)}{S(XBC)} \cdot \frac{S(XBC)}{S(XYZ)} = \frac{AB}{XY} \cdot \frac{BC}{YZ} = \frac{AB \cdot BC}{XY \cdot YZ},\ \text{证毕.}$$

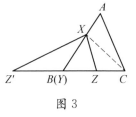

图 3

通过命题 1 和命题 2 的运用,可以初步理解用字母代替数的好处,也可以学会等式两端同乘一个数以消去一端的分母的等式变形的技巧.

命题 1 的另一个很有用的推论是共边定理:

命题 3 (共边定理)若直线 AB 和 PQ 相交于点 M ,则有:

$$\frac{S(PAB)}{S(QAB)} = \frac{PM}{QM}.$$

证明 1 利用共高定理,图 4 的 4 种情形推导的方法是一样的:

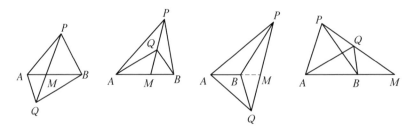

图 4

$$\frac{S(PAB)}{S(QAB)}=\frac{S(PAB)}{S(PAM)}\cdot\frac{S(PAM)}{S(QAM)}\cdot\frac{S(QAM)}{S(QAB)}=\frac{AB}{AM}\cdot\frac{PM}{QM}\cdot\frac{AM}{AB}=\frac{PM}{QM},$$

证毕.

证明 2 在直线 AB 上取一点 N 使得 $MN=AB$，则由共高定理得：

$$\frac{S(PAB)}{S(QAB)}=\frac{S(PMN)}{S(QMN)}=\frac{PM}{QM},$$ 证毕.

共角定理和共边定理在几何以及解析几何中有很多应用，这里仅仅把它们看作共高定理的应用而不忙于展开，可让学生以后在较长的时间内享受用这些工具解决许多问题的乐趣. 我们的主要目标是早点引入三角，改善中学数学课程的整体结构.

2 正弦函数的新定义

2.1 正弦的定义和三角形面积公式

探索一个问题：要计算一块三角形土地 ABC 的面积，但是只知道 $AB=40$，$AC=50$，$\angle A=30°$，而不便测量三角形的高，有什么办法？

提示：如果在线段 AB 上取点 P，使得 $AP=1$；在线段 AC 上取点 Q，使得 $AQ=1$；那么，小三角形 APQ 的面积和要求的面积有何关系？

容易知道：$S(ABC)=40\times50\times S(APQ)$.

如果知道了 $S(APQ)$，问题就解决了.

三角形 APQ 的特点：两条边 $AP=AQ=1$，$\angle A=30°$.

引进等腰三角形、腰、顶角等概念后，可以把三角形 APQ 叫作"顶角为 30 度的单位等腰三角形". 这样的三角形的面积的 2 倍，在数学上有个记号：$\sin(30°)$. 它的值在计算器上可以查出，也可以查数学用表，或用计算机软件（如超级画板）计算.

一般说来，有：

定义 1 顶角为 A 的单位等腰三角形的面积的 2 倍，记作 $\sin(A)$，叫作 A 的正弦.

以下若无特别说明，总用小写字母 a、b、c 顺次表示△ABC 中三个角 A、B、C 的对边. 应用命题 2，得出三角形面积的又一个公式：

命题 4 （三角形面积公式）

$$S(ABC) = \frac{bc\sin(A)}{2} = \frac{ac\sin(B)}{2} = \frac{ab\sin(C)}{2}.$$

当然,也可以类比矩形面积公式,把平行四边形分成若干边长为 1 的菱形来计算其面积,如图 5.

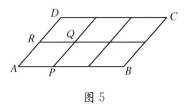

图 5

把边长为 1,有一个角为 A 的菱形面积记作 $\sin(A)$,得到平行四边形的面积公式

$$S(ABCD) = AB \cdot AD \cdot \sin(A).$$

取它的一半,同样得到三角形面积公式.

这样用单位菱形面积引入正弦,小学生更易接受.比用单位等腰三角形引入更为严谨,所需要的几何准备知识更少.

2.2 正弦的基本性质

由定义得出:

命题 5 （正弦的基本性质）

(1) $\sin(0°) = \sin(180°) = 0$;

(2) $\sin(90°) = 1$;

(3) $\sin(A) = \sin(180° - A)$.

上面(1)和(2)显然,(3)可以从图 6 看出:若 A 是 BD 中点,$AC = 2$,$AB = 1$,则 $S(ABC) = S(ACD)$,即可得到 $\sin(\angle BAC) = \sin(\angle DAC) = \sin(180° - \angle BAC)$.

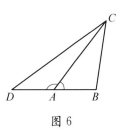

图 6

马上可以看出,这样引进正弦至少有三个好处:不依赖相似的知识和比的概念,难度降低了;锐角、直角和钝角的正弦都有定义,范围拓宽了;不必像传统定义中用逼近的办法来解释直角的正弦,表达更严谨了.

更大的好处,还在于下面展示的推理体系的简捷和有力.

2.3 直角三角形中锐角的正弦

如图 7,若 $\angle ACB = 90°$,用两种方法计算 $S(ABC)$,得到

$$\frac{ab}{2} = \frac{bc\sin(A)}{2} \Rightarrow \sin(A) = \frac{a}{c}.$$

命题6　在直角三角形中,锐角的正弦等于对边比斜边.

和命题"三角形内角和等于 180 度"相配合,已知一边和一锐角,就可以解直角三角形了.

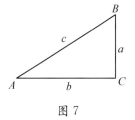

图 7

在实际的教学中,上述命题的学习和"用字母代替数"以及"等式变形"的教学与练习应当穿插进行.三角知识的发生和发展为代数方法的应用提供了天然的例子.为举例而精心编写的例题也许还要有一些,但那将显得勉强且不太重要了.

3　正弦定理及其应用

3.1　正弦定理

把三角形面积公式

$$S(ABC) = \frac{bc\sin(A)}{2} = \frac{ac\sin(B)}{2} = \frac{ab\sin(C)}{2}$$

同用 2 乘,同用 abc 除,得到

命题7　(正弦定理)

$$\frac{2S(ABC)}{abc} = \frac{\sin(A)}{a} = \frac{\sin(B)}{b} = \frac{\sin(C)}{c}.$$

这里又一次显示,等式的变形是多么有用.

现在,正弦定理是高中数学课程的内容.这样下放到初中一年级,看来是轻而易举的.学生先掌握了正弦定理,学起几何知识来就如高屋建瓴,更为主动了.

有了正弦定理,解任意三角形的问题解决了一半.在解三角形的计算中,计算机和计算器的使用有了充分的理由.

3.2　用正弦定理解几何问题

传统的数学课程,学习正弦定理是在学习相似三角形之后,正弦定理对几何的发展几乎没有影响.现在不同了,由正弦定理可以轻易地推出这些几何推

理的基本工具:

(1) 三角形中等角对等边;

(2) 若两个三角形的三个角对应相等,则对应边成比例;

(3) 三角形全等的"角边角"判别法.

有了这几个命题,可以解决大量的几何问题了.

当然,凡是用这三个命题可以解决的问题,用正弦定理也可以解决. 正弦定理来自面积公式,所以这些问题也可以直接用面积法解决. 再退一步,面积公式来自共角定理(命题2),所以这些问题又可以用更基本的面积方法来解决. 这样一来,几何知识不但更容易掌握,而且更加丰富多彩了.

4 正弦和角公式

4.1 正弦和角公式

命题 8 (正弦和角公式)对于锐角 α 和 β,有

$$\sin(\alpha+\beta) = \sin(\alpha)\sin(90°-\beta) + \sin(\beta)\sin(90°-\alpha).$$

证明 如图 8,设 $\angle BAD = \alpha$, $\angle CAD = \beta$,过 D 作 AD 的垂线分别和直线 AB、AC 交于 B、C;则由面积公式可得:

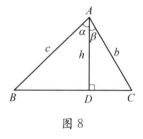

图 8

$$S(ABC) = S(ABD) + S(ADC)$$

$$\Rightarrow bc\sin(\alpha+\beta) = ch\sin(\alpha) + bh\sin(\beta)$$

$$\Rightarrow \sin(\alpha+\beta) = \left(\frac{h}{b}\right)\sin(\alpha) + \left(\frac{h}{c}\right)\sin(\beta)$$

$$= \sin(C)\sin(\alpha) + \sin(B)\sin(\beta)$$

$$= \sin(\alpha)\sin(90°-\beta) + \sin(\beta)\sin(90°-\alpha).$$

推论 (二倍角公式)当 A 不是钝角时有

$$\sin(2A) = 2\sin(A)\sin(90°-A).$$

4.2 特殊角的正弦与简单的方程

在正弦和角公式

$$\sin(\alpha + \beta) = \sin(\alpha)\sin(90° - \beta) + \sin(\beta)\sin(90° - \alpha) \text{ 中,}$$

分别给 α 和 β 以特殊值,可得

(1) $\alpha = \beta = 30°$, 得到

$$\sin(60°) = \sin(30°)\sin(60°) + \sin(30°)\sin(60°).$$

约去 $\sin(60°)$,把 $\sin(30°)$ 看成未知数解出

$$\sin(30°) = \frac{1}{2}.$$

(2) $\alpha = \beta = 45°$, 得到

$$\sin(90°) = \sin(45°)\sin(45°) + \sin(45°)\sin(45°).$$

由 $\sin(90°) = 1$, 解简单的二次方程得出

$$\sin(45°) = \frac{\sqrt{2}}{2}.$$

(3) $\alpha = 30°$, $\beta = 60°$, 得到

$$\sin(90°) = \sin(30°)\sin(30°) + \sin(60°)\sin(60°).$$

解简单的二次方程得出

$$\sin(60°) = \frac{\sqrt{3}}{2}.$$

推论　直角三角形中,$30°$ 角的对边是斜边的一半.

4.3　勾股定理

命题 9　(勾股定理)直角三角形中,斜边的平方等于另两边的平方之和.

证明　若在三角形 ABC 中,$\angle ACB = 90°$,则 $\angle A + \angle B = 90°$.

在正弦和角公式中,取 $\alpha = A$, $\beta = B$, 得到

$$\sin(90°) = \sin(A)\sin(90° - B) + \sin(B)\sin(90° - A).$$

即可推出:

$$(\sin(A))^2 + (\sin(B))^2 = 1$$
$$\Rightarrow \left(\frac{a}{c}\right)^2 + \left(\frac{b}{c}\right)^2 = 1$$
$$\Rightarrow a^2 + b^2 = c^2.$$

证毕.

这样简单地推出勾股定理,显示出代数方法的力量.以后引进函数概念时,也是说明函数思想的力量的例子.当然,也可以补充一些更直观的几何证明方法.

有了勾股定理,解直角三角形的问题完全解决了.以后引入余弦和正切,只是使得计算起来更方便而已.

5 正弦的增减性与不等式初步

在传统的中学课程中,正弦函数的增减性没有证明,只是直观地说明一下.这里则可以给出简单的证明.

5.1 正弦的增减性

命题 10　设有两个 $0°$ 到 $180°$ 的角 α 和 β,如果两个角之和 $\alpha+\beta$ 小于 $180°$,$\alpha<\beta$,则较大的角的正弦也较大,即 $\sin(\alpha)<\sin(\beta)$.

证明　设在图 9 中,$\angle ACB=\beta-\alpha$,DC 是 $\angle ACB$ 的平分线,直线 $AB\perp CD$,点 E 在 AB 的延长线上,$\angle ECB=\alpha$,则 $\angle ACE=\beta$. 于是:

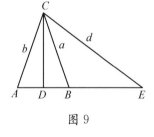

图 9

$$S(ACE)>S(BCE)$$
$$\Rightarrow bd\sin(\angle ACE)>ad\sin(\angle BCE)$$
$$\Rightarrow \sin(\angle ACE)>\sin(\angle BCE)$$
$$\Rightarrow \sin(\beta)>\sin(\alpha).$$

证毕.

推论

(1) 当 x 由 $0°$ 到 $90°$ 变化时,$\sin(x)$ 随 x 的增加而增加;

当 x 由 $90°$ 到 $180°$ 变化时,$\sin(x)$ 随 x 的增加而减少.

(2) $\sin(x)\leqslant\sin(90°)=1$,等式仅当 $x=90°$ 时成立.

(3) 在三角形中,大角对大边,大边对大角,等角对等边,等边对等角.

(4) 在三角形中,钝角或直角所对的边最大.

这时可以讲等腰三角形的性质,以及轴对称.

5.2 三角形不等式

命题 11 (三角形不等式)任意三角形 ABC 中,两边之和大于第三边.

证明 1 只要证明 $a+b>c$ 即可.

若 A 和 B 中有一个为直角或钝角,显然.

若 A 和 B 都是锐角,则:

$$
\begin{aligned}
\sin(C) &= \sin(180° - (A+B)) = \sin(A+B) \\
&= \sin(A)\sin(90° - B) + \sin(B)\sin(90° - A) \\
&< \sin(A) + \sin(B).
\end{aligned}
$$

再用正弦定理:

$$
\frac{2S(ABC)}{abc} = \frac{\sin(A)}{a} = \frac{\sin(B)}{b} = \frac{\sin(C)}{c}.
$$

将 $\sin(A)=ka$, $\sin(B)=kb$, $\sin(C)=kc$ 代入上面的不等式,即可得所要的结论.

证明 2 如图 10,过点 C 作 AB 的垂线,垂足为 D,得两个直角三角形 ADC 和 BDC. 由于在直角三角形中斜边最大,故

$AC + BC > AD + BD \geqslant AB$, 证毕.

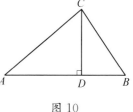

图 10

5.3 正弦差化为积

对图 9 作更细致的研究,得到正弦的差的表达式.

$$
S(ACE) - S(BCE) = S(ABC) = \frac{AB \cdot DC}{2}
$$

$$
\Rightarrow bd\sin(\angle ACE) - ad\sin(\angle BCE) = 2\left(b\sin\left(\angle \frac{ACB}{2}\right)\right)(d\sin(E))
$$

$$
\Rightarrow \sin(\angle ACE) - \sin(\angle BCE) = 2\sin\left(\angle \frac{ACB}{2}\right)\sin(90° - \angle DCE)
$$

$$
\Rightarrow \sin(\beta) - \sin(\alpha) = 2\sin\left(\frac{\beta - \alpha}{2}\right)\sin\left(90° - \frac{\alpha + \beta}{2}\right).
$$

由上面的式子得到

命题 12 若 x 和 $x+h$ 之和不超过 180 度,h 非负,则有:

$$\sin(x+h) - \sin(x) = 2\sin\left(\frac{h}{2}\right)\sin\left(90° - \left(x + \frac{h}{2}\right)\right).$$

当 $h > 0°$ 且 $x + h < 180°$ 时,上式右端为正,由此也可看出正弦的增减性.

6 角的平角单位和负角的正弦

度量角的弧度制是教学难点之一. 若先用平角作为角的度量单位,则可以轻松克服这个难点.

6.1 用平角作为角度的单位

有时嫌把周角分为 360 度数字太大,可用平角作为角的单位.

1 个平角等于 180 度,用 ping(平)的缩略记号 pi 表示,pi 的读音为 pai,与希腊字母 π 同音. 下面是常用的角度和平角度量的换算表.

$$\text{pi} = 180°; \quad 2\text{pi} = 360°; \quad \frac{\text{pi}}{2} = 90°; \quad \frac{\text{pi}}{4} = 45°; \quad \frac{\text{pi}}{3} = 60°; \quad \frac{\text{pi}}{6} = 30°.$$

对应地,在平角单位下特殊角的正弦值有 $\sin\left(\dfrac{\text{pi}}{6}\right) = \dfrac{1}{2}$,等等.

6.2 正弦的差角公式

若 β 不是钝角,α 大于 β,由下面的图 11,用类似于推导和角公式的方法,得到正弦的差角公式.

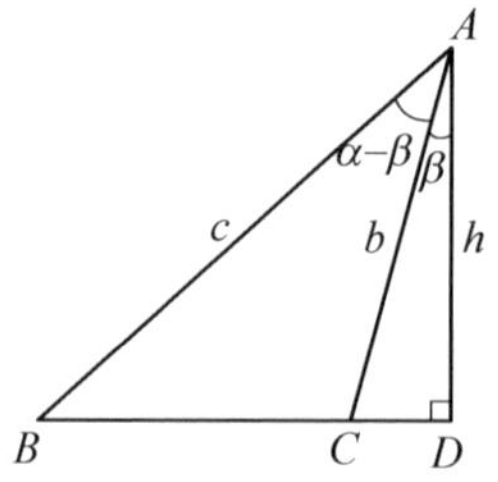

$$S(ABC) = S(ABD) - S(ACD)$$

$$\Rightarrow bc\sin(\alpha - \beta) = ch\sin(\alpha) - bh\sin(\beta)$$

$$\Rightarrow \sin(\alpha - \beta) = \left(\frac{h}{b}\right)\sin(\alpha) - \left(\frac{h}{c}\right)\sin(\beta)$$

$$\Rightarrow \sin(\alpha - \beta) = \sin(\alpha)\sin\left(\frac{\text{pi}}{2} - \beta\right) - \sin(\beta)\sin\left(\frac{\text{pi}}{2} - \alpha\right).$$

图 11

6.3 负角的正弦和正负数的运算

在一些公式中,出现 $\sin\left(\dfrac{\text{pi}}{2} - A\right)$,若 A 是钝角,就没有意义了.

如果约定 $\sin(-A) = -\sin(A)$,上面的公式还成立吗?

容易检验,如果这样约定,正弦的和角公式和差角公式可以统一为和角公式.

此外,正弦的和角公式中可以仅仅限制两角和不超过 $180°$,而不必限制都是锐角;例如,若 α 为钝角, $\alpha + \beta < \text{pi}$,就是 $\beta < \text{pi} - \alpha$,于是:

$$\sin(\alpha + \beta) = \sin((\text{pi} - \alpha) - \beta)$$
$$= \sin(\text{pi} - \alpha)\sin\left(\frac{\text{pi}}{2} - \beta\right) - \sin(\beta)\sin\left(\frac{\text{pi}}{2} - (\text{pi} - \alpha)\right)$$
$$= \sin(\alpha)\sin\left(\frac{\text{pi}}{2} - \beta\right) + \sin(\beta)\sin\left(\frac{\text{pi}}{2} - \alpha\right).$$

这样,正弦和角公式的适用范围大大拓宽了.

所以,今后约定 $\sin(-A) = -\sin(A)$.

7　余弦的性质

7.1　引进余弦

定义 2　设 A 为 0 到 pi 的角, A 的余角的正弦叫作余弦,记作 $\cos(A)$.

也就是说, $\cos(A) = \sin\left(\frac{\text{pi}}{2} - A\right)$.

前面经常遇到 $\sin\left(\frac{\text{pi}}{2} - A\right)$ 一类的式子,用这个新记号可以简化它.

当 A 不是钝角时,

$$\cos(A) = \sin\left(\frac{\text{pi}}{2} - A\right) = \sin\left(\frac{\text{pi}}{2} + A\right) = \cos(-A);$$

当 A 是钝角时,

$$\cos(A) = \sin\left(\frac{\text{pi}}{2} - A\right) = -\sin\left(A - \frac{\text{pi}}{2}\right).$$

这样,对于 0 到 pi 的角 A, $\cos(A)$ 都有意义.

根据正弦的性质可推出余弦的性质:

(1) $\cos(\text{pi} - A) = \sin\left(\frac{\text{pi}}{2} - (\text{pi} - A)\right)$

$$= \sin\left(A - \frac{\text{pi}}{2}\right)$$

$$= -\sin\left(\frac{\text{pi}}{2} - A\right) = -\cos(A);$$

(2) 当 x 从 0 增长到 pi 时, $\cos(x)$ 从 1 减少到 -1;

(3) 若 x, y 是 0 到 pi 的角,则 $x < y \Leftrightarrow \cos(x) > \cos(y)$;

(4) 特殊角的余弦的值

$$\cos(0) = 1; \ \cos\left(\frac{\mathrm{pi}}{6}\right) = \frac{\sqrt{3}}{2}; \ \cos\left(\frac{\mathrm{pi}}{4}\right) = \frac{\sqrt{2}}{2};$$

$$\cos\left(\frac{\mathrm{pi}}{3}\right) = \frac{1}{2}; \ \cos\left(\frac{\mathrm{pi}}{2}\right) = 0; \ \cos\left(\frac{2\mathrm{pi}}{3}\right) = -\frac{1}{2};$$

$$\cos\left(\frac{3\mathrm{pi}}{4}\right) = -\frac{\sqrt{2}}{2}; \ \cos\left(\frac{5\mathrm{pi}}{6}\right) = -\frac{\sqrt{3}}{2}; \ \cos(\mathrm{pi}) = -1.$$

7.2 余弦的进一步的性质

(1) 在直角三角形中,锐角的余弦等于角的邻边比斜边.

$$\cos(A) = \frac{b}{c}, \ \cos(B) = \frac{a}{c}.$$

(2) 正弦和余弦的平方关系

$$\sin^2(A) + \cos^2(A) = 1.$$

(3) 正弦和差角公式等的简化形式:

$$\sin(\alpha + \beta) = \sin(\alpha)\cos(\beta) + \sin(\beta)\cos(\alpha),$$

$$\sin(\alpha - \beta) = \sin(\alpha)\cos(\beta) - \sin(\beta)\cos(\alpha),$$

$$\sin(2\alpha) = 2\sin(\alpha)\cos(\alpha),$$

$$\sin(\alpha) - \sin(\beta) = 2\sin\left(\frac{\alpha - \beta}{2}\right)\cos\left(\frac{\alpha + \beta}{2}\right).$$

(4) 余弦和差角公式

$$\cos(\alpha + \beta) = \sin\left(\left(\frac{\mathrm{pi}}{2} - \alpha\right) - \beta\right)$$

$$= \sin\left(\frac{\mathrm{pi}}{2} - \alpha\right)\cos(\beta) - \cos\left(\frac{\mathrm{pi}}{2} - \alpha\right)\sin(\beta)$$

$$= \cos(\alpha)\cos(\beta) - \sin(\alpha)\sin(\beta),$$

类似地

$$\cos(\alpha - \beta) = \cos(\alpha)\cos(\beta) + \sin(\alpha)\sin(\beta).$$

8 余弦定理

8.1 平方和公式应用之一:用正弦定理推导余弦定理

$$\sin^2(C) = (\sin(A+B))^2$$
$$= (\sin(A)\cos(B) + \cos(A)\sin(B))^2$$
$$= \sin^2(A)\cos^2(B) + 2\sin(A)\sin(B)\cos(A)\cos(B) + \cos^2(A)\sin^2(B)$$
$$= \sin^2(A)(1 - \sin^2(B)) + 2\sin(A)\sin(B)\cdot\cos(A)\cos(B)$$
$$\quad + (1 - \sin^2(A))\sin^2(B)$$
$$= \sin^2(A) + \sin^2(B) + 2\sin(A)\sin(B)\cdot(\cos(A)\cos(B) - \sin(A)\sin(B))$$
$$= \sin^2(A) + \sin^2(B) + 2\sin(A)\sin(B)\cos(A+B)$$
$$\Rightarrow c^2 = a^2 + b^2 - 2ab\cos(C).$$

于是得到

命题 13 (余弦定理)若以 a, b, c 顺次记三角形 ABC 的角 A, B, C 的对边,则有:

$$a^2 = b^2 + c^2 - 2bc\cos(A),$$
$$b^2 = a^2 + c^2 - 2ac\cos(B),$$
$$c^2 = a^2 + b^2 - 2ab\cos(C).$$

8.2 一次方程组应用之一:用一次方程组推出余弦定理

在三角形 ABC 中,有

(1) $a = b\cos(C) + c\cos(B)$,

(2) $b = a\cos(C) + c\cos(A)$,

(3) $c = a\cos(B) + b\cos(A)$,

$a\times(1) + b\times(2) - c\times(3)$,得到

$$a^2 + b^2 - c^2 = 2ab\cos(C).$$

同理得到另外两式.

推论 (三斜求积公式)若 a, b, c 为三角形 ABC 的三边,则三角形 ABC

的面积为:

$$S(ABC) = \frac{\sqrt{4b^2c^2 - (b^2 + c^2 - a^2)^2}}{4}.$$

证明 由面积公式 $S(ABC) = \frac{bc\sin(A)}{2}$ 得

$$\sin(A) = \frac{2S(ABC)}{bc}.$$

由余弦定理 $a^2 = b^2 + c^2 - 2bc\cos(A)$ 得

$$\cos(A) = \frac{b^2 + c^2 - a^2}{2bc}.$$

代入等式 $(\sin(A))^2 + (\cos(A))^2 = 1$ 得到:

$$\left(\frac{2S(ABC)}{bc}\right)^2 + \left(\frac{b^2 + c^2 - a^2}{2bc}\right)^2 = 1.$$

整理后得到:

$$16(S(ABC))^2 = 4b^2c^2 - (b^2 + c^2 - a^2)^2,$$

即

$$S(ABC) = \frac{\sqrt{4b^2c^2 - (b^2 + c^2 - a^2)^2}}{4}.$$

证毕.

8.3 解任意三角形与二次方程

至此,解任意三角形的问题全部解决了.

在解三角形的某些问题中,会遇到一般的二次方程求解问题,就可以讲二次方程.

9 全等三角形和相似三角形的判定与应用

9.1 相似三角形的判定定理

原来已经知道,从正弦定理可以推出相似三角形的基本定理:

"若两个三角形的三个角对应相等,则对应边成比例"(直接用共角定理也可以推出).

有了余弦定理,立刻可以推出:"若两个三角形的对应边成比例,则对应角相等",以及相似三角形的"边角边"判定法则.

9.2 全等三角形的判定定理

把全等三角形看成是相似比为 1 的相似三角形,自然就得到一系列全等三角形的判定定理.

当然,从正弦定理和余弦定理直接推出这些判定定理也容易.

这时,可以利用全等三角形复习等腰三角形性质,以及轴对称图形和轴对称变换.

9.3 一些特殊的四边形

作为全等三角形的应用,可以进一步展开平行四边形、菱形、矩形、正方形以及梯形的性质和有关应用.

这时,可以讲图形的平移变换.

10 圆和正多边形

10.1 圆的基本性质

圆和点、直线、圆的位置关系.

垂径定理,有关的线段计算;主要是勾股定理和等腰三角形性质的应用.

圆半径为 R 时,大小为 A 的圆心角所对的弦长的计算公式:

$$L = 2R\sin\left(\frac{A}{2}\right).$$

这个公式也是"正弦"名称的由来.

10.2 圆周角定理及其应用

圆周角定理、圆幂定理、圆内接四边形等仍如传统教材.

在直径为 D 的圆中,大小为 A 的圆周角所对的弦长的计算公式:

$$L = D\sin(A).$$

此公式可以从 10.1 中的弦长公式推出,也可以从图 12 看出:

$$L = BC = BF\sin(F) = D\sin(A).$$

根据这个公式可知,圆内接三角形的三边长度和其对角的正弦成比例,这个比值就是三角形外接圆的直径. 这给正弦定理又一个证明,并且得到联系着三角形的边、角、面积和外接圆半径的公式:

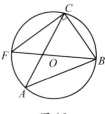

图 12

$$\frac{abc}{2S(ABC)} = \frac{a}{\sin(A)} = \frac{b}{\sin(B)} = \frac{c}{\sin(C)} = 2R.$$

10.3　切线的长度和正切

如图 13,自圆外一点 P 引两切线 PC 和 PB,C 和 B 是切点;在以 B、C 为端点的优弧上任取点 A;连接 BC,则 $\angle PCB = \angle PBC = \angle A$.

由 正 弦 定 理 得 $PB\sin(P) = BC\sin(A) = 2R(\sin(A))^2$,而 $\sin(P) = \sin(2A) = 2\sin(A)\cos(A)$, 于是得到 $PB = R \cdot \dfrac{\sin(A)}{\cos(A)}$.

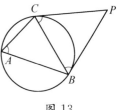

图 13

在上述计算切线长的公式中,出现了同一个角 A 的正弦和余弦的比. 这样的比在科学技术和生活实践中还有很多用处,我们给它起个名字,叫作角 A 的正切,记作 $\tan(A)$. 也就是说,有:

定义 3　若 A 是 0 到 pi 的角,$A \neq \dfrac{\text{pi}}{2}$,我们把 $\dfrac{\sin(A)}{\cos(A)}$ 叫作 A 的正切,记作 $\tan(A)$.

按照定义,由圆外一点向圆所作的两条切线长度的和 Ls,等于直径 D 与两切线所夹圆弧所对的圆周角 A 的正切的乘积:

$$Ls = D\tan(A).$$

这个公式和 10.2 中的弦长公式辉映成趣.

根据正弦和余弦的性质,推出正切的性质:

(1) 当 $0 < A < \dfrac{\text{pi}}{2}$ 时,$\tan(A) > 0$;

$\dfrac{\text{pi}}{2} < A < \text{pi}$ 时,$\tan(A) < 0$.

(2) 当 $0 < A < \dfrac{pi}{2}$ 时(或 $\dfrac{pi}{2} < A < pi$ 时),$\tan(A)$ 均随 A 的增加而增加.

(3) 在直角三角形 ABC 中,锐角的正切等于对边与邻边的比:

$$\tan(A) = \frac{a}{b}, \ \tan(B) = \frac{b}{a}.$$

(4) $\tan(A) = -\tan(pi - A)$;

$\tan(A) \cdot \tan\left(\dfrac{pi}{2} - A\right) = 1.$

(5) 特殊角的正切值:

$\tan(0) = \tan(pi) = 0, \ \tan\left(\dfrac{pi}{4}\right) = 1,$

$\tan\left(\dfrac{3pi}{4}\right) = -1,$

$\tan\left(\dfrac{pi}{6}\right) = \dfrac{\sqrt{3}}{3}, \ \tan\left(\dfrac{pi}{3}\right) = \sqrt{3},$

$\tan\left(\dfrac{5pi}{6}\right) = -\dfrac{\sqrt{3}}{3}, \ \tan\left(\dfrac{2pi}{3}\right) = -\sqrt{3}.$

10.4 圆的内接和外切正多边形

正多边形的性质(略).

有关正多边形的计算,多与三角有关,是复习的好机会.

设 n 为边的数目,R 是圆的半径,外切和内接正多边形的面积分别为 $S(n, R)$ 和 $s(n, R)$,周长分别为 $C(n, R)$ 和 $c(n, R)$;外切正多边形的顶点到圆心的距离为 $D(n, R)$,内接正多边形的边到圆心的距离为 $d(n, R)$.这些几何量的计算分别用到正弦、余弦和正切.

圆外切正 n 边形的周长、面积和顶心距:

$$C(n, R) = 2 \cdot n \cdot R \cdot \tan\left(\frac{pi}{n}\right),$$

$$S(n, R) = n \cdot R^2 \cdot \tan\left(\frac{pi}{n}\right),$$

$$D(n, R) = \frac{R}{\cos\left(\dfrac{pi}{n}\right)}.$$

圆内接正 n 边形的周长、面积和边心距：

$$c(n, R) = 2 \cdot n \cdot R \cdot \sin\left(\frac{\mathrm{pi}}{n}\right),$$

$$s(n, R) = n \cdot R^2 \cdot \sin\left(\frac{\mathrm{pi}}{n}\right) \cdot \cos\left(\frac{\mathrm{pi}}{n}\right),$$

$$d(n, R) = R \cdot \cos\left(\frac{\mathrm{pi}}{n}\right).$$

10.5　圆的面积和周长

半径为 R 的圆的面积记作 $S(R)$，它的大小应当在圆内接正 n 边形面积和圆外切正 n 边形面积之间：

$$s(n, R) < S(R) < S(n, R).$$

当 $R = 1$ 时，有 $S(n, 1) > S(1) > s(n, 1)$.

两式相比得到：

$$\frac{s(n, R)}{S(n, 1)} < \frac{S(R)}{S(1)} < \frac{S(n, R)}{s(n, 1)}.$$

用前面的正多边形面积公式代入得到：

$$R^2\left(\cos\left(\frac{\mathrm{pi}}{n}\right)\right)^2 < \frac{S(R)}{S(1)} < R^2\left(\cos\left(\frac{\mathrm{pi}}{n}\right)\right)^{-2}.$$

于是

$$\left(\cos\left(\frac{\mathrm{pi}}{n}\right)\right)^2 < \frac{S(R)}{S(1)R^2} < \left(\cos\left(\frac{\mathrm{pi}}{n}\right)\right)^{-2}.$$

当 n 足够大时，上面的不等式两端都可以任意接近于 1，而中间的 $\dfrac{S(R)}{S(1)R^2}$ 是常数，所以这常数只能是 1. 即

$$S(R) = S(1)R^2.$$

约定用希腊字母 π 表示半径为 1 的圆的面积，便得到我们早已知道的圆面积公式：

$$S(R) = \pi R^2.$$

要计算圆的周长,应当说明曲线长度的意义.

在地图上,公路用曲线表示.如果要计算公路占地的面积,就用公路(曲线)的长度和适当规定的宽度相乘.这说明,长度和面积是有关联的.这启发我们利用面积来定义曲线的长度:先把曲线扩大为一条宽度为 $2d$ 的带子,设这条带子的面积为 s,将 s 除以宽度 $2d$,得到的比值可以看成是曲线长度的近似值.当 d 越来越小时,此比值就应当越来越接近曲线的长度.于是,我们可以把曲线的长度看成是此比值在 d 趋向于 0 时的极限.

在圆周的情形,问题更为简单.

把半径为 R 的圆周扩大成为圆环,圆环的外半径为 $R+d$,内半径为 $R-d$,圆环的宽度为 $2d$,面积为

$$\pi(R+d)^2 - \pi(R-d)^2 = 4\pi Rd,$$

于是圆环面积和宽度的比值为 $2\pi R$,这个比值与宽度无关,宽度很小时仍然是 $2\pi R$,它就是圆周的长度.

10.6 弧长的计算和角的弧度制

由于 360 度圆心角对应的弧长是 $2\pi R$,故 n 度的圆心角对应的弧长是 $\dfrac{n\pi R}{180}$.

用平角为角度单位时,圆心角为 pi 时,对应的弧长是 πR,故 $x$pi 的圆心角对应的弧长为 $x\pi R$.

当 $R=1$ 时,$x$pi 的圆心角对应的弧长为 $x\pi$.这样,就可以用单位圆的弧长来度量圆心角,叫作角的弧度制.在弧度制下,平角大小为 π(弧度),即 $3.14159\cdots$(弧度).这样,平角为角度单位时,大小为 $x$pi 的角,在弧度制下其大小为 $x\pi$.换算时把 pi 用 π 代替就是了,很方便.在弧度制下,圆心角为 π 时(平角),对应的弧长是 πR,故 x(弧度)的圆心角对应的弧长为 xR.

有了上面的几何、三角和代数的准备,学习下面的内容是顺理成章的事.以下部分从略.

11 直角坐标系和函数的图像(略)

12 一次函数和二次函数(略)

13 直线和圆的方程(略)

14 极坐标和参数方程初步(略)

进行这样的结构性改革,优点是显而易见的:

(1) 从小学生熟悉的三角形面积计算入手,学生容易接受.

(2) 推理具有简捷严谨的代数风格,容易理解和记忆.

(3) 系统展开明快,可以用较少的课时学到更多的数学知识,给学生留下更大的思考讨论的空间.

(4) 三角、几何和代数密切联系相互渗透,有利于提高学生的数学素质和思维能力.

(5) 更早更多地体现方程和函数的思想,有利于学生今后学习高等数学和用数学知识数学方法解决实际问题.

总之,这样的改革,使初等数学课程变得更容易,更清楚,更严谨,更丰富,也更有力量.

近 30 年来,本文中的一些推导方法,已经被许多老师和同学所熟悉,并在数学竞赛中广泛应用. 实践证明这些方法和思想对青少年提高数学素质有好处,并且很容易掌握. 如果能够写成教材广泛应用,预期能够突破目前数学教育的许多难点,大面积地提高我国中学生的数学素质.

2.5　一线串通的初等数学(2010)[①]

　　2009 年 8 月,笔者主编的《走进教育数学》丛书由科学出版社出版,这算是
"教育数学"所取得的一个阶段性成果.教育数学用一句话来概括,就是:改造数
学使之更适合于教学和学习.这一提法最早出现在笔者 1989 年所写的《从数学
教育到教育数学》中.其实,教育数学的活动早已有之,如欧几里得著《几何原
本》,柯西写《分析教程》,都是教育数学的经典之作.

　　提出教育数学,并不是一时之兴.早在 20 世纪 70 年代,笔者辅导中学生做
题时发现面积法对解几何题非常有效,但教科书对面积法却很不重视,介绍很
少.当时,笔者就想:有些题目的难度是由题目本身和所用的数学方法决定的,
倘若不从数学上下功夫,仅仅从教学法的角度出发,学生学习起来仍然很辛苦.

　　那究竟应该如何改造数学呢? 这可不是一件容易的事情.在《从数学教育
到教育数学》中,笔者已经做了较详细的阐述.由于此前不少中学老师表示"下
放三角"[1,2]这个想法很新颖、独特,想了解其来龙去脉,下面笔者就简要谈一
下,这得从两个小题目(射影几何基本定理和蝴蝶定理)说起.

　　著名数学大师华罗庚先生在《1978 年全国中学生数学竞赛题解》前言中,谈
到了这样一个有趣的几何题.

　　例 1　如图 1,凸四边形 $ABCD$ 的两边
AD、BC 延长后交于 K,两边 AB、CD 延长
后交于 L.对角线 BD、AC 延长后分别与直
线 KL 交于 F、G.求证:$\dfrac{KF}{LF}=\dfrac{KG}{LG}$.

　　只看图,不看文字,题目也是一目了然
的.几条直线那么一交,不附加任何别的条
件,凭空就要你证明一个等式,似乎不容易

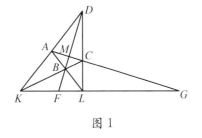

图 1

──────────
① 本文原载《数学通报》2010 年第 2 期(与彭翕成合作).

下手. 华先生在指出这个题目包含了射影几何的基本原理之后, 给出了用中学生所掌握的知识解决它的方法. 下述证明引自华先生所写的前言原文.

证法 1 设 $\triangle KFD$ 中 KF 边上的高为 h, 利用 $2\triangle KFD = KF \cdot h = KD \cdot DF\sin\angle KDF$, 得到 $KF = \dfrac{1}{h} \cdot KD \cdot DF \cdot \sin\angle KDF$; 同理, 再求出 LF、LG 与 KG 的类似表达式.

因而

$$\frac{KF}{LF} \cdot \frac{LG}{KG} = \frac{KD \cdot DF\sin\angle KDF}{LD \cdot DF\sin\angle LDF} \cdot \frac{LD \cdot DG\sin\angle LDG}{KD \cdot DG\sin\angle KDG} = \frac{\sin\angle KDF}{\sin\angle LDF} \cdot \frac{\sin\angle LDG}{\sin\angle KDG}.$$

同样可得到

$$\frac{AM}{CM} \cdot \frac{CG}{AG} = \frac{\sin\angle ADM}{\sin\angle CDM} \cdot \frac{\sin\angle CDG}{\sin\angle ADG},$$

所以

$$\frac{KF}{LF} \cdot \frac{LG}{KG} = \frac{AM}{CM} \cdot \frac{CG}{AG}.$$

类似地可以证明

$$\frac{LF}{KF} \cdot \frac{KG}{LG} = \frac{\sin\angle LBF}{\sin\angle KBF} \cdot \frac{\sin\angle KBG}{\sin\angle LBG} = \frac{\sin\angle ABM}{\sin\angle CBM} \cdot \frac{\sin\angle CBG}{\sin\angle ABG} = \frac{AM}{CM} \cdot \frac{CG}{AG}.$$

由此可得 $\left(\dfrac{KF}{LF} \cdot \dfrac{LG}{KG}\right)^2 = 1$, 即 $\dfrac{KF}{LF} = \dfrac{KG}{LG}$.

经过研究, 笔者得出证法 2, 收录在 1982 年出版的《面积关系帮你解题》[3].

证法 2 设 $\angle LKB = \alpha$, $\angle AKB = \beta$, 由 $\triangle AKL = \triangle KBL + \triangle KBA$ 得

$$\frac{1}{2}KA \cdot KL\sin(\alpha + \beta) = \frac{1}{2}KB \cdot KL\sin\alpha + \frac{1}{2}KA \cdot KB\sin\beta,$$

化简得

$$\frac{\sin(\alpha + \beta)}{KB} = \frac{\sin\alpha}{KA} + \frac{\sin\beta}{KL} \cdots (1).$$

类似地, 对 $\triangle DKF$、$\triangle DKL$、$\triangle AKG$ 列出面积等式得

$$\frac{\sin(\alpha+\beta)}{KB}=\frac{\sin\alpha}{KD}+\frac{\sin\beta}{KF}\cdots(2),$$

$$\frac{\sin(\alpha+\beta)}{KC}=\frac{\sin\alpha}{KD}+\frac{\sin\beta}{KL}\cdots(3),$$

$$\frac{\sin(\alpha+\beta)}{KC}=\frac{\sin\alpha}{KA}+\frac{\sin\beta}{KG}\cdots(4).$$

由(1)−(2)+(3)−(4)得

$$0=2\frac{\sin\beta}{KL}-\frac{\sin\beta}{KF}-\frac{\sin\beta}{KG},即\frac{1}{KF}+\frac{1}{KG}=\frac{2}{KL}.$$

等式变形为

$$\frac{KL}{KF}-1=1-\frac{KL}{KG},即\frac{FL}{KF}=\frac{GL}{KG}.$$

笔者认为,证法 2 比证法 1 要稍好一点,因为它无需作高,所应用的也就是简单又直观的面积关系.这两种证法都用到 $S_{\triangle ABC}=\frac{1}{2}ab\sin C.$ 倘若不用这个公式,能否做出呢? 随着对面积法的深入挖掘,笔者发现完全可以不用这个公式,一个给高中生做的竞赛题,小学生都能做出.

首先我们复习一点小学生的几何知识:三角形的面积等于底乘高的积的一半,并且由此可知,共高三角形的面积比等于底之比.这两条命题看似平凡,但从它们出发,马上可得一条用途极广的解题工具,即:

共边定理　若直线 AB 与 PQ 交于 M(如图 2,有四种情形),则有 $\dfrac{\triangle PAB}{\triangle QAB}=\dfrac{PM}{QM}.$

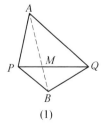 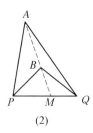 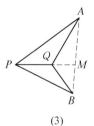 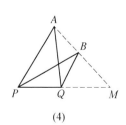

(1)　　　　　(2)　　　　　(3)　　　　　(4)

图 2

共边定理证明 1 $\dfrac{\triangle PAB}{\triangle QAB}=\dfrac{\triangle PAB\cdot\triangle PAM}{\triangle PAM\cdot\triangle QAM}\cdot\dfrac{\triangle QAM}{\triangle QAB}=\dfrac{AB}{AM}\cdot\dfrac{PM}{QM}\cdot\dfrac{AM}{AB}$

$=\dfrac{PM}{QM}.$

共边定理证明 2 在直线 AB 上取一点 N 使 $MN=AB$，则 $\triangle PAB=$
$\triangle PMN$，$\triangle QAB=\triangle QMN$，所以 $\dfrac{\triangle PAB}{\triangle QAB}=\dfrac{\triangle PMN}{\triangle QMN}=\dfrac{PM}{QM}.$

这两种证法均适用于图 2 的四种情形. 有了共边定理, 可给出例 1 的一个更简捷的证法:

证法 3 $\dfrac{KF}{LF}=\dfrac{\triangle KBD}{\triangle LBD}=\dfrac{\triangle KBD}{\triangle KBL}\cdot\dfrac{\triangle KBL}{\triangle LBD}=\dfrac{CD}{CL}\cdot\dfrac{AK}{AD}=\dfrac{\triangle ACD}{\triangle ACL}\cdot\dfrac{\triangle ACK}{\triangle ACD}$

$=\dfrac{\triangle ACK}{\triangle ACL}=\dfrac{KG}{LG}.$

这比起前两个证法, 不但简捷, 起点也低得多. 共边定理比正弦概念要简单些, 准备知识少得多. 不但如此, 这个证法还有一箭三雕的效果, 详看文[4].

从共边定理出发, 我们还可以引出共角定理:若 $\angle ABC$ 与 $\angle A'B'C'$ 相等或互补, 则 $\dfrac{\triangle ABC}{\triangle A'B'C'}=\dfrac{AB\cdot BC}{A'B'\cdot B'C'}.$

证明 如图 3, 把两个三角形拼在一起, 并且让 B 与 B' 重合, 便得:
$\dfrac{\triangle ABC}{\triangle A'B'C'}=\dfrac{\triangle ABC}{\triangle ABC'}\cdot\dfrac{\triangle ABC'}{\triangle A'B'C'}=\dfrac{BC}{B'C'}\cdot\dfrac{AB}{A'B'}.$

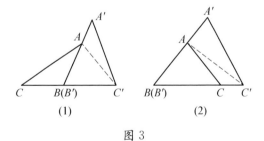

图 3

例 2 (蝴蝶定理)设圆内三弦 AB、CD、EF 相交于 AB 的中点 M, 弦 DE、CF 分别与 AB 交于 G、H, 求证:$MG=MH$.

证法 1 如图 4, 设 $\angle CMH=\alpha$, $\angle FMH=\beta$, 则由 $\triangle MCF=\triangle MCH+$

$\triangle MFH$ 得

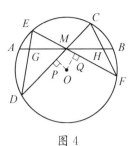

$$\frac{1}{2}MC \cdot MF\sin(\alpha+\beta) = \frac{1}{2}MC \cdot MH\sin\alpha + \frac{1}{2}MH \cdot MF \cdot \sin\beta,$$

化简得

$$\frac{\sin(\alpha+\beta)}{MH} = \frac{\sin\alpha}{MF} + \frac{\sin\beta}{MC}\cdots(1).$$

图 4

同理对 $\triangle MED$ 列出面积等式得

$$\frac{\sin(\alpha+\beta)}{MG} = \frac{\sin\alpha}{ME} + \frac{\sin\beta}{MD}\cdots(2);$$

由 $(2)-(1)$ 得

$$\sin(\alpha+\beta)\left(\frac{1}{MH}-\frac{1}{MG}\right) = \frac{\sin\alpha}{MF \cdot ME}(MF-ME) + \frac{\sin\beta}{MC \cdot MD}(MC-MD)\cdots(3).$$

设 CD、EF 的中点分别为 P、Q,圆心为 O,则

$$MF-ME = 2MQ = 2MO\sin\beta,\ MC-MD = -2MP = -2MO\sin\alpha,$$

代入 (3) 式右边,由于 $MF \cdot ME = MC \cdot MD$,所以 (3) 式右边为 0,即

$$\sin(\alpha+\beta) \cdot \left(\frac{1}{MH}-\frac{1}{MG}\right) = 0,$$

而 $\sin(\alpha+\beta) \neq 0$,所以 $MH = MG$.

证法 1 出自《面积关系帮你解题》,笔者想到用共角定理之后,得到了证法 2.

证法 2 如图 5,$\angle D = \angle F$,$\angle E = \angle C$,$\angle 1 = \angle 2$,$\angle 3 = \angle 4$.用共角定理,再用相交弦定理得:

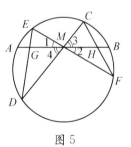

图 5

$$1 = \frac{\triangle MGE}{\triangle MHF} \cdot \frac{\triangle MHF}{\triangle MGD} \cdot \frac{\triangle MGD}{\triangle MHC} \cdot \frac{\triangle MHC}{\triangle MGE}$$

$$= \frac{ME \cdot MG}{MF \cdot MH} \cdot \frac{MF \cdot HF}{MD \cdot GD} \cdot \frac{MD \cdot MG}{MC \cdot MH} \cdot \frac{MC \cdot HC}{ME \cdot GE}(\text{共角定理})$$

$$= \frac{MG^2}{MH^2} \cdot \frac{HF \cdot HC}{GD \cdot GE} = \frac{MG^2}{MH^2} \cdot \frac{HA \cdot HB}{GA \cdot GB}(\text{相交弦定理})$$

$$= \frac{MG^2}{MH^2} \cdot \frac{(MA+MH) \cdot (MB-MH)}{(MA-MG) \cdot (MB+MG)}$$

$$= \frac{MG^2}{MH^2} \cdot \frac{(MA^2-MH^2)}{(MA^2-MG^2)}, (MA=MB)$$

所以 $MG^2(MA^2-MH^2)=MH^2(MA^2-MG^2)$,化简得 $MG=MH$.

蝴蝶定理讲述的是圆中几条弦引发的关系,圆幂定理、圆周角定理是避免不了的.倘若将圆改成四边形,那么小学生也能做了.

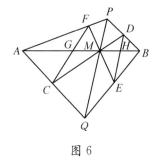

四边形的蝴蝶定理 如图 6,两线段 AB、PQ 交于 M.过 M 作一直线与 AQ、BP 分别交于 C、D.作另一直线与 BQ、AP 分别交于 E、F.连接 DE、CF 分别与 AB 交于 H、G,求证:

图 6

$$\frac{MG}{AG} = \frac{MH}{BH} \cdot \frac{MB}{MA}.$$

证明 由共边及共角定理可得

$$\frac{MG}{AG} = \frac{\triangle MCF}{\triangle ACF} = \frac{\triangle MCF}{\triangle MDE} \cdot \frac{\triangle MDE}{\triangle BDE} \cdot \frac{\triangle BDE}{\triangle BPQ} \cdot \frac{\triangle BPQ}{\triangle APQ} \cdot \frac{\triangle APQ}{\triangle AFC}$$

$$= \frac{MC}{MD} \cdot \frac{MF}{ME} \cdot \frac{MH}{BH} \cdot \frac{BD}{BP} \cdot \frac{BE}{BQ} \cdot \frac{MB}{MA} \cdot \frac{AP}{AF} \cdot \frac{AQ}{AC}$$

$$= \frac{\triangle ABC}{\triangle ABD} \cdot \frac{\triangle ABF}{\triangle ABE} \cdot \frac{MH}{BH} \cdot \frac{\triangle ABD}{\triangle ABP} \cdot \frac{\triangle ABE}{\triangle ABQ} \cdot \frac{MB}{MA} \cdot \frac{\triangle ABP}{\triangle ABF} \cdot \frac{\triangle ABQ}{\triangle ABC}$$

$$= \frac{MH}{BH} \cdot \frac{MB}{MA}.$$

当 M 是 AB 中点时,可推知

$$MG=MH.$$

在利用共边定理、共角定理解出一些难题之后,笔者得到鼓舞,对面积法更充满信心;同时也受到很大的启发.

启发 1 共边定理比正弦定理更基础、更简单,为什么用一个更原始的工具反而比新式武器更有用? 这其中必然有其道理. 进一步研究发现:没有特别条件,仅仅是几条直线交来交去,这类题目似难实易. 战略上应当有这么一个总的认识:凡是只涉及直线的相交、平行,同一直线上的线段比,以及面积比的题目,都属于"仿射几何"的范围,而且是仿射几何中"线性"问题的范围. 这类问题,归根结底,用共边定理就足以解决了. 这就确定了战略方向. 用共边定理,把线段比化为面积比,把面积比化为线段比,在两种几何量的反复转化中解决问题. 共边定理这一强有力的新工具的出现使得一大批几何题目变得更容易了,这为后来做几何定理机器证明打下了基础.

启发 2　正弦定理很有用,由于中学现有数学体系所限,我们只能将其部分下放,使其以共边定理、共角定理的面貌出现. 能不能将正弦定理彻底下放呢? 为什么正弦定理要到高中才学习? 教育数学讲求循序渐进,人所共知,问题是这个"序"怎么排才是最优的? 这个排序让笔者一直思考到现在. 譬如是用菱形面积定义正弦,还是用等腰三角形面积定义正弦,笔者都反复比较.

对于现有中学教材中三角学的弊病,已经有不少老师指出了. 回顾历史可以知道,我们目前中学教材所学的三角学是在 15 世纪前后,为了天文、航海的需要发展起来的. 为什么会出现这样的情况呢? 笔者认为:最根本的原因就是现有的三角学体系不是专门为教育数学而设计的. 我们在继承前辈成果的同时,必须将其从学术形态转化到教育形态.

在与一些中学老师和中学生交流后,笔者发现,如果没学过三角形相似和正弦定理,譬如初一学生,他们很容易接受这共边定理、共角定理及其证明. 而学过三角形相似之后,他们总喜欢作高构造相似三角形来证明共边定理,学过正弦定理之后则把共角定理看作是正弦定理的推论,甚至有人还认为,在初中和小学介绍共角定理是把正弦定理"提前学",好像非得先有正弦定理才能有共角定理一样.

确实,有了正弦定理之后,不但共角定理一目了然,共边定理也有了更直接的证法.

共边定理证明 3

$$\frac{\triangle PAB}{\triangle QAB} = \frac{\frac{1}{2} PM \cdot AB \cdot \sin \angle PMA}{\frac{1}{2} QM \cdot AB \cdot \sin \angle QMA} = \frac{PM}{QM}.$$

经过十多年的研究,笔者反复权衡之后,觉得小修小补解决不了根本性的问题,下放三角必须彻底!我们要求新求变,变则通,通则久."把数学变得更容易"大有可为.我们并不需要引进什么新内容,加重学生的学习负担;只是将现有中学数学的知识点重新进行排序,使得教学效果最优化.面积法不单可以作为解题的利器,更应该将之作为迅速展开初等数学体系的一个制高点,而这个制高点的核心就是正弦定理.正弦定理涉及几何中的三大基本元素:角度、线段、面积,又与三角和代数有着紧密的联系.

几何、代数和三角的知识,是在不同的历史时期,在不同的地域分别形成的.它们各有自己的体系、术语和记号.自然地,这些知识构成了中学里的三门数学课程.

1947 年前后,笔者读初中时,这三门课程可能由不同的老师任课,而且各有自己的流行教材或被老师认可的参考书.例如《三 S 平面几何》《范氏代数》以及《斯盖倪三角学》等.后来,在课程表上三者合而为一,统一叫作数学.但仍是在不同的学期分别进行教学,基本上各自保持着自己的体系.近些年,三门数学都被分解成若干模块并组合起来成为不同学期的课程.把这三门合在一起的愿望是好的,方向是对的.数学应当尽可能地统一和简化.

但是,简单地分解重组,貌合神离,难以实现优化数学教育的初衷.要把它们整合起来并尽可能地统一和简化,需要对三者之间的联系作深入地考察.几何与三角研究的对象都是图形,首先是最简单但内容依然丰富的三角形.几何侧重定性的研究,三角侧重定量的研究.代数研究的对象是更为抽象的数与式的运算规律和方法,它是解决数学问题的基本工具,也是几何和三角的工具.

既然几何与三角研究的对象都是图形,两者就有了携手合作的基础.历史上,两者确有合作的关系.这是前赴后继的关系.几何先行,先对三角形作定性的研究,为三角铺路奠基.直到引进相似三角形之后,三角才有粉墨登场的可能.先定性后定量,是人们认识事物的一般规律.在数学教学中先讲几何后讲三角,似乎是非常顺理成章的安排,千百年从来如此.

但是,从来如此的做法一定是最好的做法吗?学习数学的顺序必须和数学知识在历史上形成的先后一致吗?

如果不拘泥于传统观念,就会发现先几何后三角的安排有三个遗憾:一是辛苦了几何,二是委屈了三角,三是冷落了代数.几何在没有工具的情形下孤军奋战地做定性研究,不辛苦吗? 三角建立了有力的定量工具但为时已晚,空怀绝技难以施展,不委屈吗? 几何自顾自地推理,三角自顾自地计算,代数该用不用,不冷落吗? 如果早点安排三角出场呢? 几何的事情三角帮忙,自然不那么辛苦了. 三角在几何向前发展中功劳显赫,就不委屈了. 计算与推理紧密联系,代数处处有用,也不冷落了.

在中学数学课程中,三角的内容至关重要. 三角是联系几何与代数的一座桥梁,是沟通初等数学和高等数学的一条通道. 函数、向量、坐标、复数等许多重要的数学知识与三角有关,大量的实际问题的解决要用到三角知识. 三角是解决几何问题的有力工具,是训练代数变换能力的天然平台. 如果三角下放成功,对几何和代数的学习必有好处.

于是,问题的症结在于重建三角,请三角早出茅庐. 用单位菱形面积来定义正弦,从根本上解决了这个关键问题. 与传统定义相比,这样更直观,更严谨,更具一般性. 只引进正弦而暂时不谈其他三角函数,学起来也更容易.

正弦出场就和面积结下不解之缘,使得正弦定理的推导,和角公式的推导,以及正弦增减性的探究都成为直观简易的计算型推理. 传统的教学难点无形中消失了,几何知识宝库门户打开. 不论是用几何引出三角,还是用三角推导几何,都要用到字母运算,用到代数. 三角、几何和代数,紧密联系,彼此渗透,交互影响,共同向前.

以上就是笔者撰写《一线串通的初等数学》[5] 的初衷.《一线串通的初等数学》一书共 30 节,去掉一些难度较大的内容后,估计要 20—30 周的时间(80—120 学时)才能讲完. 再加上有理数和代数式,基本上是 2 个学期的课程. 如果在初中一年级能够学完该书的基本内容,学生的运算能力、推理能力和分析解决问题的能力都会有较大的发展,继续学下去就会感到比较轻松,会有更多的时间思考和进行实践活动. 初中毕业生的数学素质有望大面积地显著提高. 在目前,该书可以作为数学教师的参考书,从书中选取若干材料作为学生课外活动的内容,用来启发他们在学习数学时要注意温故知新,惯于举一反三,敢于推陈出新,善于从平凡中发现值得思考的问题,提高分析解决问题的能力.

随者数学的进步和社会的发展,初等数学的内容比过去更加丰富庞杂了. 除了该书涉及的几何、代数和三角,中学数学的内容还有解析几何、统计概率、微积分初步等更多的内容. 这些内容如何合理安排,能否统一和简化,有待进一步的探究.在这条艰难的路上,我们仅仅迈开了第一步.

这样的设计能够进入中学教材吗?从哪一个年级开始学这些内容?学习这些内容,有小学数学的基础就够了.但是,在初中一年级的年龄段,学生能够理解正弦的概念吗?这需要进行教学实践.在我国著名数学教育家张奠宙先生的推动下,宁波教育学院的崔雪芳老师在初一学生中做实验,结论是肯定的.[6]随后,华东师范大学李俊教授指导的教育硕士王文俊老师对高中学生和老师做了更详细的实验与调查,结果表明"大部分学生和老师是比较欣赏和认可三角函数新定义体系的"[7].不单大陆这边有老师做实验探究,台湾地区的陈彩凤老师在看了笔者的《从数学教育到教育数学》后,也将三角函数新定义在资优班实施,获得学生热烈回响.

当然,还需要更多的教学实践来检验我们的设想.而在实践中发现的问题,我们会及时调整、反思;某些老师对三角函数新定义有疑惑、误解,我们也将撰文解释.

参考文献

[1] 张景中.三角下放,全局皆活——初中数学课程结构性改革的一个方案[J].数学通报,2007(1):1-5.

[2] 张景中.三角下放,全局皆活(续)——初中数学课程结构性改革的一个方案[J].数学通报,2007(2):4-8.

[3] 张景中.面积关系帮你解题[M].上海:上海教育出版社,1982.

[4] 张景中.几何新方法和新体系[M].北京:科学出版社,2009.

[5] 张景中.一线串通的初等数学[M].北京:科学出版社,2009.

[6] 崔雪芳.用"菱形面积"定义正弦的一次教学探究[J].数学教学,2008(11):40-43.

[7] 王文俊.高中阶段"用面积定义正弦"教学初探[D].上海:华东师范大学,2008.

第三章　　　几何新方法和新体系

3.1　平面几何要重视面积关系(1993)

3.2　论向量法解几何问题的基本思路(2008)

3.3　几何代数基础新视角下的初步探讨(2010)

3.4　点几何纲要(2018)

3.5　点几何的教育价值(2019)

3.6　点几何的解题应用:计算篇(2019)

3.7　点几何的解题应用:恒等式篇(2019)

3.8　点几何的解题应用:复数恒等式篇(2019)

3.1　平面几何要重视面积关系(1993)^①

关于数学课程内容的改革,大概应当从两个方面下手.一方面,传统内容怎么调整;另一方面,要增加哪些新课程和新内容.这里当然不是简单地删除与增加的问题,还必须做到像教学大纲里说的那样:"注意数学各部分内容的内在联系,以及它们之间的相互关系……要加强教材的系统性."这实际上是一个复杂的系统工程.

调整旧的与增加新的,两方面都重要.但比起来,调整旧的更重要.首先,旧的不调整好,就腾不出时间教新的.其次,培养学生的基本技能,让学生掌握基本知识,主要还是靠传统课程.传统课程学不好,新课程学起来也难.第三,学生对数学的兴趣,主要是在学习传统课程的阶段形成的.

调整传统课程内容的工作中,有一个老大难问题,就是如何改革平面几何的教材内容.这个问题,在世界上许多发达国家也都没解决好.美国一位著名的数学家在一篇文章中抱怨说,美国学生对数学的兴趣越来越少.我想,原因之一是平面几何没有改好.大家都认识到几何教材的改革是一个重要课题,但也都没提出什么好办法.正如斯托利亚尔在《数学教育学》中所说:"几何教学的问题仍然是中等数学教育现代化的最复杂的问题之一,它引起了广泛的、世界性的争论,并且出现了许多方案."方案多,也表明大家对已提出的方案不满意,因而不断提出新的方案.著名的数学大师柯尔莫哥洛夫、迪奥东内都曾投身于这一课题,撰写出以他们提出的方案为基础的教程,但迄今仍未见到显著成效.

几何教材改革为什么成为难题,这是一个值得想一想的问题.笔者从 1974 年开始思考这个问题.我想,难就难在一本好的几何教材应当符合几条要求,而这几条要求又都似乎自相矛盾.

第一条,起点要低,观点要高.起点低,就是要从学生实际出发,要讲那些小

---

① 本文是作者在原国家教委基础教育课程教材研究中心召开的"数学课程内容改革研讨会"上的书面发言(1993 年 1 月 6—8 日,北京),原载《数学教师》1993 年第 3 期.

学生能理解能掌握的东西. 观点高,就是要埋下伏笔,使教材内容实质上与现代数学挂钩. 柯尔莫哥洛夫让初等几何与度量空间挂钩,迪奥东内让初等几何与向量空间挂钩,都体现了观点高. 可惜起点也高了,因而不很成功.

第二条,要提供简捷而通用的解题方法. 学了数学要会解题,当然应当教给学生解题的一般方法. 在算术、代数、微积分等许多数学课程中,要解决的问题比较明确,提供的方法清晰而有效. 几何却不是这样. 学了平面几何,学生应当会解哪些题目,范围不很清楚,更没有教给学生一套解题方法. 这是因为几何虽有两千多年历史,但没有形成一些基本的算法. 几何教材的改革,应当同时解决几何解题的算法化问题. 这当然是一个大难题.

第三条,推理方法要兼顾直观与严谨.

第四条,要注意到理论与实践的联系,几何与代数以至物理的联系,小学、初中、高中以至大学几何课程的联系;同时,几何本身也要自成体系.

要做到这几条,当然很难. 但并非无解. 抓住面积来展开平面几何,以上几个条件都可以满足.

从面积出发讲几何,起点是低的. 因为小学生对面积是不陌生的. 同时,观点也是高的. 面积,是一个重要的几何不变量,它是把初等数学和高等数学联系起来的一座天然桥梁. 面积是行列式,是通用坐标,是积分,是测度,是外积.

从简单的面积关系出发,能建立一套通用而简易的解题方法. 这种方法,它具有三角法与解析法的力量,却往往比三角法、解析法更直观、更简捷. 面积法推理过程,是直观的,又是严谨的.

抓住面积,几何与代数的关系显然更密切了. 几何与物理的关系也更密切了. 小学、初中、高中(体积)的几何知识也就串成一条线了.

还有一点,从未来的发展来看特别重要,那就是面积方法解题可以用计算机实现. 这是去年(指 1991 年)才得到的成果.

大家知道,计算机辅助教学,特别是计算机辅助数学教学,是一个很重要的发展方向,这个方向在发达国家很受重视. 市场上已出现了不少计算机辅助教学软件. 用计算机不但能解代数方程,还能算微分、积分;不但能求数值解,还能求字母解、分解因式. 但是,长期以来,还不能用它证明初等几何定理. 近十年来,我国数学家吴文俊教授在这方面取得了重大突破. 他提出的定理机器证明的吴方法,可以在微机上证明许多不平凡的初等几何定理. 但是,吴法用于计算机辅助教学时,有一个障碍,就是定理证明的可读性差.用传统方法证明一条几何定理,可以把证明的过程、推理的步骤清清楚楚地写出来.这就做到了不但知其然,而且知其所以然.用吴法,或国外又提出的其他代数方法,都做不到这一点.计算机的回答仅仅是指出命题成立或不成立.如果一定要看看推理过程,计算机给出的是一大串多项式计算过程,多项式常常是几十项、几百项、几千项.能不能用计算机产生简捷优美的几何定理证明呢?这对于数学家、计算机科学家,特别是人工智能领域的专家,是一个挑战性的课题.西方的一些科学家,用逻辑方法研究这个课题,已经 30 多年了,一直找不到办法,编不出能产生简捷可读的证明的程序.今年(指 1992 年)五月,美国维奇塔(Wichita)大学的周咸青教授(S. C. Chou)邀我去合作研究,我提出用面积方法来解决这个问题,果然大见成效.周咸青、高小山(系统所)和我合作,编出了通用程序.我们用它在计算机上试证 400 多个不平凡的几何定理,所产生的证明 80% 是简捷可读的.这个成果有两方面的意义:一方面,面积方法帮助了机器证明的研究,使机器证明领域中长期得不到解决的一大难题有了突破.另一方面,由于这一突破,面积方法在几何教学中占有了特别的优势,它能在计算机上实现,它和最先进的工具联系起来了,能不重视吗?

由于用了面积方法,一大类初等几何问题的解题算法找到了.正是因为找到了算法,我们才有可能写出程序.这个算法不但能用计算机实现,也能用手实现,因为它产生的证明往往是简捷的.一个几何命题来了,首先是按一定步骤把题图的构造过程写下来.根据构图过程,一步一步地可以写出证明或反例.证明过程也是计算过程,这计算过程与图形紧密联系,直观而严谨.这就把几何作图、几何计算、几何证明都联系起来了.笛卡儿发明坐标,目的之一是寻求几何问题的算法.但坐标产生的证明往往不那么简捷.用了面积方法,不但找到了一大类几何问题的算法,而且能产生简捷的证明.借助于面积方法,我们还写出了用向量方法证几何问题的程序,用体积方法解立体几何问题的程序.

初等几何解题算法化的研究,远没有结束.例如,几何不等式的证明,就没有好办法.但目前的进展,已有可能用于计算机辅助教学了.美国维奇塔(Wichita)大学计算机系在未来几年中将进一步发展这方面的研究,并开发可用于教学的软件.联合国大学在澳门的一个软件研究所,也计划开发这种几何解题软件用于教育.这个项目明年开始,将与我们合作进行.

明年(指 1993 年),我们将把这方面的研究成果在世界上公开,包括软件、源程序都公开,免费提供. 这有助于它更快地被用于教育. 面积方法的系统化和机械化都是中国人的成果. 我希望它首先在中国推广,开花结果. 我知道,不少老师对这项教学改革积极性很高. 四川、江苏、湖北都有一批数学工作者关心这方面的研究. 如果国家教委重视,抓一抓这个工作,立个项目(这个研究项目可以和国家攀登计划联系,因为我们的定理机器证明研究是攀登项目的一部分),我相信一定能结出丰硕的果实.

以上种种想法,片面及不当之处一定不少,欢迎指正. 谢谢!

3.2 论向量法解几何问题的基本思路(2008)^①

引言

随着向量知识进入高中教材,很多老师希望进一步学习研究有关向量的理论和方法.《数学通报》针对广大读者的需求,2007 年先后推出李尚志教授和齐民友教授的指导性文章[1-2],深入浅出地阐述了有关向量的基本数学理论,以及教学中应该注意的关键点,实为雪中送炭之举.

学生们学过平面几何和立体几何,知道一些几何问题,一旦学了向量,自然想用新的知识处理原来熟悉的问题.新课程的教材,也常常选用一些例题,说明向量方法能够解决几何问题,并介绍用向量方法解决几何问题的途径.在这样的背景下,近年来刊物上发表了大量有关用向量法解初等几何问题的文章.这表明老师们不仅希望进一步学习研究有关向量的理论和方法,更对向量法解题,特别是解初等几何问题有浓厚的兴趣,希望知道向量方法解题的基本思路和技巧.

读了几种教材上以及大量文章中有关向量解题的例子,我们感到,目前许多老师还不了解用向量法解几何问题的基本途径,所用的方法偏于繁琐,远不及综合几何的初等方法,体现不出向量解题平易简捷的优势.一些参考书上谈到向量法解题,也只是介绍坐标法,对于直接用向量基本性质和运算律的简便方法则语焉不详.于是感到有必要在[1-2]两文的基础上,更具体地探讨用向量法解几何问题的基本思路和技巧.

1 向量法解题的基本工具和基本思路

向量法解题的基本工具不多,只有 4 条:

---

① 本文原载《数学通报》2008 年第 2 期和第 3 期(与彭翕成合作).

第 1 条, 是向量相加的"首尾相连法则", 即 $\overrightarrow{AB} + \overrightarrow{BC} = \overrightarrow{AC}$. 这个法则可以推广到多个向量, 用来写出许多向量等式;

第 2 条, 是向量数乘的意义和运算律, 特别是可以用数乘一个向量来表示和它平行或共线的向量;

第 3 条, 是向量内积(数量积)的意义和运算律, 特别是相互垂直的向量内积为 0;

第 4 条, 是平面向量的基本定理: 如果 e_1, e_2 是平面上两个不共线的向量, 则对于平面上任一向量 a, 存在唯一的一对实数 λ_1, λ_2, 使得 $a = \lambda_1 e_1 + \lambda_2 e_2$.

从这条基本定理可知, 如果四个向量之间有等式 $a + b = c + d$, 并且 a 和 c 共线, b 和 d 共线, 但 a 和 b 不共线, 立刻推得 $a = c$ 和 $b = d$. 此法则的重要性不言而喻.

初等几何解题要用许多公理和定理, 而向量法仅仅用这几条, 这从根本上体现了向量法平易简捷的特色.

以上几条工具的意义和背景, 教材上都有叙述, 文[1-2]中有更详细深刻的阐述, 此处不再多说. 下面结合具体的例子, 循序渐进, 说明这些工具的用法.

本文所讨论的问题, 只涉及点和线段. 这类问题已经足够广泛. 我们在中学数学教学类书刊中所看到的有关向量解几何问题的例子, 都不超出这个范围.

几何问题中图形的构造, 一般是先作几个任意点, 从这些点出发相继作图得到一些受到几何条件约束的点——约束点, 例如连接两点成为线段, 取线段的中点或定比分点, 作线段的交点, 等等. 所要证明的结论或要计算的几何量, 总可以写成含有约束点的等式或数学表达式. 只要不断地把后作出的点代换成先前的点, 直到消去所有的约束点, 一般总会水落石出而得到解答.

如果作图过程只涉及中点或定比分点而无交点, 用向量法很容易消去约束点而得到简捷的解法. 下面就从这类比较简单的问题开始探讨.

2 涉及中点或定比分点的几何问题

这类比较简单的题目, 只要用向量和的首尾相连法则选择适当的回路, 写出回路等式, 再根据题目条件把回路等式简化, 最后有时可使用基本定理, 即可奏效.

例1　如图1,在△*ABC*中,点*D*是*BC*边上中点,求证:$2\overrightarrow{AD} = \overrightarrow{AB} + \overrightarrow{AC}$.

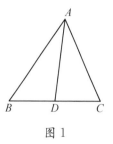

思路　将回路等式$\overrightarrow{AD} = \overrightarrow{AB} + \overrightarrow{BD}$和$\overrightarrow{AD} = \overrightarrow{AC} + \overrightarrow{CD}$相加.

证明　$2\overrightarrow{AD} = (\overrightarrow{AB} + \overrightarrow{BD}) + (\overrightarrow{AC} + \overrightarrow{CD}) = \overrightarrow{AB} + \overrightarrow{AC}$,
证毕.

图 1

例1的结论提供了化解涉及中点的向量的容易记忆的公式,在解题时用起来很方便.

例2　求证:顺次连接任意四边形各边中点,构成平行四边形.

思路　利用回路等式$\overrightarrow{DA} + \overrightarrow{AB} = \overrightarrow{DC} + \overrightarrow{CB}$和中点条件把两个回路等式$\overrightarrow{HE} = \overrightarrow{HA} + \overrightarrow{AE}$和$\overrightarrow{GC} + \overrightarrow{CF} = \overrightarrow{GF}$连起来.

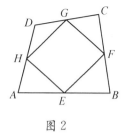

证明　如图2,$\overrightarrow{HE} = \overrightarrow{HA} + \overrightarrow{AE} = \dfrac{1}{2}\overrightarrow{DA} + \dfrac{1}{2}\overrightarrow{AB} =$

图 2

$\dfrac{1}{2}\overrightarrow{DB} = \dfrac{1}{2}\overrightarrow{DC} + \dfrac{1}{2}\overrightarrow{CB} = \overrightarrow{GC} + \overrightarrow{CF} = \overrightarrow{GF}$, 证毕.

例3　求证:梯形*ABCD*的两对角线的中点的连线平行于底边且等于两底差的一半[3].

思路　把回路等式$\overrightarrow{MN} = \overrightarrow{MA} + \overrightarrow{AB} + \overrightarrow{BN}$和$\overrightarrow{CA} + \overrightarrow{AB} + \overrightarrow{BD} + \overrightarrow{DC} = \mathbf{0}$用中点条件联系起来.

证明　如图3,消去两中点后整理即得:

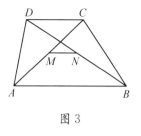

$$\overrightarrow{MN} = \overrightarrow{MA} + \overrightarrow{AB} + \overrightarrow{BN} = \overrightarrow{AB} + \dfrac{1}{2}(\overrightarrow{CA} + \overrightarrow{BD}) =$$

$$\overrightarrow{AB} + \dfrac{1}{2}(\overrightarrow{CB} + \overrightarrow{BA} + \overrightarrow{BC} + \overrightarrow{CD}) = \overrightarrow{AB} + \dfrac{1}{2}(\overrightarrow{BA} + \overrightarrow{CD})$$

图 3

$$= \dfrac{1}{2}(\overrightarrow{AB} - \overrightarrow{DC}).$$

例4　在任意四边形*ABCD*中,点*M*,*N*分别是*AD*,*BC*中点,求证:$2\overrightarrow{MN} = \overrightarrow{AB} + \overrightarrow{DC}$.

证明　如图4,

$$2\overrightarrow{MN} = (\overrightarrow{MD} + \overrightarrow{DC} + \overrightarrow{CN}) + (\overrightarrow{MA} + \overrightarrow{AB} + \overrightarrow{BN})$$

$$= (\overrightarrow{MD} + \overrightarrow{MA}) + (\overrightarrow{BN} + \overrightarrow{CN}) + (\overrightarrow{AB} + \overrightarrow{DC})$$

$$= \overrightarrow{AB} + \overrightarrow{DC}, \text{证毕}.$$

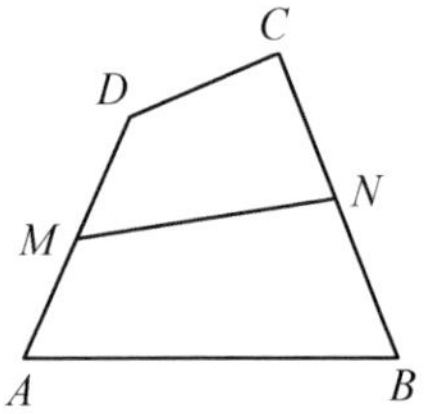

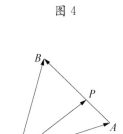

图 4

推论 如果 C, D 两点重合, $2\overrightarrow{MN} = \overrightarrow{AB}$, 此即三角形中位线定理, 如果 $AB \parallel CD$, 此时四边形为梯形, 则 $AB \parallel CD \parallel MN$, $2\overrightarrow{MN} = \overrightarrow{AB} + \overrightarrow{DC}$ 表示梯形的中位线定理.

例 5 求定比分点的向量形式(如图 5, 已知 $\overrightarrow{AP} = \lambda \overrightarrow{PB}$, 将 $\overrightarrow{OP}$ 表成 $u\overrightarrow{OA} + v\overrightarrow{OB}$ 的形式).

思路 类似例 1, 将回路等式 $\overrightarrow{OP} = \overrightarrow{OA} + \overrightarrow{AP}$ 和 $\overrightarrow{OP} = \overrightarrow{OB} + \overrightarrow{BP}$ 的 λ 倍相加.

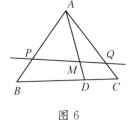

图 5

解 如图 5, 将等式 $\overrightarrow{OP} = \overrightarrow{OA} + \overrightarrow{AP}$ 和 $\overrightarrow{OP} = \overrightarrow{OB} + \overrightarrow{BP}$ 的 λ 倍相加, 应用条件 $\overrightarrow{AP} + \lambda \overrightarrow{BP} = \mathbf{0}$, 得

$$(1 + \lambda)\overrightarrow{OP} = \overrightarrow{OA} + \lambda \overrightarrow{OB}, \text{即} \overrightarrow{OP} = \frac{\overrightarrow{OA} + \lambda \overrightarrow{OB}}{1 + \lambda}.$$

这是消去定比分点的有效工具. 利用定比分点的向量形式来解题, 会比其坐标形式更加方便. 文[4]中证明梅涅劳斯定理的过程就是如此, 显然比文[2 续 2]的证明显得思路更为清晰, 过程也更简练.

作为向量的定比分点公式的应用, 给出下面 3 个例子.

例 6 如图 6, 在 $\triangle ABC$ 的 BC 边上取点 D 使 $\overrightarrow{BD} = 2\overrightarrow{DC}$, 在 AD 上取 M 使 $\overrightarrow{AM} = 3\overrightarrow{MD}$, 过 M 作直线交 AB、AC 于 P、Q 两点, 问 $\dfrac{AB}{AP} + \dfrac{2AC}{AQ} = ?$

思路 用两种方法将 $\overrightarrow{AM}$ 写成 $u\overrightarrow{AP} + v\overrightarrow{AQ}$ 的形式, 再用平面向量基本定理.

图 6

解 设 $\overrightarrow{AB} = a\overrightarrow{AP}$, $\overrightarrow{AC} = b\overrightarrow{AQ}$, $\overrightarrow{AM} = m\overrightarrow{AP} + (1 - m)\overrightarrow{AQ}$.

由 $\overrightarrow{AD} = \dfrac{1}{3}\overrightarrow{AB} + \dfrac{2}{3}\overrightarrow{AC}$ 得 $\dfrac{4}{3}\overrightarrow{AM} = \dfrac{1}{3}a\overrightarrow{AP} + \dfrac{2}{3}b\overrightarrow{AQ} = \dfrac{4}{3}m\overrightarrow{AP} + \dfrac{4}{3}(1 - m)\overrightarrow{AQ}$, 有 $a = 4m$, $2b = 4(1 - m)$, $a + 2b = 4m + 4(1 - m) = 4$, 即为所求.

类似的思路, 可以解决下面的例题.

例7 如图7,在 $\triangle ABC$ 中,设 AM 是 BC 边上的中线.任作一直线,使之顺次交 AB、AC、AM 于 P、Q、N.求证: $\dfrac{AB}{AP}$, $\dfrac{AM}{AN}$, $\dfrac{AC}{AQ}$ 成等差数列.

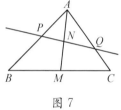

图7

证明 设 $\overrightarrow{AB}=a\overrightarrow{AP}$, $\overrightarrow{AM}=b\overrightarrow{AN}$, $\overrightarrow{AC}=c\overrightarrow{AQ}$, $\overrightarrow{AN}=m\overrightarrow{AP}+(1-m)\overrightarrow{AQ}$. 由 $2\overrightarrow{AM}=\overrightarrow{AB}+\overrightarrow{AC}$ 得 $2b\overrightarrow{AN}=a\overrightarrow{AP}+c\overrightarrow{AQ}=2b[m\overrightarrow{AP}+(1-m)\overrightarrow{AQ}]$, 有 $a=2bm$, $c=2b(1-m)$, $a+c=2bm+2b(1-m)=2b$, 即所欲证.

例8 如图8,一直线经过 $\triangle ABC$ 的重心 G,且分别交边 CA、CB 于 P、Q,若 $\dfrac{CP}{CA}=h$, $\dfrac{CQ}{CB}=k$,求证: $\dfrac{1}{h}+\dfrac{1}{k}=3$.

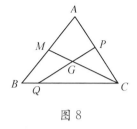

图8

证明 设 AB 中点为 M,则 $\overrightarrow{CG}=\dfrac{2}{3}\overrightarrow{CM}=\dfrac{2}{3}\times\dfrac{1}{2}(\overrightarrow{CA}+\overrightarrow{CB})=\dfrac{1}{3}\left(\dfrac{1}{h}\overrightarrow{CP}+\dfrac{1}{k}\overrightarrow{CQ}\right)$.

因为 $\overrightarrow{CG}$、$\overrightarrow{CP}$、$\overrightarrow{CQ}$ 共起点,且 P、G、Q 三点共线,所以 $1=\dfrac{1}{3}\left(\dfrac{1}{h}+\dfrac{1}{k}\right)$,即 $\dfrac{1}{h}+\dfrac{1}{k}=3$.

例9 如图9,在凸四边形 $ABCD$ 的对角线 AC 上取点 K 和 M,在对角线 BD 上取点 P 和 T,使得 $AK=MC=\dfrac{1}{4}AC$, $BP=TD=\dfrac{1}{4}BD$. 证明:过 AD 和 BC 中点的连线,通过 PM 和 KT 的中点. (第17届全俄数学奥林匹克试题)

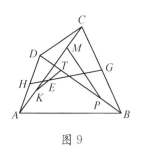

图9

证明 设 H、G、E 分别是 AD、BC、KT 的中点,则

$$\overrightarrow{KT}=\overrightarrow{KA}+\overrightarrow{AD}+\overrightarrow{DT}=-\dfrac{1}{4}\overrightarrow{AC}+\overrightarrow{AD}-\dfrac{1}{4}\overrightarrow{BD},$$

$$\overrightarrow{EH}=\overrightarrow{ET}+\overrightarrow{TD}+\overrightarrow{DH}=\dfrac{1}{2}\overrightarrow{KT}+\dfrac{1}{4}\overrightarrow{BD}-\dfrac{1}{2}\overrightarrow{AD}=-\dfrac{1}{8}(\overrightarrow{AC}-\overrightarrow{BD}),$$

$$\overrightarrow{GH} = \overrightarrow{GC} + \overrightarrow{CD} + \overrightarrow{DH} = \frac{1}{2}\overrightarrow{BC} + \overrightarrow{CD} - \frac{1}{2}\overrightarrow{AD}$$

$$= \frac{1}{2}(\overrightarrow{BC} + \overrightarrow{CD}) + \frac{1}{2}(\overrightarrow{CD} - \overrightarrow{AD}) = \frac{1}{2}\overrightarrow{BD} + \frac{1}{2}\overrightarrow{CA}$$

$$= -\frac{1}{2}(\overrightarrow{AC} - \overrightarrow{BD}),$$

显然 $\overrightarrow{GH} = 4\overrightarrow{EH}$，所以 H、E、G 三点共线，即 HG 过点 E. 同理可证 HG 过 PM 的中点.

3 涉及交点的几何问题

如果题目涉及两线段的交点，解题过程中一般需要先确定交点在线段上的位置，也就是计算交点在线段上的分比，这相当于求解二元一次联立方程组. 如果设置未知数列方程求解，或者写出点和向量的坐标求解，步步为营地计算，当然能够成功（本文所引文献中常常这样做），但显得笨拙繁琐. 而向量的回路方法，却能够利用向量运算法则和平面向量的基本定理，从向量等式中直接提取方程的解，这是使得向量法解题能够平易简捷的奥秘所在. 后面将看到，如果动用向量的内积工具，能够更有效地从向量等式中直接提取方程的解，从而解决更繁难的问题.

为了简便，下面提到回路时不再写出向量和式，只写出点的顺序. 例如，回路 $ABCDE$ 表示等式 $\overrightarrow{AB} + \overrightarrow{BC} + \overrightarrow{CD} + \overrightarrow{DE} + \overrightarrow{EA} = \mathbf{0}$ 或其移项得到的等式.

下面是一个最简单的例子.

例 10 求证：平行四边形对角线互相平分. 反之，对角线互相平分的四边形是平行四边形.[3,5]

思路 用平行四边形对边平行相等的条件把回路 AOB 和 DOC 联系起来.

证明 如图 10，$\overrightarrow{AO} + \overrightarrow{OB} = \overrightarrow{AB} = \overrightarrow{DC} = \overrightarrow{DO} + \overrightarrow{OC}$；因为 $\overrightarrow{AO}$ 和 $\overrightarrow{OC}$ 共线，$\overrightarrow{DO}$ 和 $\overrightarrow{OB}$ 共线，但 $\overrightarrow{AO}$ 和 $\overrightarrow{OB}$ 不共线，根据平面向量基本定理可得 $\overrightarrow{AO} = \overrightarrow{OC}$，$\overrightarrow{OB} = \overrightarrow{DO}$. 反之，若 $\overrightarrow{AO} = \overrightarrow{OC}$，$\overrightarrow{OB} = \overrightarrow{DO}$，则 $\overrightarrow{AO} + \overrightarrow{OB} = \overrightarrow{DO} + \overrightarrow{OC}$，即 $\overrightarrow{AB} = \overrightarrow{DC}$，证毕.

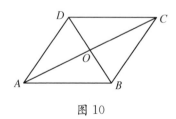

图 10

例 11 如图 11，在平行四边形 $ABCD$ 中 E，

F 分别为 CD，DA 中点，连接 BE，BF 交 AC 于点 T，R，求证：T，R 分别为 AC 三等分点.[6]

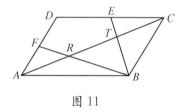

图 11

思路　用平行四边形性质和中点条件把回路 ATB 和 ETC 联系起来.

证明　由题意得 $\overrightarrow{AT}+\overrightarrow{TB}=\overrightarrow{AB}=2\overrightarrow{EC}=2\overrightarrow{ET}+2\overrightarrow{TC}$；类似例 10，根据平面向量的基本定理，得 $\overrightarrow{AT}=2\overrightarrow{TC}$，$T$ 点为 AC 三等分点. 同理 R 点为 AC 三等分点.

上面两个例子方法类似，都是利用平行四边形的性质把两个回路等式联系起来变成一个等式，再用基本定理. 此处例 10 的解法比[5]略简捷，而[6]中提供的例 11 的解法将近 2 页，看不出向量解题的好处了.

上面用过的方法稍加变化，就能解决下面这个受到几篇文章关心的问题：

例 12　证明：三角形三条中线交于一点，且分三中线的线段比都为 $2:1$.[2,3,7,8,9]

思路　（1）用中点条件把回路 $BPCA$ 和 $NPMA$ 联系起来，用平面向量基本定理求出分比；

（2）用中点条件和求得的比值把回路 $ACBP$ 和 $PMCD$ 联系起来..

证明　如图 12，设中线 BM，CN 交于点 P，连接 AP，则

$$\overrightarrow{BP}+\overrightarrow{PC}=\overrightarrow{BA}+\overrightarrow{AC}=2(\overrightarrow{NA}+\overrightarrow{AM})=2(\overrightarrow{NP}+\overrightarrow{PM}).$$

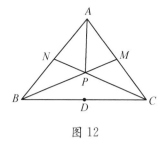

图 12

根据平面向量基本定理，则有 $\overrightarrow{BP}=2\overrightarrow{PM}$，$\overrightarrow{CP}=2\overrightarrow{PN}$，

所以 $\overrightarrow{AP}=\overrightarrow{AC}+\overrightarrow{CB}+\overrightarrow{BP}=2(\overrightarrow{PM}+\overrightarrow{MC}+\overrightarrow{CD})=2\overrightarrow{PD}.$

上面等式的几何意义：A，P，D 三点共线，且点 P 分三中线的线段比都为 $2:1$.

将这里的方法与所引诸文相比，繁简判然.

类似的思路，还可解决下面的问题：

例 13 如图 13,在 $\triangle ABC$ 内,D,E 是 BC 边的三等分点,D 在 B 和 E 之间,F 是 AC 的中点,G 是 AB 的中点.设 H 是线段 EG 和 DF 的交点,求比值 $EH:HG$.[10]

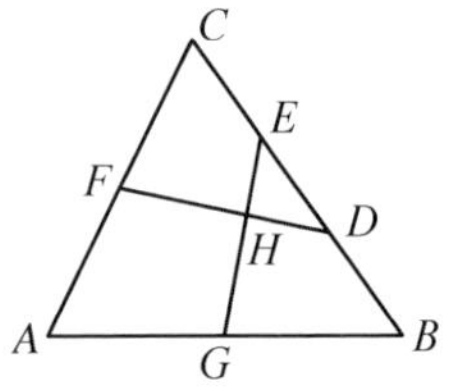

思路 用中点和分点条件,把回路 $FHGA$ 和 EHD 联系起来.

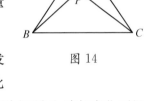

图 13

解 由题意得 $2\overrightarrow{FG}=\overrightarrow{CB}=3\overrightarrow{ED}$,即 $2(\overrightarrow{FH}+\overrightarrow{HG})=\overrightarrow{CB}=3(\overrightarrow{EH}+\overrightarrow{HD})$,根据平面向量基本定理,可得 $EH:HG=2:3$.

例 14 如图 14,在 $\triangle ABC$ 中,$\overrightarrow{AM}=\dfrac{1}{3}\overrightarrow{AB}$,$\overrightarrow{AN}=\dfrac{1}{4}\overrightarrow{AC}$,$BN$ 和 CM 交于点 P. 试用 $\overrightarrow{AB}$,$\overrightarrow{AC}$ 表示向量 $\overrightarrow{AP}$.[11]

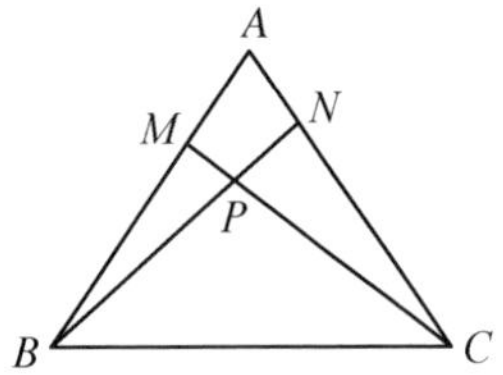

图 14

思路 先要确定交点 P 在线段上的分比. 试探发现两个回路还不能直接解决问题. 利用题设的两个比值条件,用三个回路 BPM,CPN 和 $MPNA$ 就可以解决问题了. 略加变化可得多解.

解 1 由 $\overrightarrow{BP}+\overrightarrow{PM}=\overrightarrow{BM}=2\overrightarrow{MA}$,$\overrightarrow{NP}+\overrightarrow{PC}=\overrightarrow{NC}=3\overrightarrow{AN}$,得到:

$$\overrightarrow{MP}+\overrightarrow{PN}=\overrightarrow{MA}+\overrightarrow{AN}=\frac{1}{2}(\overrightarrow{BP}+\overrightarrow{PM})+\frac{1}{3}(\overrightarrow{NP}+\overrightarrow{PC}),$$

整理得到:$9\overrightarrow{MP}+8\overrightarrow{PN}=3\overrightarrow{BP}+2\overrightarrow{PC}$,于是有

$$\overrightarrow{MP}=\frac{2}{9}\overrightarrow{PC}=\frac{2}{11}\overrightarrow{MC}=\frac{2}{11}(\overrightarrow{MA}+\overrightarrow{AC}),$$

所以有 $\overrightarrow{AP}=\overrightarrow{AM}+\overrightarrow{MP}=\overrightarrow{AM}+\dfrac{2}{11}(\overrightarrow{MA}+\overrightarrow{AC})=\dfrac{3}{11}\overrightarrow{AB}+\dfrac{2}{11}\overrightarrow{AC}$.

解 2 $\overrightarrow{BP}+\overrightarrow{PC}=\overrightarrow{BA}+\overrightarrow{AC}=3\overrightarrow{MA}+4\overrightarrow{AN}=3(\overrightarrow{MA}+\overrightarrow{AN})+\overrightarrow{AN}=3(\overrightarrow{MP}+\overrightarrow{PN})-\dfrac{1}{3}(\overrightarrow{CP}+\overrightarrow{PN})$,

由基本定理得 $\overrightarrow{BP}=3\overrightarrow{PN}-\dfrac{1}{3}\overrightarrow{PN}=\dfrac{8}{3}\overrightarrow{PN}$,即 $\overrightarrow{BP}=\dfrac{8}{11}\overrightarrow{BN}$.

于是得

$$\overrightarrow{AP} = \overrightarrow{AB} + \overrightarrow{BP} = \overrightarrow{AB} + \frac{8}{11}\overrightarrow{BN} = \overrightarrow{AB} + \frac{8}{11}\left(\frac{1}{4}\overrightarrow{AC} - \overrightarrow{AB}\right) = \frac{3}{11}\overrightarrow{AB} + \frac{2}{11}\overrightarrow{AC}.$$

解 3 也可以将已知条件都用向量的形式表达出来,再通过回路和式确定交点 P 的位置.

$$\frac{3}{2}(\overrightarrow{BP} + \overrightarrow{PM}) = \overrightarrow{BA}, \quad \frac{4}{3}(\overrightarrow{NP} + \overrightarrow{PC}) = \overrightarrow{AC}, \quad \overrightarrow{CP} + \overrightarrow{PB} = \overrightarrow{CB},$$

三式相加: $\frac{1}{2}\overrightarrow{BP} + \frac{1}{3}\overrightarrow{PC} + \frac{3}{2}\overrightarrow{PM} + \frac{4}{3}\overrightarrow{NP} = \mathbf{0}$,即 $\frac{1}{2}\overrightarrow{BP} + \frac{4}{3}\overrightarrow{NP} = \mathbf{0}$,即 $\overrightarrow{BP}$

$= \frac{8}{11}\overrightarrow{BN}$,下略.

例 15 如图 15,设 O 是 $\triangle ABC$ 内一点. 过 O 作平行于 BC 的直线,与 AB 和 AC 分别交于 J 和 P. 过 P 作直线 PE 平行于 AB,与 BO 的延长线交于 E,求证: $CE \parallel AO$.

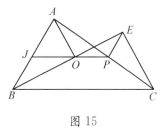

图 15

思路 设定有关的比例参数后,利用回路 POE 与 JBO 求出 PE 和 BJ 的比值.

证明 1 设 $\overrightarrow{PC} = u\overrightarrow{AP}$,显然 $\overrightarrow{BJ} = u\overrightarrow{JA}$,再设 $\overrightarrow{PO} = v\overrightarrow{OJ}$,则:

$$\overrightarrow{PE} + \overrightarrow{EO} = \overrightarrow{PO} = v\overrightarrow{OJ} = v(\overrightarrow{OB} + \overrightarrow{BJ}).$$

由平面向量基本定理得 $\overrightarrow{PE} = v\overrightarrow{BJ} = uv\overrightarrow{JA}$,于是

$$\overrightarrow{CE} = \overrightarrow{CP} + \overrightarrow{PE} = u\overrightarrow{PA} + uv\overrightarrow{JA} = u(\overrightarrow{PO} + \overrightarrow{OA}) + uv(\overrightarrow{JO} + \overrightarrow{OA}) = uv(\overrightarrow{OJ} + \overrightarrow{JO}) + u(1+v)\overrightarrow{OA} = u(1+v)\overrightarrow{OA}.$$

这证明了 $CE \parallel AO$.

证明 2 设 $\overrightarrow{BO} = n\overrightarrow{OE}$,$\overrightarrow{BA} = m\overrightarrow{BJ}$,则 $\overrightarrow{CA} = m\overrightarrow{CP}$,$\overrightarrow{PA} = \overrightarrow{CA} - \overrightarrow{CP} = (m-1)\overrightarrow{CP}$.

$$\overrightarrow{OA} = \overrightarrow{OB} + \overrightarrow{BA} = n\overrightarrow{EO} + m\overrightarrow{BJ} = n\overrightarrow{EP} + n\overrightarrow{PO} + mn\overrightarrow{PE} = (m-1)n\overrightarrow{PE} + n(\overrightarrow{PA} - \overrightarrow{OA}) = (m-1)n\overrightarrow{PE} + (m-1)n\overrightarrow{CP} - n\overrightarrow{OA} = (m-1)n\overrightarrow{CE} - n\overrightarrow{OA},$$ 即

$(m-1)n\overrightarrow{CE} = (1+n)\overrightarrow{OA}.$

所以 $CE \parallel AO$.

例 16 如图 16,设四边形 $ABCD$ 的一组对边 AB 和 DC 的延长线交于点

E, 另一组对边 AD 和 BC 的延长线交于点 F, 则 AC 的中点 L, BD 的中点 M, EF 的中点 N 三点共线(此线称为高斯线).

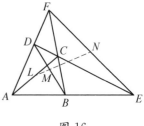

图 16

证明 1 设 $\overrightarrow{AB}=u\overrightarrow{AE}$, $\overrightarrow{AD}=v\overrightarrow{AF}$, 用回路 DCF, BCE 和 $DCBA$ 来确定点 C 的分比.

由 $\overrightarrow{BC}+\overrightarrow{CF}=\overrightarrow{DF}=(1-v)\overrightarrow{AF}$, $\overrightarrow{BC}+\overrightarrow{CE}=\overrightarrow{BE}=(1-u)\overrightarrow{AE}$, 得:

$$\overrightarrow{DC}+\overrightarrow{CB}=\overrightarrow{DA}+\overrightarrow{AB}=v\overrightarrow{FA}+u\overrightarrow{AE}=\frac{u}{1-u}(\overrightarrow{BC}+\overrightarrow{CE})-\frac{v}{1-v}(\overrightarrow{DC}+\overrightarrow{CF}).$$

整理后得到: $(1-u)\overrightarrow{DC}+(1-v)\overrightarrow{CB}=u(1-v)\overrightarrow{CE}+v(1-u)\overrightarrow{FC}$.

由平面向量基本定理得

$$(1-u)\overrightarrow{DC}=u(1-v)\overrightarrow{CE}. \tag{1}$$

对三个中点顺次用定比分点公式(或中点消去公式), 再利用回路 $AFCE$ 和 $ABCD$ 得:

$$4\overrightarrow{LN}=2(\overrightarrow{LF}+\overrightarrow{LE})=\overrightarrow{AF}+\overrightarrow{CF}+\overrightarrow{AE}+\overrightarrow{CE}=2(\overrightarrow{AF}+\overrightarrow{CE}), \tag{2}$$

$$4\overrightarrow{LM}=2(\overrightarrow{LD}+\overrightarrow{LB})=\overrightarrow{AD}+\overrightarrow{CD}+\overrightarrow{AB}+\overrightarrow{CB}=2(\overrightarrow{AB}+\overrightarrow{CD}), \tag{3}$$

由原设得:

$$\overrightarrow{AB}=u\overrightarrow{AE}=u(\overrightarrow{AD}+\overrightarrow{DE})=u(v\overrightarrow{AF}+\overrightarrow{DC}+\overrightarrow{CE}), \tag{4}$$

结合(4)和(1)得:

$$\begin{aligned}\overrightarrow{AB}+\overrightarrow{CD}&=uv\overrightarrow{AF}+(1-u)\overrightarrow{CD}+u\overrightarrow{CE}\\&=uv\overrightarrow{AF}+u(1-v)\overrightarrow{EC}+u\overrightarrow{CE}=uv(\overrightarrow{AF}+\overrightarrow{CE}),\end{aligned} \tag{5}$$

由(5)(2)(3)得 $\overrightarrow{LM}=uv\overrightarrow{LN}$, 这证明了 L, M, N 共线.

证明 2 设 $\overrightarrow{BC}=m\overrightarrow{BF}$, $\overrightarrow{AE}=n\overrightarrow{BE}$, $\overrightarrow{AD}=k\overrightarrow{AF}$, 则 $\overrightarrow{DE}=\overrightarrow{DA}+\overrightarrow{AE}=\overrightarrow{DA}+n\overrightarrow{BE}=n\overrightarrow{BE}-k\overrightarrow{AF}$, $\overrightarrow{CE}=\overrightarrow{BE}-\overrightarrow{BC}=\overrightarrow{BE}-m(\overrightarrow{BA}+\overrightarrow{AF})=(mn-m+1)\overrightarrow{BE}-m\overrightarrow{AF}$. 由 $\overrightarrow{DE}$, $\overrightarrow{CE}$ 共线, 得 $k(mn-m+1)=mn$. 又

$$\overrightarrow{ML}=\overrightarrow{BL}-\overrightarrow{BM}=\overrightarrow{BC}+\frac{1}{2}\overrightarrow{CA}-\frac{1}{2}\overrightarrow{BD}$$

$$=\overrightarrow{BC}+\frac{1}{2}(\overrightarrow{BA}-\overrightarrow{BC})-\frac{1}{2}(\overrightarrow{BA}+\overrightarrow{AD})$$

$$= \frac{1}{2}\overrightarrow{BC} - \frac{1}{2}\overrightarrow{AD} = \frac{1}{2}\overrightarrow{BC} - \frac{1}{2}k(\overrightarrow{BF} - \overrightarrow{BA})$$

$$= \frac{1}{2}(m-k)\overrightarrow{BF} + \frac{1}{2}k(1-n)\overrightarrow{BE},$$

$$\overrightarrow{LN} = \frac{1}{2}(1-m)\overrightarrow{BF} + \frac{1}{2}n\overrightarrow{BE},$$

因为 $k(mn-m+1)=mn$，所以 $\dfrac{1-m}{m-k} = \dfrac{n}{k(1-n)}$. 故 $\overrightarrow{ML} \, / \! / \, \overrightarrow{LN}$，又因为 L 为公共点，所以 L，M，N 三点共线.

4　内积及其他基本性质的应用

用回路法配合平面向量基本定理能够解决的问题，属于仿射几何的范围，所涉及的几何量，限于平行或共线的线段之比. 若问题涉及垂直及角度的大小，或涉及不平行的线段的比值，则属于度量几何范围，一般要用到向量的内积和绝对值才能解决.

向量的内积常常用来证明两线垂直，这是大家熟悉的用法.

内积的另一种用法，是用某个向量 a 点乘一个向量等式的两端，把和 a 垂直的向量消去，达到简化等式的目的. 例如，用垂直于 $\overrightarrow{BC}$ 的向量 a 点乘等式 $\overrightarrow{AB} + \overrightarrow{BC} = \overrightarrow{AC}$ 的两端，立刻得到等式 $a \cdot \overrightarrow{AB} = a \cdot \overrightarrow{AC}$. 这种手法在解决较复杂的几何问题时常常用到.

在例 16 证明 1 中，为了确定点 C 的分比，要用到三个回路等式. 如果用内积，就可以一气呵成. 如图 16，设 a 是 BF 的法向量，则：

$$\frac{\overrightarrow{DC}}{\overrightarrow{CE}} = \frac{a \cdot \overrightarrow{DC}}{a \cdot \overrightarrow{CE}} = \frac{a \cdot \overrightarrow{DF}}{a \cdot \overrightarrow{BE}} = \frac{a \cdot ((1-v)\overrightarrow{AF})}{a \cdot \left(\frac{1-u}{u}\overrightarrow{AB}\right)} = \frac{u(1-v)}{1-u} \cdot \frac{a \cdot \overrightarrow{AF}}{a \cdot \overrightarrow{AB}} = \frac{u(1-v)}{1-u},$$

这就简捷地得到了(1).

例 17　如图 17，设点 O 在 $\triangle ABC$ 内部，且有 $\overrightarrow{OA} + 2\overrightarrow{OB} + 3\overrightarrow{OC} = \mathbf{0}$，求 $\triangle ABC$ 和 $\triangle AOC$ 面积之比.
(2004 年"希望杯"数学竞赛训练题)

解　设 e 为 AC 的单位法向量，作 $BD \perp AC$，

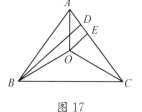

图 17

$OE \perp AC$，则

$$BD = \overrightarrow{AB} \cdot \boldsymbol{e} = (\overrightarrow{AO} + \overrightarrow{OB}) \cdot \boldsymbol{e} = \left(\overrightarrow{AO} + \frac{\overrightarrow{AO} + 3\overrightarrow{CO}}{2}\right) \cdot \boldsymbol{e}$$

$$= OE + \frac{OE + 3OE}{2} = 3OE.$$

所以△ABC 面积是△AOC 面积的 3 倍.

例 18 如图 18，正三角形 ABC 中，D、E 分别是 AB、BC 上的一个三等分点，且 AE、CD 交于点 P，求证 $\overrightarrow{BP} \perp \overrightarrow{DC}$.

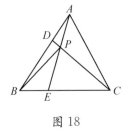

图 18

证明 设正三角形边长为 a，$\overrightarrow{AC} = \overrightarrow{AP} + \overrightarrow{PC} = \overrightarrow{AB} + \overrightarrow{BC} = 3(\overrightarrow{AP} + \overrightarrow{PD}) - \frac{3}{2}(\overrightarrow{CP} + \overrightarrow{PE})$，即有 $\overrightarrow{AP} = 3\overrightarrow{AP} - \frac{3}{2}\overrightarrow{PE}$，即 $\overrightarrow{AP} = \frac{3}{7}\overrightarrow{AE}$.

$$\overrightarrow{BP} \cdot \overrightarrow{DC} = (\overrightarrow{BA} + \overrightarrow{AP}) \cdot (\overrightarrow{DB} + \overrightarrow{BC})$$

$$= \left(\overrightarrow{BA} + \frac{3}{7}(\overrightarrow{AB} + \overrightarrow{BE})\right) \cdot \left(\frac{2}{3}\overrightarrow{AB} + \overrightarrow{BC}\right),$$

$$= \frac{1}{21}(\overrightarrow{BC} - 4\overrightarrow{AB}) \cdot (2\overrightarrow{AB} + 3\overrightarrow{BC})$$

$$= \frac{1}{21}(2a^2 \cos 120° + 3a^2 - 8a^2 - 12a^2 \cos 120°) = 0.$$

例 19 如图 19，在△ABC 中，$AB = AC$，D 是 BC 的中点，E 是从 D 作 AC 的垂线的垂足，F 是 DE 的中点. 证明：$\overrightarrow{AF} \perp \overrightarrow{BE}$.（1962 年全俄数学竞赛题）

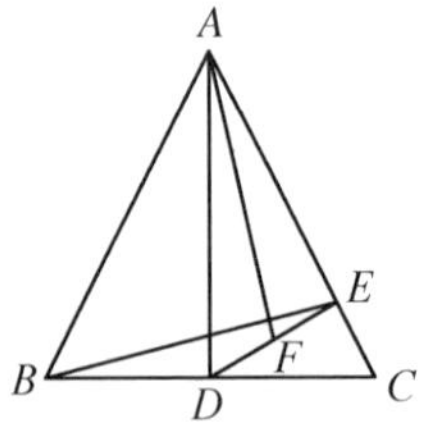

证明 $\overrightarrow{AF} \cdot \overrightarrow{BE} = \frac{1}{2}(\overrightarrow{AD} + \overrightarrow{AE}) \cdot (\overrightarrow{BD} + \overrightarrow{DE})$

图 19

$$= \frac{1}{2}(\overrightarrow{AD} \cdot \overrightarrow{DE} + \overrightarrow{AE} \cdot \overrightarrow{BD})$$

$$= \frac{1}{2}((\overrightarrow{AE} + \overrightarrow{ED}) \cdot \overrightarrow{DE} + \overrightarrow{AE} \cdot (\overrightarrow{DE} - \overrightarrow{CE}))$$

$$= \frac{1}{2}(-ED \times DE + AE \times CE) = 0,$$

所以 $\overrightarrow{AF} \perp \overrightarrow{BE}$.

例 20 如图 20,设直线 l 与 $\triangle ABC$ 的边 AB 成 α 角,问:$\triangle ABC$ 的各角与边及 α 之间有何关系?

解 设 e 是 l 上的一个单位向量. 因为 $\overrightarrow{AB}+\overrightarrow{BC}+\overrightarrow{CA}=\mathbf{0}$,故

$$\overrightarrow{AB}\cdot e+\overrightarrow{BC}\cdot e+\overrightarrow{CA}\cdot e=0,$$

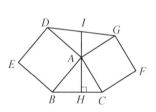

图 20

$$c\cos\alpha+a\cos(\pi-\alpha-B)+b\cos(\pi-A+\alpha)=0,$$

$$a\cos(\alpha+B)+b\cos(A-\alpha)=c\cos\alpha.$$

当 $\alpha=0$ 时,$a\cos B+b\cos A=c$,此即射影定理;

当 $\alpha=90°$ 时,$\dfrac{a}{\sin A}=\dfrac{b}{\sin B}$,此即正弦定理.

例 21 如图 21,分别以 $\triangle ABC$ 的两边 AB,AC 向外作两个正方形,AH 为 BC 边上的高,延长 HA 交 DG 于 I,求证 $DI=IG$. 反之,若点 I 为 DG 中点,延长 IA 交 BC 于 H,求证 $AH\perp BC$.[12]

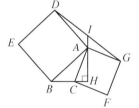

图 21

证明 若 $\overrightarrow{AI}\perp\overrightarrow{BC}$,则 $\overrightarrow{AI}\cdot\overrightarrow{BC}=0$,而 $(\overrightarrow{AD}+\overrightarrow{AG})\cdot(\overrightarrow{BA}+\overrightarrow{AC})=\overrightarrow{AD}\cdot\overrightarrow{AC}+\overrightarrow{AG}\cdot\overrightarrow{BA}=0$,所以 $\overrightarrow{AD}+\overrightarrow{AG}=t\overrightarrow{AI}$;又由于 $\overrightarrow{AD}$、$\overrightarrow{AG}$、$\overrightarrow{AI}$ 共起点,且 D,G,I 三点共线,所以 $t=2$,即 $DI=IG$.

若 $DI=IG$,则 $2\overrightarrow{AI}\cdot\overrightarrow{BC}=(\overrightarrow{AD}+\overrightarrow{AG})\cdot(\overrightarrow{BA}+\overrightarrow{AC})=\overrightarrow{AD}\cdot\overrightarrow{AC}+\overrightarrow{AG}\cdot\overrightarrow{BA}=0$,所以 $AH\perp BC$.

例 22 如图 22,设 O 是 $\triangle ABC$ 的外心,D 是 AB 的中点,E 是 $\triangle ACD$ 的重心,且 $AB=AC$. 证明:$OE\perp CD$.(1983 年英国数学奥林匹克试题)[10]

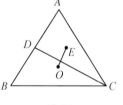

图 22

证明 已知 $\overrightarrow{OD}=\dfrac{1}{2}(\overrightarrow{OA}+\overrightarrow{OB})$，$\overrightarrow{OE}=\dfrac{1}{3}(\overrightarrow{OA}+\overrightarrow{OD}+\overrightarrow{OC})$，则

$$\overrightarrow{OE}\cdot\overrightarrow{CD}=\frac{1}{3}(\overrightarrow{OA}+\overrightarrow{OD}+\overrightarrow{OC})\cdot(\overrightarrow{OD}-\overrightarrow{OC})$$

$$=\frac{1}{3}\left(\frac{3}{2}\overrightarrow{OA}+\overrightarrow{OC}+\frac{1}{2}\overrightarrow{OB}\right)\cdot\left(\frac{1}{2}(\overrightarrow{OA}+\overrightarrow{OB})-\overrightarrow{OC}\right)$$

$$=\frac{1}{3}\left(\left(\frac{3}{4}\overrightarrow{OA}^2+\frac{1}{4}\overrightarrow{OB}^2-\overrightarrow{OC}^2\right)+\overrightarrow{OA}\cdot\overrightarrow{CB}\right)=0.$$

例 23 如图 23，求证四边形中，两组对边中点的距离之和不大于四边形的半周长，当且仅当四边形是平行四边形时等号成立. (1973 年南斯拉夫数学奥林匹克试题)[10]

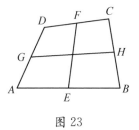

图 23

证明 由 $\overrightarrow{EF}=\dfrac{1}{2}(\overrightarrow{AD}+\overrightarrow{BC})$（例 4 结论）得

$$|\overrightarrow{EF}|=\left|\frac{1}{2}(\overrightarrow{AD}+\overrightarrow{BC})\right|\leqslant\frac{1}{2}(|\overrightarrow{AD}|+|\overrightarrow{BC}|)，\text{同理}$$

$|\overrightarrow{GH}|\leqslant\dfrac{1}{2}(|\overrightarrow{AB}|+|\overrightarrow{DC}|)$，故 $|\overrightarrow{GH}|+|\overrightarrow{EF}|\leqslant\dfrac{1}{2}(|\overrightarrow{AB}|+|\overrightarrow{DC}|+|\overrightarrow{AD}|+$

$|\overrightarrow{BC}|)$. 当且仅当 $AB \parallel CD$，$AD \parallel BC$ 时等号成立.

例 24 如图 24，AD 与 CE 交于点 F，若 BF 的延长线交 AC 于 G，求证：$\dfrac{\overrightarrow{AE}}{\overrightarrow{EB}}\cdot\dfrac{\overrightarrow{BD}}{\overrightarrow{DC}}\cdot\dfrac{\overrightarrow{CG}}{\overrightarrow{GA}}=1.$（塞瓦定理）

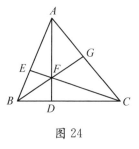

图 24

证明 设 $\overrightarrow{AE}=u\overrightarrow{EB}$，$\overrightarrow{BD}=v\overrightarrow{DC}$，$\overrightarrow{CG}=w\overrightarrow{GA}$，则有：

方法 1 设 $\boldsymbol{a}$ 是 AD 的法向量，则

$$\frac{\overrightarrow{CF}}{\overrightarrow{FE}}=\frac{\boldsymbol{a}\cdot\overrightarrow{CF}}{\boldsymbol{a}\cdot\overrightarrow{FE}}=\frac{\boldsymbol{a}\cdot\overrightarrow{CD}}{\boldsymbol{a}\cdot\overrightarrow{AE}}=\frac{\boldsymbol{a}\cdot\left(\dfrac{1}{v}\overrightarrow{DB}\right)}{\boldsymbol{a}\cdot\left(\dfrac{u}{1+u}\overrightarrow{AB}\right)}=\frac{1+u}{uv}\cdot\frac{\boldsymbol{a}\cdot\overrightarrow{DB}}{\boldsymbol{a}\cdot\overrightarrow{AB}}=\frac{1+u}{uv}.$$

再设 $\boldsymbol{b}$ 是 BF 的法向量，则

$$w = \frac{\overrightarrow{CG}}{\overrightarrow{GA}} = \frac{\boldsymbol{b} \cdot \overrightarrow{CG}}{\boldsymbol{b} \cdot \overrightarrow{GA}} = \frac{\boldsymbol{b} \cdot \overrightarrow{CF}}{\boldsymbol{b} \cdot \overrightarrow{FA}} = \frac{1+u}{uv} \cdot \frac{\boldsymbol{b} \cdot \overrightarrow{BE}}{\boldsymbol{b} \cdot \overrightarrow{FA}} = \frac{1+u}{uv} \cdot \frac{\boldsymbol{b} \cdot \left(\frac{1}{1+u}\overrightarrow{BA}\right)}{\boldsymbol{b} \cdot \overrightarrow{FA}} = \frac{1}{uv},$$

即所欲证.

方法 2

$$\overrightarrow{AF} + \overrightarrow{FB} = \overrightarrow{AC} + \overrightarrow{CB} = (1+w)\overrightarrow{AG} + \frac{1+v}{v}\overrightarrow{DB}$$

$$= (1+w)(\overrightarrow{AF} + \overrightarrow{FG}) + \frac{1+v}{v}(\overrightarrow{DF} + \overrightarrow{FB}),$$

整理得：$\overrightarrow{AF} = \frac{1+v}{wv}\overrightarrow{FD}$.

$$\overrightarrow{AF} + \overrightarrow{FC} = \overrightarrow{AB} + \overrightarrow{BC} = \frac{(1+u)}{u}\overrightarrow{AE} + (1+v)\overrightarrow{DC}$$

$$= \frac{(1+u)}{u}(\overrightarrow{AF} + \overrightarrow{FE}) + (1+v)(\overrightarrow{DF} + \overrightarrow{FC}).$$

整理得：$\overrightarrow{AF} = u(1+v)\overrightarrow{FD}$.

综合两式可得：$uvw = 1$，证毕.

著名的帕普斯定理的构图中，涉及三对线段的交点. 文[13]中用颇大的篇幅，借助于坐标法实现了此定理的向量法证明. 下面利用内积提供一个简捷的证明. 利用这里的方法解决前面的例 14，也较为方便.

例 25　如图 25，设两直线相交于点 O，A、B、C 三点共线，X、Y、Z 三点共线. 点 P 是 AY 和 BX 的交点，点 Q 是 AZ 和 CX 的交点，点 R 是 BZ 和 CY 的交点. 求证：P、Q、R 三点共线.（帕普斯定理）

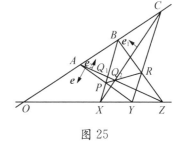

图 25

证明　设 $OX : OY : OZ = x : y : z$，$OA : OB : OC = a : b : c$，$\boldsymbol{e} \perp AY$，则

$$\frac{XP}{XB} = \frac{\overrightarrow{XP} \cdot \boldsymbol{e}}{\overrightarrow{XB} \cdot \boldsymbol{e}} = \frac{\overrightarrow{XY} \cdot \boldsymbol{e}}{(\overrightarrow{XO} + \overrightarrow{OB}) \cdot \boldsymbol{e}} = \frac{\overrightarrow{XY} \cdot \boldsymbol{e}}{\left(\overrightarrow{XO} + \frac{b\overrightarrow{OA}}{a}\right) \cdot \boldsymbol{e}} = \frac{a(y-x)}{by-ax}.$$

同理 $\frac{CR}{CY} = \frac{z(c-b)}{cz-by}$，$\frac{ZR}{ZB} = \frac{c(z-y)}{cz-by}$，$\frac{AP}{AY} = \frac{x(b-a)}{by-ax}$.

设 CX, PR 交于点 Q_1, AZ, PR 交于点 Q_2, 只需证 $\dfrac{PQ_1}{Q_1R} \cdot \dfrac{Q_2R}{PQ_2} = 1$. 设 $\boldsymbol{e}_1 \perp XC$, $\boldsymbol{e}_2 \perp AZ$, 则

$$
\begin{aligned}
\frac{PQ_1}{Q_1R} \cdot \frac{Q_2R}{PQ_2} &= \frac{\overrightarrow{PQ_1} \cdot \boldsymbol{e}_1}{\overrightarrow{Q_1R} \cdot \boldsymbol{e}_1} \frac{\overrightarrow{Q_2R} \cdot \boldsymbol{e}_2}{\overrightarrow{PQ_2} \cdot \boldsymbol{e}_2} = \frac{\overrightarrow{PX} \cdot \boldsymbol{e}_1}{\overrightarrow{CR} \cdot \boldsymbol{e}_1} \frac{\overrightarrow{ZR} \cdot \boldsymbol{e}_2}{\overrightarrow{PA} \cdot \boldsymbol{e}_2} \\
&= \left(\frac{ac(y-x)(z-y)}{xz(c-b)(b-a)} \right) \frac{\overrightarrow{BX} \cdot \boldsymbol{e}_1}{\overrightarrow{CY} \cdot \boldsymbol{e}_1} \frac{\overrightarrow{ZB} \cdot \boldsymbol{e}_2}{\overrightarrow{YA} \cdot \boldsymbol{e}_2} \\
&= \left(\frac{ac(y-x)(z-y)}{xz(c-b)(b-a)} \right) \frac{\overrightarrow{BC} \cdot \boldsymbol{e}_1}{\overrightarrow{CY} \cdot \boldsymbol{e}_1} \frac{\overrightarrow{AB} \cdot \boldsymbol{e}_2}{\overrightarrow{YA} \cdot \boldsymbol{e}_2} \\
&= \left(\frac{ac(y-x)(z-y)}{xz(c-b)(b-a)} \right) \left(\frac{c-b}{c} \right) \left(\frac{x}{y-x} \right) \left(\frac{b-a}{a} \right) \left(\frac{z}{z-y} \right) = 1,
\end{aligned}
$$

最后一行是因为

$$
\overrightarrow{BC} = \frac{(c-b)\overrightarrow{OC}}{c}, \quad \overrightarrow{XY} = \frac{(y-x)\overrightarrow{OX}}{x}, \quad \overrightarrow{AB} = \frac{(b-a)\overrightarrow{OA}}{a}, \quad \overrightarrow{YZ} = \frac{(z-y)\overrightarrow{OZ}}{z},
$$

以及

$$
\overrightarrow{OC} \cdot \boldsymbol{e}_1 = \overrightarrow{OX} \cdot \boldsymbol{e}_1, \quad \overrightarrow{OA} \cdot \boldsymbol{e}_2 = \overrightarrow{OZ} \cdot \boldsymbol{e}_2.
$$

5 向量法解立体几何题

用向量法解立体几何问题,也比较简单. 选择适当的回路,再使用内积,常常能够奏效. 近年教材和杂志上用向量法求解,常要建立空间直角坐标系,然后根据已知条件求出相关点的坐标,再作计算. 计算虽然不难,但较为繁琐,书写也费事. 直接用向量运算求解,不但简捷,也有助于提高学生的数学素养.

例 26 如图 26,在边长为 1 的立方体中,连接 $B'D$ 于平面 ACD' 交于点 P,求 DP. [2续3]

证明 因为 $\overrightarrow{DB'} \cdot \overrightarrow{AC} = (\overrightarrow{DA} + \overrightarrow{AB} + \overrightarrow{BB'}) \cdot (\overrightarrow{AB} + \overrightarrow{BC})$ $= 0$,则 $DB' \perp AC$;同理 $DB' \perp AD'$;所以 $B'D \perp$ 平面 ACD'.

$$
\frac{B'P}{PD} = \frac{\overrightarrow{B'A} \cdot \overrightarrow{B'D}}{\overrightarrow{AD} \cdot \overrightarrow{B'D}} = \frac{(\overrightarrow{B'B} + \overrightarrow{BA}) \cdot (\overrightarrow{B'B} + \overrightarrow{BA} + \overrightarrow{AD})}{\overrightarrow{AD} \cdot (\overrightarrow{B'B} + \overrightarrow{BA} + \overrightarrow{AD})} =
$$

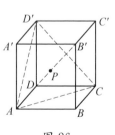

图 26

2,所以 $DP=\dfrac{1}{3}\sqrt{1^2+1^2+1^2}=\dfrac{\sqrt3}{3}$.

例 27　如图 27,在正方体 $ABCD\text{-}A'B'C'D'$ 中,点 M, N, P 分别是棱 AB, CC', DD' 的中点,点 Q 是线段 AN 上的点,且 $AQ=\dfrac{1}{3}AN$. 求证:P, Q, M 三点共线.[14]

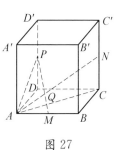

图 27

证明

$\overrightarrow{PM}=\overrightarrow{PD}+\overrightarrow{DA}+\overrightarrow{AM}=\overrightarrow{NC}+\overrightarrow{CB}+(\overrightarrow{BA}+\overrightarrow{AB})+\overrightarrow{AM}=\overrightarrow{NA}+3\overrightarrow{AM}=3(\overrightarrow{QA}+\overrightarrow{AM})=3\overrightarrow{QM}.$

例 28　如图 28,已知正方体 $ABCD\text{-}A'B'C'D'$ 中,点 M, N 分别是棱 BB' 和对角线 CA' 的中点. 求证:$MN\perp BB'$.[15]

证明　$\overrightarrow{MN}\cdot\overrightarrow{BB'}=(\overrightarrow{MB}+\overrightarrow{BC}+\overrightarrow{CN})\cdot\overrightarrow{BB'}=\Big(\overrightarrow{MB}+\dfrac{1}{2}(\overrightarrow{CD}+\overrightarrow{DD'}+\overrightarrow{D'A'})\Big)\cdot\overrightarrow{BB'}=\Big(\overrightarrow{MB}+\dfrac{1}{2}\overrightarrow{DD'}\Big)\cdot\overrightarrow{BB'}=0,$

所以 $MN\perp BB'$.

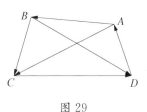

图 28

用向量法解题,有时可将同一证明从平面搬到立体中去,文[1]中就列举了这样的例子. 下面这个例子也是如此.

例 29　如图 29,平行四边形两对角线的平方和等于四条边的平方和.[16]

证明　设 $\overrightarrow{AB}=a$, $\overrightarrow{BC}=b$, $\overrightarrow{CD}=c$, $\overrightarrow{DA}=d$,由 $a+b+c+d=0$ 得 $a+c=-(b+d)$.

图 29

所以

$0\leqslant(a+c)^2=-(a+c)(b+d)=-(a\cdot b+a\cdot d+c\cdot b+c\cdot d)$

$=\dfrac{1}{2}[a^2+b^2-(a+b)^2+a^2+d^2-(a+d)^2+c^2+b^2-(c+b)^2+c^2+d^2-(c+d)^2]$

$=\dfrac{1}{2}[a^2+b^2-\overrightarrow{AC}^2+a^2+d^2-\overrightarrow{BD}^2+c^2+b^2-\overrightarrow{BD}^2+c^2+d^2-\overrightarrow{AC}^2]$

$$=a^2+b^2+c^2+d^2-\overrightarrow{BD}^2-\overrightarrow{AC}^2.$$

结论:(1) 若四边的平方和等于对角线的平方和,则 $a+c=\mathbf{0}$,即 $\overrightarrow{AB}=\overrightarrow{DC}$,可得四边形 $ABCD$ 为平行四边形.

(2) 任意四边形中,四边的平方和不小于对角线的平方和.

(3) 由于证明过程没有用到四点共面这一性质,结论(2)对于空间四面体仍然适用.

6 小结

注意数形结合,灵活选择回路,利用共线线段成比例性质和平面向量基本定理,有必要时辅以向量的内积,这就是用向量方法解几何题的基本思路.

其中"回路"的选择是关键,也包含了技巧. 从本质上看,选择回路就是列向量方程的一种手段. 向量的"回路方程"常常比用坐标法列出的方程简单而容易求解,体现出数学的简洁之美.

就是这个直观而又简单的"回路",常常关系到问题解决的成败,但只要你在解题的过程中经常想到要利用"回路",那么适当的回路就不难找到,问题的解决就会变得简捷明快.

向量法解平面几何的困难,常常涉及两条线段的交点. 从交点处着眼分拆向量,分别构造回路,是常用的方法. 接着就是利用条件,将回路中某些"多余"的项消去,留下我们所关心的两组分别共线的向量,使平面向量基本定理有用武之地,问题就迎刃而解了.

还有一个细节要注意:不要轻易把向量用一个字母表示 (如 $\overrightarrow{AB}=c$). 这样表示不容易看出回路,也不便检查回路等式是否有错. 在确定不用回路法时,才用简化表示.

用向量法解平面几何中的可构图问题(可以用尺规作图实现问题中的图形),可以建立生成可读证明的机械化算法. 此事说来话长,不继续啰唆了.

参考文献

[1] 李尚志.中学数学中的向量方法(2 期连载)[J].数学通报,2007(2):1-3,8;

2007(3):1-8.

［2］齐民友.中学数学教学中的向量(4期连载)[J].数学通报,2007(4):1-6,14;2007(5):6-11,16;2007(6):4-8;2007(7):1-5.

［3］严士健.向量及其应用[M].北京:高等教育出版社,2005.

［4］杨忠.立足课本,学好平面向量课例[J].数学教学,2007(7):22-24.

［5］课程教材研究所,中学数学课程研究开发中心.普通高中课程标准实验教科书·数学(必修4)(B版)[M].北京:人民教育出版社,2004.

［6］课程教材研究所,中学数学课程研究开发中心.普通高中课程标准实验教科书·数学(必修4)(A版)[M].北京:人民教育出版社,2004.

［7］张定强.向量方法在研究几何问题中的作用探析[J].数学通报,2004(9):28-30.

［8］段刚山.也谈用向量法证明三角形中线交于一点等问题[J].数学通报,2006(3):4.

［9］齐民友.普通高中课程标准实验教科书·数学(必修4)[M].武汉:湖北教育出版社,2004.

［10］岑爱国,李彩虹.向量与几何[J].数学通讯.2006(10):37-40.

［11］饶雨.向量及其运算[J].数学通讯,2006(10):25-27.

［12］李印权."一个几何命题的推广"的向量证法[J].数学通讯,2007(13):18-19.

［13］宣满友,范建琴.巴卜斯定理的向量证法与六点共线问题[J].数学通报,2003(3):37-39.

［14］齐民友.普通高中课程标准实验教科书·数学(选修2-1)[M].武汉:湖北教育出版社,2007.

［15］课程教材研究所,中学数学课程研究开发中心.普通高中课程标准实验教科书·数学(选修2-1)[M].北京:人民教育出版社,2005.

［16］杨亢尔.一个平行四边形判定定理的简证[J].数学通报,2007(6):66.

3.3 几何代数基础新视角下的初步探讨(2010)[①]

摘 要:提出有关几何代数基础的一个问题:在给定了变换群的几何上,可能建立哪些代数结构? 首先证明,不可能在欧氏平面上的点之间定义一种在保距变换下不变的运算,使之在此运算下形成阿贝尔群.进一步的讨论证明,只有将欧氏几何扩大为质点几何,才能在其上建立在保距变换下不变的可交换可结合的运算,而且这种运算只能是质点几何中的加法.如果希望在此运算下构成阿贝尔群,就必须引入向量.最后讨论了所获结果的意义,并提出若干问题.

关键词:几何代数;欧氏平面点集;加法运算;阿贝尔群

1 引言

笛卡儿将坐标引入几何,开几何代数化之先河.但是,用坐标法处理几何问题有时显得繁琐而笨拙,人们自然会想到寻求能够更直接处理几何问题的代数方法.

莱布尼兹明确地表达过这样的愿望,他希望有一种几何计算方法可以直接处理几何对象(点、线、面等),而不是笛卡儿引入的一串数字.他设想能有一种代数,它是如此接近于几何本身,以至于其中的每个表达式都有明确的几何解释:或者表示几何对象,或者表示它们之间的几何关系.这些表达式之间的代数运算,例如加、减、乘、除等,都能对应于几何变换.如果存在这样一种代数,它可以被恰当地称为"几何代数",它的元素即被称为"几何数"[1,2].

自莱布尼兹以来,各时期都有人孜孜不倦地寻求可能的合理的几何代数结构,试图实现莱布尼兹之梦.至今对于 n 维经典几何(射影几何、仿射几何、正交几何、欧氏几何、相似几何、共形几何等)已建立起相应的几何代数结构,详见[3-6].

---

① 本文原载《系统科学与数学》2010 年第 1 期(与邹宇、付云皓合作).

最简单的几何代数结构是向量空间.向量之间能进行加减运算,还可以进行内外积运算,每个运算式都具有明显的几何意义,有时利用向量处理几何问题也很方便.

莫绍揆先生在他的《质点几何学》[7]中指出,向量本质上是几何变换,不是最基本的几何对象,因而希望建立以点为基础的几何代数体系.他借用力学的"质点"概念,把几何中的点看作是有位置无大小但有质量的东西,根据力学定律来对质点定义加法运算.他提出:(1)对于任一质点 A,用一实数 k 乘它,得到的仍是一个质点,记为 kA,其位置与原质点相同,只是质量是原来的 k 倍;(2)对于两个质点 P 和 Q 可以定义一个"加法",使得 P 和 Q 的重心由这两个点"相加"得到,可以用 P 和 Q 唯一线性表示.然后以此为基础来研究几何.这种方法能对点直接进行运算,而且运算起来也很方便,每个运算表达式具有明显的几何意义.

那么,为什么要引入向量来处理几何问题呢?仅仅是向量用起来比较方便吗?按照质点的加法运算来研究几何中的各种几何关系为什么能行得通呢?是否只是处理几何的一个技巧呢?

从这个层面来看,已有的多种几何代数结构(向量、质点以及更多的几何代数)好像都是人们构想出来的种种处理几何问题的方法.这种代数结构像是由上而下的强加于几何的东西,其成功似乎只是幸运与巧合.我们不知道数学家从何处获得灵感而提出这种几何代数结构,也不知道将来会不会有人提出新的更方便且更巧妙的代替物来.

基于上述的想法,本文从更基本的观点提出这样的问题:在一个确定的几何上,可能建立什么样的代数结构?

最为人熟悉的几何是欧氏平面几何,即研究保距变换下不变性质的二维几何;最基本最简单也最方便的代数结构是阿贝尔群,或称加群.所以我们首先考虑这样的问题:能否在平面点集 Ω 上引进一种在保距变换下具有不变性的加法 $+$,使 $\{\Omega$,$+\}$ 成为阿贝尔群?如果不可能达到这个要求,能不能把 $\{\Omega$,$+\}$ 适当扩大后使之成为阿贝尔群?如果可能,至少要扩大到什么程度?

本文完全回答了上述问题.事实上,我们证明了如下的结论:

(1) 不可能在平面点集 Ω 上引进一种在保距变换下具有不变性的加法 $+$,使 $\{\Omega$,$+\}$ 成为交换半群.

（2）在一定意义下，存在 Ω 的最小扩充 Ω_1 和对应的在保距变换下具有不变性的唯一的加法＋，使 $\{\Omega_1,＋\}$ 成为交换半群. 此加法相当于质点几何中质点的加法.

（3）存在唯一的 $\{\Omega_1,＋\}$ 的最小扩充 $\{\Omega^*,＋\}$，使 $\{\Omega^*,＋\}$ 成为阿贝尔群. 而 $\{\Omega^*\setminus(\Omega_1\cup\Omega_1),＋\}$ 则相当于平面向量空间.

从本文结果得知，质点几何和向量空间这些概念和方法的出现绝非偶然. 如果我们希望把最熟悉的代数运算规律加在几何身上，舍此别无其他选择. 它们在某种意义上是几何代数发展过程中必然经历的一个阶段.

本文第 2 节将所讨论的问题形式化并证明了上述结论（1），第 3 节给出结论（2），第 4 节给出结论（3）. 最后一节提出一些有待研究的问题.

本文准备过程中得到中科院数学与系统科学研究院李洪波教授的热情帮助，他向作者提供了有关的资料，和作者进行了有益的讨论. 在此致以衷心的感谢.

2 欧氏平面点集上"平等"的加法

以下用大写字母 A，B，$C\cdots$ 等表示点，并记 Ω 是平面上所有点构成的集合. 两点 A 和 B 间的欧氏距离记作 $d(A,B)$.

定义 2.1 称 σ 为 Ω 的保距变换，如果 Ω 到自身的一一对应 σ 保持点与点之间的距离不变，即 $d(\sigma(A),\sigma(B))＝d(A,B)$.

熟知 Ω 上的平移变换、对称变换和旋转变换都是 Ω 的保距变换，反过来，Ω 上的保距变换总能表成这几种变换的组合.

定义 2.2 称形如 $A＋B＝C(A,B,C\in\Omega)$ 的加法为平等的加法，如果对于 Ω 上任一个保距变换 σ 都有 $\sigma(A)＋\sigma(B)＝\sigma(C)$ 成立.

直观地看，所谓平等，就是说 A，B，$A＋B$ 这三点的关系仅仅与 A，B 的相对位置有关.

定理 2.1 在 Ω 上不存在满足交换律和结合律的平等的加法 $A＋B＝C$.

证 用反证法. 假设存在这样的平等的加法，则有

ⅰ）$C＝A＋B$ 一定是 AB 的中点.

考虑一个以线段 AB 的中点 M 为中心的中心旋转 $180°$ 的变换 σ，则 σ 是 Ω

的一个保距变换,且 $\sigma(A)=B$,$\sigma(B)=A$,$\sigma(M)=M$.

由假设,平等的加法满足交换律,即 $A+B=B+A$,再由条件 $\sigma(A)+\sigma(B)=\sigma(C)$ 可知

$$C=B+A=\sigma(A)+\sigma(B)=\sigma(C).$$

但由 Ω 的性质知只有唯一的点 M 使得 $\sigma(M)=\sigma(M)$,而 $\sigma(C)=\sigma(C)$,故 $C=M$ 是 AB 的中点.

ⅱ)考虑 Ω 上不共线的三个点 A,B,C 相加, 如图1,D,E,F,G 分别是 AB,BC,CD,EA 的 中点,则由ⅰ)知

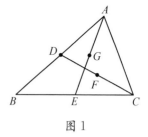

$A+B=D$,$B+C=E$,$C+D=F$,$E+A=G$,

而 $(A+B)+C=D+C=F$,$A+(B+C)=A+E=G$,显然 $F\neq G$,即

图 1

$$(A+B)+C\neq A+(B+C).$$

这与加法的结合律相矛盾.定理 2.1 证毕.

定理 2.1 表明,不可能在平面点集 Ω 上引进一种在保距变换下具有不变性 的加法+,使 $\{\Omega,+\}$ 成为交换半群.

3　加法在 Ω_1 的确定

前面证明了只与点的位置有关的"平等的"加法是不存在的,如果仍想要在 点之间确立合理的加法运算,则需要扩大考虑的范围.

定义 3.1　将 Ω 中的点作为生成元,所生成的"形式上"的交换半群记作 $\overline{\Omega}$. 用 Ω_1 表示 $\overline{\Omega}$ 中所有形如 $aP(a\in\mathbf{N}^+,P\in\Omega)$ 的"正整倍数点"构成的集合,即 $\Omega_1=\mathbf{N}^+\times\Omega=\{aP,a\in\mathbf{N}^+,P\in\Omega\}$.

把点看成各自独立的变量 A,B,C…,在这些变量之间作通常的代数中的 所有可能的加法,就得到 $\overline{\Omega}$ 中所有的元素.其中每个元素都是 Ω 中有限个点的 正整数系数的线性组合.

两个元素相等当且仅当两个线性组合涉及的点和对应的系数相等.这样确

实得到了包含 Ω 的交换半群,并且其中的加法在 Ω 上的任意变换下是不变的.
当然在保距变换下也是不变的. 这样虽然将 Ω 扩充为在保距变换下不变的交换
半群,但其运算却失去了几何意义. 下面试图缩小 Ω̄ 以获得有几何意义的类似
代数结构.

定义 3.2 称交换半群 Ω̄ 上的保持运算的等价关系"≡"为合理的,如果

(1) 可约性,对任意 mA 和 nB,有 kC 使 $mA+nB \equiv kC$;

(2) 保距性,若 $mA+nB \equiv kC$,则对于任意保距变换 σ,有 $m\sigma(A)+n\sigma(B)$ $\equiv k\sigma(C)$ 成立;

(3) 非退化,若 $pA \equiv qB$,则 $A=B$ 且 $p=q$.

上述三个条件,(1)相当于要求 Ω 中的元素都能够约化为"单项式",即化为
正整数倍数点,因为化为点已被证明不可能,所以退而求其次;(2)是要求代数
运算和几何性质联系起来;(3)是要求点和系数的结合类似于代数中字母和数
字系数的乘积,便于按通常的代数运算习惯处理几何.

下面探讨合理的等价关系"≡"的性质特征.

引理 3.1 若 $mA+mB \equiv kC(m, k \in \mathbf{N}^+)$,则 C 是 AB 的中点.

证 考虑一个以线段 AB 的中点 M 为中心的中心旋转 $180°$ 的变换 σ,则 σ 是 Ω 的一个保距变换,且 $\sigma(A)=B$, $\sigma(B)=A$, $\sigma(M)=M$.

假设有 $m\sigma(A)+m\sigma(B) \equiv mB+mA \equiv k\sigma(C)$.

由交换律,得 $kC \equiv k\sigma(C)$,故 $\sigma(C)=C$,由旋转中心的唯一性知 $C=M$ 是 AB 的中点. 证毕.

引理 3.2 若 $kC \equiv mA+nB$, $A \neq B$,则有

i) C 在点 A, B 所确定的直线上;

ii) C 不同于 A, B.

证 i) 考虑以 AB 为对称轴的反射变换 σ,则 σ 是 Ω 上的保距变换,且 $\sigma(A)=A$, $\sigma(B)=B$,设 $\sigma(C)=D$,由 $m\sigma(A)+n\sigma(B) \equiv k\sigma(C)$ 知 $mA+nB \equiv kD$,而 $mA+nB \equiv kC$,故 $kD \equiv kC \Rightarrow D=C$,即 $\sigma(C)=C$,这表明 C 在 AB 上.

ii) 用反证法,不失一般性设 $C=B$,得 $kB \equiv mA+nB$. 分三种情形:

若 $m=n$,由引理 3.1 推出 B 为 AB 中点,与条件 $A \neq B$ 矛盾;

若 $m>n$,两端同加 $(m-n)B$,就化为上面的情形;

若 $m<n$,设 σ_1 是使 $\sigma_1(A)=B$, $\sigma_1(B)=A$ 的保距变换,则 $k\sigma_1(B) \equiv$

$m\sigma_1(A) + n\sigma_1(B)$，即 $kA \equiv mB + nA$．将此式与 $kB \equiv mA + nB$ 相加得 $k(A + B) \equiv (m + n)(A + B)$，故 $k = m + n$．

将等式 $kB \equiv mA + nB$ 两端同加 mB 得

$$(m + k)B \equiv mA + kB \equiv mA + (mA + nB) \equiv 2mA + nB.$$

重复这一操作 t 次，至 $tm > n$ 时得到 $(tm + k)B \equiv tmA + kB$，即化为上面的情形．这证明反证法假设不成立，从而 $C \neq B$；同理 $C \neq A$．证毕．

引理 3.3　若 $pA + rC \equiv qB + rC$，则 $p = q$，$A = B$，即 $pA = qB$．

证　设 $pA + rC \equiv xM \equiv qB + rC$，由引理 3.1 知 M，A，C 三点共线，M，B，C 也三点共线，但 M 不同于 A，B，C．这推出 A，B，C 共线．

若 $A \neq B$，取 A，B，C 所在直线外一点 D，则 $pA + rC + rD \equiv qB + rC + rD$．设 $rC + rD \equiv kE$，则 $pA + kE \equiv qB + kE$，于是，同理推得 A，B，E 三点共线，而 E 与 C，D 是共线的，但 A，B 与 C，D 不共线，矛盾，故 $A = B$．于是 $pA + rC \equiv qA + rC$．

考虑一个以线段 AC 的中点 M 为中心的 $180°$ 的旋转变换 σ_1，则 $\sigma_1(A) = C$，$\sigma_1(C) = A$．由 $p\sigma_1(A) + r\sigma_1(C) \equiv q\sigma_1(A) + r\sigma_1(C)$ 知 $rA + pC \equiv rA + qC$，与 $pA + rC \equiv qA + rC$ 相加得

$$(r + p)A + (r + p)C \equiv (r + q)A + (r + q)C,$$

于是 $(r + p)(A + C) \equiv (r + q)(A + C)$，这推出 $r + p = r + q$，故 $p = q$．证毕．

注　引理 3.3 说明这样的加法是满足消去律的．例如，若 $aA + bB + cC = mM + nN + cC$，则 $aA + bB \equiv mM + nN$．

定理 3.1　若 C 是线段 AB 中点，则 $A + B \equiv 2C$．

证　根据引理 3.1，可设 $A + B \equiv xC$，下面证明 $x = 2$．分为下列几步进行．

(1) 若 $PQ = AB$，且 M 是 PQ 中点，则 $P + Q \equiv xM$．

这是因为，可作保距变换 σ_2 使得 $\sigma_2(A) = P$，$\sigma_2(B) = Q$，$\sigma_2(C) = M$ 之故．

(2) $x \geqslant 2$．

若不然，则 $A + B \equiv C$．如图 2，将 AB 延长到 D 使得 $BD = AB$，记 BD 中点为 E，则有

$$A + 2B + D \equiv (A + B) + (B + D) \equiv C + E \equiv B.$$

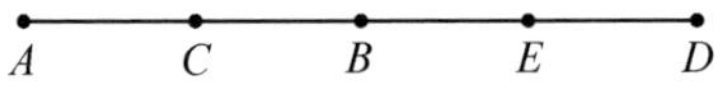

图 2

另一方面,因为 B 是 AD 中点,存在 k 使得

$$A+2B+D \equiv (A+D)+2B \equiv kB+2B \equiv (k+2)B.$$

比较两式得到 $k+2=1$,矛盾. 这证明了 x 不小于 2.

(3) 若 $PQ=2AB$,且 M 是 PQ 中点,则 $P+Q \equiv (x^2-2)M$.

这只要在图 2 中证明 $A+D \equiv (x^2-2)B$ 即可. 事实上,有

$$A+2B+D \equiv xC+xE \equiv x(C+E) \equiv x(xB) \equiv x^2 B \equiv (x^2-2)B+2B.$$

两端消去 $2B$,即得所要的结论. 注意这里用到了 $x \geqslant 2$.

(4) 若 $PQ=3AB$,且 M 是 PQ 中点,则 $P+Q \equiv (x^3-3x)M$.

图 3

如图 3,设 $PF=FA=AM=MB=BE=EQ$,则 $P+A \equiv xF$, $B+Q \equiv xE$,由前面(3)知 $F+E \equiv (x^2-2)M$, 故可推出

$$P+A+B+Q \equiv xF+xE \equiv x(F+E) \equiv x(x^2-2)M.$$

再由 $A+B \equiv xM$ 得到 $P+Q \equiv (x^3-3x)M$.

(5) 若 $PQ=4AB$,且 M 是 PQ 中点,则 $P+Q \equiv (x^4-4x^2+2)M$.

如图 4,设 $PF=FM=ME=EQ=AB$,由前面(3)有

$$P+M \equiv (x^2-2)F, \quad M+Q \equiv (x^2-2)E, \quad F+E \equiv (x^2-2)M.$$

图 4

由

$$P+2M+Q \equiv (x^2-2)F+(x^2-2)E \equiv (x^2-2)(F+E) \equiv (x^2-2)^2 M,$$

不难推出 $P+Q \equiv ((x^2-2)^2-2)M \equiv (x^4-4x^2+2)M$.

（6）若 $PQ=5AB$，且 M 是 PQ 中点，则 $P+Q\equiv(x^5-5x^3+5x)M$.

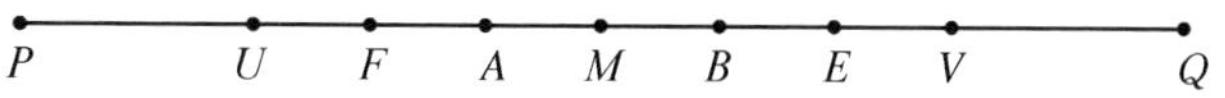

$$P \quad U \quad F \quad A \quad M \quad B \quad E \quad V \quad Q$$

图 5

如图 5，$PU=2UF=2FA=2AM=2MB=2BE=2EV=VQ$. 则由前面可得

$$P+B\equiv(x^3-3x)F, \quad A+Q\equiv(x^3-3x)E,$$
$$F+E\equiv(x^2-2)M, \quad A+B\equiv xM,$$

于是由

$$P+B+A+Q\equiv(x^3-3x)F+(x^3-3x)E\equiv(x^3-3x)(x^2-2)M,$$

不难推得 $P+Q\equiv(x^5-5x^3+5x)M$.

最后考虑宽和长分别为 $3AB$ 和 $4AB$ 的长方形 $PQRS$，如图 6，设 $PQ=4AB$，$QR=3AB$，V，U 分别为 PQ，RS 的中点，M 是长方形的中心.

一方面，由前面（4），（5）知

$$P+Q\equiv(x^4-4x^2+2)V,$$
$$R+S\equiv(x^4-4x^2+2)U,$$
$$U+V\equiv(x^3-3x)M,$$

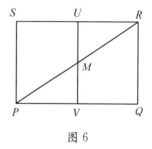

图 6

故

$$P+Q+R+S\equiv(x^4-4x^2+2)(U+V)\equiv(x^4-4x^2+2)(x^3-3x)M.$$

另一方面，由（6）和勾股定理知

$$P+R\equiv Q+S\equiv(x^5-5x^3+5x)M,$$

故

$$P+R+Q+S\equiv2(x^5-5x^3+5x)M.$$

于是 $2(x^5-5x^3+5x)=(x^4-4x^2+2)(x^3-3x)$，解得 $x=0$，±1，±2. 因为 x 是正整数，故 $x=1$ 或者 2. 由（2）得 $x=2$. 定理 3.1 证毕.

定理 3.2 若 $mA+nB\equiv kC$，则

ⅰ）$k=m+n$；

ⅱ）若 A，B 不同，则 C 在 A，B 之间，且作为长度，$mAC=nBC$.

证 ⅰ）设以 AB 中点 M 为中心旋转 $180°$ 变换为 σ_2，则 $\sigma_2(A)=B$，$\sigma_2(B)=A$，设 $\sigma_2(C)=D$，则易知 M 既是 AB 的中点，也是 CD 的中点. 由定理 3.1 知

$$A+B\equiv 2M, \quad C+D\equiv 2M.$$

由于 $m\sigma_2(A)+n\sigma_2(B)\equiv k\sigma_2(C)$，故

$$mB+nA\equiv kD.$$

而 $mA+nB\equiv kC$，此两式相加得

$$(m+n)(A+B)\equiv k(C+D),$$

即 $2(m+n)M\equiv 2kM$，于是 $k=m+n$.

ⅱ）对 $k\geqslant 2$ 作数学归纳.

$k=2$ 的情形，即引理 3.1.

以下设命题对 $2\leqslant k<p$ 成立，往证其对 $k=p$ 时成立.

考虑 $mA+nB\equiv pC$，$p=m+n$.

若 $m=n$，由引理 3.1 知命题成立. 以下只需考虑 $m>n$ 的情形.

将 AB 等分为 $m+n$ 段，设每段长度为 d. 在线段 AB 上取点 D 和 E，使得 $AD=nd$，$AE=2nd$，则 $EB=(m-n)d$，如图 7.

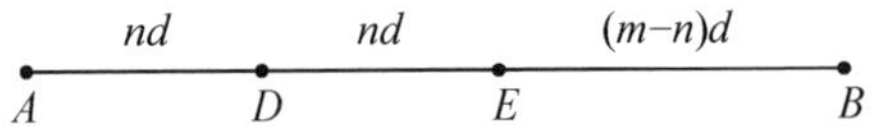

图 7

由归纳法假设得

$$mA+mE+nB\equiv 2mD+nB\equiv (m+n)D+(m-n)D+nB$$
$$\equiv (m+n)D+mE.$$

两端消去 mE，得到 $mA+nB\equiv (m+n)D\equiv pD$. 注意到 $mAD=nBD$，由数学归纳法，即得欲证的结论. 定理 3.2 证毕.

如果把定理 3.2 中的等式 $mA+nB\equiv kC$ 改写成 $C=\dfrac{mA+nB}{k}=\dfrac{mA+nB}{m+n}$

的形式,同时把 A,B,C 看成点所对应的复数或坐标,这正是熟知的定比分点公式. 如果把 mA 和 nB 看成质量分别为 m,n 的质点,则 kC 就表示质心. 这样,$\bar{\Omega}$ 中含有 s 项的一个元素 $m_1P_1+m_2P_2+\cdots+m_sP_s$ 可以看成是由 s 个质点组成的质点组,反复使用定理 3.2,可以求出等价于它的"单项式"元素 $mP \equiv m_1P_1+m_2P_2+\cdots+m_sP_s$,这里 m 是质点组的质量和,P 是质点组的质心.

定理 3.2 说明,在 $\bar{\Omega}$ 上满足定义 3.2 的等价关系存在且唯一,它的几何意义和物理意义是鲜明的:两元素相互等价的充要条件是对应的质点组有相等的总质量和相同位置的质心. 下面我们称此等价关系为"$\bar{\Omega}$ 上的等价关系".

根据质点几何熟知的性质,Ω_1 关于这个加法构成一个交换半群. 但 Ω_1 关于这个加法还不能构成群,因为由定理 3.2 知,若 $mA+nB \equiv kC$,则 $k=m+n > \max(m,n)$,从而不存在 Ω_1 中的元素使得 Ω_1 的某个元素 mP 与它相加仍是 mP 本身,即 Ω_1 中不存在零元.

4 将 Ω_1 扩充为阿贝尔群

交换半群 $\bar{\Omega}$ 很容易扩充为阿贝尔群 $\bar{\bar{\Omega}}$. 这里 $\bar{\bar{\Omega}}$ 包含了所有 Ω 中有限个点的非零整数系数的线性组合,以及一个零元. 下面把 $\bar{\Omega}$ 中的合理的等价关系在 $\bar{\bar{\Omega}}$ 中推广,这相当于将 Ω_1 放到 $\bar{\bar{\Omega}}$ 中来考虑其加法的逆运算问题.

下面用很自然的想法把 $\bar{\Omega}$ 中的等价关系在 $\bar{\bar{\Omega}}$ 中推广.

定义 4.1 设 $\bar{\bar{\Omega}}$ 中的两个元素为 $\Sigma_1=\sum\limits_{i=1}^{u} x_iA_i - \sum\limits_{i=1}^{v} y_iB_i$ 和 $\Sigma_2=\sum\limits_{i=1}^{m} r_iC_i - \sum\limits_{i=1}^{n} s_iD_i$,这里 x_i,y_i,r_i,s_i 是正整数,A_i,B_i,C_i,D_i 是点,u,v,m,n 是非负整数,其为 0 时表示该和式为 0. 当且仅当在 $\bar{\Omega}$ 中有

$$\sum_{i=1}^{u} x_iA_i + \sum_{i=1}^{n} s_iD_i \equiv \sum_{i=1}^{m} r_iC_i + \sum_{i=1}^{v} y_iB_i$$

时称 Σ_1 与 Σ_2 等价,记作 $\Sigma_1 \equiv \Sigma_2$.

按定义 4.1,当 Σ_1 与 Σ_2 都是 $\bar{\Omega}$ 中的元素时,它们在 $\bar{\Omega}$ 中等价和在 $\bar{\bar{\Omega}}$ 中等价是一致的. 两者不全属于 $\bar{\Omega}$ 时,它们在 $\bar{\bar{\Omega}}$ 中是否等价的问题化归为 $\bar{\Omega}$ 中两个元素是否等价的问题.

定理 4.1 若 x 和 y 是整数且 $x+y \neq 0$,则对于 $\bar{\Omega}$ 中的元素 $xA+yB$,有唯一的点 C 满足 $xA+yB \equiv zC$,且 $z=x+y$.

证 根据定理 3.2 和定义 4.1,容易通过具体计算给出定理 4.1 的证明. 等式 $xA+yB \equiv zC$ 中的系数可能有负数,不便再看作为质点组. 但它仍可以有鲜明的物理意义:x 和 y 可以表示垂直于平面且分别作用于点 A, B 的两个力的大小和方向,其合力的作用点为 C,大小方向则用 z 表示.

进一步有:

定理 4.2 设 x_i, y_i 是正整数且 $\sum_{i=1}^{u} x_i - \sum_{i=1}^{v} y_i = z \neq 0$,则对 $\bar{\Omega}$ 中的元素

$$\Sigma_1 = \sum_{i=1}^{u} x_i A_i - \sum_{i=1}^{v} y_i B_i$$

有唯一的点 C 满足 $\Sigma_1 = pC$,且必有 $p=z$.

根据定理 4.1 和定义 4.1,容易通过具体计算给出定理 4.2 的证明. 其物理意义是把 $\Sigma_1 = \sum_{i=1}^{u} x_i A_i - \sum_{i=1}^{v} y_i B_i$ 看成若干垂直于平面的力组成的平行力系,而 pC 表示合力的大小方向以及作用点.

在定理 4.2 中,条件 $z \neq 0$ 是不可少的. 下面讨论不满足这个条件的情形.

定理 4.3 对于 Ω_1 中任意两个系数相等的元素 xM 和 xN,不存在 Ω_1 中的元素 aP 满足 $xM-xN \equiv aP$.

证 设存在某个 $aP \in \Omega_1$ 使得 $xM-xN \equiv aP$,则 $xM \equiv xN+aP$,由定理 3.2 得 $x=a+x$,矛盾. 证毕.

定理 4.3 说明 Ω_1 对于减法不封闭. 也就是说,不可能把合理的等价关系完全地扩充到 $\bar{\Omega}$ 上,把 $\bar{\Omega}$ 中的元素都约化成"单项式". 下面看到,这些不能约化为"单项式"的元素,组成了平面上的向量空间.

定理 4.4 在 $\bar{\Omega}$ 中,所有形如 $xM-xM$ 的元素都等价.

证 按定义 $xM-xM=xN-xN$ 当且仅当 $xM+xN=xN+xM$,而后者显然.

定理 4.5 所有形如 $xM-xN$ 的元素在平移变换下保持不变.

证 不妨设 x 为正整数. 设 σ_1 是 Ω 上的平移变换,$\sigma_1(M)=A$, $\sigma_1(N)=B$,要证 $xM-xN=xA-xB$. 由平移变换的性质知 $MNBA$ 是平行四边形,设对角

线的交点为 O,则 $M+B\equiv 2O\equiv N+A$,故 $xM+xB\equiv xN+xA$,由定义知 $xM-xN=xA-xB$.

显然,形如 $xM-xM$ 的元素是 $xM-xN$ 的特殊情形.

定义 4.2 称 $\bar{\bar{\Omega}}$ 中形如 $xM-xN$ 的元素为向量,称 $xM-xM$ 为零向量,用 $\vec{0}$ 表示.

所有的向量构成一个集合,用 Ω_X 表示. 不难证明.

定理 4.6 若 n 为正整数,$nQ-nP+A\equiv B$,则 $nPQ=AB$,并且与 AB 同向平行.

定理 4.6 的证明方法从图 8($n=3$ 的情形)可以清楚地看出,具体推导从略.

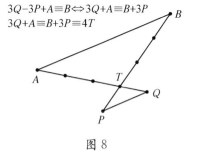

$3Q-3P+A\equiv B\Leftrightarrow 3Q+A\equiv B+3P$

$3Q+A\equiv B+3P\equiv 4T$

图 8

定理 4.7 设 x_i,y_i 是正整数且 $\sum\limits_{i=1}^{u}x_i=\sum\limits_{i=1}^{v}y_i=n$,则对 $\bar{\bar{\Omega}}$ 中的元素

$$\Sigma_1=\sum_{i=1}^{u}x_iA_i-\sum_{i=1}^{v}y_iB_i$$

有 Ω_X 中的向量 $nP-nQ$ 使 $\Sigma_1=nP-nQ$.

综合定理 4.2 和定理 4.6 可知,$\bar{\bar{\Omega}}$ 中的元素 $\Sigma_1=\sum\limits_{i=1}^{u}x_iA_i-\sum\limits_{i=1}^{v}y_iB_i$ 可分为两类:若元素各项的系数和 $\sum\limits_{i=1}^{u}x_i-\sum\limits_{i=1}^{v}y_i=z$ 非 0,则 Σ_1 等价于唯一的"单项式"元素 pC,若 $z=0$,则 Σ_1 等价于一个向量 $nP-nQ$,这里 $\sum\limits_{i=1}^{u}x_i=\sum\limits_{i=1}^{v}y_i=n$.

记 Ω_2 为 $\bar{\bar{\Omega}}$ 中所有系数为负的"单项式"元素之集,也就是令 $\Omega_2=\mathbf{N}^-\times\Omega=\{aP,a\in\mathbf{N}^-,P\in\Omega\}$,再令 $\Omega^*=\Omega_1\bigcup\Omega_2\bigcup\Omega_X$,则在 $\bar{\bar{\Omega}}$ 中的等价关系意义下,$\{\Omega^*,+\}$ 是阿贝尔群,$\{\Omega_X,+\}$ 是 $\{\Omega^*,+\}$ 一个子群,而 $\Omega_1\bigcup\Omega_2$ 对加法不封闭.

5 讨论和展望

迄今为止的几何代数的研究,都是先设计一种代数结构,再把几何对象嵌入其中.一种代数结构能够成功处理几何问题,似乎源于数学家的巧思妙想.在这里几何代数主要是一种发明,而不是客观规律的揭示.

本文从一个新的角度提出问题:在给定了变换群的几何上,可能建立哪些代数结构?

本文的结果表明,若要在欧氏平面点集上建立符合习惯的最基本的代数结构,如同小学里的加法,只有采用质点几何的方法.如果把这个结构完善为阿贝尔群,就必须引进向量.除此,几何代数的基础结构别无选择.

在这种意义下,向量不仅是数学家发明的处理几何的有力工具,更是几何代数化的唯一可能.

沿着这个角度看问题,有一系列的理论工作可做.例如:

(1)将本文的结果推广到高维欧氏几何;

(2)研究仿射群、射影群下的几何的基本代数结构;

(3)研究直线之间、平面之间可能的加法及其意义;

(4)用其他代数结构如有限域、实数或复数域代替本文所用的整数环,研究相应的几何代数性质和意义;

(5)考虑在本文已经建立的阿贝尔群上能够发展哪些新的运算,特别是对加法有分配律的运算;等等.

另一方面,应用质点几何方法建立几何定理机器证明的算法并编程实现,也是非常有意义的工作.

作者认为,从这些方向进行探讨,有望获得有意义的成果,让几何代数发展成为系统性更强的学科,有望为几何研究的机械化提供更强的支撑.

参考文献

[1] LEIBNIZ G W. Mathematische Schriften[M]. Berlin:Leibniz's Works, 1819.

[2] GRASSMANN H. Geometrische Analyse [M]. Leipzig: Gekronte Preisschrift, 1847.

[3] 李洪波. 从几何代数到高级不变量计算[J]. 系统科学与数学,2008,28(8): 915 - 929.

[4] LI H. Invariant Algebras and Geometric Reasoning[M]. Singapore:World Scientific, 2008.

[5] LI H, HESTENES D, ROCKWOOD A. Generalized homogeneous coordinates for computational geometry[A]. Geometric Computing with Clifford Algebras [C]. Heidelberg: Springer, 2001.

[6] LI H, WU Y. Automated short proof generation in projective geometry with cayley and bracket algebras Ⅰ, Ⅱ [J]. *J. Symb. Comput.*, 2003, 36(5):717 – 762, 763 – 809.

[7] 莫绍揆. 质点几何学[M]. 重庆:重庆出版社,1992.

PRELIMINARY STUDY ON THE BASIS OF GEOMETRIC ALGEBRA FROM A NEW PERSPECTIVE

Abstract   A problem about the basis of geometric algebra in this paper is posed: what kind of algebraic structures may be set up on the geometry given transformation groups? Firstly it is proven that it is impossible to define an operation which is invariant under distance-preserving transformations among points of Euclidean plane so that Euclidean planar point set can form an abelian group under the defined operation. Further discussions show that only by expanding Euclidean geometry into particle geometry could the commutative and associative operation which is invariant under distance-preserving transformations be established, and this operation can only be the addition operation in the particle geometry. If we hope to make it an abelian group under the operation we have to introduce vectors. At last, we conclude with a discussion of the significance of the results and put forward a number of issues.

Key words   Geometric algebra, Euclidean planar point set, addition operation, abelian group.

157

3.4 点几何纲要(2018)①

摘 要:提出一种更方便的几何代数系统,它兼有坐标方法、向量方法和质点几何方法三者的长处而避免其缺点.

关键词:坐标法;向量法;质点法;点几何

1 引言

用坐标法处理几何问题,好处是便于使用比较有章可循的代数方法.但用坐标表示几何点,写起来和看起来都要复杂些,直观性也会变差,且代数方法在计算过程中很难看出几何意义.于是,莱布尼兹提出一个问题——能否直接对几何对象作计算?[1]

向量几何的出现,可以看作是对莱布尼兹提出的这一问题的初步回答.沿着这一方向,数学家们开辟了"几何代数"的领域,做了深入的研究.这方面近期的代表性工作是李洪波关于共形几何代数的出色成果[2].

为了克服向量几何的某些缺点并保持其优势,著名数理逻辑学家莫绍揆提出了更具物理意义的质点几何的理论和方法[3],类似的研究还有杨学枝提出的点量[4].这些研究丰富了几何代数的理论和方法,其概念、记号和运算形式更直观更简单,更容易学习掌握.

本文引入的"点几何",力图用更简明更平常的概念和符号、借助代数运算的形式来描述几何对象之间的关系."点几何"保持了质点几何简易直观的好处,需要的预备知识更少,对运算条件的限制更少,但适用的范围更为广泛.

---

① 本文原载《高等数学研究》2018 年第 1 期.

2　点加点和数乘点

以下用大写拉丁字母表示点,小写希腊字母或拉丁字母表示实数.

初中就讲了数轴,进一步讲了直角坐标系,把点和数或数组对应起来. 这时自然出现一个问题:数能够相加,点能相加吗?

在数轴上,若 $A=2$, $B=5$, $C=7$,能不能说 $A+B=C$ 呢?

初看好像没错,细想有问题:如果把原点向右移动一个单位,则 $A=1$, $B=4$, $C=6$,这时 $A+B=C$ 就不成立了.

但如果 $A=2$, $B=4$, $C=6$,则有等式 $A-B=B-C$,即 $A+C=2B$. 对这种情形,无论如何移动原点,总有 $A+C=2B$——这个等式描述了"B 是线段 AC 中点"的几何事实,它与坐标无关.

一般说来,把点的坐标之间的线性等式关系表示为点之间的同样关系时,所得到的等式有两类:一类在坐标变换下保持不变,另一类则会改变. 显然,在坐标变换下保持不变的等式,其特点是等式两端系数之和相等. 在质点几何或点量的研究中,只讨论这类等式关系.

但是,当 $A=2$, $B=5$, $C=7$,等式 $A+B=C$ 毕竟描述了一个数学事实,如果在讨论问题的过程中不改变原点,它总是对的.

进一步思考,等式 $A+B=C$ 实际上描述了包括原点 O 在内的 4 个点之间的几何关系,即 $A+B=C+O$,其几何意义是"两线段 AB、OC 中点重合". 质点几何认为它的缺点是依赖原点,不是坐标变换下的不变式,因而不承认它也不讨论它.

如果从另一个角度看,等式 $A+B=C$ 用 3 个字母描述了 4 个点之间的关系,是不是也有可资利用的优点呢?

部分地基于上述思考,引入平面点几何的下列基本运算.

定义 1　点加点:若 $A=(x_A, y_A)$, $B=(x_B, y_B)$,而 $C=(x_A+x_B, y_A+y_B)$,则记为 $A+B=C$.

定义 2　数乘点:若 $A=(x, y)$,而 $B=(\lambda x, \lambda y)$,则记为 $B=\lambda A$.

显然,上述运算依赖于坐标原点 O 的选择. 这里本质上没有新概念,不过是给点的坐标之间的计算约定了简单的记录表示方法. 用 A 表示 (x_A, y_A),其好处不仅在于点的书写工作量仅仅是坐标书写工作量的七分之一,而且视觉方面的简化更有利于几何直观和逻辑思考.

显然,这两条运算满足的诸运算律可以继承实数运算律的有关部分. 对于三维和更高维空间,其推广是平凡的.

由上述约定的记号,可马上推出如下的基本运算式的几何意义.

性质 1 若 $B=\lambda A$,则 O,A,B 共线,且 $\overrightarrow{OB}=\lambda \overrightarrow{OA}$.

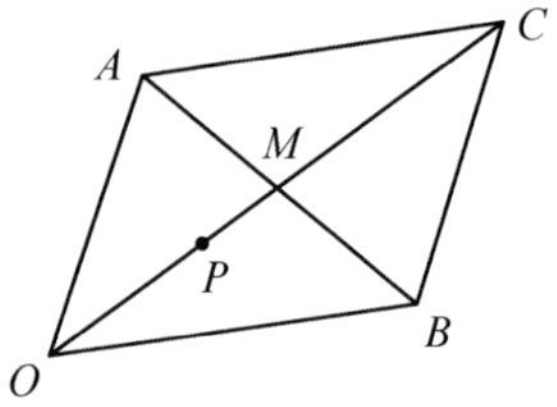

性质 2 若 $A+B=\lambda P$,则当 λ 取不同的值时,点 P 有不同的位置,如图 1 所示:

(1) 若 $A+B=C$,则 $AOBC$ 为平行四边形;

(2) 若 $A+B=2M$,则 M 为 AB 中点;

(3) 若 $A+B=3P$,则 P 为 $\triangle OAB$ 之重心.

注 在质点几何中,只有 $A+B=2M$ 一种可能.

性质 3 两点差为向量,即 $B-A=tP=\overrightarrow{AB}$.

当 $t=1$ 时,$OABP$ 为平行四边形.

性质 4 两点线性组合 $uA+vB=tP$ 的意义:

(1) 当 $t=u+v$ 时,令 $uA+vB=(u+v)F$,可改写成 $u(A-F)=v(F-B)$,可见此时 F 在直线 AB 上,且 $\dfrac{\overrightarrow{AF}}{\overrightarrow{FB}}=\dfrac{v}{u}$,其几何意义与质点几何中的相同;

(2) 一般说来,P 是直线 OF 上的点.

注 尽管等式 $uA+vB=(u+v)F$ 所描述的几何事实与质点几何中的相同,但 uA、vB 和 $(u+v)F$ 等项在这里的意义和质点几何中的却不一样:在质点几何中,当 $u\neq 1$ 时,uA 和 A 是位置相同但被赋予了不同质量的点;而在点几何中,若 $u\neq 1$ 且 A 非原点时,它们是位置不同的两个点.

例如,等式 $2A+3B=5F$ 的几何意义如图 2 所示,图中 $C=2A$,$D=3B$,且 $E=5F$,而 $CODE$ 是平行四边形. 也可以说,若在平行四边形 $CODE$ 中连接 CO 的中点 A 和 OD 的三分点 B 的线段 AB 与对角线 OE 交于 F,则 $OE=5OF$,且 $2AF=3FB$. 可见,同一个等式在点几何中的几何意义更

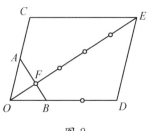

图 1

图 2

为丰富.

性质5　两线相交 $uA+vB=rC+sD$ 的表示:

(1) 当 $u+v=r+s\neq0$ 时,令 $(u+v)F=uA+vB=rC+sD=(r+s)G$,则等式表示 $F=G$ 为直线 AB、CD 之交点(这和质点几何一样);

(2) 一般情形表示 O、G、F 共线;

(3) 特别地,若 D 为原点,AB、CD 交于 F 可表示为 $(u+v)F=uA+vB=rC$,这里 r 是任意非零实数.

点几何的好处在于,用含义简明的少量符号比较忠实地描绘几何事实,从而减少人的思维劳动. 对此,下面的例子可见一斑.

例1　求证:三角形 ABC 的三条中线 AM、BN、CP 共点(图3).

证　取 A 为原点,令 G 为 BN、CP 交点,由条件得 $B=2P$, $C=2N$,则

$$2M=B+C=2P+C=2N+B=3G,$$

此式表明 G 在 AM 上,且 $3\overrightarrow{AG}=2\overrightarrow{AM}$.

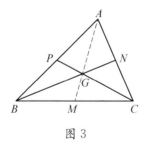

图3

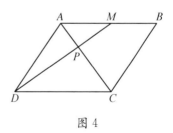

图4

例2　设平行四边形 $ABCD$ 的边 AB 中点为 M,连接 DM 交对角线 AC 于 P. 求证:$AC=3AP$ (图4).

证　取 A 为原点,由条件得 $2M=B=C-D$,即 $C=2M+D=3P$,故 $\overrightarrow{AC}=3\overrightarrow{AP}$.

上述解法容易转化为向量方法:由 $2M=B=C-D$ 知 $2\overrightarrow{AM}=\overrightarrow{AB}=\overrightarrow{DC}$,即 $2(\overrightarrow{AP}+\overrightarrow{PM})=\overrightarrow{DC}=\overrightarrow{DP}+\overrightarrow{PC}$,根据平面向量分解唯一性的基本定理,比较两端系数即得

$$2\overrightarrow{AP}=\overrightarrow{PC},即\overrightarrow{AC}=3\overrightarrow{AP}.$$

注 此题是一个简单的平面几何问题,但用向量方法解答,常见资料所述方法颇繁,如图 5 所示.

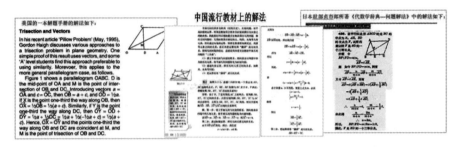

图 5

例 3 如图 6,已知 $AC = 3AP$,$3AB = 5AQ$,求 $\dfrac{PD}{BD}$,$\dfrac{QD}{CD}$,$\dfrac{PQ}{RQ}$,$\dfrac{BR}{CR}$.

解 取 A 为原点,由条件得 $C = 3P$ 和 $5Q = 3B$.

两式相加得 $C + 5Q = 3P + 3B = 6D$,可得

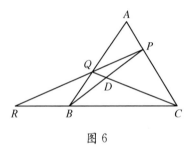

图 6

$$\frac{\overrightarrow{PD}}{\overrightarrow{DB}} = 1, \quad \frac{\overrightarrow{QD}}{\overrightarrow{DC}} = \frac{1}{5}.$$

两式换位相减得 $3B - C = 5Q - 3P = 2R$,可得

$$\frac{\overrightarrow{BR}}{\overrightarrow{CR}} = \frac{1}{3}, \quad \frac{\overrightarrow{PR}}{\overrightarrow{QR}} = \frac{5}{3}, \quad 即 \frac{\overrightarrow{PQ}}{\overrightarrow{QR}} = \frac{2}{3}.$$

3 点的数量积

通常,积是乘的结果,而乘法是指对加法有分配律的运算. 对点几何中的加法而言,有分配律的运算不止一个,最基本的是内积.

定义 3 数量积:若在笛卡儿坐标系中,$A = (x, y)$,$B = (u, v)$,则定义

$$A \cdot B = ux + vy.$$

可见两点的数量积是与坐标原点有关的一个实数.

根据点的数量积定义,显然有

性质 6　$A \cdot B = B \cdot A$,且数量积对加法有分配律. 容易验证:

性质 7　$(A-B) \cdot (C-D) = \overrightarrow{AB} \cdot \overrightarrow{CD}$.

记 $A^2 = A \cdot A$,则 $(A-B)^2 = |AB|^2$,而 A^2 为点 A 到原点距离的平方.

当 A 和 B 都不是原点时,$A \cdot B = 0$ 表示 $\angle AOB$ 为直角;$(A-B) \cdot (C-D) = 0$ 表示 $\overrightarrow{AB} \perp \overrightarrow{CD}$.

例 4　求证:三角形 ABC 的三条高线 AD、BE、CF 共点.

证　如图 7,取 AD、BE 交点 H 为原点,则已知条件为 $(B-C) \cdot A = 0$, $(A-C) \cdot B = 0$,两式相减得 $(B-A) \cdot C = 0$,即证明了 $\overrightarrow{CH} \perp \overrightarrow{AB}$.

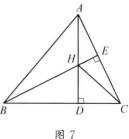

图 7

例 5　已知 $\triangle ABC$ 三边 a、b、c,求中线 AD 和分角线 AE.

解　(1) 求中线 AD:取 A 为原点,则中线 AD 的平方即 D^2.

由 $B + C = 2D$ 平方得 $B^2 + C^2 + 2B \cdot C = 4D^2$.

为消去 $B \cdot C$ 项,利用等式 $(B+C)^2 - (B-C)^2 = 4B \cdot C$, 即

$$2B \cdot C = \frac{(B+C)^2}{2} - \frac{(B-C)^2}{2} = 2D^2 - \frac{a^2}{2},$$

代入前式,得 $c^2 + b^2 + 2D^2 - \dfrac{a^2}{2} = 4D^2$, 解得

$$|AD| = \frac{\sqrt{2(b^2+c^2) - a^2}}{2}.$$

(2) 求分角线 AE:取 A 为原点,则分角线 AE 的平方即 E^2.

由分角线性质有 $cB + bC = (b+c)E$, 平方得

$$c^2 B^2 + b^2 C^2 + 2bcB \cdot C = (b+c)^2 E^2.$$

为消去 $B \cdot C$ 项,利用前面关于中线的等式有

$$2B \cdot C = \frac{(B+C)^2}{2} - \frac{(B-C)^2}{2}$$

$$=2D^2-\frac{a^2}{2}=b^2+c^2-a^2,$$

代入前式,得 $2b^2c^2+bc(b^2+c^2-a^2)=(b+c)^2E^2$,解得

$$|AE|=\sqrt{bc\left(1-\frac{a^2}{(b+c)^2}\right)}.$$

例6 求证:分别过三角形的三顶点且垂直于连接对边中点与垂心的连线的直线交对边所得的三点共线,且该线与欧拉线垂直.

解 如图8,取 $\triangle ABC$ 的垂心 H 为原点,则 $A\cdot(B-C)=B\cdot(A-C)=C\cdot(A-B)=0$,记 $\triangle ABC$ 的重心为 G,三边 BC、CA、AB 中点顺次为 D、E、F.则

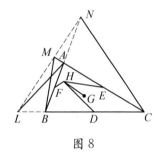

图8

$$A+B+C=3G,\ B+C=2D,$$
$$C+A=2E,\ A+B=2F;$$

L 在 BC 上,满足条件 $AL\perp DH$,M 在 AC 上,满足条件 $BM\perp EH$,即:

$$L=uB+(1-u)C,\ M=vA+(1-v)C,$$
$$(A-L)\cdot D=0,\ (B-M)\cdot E=0.$$

只要证明 $ML\perp GH$,即 $(M-L)\cdot G=0$ 即可.

由 $(A-L)\cdot D=0$ 得

$$0=(A-uB-(1-u)C)\cdot(B+C)$$
$$=(A-C-u(B-C))\cdot(B+C)$$
$$=(A-C)\cdot C-u(B-C)\cdot(3G-A)$$
$$=(A-C)\cdot C-3u(B-C)\cdot G,(消去了 D)$$

同理由 $(B-M)\cdot E=0$ 得

$$0=(B-vA-(1-v)C)\cdot(A+C)$$
$$=(B-C)\cdot C-3v(A-C)\cdot G,(消去了 E)$$

于是

$$3(M-L) \cdot G = (v(A-C) - u(B-C)) \cdot G$$
$$= (B-C) \cdot C - (A-C) \cdot C = (B-A) \cdot C = 0,$$

证毕.

4 点的外积

4.1 两点的外积

定义 4 两点的外积:约定两点 A、B 的外积为 $AB = B - A$.

可见两点的外积就是两点之差,也就是个向量.

这似乎有点奇怪,为何把差叫作积? 难道仅仅是为了节省一个减号?

进一步探讨两点外积的运算规律,就会发现这样定义的好处.

根据定义,显然有:

性质 8 $AB = -BA$.

性质 9 若 $uA + vB = (u+v)C$,则有

$$uAP + vBP = (u+v)CP, \quad uPA + vPB = (u+v)PC.$$

这两个等式的正确性可以按定义展开验证.

这可以看作是外积对加法的分配律. 按此规律,等式 $uA + vB = (u+v)C$ 两端同用 B 做外积,则得 $uAB = (u+v)CB$;同用 C 做外积,则得 $uAC + vBC = 0$,即 $uAC = vCB$.

但是一般来说,当等式两端系数之和不等时,分配律不一定成立,而要添加一个修正项.

性质 10 若 $uA + vB = rC$,因原点 O 坐标为零,故 $uA + vB = rC + (u+v-r)O$,这时可以用分配律,注意到 $P = OP = -PO$,得

$$uAP + vBP = rCP + (u+v-r)P,$$
$$uPA + vPB = rPC - (u+v-r)P.$$

这两个等式的正确性也可以按定义展开验证.

这也可以看作是外积对加法的分配律的推广:当 $u+v = r$ 时,得到性质 9. 作为特款,还可得:

(1) 若 $A=rC$，则 $AP=rCP+(1-r)P$ 且 $PA=rPC-(1-r)P$；

(2) 若 $uA=rC$，则 $uAP=rCP+(u-r)P$ 且 $uPA=rPC-(u-r)P$.

注 上述运算律可以推广到多项之和的情形，仍用下列思路处理：两端系数和相等时直接使用分配律，否则加上一个原点项平衡两端系数之和，再用分配律.

例 7 设 $ABCD$ 为平行四边形，E 为其对角线交点，P 为任意一点. 已知 $\overrightarrow{PA}$、$\overrightarrow{PB}$、$\overrightarrow{PC}$，求 $\overrightarrow{PD}$、$\overrightarrow{PE}$.

解 取 B 为原点，则由条件得 $A+C=2E=D$. 于是，$PA+PC=2PE=PD-P$，即 $\overrightarrow{PA}+\overrightarrow{PC}=2\overrightarrow{PE}=\overrightarrow{PD}-\overrightarrow{BP}$. 下略.

4.2 三点的外积

定义 5 三点的外积：三点 A、B、C 的外积，记作 ABC，它就是 $\triangle ABC$ 的带号面积的 2 倍.

具体地，若 $A=(x_A,y_A)$，$B=(x_B,y_B)$，$C=(x_C,y_C)$，则

$$ABC=x_Ay_B+x_By_C+x_Cy_A-x_Ay_C-x_By_A-x_Cy_B.$$

由定义，不难推得

性质 11 $ABC=BCA=CAB=-ACB=-BAC=-CBA$.

其直观的几何意义是：在右手坐标系中，三角形三顶点 A、B、C 顺序为反时针方向则 $ABC>0$，否则 $ABC<0$；若 A、B、C 共线则 $ABC=0$.

性质 12 若 $uA+vB=(u+v)C$，则有 $uAPQ+vBPQ=(u+v)CPQ$；因而易知，$uPAQ+vPBQ=(u+v)PCQ$，$uPQA+vPQB=(u+v)PQC$.

等式的正确性可以直接验证. 也就是说，当等式两端系数之和相等时，三点外积满足分配律.

如前所述，当 $u+v=r+s\neq0$ 时，等式 $(u+v)F=uA+vB=rC+sD$ 表示 F 为直线 AB、CD 的交点. 同用 CD 做外积得 $uACD+vBCD=0$，即 $\dfrac{ACD}{BCD}=-\dfrac{v}{u}=\dfrac{\overrightarrow{AF}}{\overrightarrow{BF}}$，这就是共边定理.

注 当问题中涉及较多可变参数时，使用共边定理有助于减少参数个数，简化计算，详见后面例 8 的证法 3.

性质 13　若 $uA + vB = rC$，原点为 O，则有

$$uAPQ + vBPQ = rCPQ + (u + v - r)OPQ.$$

也就是说，等式两端系数之和不相等时，可以加上一个原点项平衡两端系数之和，再用分配律. 一个有用的特款是：若原点在直线 PQ 上，则附加的配平项为 0，相当于分配律成立.

例 8　在 $\triangle ABC$ 的三边上分别取点 P、Q、R 使 $BP = PC$，$CQ = 2QA$，$AR = 3RB$. 三线 AP、BQ、CR 构成 $\triangle LMN$，如图 9 所示，求 $\triangle LMN$ 的面积.

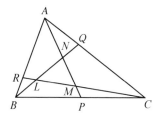

图 9

解　取 A 为原点，则由条件得 (1) $B + C = 2P$，(2) $C = 3Q$，(3) $3B = 4R$.

(2) 代入 (1) 得 $2P = B + 3Q = 4N$，(3) 代入 (1) 得 $6P = 4R + 3C = 7M$，(3) $\times 2$ 换位加 (2) 得 $C + 8R = 3Q + 6B = 9L$，将 L、M、N 表为 A、B、C 的组合并配平系数得

$$9L = 3Q + 6B = C + 6B = 2A + 6B + C,$$
$$7M = 4R + 3C = 3B + 3C = A + 3B + 3C,$$
$$4N = B + 3Q = B + C = 2A + B + C.$$

将三式作外积并略去零值项，得

$$252LMN = 6ABC + 6ACB + 6BAC + 36BCA + CAB + 6CBA = 25ABC,$$

下略.

例 9（帕普斯定理）　设 A、B、C 共线，D、E、F 共线，直线 AE、BD 交于 P，AF、CD 交于 Q，CE、BF 交于 R，则 P、Q、R 共线，如图 10.

证法 1　取 P 为原点，设 (1) $E = uA$，$B = vD$，(2) $rA + (1 - r)B = C$，(3) $sD + (1 - s)E = F$.

为得到交点 Q 和 R 的表示，取待定参数 t 和 x，

作 (2) $\times t + (3)$ 得

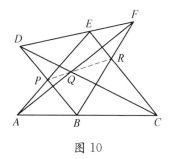

图 10

(4) $trA + t(1-r)B + sD + (1-s)E = tC + F$;

作 $(2) \times x + (3)$ 得

(5) $xrA + x(1-r)B + sD + (1-s)E = xC + F$;

用(1),在(4)中消去 B 和 E,在(5)中消去 A 和 D,分别得

(6) $trA + tv(1-r)D + sD + u(1-s)A = tC + F$;

(7) $\dfrac{xr}{u}E + x(1-r)B + \dfrac{s}{v}B + (1-s)E = xC + F$;

改写(6)和(7)分别获得 Q 和 R 的表示:

(8) $(tr + u(1-s))A - F = tC - (tv(1-r) + s)D = (tr + u(1-s) - 1)Q$;

(9) $v(xr + u - us)E - xuvC = uvF - u(xv(1-r) + s)B = v(xr + u - us - xu)R$;

这里应有 $(tr + u(1-s)) - 1 = t - (tv(1-r) + s)$,解得 $t = \dfrac{(1-s)(1-u)}{(v-1)(1-r)}$;

同理,应有 $v(xr + u - us) - xuv = uv - u(xv(1-r) + s)$,解得 $x = \dfrac{us(v-1)}{vr(1-u)}$.

用(1)(2)(3)将(8)和(9)的左端分别都表成 A 和 D 的组合得

(10) $u^2(1-s)A - xuv(1-r)D = (xr + u - us - xu)R$;

(11) $trA - sD = (tr + u(1-s) - 1)Q$;

容易验算 $\dfrac{u^2(1-s)}{tr} = \dfrac{u^2(v-1)(1-r)}{r(1-u)} = \dfrac{xuv(1-r)}{s}$,即 Q、R 和原点 P 共线.

证法 2 取 P 为原点,设(1) $E = uA$,$B = vD$,(2) $rA + (u-1)B = (r + u - 1)C$,(3) $mD + (1-v)E = (m+1-v)F$ (这样设置是经过试算后,知道进一步计算能够实现系数平衡).

作(2)+(3)并用(1)消去 B、E 得

(4) $rA + (u-1)vD + mD + (1-v)uA = (r+u-1)C + (m+1-v)F$;

整理重组得到交点 Q 的表示:

(5) $(r+u-uv)A + (v-m-1)F = (r+u-1)C + (v-uv-m)D = (r+u+v-m-uv-1)Q$;

用(1)(3)将(5)中的 A 替换为 B、F,用(1)(2)将(5)中的 D 替换为 C、

E 得

$$(6) \quad \frac{rv(m+1-v)F - (rm+um-uvm)B}{uv(1-v)} =$$

$$\frac{(rvu-rv+mr)E - mu(r+u-1)C}{uv(u-1)}$$

$$= (r+u+v-m-uv-1)Q;$$

注意到(6)的左端和中部系数和相等:

$$\frac{rv(m+1-v) - (rm+um-uvm)}{uv(1-v)}$$

$$= \frac{(rvu-rv+mr) - mu(r+u-1)}{uv(u-1)} = \frac{rv - m(r+u)}{uv},$$

故(6)给出了 BF、CD 的交点 R 的表示,即得

$$\frac{rv - m(r+u)}{uv}R = (r+u+v-m-uv-1)Q,$$

这表明 Q、R 和原点 P 三点共线.

注 上述证法 1 是常规方法,较繁;证法 2 略用技巧,简单些,但很难看出其几何意义. 若使用面积计算,则可得较为简洁且直观的证法.

证法 3 取 P 为原点,设 $E=uA$,$B=vD$.

为证明直线 QR 过点 P,只要证明 $\dfrac{ERQ}{ARQ} = \dfrac{EP}{AP} = u$. 注意到

$$ERQ = \frac{ERQ}{ECQ} \cdot \frac{ECQ}{ECD} \cdot ECD = \frac{ER}{EC} \cdot \frac{CQ}{CD} \cdot ECD$$

$$= \frac{EBF}{(EBF+BCF)} \cdot \frac{ACF}{(ACF+AFD)} \cdot ECD,$$

$$ARQ = \frac{ARQ}{ARF} \cdot \frac{ARF}{ABF} \cdot ABF = \frac{AQ}{AF} \cdot \frac{RF}{BF} \cdot ABF$$

$$= \frac{ACD}{(ACD+DCF)} \cdot \frac{CFE}{(BCE+CFE)} \cdot ABF,$$

注意到 $EBF+BCF=BCE+CFE$ 和 $ACF+AFD=ACD+DCF$,相比得

$$\frac{ERQ}{ARQ} = \frac{ECD}{CFE} \cdot \frac{ACF}{ABF} \cdot \frac{EBF}{ACD} = \frac{DE}{FE} \cdot \frac{AC}{AB} \cdot \frac{EBF}{ACD}.$$

再用 $EBF = \dfrac{EF}{ED} \cdot EBD$, $ACD = \dfrac{AC}{AB} \cdot ABD$ 代入得

$$\frac{ERQ}{ARQ} = \frac{EBD}{ABD} = \frac{EP}{AP} = u.$$

证毕.

注 这样处理基本上不用参数计算.

5 复数乘点

用复数与点相乘有助于简化涉及角度的问题.

定义 6 虚数 i 乘点:若在笛卡儿坐标系中 $A = (x, y)$,则定义 $iA = (-y, x)$,此处字母 i 为保留专用符号.

从几何上看,iA 是 A 反时针旋转 $90°$ 得到的点. 显然有

性质 14 $i(iA) = -A$.

做内积时有

性质 15 $iA \cdot A = 0$.

性质 16 当 $B = (u, v)$ 时,有

$$iA \cdot B = (-y, x) \cdot (u, v) = vx - uy = -A \cdot iB.$$

定义 7 复数乘点:若在笛卡儿坐标系中 $A = (x, y)$ 而复数 $\alpha = u + vi$,则定义 $\alpha A = uA + i(vA)$,显然有 $\alpha A = uA + v(iA)$.

在平面上取定了笛卡儿坐标系,可以建立点到复数集的一一对应. 具体地,若 $A = (x, y)$,则令 $f(A) = x + yi$,而其逆映射为 $p(x + yi) = (x, y) = A$,于是有 $p(f(A)) = A$ 和 $f(p(x + yi)) = x + yi$. 这样把平面上的点与复数对应后,容易检验上面定义的点与复数的乘法与复数之间的乘法是一致的. 也就是说,若在笛卡儿坐标系中 $A = (x, y)$,而复数 $\alpha = u + vi$,则必有 $\alpha A = p(\alpha f(A))$.

事实上,按复数乘点的定义有

$$\alpha A = uA + v(iA) = (ux, uy) + v(-y, x) = (ux - vy, uy + vx);$$

而将点 $A = (x, y)$ 写成复数与 $\alpha = u + vi$ 相乘后再化为坐标,则为

$$p(\alpha f(A)) = p((u+vi)(x+yi))$$
$$= p(ux - vy + (uy + vx)i)$$
$$= (ux - vy, uy + vx),$$

两者结果相等. 由此可得

性质 17　复数乘点的几何意义:若在笛卡儿坐标系中,$A = (x, y)$ 而复数 $\alpha = u + vi$. 记 $r = |\alpha| = \sqrt{u^2 + v^2}$ 且 θ 为 $\alpha = u + vi$ 的幅角主值,即满足 $\alpha = r\cos\theta + ir\sin\theta$ 且 $0 \leqslant \theta < 2\pi$,则按复数乘法的几何意义,将点 rA 绕原点反时针旋转 θ 弧度即得 αA.

通常记 $e^{i\theta} = \cos\theta + i\sin\theta$,则 $A = (x, y)$ 绕原点反时针旋转 θ 弧度得到的点可简单地记作 $e^{i\theta}A$, 即

$$e^{i\theta}A = (x\cos\theta - y\sin\theta, \ y\cos\theta + x\sin\theta).$$

一般地,容易验证:

性质 18　A 绕点 B 反时针旋转 θ 弧度得到的点为 $B + e^{i\theta}(A - B)$.

性质 19　复数乘点的运算法则:$(\alpha + \beta)A = \alpha A + \beta A$, $\alpha(A + B) = \alpha A + \alpha B$, $\alpha(\beta A) = (\alpha\beta)A = \beta(\alpha A)$($\alpha$, β 为复数).

性质 20　复数乘点的 ASA 公式:若已知三角形一边 AB 及两夹角 $\alpha = \angle CAB$ 和 $\beta = \angle CBA$,当三顶点 A、B、C 呈逆时针旋转方向时有下列 ASA 公式:

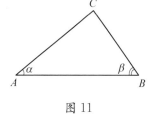

图 11

$$C = A + \frac{e^{i\alpha}\sin\beta}{\sin(\alpha + \beta)}(B - A)$$
$$= A + \frac{1 - e^{-2i\beta}}{1 - e^{-2i(\alpha + \beta)}}(B - A).$$

事实上,一方面,

$$\frac{|AC|}{|AB|} = \frac{\sin\beta}{\sin(\alpha + \beta)} = \frac{e^{i\beta} - e^{-i\beta}}{e^{i(\alpha+\beta)} - e^{-i(\alpha+\beta)}} = \frac{e^{-i\alpha}(1 - e^{-2i\beta})}{1 - e^{-2i(\alpha+\beta)}};$$

另一方面,$C - A = \dfrac{|AC| \cdot e^{i\alpha}(B - A)}{|AB|}$,消去 $\dfrac{|AC|}{|AB|}$ 后整理即得.

下面利用 ASA 公式证明莫勒定理.

例 10（莫勒定理） 如图 12 所示，在 $\triangle ABC$ 中，P、Q、R 分别为三内角中两角的三分线的交点，则 $\triangle PQR$ 为正三角形.

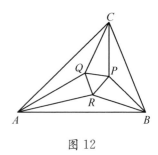

图 12

证法 1 要证结论为 $e^{\frac{i\pi}{3}}(Q-P)=R-P$，即 $e^{\frac{i\pi}{3}}Q-R=(e^{\frac{i\pi}{3}}-1)P$.

记 $e^{\frac{i\pi}{3}}=\omega$，则 $\omega^3=-1$，$\omega^2=-\dfrac{1}{\omega}=\omega-1$；要证的等式为 $\omega Q-R=\omega^2 P$.

如图 12，设 α、β、γ 分别是 $\triangle ABC$ 的各角的三分之一. 不妨取 A 为原点，简记 $e^{-2i\alpha}=u$，$e^{-2i\beta}=v$，由上面的 ASA 公式得

$$R=\frac{1-e^{-2i\beta}}{1-e^{-2i(\alpha+\beta)}}B=\frac{1-v}{1-uv}B,$$

$$C=\frac{1-v^3}{1-u^3v^3}B,$$

$$C=\frac{1-e^{-2i(\pi-\alpha-\gamma)}}{1-e^{-2i(\pi-\gamma)}}Q=\frac{1-e^{2i\left(\frac{\pi}{3}-\beta\right)}}{1-e^{2i\left(\frac{\pi}{3}-\alpha-\beta\right)}}Q=\frac{1-\omega^2v}{1-\omega^2uv}Q,$$

$$P=B+\frac{1-e^{-2i\gamma}}{1-e^{-2i(\gamma+\beta)}}(C-B),$$

则

$$Q=\frac{1-\omega^2uv}{1-\omega^2v}C=\frac{(1-\omega^2uv)(1-v^3)}{(1-\omega^2v)(1-u^3v^3)}B,$$

$$C-B=\left(\frac{1-v^3}{1-u^3v^3}-1\right)B=\frac{v^3(u^3-1)}{1-u^3v^3}B,$$

$$P=\left(1+\frac{v^3(1-\omega^{-2}u^{-1}v^{-1})(u^3-1)}{(1-\omega^{-2}u^{-1})(1-u^3v^3)}\right)B$$
$$=\left(1+\frac{v^2(\omega^2uv-1)(u^3-1)}{(\omega^2u-1)(1-u^3v^3)}\right)B.$$

代入要证明的等式两端得

$$\omega Q-R=\left(\frac{(\omega+uv)(1-v^3)}{(1-\omega^2v)(1-u^3v^3)}-\frac{1-v}{1-uv}\right)B,$$

$$\omega^2 P = \left(\omega^2 + \frac{\omega v^2 (uv + \omega)(1 - u^3)}{(\omega^2 u - 1)(1 - u^3 v^3)}\right) B.$$

整理后,要证明的等式即为

$$((w + uv)(1 - v^3) - (1 - v)(1 - \omega^2 v) \cdot (1 + uv + u^2 v^2))(\omega^2 u - 1)$$

$$= (-\omega(u + \omega)(1 - u^3 v^3) + wv^2(uv + \omega)(1 - u^3)) \cdot (1 - \omega^2 v).$$

两端展开,用关系式 $\omega^3 = -1$ 和 $\omega^2 = \omega - 1$ 消去 ω 的高次项后结果都是

$$\omega(u^3 v^4 - u^3 v^2 + uv^3 - u + v^3 + v^2 - v - 1) - u^3 v^3 + u^3 v^2 + uv^4 - uv - v^2$$
$$+ 1,$$

结论获证.

注 上述证法是直接计算.用同一法,计算要简单一些.

证法 2 用同一法:设 $\triangle PQR$ 为正三角形;若能构造出 $\triangle ABC$,使得 P、Q、R 分别为三内角中两角的三分线的交点如图 12,则命题真.

取 R 为原点,则 $Q = \mathrm{e}^{\frac{\mathrm{i}\pi}{3}} P = \omega P$;令 $\angle BRP = \angle CQP = \frac{\pi}{3} + \alpha$,$\angle ARQ = \angle CPQ = \frac{\pi}{3} + \beta$,$\angle AQR = \angle BPR = \frac{\pi}{3} + \gamma$,则有 $\angle RAQ = \alpha$,$\angle PBR = \beta$,$\angle PCQ = \gamma$,$\angle ARB = \pi - \alpha - \beta$.

要证明 $\angle RAB = \angle QAC = \alpha$,$\angle RBA = \angle PBC = \beta$,$\angle PCB = \angle QCA = \gamma$,只要证明 $\angle RAB = \alpha$ 和 $\angle RBA = \beta$ 即可,其他同理.

由 ASA 公式得

$$A = R + \frac{\mathrm{e}^{\mathrm{i}\left(\frac{\pi}{3} + \beta\right)} \sin\left(\frac{\pi}{3} + \gamma\right)}{\sin\alpha}(Q - R) = \frac{\mathrm{e}^{\mathrm{i}\left(\frac{\pi}{3} + \beta\right)} \sin\left(\frac{\pi}{3} + \gamma\right)}{\sin\alpha} Q,$$

$$B = R + \frac{\mathrm{e}^{-\mathrm{i}\left(\frac{\pi}{3} + \alpha\right)} \sin\left(\frac{\pi}{3} + \gamma\right)}{\sin\beta}(P - R) =$$

$$\frac{\mathrm{e}^{-\mathrm{i}\left(\frac{\pi}{3} + \alpha\right)} \sin\left(\frac{\pi}{3} + \gamma\right)}{\sin\beta} \cdot \mathrm{e}^{-\mathrm{i}\frac{\pi}{3}} Q = \frac{\mathrm{e}^{-\mathrm{i}\left(\frac{2\pi}{3} + \alpha\right)} \sin\left(\frac{\pi}{3} + \gamma\right)}{\sin\beta} Q;$$

要证明的结论可写作 $\mathrm{e}^{\mathrm{i}(\pi - \alpha - \beta)} A = \frac{\sin\beta}{\sin\alpha} B$,即

$$\frac{\mathrm{e}^{\mathrm{i}(\pi-\alpha-\beta)}\,\mathrm{e}^{\mathrm{i}\left(\frac{\pi}{3}+\beta\right)}\,\sin\left(\frac{\pi}{3}+\gamma\right)}{\sin\alpha}Q=\frac{\sin\beta}{\sin\alpha}\cdot\frac{\mathrm{e}^{-\mathrm{i}\left(\frac{2\pi}{3}+\alpha\right)}\,\sin\left(\frac{\pi}{3}+\gamma\right)}{\sin\beta}Q.$$

整理化简后成为 $\mathrm{e}^{\mathrm{i}\frac{4\pi}{3}}=\mathrm{e}^{-\mathrm{i}\frac{2\pi}{3}}$, 显然成立.

6 结语

本文先后介绍了点加点、数乘点、点的数量积、点的外积及复数乘点等点几何中的基本概念,导出了近 20 条有关点运算的基本性质或基本公式,这些构成了点几何的基本纲要. 相关的定义、性质、公式和具体解题实例说明,点几何不仅符合数学直观,能更方便地表达基本几何事实,而且有助于几何推理的简捷化.

参考文献

[1] YANG I M. Felix Klein and Sophus Lie(The evolution of the idea of symmetry in the 19th century)[M]. Birkhäuser, 1990.

[2] 李洪波. 共形几何代数——几何代数的新理论和计算框架[J]. 计算机辅助设计与图形学学报,2005,17(11):2383 - 2393.

[3] 莫绍揆. 质点几何学[M]. 重庆:重庆出版社,1992.

[4] 杨学枝. 浅谈点量[A]. 杨学枝. 中国初等数学研究(第 8 辑)[M]. 哈尔滨:哈尔滨工业大学出版社,2017:123 - 139.

Outlines for Point-Geometry

Abstract   A more convenient geometric-algebraic system is proposed, which avoids the shortcomings of coordinate method, vector method, and particle geometry method.

Key words   coordinate method, vector method, particle geometry, point geometry

3.5 点几何的教育价值(2019)①

1 争论从来都不断

初等几何在中小学数学教学中有着比较重要的地位. 但如何处理这一内容, 则存在不同看法. 这些观点对于我们进一步认识初等几何, 有一定的启发意义.

吴文俊先生认为:"中小学数学教育的现代化是指机械化, 而欧几里得体系排除了数量关系, 纯粹在形式间经过公理、定理来进行逻辑推理, 或者把数量关系归之于空间形式, 这是非机械化的. 中学应该赶快离开欧几里得, 欧氏几何让位于解析几何. "[1]吴先生的这一观点获得不少支持. 因为欧氏几何的主要工具是全等、相似三角形, 构造全等、相似三角形则常常需要费尽心思构造千变万化的辅助线, 而花大力气掌握各种辅助线的技巧, 对将来进一步的数学学习好像并没有太大的帮助. 解析几何则使得数形结合更加紧密, 用代数方法处理几何问题, 思路清晰, 有章可循, 可操作性强.

王申怀先生则认为, 平面几何与解析几何的最大区别在于对几何图形研究所采取的方法不同, 这两种方法可以互相补充, 互相协调, 它们对学生的数学思想方法、数学思维的训练作用并非完全相同. 因此欧氏几何让位于解析几何的行动要慎重考虑.[2]

当然还有其他的一些处理方式. 譬如我们曾提出面积法体系[3], 这一体系被评论为"有助于解决几何中一题一证的难点, 但由于该体系的基础和表述方式与现有教材存在差异, 影响了普及. 目前更多的是为初等数学研究者, 特别是数学竞赛研究者所掌握"[4]. 还有观点认为几何主要研究不变量, 应变换思想来处理, 但也有人表示质疑, 认为在中学不宜过多强调几何变换.[5]

---

① 本文原载《数学通报》2019 年第 2 期(与彭翕成合作).

如果我们把目光放得更远一点,就会发现类似的争论早已有之.解析几何创立之后,支持者众,但也有不同看法,认为解析几何虽在某些方面胜于欧氏几何,但有时计算繁琐,显得笨拙,且大量的计算都没有明显的几何意义,希望寻求能够更直接处理几何问题的代数方法.

莱布尼兹曾提出一个问题:能否直接对几何对象作计算?[6]他希望通过固定的法则去建立一个方便计算或操作的符号体系,并由此演绎出用符号表达的事物的正确命题.他认为理想中的几何应该同时具有分析和综合的特点,而不像欧几里得几何与笛卡儿几何那样分别只具有综合的与分析的特点.他希望有一种几何计算方法可以直接处理几何对象(点、线、面等),而不是笛卡儿引入的一串数字.他设想能有一种代数,它是如此接近于几何本身,以至于其中的每个表达式都有明确的几何解释:或者表示几何对象,或者表示它们之间的几何关系;这些表达式之间的代数运算,例如加、减、乘、除等,都能对应于几何变换.如果存在这样一种代数,它可以被恰当地称为"几何代数",它的元素即被称为"几何数".

沿着这一方向,数学家们开辟了"几何代数"的领域,孜孜不倦地寻求可能的合理的几何代数结构,试图实现莱布尼兹之梦.向量几何可看作是对莱布尼兹问题的初步回答.向量之间能进行加减运算,还可以进行内外积,且运算式都有明显的几何意义,有时利用向量处理几何问题也很方便.[7]在向量几何之后,数学家们建立了更复杂的几何代数结构,此处略.[6]

项武义先生认为,自古到今,几何学的研究在方法论上大体可以划分成下述四个阶段:(1)实验几何:用归纳实验去发现空间之本质;(2)推理几何:以实验几何之所得为基础,改用演绎法以逻辑推理去探索新知,并对于已知的各种各样空间本质,精益求精地作系统化和深刻的分析;(3)坐标解析几何:通过坐标系的建立,把几何学和代数学简明有力地结合起来,开创了近代数学的先河;(4)向量几何:向量几何是不依赖于坐标系的解析几何,本质上是解析几何的返璞归真.[8]

向量几何提出之后,也不断有专家提出新的想法.譬如莫绍揆先生认为,自线性代数兴起以来,直接从向量本身的性质(它可以说是几何性质)来处理问题,可以利用代数方法的长处,而处处符合几何直觉,有几何直觉的帮助.因此现在使用线性代数来讨论几何问题是大势所趋,无法阻挡.为克服向量几何的某些缺点且保持其优势,莫先生提出了更具物理意义的质点几何的理论和方法.[9]他指出,向量本质上是几何变换,不是最基本的几何对象,因而希望建立以点为基础的几何代数体系.他借用力学的"质点"概念,把几何中的点看作是有位置无大小但有质量的东西,根据力学定律来对质点定义加法运算,然后以此为基础来研究几何.这种方法能对点直接进行运算,而且运算方便,运算表达式具有明显几何意义.

点常被认为是几何中最基本元素.点动成线,线动成面,面动成体,其他几何元素都可以由点扩展生成.因此希望建立以点为基本研究对象的几何体系也是很自然的想法.向量涉及两点,且自由向量可以在空间任意平移.为了简便以及排除不确定性,可在空间取定点 O,称为原点,然后规定所有向量的始点都是原点,这样的向量称为位置向量,两个位置向量相等当且仅当它们的终点重合,每个位置向量的终点与空间的点是一一对应的.

我们在糅合向量几何、重心坐标、质点几何等体系的基础上,初步建构了点几何纲要[10],其中包括了点的加法、数乘、两个点的内积、外积及三个点的外积及复数乘点等点几何中的基本概念,导出了近二十条有关点运算的基本性质或基本公式,旨在建立一种几何代数系统,能够兼有坐标方法、向量方法和质点几何方法三者的长处而避免其缺点.本文将进一步阐述点几何在几何教学中的独特魅力,并辅以案例证明.

2 知识表示大不同

数学知识,特别是作为数学教育内容的基础知识,是客观世界的空间形式和数量关系的反映.同样的空间形式,同样的数量关系,可以用不同的数学命题、数学结构、数学体系来反映,正如从不同的角度给一头大象拍照一样,会得到不一样的照片,但它总是这一头象.只是有的反映方式便于学习、掌握、理解、记忆,有的则不然.不同的反映方式,尽管都是客观世界的正确反映,但教育的效果却会大不相同.譬如罗马数字的算术和阿拉伯数字的算术,尽管算题时得出的结果一样,但在教育效果上的差别是显而易见的.

因此,为了数学教育的目的,我们应当用"批判"的眼光审视已有的数学知识.这里的批判,当然不是怀疑这些数学知识的正确性,而是检查它在教育上的适用性. 我们要用系统科学的现点, 联系前后左右的教学, 联系学生的心理特征与年龄特征, 看一看, 问一问, 哪种反映方式较优? 能不能找到更优或最优的反映方式.

为了认识空间图形的性质, 我们可以学欧氏的《几何原本》, 可以学"解析几何"或"三角学", 可以学"质点几何", 也可以学"向量几何", 甚至还可以创造新的几何体系. 哪种方案能更快更好地完成这一阶段数学教育的任务呢? 这需要我们仔细考察.

以中点为例加以说明. 怎么表示点 C 是线段 AB 的中点? 方法很多.

文字描述: 点 C 是线段 AB 的中点.

图形描述(图1):

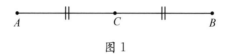

图 1

欧氏几何描述: $AC = CB$. 但不要漏掉: A、B、C 共线, 否则只能说明点 C 在线段 AB 的中垂线上.

向量几何描述: $\overrightarrow{AC} = \overrightarrow{CB}$, 这可看作是欧氏描述的改进版本, 用向量符号表示共线的条件. 或者是 $\overrightarrow{OC} = \dfrac{\overrightarrow{OA} + \overrightarrow{OB}}{2}$.

解析几何描述: $x_C = \dfrac{x_A + x_B}{2}$, $y_C = \dfrac{y_A + y_B}{2}$. (若涉及高维几何则更复杂)

文字描述和图形描述需要转化成数学符号语言才能运算、推理. 如果嫌向量符号麻烦, 可把向量看作是终点和起点之差, 则 $\overrightarrow{AC} = \overrightarrow{CB}$ 转化为 $C - A = B - C$ 或 $C = \dfrac{A + B}{2}$. 你会发现这其实就是 $\overrightarrow{OC} = \dfrac{\overrightarrow{OA} + \overrightarrow{OB}}{2}$ 或 $x_C = \dfrac{x_A + x_B}{2}$, $y_C = \dfrac{y_A + y_B}{2}$ 的浓缩版. 这里的字母 A、B、C 可看作 $\overrightarrow{OA}$、$\overrightarrow{OB}$、$\overrightarrow{OC}$ 的省写, 任意点 O 为原点.

中点如此表示, 直线上的其他点也可以此类推, 定义为 $C = tA + (1-t)B$. 当 $t = \dfrac{1}{2}$ 时, C 为 AB 的中点. 扩展开去, $\triangle ABC$ 平面上任意点定义为 $P = xA +$

$yB+(1-x-y)C$. 这样定义的好处是显然的. 举几个简单例子.

中位线定理：$2\left(\dfrac{A+B}{2}-\dfrac{A+C}{2}\right)=B-C$.

重心定理：

$$\frac{A+B+C}{3}=\frac{2}{3}\frac{A+B}{2}+\frac{1}{3}C=\frac{2}{3}\frac{A+C}{2}+\frac{1}{3}B=\frac{2}{3}\frac{B+C}{2}+\frac{1}{3}A.$$

用两个恒等式表示两个几何定理,既包括定理的叙述,同时也是定理的证明. 为了使初学者理解清楚,我们还是把图形作出来(熟练之后可省). 如图 2,$\triangle ABC$ 中,D、E、F 分别是三边中点,则中位线定理用向量表示是 $2\overrightarrow{FE}=\overrightarrow{BC}$, 即 $2\left(\dfrac{A+C}{2}-\dfrac{A+B}{2}\right)=$

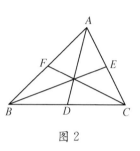

图 2

$C-B$. 在恒等式中不引入 E、F,而用 $\dfrac{A+C}{2}$、$\dfrac{A+B}{2}$ 表示,显得更加简洁.

重心定理则是说:存在点 $\dfrac{A+B+C}{3}$ 在 AD 上,因为 $\dfrac{A+B+C}{3}=\dfrac{2}{3}\dfrac{B+C}{2}$ $+\dfrac{1}{3}A$,此处 $D=\dfrac{B+C}{2}$, 还说明点 $\dfrac{A+B+C}{3}$ 是 AD 的三等分点. 同理点 $\dfrac{A+B+C}{3}$ 在 BE、CF 上.

两次使用中位线定理,可推出重心定理：

由 $\qquad 2\left(\dfrac{A+B}{2}-\dfrac{A+C}{2}\right)=B-C,$

得 $\qquad \dfrac{2}{3}\dfrac{A+B}{2}+\dfrac{1}{3}C=\dfrac{2}{3}\dfrac{A+C}{2}+\dfrac{1}{3}B,$

由 $\qquad 2\left(\dfrac{B+C}{2}-\dfrac{B+A}{2}\right)=C-A,$

得 $\qquad \dfrac{2}{3}\dfrac{B+C}{2}+\dfrac{1}{3}A=\dfrac{2}{3}\dfrac{B+A}{2}+\dfrac{1}{3}C,$

所以 $\dfrac{A+B+C}{3}=\dfrac{2}{3}\dfrac{A+B}{2}+\dfrac{1}{3}C=\dfrac{2}{3}\dfrac{A+C}{2}+\dfrac{1}{3}B=\dfrac{2}{3}\dfrac{B+C}{2}+\dfrac{1}{3}A.$

上述表示方式叙述简洁,推理清楚,且有明显的几何意义,适合在教学中使用.对比学术著作中的表述,两者天渊之别.在人工智能的经典著作《初等代数和几何的判定法》(A.塔尔斯基,J.C.C.麦克铿赛著)中有三角形重心定理的叙述,仅仅是叙述,还不包括证明.

$$(Ax)(Ay)(Az)(Ax')(Ay')(Az')\{[\sim B(x, y, z) \wedge \sim B(y, z, x) \wedge \sim B(z, x, y) \wedge B(x, y', z) \wedge B(y, z', x) \wedge B(z, x', y) \wedge D(x, z'; z', y) \wedge D(y, x'; x', z) \wedge D(z, y'; y', x)] \rightarrow (EG)[B(x, G, x') \wedge B(y, G, y') \wedge B(z, G, z')]\}$$

解释:任意六点 x, y, z, x', y', z',满足 y 不在 x, z 之间,z 不在 y, x 之间,x 不在 z, y 之间(即 x, y, z 三点不共线),且 y' 在 x, z 之间,z' 在 y, x 之间,x' 在 z, y 之间,且 $xz'=z'y$,$yx'=x'z$,$zy'=y'x$,则存在点 G,且 G 在 x, x' 之间,G 在 y, y' 之间,G 在 z, z' 之间.$B(x, y, z)$ 读作 y 在 x 和 z 中间,$D(x, y; x', y')$ 读作 x 到 y 的距离等于 x' 到 y' 的距离.

这种表达,像在初等代数的形式系统中一样,从原子公式经过使用否定词、合取词、析取词和量词构造出公式.通过这样形式化的表述,初等几何的语句即表达关于点的某个事实以及点与点之间的某种关系.

3 更多案例分析

在具体的解题实践中,我们发现,点几何不仅符合数学直观,能更方便地表达基本几何事实,而且有助于几何推理的简捷化.

如研究平行四边形.最常用的符号表示是 $\square ABCD$,但并不能从 $\square$ 这个符号中推出平行四边形的任何性质.有时写作 $AB \underline{\underline{\parallel}} DC$,其中"平行且相等"的符号一般不参与运算,使得 $\underline{\underline{\parallel}}$ 和 $\square$ 一样,都只是死的记号.而只有赋予运算,几何对象才能算起来灵活多变.若采用向量表示平行四边形:$\overrightarrow{AB}=\overrightarrow{DC}$,即 $B-A=C-D$(一组对边平行且相等的四边形是平行四边形),可化成 $B-C=A-D$(该平行四边形的另一组对边也平行且相等),可化成 $\dfrac{B+D}{2}=\dfrac{A+C}{2}$(该平行四边形的对角线相互平分),一些定理的推导也变得简单,如连接四边形中点得到的中点四边形是平行四边形,只是一个恒等式 $\dfrac{A+B}{2}-\dfrac{D+A}{2}=\dfrac{B+C}{2}-\dfrac{C+D}{2}$

而已. 四边形 $ABCD$ 是平行四边形的充要条件是

$$AC^2 + BD^2 = AB^2 + BC^2 + CD^2 + DA^2,$$

即　$AC^2 + BD^2 = AB^2 + BC^2 + CD^2 + DA^2 \Leftrightarrow A + C = B + D,$

即 $(B-A)^2 + (C-B)^2 + (D-C)^2 + (A-D)^2 - (C-A)^2 - (D-B)^2$

$$= (A - B + C - D)^2 = 0.$$

看似是代数变形,却对应着几何性质. 这正是我们希望实现的将几何对象点当成数来计算,数与形进一步融合,正如希尔伯特所说:代数符号是书写的图形,几何图形是图像化的公式.

$(a+b)^2 - (a-b)^2 = 4ab$ 是经典的恒等式,一般将 a, b 看作是实数. 但如果将之看作是向量,设 $a = \overrightarrow{OA}$, $b = \overrightarrow{OB}$,则 $(\overrightarrow{OA}+\overrightarrow{OB})^2 - (\overrightarrow{OA}-\overrightarrow{OB})^2 = 4\overrightarrow{OA}\cdot\overrightarrow{OB}$ 有几何意义:平行四边形中,若一个角是直角,则对角线相等;反之也成立.

类似地,平方差公式 $A^2 - B^2 = (A+B)(A-B)$ 也有几何意义:平行四边形中,邻边相等的充要条件是对角线垂直. 恒等式 $(P-A)(P-B) = \left(P-\dfrac{A+B}{2}\right)^2 - \left(\dfrac{A-B}{2}\right)^2$ 则表示:若点 P 满足 $\left(P-\dfrac{A+B}{2}\right)^2 = \left(\dfrac{A-B}{2}\right)^2$,则 $\angle APB$ 为直角,反之也成立.

例 1　(内心定理)$\triangle ABC$ 中,AD、BE、CF 是三条角平分线,求证三线交于一点.

恒等式:$\dfrac{aA + bB + cC}{a+b+c}$

$$= \frac{a+b}{a+b+c}\frac{aA+bB}{a+b} + \left(1 - \frac{a+b}{a+b+c}\right)C$$

$$= \frac{b+c}{a+b+c}\frac{bB+cC}{b+c} + \left(1 - \frac{b+c}{a+b+c}\right)A$$

$$= \frac{c+a}{a+b+c}\frac{cC+aA}{c+a} + \left(1 - \frac{c+a}{a+b+c}\right)B.$$

说明:此处用到角平分线比例定理.

例 2　(垂心定理)$\triangle ABC$ 中,若 $AH \perp BC$, $BH \perp CA$,求证:$CH \perp AB$.

常规向量解答:

$$\overrightarrow{CH}\cdot\overrightarrow{AB}=\overrightarrow{CH}\cdot\overrightarrow{AC}+\overrightarrow{CH}\cdot\overrightarrow{CB}=\overrightarrow{CB}\cdot\overrightarrow{AC}+\overrightarrow{BH}\cdot\overrightarrow{AC}+\overrightarrow{CH}\cdot\overrightarrow{CB}=\overrightarrow{CB}\cdot\overrightarrow{AH}$$
$$=0,$$

推导过程中如何利用三角形法则让一些学习者感到头疼, $\overrightarrow{AH}\cdot\overrightarrow{BC}$, $\overrightarrow{BH}\cdot\overrightarrow{CA}$, $\overrightarrow{CH}\cdot\overrightarrow{AB}$ 三者关系并不显然.

恒等式: $(A-B)\cdot(H-C)+(B-C)\cdot(H-A)+(C-A)\cdot(H-B)=0$.

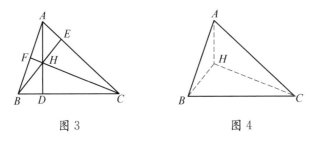

图 3   图 4

说明:看起来证明的是三角形的垂心定理,事实不止于此. 由于并未对 H 作任何约束, H 可能在平面 ABC 上(图 3),也可能在平面 ABC 外(图 4). 形式上的转变,让我们更容易看清楚内在的联系. 为了中学教学的需要,甚至可以考虑先用点几何恒等式解答,再转化为常规的向量解题. 要证 $\overrightarrow{BA}\cdot\overrightarrow{CH}+\overrightarrow{CB}\cdot\overrightarrow{AH}+\overrightarrow{AC}\cdot\overrightarrow{BH}=0$,只需证 $(\overrightarrow{HA}-\overrightarrow{HB})\cdot(\overrightarrow{HH}-\overrightarrow{HC})+(\overrightarrow{HB}-\overrightarrow{HC})\cdot(\overrightarrow{HH}-\overrightarrow{HA})+(\overrightarrow{HC}-\overrightarrow{HA})\cdot(\overrightarrow{HH}-\overrightarrow{HB})=0$,而这是显然成立的. 因此得到另一种的向量解法:

$$\overrightarrow{BA}\cdot\overrightarrow{HC}=(\overrightarrow{HA}-\overrightarrow{HB})\cdot\overrightarrow{HC}=-(\overrightarrow{HB}-\overrightarrow{HC})\cdot\overrightarrow{HA}-(\overrightarrow{HC}-\overrightarrow{HA})\cdot\overrightarrow{HB}=0.$$

例 3 (外心定理)$\triangle ABC$ 中,若点 O 在 AB、BC 的中垂线上,则点 O 在 CA 的中垂线上.

恒等式:

$$(A-B)\cdot\left(O-\frac{A+B}{2}\right)+(B-C)\cdot\left(O-\frac{B+C}{2}\right)+(C-A)\cdot$$
$$\left(O-\frac{C+A}{2}\right)=0.$$

例 2、例 3 两个恒等式中,其任意两部分为 0,则第三部分必为 0.

例 4 外心定理和垂心定理的相互转化.

如图 5,传统证明中,要证 $\triangle ABC$ 的三条高共点 H,有时转化为证 $\triangle DEF$ 的三条中垂线共点,其中四边形 $CABD$、$ABCE$、$BCAF$ 是平行四边形. 基于点几何的恒等式变形,是显然的.

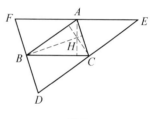

图 5

由 $D = B + C - A$、$E = A + C - B$、$F = A + B - C$ 得

$$(D - E) \cdot \left(H - \frac{D + E}{2}\right) + (E - F) \cdot \left(H - \frac{E + F}{2}\right)$$
$$+ (F - D) \cdot \left(H - \frac{F + D}{2}\right) = 0$$

$$\Leftrightarrow 2(B - A) \cdot (H - C) + 2(C - B) \cdot (H - A)$$
$$+ 2(A - C) \cdot (H - B) = 0.$$

例 5 (欧拉线定理)$\triangle ABC$ 中,外心 O、垂心 H、重心 G 三点共线.

根据垂心、外心的性质,

$(A - B) \cdot (H - C) = 0$,

$(A - B) \cdot (2O - (A + B)) = 0$,

两式相加得 $(A - B) \cdot (H + 2O - (A + B + C)) = 0$.

同理 $(B - C) \cdot (H + 2O - (A + B + C)) = 0$,

$\quad (C - A) \cdot (H + 2O - (A + B + C)) = 0$.

由于 $H + 2O - (A + B + C)$ 不能同时与三边垂直,所以只能是 $H + 2O - (A + B + C) = 0$.

若设 $A + B + C = 3G$,则 $H + 2O = 3G$.

说明 H、O、G 三点共线,且 $HG = 2GO$.

4 结语

点几何、质点几何、向量几何都是几何的数学表示,本质上互通. 三种几何语言可以互译. 如果规定从原点出发的向量叫点,向量几何就可以转化为点几何. 如果规定两点差为向量,点几何就可以转化为向量几何. 点几何最大的优势,在于用少量符号忠实地描绘几何事实,从而减少人的思维劳动. 与向量几何、质点几何相比,点几何更简明,几何意义更丰富,表达力更强,数形结合融为一体. 在点几何解题实践中,我们还发现了一种恒等式方法,目前已编程实现,通过验证 600 余道有难度的几何题(其中相当部分是竞赛题),证明该方法效率高,可读性强,且能发现新的几何命题. 关于点几何解题应用,我们将另文介绍.

参考文献

[1] 吴文俊. 数学教育现代化问题[J]. 数学通报,1995(2):1 - 4.

[2] 王申怀. "综合法","代数法"谁优谁劣? ——对中学几何教改的一点看法[J]. 数学通报,1995(7):23 - 24.

[3] 张景中. 平面几何新路[M]. 成都:四川教育出版社,1992.

[4] 游安军. 近 20 年我国平面几何教学研究的回顾与思考[J]. 数学教育学报,2000(3):29 - 32.

[5] 陈志云. 三种观点下的平面几何与中学平面几何教材[J]. 数学教育学报,1996(2):86 - 89.

[6] LI H. Invariant Algebras and Geometric Reasoning[M]. Singapore:World Scientific, 2008.

[7] 张景中,彭翕成. 绕来绕去的向量法[M]. 北京:科学出版社,2010.

[8] 项武义. 基础几何学[M]. 北京:人民教育出版社,2004.

[9] 莫绍揆. 质点几何学[M]. 重庆:重庆出版社,1992.

[10] 张景中. 点几何纲要[J]. 高等数学研究,2018(1):1 - 8.

3.6　点几何的解题应用:计算篇(2019)[①]

波利亚对于演绎推理,有过一段很精彩的论述:

发现解法,就是在原先是隔开的事物或想法(已有的事物和要求的事物,已知量和未知量,假设和结论)之间去找出联系.被联系的事物原来离得越远,联系的发现者的功绩也就越大.有时我们发现这种联系就像一座桥:一个伟大的发现使我们强烈地觉得像是在两个离得很远的想法的鸿沟之间架上了桥.我们常常看到这种联系是由一条链来贯穿的,一个证明像是一串论据,像是一条由一系列结论组成的链,也许是一条长链.这条链的强度是由它最弱的一环来代表的.因为哪怕是只少了一环,就不会有连续推理的链,也就不会有有效的证明.对于思维上的联系我们更经常使用的词是线索,比如说,我们都在听教授讲课,但他失去了证明的线索,或是被一些推理线索缠乱了,他不得不看一下讲稿,以拾起失掉的线索,等他把线索整理出来得到最终结论时,我们也都已经困倦不堪了.将一条细微的线索当成一条几何上的线,将被联系着的事物当成几何上的点,这样无可避免地,一幅隐喻着一系列数学结论的图式便必然地浮现出来了.[1]

我们想,相当多的数学学习者在中学接触几何证明时,都会对波利亚的这段话有所体会.几何证明除了需要灵机一动添加辅助线,还有的就是每一个条件都有多种使用的可能,推演前进多歧路,这使得操作起来十分困难.普遍认为,代数问题更具有可操作性.几何题能否像代数题一样,按部就班地操作? 基于点几何[2,3],我们提出两种方案.方案一就是本文,思路是将一个个点求出来,再考虑几何关系.与解析法相比,该方案无需将点转化为坐标,只需求出点与点之间的关系,这样一来,点几何计算要相对简明,几何意义也更明确.方案二则是本文的续篇(本书3.7节),思路是基于点几何,表示出已知和结论,并通过恒等式建立已知和结论之间的关系.

---

① 本文原载《数学通报》2019年第3期(与彭翕成合作).

对于直线 AB 上的点 P,用向量表示是 $\overrightarrow{OP}=t\overrightarrow{OA}+(1-t)\overrightarrow{OB}$ 或 $\overrightarrow{OP}=\dfrac{x\overrightarrow{OA}+y\overrightarrow{OB}}{x+y}$(在线性代数中,称 $\overrightarrow{OP}$ 为 $\overrightarrow{OA}$ 和 $\overrightarrow{OB}$ 的线性组合),这两者实质一样,$\overrightarrow{OA}$ 和 $\overrightarrow{OB}$ 的系数和为 1.上文(本书 3.5 节) 讲到,P 在直线 AB 上,和 O 没有什么太大关系,为简便计,省写为 $P=tA+(1-t)B$ 或 $P=\dfrac{xA+yB}{x+y}$.推而广之,不共线三点 A、B、C 确定一平面,平面上一点 $P=tA+sB+(1-t-s)C$ 或 $P=\dfrac{xA+yB+zC}{x+y+z}$.点的加减法和向量加减法基本一致,设 O 为原点(记为 $O=0$),$\overrightarrow{AB}=\overrightarrow{OB}-\overrightarrow{OA}$,简记为 $B-A$;向量的内积在省略原点后,$\overrightarrow{OA}\cdot\overrightarrow{OB}$ 简记为 $A\cdot B$,甚至省写为 AB(请根据上下文理解).看似简单的一些省写,好像并没有新的东西,但经过我们的实践发现,有意想不到的功效.

如图 1,若设 $P=\dfrac{xA+yB+zC}{x+y+z}$,那么如何求 D?

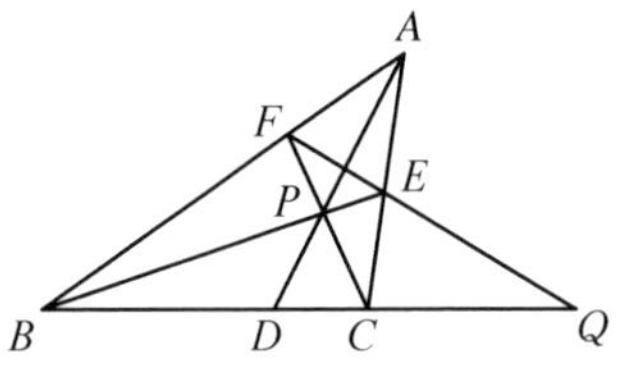

图 1

注意到恒等式 $P=\dfrac{xA+yB+zC}{x+y+z}$

$$=\frac{x}{x+y+z}A+\frac{y+z}{x+y+z}\cdot\frac{yB+zC}{y+z},$$

即

$$\frac{x+y+z}{y+z}\cdot\frac{xA+yB+zC}{x+y+z}-\frac{x}{y+z}A=\frac{yB+zC}{y+z},$$

此时

$$\frac{x+y+z}{y+z}-\frac{x}{y+z}=\frac{y}{y+z}+\frac{z}{y+z}=1,$$

考虑到 D 既是 A、P 两点的线性组合,又是 B、C 两点的线性组合,于是

$$D=\frac{yB+zC}{y+z}.$$

同理

$$E=\frac{xA+zC}{x+z},\quad F=\frac{xA+yB}{x+y}.$$

求点 Q 则稍微复杂一些,介绍两种方法.

方法 1:设 $Q=tF+(1-t)E=sB+(1-s)C$,即 $t\cdot\dfrac{xA+yB}{x+y}+(1-t)\dfrac{xA+zC}{x+z}=sB+(1-s)C$,解关于 A、B、C 系数的方程组

$$\begin{cases} t \cdot \dfrac{x}{x+y} + (1-t)\dfrac{x}{x+z} = 0, \\[3mm] t \cdot \dfrac{y}{x+y} = s, \\[3mm] (1-t)\dfrac{z}{x+z} = 1-s, \end{cases}$$

得

$$\begin{cases} t = \dfrac{x+y}{y-z}, \\[3mm] s = \dfrac{y}{y-z}, \end{cases}$$

$$Q = sB + (1-s)C = \dfrac{yB - zC}{y-z}.$$

方法 2：设 $Q = tF + (1-t)E$，

即

$$t\,\frac{xA + yB}{x+y} + (1-t)\,\frac{xA + zC}{x+z}$$

$$= x\left(\frac{t}{x+y} + \frac{1-t}{x+z}\right)A + \frac{ty}{x+y}B + \frac{(1-t)z}{x+z}C.$$

因为 Q 在 BC 上，所以 $x\left(\dfrac{t}{x+y} + \dfrac{1-t}{x+z}\right) = 0$.

解得 $t = \dfrac{x+y}{y-z}$，$Q = tF + (1-t)E = \dfrac{yB - zC}{y-z}$.

方法 2 只需设一个参数 t，解一个方程，显然比方法 1 简便. 但方法 1 是求交点的通法，也需要掌握.

有了上面点的坐标，就可轻松做很多事情.

证明塞瓦定理：$\dfrac{|BD|}{|DC|} \cdot \dfrac{|CE|}{|EA|} \cdot \dfrac{|AF|}{|FB|} = \dfrac{z}{y} \cdot \dfrac{x}{z} \cdot \dfrac{y}{x} = 1.$

证明梅涅劳斯定理：$\dfrac{|AF|}{|FB|} \cdot \dfrac{|BQ|}{|QC|} \cdot \dfrac{|CE|}{|EA|} = \dfrac{y}{x} \cdot \dfrac{z}{y} \cdot \dfrac{x}{z} = 1.$

证明射影定理性质：$\dfrac{|BD|}{|DC|} = \dfrac{|BQ|}{|CQ|} = \dfrac{z}{y}.$

另外，如果你有一点面积法或重心坐标的知识，就能看出 $P =$

$\dfrac{xA+yB+zC}{x+y+z}$ 中,系数 $x:y:z=S_{\triangle PBC}:S_{\triangle PCA}:S_{\triangle PAB}$. 直线 AD 上的任意点

$K=kA+(1-k)\dfrac{yB+zC}{y+z}$,不管 K 在哪个位置,B 和 C 的系数比总是定值 $y:$

z,可联想共边定理 $\dfrac{|BD|}{|DC|}=\dfrac{|S_{\triangle AKB}|}{|S_{\triangle AKC}|}$. 以上知识请熟记,有助于解题过程的

简化.

例 1 如图 2,设四边形 $ABCD$ 的一组对边 AB 和 DC 的延长线交于点 E,另一组对边 AD 和 BC 的延长线交于点 F,则 AC 的中点 L,BD 的中点 M,EF 的中点 N 三点共线(此线称为高斯线).

证明 设 $D=\dfrac{xA+yB+zC}{x+y+z}$,$E=\dfrac{xA+yB}{x+y}$,

$F=\dfrac{yB+zC}{y+z}$,$L=\dfrac{A+C}{2}$,

$M=\dfrac{B+\dfrac{xA+yB+zC}{x+y+z}}{2}$,

图 2

$N=\dfrac{\dfrac{yB+zC}{y+z}+\dfrac{xA+yB}{x+y}}{2}$,

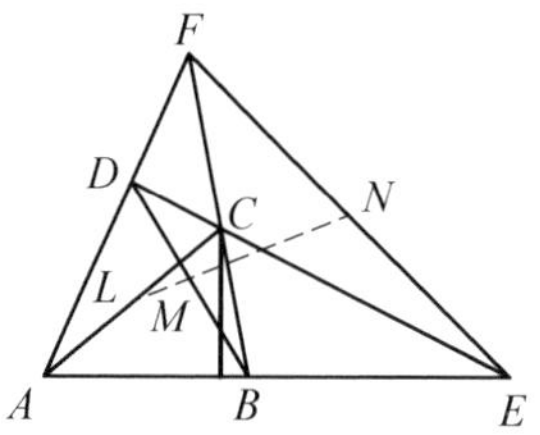

设 $t\dfrac{A+C}{2}+(1-t)\dfrac{B+\dfrac{xA+yB+zC}{x+y+z}}{2}=\dfrac{\dfrac{yB+zC}{y+z}+\dfrac{xA+yB}{x+y}}{2}$,解得

$$t=\dfrac{xz}{(x+y)(y+z)},$$

所以 L、M、N 三点共线.

说明:根据 A、B、C 的系数可列出三个方程,事实上只需解其中一个最简单的方程,然后代入另外两个方程检验即可. 这样一个几何定理就等价于一个代数恒等式:

$$\dfrac{xz}{(x+y)(y+z)}\cdot\dfrac{A+C}{2}+\left(1-\dfrac{xz}{(x+y)(y+z)}\right)\cdot\dfrac{B+\dfrac{xA+yB+zC}{x+y+z}}{2}$$

$$= \frac{\dfrac{yB+zC}{y+z} + \dfrac{xA+yB}{x+y}}{2}.$$

例 2　如图 3,点 E、F 分别是 $\triangle ABC$ 的边 AC、AB 上的点,BE 和 CF 交于点 D,AD 和 EF 交于点 G,过点 D 作 BC 的平行线分别交 AB、BG、CG 和 AC 于点 H、K、N 和 M. 试证: $2KN = HM$.(《数学通报》问题征解 2066)

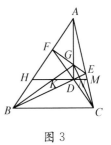

证明　设 $D = \dfrac{xA+yB+zC}{x+y+z}$, $E = \dfrac{xA+zC}{x+z}$, $F = \dfrac{xA+yB}{x+y}$.

图 3

设 $G = tE + (1-t)F = \left[\dfrac{(1-t)x}{x+y} + \dfrac{tx}{x+z}\right]A + \dfrac{(1-t)y}{x+y}B + \dfrac{tz}{x+z}C$.

由于 G 在 AD 上,所以 $\dfrac{\dfrac{(1-t)y}{x+y}}{\dfrac{tz}{x+z}} = \dfrac{y}{z}$.

即 $t = \dfrac{x+z}{2x+y+z}$, $G = \dfrac{2xA+yB+zC}{2x+y+z}$.

设 $H = D + k(B-C) = \dfrac{x}{x+y+z}A + \left(k + \dfrac{y}{x+y+z}\right)B + \left(\dfrac{z}{x+y+z} - k\right)C$.

由于 H 在 AB 上,则

$$k = \frac{z}{x+y+z},\ H = \frac{xA+(y+z)B}{x+y+z}.$$

由于 K 在 BG 上,设 $K = \dfrac{2xA+rB+zC}{2x+r+z}$.

由 $H - K$ 中 A 的系数为 $\dfrac{x}{x+y+z} - \dfrac{2x}{2x+r+z} = 0$,得

$$r = 2y+z,\ K = \frac{2xA+(2y+z)B+zC}{2(x+y+z)}.$$

根据对称性得

$$M = \frac{xA + (y+z)C}{x+y+z}, N = \frac{2xA + yB + (y+2z)C}{2(x+y+z)},$$

容易验证 $2(K-N) = H-M$.

例 3 如图 4,过 $\triangle ABC$ 的顶点 A 任引直线交 BC 的延长线于 D,P 是 AD 上任意一点,BP 交 AC 于 E,CP 交 BA 的延长线于 F,过 F 作 $FG \parallel BC$ 交 DE 的延长线于 G.求证:FG 被 DA 平分.

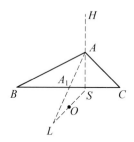

图 4

证明 设 $P = \dfrac{xA + yB + zC}{x+y+z}$, $D = \dfrac{yB + zC}{y+z}$,

$E = \dfrac{xA + zC}{x+z}$, $F = \dfrac{xA + yB}{x+y}$,

$$M = \frac{xA + yD}{x+y} = \frac{xA + y \cdot \dfrac{yB+zC}{y+z}}{x+y}.$$

计算 $2M - F = tD + (1-t)E$, 当 $t = \dfrac{y-z}{x+y}$ 时,等式恒成立.

说明:由 $F = \dfrac{xA + yB}{x+y}$ 到 $M = \dfrac{xA + yD}{x+y}$ 用到三角形相似的性质.

例 4 如图 5,$\triangle ABC$ 中,H 是垂心,O 是外心,A_1 是 BC 中点,S 与 H 关于 A 对称,L 与 A 关于 A_1 对称,求证:S 与 L 关于 O 对称.

证明 设 $O=0$, $H=A+B+C$,$L=B+C-A$,$S = 2A - (A+B+C)$,得 $L+S=0$.

说明:设 $O=0$(或 $A=0$),意味着之后的每一个点 X 都表示 $\overrightarrow{OX}$(或 $\overrightarrow{AX}$).

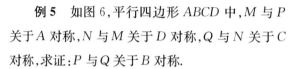

图 5

例 5 如图 6,平行四边形 $ABCD$ 中,M 与 P 关于 A 对称,N 与 M 关于 D 对称,Q 与 N 关于 C 对称,求证:P 与 Q 关于 B 对称.

题目的意思就是:已知 $M+P=2A$, $N+M=2D$, $Q+N=2C$, $A+C=B+D$,求证:$P+Q=$

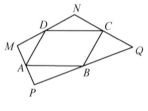

图 6

$2B$.

证明　$P+Q=(2A-M)+(2C-N)$

$=(2A+2C)-(M+N)=2A+2C-2D=2B$.

说明:此问题可看作是"依次连接四边形中点的四边形是平行四边形"的逆命题,证明难度要大一些,注意 P 不一定在平面 $ABCD$ 上.

例 6　如图 7,$\triangle ABC$,在射线 BA 上取点 A_1,使得 $BA_1=BC$,在射线 CA 上取点 A_2,使得 $CA_2=BC$,类似地,定义 B_1、B_2、C_1、C_2,证明:$A_1A_2 \ // \ B_1B_2 \ // \ C_1C_2$.（Sharygin GMO 2008）

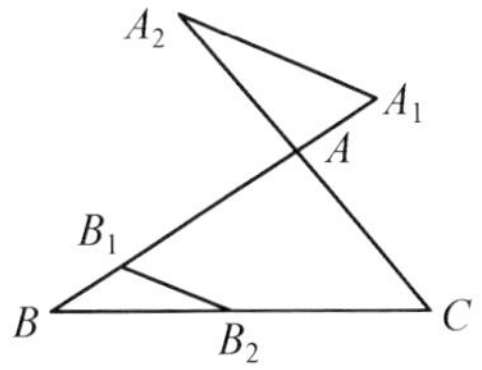

图 7

证明　设 $A=0$,$A_1=-\dfrac{a-c}{c}B$,

$A_2=-\dfrac{a-b}{b}C$,$B_1=\dfrac{b}{c}B$,$B_2=\dfrac{bB+(a-b)C}{a}$,

$A_2-A_1=\dfrac{b(a-c)B-(a-b)cC}{bc}$,

$B_1-B_2=\dfrac{b(a-c)B-(a-b)cC}{ac}$,

因此 $A_1A_2 \ // \ B_1B_2$.同理可证 $B_1B_2 \ // \ C_1C_2$.

说明:从证明可得 $\dfrac{A_1A_2}{B_1B_2}=\dfrac{a}{b}$.

例 7　求证:三角形的三边长度成等差数列的充要条件是其重心和内心的连线平行于三角形的一边.

证明　$I-G=\dfrac{aA+bB+cC}{a+b+c}-\dfrac{A+B+C}{3}$

$=\dfrac{(2a-b-c)A+(2b-c-a)B+(2c-a-b)C}{3(a+b+c)}$.

若 $2a-b-c=0$,则

$$I-G=\dfrac{b-c}{2(a+b+c)}(B-C).$$

反之,若 $IG \ // \ BC$,则

191

$$2a - b - c = 0 \text{ 且 } 2b - c - a = -(2c - a - b),$$

可得 $2a - b - c = 0$.

对于另外两种情形同样成立.

例 8 如图 8,四边形 $ABCD$ 中,$AD \neq BC$,$\dfrac{AE}{EB} = \dfrac{FA}{FB} = \dfrac{DG}{GC} = \dfrac{HD}{HC} = \dfrac{AD}{BC}$,求证:$EG \perp FH$.

证明 设 $\left| \dfrac{AD}{BC} \right| = t$,则 $A - E = t(E - B)$,即 $E = \dfrac{A + tB}{1 + t}$.

同理 $F = \dfrac{A - tB}{1 - t}$,$G = \dfrac{D + tC}{1 + t}$,$H = \dfrac{D - tC}{1 - t}$,

$$(E - G)(F - H) = \frac{(A - D)^2 - t^2(B - C)^2}{(1 - t)(1 + t)} = 0.$$

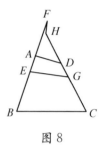

图 8

例 9 如图 9,$\triangle ABC$ 中,$AB = BC$,D 是 AB 延长线上一点,E 是 BC 延长线上一点,且 $CE = AD$.延长 AC 交 DE 于 F,$FG \parallel BE$,交 CD 于 G,$FH \parallel AD$,交 AE 于 H.求证:$FG = FH$,$AF \perp GH$.(《数学通报》问题征解 2382)

证明 设 $B = 0$,$D = -mA$,$E = nC$,$F = tD + (1 - t)E = -mtA + n(1 - t)C$.

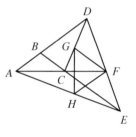

图 9

解 $-mt + n(1 - t) = 1$,得 $t = \dfrac{n - 1}{m + n}$.

$F = \dfrac{n - 1}{m + n}D + \left(1 - \dfrac{n - 1}{m + n}\right)E$,在 BC 上.

根据平行线的性质,可得

$$H = \frac{n - 1}{m + n}A + \left(1 - \frac{n - 1}{m + n}\right)E = \frac{(-1 + n)A + (1 + m)nC}{m + n},$$

$$G = \frac{n - 1}{m + n}D + \left(1 - \frac{n - 1}{m + n}\right)C = \frac{m(1 - n)A + (m + 1)C}{m + n},$$

$$\frac{G+H}{2}=\frac{(-1+m+n-mn)A+(1+m+n+mn)C}{2(m+n)}.$$

系数和 $\dfrac{(-1+m+n-mn)+(1+m+n+mn)}{2(m+n)}=1$，所以 $\dfrac{G+H}{2}$ 在直线 AC 上.

而 $(A-C)(G-H)=\dfrac{(1+m)(1-n)(A^2-C^2)}{m+n}=0$，

所以 $FG=FH$，$AF\perp GH$.

说明:遇到等腰三角形问题,设顶点为原点计算比较简便,譬如此处设 $B=0$;利用等腰三角形三线合一的性质可使得计算得到一定简化,譬如计算 $(A-C)(G-H)$ 比要计算 $\left(F-\dfrac{G+H}{2}\right)(G-H)$ 简单. 另外发现题目条件"$CE=AD$"冗余,以及得到新命题:如图 9,$\triangle ABC$ 中,D 是 AB 延长线上一点,E 是 BC 延长线上一点. 延长 AC 交 DE 于 F,$FG\,/\!/\,BE$,交 CD 于 G,$FH\,/\!/\,AD$,交 AE 于 H. 求证:$AB=BC\Leftrightarrow AF\perp GH$.

例 10　如图 10,$\triangle ABC$ 中,$\angle C=90°$,延长 AC 到 A_1,延长 BC 到 B_1,使得 $AA_1=BB_1=AB$. 设 $\triangle ABC$ 的内心为 I,AB 中点为 M,证明:$MI\perp A_1B_1$.
(《数学通报》问题征解 1114)

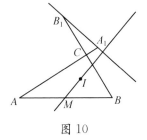

图 10

证明　设 $C=0$,$A_1=-\dfrac{c-b}{b}A$,$B_1=-\dfrac{c-a}{a}B$,

$I=\dfrac{aA+bB+cC}{a+b+c}$,则

$$
\begin{aligned}
\left(I-\frac{A+B}{2}\right)(A_1-B_1) &= \frac{a(a-b-c)(b-c)A^2+b(a-c)(a-b+c)B^2}{2ab(a+b+c)}\\
&=\frac{ab^2(a-b-c)(b-c)+ba^2(a-c)(a-b+c)}{2ab(a+b+c)}\\
&=\frac{(a-b)(a^2+b^2-c^2)}{2(a+b+c)}=0.
\end{aligned}
$$

说明:为简便,计算过程中我们用到 $\angle C=90°$,消去了 AB 项. 如果不嫌麻烦,可保留这一项直到最后,这样可得到新的命题.

$$\left(I - \frac{A+B}{2}\right)(A_1 - B_1)$$

$$= \frac{a(a-b-c)(b-c)A^2 + b(a-c)(a-b+c)B^2 - (a-b)(2ab-ac-bc-c^2)AB}{2ab(a+b+c)}$$

$$= \frac{a(a-b-c)(b-c)b^2 + b(a-c)(a-b+c)a^2 - (a-b)(2ab-ac-bc-c^2)\dfrac{a^2+b^2-c^2}{2}}{2ab(a+b+c)}$$

$$= \frac{(a-b)c(a^2+b^2-c^2)}{4ab}.$$

新命题　如图 10，$\triangle ABC$ 中，延长 AC 到 A_1，延长 BC 到 B_1，使得 $AA_1 = BB_1 = AB$. 设 $\triangle ABC$ 的内心为 I，AB 中点为 M，证明：$MI \perp A_1 B_1$ 的充要条件是 $\angle C = 90°$ 或 $CA = CB$.

例 11　如图 11，$\triangle ABC$ 的内切圆切三边于 D、E、F，G 是线段 AB 上的点，且 $AF = GB$，求证：$AB \perp AC \Leftrightarrow DF \perp EG$.

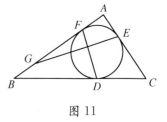

图 11

证明　设 $A = 0$，

$$\left(\frac{\dfrac{a-b+c}{2}A + \dfrac{-a+b+c}{2}B}{c} - \frac{\dfrac{a-b+c}{2}C + \dfrac{a+b-c}{2}B}{a}\right) \cdot$$

$$\left(\frac{\dfrac{a+b-c}{2}A + \dfrac{-a+b+c}{2}C}{b} - \frac{\dfrac{-a+b+c}{2}A + \dfrac{a-b+c}{2}B}{c}\right)$$

$$= \frac{(a-c)(a-b+c)^2}{4ac^2}B^2 +$$

$$\frac{(a^3 - a^2b - ab^2 + b^3 - a^2c + 4abc - 3b^2c - ac^2 + bc^2 + c^3)}{4abc} \cdot$$

$$BC + \frac{(a-b-c)(a-b+c)}{4ab}C^2$$

$$= \frac{(a-c)(a-b+c)^2}{4ac^2}c^2 +$$

$$\frac{(a^3 - a^2b - ab^2 + b^3 - a^2c + 4abc - 3b^2c - ac^2 + bc^2 + c^3)}{4abc} \cdot$$

$$\frac{b^2+c^2-a^2}{2}+\frac{(a-b-c)(a-b+c)}{4ab}b^2$$

$$=\frac{(-a+b+c)(a+b-c)(a-b+c)(a^2-b^2-c^2)}{8abc},$$

所以 $AB\perp AC\Leftrightarrow DF\perp EG$.

例 12　设 N、I、G 分别是 $\triangle ABC$ 九点圆心、内心、重心,求证:$NG\perp AI\Leftrightarrow\angle A=60°$.

证明　设 $\triangle ABC$ 外心 $O=0$,$N=\dfrac{A+B+C}{2}$,

$$I=\frac{aA+bB+cC}{a+b+c},\ G=\frac{A+B+C}{3},$$

$$(N-G)(A-I)=\frac{(b+c)A^2-bB^2-cC^2+cAB+bAC-(b+c)BC}{6(a+b+c)}$$

$$=\frac{R^2(b+c)-bR^2-cR^2+c\dfrac{a^2+b^2-c^2}{2}+b\dfrac{a^2+c^2-b^2}{2}-(b+c)\dfrac{b^2+c^2-a^2}{2}}{6(a+b+c)}$$

$$=\frac{(b+c)(a^2-b^2+bc-c^2)}{6(a+b+c)}=0,$$

$a^2-b^2+bc-c^2=0\Leftrightarrow\angle A=60°$.

参考文献

[1] 乔治·波利亚. 数学的发现[M]. 刘景麟,曹之江,邹清莲,译. 北京:科学出版社,2009.

[2] 张景中. 点几何纲要[J]. 高等数学研究,2018(1):1-8.

[3] 张景中,彭翕成. 点几何的教育价值[J]. 数学通报,2019,58(2):1-4,12.

3.7 点几何的解题应用:恒等式篇(2019)[①]

寻找一个通法来解决千变万化的几何题,这是很多数学家都思考过的问题. 数学家笛卡儿曾对此提出了一个宏伟的设想:先将任何类型的问题化归为数学问题,然后将任何类型的数学问题化归为代数问题,最后将任何代数问题化归为单个方程的求解. 这被称为笛卡儿之梦.

现在看来,笛卡儿的这一想法过于美好. 任一问题转化为数学问题,显得"野心"太大,有点异想天开. 在笛卡儿时代,微积分尚未建立,笛卡儿自然不知道微分方程这样的"高端"方程,但即便是多项式方程,求解也并不容易.

后来的数学家给予了笛卡儿之梦很高的评价. 如数学家波利亚曾这样评价:笛卡儿的计划失败了,但它仍不失为一个伟大的计划,而且即使失败了,它对数学的影响也超过了偶尔获得成功的千万个小计划.[1] 尽管笛卡儿的方案不是对所有的情形都可行,但是它对无穷多种情形行之有效,其中包括无穷多种重要的情形.

也有数学家在尽可能大的范围内去实现笛卡儿之梦. 如吴文俊院士认为,笛卡儿提供了不同于欧几里得模式(即从公理出发按逻辑规则演绎进行,一题一证,没有通用的证明法则))的可能性,给出了一条可用计算来证明几何定理的新思路.[2] 多项式方程的研究尽管困难很大,也要想办法攻克,人们提出了一系列原理和方法,其中以吴方法最为著名.

下面以外心定理为例,对比一下欧式方法和吴方法.

例 1 求证三角形的三边的垂直平分线交于一点,该点叫作三角形的外心.

证法 1 不妨设边 AB 和 AC 的中垂线交于点 O,则 $OA = OB$,$OA = OC$,因此 $OB = OC$,O 也在边 BC 的中垂线上.

证法 2 如图 1,设 $A(0,0)$,$B(a,0)$,$C(b,c)$,边 AB 的中垂线方程 $f_1 = x - \dfrac{a}{2}$,边 AC 的中垂线方程 $f_2 = b\left(x - \dfrac{b}{2}\right) + c\left(y - \dfrac{c}{2}\right)$,边 BC 的中垂线

---

① 本文原载《数学通报》2019 年第 4 期(与彭翕成合作).

方程

$$f = (a-b)\left(x - \frac{a-b}{2}\right) + c\left(y - \frac{c}{2}\right),$$

因为存在恒等式

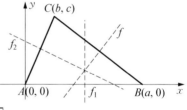

图 1

$$(a-2b)\left(x - \frac{a}{2}\right) + \left[b\left(x - \frac{b}{2}\right) + c\left(y - \frac{c}{2}\right)\right] -$$

$$\left[(a-b)\left(x - \frac{a-b}{2}\right) + c\left(y - \frac{c}{2}\right)\right] = 0,$$

因此当点 O 的坐标满足 f_1、f_2 时,也必然满足 f.

一般的解析法是从 f_1、f_2 中解出公共点 O 的坐标,然后代入 f,判断是否为 0. 而以吴方法为代表的代数法机械化解几何题,则是研究结论多项式和条件多项式之间的关系,最终希望建立恒等式来证明. 因为我们最为关心的是结论是否成立而不是公共点 O 的坐标.

恒等式如何而来? 方法很多,如吴方法、Grobner 基方法等. 本文采用中学数学里常用的待定系数法. 设 $(a-b)\left(x - \frac{a-b}{2}\right) + c\left(y - \frac{c}{2}\right) = k_1\left(x - \frac{a}{2}\right) + k_2\left[b\left(x - \frac{b}{2}\right) + c\left(y - \frac{c}{2}\right)\right]$,即 $\frac{1}{2}(a^2 - 2ab + b^2 + c^2 - ak_1 - b^2 k_2 - c^2 k_2) + (-a + b + k_1 + bk_2)x + c(k_2 - 1)y = 0$,解方程组 $a^2 - 2ab + b^2 + c^2 - ak_1 - b^2 k_2 - c^2 k_2 = -a + b + k_1 + bk_2 = c(k_2 - 1) = 0$,得 $k_1 = a - 2b$,$k_2 = 1$.

事实上,结合证法 1 和证法 2,可得到证法 3.

证法 3　$(OB - OC) + (OC - OA) + (OA - OB) = 0$.

证法 3 不是直接去证 $OB = OC$,而是建立一个恒等式. 等式右边为 0,左边是三项相加,若其中两项为 0,那么剩下第三项也必然为 0.

我们最近几年的解题实践表明,由于点几何[3-5]表达几何关系比较简洁,若与恒等式思想结合,有很好的效果. 具体看实例.

例 2　如图 2,$\triangle ABC$ 中,D 是 BC 上的点,若 $AB \perp AC$,$AD \perp BC$,求证 $AB^2 = BC \cdot BD$. (直角三角形射影定理)

恒等式:$[(A-B)^2 - (B-C)(B-D)] - (A-B)(A-C) + (B-C)(A-D) = 0$.

若设 $A=0$，$[B^2-(B-C)(B-D)]-BC-D(B-C)=0$.

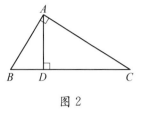

图 2

因 A 出现次数较多，所以设 A 为原点比较省事. 其中 X 表示 $\overrightarrow{AX}$，BC 表示 $\overrightarrow{AB}\cdot\overrightarrow{AC}$，$D(B-C)$ 表示 $\overrightarrow{AD}\cdot(\overrightarrow{AB}-\overrightarrow{AC})=\overrightarrow{AD}\cdot\overrightarrow{CB}$.

n 个多项式相加等于 0，其中 $n-1$ 项都为 0，剩余那一项自然为 0. 这看似平凡的道理，却有妙用. 得到恒等式之后，会让我们对几何命题有更深的认识，譬如此题可推广为：如图 2，$\triangle ABC$ 中，D 是 BC 上的点，三个条件"$AB\perp AC$，$AD\perp BC$，$AB^2=BC\cdot BD$"，任意知道两个，可得第三个. 也就是恒等式方法在证明原命题的同时，顺便发现并证明了两个新的命题. 而在传统几何中，即便你考虑到研究逆命题，也需要重新加以论证.

下面介绍基于点几何的恒等式如何生成，以及恒等式方法与一般的向量解法如何转化.

先写出条件表达式和结论表达式. $AB\perp AC$，$AD\perp BC$，$AB^2=BC\cdot BD$ 分别写成 $(A-B)(A-C)=0$，$(B-C)(A-D)=0$，$(A-B)^2-(B-C)\cdot(B-D)=0$. 然后设 $[(A-B)^2-(B-C)(B-D)]+k_1(A-B)(A-C)+k_2(B-C)(A-D)=0$，按 A、B、C、D 展开多项式得 $A^2(1+k_1)+BC(1+k_1)+BD(1-k_2)+CD(-1+k_2)+AC(-k_1-k_2)+AB(-2-k_1+k_2)=0$，解系数方程组 $1+k_1=1+k_1=1-k_2=-1+k_2=-k_1-k_2=-2-k_1+k_2=0$ 得 $k_1=-1$，$k_2=1$.

如果嫌按部就班操作麻烦，对于项数较少的问题，还可采用观察法. 此题不用展开，观察 A^2 的系数，就可得 $k_1=-1$，观察 CD 的系数，就可得 $k_2=1$，然后再代入验证整个式子是否为 0.

一般的向量法这样解答：

$AB\perp AC$ 写为 $\overrightarrow{AB}\cdot\overrightarrow{AC}=0$……①；

$AD\perp BC$ 写为 $\overrightarrow{AD}\cdot\overrightarrow{BC}=\overrightarrow{AD}\cdot(\overrightarrow{AC}-\overrightarrow{AB})=\overrightarrow{AD}\cdot\overrightarrow{AC}-\overrightarrow{AD}\cdot\overrightarrow{AB}=0$……②；

$AB^2=BC\cdot BD$ 写为 $\overrightarrow{AB}^2-(\overrightarrow{AB}-\overrightarrow{AC})(\overrightarrow{AB}-\overrightarrow{AD})=\overrightarrow{AB}\cdot\overrightarrow{AD}+\overrightarrow{AC}\cdot\overrightarrow{AB}-\overrightarrow{AC}\cdot\overrightarrow{AD}=0$……③；

易得 ①－②－③$=0$，命题得证.

容易发现，恒等式方法就是一般向量法的综合处理，两者可以相互改写，只是忽视每一项表达式的结果,重点关注结论多项式能否由条件多项式表示. 考虑到恒等式方法还未在中学数学领域推广开来,所以建议读者在与人交流,特别是考试答题时要详细说明,或是转化成传统向量解答的形式.

恒等式方法至少有以下优点:

(1) 化几何证明为代数计算,操作更简便. 在代数恒等式和几何恒等式之间架构了一座桥梁,将几何性质的成立等价于代数式的成立,数形结合更加紧密.

(2) 表示简洁,一个等式就完成了证明,表达甚至比原题更简短,所给出的恒等式证明只需简单计算即可验证,而且几何意义鲜明,读者一看就懂,无需层层递进演绎推理.

(3) 进行几何充要条件的等价推理,能加深对条件之间关系的理解,并产生新的命题,为一题多变研究提供了丰富的素材.

例 3　如图 3,梯形 $ABCD$ 中,$AD /\!/ BC$,$\dfrac{BC}{AD} = \dfrac{1}{3}$,点 M 位于边 CD 上,且 $\dfrac{CM}{MD} = \dfrac{2}{3}$,证明:$AB = AD \Leftrightarrow BD \perp AM$. (2018 年乌克兰几何奥林匹克试题改编)

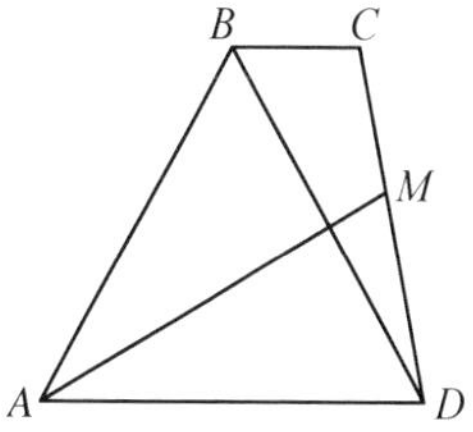

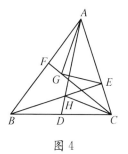

图 3

证明　$\dfrac{5}{3}(B-D)\left[A - \dfrac{3\left(B - \dfrac{A-D}{3}\right) + 2D}{5}\right] + \left[(A-B)^2 - (A-D)^2\right] = 0.$

说明:$\dfrac{A-D}{3} = B - C,\ M = \dfrac{3C+2D}{5} = \dfrac{3\left(B - \dfrac{A-D}{3}\right) + 2D}{5}.$

例 4　如图 4,$\triangle ABC$,D 是 BC 中点,BE、CF 是高,G 在 CF 上,AD 交 BE 于 H,求证:$AD \perp EG \Leftrightarrow AG \perp HC$.

证明　$(A-G)(C-H) - (C-G)(A-B) - (E-A)(H-B) - (A-C)(E-B) + 2(E-G) \cdot \left(\dfrac{A+H}{2} - \dfrac{B+C}{2}\right) = 0.$

图 4

例 5　如图 5,直角梯形 $ABCD$ 中,$AD /\!/ BC$,$AB \perp BC$,E 为 AB 的中点,F 为 BC 的中点,且 $AD = DC$,

求证:$CE \perp DF$.(《数学通报》问题征解 1337)

证明

$$4\left(C - \frac{B+A}{2}\right)\left(D - \frac{B+C}{2}\right) - 2[(D-A)^2 - (D-C)^2] + 2(A-D)(A-$$

$$B) + (B-C)(A-B) = 0.$$

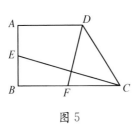

图 5

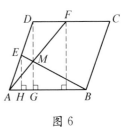

图 6

例 6 如图 6,已知 E、F 分别是菱形 $ABCD$ 中 AD、CD 边的中点,$BE \perp$
AF,求证菱形 $ABCD$ 是正方形.(《数学通报》问题征解 1159)

证明

$$3(A-B)(B-C) + 4\left(A - \frac{A+C-B+C}{2}\right)\left(B - \frac{A+C-B+A}{2}\right) +$$

$$2[(A-B)^2 - (B-C)^2] = 0.$$

说明:菱形顶点 $D = A + C - B$.

例 7 如图 7,直三棱柱 $ABC - A_1B_1C_1$ 中,
$AB_1 \perp BC_1$,$BC_1 \perp CA_1$,$CA_1 \perp AB_1$.试证该棱柱是
正三棱柱.(《数学通报》问题征解 1286)

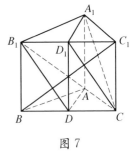

图 7

证明 $B_1 = A_1 + B - A$,$C_1 = A_1 + C - A$,
$[(A-B)^2 - (A-C)^2] - (A-A_1)(A-B) - (A-$
$A_1)(A-C) + (A-B_1)(B-C_1) - (B-C_1)(C-A_1)$
$= 0$.于是 $(A-B)^2 = (A-C)^2$,类似得 $(A-B)^2 =$
$(B-C)^2$.所以该棱柱是正三棱柱.

例 8 如图 8,已知 C、D 是以 AB 为直径的半圆上的点,过点 D 作过 C 的切
线的垂线,垂足为 E.试证 $AE^2 + BE^2 = \frac{AB}{DE} \cdot CD^2 + 2EC^2$.(《数学通报》问题征
解 1130)

证明 过 AB 中点 O 作 CD 的垂线段 OM，易得

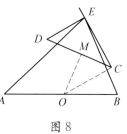

图 8

$\triangle MOC \backsim \triangle ECD$，于是 $\dfrac{OC}{CM}=\dfrac{CD}{DE}$，即 $\dfrac{AB}{CD}=\dfrac{CD}{DE}$，所以

$AB^2=\dfrac{AB}{DE}\cdot CD^2.\ [(A-E)^2+(B-E)^2-(A-B)^2-$

$2(E-C)^2]-2(C-A)(C-B)+4\left(C-\dfrac{A+B}{2}\right)(C-$

$E)=0.$

例 9 如图 9，已知 CD 为 $\odot O$ 内平行于直径 AB 的弦. $\odot P$ 的圆心在 AB 上，过点 A，B，C，D 作 $\odot P$ 的切线 AA_1，BB_1，CC_1，DD_1，切点分别为 A_1，B_1，C_1，D_1，求证：$AA_1^2+BB_1^2=CC_1^2+DD_1^2$. (《数学通报》问题征解 2091)

证明 $[(A-A_1)^2+(B-B_1)^2-(C-C_1)^2-(D-D_1)^2]-2(A_1-A)(A_1-P)-2(B_1-B)(B_1-P)+2(C_1-C)(C_1-P)+2(D_1-D)(D_1-P)$

$+(C-A)(C-B)+(D-A)(D-B)-4\left(\dfrac{A+B}{2}-\dfrac{C+D}{2}\right)\cdot\left(\dfrac{A+B}{2}-P\right)+$

$[(P-A_1)^2+(P-B_1)^2-(P-C_1)^2-(P-D_1)^2]=0.$

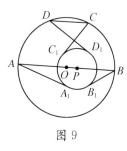

图 9

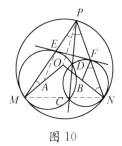

图 10

例 10 如图 10，$\odot A$、$\odot B$ 相交于 C、D，且它们都与 $\odot O$ 内切，切点为 M、N，射线 CD 交 $\odot O$ 于 P，PM 交 $\odot A$ 于 E，PN 交 $\odot B$ 于 F，证明：EF 是 $\odot A$、$\odot B$ 的公切线. (《数学通报》问题征解 1222)

证明 因为 $\angle MEA=\angle EMO=\angle OPM$，所以 $EA\ /\!/\ PO$. 要证 EF 是 $\odot A$ 的切线 ($\odot B$ 类似)，只需证 $OP\perp EF$. $2(O-P)(E-F)-[(P-E)(P-M)-(P-F)(P-N)]+2\left(O-\dfrac{M+P}{2}\right)(P-E)-2\left(O-\dfrac{N+P}{2}\right)(P-F)=0.$

例 11 如图 11，已知凸六边形 $ABCDEF$ 中，$AB=AF$，$BC=CD$，$DE=$

EF.过 B 作 $BG \perp AC$,过 D 作 $DG \perp CE$,设 BG 与 DG 的交点 G 在 $\triangle ACE$ 内,求证:$FG \perp AE$.(《数学通报》问题征解 1606)

证明 $(A-B)^2 + (C-D)^2 + (E-F)^2 - (B-C)^2 - (D-E)^2 - (F-A)^2 + 2[(A-C)(B-G) + (C-E)(D-G) + (E-A)(F-G)] = 0.$

说明:从恒等式可看出,条件"$AB = AF$, $BC = CD$, $DE = EF$"可减弱为

$$AB^2 + CD^2 + EF^2 = BC^2 + DE^2 + FA^2.$$

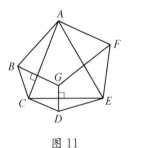
图 11

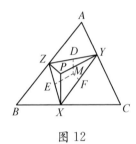
图 12

例 12 如图 12,若点 P 在$\triangle ABC$ 三边 BC、CA、AB 所在直线上的射影分别为 X、Y、Z,证明:自 YZ、ZX、XY 的中点分别向 BC、CA、AB 所作的垂线共点 M.

证明 $2\left(\dfrac{X+Y}{2} - M\right)(A-B) + 2\left(\dfrac{Y+Z}{2} - M\right)(B-C) + 2\left(\dfrac{Z+X}{2} - M\right) \cdot (C-A) - (P-X)(B-C) - (P-Y)(C-A) - (P-Z)(A-B) = 0.$

说明 1:此题看似复杂,但有着极强的对称性(注意 $A-B$, $B-C$, $C-A$ 这样的式子对称出现),实际上当写出六个多项式之后,通过观察即可直接写出恒等式.若按部就班解方程组,徒增工作量.

说明 2:从恒等式可看出,X 未必需要在 BC 上.其他各点也能进一步放开范围.其余各题也有类似问题,不一一指出.

例 13 如图 13,O、H 是$\triangle ABC$ 的外心和垂心,O 关于 BC、CA、AB 三边的对称点为 X、Y、Z,求证:AX、BY、CZ 交于点 P,且 P 是 OH 的中点.若 BC, CA, AB 的中点分别为 D, E, F,则 P 为$\triangle DEF$ 的外心.(《数学通报》问题征解 1130)

证明 设 $O = 0$, $H = A + B + C$, $X = B + C$, $Y = A + C$, $Z = B + A$,

$$P = \frac{A+B+C}{2} = \frac{0+(A+B+C)}{2} = \frac{A+(B+C)}{2}$$

$$= \frac{B+(A+C)}{2} = \frac{(A+B)+C}{2},$$

$$\left(\frac{A+B+C}{2} - \frac{B+C}{2}\right)^2 = \left(\frac{A+B+C}{2} - \frac{C+A}{2}\right)^2$$

$$= \left(\frac{A+B+C}{2} - \frac{A+B}{2}\right)^2 = \frac{R^2}{4},$$

其中 R 为 $\triangle ABC$ 外接圆半径.

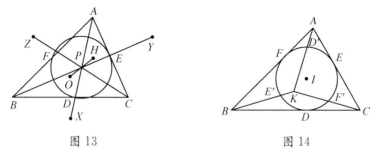

图 13　　　　　　　　　　　图 14

例 14　如图 14, $\odot I$ 是 $\triangle ABC$ 的内切圆. D、E、F 是 BC、CA、AB 上的切点, DD'、EE'、FF' 都是 $\odot I$ 的直径, 求证: 直线 AD'、BE'、CF' 共点. (《数学通报》问题征解 1396)

证明　$\dfrac{(a-b-c)A+(-a+b-c)B+(-a-b+c)C}{a+b+c}$

$$= \frac{-3a+b+c}{-a+b+c}A + \left(1 - \frac{-3a+b+c}{-a+b+c}\right)\left(2\frac{aA+bB+cC}{a+b+c} - \right.$$

$$\left. \frac{\dfrac{a+b-c}{2}B + \dfrac{a-b+c}{2}C}{a}\right)$$

$$= \frac{a-3b+c}{a-b+c}B + \left(1 - \frac{a-3b+c}{a-b+c}\right)\left(2\frac{aA+bB+cC}{a+b+c} - \right.$$

$$\left. \frac{\dfrac{-a+b+c}{2}C + \dfrac{a+b-c}{2}A}{b}\right)$$

$$= \frac{a+b-3c}{a+b-c}C + \left(1 - \frac{a+b-3c}{a+b-c}\right)\left(2\,\frac{aA+bB+cC}{a+b+c} - \right.$$

$$\left. \frac{\dfrac{a-b+c}{2}A + \dfrac{-a+b+c}{2}B}{c}\right).$$

说明:其中
$$I = \frac{aA+bB+cC}{a+b+c},$$

$$D = \frac{\dfrac{a+b-c}{2}B + \dfrac{a-b+c}{2}C}{a},$$

$$D' = 2\,\frac{aA+bB+cC}{a+b+c} - \frac{\dfrac{a+b-c}{2}B + \dfrac{a-b+c}{2}C}{a},$$

以此类推.

例 15　如图 15，$\triangle ABC$ 的内切圆分别与 BC、CA 切于 D、E，在 BA 延长线上取点 F，使得 $AF = CD$，求证：D、E、F 三点共线 $\Leftrightarrow AB \perp AC$.

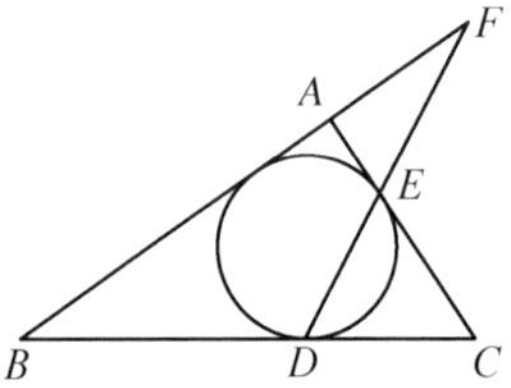

图 15

证明　设 $A = 0$，$t \cdot \dfrac{-\dfrac{a+b-c}{2}B + \dfrac{a+b+c}{2}A}{c} +$

$$(1-t)\,\frac{\dfrac{a-b+c}{2}C + \dfrac{a+b-c}{2}B}{a} - \frac{\dfrac{a+b-c}{2}A + \dfrac{-a+b+c}{2}C}{b}$$

$$= -\frac{(a+b-c)(-c+ct+at)}{2ac}B + \frac{(a^2+b(b-c)(t-1)-a(c+bt))}{2ab}C,$$

解方程 $-\dfrac{(a+b-c)(-c+ct+at)}{2ac} = 0$，得 $t = \dfrac{c}{a+c}$.

于是得到恒等式

$$\frac{c}{a+c}\,\frac{-\dfrac{a+b-c}{2}B + \dfrac{a+b+c}{2}A}{c} + \left(1 - \frac{c}{a+c}\right)\cdot$$

$$\frac{\dfrac{a-b+c}{2}C+\dfrac{a+b-c}{2}B}{a}-\frac{\dfrac{a+b-c}{2}A+\dfrac{-a+b+c}{2}C}{b}$$

$$=\frac{a^2-b^2-c^2}{2b(a+c)}C,$$

所以 D、E、F 三点共线 $\Leftrightarrow AB \perp AC$.

恒等式看似短短一行,内涵极其丰富,可以编制新题,但得来却不易.对恒等式解题有兴趣的读者,可以尝试自己动手建立恒等式.如有条件,建议采用计算机.为了更好地与他人交流,恒等式方法与一般向量解法的转换,也需要掌握.

参考文献

［1］乔治·波利亚.数学的发现[M].刘景麟,曹之江,邹清莲,译.北京:科学出版社,2009.

［2］吴文俊.数学机械化[M].北京:科学出版社,2003.

［3］张景中.点几何纲要[J].高等数学研究,2018(1):1-8.

［4］张景中,彭翕成.点几何的教育价值[J].数学通报,2019,58(2):1-4,12.

［5］张景中,彭翕成.点几何的解题应用:计算篇[J].数学通报,2019,58(3):1-5,58.

3.8 点几何的解题应用:复数恒等式篇(2019)^①

数学大师陈省身先生认为,数学有"好"和"不好"之分.[1] 所谓"好",就是意义深远、可以不断深入、影响许多学科的课题;"不好"则是仅限于把他人的工作推演一番、缺乏生命力的题目. 陈先生举例,拿破仑定理很美,但深入研究之后发展有限,不是好的数学;方程是好的数学,代数方程,不定方程,超越方程,函数方程,微分方程,各门科学技术离不开方程,意义深远,影响广大,永远研究不完!

拿破仑定理这样的问题好比珍珠,光彩夺目,赏玩起来爱不释手. 但一粒珍珠再漂亮也是一粒珍珠,它缺活力,难生长. 而方程这样的问题好比种子. 种子不一定闪闪发光,不见得赏心悦目,可它是生命,有活力. 它可能长成参天大树,可能吐出万紫千红. 在数学家眼里,种子比珍珠更可爱. 话说回来,数学大师的话,虽然极有启发性,却也不是定理或法律. 喜爱拿破仑定理的依然可以孜孜不倦. 有人重视种子,有人收藏珍珠,世界是多样化的. 何况,两者也不能截然分开,从拿破仑定理,也不是不能走向方程.[2]

如何建立拿破仑定理和方程之间的联系,文[2]没有说. 本文将尝试说明这一点. 首先引入复数乘点的 ASA 公式[3]:如图 1,若已知三角形一边 AB 及两夹角 $\alpha=\angle CAB$ 和 $\beta=\angle CBA$,当三顶点 A、B、C 呈逆时针旋转方向时有下列 ASA 公式:

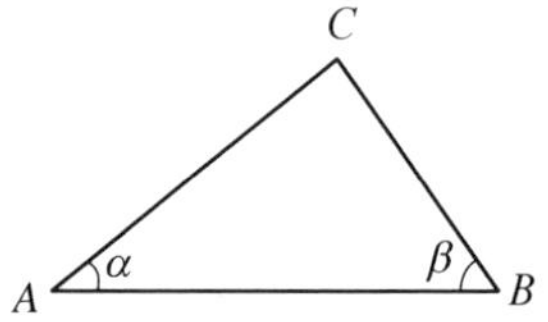

图 1

$$C=A+\frac{e^{i\alpha}\sin\beta}{\sin(\alpha+\beta)}(B-A)=A+\frac{1-e^{-2i\beta}}{1-e^{-2i(\alpha+\beta)}}(B-A).$$

说明:一方面,$\dfrac{|AC|}{|AB|}=\dfrac{\sin\beta}{\sin(\alpha+\beta)}=\dfrac{e^{i\beta}-e^{-i\beta}}{e^{i(\alpha+\beta)}-e^{-i(\alpha+\beta)}}=\dfrac{e^{-i\alpha}(1-e^{-2i\beta})}{1-e^{-2i(\alpha+\beta)}}$;

① 本文原载《数学通报》2019 年第 5 期(与彭翕成合作).

另一方面，$C-A=\dfrac{|AC|\cdot \mathrm{e}^{\mathrm{i}\alpha}(B-A)}{|AB|}$，消去 $\dfrac{|AC|}{|AB|}$ 后整理即得.

例 1　如图 2，$\triangle ABC$ 中，分别以三边为边长同时向外作正 $\triangle CBF$、正 $\triangle ACD$、正 $\triangle BAE$，其中 O_1、O_2、O_3 分别是 $\triangle CBF$、$\triangle ACD$、$\triangle BAE$ 的重心，则 $\triangle O_1O_2O_3$ 为正三角形.（拿破仑定理）

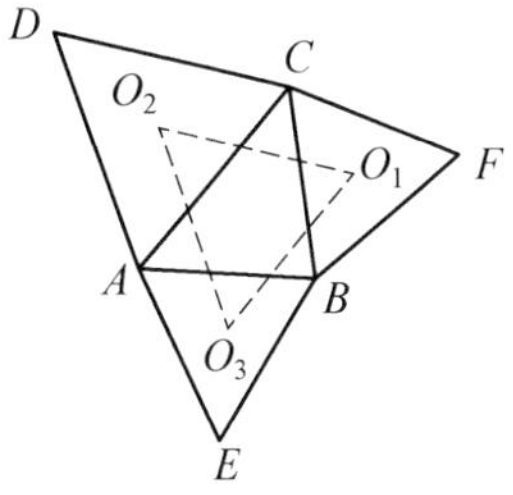

图 2

分析　设 $T=\cos\dfrac{\pi}{3}+\mathrm{i}\sin\dfrac{\pi}{3}$，已知条件为 $(D-A)-(C-A)T=0$，$(F-C)-(B-C)T=0$，$(B-A)-(E-A)T=0$，要求证的结论是 $\left(\dfrac{A+C+D}{3}-\dfrac{A+B+E}{3}\right)-\left(\dfrac{F+B+C}{3}-\dfrac{A+B+E}{3}\right)T=0$. 最简单直接的思路[4-6]是从条件中求出 D、E、F，代入求证结论中计算. 此处我们采取另一种思路. 这种建立恒等式解题的思路，与前文[7]一致，只是为了解决角度问题，引入了复数.

证明　设 $\left[\left(\dfrac{A+C+D}{3}-\dfrac{A+B+E}{3}\right)-\left(\dfrac{F+B+C}{3}-\dfrac{A+B+E}{3}\right)T\right]+k_1[(D-A)-(C-A)T]+k_2[(F-C)-(B-C)T]+k_3[(B-A)-(E-A)T]=0$，

按点字母展开得

$$\frac{1}{6}A(1+\sqrt{3}\mathrm{i}-3k_1+3\sqrt{3}k_1\mathrm{i}-3k_3+3\sqrt{3}k_3\mathrm{i})+\frac{1}{6}B(-2-3k_2-3\sqrt{3}k_2\mathrm{i}+6k_3)+\frac{1}{6}C(1-\sqrt{3}\mathrm{i}-3k_1-3\sqrt{3}k_1\mathrm{i}-3k_2+3\sqrt{3}k_2\mathrm{i})+\frac{1}{3}D(1+3k_1)-\frac{1}{6}\mathrm{i}E(-\mathrm{i}-\sqrt{3}-3k_3\mathrm{i}+3\sqrt{3}k_3)+\frac{1}{6}F(-1-\sqrt{3}\mathrm{i}+6k_2)=0,$$

解方程

$$1+\sqrt{3}\mathrm{i}-3k_1+3\sqrt{3}k_1\mathrm{i}-3k_3+3\sqrt{3}k_3\mathrm{i}$$
$$=-2-3k_2-3\sqrt{3}k_2\mathrm{i}+6k_3$$
$$=1-\sqrt{3}\mathrm{i}-3k_1-3\sqrt{3}k_1\mathrm{i}-3k_2+3\sqrt{3}k_2\mathrm{i}$$
$$=1+3k_1=-\mathrm{i}-\sqrt{3}-3k_3\mathrm{i}+3\sqrt{3}k_3$$
$$=-1-\sqrt{3}\mathrm{i}+6k_2=0,$$

得

$$k_1 = -\frac{1}{3},\ k_2 = \frac{1+\sqrt{3}\,\mathrm{i}}{6},\ k_3 = \frac{1+\sqrt{3}\,\mathrm{i}}{6},$$

所以得到恒等式

$$3\left[\left(\frac{A+C+D}{3}-\frac{A+B+E}{3}\right)-\left(\frac{F+B+C}{3}-\frac{A+B+E}{E}\right)T\right]-[(D-$$

$$A)-(C-A)T]+\frac{1+\sqrt{3}\,\mathrm{i}}{2}[(F-C)-(B-C)T]+\frac{1+\sqrt{3}\,\mathrm{i}}{2}[(B-A)-(E-$$

$$A)T]=0.$$

说明:这样的解法,要比从条件中求出 D、E、F 再代入计算繁琐一点. 但如果注意计算技巧,由于方程个数比未知数个数要多,可先计算简单方程,再代入复杂方程检验即可. 得到恒等式之后,我们会得到更一般的结论:如图 2,$\triangle ABC$ 中,分别以三边为边长同时向外作$\triangle CBF$、$\triangle ACD$、$\triangle BAE$,其中 O_1、O_2、O_3 分别是$\triangle CBF$、$\triangle ACD$、$\triangle BAE$ 的重心,若$\triangle CBF$、$\triangle ACD$、$\triangle BAE$、$\triangle O_1O_2O_3$ 中三个为正三角形,则第四个也必为正三角形.

先将题目条件和结论代数化表示,然后通过待定系数法建立恒等式,将条件和结论联系起来,不单可以证明原命题,还可以得到新的命题. 其原理是,n 项相加为 0,若其中 $n-1$ 项为 0,剩余那一项必为 0. 下面我们给出更多的案例,以及对应的恒等式,计算过程则略去. 审查这样的恒等式证明,无需一步步演绎推导,只要看每一部分是否对应着一个题目条件(或结论),然后判断整个式子是否恒为 0 即可.

例 2 如图 2,分别以$\triangle ABC$ 三边为边长同时向外作等边$\triangle CBF$、等边$\triangle ACD$、等边$\triangle BAE$,求证:$\triangle ABC$ 是等边三角形的充要条件是$\triangle DEF$ 是等边三角形.

证明 设 $T=\cos\dfrac{\pi}{3}+\mathrm{i}\sin\dfrac{\pi}{3}$,$(D-E)-(F-E)T+\dfrac{1-\sqrt{3}\,\mathrm{i}}{2}[(C-A)-$

$(B-A)T]-[(D-A)-(C-A)T]+\dfrac{1+\sqrt{3}\,\mathrm{i}}{2}[(F-C)-(B-C)T]+$

$\dfrac{1+\sqrt{3}\,\mathrm{i}}{2}[(B-A)-(E-A)T]=0.$

恒等式暗示了更一般的结论：如图 2，分别以 $\triangle ABC$ 三边为边长同时向外作 $\triangle CBF$、$\triangle ACD$、$\triangle BAE$，对于 $\triangle CBF$、$\triangle ACD$、$\triangle BAE$、$\triangle ABC$、$\triangle DEF$，若其中四个为正三角形，第五个也必为正三角形.

例 3　如图 3，$\triangle ABC$ 中，$\angle BAC = 90°$，$AC = 2AB$，点 D 是 AC 的中点，将一块锐角为 $45°$ 的直角三角板如图放置，使三角板斜边的两个端点分别与 A、D 重合，连结 BE、EC. 试猜想线段 BE 和 EC 的数量及位置关系，并证明你的猜想. (2011 年四川中考题)

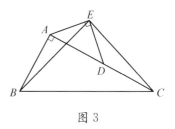

图 3

证明　$[(E-C)-(E-B)\mathrm{i}] + \dfrac{1}{2}[(C-A)-2(B-A)\mathrm{i}] + \left[\left(\dfrac{A+C}{2}-E\right)-(A-E)\mathrm{i}\right] = 0.$ 这说明 EB 和 EC 垂直且相等.

例 4　如图 4，BD、CE 是 $\triangle ABC$ 的高，点 P 在 BD 的延长线上，$BP = AC$，点 Q 在 CE 上，$CQ = AB$，求证：$AP = AQ$，$AP \perp AQ$.

证明　$[(A-P)-(A-Q)\mathrm{i}] - \mathrm{i}[(Q-C)-(A-B)\mathrm{i}] - [(B-P)-(A-C)\mathrm{i}] = 0.$

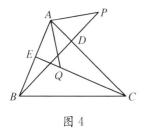

图 4

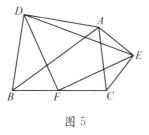

图 5

例 5　如图 5，$\triangle ABC$，以 AB 为斜边向形外作等腰直角 $\triangle DBA$，以 AC 为斜边向形外作等腰直角 $\triangle ACE$，F 是 BC 中点，求证：$\triangle DFE$ 是等腰直角三角形. (1996 年爱尔兰数学竞赛)

证明　$\left[\left(D-\dfrac{B+C}{2}\right)-\left(E-\dfrac{B+C}{2}\right)\mathrm{i}\right] - \left[D-B-(A-B)\dfrac{1+\mathrm{i}}{2}\right] + \mathrm{i}\left[E-A-(C-A)\cdot\dfrac{1+\mathrm{i}}{2}\right] = 0.$

例 6 如图 6，△ABC 中，∠BAC = 90°，$DB \perp BC$，且 $DB = BC$，$EB \perp BA$，且 $EB = BA$，DA、EC 的延长线相交于 F，求证：$AF \perp CF$.

证明　$[(D-A)-\mathrm{i}(C-E)]-[(D-B)-(C-B)\mathrm{i}]+[(A-B)-(E-B)\mathrm{i}]=0.$

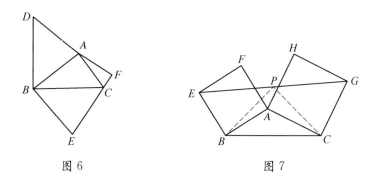

图 6　　　　　　　　　　图 7

例 7　如图 7，过 △ABC 的边 AB、AC 往外作两个正方形 $ABEF$、$ACGH$，P 是 EG 的中点，求证：$BP \perp CP$ 且 $BP = CP$.

证明　$\left[\left(C-\dfrac{E+G}{2}\right)-\left(B-\dfrac{E+G}{2}\right)\mathrm{i}\right]+\dfrac{1+\mathrm{i}}{2}[(A-C)-(G-C)\mathrm{i}]+\dfrac{1-\mathrm{i}}{2}[(E-B)-(A-B)\mathrm{i}]=0.$

例 8　如图 8，在正方形 $ABCD$ 内作等腰 △ABE，∠EAB = ∠EBA = 15°. 求证：△CDE 是正三角形.

证明　$\left[(E-C)\left(\cos\dfrac{\pi}{3}+\mathrm{i}\sin\dfrac{\pi}{3}\right)-(E-(A+C-B))\right]+\dfrac{\sqrt{3}+\mathrm{i}}{2}(B-A+\mathrm{i}(C-B))+\dfrac{-1+\mathrm{i}\sqrt{3}}{2}\Bigg[A-E+$

$\dfrac{\sin\dfrac{\pi}{12}\left(\cos\dfrac{\pi}{12}+\mathrm{i}\sin\dfrac{\pi}{12}\right)}{\sin\dfrac{\pi}{6}}\cdot(B-A)\Bigg]=0.$

例 9　如图 9，以任意 △ABC 的边为边长向外作 △BPC，△CQA，△ARB，使 ∠PBC = ∠CAQ = 45°，∠BCP = ∠QCA = 30°，∠ABR = ∠BAR =

$15°$,求证:$\angle QRP = 90°$,$QR = RP$.(第17届国际数学竞赛题)

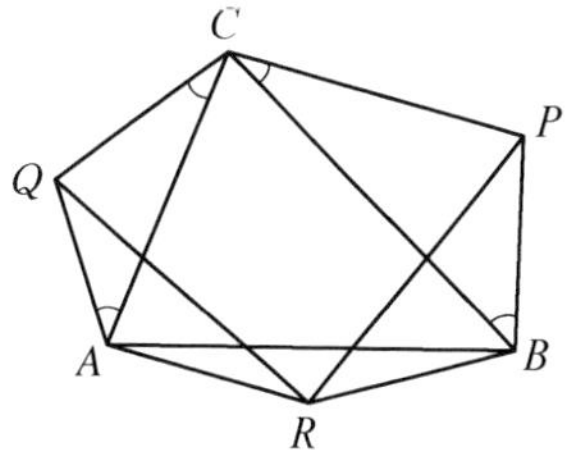

图 9

证明　$[(P-R)\mathrm{i}-(Q-R)]-\mathrm{i}\Big[(P-C)-$

$$(B-C)\dfrac{\Big(\cos\dfrac{\pi}{6}+\mathrm{isin}\dfrac{\pi}{6}\Big)\sin\dfrac{\pi}{4}}{\sin\Big(\dfrac{\pi}{6}+\dfrac{\pi}{4}\Big)}\Big]+\Big[(Q-A)-$$

$$(C-A)\dfrac{\Big(\cos\dfrac{\pi}{4}+\mathrm{isin}\dfrac{\pi}{4}\Big)\sin\dfrac{\pi}{6}}{\sin\Big(\dfrac{\pi}{6}+\dfrac{\pi}{4}\Big)}\Big]-(1-\mathrm{i})\cdot\Big[(R-B)-(A-B)$$

$$\dfrac{\Big(\cos\dfrac{\pi}{12}+\mathrm{isin}\dfrac{\pi}{12}\Big)\sin\dfrac{\pi}{12}}{\sin\Big(\dfrac{\pi}{12}+\dfrac{\pi}{12}\Big)}\Big]=0.$$

例 10　如图 10,四边形 $ABCD$,$BE\perp AB$ 且 $BE=AB$,$DF\perp AD$ 且 $DF=AD$,$BG\perp BC$ 且 $BG=BC$,$DH\perp CD$ 且 $DH=CD$.求证:若 E,C,F 共线,则 A,G,H 也共线.(叶中豪供题)

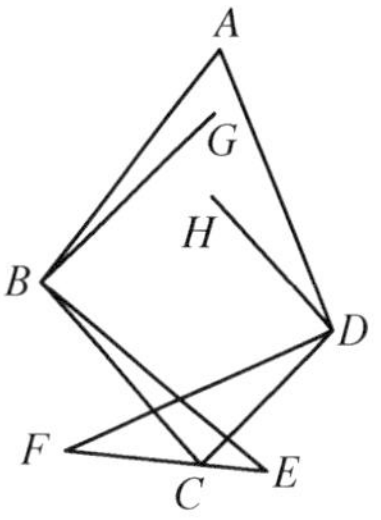

图 10

证明　已知 E,C,F 共线,可设 $sF+(1-s)\cdot E-C=0$,则有恒等式

$$\Big[\dfrac{1-2s}{1-s}A+\Big(1-\dfrac{1-2s}{1-s}\Big)H-G\Big]-\dfrac{\mathrm{i}}{1-s}\cdot[sF+(1-$$

$$s)E-C]-[(A-B)-(E-B)\mathrm{i}]+[(G-B)-(C-B)\mathrm{i}]$$

$$+\dfrac{s\mathrm{i}}{1-s}[(F-D)-(A-D)\mathrm{i}]-\dfrac{s\mathrm{i}}{1-s}[(C-D)-(H-D)\mathrm{i}]=0.$$

例 11　如图 11,已知六边形 $ABCDEF$,以它的六条边为底边向外作六个正三角形 $\triangle ABC_1$,$\triangle BCD_1$,$\triangle CDE_1$,$\triangle DEF_1$,$\triangle EFA_1$,$\triangle FAB_1$.若 $\triangle B_1 D_1 F_1$ 为正三角形,证明 $\triangle A_1 C_1 E_1$ 也是正三角形.

证明　设 $T=\cos\dfrac{\pi}{3}+\mathrm{isin}\dfrac{\pi}{3}$,$[(E_1-A_1)-(C_1-A_1)T]+\dfrac{1+\sqrt{3}\mathrm{i}}{2}[(F_1-$

$$B_1)-(D_1-B_1)T]+\frac{1+\sqrt{3}\,\mathrm{i}}{2}[(C_1-B)-(A-B)T]$$

$$+\frac{-1+\sqrt{3}\,\mathrm{i}}{2}[(D_1-C)-(B-C)T]-[(E_1-D)-$$

$$(C-D)T]-\frac{1+\sqrt{3}\,\mathrm{i}}{2}[(F_1-E)-(D-E)T]+$$

$$\frac{1-\sqrt{3}\,\mathrm{i}}{2}[(A_1-F)-(E-F)T]+[(B_1-A)-(F-$$

$$A)T]=0.$$

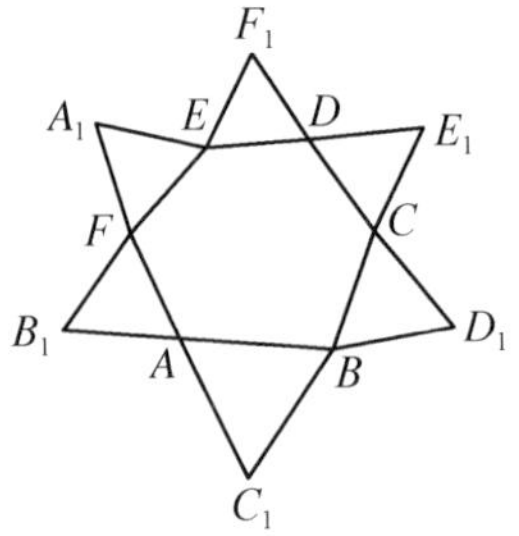

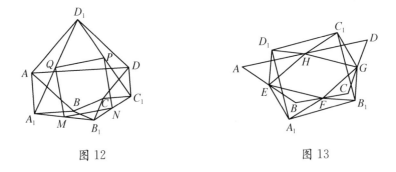

图 11

说明：$\triangle ABC_1$，$\triangle BCD_1$，$\triangle CDE_1$，$\triangle DEF_1$，$\triangle EFA_1$，$\triangle FAB_1$，$\triangle B_1D_1F_1$，$\triangle A_1C_1E_1$ 中，任意七个为正三角形，第八个必为正三角形.

例 12　如图 12，以四边形 $ABCD$ 的四条边为底边向外作等腰直角三角形 $\triangle BAA_1$，$\triangle CBB_1$，$\triangle DCC_1$，$\triangle ADD_1$. M、N、P、Q 分别是 A_1B_1、B_1C_1、C_1D_1、D_1A_1 的中点，证明四边形 $MNPQ$ 是正方形.

证明　设 $T=\dfrac{1+\mathrm{i}}{2}$，$\left[\left(\dfrac{D_1+A_1}{2}-\dfrac{B_1+A_1}{2}\right)-\left(\dfrac{B_1+C_1}{2}-\dfrac{B_1+A_1}{2}\right)\mathrm{i}\right]-$

$$\frac{\mathrm{i}}{2}[(A_1-B)-(A-B)T]+\frac{1}{2}[(B_1-C)-(B-C)T]+\frac{\mathrm{i}}{2}[(C_1-D)-(C-$$

$$D)T]-\frac{1}{2}[(D_1-A)-(D-A)T]=0.$$

图 12

图 13

例 13　如图 13，已知四边形 $ABCD$，E、F、G、H 分别是 AB、BC、CD、DA 的中点，以 EF、FG、GH、HE 为底边向外作等腰直角三角形 $\triangle FEA_1$，$\triangle GFB_1$，$\triangle HGC_1$，$\triangle EHD_1$. 证明四边形 $A_1B_1C_1D_1$ 是正方形.

证明　设 $T=\dfrac{1+\mathrm{i}}{2}$，$[(D_1-A_1)-(B_1-A_1)\mathrm{i}]+(1-\mathrm{i})\left[\left(A_1-\dfrac{B+C}{2}\right)-\right.$

$\left.\left(\dfrac{A+B}{2}-\dfrac{B+C}{2}\right)T\right]+\mathrm{i}\left[\left(B_1-\dfrac{C+D}{2}\right)-\left(\dfrac{B+C}{2}-\dfrac{C+D}{2}\right)T\right]-$

$\left[\left(D_1-\dfrac{A+B}{2}\right)-\left(\dfrac{D+A}{2}-\dfrac{A+B}{2}\right)T\right]=0.$

参考文献

［1］陈省身. 名家讲演录续编：九十初度说数学［M］. 上海：上海科技教育出版社,2001.

［2］张景中. 数学家的眼光［M］. 北京：中国少年儿童出版社,2011.

［3］张景中. 点几何纲要［J］. 高等数学研究,2018(1):1-8.

［4］彭翕成. 向量、复数与质点［M］. 合肥：中国科学技术大学出版社,2014.

［5］张景中,彭翕成. 点几何的教育价值［J］. 数学通报,2019,58(2):1-4,12.

［6］张景中,彭翕成. 点几何的解题应用：计算篇［J］. 数学通报,2019,58(3):1-5,58.

［7］彭翕成,张景中. 点几何的解题应用：恒等式篇［J］. 数学通报,2019,58(4):11-15.

第四章　　　微积分推理体系的新探索

4.1　微积分学的初等化(2006)

4.2　定积分的公理化定义方法(2007)

4.3　把高等数学变得更容易(2007)

4.4　不用极限怎样讲微积分(2008)

4.5　微积分基础的新视角(2009)

4.6　微积分之前可以做些什么(2019)

4.7　余弦面积正弦高(2019)

4.8　先于极限的微积分(2020)

4.9　先于极限的微积分中引入连续性(2020)

4.1　微积分学的初等化(2006)^①

摘　要：不用极限概念，而用一个不等式来定义函数的导数. 从这个新的定义出发，推出了函数的性质和它的导数的性质的关系，证明了泰勒公式和微积分基本定理.

关键词：微积分；初等化；函数；导数

本文将研究微积分初等化的可能性，即不引入极限概念，用初等数学的手段严谨地讲述微积分的可能性.

从牛顿、莱布尼兹时代算起，微积分学已有 300 多年的历史. 这段精彩的历史可见文献[1]. 150 年来，大学数学教材里一直是按照那时形成的理论讲授微积分的基础内容.

微积分的严格化基于所谓 ε-δ 语言的极限概念的引进. 而这样表述的极限概念对于初学者很难理解，已经成为学习高等数学之路上的一道关卡. 如何使微积分入门教学变得容易，是国际数学教育领域的百年难题. 文献[2]中曾提出一种"非 ε 语言的极限概念"，用一种形式上更简易但逻辑上等价的极限概念表述方法来代替"ε-δ 语言的极限概念"，以克服微积分入门教学的难点. 目前(指 2006 年)已有 3 种教材[3-5]采用了文献[2]中的方法，并在教学实践中取得很好的效果[6]. 但是，文献[2]中仅仅是对极限概念给出一种新的表述方法，不是不用极限概念，是因为还没有实现微积分的初等化.

近年来，林群院士致力于微积分初等化的努力引人注目.[7-9]他发现(文献 [9]第 32 页)，采用"一致微商"的定义可以大大简化微积分基本定理的论证. 2005 年 11 月在上海的一次全国性的教学研讨会上，林群院士进一步阐述了微积分初等化的思想. 2006 年 5 月 12 日—14 日在西安举行的"中国高等教育学会教育数学专业委员会学术研讨会"上，他又作了题为"新版微积分"的大会报

---

① 本文原载《华中师范大学学报(自然科学版)》2006 年第 4 期.

告,在报告中明确提出了作为函数导数初等定义的"一致性不等式",为微积分的初等化指出了一条新路,其详细的推导论证参见文献[10].

本文以林群院士提出的"一致性不等式"为出发点,结合文献[2]中的思路,用与文献[10]不同的方式实现了微积分的初等化.

1 强可导意义下导数的基本性质

林群院士在文献[10]中建议,不采用基于极限概念的点态导数定义,而在区间上用一个不等式定义导数.

定义 1 设函数 F 在 $[a,b]$ 上有定义.如果有一个在 $[a,b]$ 上有定义的函数 f 和正数 M,使得对 $[a,b]$ 上任意的 x 和 $x+h$,有下列不等式

$$|(F(x+h)-F(x))-f(x)h| \leqslant Mh^2 \tag{1}$$

成立,则称 F 在 $[a,b]$ 上强可导,并且称 $f(x)$ 是 $F(x)$ 的导数,记作 $F'(x)=f(x)$.

不等式(1)就是林群院士建议的"一致性不等式"[10].显然,它可以写成以下的等价式:

$$F(x+h)-F(x)=f(x)h+M(x,h)h^2, \tag{2}$$

其中,$M(x,h)$ 是一个在区域 $\{(x,h) \mid x \in [a,b], x+h \in [a,b]\}$ 上有界的函数.后面将视方便而使用(1)或(2)式.

容易看出,若 F 在 $[a,b]$ 上强可导,则它在任一点 $x \in [a,b]$ 处可导;反过来则不成立.由于初等函数在任意不含奇异点的闭区间上都是强可导的,所以对理工领域中的实际应用而言,研究强可导函数类已经足够.

如果要考虑更广泛的一类函数的导数的初等定义,可使用定义 2.

定义 2 设函数 F 在 $[a,b]$ 上有定义.如果有一个在 $[a,b]$ 上有定义的函数 f 和正数 M,和一个在 $(0, b-a]$ 上正值递减无界的函数 $D(x)$,使得对 $[a,b]$ 上任意的 x 和 $x+h$,有下列不等式

$$|D(|h|)(F(x+h)-F(x)-f(x)h)| \leqslant M|h| \tag{3}$$

成立,则称 F 在 $[a,b]$ 上一致可导,并且称 $f(x)$ 是 $F(x)$ 的导数,记作 $F'(x)=$

$f(x)$.

在定义 2 中取 $D(x)=\dfrac{1}{x}$,则(3)就是(1).可见强可导蕴含一致可导,且导数相同.反过来显然不成立.例如,函数 $y=x^{\frac{4}{3}}$ 在任意闭区间上是一致可导的,但在包含 $x=0$ 的闭区间上不是强可导的.

不等式(3)可以看成是一致不等式的推广,它也可以写成以下的等价式:

$$D(\mid h\mid)(F(x+h)-F(x)-f(x)h)=M(x,h)h, \tag{4}$$

其中,$M(x,h)$ 是一个在区域 $\{(x,h)\mid x\in[a,b],x+h\in[a,b]\}$ 上有界的函数.

在(3)和(4)中,函数 $D(h)$ 在 $h=0$ 时没有意义,这对于有些推导会不方便.用等价的另一种表达方式叙述定义 2,有时可能更方便一些.

定义 3 设函数 F 在 $[a,b]$ 上有定义.如果有一个在 $[a,b]$ 上有定义的函数 f 和正数 M,和一个在 $[0,b-a]$ 上递增的非负函数 $d(x)$,$1/d(x)$ 在 $(0,b-a]$ 上无界,使得对 $[a,b]$ 上任意的 x 和 $x+h$,有下列不等式

$$\mid(F(x+h)-F(x))-f(x)h\mid\leqslant M\mid hd(\mid h\mid)\mid \tag{5}$$

成立,则称 F 在 $[a,b]$ 上一致可导,并且称 $f(x)$ 是 $F(x)$ 的导数,记作 $F'(x)=f(x)$.

容易看出,定义 3 和定义 1 的差别,仅仅是把右端的 h^2 换成了 $\mid hd(\mid h\mid)\mid$.这里 $d(h)$ 其实就是定义 2 中的 $D(h)$ 的倒数,并扩充了定义 $d(0)=0$ 而已.今后,把 $[0,b-a]$ 上递增的非负函数 $d(x)$,$1/d(x)$ 在 $(0,b-a]$ 上无界者,简称为关于 $[a,b]$ 的判别函数,或更简单的就叫作 d 函数.类似的,定义 2 中的 $D(x)$ 简称为 D 函数.

不等式(5)也可以写成以下的等价式:

$$F(x+h)-F(x)=f(x)h+M(x,h)hd(\mid h\mid). \tag{6}$$

后面将视方便而使用(3)、(4)、(5)或(6)式.

下面将从定义 1 或定义 2 出发推出导数的基本性质.

命题 1 (强可导时导数的唯一性)若 F 在 $[a,b]$ 上强可导,$f(x)$ 和 $g(x)$ 都是 $F(x)$ 的导数,则对一切 $x\in[a,b]$,都有 $f(x)=g(x)$.

证明 由定义1和命题的条件,用(2)式得

$$F(x+h) - F(x) = f(x)h + M(x, h)h^2, \tag{7}$$

$$F(x+h) - F(x) = g(x)h + M_1(x, h)h^2, \tag{8}$$

两式相减得

$$0 = (f(x) - g(x))h + (M(x, h) - M_1(x, h))h^2. \tag{9}$$

用反证法.若有 $u \in [a, b]$,使得 $f(u) - g(u) = d \neq 0$,由于 $M(x, h)$ 和 $M_1(x, h)$ 有界,由(9)可知有正数 M 使得

$$| dh | = | (f(u) - g(u))h | \leqslant Mh^2, \tag{10}$$

即 $| d | \leqslant Mh$,当 $h < | d/M |$ 时推出矛盾.证毕.

命题 2 (强可导时求导的线性运算)若 F 和 G 都在 $[a, b]$ 上强可导,$f(x)$ 和 $g(x)$ 分别是 $F(x)$ 和 $G(x)$ 的导数,则

(Ⅰ) 对任意常数 c, $cF(x)$ 强可导,且其导数是 $cf(x)$;

(Ⅱ) $F(x) + G(x)$ 强可导,且其导数为 $f(x) + g(x)$;

(Ⅲ) $F(cx + d)$ 强可导,且其导数是 $cf(cx + d)$.

由定义,(Ⅰ)、(Ⅱ)、(Ⅲ)均属显然,证明略.

命题 3 (Ⅰ)若 $F(x)$ 在 $[a, b]$ 上为常数,则 F 在 $[a, b]$ 上强可导,且其导数 $f(x)$ 在 $[a, b]$ 上恒为 0;

(Ⅱ) 若 $F(x) = cx$,则 F 在 $[a, b]$ 上强可导,且其导数 $f(x) = c$.

由定义,(Ⅰ)、(Ⅱ)均属显然,证明略.

命题 4 (导数不变号则函数单调)若 F 在 $[a, b]$ 上强可导,其导数 $f(x)$ 在 $[a, b]$ 上恒非负,则 F 在 $[a, b]$ 上单调不减,$F(b) - F(a) \geqslant 0$;且等式成立时 $f(x)$ 在 $[a, b]$ 上恒为 0.

证明 用反证法.设在 $[a, b]$ 上有 $[u, u+h](h > 0)$,使得 $F(u+h) - F(u) = d < 0$.将区间 $[u, u+h]$ 等分为 n 段,其中必有一段 $[v, v+h/n]$,使得 $F(v+h/n) - F(v) \leqslant d/n < 0$.因为 $f(v) \geqslant 0$,由定义1的(1)得

$$| d/n | \leqslant | F(v+h/n) - F(v) - f(v)h/n | \leqslant M(h/n)^2, \tag{11}$$

即 $| nd | \leqslant Mh^2$,当 $n > | Mh^2/d |$ 时推出矛盾.这证明了 F 在 $[a, b]$ 上单调不

减,从而 $F(b)-F(a)\geqslant 0$. 若 $F(b)-F(a)=0$,由单调性知 F 在 $[a,b]$ 上为常数. 由命题 3 可知 $f(x)$ 在 $[a,b]$ 上恒为 0. 证毕.

命题 5　(第一单调定理)若 F 在 $[a,b]$ 上强可导,则

(Ⅰ)若其导数 $f(x)$ 在 $[a,b]$ 上恒为正(负),则 F 在 $[a,b]$ 上严格递增(减);

(Ⅱ)若 $f(x)$ 在 $[a,b]$ 上恒为 0,则 $F(x)$ 在 $[a,b]$ 上为常数.

证明　(Ⅰ)是命题 4 的直接推论.

(Ⅱ)若 $f(x)$ 在 $[a,b]$ 上恒为 0,根据命题 4,由 $f(x)$ 在 $[a,b]$ 上恒非负,F 在 $[a,b]$ 上单调不减. 由 $-f(x)$ 在 $[a,b]$ 上恒非负,$-F$ 在 $[a,b]$ 上单调不减,即 F 在 $[a,b]$ 上单调不增,于是 F 为常数. 证毕.

命题 6　(导数相等的函数仅相差一常数)若 F 和 G 都在 $[a,b]$ 上强可导,$F(x)$ 和 $G(x)$ 的导数都是 $f(x)$,则 $(F(x)-G(x))$ 在 $[a,b]$ 上为常数.

证明　由命题 2,$(F(x)-G(x))$ 的导数是 $f(x)-f(x)=0$;再用命题 5 可得 $(F(x)-G(x))$ 在 $[a,b]$ 上为常数. 证毕.

命题 7　若 F 和 G 都在 $[a,b]$ 上强可导,$f(x)$ 和 $g(x)$ 分别是 $F(x)$ 和 $G(x)$ 的导数. 如果 $F(b)-F(a)=G(b)-G(a)$,则在 $[a,b]$ 上有两点 u、v,使得 $f(u)\geqslant g(u)$,$f(v)\leqslant g(v)$.

证明　取 $J(x)=F(x)-G(x)$,则由命题 2,$J(x)$ 强可导且其导数为 $f(x)-g(x)$,由条件得 $J(b)-J(a)=0$. 由命题 4,或者 $J(x)$ 的导数 $f(x)-g(x)$ 在 $[a,b]$ 上恒为 0,或者 $J(x)$ 的导数 $f(x)-g(x)$ 在 $[a,b]$ 上既不恒为非正也不恒为非负,都推出所要的结论. 证毕.

命题 8　(估值定理)若 F 在 $[a,b]$ 上强可导,$f(x)$ 是 $F(x)$ 的导数,则在 $[a,b]$ 上有两点 u、v,使得 $f(u)(b-a)\geqslant F(b)-F(a)\geqslant f(v)(b-a)$.

证明　在命题 7 中取 $G(x)=(F(b)-F(a))(x-a)/(b-a)$,则 $G(x)$ 的导数为 $(F(b)-F(a))/(b-a)$ 并且 $F(b)-F(a)=G(b)-G(a)$. 于是在 $[a,b]$ 上有两点 u、v,使得 $f(u)\geqslant (F(b)-F(a))/(b-a)$,$f(v)\leqslant (F(b)-F(a))/(b-a)$. 证毕.

命题 9　(第二单调定理)若 F 和 G 都在 $[a,b]$(或 $[b,a]$)上强可导,$f(x)$ 和 $g(x)$ 分别是 $F(x)$ 和 $G(x)$ 的导数. 如果 $F(a)=G(a)$,且在 $[a,b]$($[b,a]$) 上有 $f(x)\geqslant g(x)$,则在 $[a,b]$($[b,a]$) 上有 $F(x)\geqslant G(x)(G(x)\geqslant F(x))$.

证明 取 $J(x)=F(x)-G(x)$,则由命题 2,$J(x)$ 强可导且其导数为 $f(x)-g(x)\geqslant 0$. 由条件得 $J(a)=0$. 由命题 4,$J(x)$ 在 $[a,b]([b,a])$ 上单调不减,故 $J(x)=F(x)-G(x)\geqslant 0(\leqslant 0)$. 证毕.

命题 10 (强可导意义下导数的李普西兹连续性)若 F 在 $[a,b]$ 上强可导,$f(x)$ 是 $F(x)$ 的导数,则有常数 M 使得对 $[a,b]$ 上任两点 u、v,有 $|f(u)-f(v)|\leqslant M|u-v|$.

证明 由定义,记 $(u-v)=h$,交替 u、v,两次用(2)式:

$$F(u)-F(v)=f(u)h+M(u,h)h^2,$$

$$F(v)-F(u)=f(v)(-h)+M_1(u,h)h^2,$$

两式相加得

$$0=(f(u)-f(v))h+(M(u,h)+M_1(u,h))h^2. \tag{12}$$

由此即得所要的结论. 证毕.

2 一致可导意义下导数的基本性质

现在将上一节的 10 个命题顺次推广到一致可导的情形. 为此,先要引入有关正值递减无界函数的基本性质.

引理 1 设 $D(x)$ 和 $C(x)$ 都是在 $(0,H]$ 上有定义的正值递减无界函数,则

(Ⅰ) 对于任一正常数 a,$aD(x)$ 是 $(0,H]$ 上的正值递减无界函数,$D(ax)$ 是 $(0,H/a]$ 上的正值递减无界函数;

(Ⅱ) $D(x)+C(x)$ 和 $D(x)C(x)$ 都是 $(0,H]$ 上的正值递减无界函数;

(Ⅲ) 令 $K(x)=\min\{D(x),C(x)\}$,则 $K(x)$ 是 $(0,H]$ 上的正值递减无界函数.

证明 (Ⅰ)和(Ⅱ)显然,下证(Ⅲ).

$K(x)$ 显然是 $(0,H]$ 上的正值无界函数. 下面设 $u>v$,要证明的是:$K(u)\leqslant K(v)$.

不妨设 $D(u)\geqslant C(u)$,则 $K(u)=C(u)$. 若 $D(v)\geqslant C(v)$,则 $K(v)=C(v)$. 由 $C(x)$ 递减可得 $K(u)=C(u)\leqslant C(v)=K(v)$. 若 $D(v)\leqslant C(v)$,则

$K(v)=D(v)$. 于是 $K(u)=C(u)\leqslant D(u)\leqslant D(v)=K(v)$. 证毕.

由引理 1,根据 D 函数和 d 函数之间的倒数关系,立刻得到有关 d 函数的对应推论:

推论 1 设 $d(x)$ 和 $c(x)$ 都是关于 $[a,b]$ 的 d 函数,则

（Ⅰ）对于任一正常数 a,$ad(x)$ 是关于 $[a,b]$ 的 d 函数;

（Ⅱ）$d(x)+c(x)$ 和 $d(x)c(x)$ 都是关于 $[a,b]$ 的 d 函数;

（Ⅲ）令 $k(x)=\max\{d(x),c(x)\}$,则 $k(x)$ 是关于 $[a,b]$ 的 d 函数.

作了上述准备后,可以得到有关一致可导函数的一系列与前一节结果相对应的命题.

命题 11 （一致可导时导数的唯一性）若 F 在 $[a,b]$ 上一致可导,$f(x)$ 和 $g(x)$ 都是 $F(x)$ 的导数,则对一切 $x\in[a,b]$,$f(x)=g(x)$.

证明 由定义 2 和命题的条件,用 (4) 式可得

$$D(|h|)(F(x+h)-F(x)-f(x)h)=M(x,h)h, \tag{13}$$

$$C(|h|)(F(x+h)-F(x)-g(x)h)=N(x,h)h, \tag{14}$$

其中,$M(x,h)$ 和 $N(x,h)$ 有界,而 $D(x)$ 和 $C(x)$ 都是在 $(0,b-a]$ 上正值递减无界的函数. 在 $(0,b-a]$ 上令 $K(x)=\min\{D(x),C(x)\}$,则由引理 1,$K(x)$ 是 $(0,H]$ 上的正值递减无界函数,且 $0<K(x)/D(x)\leqslant 1,0<K(x)/C(x)\leqslant 1$,于是 (13) 和 (14) 可以改写为

$$K(|h|)(F(x+h)-F(x)-f(x)h)=M(x,h)K(|h|)h/D(|h|), \tag{15}$$

$$K(|h|)(F(x+h)-F(x)-g(x)h)=N(x,h)K(|h|)h/C(|h|), \tag{16}$$

两式相减后,约去 h. 注意到等式右端有界,即有正数 M,使得

$$|K(|h|)(f(x)-g(x))|\leqslant M. \tag{17}$$

若对某个 x 有 $f(x)\neq g(x)$,则上式与 $K(x)$ 的无界性矛盾. 这就证明了在 $[a,b]$ 上恒有 $f(x)=g(x)$. 证毕.

因为强可导蕴含一致可导,即命题 11 可推出命题 1.

命题 12 （一致可导时求导的线性运算）若 F 和 G 都在 $[a, b]$ 上一致可导，$f(x)$ 和 $g(x)$ 分别是 $F(x)$ 和 $G(x)$ 的导数，则

（Ⅰ）对任意常数 c，$cF(x)$ 一致可导，且其导数是 $cf(x)$；

（Ⅱ）$F(x)+G(x)$ 一致可导，且其导数为 $f(x)+g(x)$；

（Ⅲ）$F(cx+d)$ 强可导，且其导数是 $cf(cx+d)$.

证明 由定义，（Ⅰ）、（Ⅲ）显然；要证明（Ⅱ），可以使用引理 1 的（Ⅲ），并按照命题 11 证明中的方法处理即可.

命题 13 （Ⅰ）若 $F(x)$ 在 $[a, b]$ 上为常数，则 F 在 $[a, b]$ 上一致可导，且其导数 $f(x)$ 在 $[a, b]$ 上恒为 0；

（Ⅱ）若 $F(x)=cx$，则 F 在 $[a, b]$ 上一致可导，且其导数 $f(x)=c$.

证明 因为强可导蕴含一致可导，故本命题可由命题 3 推出.

命题 14 （导数不变号则函数单调）若 F 在 $[a, b]$ 上一致可导，其导数 $f(x)$ 在 $[a, b]$ 上恒非负，则 F 在 $[a, b]$ 上单调不减，$F(b)-F(a) \geqslant 0$ 且等式成立时 $f(x)$ 在 $[a, b]$ 上恒为 0.

证明 用反证法. 设在 $[a, b]$ 上有 $[u, u+h](h>0)$，使得 $F(u+h)-F(u)=d<0$. 将区间 $[u, u+h]$ 等分为 n 段，其中必有一段 $[v, v+h/n]$ 使得

$$F(v+h/n)-F(v) \leqslant d/n < 0. \tag{18}$$

因为 $f(v) \geqslant 0$，由定义 2 中的（3）式，有正数 M 和无界递减的正值函数 $D(x)$，使得

$$|D(h/n)d/n| \leqslant D(h/n)|F(v+h/n)-F(v)-f(v)h/n| \leqslant M|h/n|,$$

即 $|D(h/n)d| \leqslant M|h|$，这与 $D(x)$ 的无界递减性矛盾. 这证明了 F 在 $[a, b]$ 上单调不减，从而 $F(b)-F(a) \geqslant 0$. 若 $F(b)-F(a)=0$，由单调性，F 在 $[a, b]$ 上为常数，由命题 13 可知 $f(x)$ 在 $[a, b]$ 上恒为 0. 证毕.

显然，命题 14 可以推出前面的命题 4.

以下命题 15～命题 19，可以参照上节中对应的命题 5～命题 9 的证明.

命题 15 （第一单调定理）若 F 在 $[a, b]$ 上一致可导，则

（Ⅰ）若其导数 $f(x)$ 在 $[a, b]$ 上恒为正（负），则 F 在 $[a, b]$ 上严格递增（减）；

（Ⅱ）若 $f(x)$ 在 $[a, b]$ 上恒为 0，则 $F(x)$ 在 $[a, b]$ 上为常数.

命题 16 (导数相等的函数仅相差一常数)若 F 和 G 都在 $[a,b]$ 上一致可导, $F(x)$ 和 $G(x)$ 的导数都是 $f(x)$, 则 $(F(x)-G(x))$ 在 $[a,b]$ 上为常数.

命题 17 若 F 和 G 都在 $[a,b]$ 上一致可导, $f(x)$ 和 $g(x)$ 分别是 $F(x)$ 和 $G(x)$ 的导数. 如果 $F(b)-F(a)=G(b)-G(a)$, 则在 $[a,b]$ 上有两点 u、v, 使得 $f(u)\geqslant g(u)$, $f(v)\leqslant g(v)$.

命题 18 (估值定理)若 F 在 $[a,b]$ 上一致可导, $f(x)$ 是 $F(x)$ 的导数, 则在 $[a,b]$ 上有两点 u、v, 使得 $f(u)(b-a)\geqslant F(b)-F(a)\geqslant f(v)(b-a)$.

命题 19 (第二单调定理)若 F 和 G 都在 $[a,b]$ (或 $[b,a]$) 上一致可导, $f(x)$ 和 $g(x)$ 分别是 $F(x)$ 和 $G(x)$ 的导数; 如果 $F(a)=G(a)$, 且在 $[a,b]$ ($[b,a]$) 上有 $f(x)\geqslant g(x)$, 则在 $[a,b]$ ($[b,a]$) 上 $F(x)\geqslant G(x)$ ($G(x)\geqslant F(x)$).

命题 20 (一致可导意义下导数一致连续性)若 F 在 $[a,b]$ 上一致可导, $f(x)$ 是 $F(x)$ 的导数, 则有常数 M 和在 $(0,b-a]$ 上有定义的正值递减无界函数 $D(x)$, 使得对 $[a,b]$ 上任两点 u、v, 有

$$|D(|u-v|)(f(u)-f(v))|\leqslant M. \tag{19}$$

证明 由定义, 记 $(u-v)=h$, 交替 u、v, 两次用(4)式:

$$D(|u-v|)((F(u)-F(v))=D(|u-v|)f(u)h+M(u,h)h, \tag{20}$$

$$D(|v-u|)((F(v)-F(u))=D(|v-u|)f(v)(-h)+M_1(u,h)h, \tag{21}$$

两式相加得

$$0=D(|u-v|)(f(u)-f(v))h+(M(u,h)+M_1(u,h))h. \tag{22}$$

由此即得所要的结论. 证毕.

我们称满足不等式(19)的函数 f 在 $[a,b]$ 上一致连续. 当 $D(h)=1/h$ 时, 如命题 10 所示, 称 f 在 $[a,b]$ 上强连续.

3 泰勒公式

为建立泰勒公式, 要先推出两函数乘积的求导公式.

命题 21 (两函数乘积的求导公式)若 F、G 都在 $[a,b]$ 上一致(强)可导,

其导数顺次为 f 和 g,则 FG 在 $[a,b]$ 上一致(强)可导,其导数为 $fG+gF$. 即

$$(FG)'=F'G+G'F. \tag{23}$$

证明 先证一致可导的情形.使用定义 2 中的(4)式,可得

$F(x+h)G(x+h)-F(x)G(x)$

$=F(x+h)G(x+h)-F(x+h)G(x)+F(x+h)G(x)-F(x)G(x)$

$=F(x+h)(G(x+h)-G(x))+G(x)(F(x+h)-F(x))$

$=F(x)(G(x+h)-G(x))+G(x)(F(x+h)-F(x))+(F(x+h)-F(x))(G(x+h)-G(x))$

$=F(x)(g(x)h+M_1(x,h)h/D_1(|h|))+G(x)(f(x)h+M_2(x,h)h/D_2(|h|))+M_3(x,h)h/D_3(|h|)$

$=(F(x)g(x)+G(x)f(x))h+M(x,h)h/D(|h|)$,

其中,$M_1(x,h)$、$M_2(x,h)$、$M_3(x,h)$ 和 $M(x,h)$ 是有界函数,$D_1(h)$、$D_2(h)$、$D_3(h)$ 和 $D(h)$ 为在 $(0,b-a]$ 上正值递减无界的函数,$D(h)$ 在 $(0,b-a]$ 上定义为 $\min\{D_1(h),D_2(h),D_3(h)\}$. 于是可见 FG 在 $[a,b]$ 上一致可导,且 $(FG)'=F'G+G'F$.

在上述推导中把 $D_1(h)$、$D_2(h)$、$D_3(h)$ 和 $D(h)$ 都换成 $1/h$,就是强可导情形的证明.证毕.

命题 22 (正整数次幂函数的求导公式)函数 $y=(x+c)^n$(n 是正整数) 在任意区间 $[a,b]$ 上是强(一致)可导的,其导数为 $n(x+c)^{n-1}$,即

$$((x+c)^n)'=n(x+c)^{n-1}. \tag{24}$$

证明 对 n 用数学归纳法.$n=1$ 时显然.若 $n=k$ 时已有

$$((x+h)^k)'=k(x+h)^{k-1}, \tag{25}$$

则由命题 21 得

$$((x+h)^{k+1})'=((x+h)(x+h)^k)'$$
$$=(x+h)'(x+h)^k+(x+h)((x+h)^k)'=(k+1)(x+h)^k.$$

由数学归纳法,命题成立.此证明适用于两种可导的定义.

若 F 强(一致)可导,其导数 f 也强(一致)可导,则称 F 是 2 阶或 2 次强(一

致)可导的,f 的导数 f' 叫作 F 的 2 阶或 2 次导数,记作 F'' 或 $F^{(2)}$. 一般地,若 F 的 $n-1$ 阶或 $n-1$ 次导数强(一致)可导,则称 F 是 n 阶或 n 次强(一致)可导的. F 的 n 阶或 n 次导数,记作 $F^{(n)}$,而 F 本身可以记作 $F^{(0)}$.

命题 23　(泰勒公式的预备定理)若 H 在 $[a,b]$ 上 n 阶一致(强)可导,(n 为正整数),且有

（Ⅰ）$k=0,1,\cdots,n-1$ 时 $H^{(k)}(a)=0$;　　　　　　　　　　(26)

（Ⅱ）在 $[a,b]$($[b,a]$)上有 $m\leqslant H^{(n)}(x)\leqslant M$,　　　　　(27)

则在 $[a,b]$ 上有

$$m(x-a)^n/n!\leqslant H(x)\leqslant M(x-a)^n/n!. \tag{28}$$

证明　对 $k=1,2,\cdots,n$ 用不完全的数学归纳法来证明不等式

$$m(x-a)^k/k!\leqslant H^{(n-k)}(x)\leqslant M(x-a)^k/k!. \tag{29}$$

当 $k=1$,对 $H^{(n-1)}(x)$ 在 $[a,x]$ 上用估值定理(命题 18),可知在 $[a,x]$ 上有

$$m(x-a)\leqslant H^{(n-1)}(x)\leqslant M(x-a). \tag{30}$$

若对 $k<n$ 有(29)成立,在第二单调定理(命题 19)中,取

$$F(x)=H^{(n-k-1)}(x),$$

$$G(x)=M(x-a)^{k+1}/(k+1)!,$$

则　　　　　　$F'(x)=H^{(n-k)}(x),\ G'(x)=M(x-a)^k/k!.$

于是由(29)的后一个不等式推出

$$H^{(n-k-1)}(x)\leqslant M(x-a)^{k+1}/(k+1)!. \tag{31}$$

同理可得(29)的前一个不等式.由数学归纳法,命题成立.

上面的证明当然也适于强可导的情形.

命题 24　(泰勒公式)若 F 在 $[a,b]$ 上 n 阶一致(强)可导,且在 $[a,b]$ 上有

$$|F^{(n)}(x)|\leqslant M. \tag{32}$$

对 $[a,b]$ 上任意点 c 和 x,记

$$T_n(x, c) = F(c) + F^{(1)}(c)(x - c) + F^{(2)}(c)(x - c)^2/2! + \cdots + F^{(n-1)}(c)(x - c)^{(n-1)}/(n-1)!, \tag{33}$$

则有

$$|F(x) - T_n(x, c)| \leqslant M |x - c|^n/n!. \tag{34}$$

证明 取 $H(x) = F(x) - T_n(x, c)$，则易验证 $H(x)$ 在 $[c, b]$ 上满足命题 23 的条件，从而当 $x \in [c, b]$ 时 (34) 式成立.

当 $x \in [a, c]$ 时，取 $u = -x$，$G(u) = F(-u)$，对 $G(u)$ 在 $[-c, -a]$ 上应用已经获证的 (34) 式，再将 G 回代为 F，就完全证明了所要的结论. 证毕.

4　微积分基本定理

定义 4　设 H 是 $[a, b]$ 上的一些函数的集合，这些函数中包含常数函数，并且对加法和数乘封闭. H 中的每个函数 f 和 $[a, b]$ 中的两个数 u、v 组成的三元组集合记作

$$J = \{f, u, v\}.$$

若 J 到实数集 R 的映射 $S = S(f, u, v)$ 满足条件：

（Ⅰ）$S(a, u, v) = a(v - u)$；

（Ⅱ）$S(f + g, u, v) = S(f, u, v) + S(g, u, v)$；

（Ⅲ）对常数 c，$S(cf, u, v) = cS(f, u, v)$；

（Ⅳ）$S(f, u, v) + S(f, v, w) = S(f, u, w)$；

（Ⅴ）若 $f \leqslant g$ 且 $u < v$，有 $S(f, u, v) \leqslant S(g, u, v)$.

则称 $JF = \{S, H, J\}$ 为 $[a, b]$ 上的一个积分空间.

上面 5 条可以看成是关于定积分的公理. 不过，这 5 条不是相互独立的，由（Ⅰ）、（Ⅳ）和（Ⅴ）可以推出其他 2 条.

实数 $S(f, u, v)$ 叫作 f 在 $[u, v]$ 上的定积分. 其直观意义，就是曲边梯形的面积.

按习惯，f 在 $[u, v]$ 上的定积分写成：

$$\int_a^b f(x)\mathrm{d}x,$$

其中,x 叫作积分变量,可以用任何不同于 a、b 的字母代替. 例如写成:

$$\int_a^b f(t)\mathrm{d}t$$

是一样的. 在 f 的表达式中,可能有不止一个字母. 如果没有记号 $\mathrm{d}x$ 或 $\mathrm{d}t$,就不知道哪个是参数,哪个是函数变元.

上面 5 条,用习惯写法就是:

(Ⅰ)$\displaystyle\int_u^v a\,\mathrm{d}x = a(v-u)$;

(Ⅱ)$\displaystyle\int_u^v (f(x)+g(x))\mathrm{d}x = \int_u^v f(x)\mathrm{d}x + \int_u^v g(x)\mathrm{d}x$;

(Ⅲ)对常数 c,$\displaystyle\int_u^v cf(x)\mathrm{d}x = c\int_u^v f(x)\mathrm{d}x$;

(Ⅳ)$\displaystyle\int_u^v f(x)\mathrm{d}x + \int_v^w f(x)\mathrm{d}x = \int_u^w f(x)\mathrm{d}x$;

(Ⅴ)若 $u < v$,且在 $[u,v]$ 上 $f(x) \leqslant g(x)$,有 $\displaystyle\int_u^v f(x)\mathrm{d}x \leqslant \int_u^v g(x)\mathrm{d}x$.

现在,我们暂且不关心定积分的具体定义. 下面的推导基于定义 4,和定积分的具体定义无关.

命题 25 (变上限的定积分的性质)设 $JF = \{S, H, J\}$ 为 $[a,b]$ 上的一个积分空间,$f \in JF$,f 是强(一致)连续函数. 令

$$F(x) = S(f, a, x),\qquad(35)$$

即

$$F(x) = \int_a^x f(t)\mathrm{d}t,$$

则 F 在 $[a,b]$ 上强(一致)可导,并且 $F' = f$.

证明 先证明 f 是强连续函数的情形.

由于 f 是强连续函数,则有正常数 M 使

$$|f(x+d)-f(x)| \leqslant M|d|.\qquad(36)$$

对于 $[a,b]$ 上的 c 和 $c+h$,有

$|F(c+h)-F(c)-f(c)h| =$

$\qquad |S(f,c,c+h)-f(c)h| =$ $\qquad\qquad$ (由积分公理 Ⅳ)

$\qquad |S(f-f(c),c,c+h)| \leqslant$ $\qquad\qquad$ (由积分公理 Ⅱ,Ⅰ)

$$| S(| Mh |, c, c+h) |=Mh^2.\qquad\text{(由(36)式和积分公理 V)}$$

这证明了 F 强可导,并且 $F'=f$.

用通常的积分的写法,上述推导过程为:

$$| F(x+h)-F(x)-f(x)h |=\left|\int_x^{x+h} f(t)\mathrm{d}t - f(x)h\right|$$

$$=\left|\int_x^{x+h} (f(t)-f(x))\mathrm{d}t\right|\leqslant\left|\int_x^{x+h} M(t-x)\mathrm{d}t\right|$$

$$\leqslant\left|\int_x^{x+h} Mh\,\mathrm{d}t\right|=Mh^2.$$

在 f 是一致连续函数的情形,由定义,有常数 M 和在 $(0, b-a]$ 上有定义的正值递减无界函数 $D(x)$,使得对 $[a, b]$ 上任两点 x、$x+d$,有

$$| (f(x+d)-f(x)) |\leqslant| M/D(| d |) |.\qquad(37)$$

由 $D(x)$ 在 $[0, b-a]$ 上的递减性,对于 $[x, x+h]$ 上任意两点 u、v,有

$$| (f(u)-f(v)) |\leqslant| M/D(| u-v |) |\leqslant| M/D(| h |) |.\qquad(38)$$

下面的推导和 f 强连续的情形几乎一样:

$$| F(c+h)-F(c)-f(c)h |=$$
$$| S(f, c, c+h)-f(c)h |=\qquad\text{(由积分公理 V)}$$
$$| S(f-f(c), c, c+h) |\leqslant\qquad\text{(由积分公理 II, I)}$$
$$| S(| M/D(| h |) |, c, c+h) |=| Mh/D(| h |) |.$$

$$\text{(由(38)式和积分公理 V)}$$

所以

$$| D(| h |)(F(c+h)-F(c)-f(c)h) |\leqslant| Mh |.\qquad(39)$$

这证明了 F 一致可导,并且 $F'=f$. 证毕.

命题 26 (微积分基本定理)设 $JF=\{S, H, J\}$ 为 $[a, b]$ 上的一个积分空间,$f\in JF$,f 是强(一致)连续函数. 如果有一个 $[a, b]$ 上的强(一致)可导的函数 F,使得 $F'=f$,则

$$F(b)-F(a)=S(f, a, b).\qquad(40)$$

用通常积分的写法就是：

$$F(b) - F(a) = \int_a^b f(x)\mathrm{d}x.$$

证明　取 $G(x) = S(f, a, x)$，由命题 25，$G' = f$；根据命题 6(命题 16)，$G(x)$ 和 $F(x)$ 相差一个常数，故

$$F(b) - F(a) = G(b) - G(a) = S(f, a, b). \quad 证毕.$$

可以看到，微积分基本定理的推导只用到强(一致)可导和强(一致)连续的定义和命题 6(命题 16)，以及定积分的公理.

5　更一般的求导公式

前面已经推出了函数和与乘积等(命题 2，命题 3，命题 12，命题 13，命题 21，命题 22)一系列求导公式. 下面进一步推出复合函数和反函数的求导公式.

命题 27　(复合函数求导公式)若 $f(x)$ 在 $[a, b]$ 上强(一致)可导，其值域不超过 $[u, v]$，$g(x)$ 在 $[u, v]$ 上强(一致)可导，则 $g(f(x))$ 在 $[a, b]$ 上强(一致)可导，且

$$[g(f(x))]' = g'(f(x))f'(x). \tag{41}$$

证明　在强可导的情形下，存在有界的函数 $M_1(x, h)$ 和 $M_2(x, h)$，使得下面的推导成立：

$$g(f(x+h)) - g(f(x)) =$$
$$g'(f(x))(f(x+h) - f(x)) + M_1(x, h)(f(x+h) - f(x))^2 = \qquad (由 g 强可导)$$
$$g'(f(x))(f'(x)h + M_2(x, h)h^2) + M_1(x, h)(f(x+h) - f(x))^2 = \qquad (由 f 强可导)$$
$$g'(f(x))f'(x)h + g'(f(x))M_2(x, h)h^2 + M_1(x, h)(f(x+h) - f(x))^2 = g'(f(x))f'(x)h + M(x, h)h^2. \qquad (由 g' 和 f 的强连续性)$$

由定义，上面的结果即说明在强可导的情形下(41)式成立.

在一致可导的情形下，使用(6)式，可以做类似的推导. 下面我们使用(5)

式,用不等式来证明所要的结论.

由定义 3,要证明(41)式的意义就是,有正数 M 和关于$[a,b]$的 d 函数 $d(h)$,使得下列不等式成立:

$$| [g(f(x+h))-g(f(x))]-g'(f(x))f'(x)h | \leqslant | Mhd(|h|) |.$$
(42)

下面根据 f 和 g 的一致可导性来推导上述不等式.首先,由 g 在$[u,v]$一致可导,有正数 M_1 和关于$[u,v]$的 d 函数 $d_1(h)$,使得

$$| (g(f(x+h))-g(f(x)))-g'(f(x))H | \leqslant | M_1Hd_1(|H|) |,$$
(43)

其中,$H=f(x+h)-f(x)$.根据 f 在$[a,b]$上一致可导,又有正数 M_2 和关于$[a,b]$的 d 函数 $d_2(h)$,使得

$$| H-f'(x)h |=| f(x+h)-f(x)-f'(x)h | \leqslant | M_2hd_2(|h|) |,$$
(44)

由(44)可知有 M_3,使得

$$|H| \leqslant | M_3h |,$$
(45)

从而

$$| M_1d_1(|H|) | \leqslant | M_1d_1(|M_3h|) | \leqslant | d_3(|h|) |,$$
(46)

其中,$d_3(h)$ 是关于$[a,b]$的 d 函数.又由(44)可知有 M_4,使得

$$| g'(f(x))H-g'(f(x))f'(x)h |=| g'(f(x))(H-f'(x)h) |$$
$$\leqslant | M_4hd_2(|h|) |.$$
(47)

综合(43)、(47)、(45)和(46),再用引理 1 的推论 1 中(Ⅲ),可以推出 (42),从而证明了一致可导的情形(41)式成立.证毕.

命题 28 (反函数求导公式)若 $F(x)$ 在$[a,b]$上强(一致)可导并且 $F' \geqslant d>0$(由第一单调定理可知 F 在$[a,b]$上严格递增),故在$[F(a),F(a)]$上有 F 的反函数 $G(x)$,则 $G(x)$ 强(一致)可导并且有

$$G'(x) = \frac{1}{F'(G(x))}. \quad (F(G(x)) = x) \tag{48}$$

证明 先证明 F 强可导的情形.

由 $F(G(x)) = x$, 以及 $F(x)$ 在 $[a, b]$ 上强可导得

$$h = F[G(x) + (G(x+h) - G(x))] - F(G(x))$$
$$= F'(G(x))(G(x+h) - G(x)) + M_1(x, h) \cdot$$
$$(G(x+h) - G(x))^2. \tag{49}$$

从 (49) 得到

$$G(x+h) - G(x) = \frac{h}{F'(G(x))} - \frac{M_1(x, h)(G(x+h) - G(x))^2}{F'(G(x))}. \tag{50}$$

为估计上面式子的末项, 不妨只考虑 $h > 0$ 的情形, 注意到 $F' \geqslant d > 0$, 由第二单调定理:

$$h = F[G(x) + (G(x+h) - G(x))] - F(G(x)) \geqslant (G(x+h) - G(x))d. \tag{51}$$

于是得到

$$| G(x+h) - G(x) | \leqslant | h/d |, \tag{52}$$

可见 (50) 的末项绝对值上界可以有 Mh^2 的形式. 这证明了强可导的情形下求导公式 (48) 成立.

在 F 一致可导的情形下, 有 d 函数 $d_1(x)$, 使得

$$h = F[G(x) + (G(x+h) - G(x))] - F(G(x))$$
$$= F'(G(x))(G(x+h) - G(x)) + M_1(x, h) \cdot$$
$$(G(x+h) - G(x))d_1(| G(x+h) - G(x) |). \tag{53}$$

从 (53) 得到

$$G(x+h) - G(x)$$
$$= \frac{h}{F'(G(x))} - \frac{M_1(x, h)(G(x+h) - G(x))d_1(| G(x+h) - G(x) |)}{F'(G(x))}. \tag{54}$$

注意到(51)和(52)在一致可导情形下仍然成立,再由于 d_1 的单调性,可见(54)的末项绝对值上界可以有 $|Mhd(|h|)|$ 的形式. 这证明了一致可导的情形下求导公式(48)成立. 证毕.

命题 29 (函数的倒数求导公式)若 $F(x)$ 在 $[a, b]$ 上强(一致)可导并且 $F \geqslant d > 0$,则 $1/F(x)$ 强(一致)可导,并且有

$$\left(\frac{1}{F(x)}\right)' = -\frac{F'(x)}{F(x)^2}. \tag{55}$$

证明 在命题 27 中取 $g(x) = \frac{1}{x}$, $f(x) = F(x)$. 由于在任意不含0的闭区间 $[a, b]$ 上总有

$$g(x+h) - g(x) = \frac{1}{x+h} - \frac{1}{x} = -\frac{h}{x(x+h)}$$
$$= -\frac{h}{x^2} + \left(\frac{h}{x^2} - \frac{h}{x(x+h)}\right) = -\frac{h}{x^2} + \frac{h^2}{x^2(x+h)}. \tag{56}$$

这表明 $g(x) = \frac{1}{x}$ 在 $[a, b]$ 上强可导,当然也就一致可导,且有

$$\left(\frac{1}{x}\right)' = -\frac{1}{x^2}. \tag{57}$$

由命题 27 即得(55). 证毕.

结合命题 29 和命题 21,立刻得到:

命题 30 (函数之商的求导公式)若 F, G 都在 $[a, b]$ 上一致(强)可导,其导数分别为 f 和 g,且在 $[a, b]$ 上有 $F \geqslant d > 0$,则 G/F 在 $[a, b]$ 上一致(强)可导,其导数为 $(gF - fG)/F^2$, 即

$$\left(\frac{G}{F}\right)' = \frac{G'F - F'G}{F^2}. \tag{58}$$

至此,我们已经建立了函数的四则运算求导法则、复合函数求导法则和反函数求导法则. 为了计算初等函数的导数,所缺的就是指数函数、对数函数和三角函数的求导公式了.

注 进一步对连续函数性质进行研究后可以证明,上面 3 个命题中的条件 $F' \geqslant d > 0$ 或 $F \geqslant d > 0$ 可以分别用 $F' > 0$ 或 $F > 0$ 代替.

6 指数函数、对数函数和三角函数的求导公式

为了导出指数函数和对数函数的求导公式,先给出自然对数函数 $\ln(x)$ 的定义.

定义 5 在曲线 $y = \dfrac{1}{x}$ 之下,x 轴之上,直线 $x = 1$ 和 $x = u(u > 0)$ 之间的曲边梯形的代数面积(即曲边梯形的面积乘以 $\operatorname{sgn}(u-1)$),叫作 $\ln(u)$,即

$$\ln(u) = \int_1^u \frac{1}{x}\mathrm{d}x. \tag{59}$$

由定积分的基本性质立刻得到:

命题 31 (对数不等式)对于 $x > 0$ 和 $x + h > 0$,恒有

$$\frac{h}{x+h} \leqslant \ln(x+h) - \ln(x) \leqslant \frac{h}{x}. \tag{60}$$

等式仅当 $h = 0$ 时成立.

证明 由定义,

$$\ln(x+h) - \ln(x) = \int_x^{x+h} \frac{1}{t}\mathrm{d}t. \tag{61}$$

当 $h > 0$ 时,由定积分的基本性质得到

$$\frac{h}{x+h} < \int_x^{x+h} \frac{1}{t}\mathrm{d}t < \frac{h}{x}. \tag{62}$$

可见(60)式在 $h > 0$ 时成立.

当 $h < 0$ 时,(60)式可以写成

$$\frac{-h}{x} \leqslant \ln(x) - \ln(x+h) \leqslant \frac{-h}{x+h}. \tag{63}$$

将(63)式乘以 -1,又成为(60)式的形式. 证毕.

命题 32 (对数函数求导公式)函数 $\ln(x)$ 在任意不含 0 的区间 $[a, b]$ 上强可导,其导数为 $\dfrac{1}{x}$,即

$$(\ln(x))' = \frac{1}{x}.$$ (64)

证明 将(60)式同减 $\frac{h}{x}$，得到

$$\frac{h}{x+h} - \frac{h}{x} \leqslant (\ln(x+h) - \ln(x)) - \frac{h}{x} \leqslant 0.$$ (65)

从而

$$\left| \ln(x+h) - \ln(x) - \frac{h}{x} \right| \leqslant \left| \frac{h^2}{x(x+h)} \right| \leqslant \frac{h^2}{a^2}.$$ (66)

这说明 $\ln(x)$ 强可导，且(64)式成立. 证毕.

命题 33 (对数函数的单调性和无界性)$\ln(x)$ 是严格递增函数，且既无上界，也无下界.

证明 由不等式(60)可知，当 $h > 0$ 时有 $\ln(x+h) > \ln(x)$，即 $\ln(x)$ 严格递增. 在(60)中取 $h = x$ 得到 $\ln(2x) - \ln(x) > \frac{1}{2}$，从而有

$$\ln(2^{n+1}) > \ln(2^n) + \frac{1}{2},$$ (67)

这推出 $\ln(4^n) > n$，可见 $\ln(x)$ 无上界.

在(60)中取 $h = -\frac{x}{2}$，得到 $\ln(\frac{x}{2}) - \ln(x) < -\frac{1}{2}$，从而有

$$\ln(1/2^{n+1}) < \ln(1/2^n) - \frac{1}{2},$$ (68)

这推出 $\ln(1/4^n) < -n$，可见 $\ln(x)$ 无下界. 证毕.

命题 34 (对数函数的加法定理)

$$\ln(uv) = \ln(u) + \ln(v).$$ (69)

证明 函数 $\ln(ax)$ 和 $\ln(x)$ 的导数都是 $\frac{1}{x}$，可见两个函数相差一个常数，即 $\ln(ax) - \ln(x) = c$. 取 $x = 1$ 得 $c = \ln(a)$，故有 $\ln(ax) - \ln(x) = \ln(a)$，即 $\ln(ax) = \ln(x) + \ln(a)$，证毕.

由于 $\ln(x)$ 严格递增,且无上界又无下界,所以其反函数定义于实数轴 $(-\infty, +\infty)$ 上. 称其反函数为指数函数,记为 $\exp(x)$. 则恒有 $\exp(x) > 0$,并且有与命题 34 对应的以下命题:

命题 35 (指数函数的乘法定理)

$$\exp(u+v) = \exp(u)\exp(v). \tag{70}$$

证明 $\exp(u+v)$

$= \exp[\ln(\exp(u)) + \ln(\exp(v))]$

$= \exp[\ln(\exp(u)\exp(v))]$

$= \exp(u)\exp(v).$ 证毕.

记 $e = \exp(1)$,由命题 35 容易推出对整数 n 有 $\exp(n) = e^n$,对有理数 $\dfrac{n}{m}$ 有 $\exp(n/m) = e^{n/m}$. 所以今后也用记号 e^x 表示 $\exp(x)$.

命题 36 (指数函数不等式)对于任意的 x 和 $h \neq 0$,恒有

$$he^x < e^{x+h} - e^x < he^{x+h}. \tag{71}$$

证明 在对数不等式(60)中,用 e^x 代替 x,$e^{x+h} - e^x$ 代替 h,得到

$$\frac{e^{x+h} - e^x}{e^{x+h}} < \ln(e^x + (e^{x+h} - e^x)) - \ln(e^x) < \frac{e^{x+h} - e^x}{e^x}. \tag{72}$$

注意到上式中间部分就是 h,得到

$$\frac{e^{x+h} - e^x}{e^{x+h}} < h < \frac{e^{x+h} - e^x}{e^x}, \tag{73}$$

再略加变形,就是(71). 证毕.

命题 37 (指数函数求导公式)函数 e^x 在任意区间 $[a, b]$ 上强可导,其导数为 e^x,即

$$(e^x)' = e^x. \tag{74}$$

证明 将不等式(71)各部分同减去 he^x,得到

$$0 < (e^{x+h} - e^x) - he^x < he^{x+h} - he^x. \tag{75}$$

将上式取绝对值,对其右端再用不等式(71),得到

$$| (e^{x+h} - e^x) - he^x | < | he^{x+h} - he^x | = | h(e^{x+h} - e^x) | < Mh^2, \quad (76)$$

其中,M 是仅与 $[a, b]$ 有关的正数. 由强可导定义,即可得证. 证毕.

命题 38 (一般幂函数的求导公式)函数 $x^k (k \neq 0)$ 在正实半轴的任意区间 $[a, b] (a > 0)$ 上强可导,其导数为 kx^{k-1},即

$$(x^k)' = kx^{k-1}. \quad (77)$$

证明 利用等式

$$x^k = e^{k \ln(x)} \quad (78)$$

和复合函数的求导公式,可得所要的结论. 证毕.

以下来推导三角函数的求导公式. 显然,只要得到正弦函数的求导公式就够了.

命题 39 (三角函数的基本不等式)对一切 x 有

（Ⅰ）$| \sin(x) | \leqslant | x |$; \quad (79)

（Ⅱ）$| \sin(x) - x | \leqslant | x |^3$, \quad (80)

其等式仅当 $x = 0$ 时成立.

证明 （Ⅰ）显然,下证（Ⅱ）. 显然只要考虑当 $0 < x < \dfrac{\pi}{2}$ 时的情形即可. 这时有

$$\sin(x) < x < \tan(x), \quad (81)$$

从而有

$$x \cos(x) < \sin(x) < x, \quad (82)$$

故有

$$x(\cos(x) - 1) < \sin(x) - x < 0. \quad (83)$$

取绝对值得到

$$| \sin(x) - x | < | x(1 - \cos(x)) | = | x \sin^2(x) | / (1 + \cos(x)) < | x |^3. \quad (84)$$

证毕.

命题 40　（正弦函数的求导公式）函数 $\sin(x)$ 在任意区间 $[a,b]$ 上强可导，其导数为 $\cos(x)$，即

$$(\sin(x))' = \cos(x). \tag{85}$$

证明　由定义，只要证明

$$|(\sin(x+h) - \sin(x)) - h\cos(x)| \leqslant 2h^2 \tag{86}$$

就可以了. 上式当 $|h| > 1.5$ 时显然成立，下面设 $|h| < \dfrac{\pi}{2}$，应用三角函数的和差化积公式和命题 39，可得

$$
\begin{aligned}
&|(\sin(x+h) - \sin(x)) - h\cos(x)| \\
=~ &|2\sin(h/2)\cos(x+h/2) - h\cos(x)| \\
\leqslant~ &|2(\sin(h/2) - h/2)\cos(x+h/2)| + |h(\cos(x+h/2) - \cos(x))| \\
\leqslant~ &|h^3/4| + |2h\sin(h/4)\sin(x+h/4)| \\
\leqslant~ &|h^3/4| + h^2/2 \leqslant 2h^2. \quad \text{证毕.}
\end{aligned}
$$

至此，我们证明了初等函数在（不包含个别点）闭区间上的强可导性和一致可导性. 用上面的公式，就可以对所有初等函数求导了.

7　讨论和小结

从上述推导可见，不用极限概念也能严谨地讲述微积分. 长期笼罩在微积分学上面的神秘的光环消失了. 初看似乎令人惊奇，细想却很自然. 所谓极限概念，是用一些不等式与逻辑量词定义一个等式. 用这个等式定义导数，以导数为工具研究函数，又推出一些不等式.

避开极限概念这个中间环节，从不等式来推导不等式，不过是自然而然的返璞归真而已.

这样一来，微积分中应用最广泛的部分，初学者最难跨越的部分，就变成了初等数学！看来，大量非数学专业的理工科本科学生，大量中专和大专的学生，今后在学习微积分知识的时候，可以把道理弄清楚了.

如果仅仅从数学上看，应当指出的还有：

(1) 本文讲的强可导和一致可导与通常的可导的关系

容易证明,所谓 F 在$[a,b]$上强可导,就是通常意义下 F 在$[a,b]$上可导并且 F' 在$[a,b]$上满足李普西兹条件.所谓 F 在$[a,b]$上一致可导,就是通常意义下 F 在$[a,b]$上可导并且 F' 在$[a,b]$上连续.

在教学中采用强可导的概念,好处是推理简捷明快.虽然比通常的可导条件强一点,但在实用上几乎没有区别.

当然还有其他选择.例如,把强可导定义中右端的 h^2 项的指数 2 换成一个大于 1 的数等.如果把一致可导定义中的正常数 M 换成与 x 有关的 $M(x)$,就和通常的在$[a,b]$上可导一样了.

(2) 微分法和实数理论的关系

在传统的微积分教程中,微分学的应用离不开中值定理;而中值定理的证明则有赖于罗尔定理,有赖于连续函数在闭区间上取到最值的性质,这就要先建立实数理论.本文中的论证表明:微分学的一系列应用,例如判别函数的单调性、泰勒公式等,并不依赖于实数理论.这对于应用于实际计算的构造性的数学分析是有意义的,也有利于数学分析推理的机械化.

(3) 关于函数的可积性

本文直接用公理来引入定积分,而没有考虑如何具体定义一个函数的定积分.不论用哪种定积分的定义,只要满足所提出的公理,文中的推理都成立.但是,这样留下一个问题:可积函数有哪些?初等函数的可积性如何保证?如果不依赖于直观,还是要引进一种积分的定义.采用黎曼积分的定义,又要用到极限的概念.如果想避开极限概念,也可以利用上下确界(最小上界和最大下界)来定义定积分.但不论如何处理,只要涉及定积分的存在性,实数理论好像是避免不了的.

最后应当指出,尽管不用极限概念可以建立微分学,甚至在假定积分存在的条件下还能推出微积分基本定理,但对于整个数学分析而言,极限概念毕竟是不可少的.例如,无穷级数的求和、奇异积分,都依赖极限概念,许多求极限的问题当然也离不开极限概念.所以,微积分的初等化工作,如果可能,应当包含极限概念的初等化以及实数理论的初等化.作者在文献[2]中的一些探索,就是在极限概念初等化方面的努力,其效果如何,有待进一步的教学实践的检验.

参考文献

［1］李文林.数学史概论[M].2版.北京:高等教育出版社,2002.

［2］张景中,曹培生.从数学教育到教育数学[M].成都:四川教育出版社,1989;台北:九章出版社,1996;北京:中国少年儿童出版社,2005.

［3］刘宗贵.非ε语言一元微积分学[M].贵阳:贵州教育出版社,1993.

［4］萧治经.D语言数学分析(上下册)[M].广州:广东高等教育出版社,2004.

［5］陈文立.新微积分学(上下册)[M].广州:广东高等教育出版社,2005.

［6］刘宗贵.试用非ε语言讲解微积分[J].高等数学研究,2002(3):22-24.

［7］林群.数学也能看图识字[N].光明日报,1997-06-27(6);人民日报,1997-08-6(10).

［8］林群.画中漫游微积分[M].桂林:广西师范大学出版社,1999.

［9］林群.微分方程与三角测量[M].北京:清华大学出版社,2005.

［10］LIN Q. Free Calculus — A Liberation from Concepts and Proofs [M]. Singapore: World Scientific Press, 2008.

Let calculus more elementary

Abstract: Based on a new definition of derivatives by using an inequality but without the concept of limit, a series propositions about the relations between a function and its derivatives, such as Taylor formula and the basic theorem in calculus, was proved.

Key words: calculus; elementary; function; derivatives

4.2 定积分的公理化定义方法(2007)^①

摘　要:提出了定积分的一个不依赖极限概念的新的定义.新的定义比黎曼积分的定义更为简单并且更容易掌握.基于这个新的定义,证明了连续函数定积分的唯一性和微积分基本定理.

关键词:定积分;公理化方法;微积分学

从牛顿、莱布尼兹时代算起,微积分学已有 300 多年的历史.牛顿和莱布尼兹的微积分是不严格的.直到 19 世纪 50 年代,经过波尔查诺、柯西、维尔斯特拉斯、戴德金和康托尔等人的相继工作,才建立了微积分的严密的数学理论.这段精彩的历史可见文献[1].150 年来,大学数学教材里一直是按照那时形成的理论讲授微积分的基础内容,直到今天.

微积分的严格化基于所谓 ε-δ 语言的极限概念的引进.而这样表述的极限概念对于初学者很难理解,已经成为学习高等数学之路上的一道关卡.许多理工科学生,由于没有掌握 ε-δ 语言的极限概念,始终不能理解他们所用的许多公式的来龙去脉,无可奈何地安于知其然而不知其所以然的境地.如何使微积分入门教学变得容易,是国际数学教育领域的百年难题.

作者在文献[2]中曾提出一种"非 ε 语言的极限概念",用一个简单的不等式刻画极限过程,以克服微积分入门教学的难点.目前(指 2007 年)已有 3 种教材[3-5]采用了文献[2]中的方法,并在教学实践中取得了好的效果[6].但是,文献[2]中仍要用极限概念,还没有实现微积分的初等化.

近年来,林群致力于微积分初等化的努力引人注目[7-9].他发现采用"一致微商"的定义可以大大简化微积分基本定理的论证[9].他在文献[10]和[11]中又提出了微积分初等化的系统方案.

基于林群所提出的"一致性不等式",作者在文献[12]中,用与文献[10]不

---

① 本文原载《广州大学学报(自然科学版)》2007 年第 6 期.

同的方式实现了微积分的初等化.

微积分初等化的好处,可用一个具体例子说明:

关于函数的导数的性质,有一个基本而又不平凡的命题,是"导数正(负)则函数增(减)".在传统的微积分教程中,这个看来很简单的命题证明起来相当曲折麻烦:先建立实数理论,引进连续函数的概念,证明连续函数在闭区间上取到最大值;另一方面建立极限理论,用极限定义导数,用连续函数在闭区间上取到最大值的性质证明罗尔定理,再导出拉格朗日中值定理,最后用中值定理推出导数正负与函数增减的关系.推理过程如此迂回,以至于非数学专业的高等数学的课程中,只要求学生知道导数正负与函数增减的关系,不要求真正明白其中的道理.

在初等化的微积分教学体系中,不需要实数理论和极限理论的预备,只要开门见山地用一个初等的不等式定义导数,接着就可以根据定义证明"导数正(负)则函数增(减)"这个基本命题.原来两个星期还讲不清楚的道理,现在一节课就给出了严谨而简捷的论证.

进一步,就能顺利导出类似于中值定理的"估值定理",进而证明泰勒公式.这些推导的细节见文献[12].

但是,正如文献[12]最后提到的,在新的体系中,定积分的引进问题还没有理想的解决方案.微积分的初等化,主要是微分学的初等化.

积分学的初等化能否成功,关键在于能不能跳出传统的框架,在定积分的定义中不使用极限概念,并能使有关的推理和计算顺利而严谨地展开.本文将对这一问题给出回答.

以下在第1节中用公理化方法给出定积分的定义;第2节中讨论积分系统的唯一性;第3节基于我们的定义给出微积分基本定理的两个证明.最后,第4节对本文结果的意义和进一步可考虑的问题作了讨论.

1　定积分的公理化定义

几何是许多重要的数学思想的源泉.求作曲线切线的几何问题,引出了函数的导数的概念.而积分学的基本问题,则来自任意曲线所围成的区域的面积的计算,这是一个更古老的几何问题.

这两个问题之间,有着紧密的联系.这个联系被数学家发现,标志着微积分这门极其重要的学科的诞生.

为了清楚地揭示这两类问题之间的联系,需要建立严谨的概念,使用精密的数学语言.

由曲线 $y=f(x)$ 与直线 $x=a$, $x=b$(假设 $a \leqslant b$)以及 x 轴所围成的平面区域,称为 $f(x)$ 在 $[a,b]$ 上的曲边梯形. 一个曲边梯形可能被 x 轴分为上上下下的几个部分. 约定位于 x 轴上方的部分其面积为正,而下方的部分其面积为负,并称几部分的代数和为曲边梯形的代数面积. 显然,代数面积满足如下性质.

(ⅰ) 对任意满足 $a<c<b$ 的 c, $f(x)$ 在 $[a,b]$ 上的曲边梯形的代数面积等于 $f(x)$ 在 $[a,c]$ 和 $[c,b]$ 上的曲边梯形的代数面积之和(图 1).

(ⅱ) 若 $m \leqslant f(x) \leqslant M$,则此曲边梯形的代数面积在 $m(b-a)$ 和 $M(b-a)$ 之间(图 2).

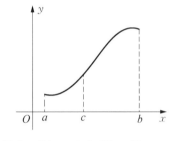

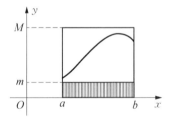

图 1　$S(a,c)+S(c,b)=$ 　　　图 2　$m(b-a) \leqslant S(a,b) \leqslant$
$S(a,b)$ 　　　　　　　　　　$M(b-a)$

从上面对曲边梯形代数面积的直观考察,提炼出下面有关积分系统和定积分的定义.

定义 1 (积分系统和定积分)设 $f(x)$ 在区间 I 上有定义;如果有一个二元函数 $S(u,v)(u \in I, v \in I)$,满足

(ⅰ) 可加性:对 I 上任意的 u,v,w 有 $S(u,w)+S(w,v)=S(u,v)$;

(ⅱ) 非负性:对 I 上任意的 $u<v$,在 $[u,v]$ 上 $m \leqslant f(x) \leqslant M$ 时必有 $m(v-u) \leqslant S(u,v) \leqslant M(v-u)$;

则称 $S(u,v)$ 是 $f(x)$ 在 I 上的一个积分系统.

如果 $f(x)$ 在 I 上有唯一的积分系统 $S(u, v)$,则称 $f(x)$ 在(I 的子区间) $[u, v]$ 上可积,并称数值 $S(u, v)$ 是 $f(x)$ 在 $[u, v]$ 上的定积分,记作 $S(u, v) = \int_u^v f(x)\mathrm{d}x$. 表达式中的 $f(x)$ 叫作被积函数,x 叫作积分变量,u 和 v 分别叫作积分的下限和上限;用不同于 u, v 的其他字母(如 t)来代替 x 时,$S(u, v)$ 数值不变.

上述定义,没有用到极限概念,比传统教材上的黎曼积分的定义简明得多.

推论 1 若 $S(u, v)$ 是某个函数 $f(x)$ 在区间 I 上的积分系统,则有

(1) $S(u, u) = 0$;

(2) $S(u, v) = -S(v, u)$;

(3) $cS(u, v)$ 是 $cf(x)$ 在区间 I 上的积分系统.

推论的证明从略.

例 1 常数函数 $f(x) = c$ 在任意区间 I 上有唯一的积分系统 $S(u, v) = c(v - u)$.

证明 先验证关于积分系统的两个条件:

(i) $S(u, w) + S(w, v) = c(w - u) + c(v - w) = c(v - u) = S(u, v)$;

(ii) 若 $u < v$,则 $f(x) = c \leqslant M$ 时有 $S(u, v) = c(v - u) \leqslant M(v - u)$; $f(x) = c \geqslant m$ 时有 $S(u, v) = c(v - u) \geqslant m(v - u)$.

可见二元函数 $c(v - u)$ 是 $f(x) = c$ 在区间 I 上的积分系统.

反过来,若 $S(u, v)$ 是 $f(x) = c$ 在区间 I 上的一个积分系统,由定义从 $c \leqslant f(x) \leqslant c$ 推出:当 $u < v$ 时总有 $c(v - u) \leqslant S(u, v) \leqslant c(v - u)$,即 $S(u, v) = c(v - u)$;当 $u \geqslant v$ 时由推论 1 容易知道也有 $S(u, v) = c(v - u)$.

例 2 设某物体做直线运动,物体的运动方向为位移的正向,时刻 t 的速度为 $v = v(t)$,而位置为 $s = s(t)$, $t \in [a, b]$. 令 $S(u, v) = s(v) - s(u)$,则当 $u < v$ 时 $S(u, v)$ 是物体在时间区间 $[u, v]$ 上所做的位移. 若在 $[u, v]$ 上有 $m \leqslant v(t) \leqslant M$,显然有 $m(v - u) \leqslant S(u, v) \leqslant M(v - u)$. 容易检验,$S(u, v)$ 是 $v = v(t)$ 在区间 $[a, b]$ 上的积分系统.

例 3 设 $A < B$ 是 x 轴上的两点,某物体 M 从 A 到 B 做直线运动,作用于 M 上的力 F 的大小和方向和物体的位置 x 有关,即 $F = F(x)(x \in [A, B])$,这里 $F(x)$ 的正负分别表示 F 的方向与 x 轴正向一致或相反. 记力 F 在 M 经过

$[A, x]$段过程中所做的功为$W(x)$,并令$S(u, v) = W(v) - W(u)$,则当$u < v$时$S(u, v)$是F在M经过$[u, v]$段过程中所做的功. 容易验证$S(u, v)$是在区间$[A, B]$上的积分系统.

2 连续函数积分系统的唯一性

在文献[12]中,基于林群文献[10]的一致性导数的思想,提出下列的导数定义:

定义 2 (一致可导)[12] 设函数F在$[a, b]$上有定义. 如果有一个在$[a, b]$上有定义的函数f和正数M,和一个在$(0, b - a)$上正值递减无界的函数$D(x)$,使得对$[a, b]$上任意的x和$x + h$,有下列不等式:

$$| D(|h|)(F(x + h) - F(x) - f(x)h) | \leqslant M | h |,$$

则称F在$[a, b]$上一致可导,并且称$f(x)$是$F(x)$的导数,记作$F'(x) = f(x)$.

在定义2中若$D(x) = \dfrac{1}{x}$,则称$F(x)$强可导;可见强可导蕴含一致可导,且导数相同. 反过来显然不成立. 例如,函数$y = x^{\frac{4}{3}}$在任意闭区间上是一致可导的,但在包含$x = 0$的闭区间上不是强可导的.

在文献[12]中证明了下列事实:

命题 A (文献[12]的命题20:一致可导函数的导数的一致连续性)若F在$[a, b]$上一致可导,$f(x)$是$F(x)$的导数,则有常数M和在$(0, b - a)$上有定义的正值递减无界函数$D(x)$,使得对$[a, b]$上任两点u、v,有

$$| D(|u - v|)(f(u) - f(v)) | \leqslant M. \qquad (*)$$

命题 B (文献[12]的命题18:估值定理)若F在$[a, b]$上一致可导,$f(x)$是$F(x)$的导数,则在$[a, b]$上有两点u、v,使得$f(u)(b - a) \geqslant F(b) - F(a) \geqslant f(v)(b - a)$.

按文献[12],我们称满足不等式$(*)$的函数f在$[a, b]$上一致连续. 当$D(h) = \dfrac{1}{h}$时,称f在$[a, b]$上强连续(即满足李普西兹条件).

反过来,下面的定理肯定了一致连续函数的积分系统唯一性.

定理 1 (一致连续函数的积分系统唯一性)设 $f(x)$ 在区间 I 的任一个闭子区间上一致连续,$S(u, v)$ 和 $R(u, v)$ 都是 $f(x)$ 在 I 上的积分系统,则恒有 $S(u, v) = R(u, v)$.

证明　用反证法.

若命题不真,则有 I 上的 $u < v$ 使 $|S(u, v) - R(u, v)| = E > 0$.

将 $[u, v]$ 等分为 n 段,分点为 $u = x_0 < x_1 < \cdots < x_n = v$. 记 $H = v - u$,$\dfrac{H}{n} = h$. 由 $f(x)$ 在 $[u, v]$ 上一致连续,有 $M > 0$ 和在 $(0, H]$ 上有定义的正值递减无界函数 $D(x)$,使当 $x \in [x_{k-1}, x_k]$ 时有

$$f(x_k) - \frac{M}{D(h)} \leqslant f(x) \leqslant f(x_k) + \frac{M}{D(h)}. \ (k = 1, \cdots, n)$$

由积分系统的非负性可得

$$\left(f(x_k) - \frac{M}{D(h)} \right) h \leqslant S(x_{k-1}, x_k) \leqslant \left(f(x_k) + \frac{M}{D(h)} \right) h, \ (k = 1, \cdots, n).$$

对 k 从 1 到 n 求和,并记 $F = f(x_1) + \cdots + f(x_n)$,得

$$FH - \frac{MH}{D(h)} \leqslant S(u, v) \leqslant FH + \frac{MH}{D(h)}.$$

同理有

$$FH - \frac{MH}{D(h)} \leqslant R(u, v) \leqslant FH + \frac{MH}{D(h)}.$$

可见 $0 < |S(u, v) - R(u, v)| = E \leqslant \dfrac{2MH}{D(h)}$,这推出 $D(h) \leqslant \dfrac{2MH}{E}$.

因 $h = \dfrac{H}{n}$ 可以任意小,这与 $D(h)$ 的单调无界性矛盾,证毕.

定理的证明过程,给出了计算定积分数值的具体方法,与构造性方法对更广泛的函数类建立积分概念相互呼应.

例 4　试证 $S(u, v) = v^2 - u^2$ 是 $f(x) = 2x$ 在 $(-\infty, \infty)$ 上的唯一积分系统.

证明　$S(u, v) = v^2 - u^2$ 显然满足积分系统定义中的可加性,下面检验其

是否满足非负性. 若 $f(x)=2x$ 在 $[u,v]$ 上有上界 M 和下界 m，则显然有 $\dfrac{m}{2}\leqslant u<v\leqslant\dfrac{M}{2}$，于是 $m\leqslant u+v\leqslant M$，从而 $m(v-u)\leqslant(v-u)(u+v)\leqslant M(v-u)$，也就是 $m(v-u)\leqslant S(u,v)\leqslant M(v-u)$. 可见 $S(u,v)=v^2-u^2$ 是 $f(x)=2x$ 在 $(-\infty,\infty)$ 上的积分系统.

由定理 1 和 $f(x)=2x$ 的一致连续性，可得此积分系统的唯一性.

于是，$f(x)=2x$ 在 $[u,v]$ 上的定积分就是 $S(u,v)=v^2-u^2$，用定积分记号表示就是 $\displaystyle\int_u^v 2x\,\mathrm{d}x=v^2-u^2$.

3 微积分基本定理

注意到上面例 4 中，$F(x)=x^2$ 的导数就是 $f(x)=2x$，而 $f(x)=2x$ 的积分系统 $S(u,v)=F(v)-F(u)$，这是一般规律的特例.

定理 2 设函数 $F(x)$ 在区间 I 的任意闭子区间上一致可导，$F'(x)=f(x)$，则二元函数 $S(u,v)=F(v)-F(u)$ 是 $f(x)$ 在区间 I 上唯一的积分系统.

证明 先验证关于积分系统的两个条件：

（ⅰ）$S(u,w)+S(w,v)=(F(w)-F(u))+(F(v)-F(w))=F(v)-F(u)=S(u,v)$；

（ⅱ）设 $u<v$，若在 $[u,v]$ 上有 $m\leqslant f(x)\leqslant M$，根据一致可导函数的估值定理(命题 B)有

$$m(v-u)\leqslant F(v)-F(u)\leqslant M(v-u),$$

即

$$m(v-u)\leqslant S(u,v)\leqslant M(v-u)；$$

可见二元函数 $S(u,v)=F(v)-F(u)$ 是 $f(x)$ 在 I 上的积分系统.

由定理 1 和 $f(x)$ 一致连续(命题 A)，可得此积分系统的唯一性，证毕.

于是得到：

微积分基本定理 设函数 $F(x)$ 在 $[a,b]$ 上一致可导，$F'(x)=f(x)$，则

有牛顿-莱布尼兹(Newton-Leibniz)公式

$$\int_a^b f(x)\mathrm{d}x = F(b) - F(a).$$

类似于传统方法,也可以利用变上限的定积分来得到上述公式.

定理 3　(变上限定积分的一致可导性)设 $f(x)$ 在 $[a,b]$ 上一致连续,$S(u,v)$ 是 $f(x)$ 在 $[a,b]$ 上的一个积分系统,令 $F(x) = S(a,x)$,则 $F(x)$ 在 $[a,b]$ 上一致可导,并且 $F'(x) = f(x)$.

证明　由 $f(x)$ 在 $[a,b]$ 上一致连续,存在 $M > 0$ 和在 $(0, b-a]$ 上有定义的正值递减无界函数 $D(x)$,使在 $[u, u+h]$(或 $[u+h, u]$)上有

$$f(u) - \frac{M}{D(|h|)} \leqslant f(x) \leqslant f(u) + \frac{M}{D(|h|)}. \tag{1}$$

由积分系统的非负性和(1)式可得:

当 $h > 0$ 时,有

$$\left(f(u) - \frac{M}{D(h)}\right)h \leqslant S(u, u+h) \leqslant \left(f(u) + \frac{M}{D(h)}\right)h; \tag{2}$$

当 $h < 0$ 时,有

$$\begin{aligned}
\left(f(u) - \frac{M}{D(-h)}\right)(-h) &\leqslant S(u+h, u) \\
&\leqslant \left(f(u) + \frac{M}{D(-h)}\right)(-h).
\end{aligned} \tag{3}$$

综合(2)和(3)式得

$$f(u)h - \frac{M|h|}{D(|h|)} \leqslant S(u, u+h) \leqslant f(u)h + \frac{M|h|}{D(|h|)}. \tag{4}$$

由于 $F(u+h) - F(u) = S(a, u+h) - S(a, u) = S(u, u+h)$,故从(4)式推出 $D(|h|)|F(u+h) - F(u) - f(u)h| \leqslant Mh$.由定义 2 得知 $F(x)$ 在 $[a,b]$ 上一致可导且 $F'(x) = f(x)$,证毕.

因为导数相同的函数仅相差一个常数,故从定理 3 也可以推出一致连续函数的积分系统若存在必唯一,因而给出微积分基本定理的又一个证明.

但是,此定理条件中要求有一个积分系统.这个条件在建立实数理论后自

然得到满足.

4 小结

文献[10]、[11]和[12]的工作,说明不用极限概念能够定义导数,并能系统地展开推理,建立了基于初等数学的微分学.

本文的结果表明,不用极限概念也能够定义定积分,从而可以完整地建立基于初等数学的微积分学.

这些工作从理论上证明,微积分学的理论和方法并不依赖于实数系统和极限理论.这与150年来形成的传统看法不同.基于初等数学而建立的微积分学,理论的展开和基本命题的论证变得更为简捷.这对未来高等数学教学的影响是不言而喻的.

将这方面的研究成果写成教材并用于教学实践,还需要大量的理论与实践的工作.这为数学教育的改革提供了机遇和挑战.

这些工作有没有必要和可能推广到多元微积分,有待进一步的讨论和研究.

参考文献

[1] 李文林.数学史概论[M].2版.北京:高等教育出版社,2002.

LI W L. A history of mathematics [M]. 2nd ed. Beijing: Higher Education Press,2002.

[2] 张景中,曹培生.从数学教育到教育数学[M].成都:四川教育出版社,1989;台北:台湾九章出版社,1996;北京:中国少年儿童出版社,2005.

ZHANG J Z, CAO P S. From mathematic education to educational mathematics [M]. Chengdu: Sichuan Education Press, 1989; Taipei: Taiwan Jiuzhang Press, 1996; Beijing: China Children's Press, 2005.

[3] 刘宗贵.非ε语言一元微积分学[M].贵阳:贵州教育出版社,1993.

LIU Z G. Elementary calculus by non-ε language [M]. Guiyang: Guiyang Education Press,1993.

[4] 萧治经.D语言数学分析(上下册)[M].广州:广东高等教育出版社,2004.

XIAO Z J. Calculus by D-Language(Ⅰ, Ⅱ)[M]. Guangzhou：Guangdong Higher Education Press,2004.

［5］陈文立.新微积分学(上下册)[M].广州:广东高等教育出版社,2005.

CHEN W L. New calculus(Ⅰ, Ⅱ)[M]. Guangzhou：Guangdong Higher Education Press,2005.

［6］刘宗贵.试用非ε语言讲解微积分[J].高等数学研究,2002(3):22-24.

LIU Z G. Teaching calculus by trying non-ε language[J]. Studies in College Math, 2002(3):22-24.

［7］林群.数学也能看图识字[N].光明日报,1997-06-27(6);人民日报,1997-08-6(10).

LIN Q. To learn mathematics by watching pictures［N］. Guangming Daily, 1997-06-27(6);Renmin Daily,1997-08-06(10).

［8］林群.画中漫游微积分[M].桂林:广西师范大学出版社,1999.

LIN Q. Trip of calculus in pictures［M］. Nanning：Guangxi Normal Univ Press,1999.

［9］林群.微分方程与三角测量[M].北京:清华大学出版社,2005.

LIN Q. Differential equation and triangulation［M］. Beijing：Qinghua Univ Press,2005.

[10] Lin Q. A Rigorous Calculus to Avoid Notions and Proofs[M]. Singapore：World Scientific Press, 2006.

[11]林群.新概念微积分[A].大学数学课程报告论坛组委会.大学数学课程报告论坛论文集:2005[C].北京:高等教育出版社,2006.

LIN Q. New concept calculus［A］. Organizing Committee of University Mathematics Course Report Porum. Proceeding of the Forum 2005 for Mathematics Courses in University[C]. Beijing：Higher Education Press, 2006.

[12]张景中.微积分学的初等化[J].华中师范大学学报(自然科学版),2006(4):475-484, 487.

ZHANG J Z. Let calculus more elementary[J]. J Central China Normal Univ：Natural Sci Edition, 2006(4):475-484, 487.

Axiomatic method for the definition of definite integral

Abstract: A new definition of definite integral is proposed without using the concept about limit. The new definition is simpler and easier to grasp than the concept of Riemann integral. Based on the new definition of definite integral, the uniqueness of the integral of a continuous function and the basic theorem for calculus are proved.

Key words: definite integral; axiomatic method; calculus

4.3 把高等数学变得更容易(2007)^①

0 引言

当代著名的数学家阿蒂亚在 1976 年就任伦敦数学会主席时的演说中,有这样几句话:"如果我们积累起来的经验要一代一代传下去,就必须不断努力把它们简化和统一.""过去曾经使成年人困惑的问题,在以后的年代里,连孩子们都能容易地理解."

我从 1974 年在新疆教中学数学到现在,这几十年里,经常在想,能不能把数学变得容易一些? 如果数学变得更容易了,就会有更多的人学到更多的数学,这对数学的普及和提高,对科学技术的发展,对社会的进步,都有莫大的好处. 有了这样的想法,看到阿蒂亚这几句话,感到格外亲切.

提到数学中"过去曾经使成年人困惑的问题",大家都会想到微积分.

从牛顿-莱布尼兹时代算起,微积分学已有 300 多年的历史. 牛顿和莱布尼兹的微积分是不严格的. 为了建立微积分的严格的数学基础,一些卓越的数学家做了不懈的努力. 在 18 世纪,麦克劳林、达朗贝尔、欧拉和拉格朗日都进行过有关的研究. 这个方向的努力进行了 100 多年,才开始有了成效. 直到 19 世纪 50 年代,经过波尔查诺、柯西、维尔斯特拉斯、戴德金和康托尔等人的相继工作,才建立了微积分的严密的数学理论. 这段精彩的历史可见[1]. 150 年来,大学数学教材里一直是按照那时形成的理论讲授微积分的基础内容,直到今天.

微积分的严格化基于所谓 ε-δ 吾言的极限概念的引进. 而这样表述的极限概念对于初学者很难理解,已经成为学习高等数学之路上的一道关卡. 许多理工科学生,由于没有掌握 ε-δ 语言的极限概念,始终不能理解他们所用的许多

---

① 本文原载《高等数学研究》2007 年第 6 期和 2008 年第 2 期,是作者在第 2 届大学数学课程报告论坛所做报告——《微积分的初等化》的讲稿,发表时关于积分部分做了重要的修改.

公式的来龙去脉,无可奈何地安于知其然而不知其所以然的境地.如何使微积分入门教学变得容易,是国际数学教育领域的百年难题.

那么,不用极限概念,能不能用更初等的方法严谨地讲微积分?

数理逻辑学家罗宾逊用模型论的方法证明,实数结构可以扩张为包含无穷小和无穷大数的结构,从而创立"非标准分析".这样可以不用极限概念,直接从牛顿-莱布尼兹时代提出的"无穷小"出发建立严谨的微积分([1],305页).但非标准分析引入了更多更难于理解的概念,不但没有实现微积分的初等化,反而把微积分变得更"高等"了.

作者在[2]中曾提出一种"非 ε 语言的极限概念",用一种形式上更简易但逻辑上等价的极限概念表述方法来代替"ε-δ 语言的极限概念",以克服微积分入门教学的难点.目前已有 3 种教材[3][4][5]采用了[2]中的方法,并在教学实践中取得很好的效果[6].但是,[2]中仅仅是对极限概念给出一种新的表述方法,即用一个简单的不等式刻画极限过程,而不是不用极限概念,还没有实现微积分的初等化.

近年来,林群致力于微积分初等化的努力引人注目[7][8][9].他发现([9],32页),采用"一致微商"的定义可以大大简化微积分基本定理的论证.把"一致微商"的思想和作者[2]中以不等式刻画极限过程的思路结合起来,就是林群在[10]中提出的微积分的初等化的方案.

作者在[12]中,用与[10]中不同的方式实现了微积分的初等化.这个报告,着重从思想方法上说明不用极限概念如何定义导数,以及如何在此定义的基础上展开推理.更详细的推导见[12].

1 不用极限概念如何定义导数

林群在[10]中建议,不采用基于极限概念的点态导数定义,而在区间上用一个不等式定义导数.

定义 1 (强可导的定义)设函数 F 在[a, b]上有定义.如果有一个在[a, b]上有定义的函数 f 和正数 M,使得对[a, b]上任意的 x 和 $x+h$,有下列等式:

$$| (F(x+h) - F(x)) - f(x)h | \leqslant Mh^2, \tag{1}$$

则称 F 在 $[a,b]$ 上强可导,称 $f(x)$ 是 $F(x)$ 的导数,记作 $F'(x) = f(x)$.

显然,(1)可以写成等价的等式

$$F(x+h) - F(x) = f(x)h + M(x,h)h^2, \tag{2}$$

这里 $M(x,h)$ 是一个在区域 $\{(x,h): x \in [a,b], x+h \in [a,b]\}$ 上有界的函数.

容易证明,若 F 在 $[a,b]$ 上强可导,则 F 按通常意义在 $[a,b]$ 上可导,导数相同,且导数 f 在 $[a,b]$ 上满足李普西兹条件.反之,若 F 按通常意义在 $[a,b]$ 上可导,且导数 f 在 $[a,b]$ 上满足李普西兹条件,则 F 在 $[a,b]$ 上强可导.

如果要考虑较广泛的一类函数的导数的初等定义.可使用:

定义 2　(一致可导的定义)设函数 F 在 $[a,b]$ 上有定义,如果有一个在 $[a,b]$ 上有定义的函数 f 和一个在 $[0,b-a]$ 上递增的非负函数 $d(x)$,且 $1/d(x)$ 在 $(0,b-a)$ 上无界,使得对 $[a,b]$ 上任意的 x 和 $x+h$,有下列不等式:

$$| (F(x+h) - F(x)) - f(x)h | \leqslant | hd(|h|) |, \tag{3}$$

则称 F 在 $[a,b]$ 上一致可导,称 $f(x)$ 是 $F(x)$ 的导数,记作 $F'(x) = f(x)$.

以下为避免重复,把上述定义中用到的"在 $[0,b-a]$ 上递增的非负函数 $d(x)$,且 $1/d(x)$ 在 $(0,b-a)$ 上无界"者,叫作关于 $[a,b]$ 的 d 函数.

在定义 2 中取 $d(x) = Mx$,则(3)就是(1).可见强可导蕴含一致可导,且导数相同.反过来显然不成立.例如,函数 $y = x^{4/3}$ 在任意闭区间是一致可导的,但在包含 $x=0$ 的闭区间上不是强可导的.

不等式(3)也可以写成等价的等式形式

$$F(x+h) - F(x) = f(x)h + M(x,h)hd(|h|), \tag{4}$$

这里 $M(x,h)$ 是一个在区域 $\{(x,h); x \in [a,b], x+h \in [a,b]\}$ 上有界的函数.

其实,等式(4)本质上就是用微分表示线性主部的传统方法:

$$f(x+h) - f(x) = f'(x)h + o(h)$$

其中 $o(h)$ 是 h 的高级无穷小. 强可导和一致可导,都是把 $o(h)$ 强化和具体化为 Mh^2 和 $Mhd(h)$, $d(h)$ 可以是 h^a, $a>0$ 就行,一般地 $d(h)$ 是无穷小就行. 无穷小是尚未定义的东西,单调性和无界性是学生早就熟悉的,或比较容易理解的概念.

字母 d 对应于希腊字母 δ,打字比 δ 方便;有判别之意.

容易证明,若 F 在 $[a,b]$ 上一致可导,则 F 按通常意义在 $[a,b]$ 上可导,导数相同,且导数 f 在 $[a,b]$ 上连续. 反之,若 F 按通常意义在 $[a,b]$ 上可导,且导数 f 在 $[a,b]$ 上连续,则 F 在 $[a,b]$ 上一致可导.

这样,不用极限概念,也定义了函数的导数.

对于 $F(x)$ 是多项式的情形,按此定义,导数的计算很容易:只要把 $F(x+h)-F(x)$ 展开成为 h 的多项式, h 的一次项的系数就是 $F(x)$ 的导数了. 例如,由

$$(x+h)^3 - x^3 = 3x^2 h + 3xh^2 + h^3$$

立刻知道 x^3 的导数就是 $3x^2$. 事实上,在牛顿之前,有些数学家是这样计算多项式和一些有理函数的导数的.

下面的推理证明,新的定义有更大的好处:无论是采用强可导的定义,还是采用一致可导的定义,都能把微积分变得更初等,更容易理解.

2 导数的性质

我们先证明,按照上面的新定义,函数的导数是唯一的.

我们对一致可导的情形进行证明. 由于强可导是一致可导的特款,此证明也适于强可导的情形

命题 1 (导数的唯一性)若 F 在 $[a,b]$ 上一致可导, $f(x)$ 和 $g(x)$ 都是 $F(x)$ 的导数,则对一切 $x \in [a,b]$, $f(x)=g(x)$.

证明 由定义 2 和命题的条件,用(4)式得:

$$F(x+h)-F(x)=f(x)h+M_1(x,h)hd_1(|h|),$$

$$F(x+h)-F(x)=g(x)h+M_2(x,h)hd_2(|h|),$$

两式相减,当 h 不为 0 时得:

$$0 = (f(x) - g(x)) + M_1(x, h)d_1(|h|) - M_2(x, h)d_2(|h|),$$

用反证法,若有 $u \in [a, b]$,使得 $f(u) - g(u) = d \neq 0$,记 $d(x)$ 为 $d_1(x)$ 和 $d_2(x)$ 中的较大者,则 $1/d(x)$ 仍为递减无界. 由于 $M(x, h)$ 和 $M_1(x, h)$ 有界,可知有正数 M 使得

$$|d| \leqslant Md(|h|)$$

即 $1/d(|h|) \leqslant M/|d|$,与 $1/d(|h|)$ 无界相矛盾. 证毕.

有了唯一性,就容易用定义直接验证一些简单的事实,例如:

若 F 和 G 都在 $[a, b]$ 上强(一致)可导,$f(x)$ 和 $g(x)$ 分别是 $F(x)$ 和 $G(x)$ 的导数,则

(Ⅰ) 对任意常数 c,$cF(x)$ 强(一致)可导,且其导数是 $cf(x)$;

(Ⅱ) $F(x) + G(x)$ 强(一致) 可导,且其导数为 $f(x) + g(x)$;

(Ⅲ) $F(cx + d)$ 强(一致) 可导,且其导数是 $cf(cx + d)$;

(Ⅳ) 若 $F(x)$ 在 $[a, b]$ 上为常数,则 F 在 $[a, b]$ 上强(一致)可导,且其导数 $f(x)$ 在 $[a, b]$ 上恒为 0;

(Ⅴ) 若 $F(x) = cx$,则 F 在 $[a, b]$ 上强(一致) 可导,且其导数 $f(x) = c$.

关于函数的导数的性质,有一个基本而又不平凡的命题,是"导数正(负)则函数增(减)". 在传统的微积分教程中,这个看来很简单的命题证明起来相当曲折麻烦:先建立实数理论,引进连续函数的概念,证明连续函数在闭区间上取到最大值;另一方面建立极限理论,用极限定义导数,用连续函数在闭区间上取到最大值的性质证明罗尔定理,再导出拉格朗日中值定理,最后用中值定理推出导数正负与函数增减的关系. 推理过程如此迂回,以至于非数学专业的高等数学的课程中,只要学生知道导数正负与函数增减的关系,不要求明白其中的道理.

如果采用强可导或一致可导的定义,就可以直接从定义推出这个命题:

命题 2 (第 1 单调定理)若 F 在 $[a, b]$ 上一致可导,其导数 $f(x)$ 在 $[a, b]$ 上恒非负(正),则 F 在 $[a, b]$ 上单调不减(增).

证明 设 $F(x)$ 在 $[a, b]$ 上恒非负.

用反证法,设在 $[a, b]$ 上有 $[u, u+h](h > 0)$ 使得 $F(u+h) - F(u) = E$

<0;将区间$[u, u+h]$等分为n段,其中必有一段$[v, v+h/n]$使得$F(v+h/n)-F(v)\leqslant E/n<0$.

因为$f(v)\geqslant 0$,由定义2的(3)得:

$$|E/n|\leqslant F(v+h/n)-F(v)-f(v)h/n|\leqslant M|(h/n)d(|h/n|)|,$$

这推出$1/d(h/n)\leqslant M|h/E|$,与$1/d(x)$在$(0, b-a)$上的无界递减性矛盾. 这证明F在$[a, b]$上单调不减.

若F的导数$f(x)$在$[a, b]$上恒非正,则$-F(x)$的导数$-f(x)$在$[a, b]$上恒非负,$-F$在$[a, b]$上单调不减,从而F在$[a, b]$上单调不增.

命题2证毕.

证明只用到定义,简单直接而初等.

由于强可导的函数必然一致可导,所以上面的证明对强可导也有效.

从命题2出发,仅仅用逻辑关系而不再涉及导数的定义,就可以得到一些常用的推论.

推论1 若F在$[a, b]$上一致可导,

(Ⅰ)若其导数$f(x)$在$[a, b]$上恒为正(负),则F在$[a, b]$上严格递增(减);

(Ⅱ)若$f(x)$在$[a, b]$上恒为0,则$F(x)$在$[a, b]$上为常数;

证明 (Ⅰ)只考虑$f(x)$在$[a, b]$上恒为正的情形即可. 由命题2知道$F(x)$在$[a, b]$上不减;下面用反证法证明$F(x)$在$[a, b]$上严格递增. 若不然,有$[a, b]$上的$u<v$使$F(u)=F(v)$,则由$F(x)$在$[u, v]$上不减可知它在$[u, v]$上是常数,从而$f(x)$在$[u, v]$上为0,与$f(x)$在$[a, b]$上恒为正矛盾;这证明了所要的结论.

(Ⅱ)若$f(x)$在$[a, b]$上恒为0,根据命题2,由$f(x)$在$[a, b]$上恒非负,F在$[a, b]$上单调不减,由$-f(x)$在$[a, b]$上恒非负,$-F$在$[a, b]$上单调不减,即F在$[a, b]$上单调不增,于是F为常数;证毕.

于是立刻有:

推论2 (导数相等的函数仅相差是一常数)若F和G都在$[a, b]$上一致可导,$F(x)$和$G(x)$的导数都是$f(x)$,则$(F(x)-G(x))$在$[a, b]$上为常数.

上面的第1单调定理,解决的是一个函数在同样的变元值处的函数值的比

较问题.

推论 3 (第 2 单调定理)若 F 和 G 都在 $[a,b]$ 上一致可导, $f(x)$ 分别是 $F(x)$ 和 $G(x)$ 的导数;如果 $F(a)=G(a)$,且在 $[a,b]$ 上有 $f(x) \geqslant g(x)$;则有 $F(b)-F(a) \geqslant G(b)-G(a)$.

证明 取 $J(x)=F(x)-G(x)-F(a)+G(a)$,则 $J(x)$ 一致可导且导数为 $f(x)-g(x) \geqslant 0$;由命题 2, $J(x)$ 在 $[a,b]([b,a])$ 上单调不减,故 $J(b) \geqslant J(a)=0$,即 $F(b)-G(b)-F(a)+G(a) \geqslant 0$,也就是 $F(b)-F(a) \geqslant G(b)-G(a)$.

在推论 3 中取 $F(x)$ 或 $G(x)$ 为一次函数,得到

推论 4 (估值定理)若 F 在 $[a,b]$ 上强可导, $f(x)$ 是 $F(x)$ 的导数,且在 $[a,b]$ 上有 $m \leqslant f(x) \leqslant M$,则 $m(b-a) \geqslant F(b)-F(a) \geqslant M(b-a)$.

估值定理提供了根据导数的大小估计函数值大小的方法,它的作用相当于拉格朗日中值定理.

上面的推导,脉络非常清楚. 从定义推出导数的唯一性,就可以直接验证求导运算的一些平凡的基本规律. 再从定义推出第一单调定理,就可以进而推出函数性质及其导数的性质的关系. 所有这些推导,本质上都是初等的,是中学生可能接受的. 用传统的方法几个星期还不容易讲清楚的问题,现在两三节课就能说明白了.

到现在,我们的讨论还没有涉及函数的连续性. 下面指出,按照这里的导数定义,函数的导数是一致连续的.

若 $f(x)$ 一致可导,由定义,按(4)有

$$F(x+h)-F(x)=f(x)h+M(x,h)hd(|h|),$$

交换 x 和 $x+h$ 又得到

$$F(x)-F(x+h)=f(x+h)(-h)+M(x+h,-h)(-h)d(|h|),$$

两式相加,约去 h 并整理可得

$$|f(x+h)-f(x)| \leqslant Md(|h|), \tag{5}$$

当 $F(x)$ 强可导时,(5)成为

$$|f(x+h)-f(x)| \leqslant M|h|, \tag{6}$$

我们称在$[a,b]$上满足(5)的函数$f(x)$在$[a,b]$上一致连续(显然,这和通常的一致连续的概念等价);由d函数的定义可知d函数和一个正数的乘积仍是d函数,故(5)也可以写成较简单的形式:

$$|f(x+h)-f(x)| \leqslant d(|h|), \tag{7}$$

称满足(6)的函数$f(x)$在$[a,b]$上强连续(通常说(6)是满足李普西兹条件).于是得到:

命题 3 (导数的连续性)若$F(x)$在$[a,b]$上一致(强)可导,则其导数$f(x)$在$[a,b]$上一致(强)连续.

附带提一下,从定义可以看出:若$F(x)$在$[a,b]$上一致可导,$F(x)$在$[a,b]$上强连续.

3 泰勒公式的推导

泰勒公式是微分学的一个高潮,是高等数学教学的重点.有了泰勒公式,就把初等函数的计算化归四则运算,从根本上解决了自古以来大家关心的函数造表问题.

泰勒公式的发现,来自多项式函数变量平移变换.把多项式推广为一般的多阶可微函数,就需要解决余项的估计问题.这个估计问题的解决,直接依赖于上面所推出的第2单调定理,与导数的定义其实并没有关系.

按惯例,$F^{(k)}$表示F的k阶导数,$F^{(0)}=F$.从第2单调定理,容易推出下面的预备定理:

泰勒公式的预备定理 若H在$[a,b]$上n阶一致可导,(n为正整数),且有

(1) $k=0,1,\cdots,n-1$时$H^{(k)}(a)=0$;

(2) 在$[a,b]$上有$m \leqslant H^{(n)}(x) \leqslant M$;

则在$[a,b]$上有

$$m(x-a)^n/n! \leqslant H(x) \leqslant M(x-a)^n/n!.$$

这个预备定理的证明思路很简单,就是反复应用第2单调定理.

由于 $H^{(n)}(x)$ 是 $H^{(n-1)}(x)$ 的导数,而 m 和 M 分别是 $m(x-a)$ 和 $M(x-a)$ 的导数,注意到这些函数在 $x=a$ 处取值均为 0,所以由不等式 $m \leqslant H^{(n)}(x) \leqslant M$ 和第 2 单调定理得到:

$$m(x-a) \leqslant H^{(n-1)}(x) \leqslant M(x-a).$$

同理,由于 $H^{(n-1)}(x)$ 是 $H^{(n-2)}(x)$ 的导数,而 $m(x-a)$ 和 $M(x-a)$ 分别是 $m(x-a)^2/2$ 和 $M(x-a)^2/2$ 的导数,可得:

$$m(x-a)^2/2 \leqslant H^{(n-2)}(x) \leqslant M(x-a)^2/2.$$

作不完全的数学归纳,即可完成预备定理的证明. 详见[12].

有了预备定理,马上可得:

命题 4 (泰勒公式)若 F 在 $[a,b]$ 上 n 阶一致可导,且有

$$| F^{(n)}(x) | \leqslant M,$$

对 $[a,b]$ 上任意点 c 和 x 记

$$T_n(x,c) = F(c) + F^{(1)}(c)(x-c) + F^{(2)}(c)(x-c)^2/2! + \cdots$$
$$+ F^{(n-1)}(c)(x-c)^{(n-1)}/(n-1)!,$$

则有

$$| F(x) - T_n(x,c) | \leqslant M | x-c |^n/n!.$$

比起通常使用中值定理或柯西定理来推导泰勒公式,这里的思路更加基本而直观.

4 微积分基本定理

林群在[9]-[11]中,已经在一致可导的基础上给出了微积分基本定理的很简捷的、直观的证明.

但是,微积分基本定理的严谨表述和证明,都要用到定积分的概念. 要解决定积分的存在问题,又需要实数理论和极限概念.

如果在初等数学范畴讨论,就可以像承认面积那样承认一致连续(强连续)函数曲线形成的曲边梯形面积的存在. 在这样的前提下,可能避开实数理论和

极限概念,简单地给出微积分基本定理的有说服力的直观的证明.

根据对曲边梯形代数面积的直观考察,提炼出下面有关积分系统和定积分的定义.

定义 3 (积分系统和定积分)设 $f(x)$ 在区间 I 上有定义;如果有一个二元函数 $S(u,v)(u \in I, v \in I)$,满足

(i) 可加性:对 I 上任意的 u, v, w 有 $S(u,w)+S(w,v)=S(u,v)$;

(ii) 非负性:对 I 上任意的 $u<v$,在 $[u,v]$ 上 $m \leqslant f(x) \leqslant M$ 时必有 $m(v-u) \leqslant S(u,v) \leqslant M(v-u)$;

则称 $S(u,v)$ 是 $f(x)$ 在 I 上的一个积分系统.

如果 $f(x)$ 在 I 上有唯一的积分系统 $S(u,v)$,则称之为 $f(x)$ 在 $[u,v]$ 上的定积分,记作 $S(u,v)=\int_u^v f(x)\mathrm{d}x$. 表达式中的 $f(x)$ 叫作被积函数,x 叫作积分变量,u 和 v 分别叫作积分的下限和上限;用不同于 u,v 的其他字母(如 t)来代替 x 时,$S(u,v)$ 数值不变.

上述定义,没有用到极限概念,比传统教材上的黎曼积分的定义简明得多.

推论 若 $S(u,v)$ 是某个函数 $f(x)$ 在区间 I 上的积分系统,则有

(1) $S(u,u)=0$;

(2) $S(u,v)=-S(v,u)$;

(3) $cS(u,v)$ 是 $cf(x)$ 在区间 I 上的积分系统.

推论的证明从略.

例 1 常数函数 $f(x)=c$ 在任意区间 I 上有唯一的积分系统 $S(u,v)=c(v-u)$.

证明 先验证关于积分系统的两个条件:

(i) $S(u,w)+S(w,v)=c(w-u)+c(v-w)=c(v-u)=S(u,v)$;

(ii) 若 $u<v$,则 $f(x)=c \leqslant M$ 时有 $S(u,v)=c(v-u) \leqslant M(v-u)$;$f(x)=c \geqslant m$ 时有 $S(u,v)=c(v-u) \geqslant m(v-u)$.

可见二元函数 $c(v-u)$ 是 $f(x)=c$ 在区间 I 上的积分系统;

反过来,若 $S(u,v)$ 是 $f(x)=c$ 在区间 I 上的一个积分系统,由定义从 $c \leqslant f(x) \leqslant c$ 推出,当 $u \geqslant v$ 时由推论 1 容易知道也有 $S(u,v)=c(v-u)$.

例 2 设某物体做直线运动,物体的运动方向为位移的正向,时刻 t 的速度

$v=v(t)$ 而位置为 $s=s(t)$,$t \in [a, b]$. 令 $S(u, v)=s(v)-s(u)$,则当 $u<v$ 时 $S(u, v)$ 是物体在时间区间 $[u, v]$ 上所做的位移. 若在 $[u, v]$ 上有 $m \leqslant v(t) \leqslant M$,显然有 $m(v-u) \leqslant S(u, v) \leqslant M(v-u)$. 容易检验,$S(u, v)$ 是 $v=v(t)$ 在区间 $[a, b]$ 上的积分系统.

下面的定理肯定了一致连续函数的积分系统唯一性.

命题 5(一致连续函数的积分系统唯一性)　设 $f(x)$ 在区间 I 的任一个闭子区间上一致连续,$S(u, v)$ 和 $R(u, v)$ 都是 $f(x)$ 在 I 上的积分系统,则恒有 $S(u, v)=R(u, v)$.

证明　用反证法. 若命题不真,则有 I 上的 $u<v$ 使 $|S(u, v)-R(u, v)|=E>0$. 将 $[u, v]$ 等分为 n 段,分点为 $u=x_0<x_1<\cdots<x_n=v$;记 $H=v-u$,$\frac{H}{n}=h(0, b-a)$;由 $f(x)$ 在 $[u, v]$ 上一致连续,有 $M>0$ 和在 $(0, H]$ 上有定义的正值递减无界函数 $D(x)$,使当 $x \in [x_{k-1}, x_k]$ 时有

$$f(x_k)-\frac{M}{D(h)} \leqslant f(x) \leqslant f(x_k)+\frac{M}{D(h)} \quad (k=1, \cdots, n),$$

由积分系统的非负性可得

$$\left(f(x_k)-\frac{M}{D(h)}\right)h \leqslant S(x_{k-1}, x_k) \leqslant \left(f(x_k)+\frac{M}{D(h)}\right)h \quad (k=1, \cdots, n),$$

对 k 从 1 到 n 求和,并记 $F=f(x_1)+\cdots+f(x_n)$,得到

$$FH-\frac{MH}{D(h)} \leqslant S(u, v) \leqslant FH+\frac{MH}{D(h)}.$$

同理有

$$FH-\frac{MH}{D(h)} \leqslant R(u, v) \leqslant FH+\frac{MH}{D(h)},$$

可见 $0<|S(u, v)-R(u, v)|=E \leqslant \frac{2MH}{D(h)}$,这推出 $D(h) \leqslant \frac{2MH}{E}$;因 $h=\frac{H}{n}$ 可以任意小,这与 $D(h)$ 的无界性矛盾,证毕.

定理的证明过程,给出了计算定积分数值的具体方法,与构造性方法对更广泛的函数类建立积分概念相互呼应.

例 3　试证 $S(u, v) = v^2 - u^2$ 是 $f(x) = 2x$ 在 $(-\infty, \infty)$ 上的唯一积分系统.

证明　$S(u, v) = v^2 - u^2$ 显然满足积分系统定义中的可加性,下面检验其是否满足非负性. 若 $f(x) = 2x$ 在 $[u, v]$ 上有上界 M 和下界 m,则显然有 $\frac{m}{2} \leqslant u < v \leqslant \frac{M}{2}$,于是 $m \leqslant u + v \leqslant M$,从而 $m(v-u) \leqslant (v-u)(u+v) \leqslant M(v-u)$,也就是 $m(v-u) \leqslant S(u, v) \leqslant M(v-u)$. 可见 $S(u, v) = v^2 - u^2$ 是 $f(x) = 2x$ 在 $(-\infty, \infty)$ 上的积分系统.

由定理 1 和 $f(x) = 2x$ 的一致连续性,可得此积分系统的唯一性. 于是,$f(x) = 2x$ 在 $[u, v]$ 上的定积分就是 $S(u, v) = v^2 - u^2$,用定积分记号表示就是 $\int_u^v 2x \, \mathrm{d}x = v^2 - u^2$.

注意到上面例 3 中,$F(x) = x^2$ 的导数就是 $f(x) = 2x$,而 $f(x) = 2x$ 的积分系统 $S(u, v) = F(v) - F(u)$,这是一般规律的特款.

命题 6　设函数 $F(x)$ 在区间 I 的任意闭子区间上一致可导,$F'(x) = f(x)$;则二元函数 $S(u, v) = F(v) - F(u)$ 是 $f(x)$ 在区间 I 上唯一的积分系统.

证明　先验证关于积分系统的两个条件:

（ⅰ）$S(u, w) + S(w, v) = (F(w) - F(u)) + (F(v) - F(w)) = F(v) - F(u) = S(u, v)$;

（ⅱ）设 $u < v$,若在 $[u, v]$ 上有 $m \leqslant f(x) \leqslant M$,根据一致可导函数的估值定理(命题 B)有

$$m(v-u) \leqslant F(v) - F(u) \leqslant M(v-u),$$

即　　　　　　　　$m(v-u) \leqslant S(u, v) \leqslant M(v-u),$

可见二元函数 $S(u, v) = F(v) - F(u)$ 是 $f(x)$ 在 I 上的积分系统;

由命题 5 和 $f(x)$ 一致连续(命题 A),可得此积分系统的唯一性,证毕.

于是得到:

微积分基本定理　设函数 $F(x)$ 在 $[a, b]$ 上一致可导,$F'(x) = f(x)$,则有牛顿-莱布尼兹(Newton-Leibniz)公式

$$\int_a^b f(x)\mathrm{d}x = F(b) - F(a).$$

类似于传统方法,也可以利用变上限的定积分来得到上述公式.

命题 7 (变上限定积分的一致可导性)设 $f(x)$ 在$[a,b]$ 上一致连续, $S(u,v)$ 是 $f(x)$ 在$[a,b]$ 上的一个积分系统;令 $F(x) = S(a,x)$ 则 $F(x)$ 在 $[a,b]$ 上一致可导,并且 $F'(x) = f(x)$.

证明 由 $f(x)$ 在$[a,b]$ 上一致连续,存在 $M > 0$ 和在$(0, b-a]$ 上有定义的正值递减无界函数 $D(x)$,使在$[u, u+h]$(或$[u+h, u]$)上有

$$f(u) - \frac{M}{D(|h|)} \leqslant f(x) \leqslant f(u) + \frac{M}{D(|h|)}, \tag{1}$$

由积分体系的非负性和(1)可得

当 $h > 0$ 时有

$$\left(f(u) - \frac{M}{D(h)}\right)h \leqslant S(u, u+h) \leqslant \left(f(u) + \frac{M}{D(h)}\right)h, \tag{2}$$

当 $h < 0$ 时有

$$\left(f(u) - \frac{M}{D(-h)}\right)(-h) \leqslant S(u+h, u) \leqslant \left(f(u) + \frac{M}{D(-h)}\right)(-h), \tag{3}$$

综合(2)(3)得

$$f(u)h - \frac{M|h|}{D(|h|)} \leqslant S(u, u+h) \leqslant f(u)h + \frac{M|h|}{D(|h|)}. \tag{4}$$

由于 $F(u+h) - F(u) = S(a, u+h) - S(a, u) = S(u, u+h)$,从(4)推出 $D(|h|)|F(u+h) - F(u) - f(u)h| \leqslant Mh$;由定义 2 得知 $F(x)$ 在$[a,b]$ 上一致可导且 $F'(x) = f(x)$,证毕.

因为导数相同的函数仅相差一个常数,故从命题 7 也可以推出一致连续函数的积分系统若存在必唯一.因而给出微积分基本定理的又一个证明.

但是,此定理条件中要求 $f(x)$ 有一个积分系统.这个条件在建立实数理论后自然得到满足.

265

5 关于求导公式

由定义不难推出函数乘除运算的求导公式,以及复合函数和反函数的求导公式,详见[12].

为了导出指数和对数函数的求导公式,先给出自然对数函数 $\ln(x)$ 的定义:在曲线 $y=\dfrac{1}{x}$ 之下,x 轴之上,直线 $x=1$ 和 $x=u(u>0)$ 之间的曲边梯形的代数面积,叫作 $\ln(u)$;也就是说:

$$\ln(u)=\int_1^u \frac{1}{x}\mathrm{d}x.$$

这样定义自然对数,不是我们的创造. 在 R. 柯朗的名著《什么是数学》中就是这样定义的. 由定积分的基本性质立刻得到

对数不等式 对于 $x>0$ 和 $x+h>0$, 恒有

$$\frac{h}{x+h}\leqslant \ln(x+h)-\ln(x)\leqslant \frac{h}{x},$$

等式仅当 $h=0$ 时成立.

从上列不等式得 $\dfrac{h}{x+h}-\dfrac{h}{x}\leqslant (\ln(x+h)-\ln(x))-\dfrac{h}{x}\leqslant 0$, 从而

$$\left|(\ln(x+h)-\ln(x))-\frac{h}{x}\right|\leqslant \left|\frac{h^2}{x(x+h)}\right|\leqslant \frac{h^2}{a^2},$$

这说明 $\ln(x)$ 强可导,且 $(\ln(x))'=\dfrac{1}{x}$.

注意到函数 $\ln(ax)$ 和 $\ln(x)$ 的导数都是 $\dfrac{1}{x}$,可见两个函数相差一个常数,即 $\ln(ax)-\ln(x)=C$. 取 $x=1$ 得 $C=\ln(a)$,故有 $\ln(ax)-\ln(x)=\ln(a)$,即 $\ln(ax)=\ln(x)+\ln(a)$;这就证明了对数函数的"加法定理".

由导数为正,可知 $\ln(x)$ 严格递增,由加法定理得 $\ln(2^n)=n\ln(2)$,可见 $\ln(x)$ 无上界又无下界,所以其反函数定义于实数轴 $(-\infty, +\infty)$ 上. 称其反函数为指数函数,记为 $\exp(x)$,则恒有 $\exp(x)>0$,并且有指数函数的乘法定理:

$$\exp(u+v)=\exp(u)\exp(v).$$

记 e＝exp(1)，由乘法定理推出对整数 n 有 $\exp(n)=\mathrm{e}^n$，对有理数 $\dfrac{n}{m}$ 有 $\exp(\dfrac{n}{m})=\mathrm{e}^{\frac{n}{m}}$．所以可用记号 e^x 表示 $\exp(x)$．

在对数不等式中，用 e^x 代替 x，用 $\mathrm{e}^{x+h}-\mathrm{e}^x$ 代替 h，得到

$$\frac{\mathrm{e}^{x+h}-\mathrm{e}^x}{\mathrm{e}^{x+h}}<\ln(\mathrm{e}^x+(\mathrm{e}^{x+h}-\mathrm{e}^x))-\ln(\mathrm{e}^x)<\frac{\mathrm{e}^{x+h}-\mathrm{e}^x}{\mathrm{e}^x}.$$

注意到上式中间部分就是 h，得到 $\dfrac{\mathrm{e}^{x+h}-\mathrm{e}^x}{\mathrm{e}^{x+h}}<h<\dfrac{\mathrm{e}^{x+h}-\mathrm{e}^x}{\mathrm{e}^x}$，略加变形，得到

指数不等式　当 h 不为 0 时，有

$$h\mathrm{e}^x<\mathrm{e}^{x+h}-\mathrm{e}^x<h\mathrm{e}^{x+h}.$$

将上列不等式各部分同减去 $h\mathrm{e}^x$，得到

$$0<(\mathrm{e}^{x+h}-\mathrm{e}^x)-h\mathrm{e}^x<h\mathrm{e}^{x+h}-h\mathrm{e}^x,$$

取绝对值，对其右端再用指数不等式得到

$$\mid(\mathrm{e}^{x+h}-\mathrm{e}^x)-h\mathrm{e}^x\mid<\mid h\mathrm{e}^{x+h}-h\mathrm{e}^x\mid=\mid h(\mathrm{e}^{x+h}-\mathrm{e}^x)\mid<Mh^2,$$

这证明了指数函数是强可导的，且 $(\mathrm{e}^x)'=\mathrm{e}^x$．

再利用等式 $x^k=\mathrm{e}^{k\ln(x)}$ 和复合函数的求导公式，可得一般幂函数的求导公式

$$(x^k)'=kx^{k-1}.$$

以上的推导，比常见的教材上的处理方法简捷得多．

为了推出三角函数的求导公式，只要得到正弦函数的求导公式就够了．为此要用到

三角函数的基本不等式　当 x 不为 0 时有

(1) $\mid\sin(x)\mid\leqslant\mid x\mid$；

(2) $\mid\sin(x)-x\mid\leqslant\mid x\mid^3$．

这里(1)显然;(2)的推导基于 $0 < x < \dfrac{\pi}{2}$ 时的不等式:$\sin(x) < x < \tan(x)$.

同乘 $\cos(x)$ 得 $x\cos(x) < \sin(x) < x$,于是

$$x(\cos(x) - 1) < \sin(x) - x < 0.$$

取绝对值得到我们所要的:

$$|\sin(x) - x| < |x(1 - \cos(x))| = |x\sin^2(x)|/(1 + \cos(x)) < |x|^3.$$

应用上述的不等式和三角函数的和差化积公式,推出

$$
\begin{aligned}
&\left| (\sin(x + h) - \sin(x)) - h\cos(x) \right| \\
={} &\left| 2\sin\left(\frac{h}{2}\right)\cos\left(x + \frac{h}{2}\right) - h\cos(x) \right| \\
\leqslant{} &\left| 2\left(\sin\left(\frac{h}{2}\right) - \frac{h}{2}\right)\cos\left(x + \frac{h}{2}\right) \right| \\
&+ \left| h\left(\cos\left(x + \frac{h}{2}\right) - \cos(x)\right) \right| \\
\leqslant{} &\left| \frac{h^3}{4} \right| + \left| 2h\sin\left(\frac{h}{4}\right)\sin\left(x + \frac{h}{4}\right) \right| \\
\leqslant{} &\left| \frac{h^3}{4} \right| + \frac{h^2}{2} \leqslant 2h^2,
\end{aligned}
$$

这证明了 $\sin(x)$ 强可导,且 $(\sin(x))' = \cos(x)$.

这样,可以推出初等函数在(不包含个别点的)闭区间上强可导(当然也就一致可导).若干细节见[12].

6　讨论和展望

我们看到,不用极限概念不但能严谨地讲述微积分,而且更为清楚简捷.既不需要牛顿的模糊的无穷小,也用不着柯西-维尔斯特拉斯的繁琐的 ε 语言;长期笼罩在微积分学上面的神秘的光环消失了.初看似乎令人惊奇,想想却很自然.所谓极限概念,是用一些不等式与逻辑量词定义一个等式.用这个等式定义导数,以导数为工具研究函数,又推出一些不等式.避开极限概念这个中间环

节,从不等式来推导不等式,不过是自然而然的返璞归真而已. 推理能够自然而直截了当地展开,说明我们所选择的定义抓住了问题的实质. 微分的实质,是差分的主要线性部分;一致可导或强可导的定义不等式,丝毫没有拐弯抹角,开门见山地表述了"微分是差分的主要线性部分"的事实;以此为起点来展开推理,自然势如破竹.

有些习惯了用极限定义导数的老师,认为这里给出的导数的定义来得突兀,思路没有用极限来定义导数显得自然. 所以,有必要阐述一下一致可导或强可导的定义不等式的思考背景.

问题可以上溯到牛顿计算函数 $f(x)=x^2$ 的导数时所遇到的逻辑上的困难. 为计算 $f(x)$ 当在 $x=u$ 处的导数,他先在 h 不为 0 时写出

$$\frac{(u+h)^2-u^2}{(u+h)-u}=\frac{2uh+h^2}{h}=2u+h,$$

然后变着法子要让 $h=0$ 以得出所希望的结果,导致逻辑上不能自圆其说.

为了名正言顺地从上面的表达式右端把 h 去掉而得到 $2u$,数学家想出来一个"极限"的说法:既然不好把 h 一下子变成 0,就让 h 无限地接近 0 吧. 当 h 无限地接近 0 时,$2u+h$ 就会无限地接近 $2u$. 于是,就把 $2u$ 叫作"$2u+h$ 在 h 趋向于 0 的过程中的极限".

极限概念的创立,打了一个成功的擦边球. 用无限接近于 0 代替等于 0,既合理合法,又达到了同样的目的!

但是,什么叫作"无限接近"? 什么叫作"h 趋向于 0 的过程"?

这些都是生活中的语言,即所谓自然语言. 使用自然语言难以进行严谨的数学推理. 必须把自然语言提升为严谨的数学语言. 柯西-维尔斯特拉斯所创立的 ε 语言成功地解决了这个难题.

极限是什么? 不就是"一个变化的量无限接近一个固定的量"吗? 描述这样的过程,一定要用柯西-维尔斯特拉斯提出的那么拗口的定义吗?

例如,要描述"$F(u+h)$ 当 h 趋于 0 时无限接近于 a",有没有比柯西-维尔斯特拉斯定义更简洁明快的办法?

说 $F(u+h)$ 接近于 a,无非是说 $|F(u+h)-a|$ 很小罢了. 很小小到什么程度,$|F(u+h)-a|<0.00001$ 行不行? 不行. 这里要的是无限接近,可能小

到 0.000 001，0.000 000 1，0.000 000 01，…. 总不能在右端写上无穷多个数吧？

不难想到用字母代替数，一个字母不是可以代替无穷多个数吗？

但是，这个字母要代表的是能够无限接近于 0 的正数. 怎样能保证一个字母所代替的数能够无限接近于 0 呢？

解铃还须系铃人！解决问题的思路，常常隐含在问题本身之中. 问题说的是 "$F(u+h)$ 当 h 趋于 0 时无限接近于 a"，这里不是有一个现成的趋于 0 的 h 吗？趋于 0，也就能够无限接近于 0 了. 因此，只要有一个正数 M，使不等式 $|F(u+h)-a|<M|h|$ 成立，就能够保证 $F(u+h)$ 当 h 趋于 0 时无限接近于 a.

具体到导数的定义中，只要有一个正数 M，使不等式

$$\left|\frac{F(x+h)-F(x)}{h}-f(x)\right|\leqslant M|h|$$

成立，就能够保证 $(F(x+h)-F(x))/h$ 当 h 趋于 0 时无限接近于 $f(x)$. 把这个不等式去分母，就得到强可导定义的不等式.

可是，反过来却不一定成立. $F(u+h)$ 当 h 趋于 0 时无限接近于 a，不一定非要 $|F(u+h)-a|<M|h|$ 成立不可. 例如，不等式

$$|F(u+h)-a|<M\sqrt{|h|}$$

也能够保证 $F(u+h)$ 当 h 趋于 0 时无限接近于 a！为了保证反过来也成立，我们在不等式的右端用 $d(|h|)$ 代替 $|h|$，得到一致可导定义中的不等式. 用这样的不等式刻画极限过程在逻辑上和 ε 语言的极限定义是等价的，其证明见 [2].

定义中的不等式（1）和（3）分别可以用等价的等式（2）和（4）来代替，说明导数不过是满足特定方程的函数.

笛卡儿有个梦想：一切问题化为方程.

陈省身说：方程是好的数学.

用方程定义导数的成功，是前辈大师精辟见解的一个例证.

这样一来，微积分中应用最广泛的部分，初学者最难跨越的部分，就变成了初等数学！多数非数学专业的理工科大学生学不懂微积分的现象，即将成为历史.

微积分的初等化，为高等数学教学改革的研究和实践，开辟了一片宽广的

领域. 中学、专科、本科,各种层次的新教材的编写和教学实践有待展开;教学上不同的处理方法以及同样方法的不同细节的选择和取舍有待研究. 例如:

(1) 强可导和一致可导,如何选择?

在教学中采用强可导的概念,好处是推理简捷明快. 虽然比通常的可导条件强一点,但在实用上几乎没有区别.

当然还有其他选择. 例如,把强可导定义中右端的 h^2 项的指数 2 换成一个大于 1 的数等. 如果把一致可导定义中的正常数 M 换成与 x 有关的 $M(x)$,就和通常的在 $[a,b]$ 上可导一样了.

(2) 如何讲实数理论?

在传统微积分教程中,微分学的应用离不开中值定理,而中值定理的证明有赖于罗尔定理,有赖于连续函数在闭区间上取到最值的性质,这就要先建立实数理论. 本文中的论证表明:微分学的一系列应用,例如判别函数的单调性,泰勒公式等,并不依赖于实数理论. 这对于应用于实际计算的构造性的数学分析是有意义的. 也有利于数学分析推理的机械化. 但是,实数理论还涉及反函数的存在,定积分的定义等;如何处理,值得进一步研究.

(3) 关于函数的可积性

本文直接用公理来引入定积分,而没有考虑如何具体定义一个函数的定积分. 不论用哪种定积分的定义,只要满足所提出的公理,文中的推理都成立. 但是,这样留下一个问题:可积函数有哪些? 初等函数的可积性如何保证? 如果不依赖于直观,还是要引进一种积分的定义. 采用黎曼积分的定义,又要用到极限的概念. 如果想避开极限概念,也可以利用上下确界(最小上界和最大下界)来定义定积分. 但不论如何处理,只要涉及定积分的存在性,实数理论好像是避免不了的.

最后应当指出,尽管不用极限概念可以建立微分学,甚至在假定积分存在的条件下还能推出微积分基本定理,但对于整个数学分析而言,极限概念毕竟是不可少的. 例如,无穷级数的求和,奇异积分,都依赖极限概念;许多求极限的问题当然离不开极限概念. 所以,微积分的初等化工作,如果可能,应当包含极限概念的初等化以及实数理论的初等化. 作者在[2]中的一些探索,就是在极限概念初等化方面的努力. 其效果如何,有待进一步的教学实践的检验.

看来由于历史的惯性,在相当长的时期内,数学专业的学生还将学习 ε 语言.而非数学专业的学生在学习微积分时,则可以分为初等微积分和高等微积分两个阶段来学习.初等微积分可以不讲极限和实数理论,但推理过程比现在的高等数学中相应的部分严谨而简明.当学生通过初等的不等式推导掌握了微积分的原理后,进一步学点极限和实数理论时,用新的观点回顾原来的知识,会格外亲切并能更好地理解极限和实数.高等数学教学的这个变革过程可能是艰巨而漫长的,但总会渐渐地实现.长期以来满足于会用而不明白基本原理的高等数学教学,有条件变一变了.

参考文献

[1] 李文林.数学史概论[M].2 版.北京:高等教育出版社,2002:186 - 187,247 - 255.

[2] 张景中,曹培生.从数学教育到教育数学[M].成都:四川教育出版社,1989;台北:九章出版社,1996;北京:中国少年儿童出版社,2005.

[3] 刘宗贵.非 ε 语言一元微积分学[M].贵阳:贵州教育出版社,1993.

[4] 萧治经.D 语言数学分析(上下册)[M].广州:广东高等教育出版社,2004.

[5] 陈文立.新微积分学(上下册)[M].广州:广东高等教育出版社,2005.

[6] 刘宗贵.试用非 ε 语言讲解微积分[J].高等数学研究,2002(3):22 - 24.

[7] 林群.数学也能看图识字[N].光明日报,1997 - 06 - 27(6);人民日报,1997 - 08 - 06(10).

[8] 林群.画中漫游微积分[M].桂林:广西师范大学出版社,1999.

[9] 林群.微分方程与三角测量[M].北京:清华大学出版社,2005.

[10] LIN Q. A Rigorous Calculus to Avoid Notions and Proofs [M]. Singapore, World Scientific Press,2006.

[11] 林群.新概念微积分[A].首届大学数学课程报告论坛论文集[C].北京:高等教育出版社,2005:27 - 32.

[12] 张景中.微积分学的初等化[J].华中师范大学学报(自然科学版),2006(4):475 - 484,487.

4.4　不用极限怎样讲微积分(2008)①

讲微积分必须讲极限,否则就讲不清楚,这几乎是两百年来数学界的共识.但逆反心理总是有的.越说不用极限不能讲微积分,就越有人想打破框框,想不用极限讲微积分.这不,有本书就叫作《不用极限的微积分》(原文:Calculus Without Limit)[1].在网上看到这书名如获至宝,带着激动的心情下载解包急欲一读为快.一看封面,心先凉了一半,原来在书名后面有一条小尾巴:—Almost(图 1).

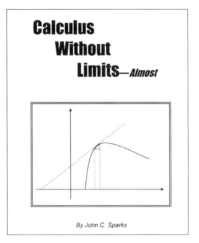

图 1　一本书的封面

这就是说不是不用极限,是"几乎"不用极限.再看内容,就知道了所谓"几乎"不用极限,就是用直观描述代替严谨的极限定义,这和许多微积分的通俗读物本质上没有区别,是模模糊糊的说不清楚的微积分.听有些在大学里讲微积分的老师说,学生根本没有学过微积分还好教,如果学过一些说不清楚的微积分,成了夹生饭,就更不容易教他学懂微积分了.是否真的如此,笔者没有调查研究不敢妄言.但不用极限讲微积分这个题目,就显得更诱人.

笔者五十年前(指 20 世纪 50 年代)学微积分,三十年前(指 20 世纪 70 年代)又教微积分.常常想一个问题:怎样把微积分变得容易些.曾经想过不用 ε-δ 来定义极限[2],但不用极限讲微积分的问题更有意思,在数学教育中更有实际意义.近来在林群先生一系列工作[3,4,5,6]的启发下,偶有所得.自以为是真正实现了不用极限讲微积分,而且是严谨地讲,不用 Almost.其中有些思路好像以前没有人说过,于是抛砖引玉,希望对高中的微积分教学,以及大学里高等数学

---

① 本文原载《数学通报》2008 年第 8 期.

的教学改革有些用处.

1 差商和差商有界的函数

讲这个问题总得有点预备知识,无非是函数、差分、差商.

高中数学课里函数总是要讲的.习惯上只讲一元函数.其实大可不必这么小气,同时提一下多元函数概念有好处.小学里的加减乘除都是二元函数,梯形面积公式就是三元函数,圆面积公式才是一元函数,这样一讲,学生会感到函数不是新来的怪物,是老朋友,更直观更具体.然后先从一元函数来研究,多元函数概念立此存照.有此伏笔,将来把定积分看成区间两端点的二元函数就顺理成章了.

接着要讲函数的递增递减.为判断函数 $f(x)$ 的增减性,最好给学生一个工具,这工具就是差分 $f(x+h)-f(x)$ 或差商 $\dfrac{\Delta y}{\Delta x}=\dfrac{f(x+h)-f(x)}{h}$. 湘教版高中教材讲了差分:当 $h>0$ 时,差分正则函数增,差分负则函数减.人教版高中教材讲了差商:差商正则函数增,差商负则函数减.知道了差分和差商,讲微积分就方便了.不管用不用极限,差分和差商总是要用的.

差商是函数在一个区间上的平均变化率.常见的函数,在有限区间上的差商多是有界的.这类函数很重要,干脆给个定义:

定义 1.1 若函数 $f(x)$ 在区间 I 上有定义,且有正数 M 使得对 I 上任意两点 $u<v$,总有不等式 $|f(v)-f(u)|\leqslant M|v-u|$ 成立,则称 $f(x)$ 在区间 I 上差商有界.也说 $f(x)$ 在区间 I 上满足李普西兹条件(Lipschitz 条件).

定理 1.1 在区间 $[a,b]$ 上差商有界的函数 $f(x)$ 在区间 $[a,b]$ 上必有界.这是因为

$$|f(x)|=|f(a)+f(x)-f(a)|\leqslant|f(a)|+|f(x)-f(a)|$$
$$\leqslant|f(a)|+M|x-a|\leqslant|f(a)|+M|b-a|.$$

例 1.1 求证函数 $y=x^2$ 在区间 $[a,b]$ 上差商有界.

证明 对 $[a,b]$ 上任意两点 $u<v$,总有

$$|f(v)-f(u)|=|v^2-u^2|=|v+u||v-u|\leqslant 2(|a|+|b|)|v-u|.$$

取 $M = 2(|a| + |b|)$，即知函数 $y = x^2$ 在 $[a, b]$ 上差商有界.

例 1.2　求证函数 $y = \sqrt{x}$ 在区间 $[0, 1]$ 上非差商有界，但对于任意的 $a > 0$，它在 $[a, +\infty)$ 上差商有界.

证明　先用反证法证明其在区间 $[0, 1]$ 上非差商有界. 若不然，有正数 M，使得对 $[0, 1]$ 上任意两点 $u < v$，总有不等式 $|\sqrt{v} - \sqrt{u}| \leqslant M |v - u|$ 成立，也就是有 $1 \leqslant M |\sqrt{v} + \sqrt{u}|$ 成立，可见 $2M \geqslant 1$. 取 $u = 0$, $v = \dfrac{1}{4M^2}$ 代入推出 $2 \leqslant 1$，矛盾 (图 2).

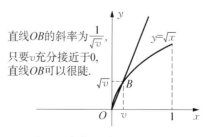

直线 OB 的斜率为 $\dfrac{1}{\sqrt{v}}$，只要 v 充分接近于 0，直线 OB 可以很陡.

图 2　差商无界函数的例子

而当 $a > 0$ 时在 $[a, +\infty)$ 上，由于 $\left| \dfrac{\sqrt{v} - \sqrt{u}}{v - u} \right| = \dfrac{1}{\sqrt{u} + \sqrt{v}} \leqslant \dfrac{1}{2\sqrt{a}}$，可见它是差商有界的.

几何上看，差商有界的函数，其曲线上任意两点所确定的直线的斜率的绝对值有界. 也就是不能太陡.

多项式函数、三角函数、指数函数和对数函数，在有定义的闭区间上，总是差商有界的. 两个差商有界函数的和、积，以及复合函数也是差商有界的.

显然有：

定理 1.2　如果函数 $F(x)$ 在区间 $[a, c]$ 上和区间 $[c, b]$ 上都是差商有界的，则它在区间 $[a, b]$ 上也是差商有界的. 反过来，若函数 $F(x)$ 在区间 $[a, b]$ 上差商有界，则它在 $[a, b]$ 的任意子区间上也是差商有界的.

差商有界的函数，都是规规矩矩的“好函数”. 练习计算函数的差分差商，估计差商的绝对值的上界，难度不大，对进一步学微积分却很有帮助.

2　换一个眼光看三个经典例子

不用极限，如何看待微积分的几个经典案例呢？

例 2.1　用 $S = S(t)$ 表示直线上运动物体在时刻 t 所走过的路程，$V = V(t)$ 表示它在时刻 t 的瞬时速度，则它在时间区间 $[u, v]$ 上的平均速度的大小,应当在$[u,v]$上的某两个时刻的瞬时速度之间.

也就是说,有$[u,v]$上的p和q,使得下面的不等式成立:

$$V(p) \leqslant \frac{S(u)-S(v)}{u-v} \leqslant V(q). \tag{2.1}$$

上式可用语言表达为"函数$S(t)$的差商是$V(t)$的中间值".

要注意的是,尽管学生容易理解"平均速度的大小应当在某两个时刻的瞬时速度之间",但要提炼出不等式(2.1)并不容易.从直观的表述得到数学的符号语言,对学生是很好的锻炼.

例 2.2 记函数$y=F(x)$的曲线上在点x处的切线的斜率为$k(x)$,则过两点$A=(u,F(u))$和$B=(v,F(v))$的割线的斜率,应当在$[u,v]$上的某两个变量值对应的点处切线的斜率之间(图3).

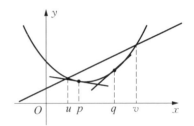

图 3 割线斜率在两切线斜率之间

也就是说,有$[u,v]$上的p和q,使得下面的不等式成立:

$$k(p) \leqslant \frac{F(u)-F(v)}{u-v} \leqslant k(q). \tag{2.2}$$

上式可用语言表达为"函数$F(x)$的差商是$k(x)$的中间值".

上面两个例子,在数学上是一回事.但从平均速度和瞬时速度的问题中,更容易看出一个函数的差商是另一个函数的中值.

例 2.3 考虑$[a,b]$上的函数$f(x)$的曲线和x轴之间的面积.若记$[a,x]$上曲边梯形面积为$F(x)$(如图4),则$[u,v]$上这块面积为$F(v)-F(u)$.如果把这块面积去高补低折合成长为$v-u$的矩形,则矩形的高应当在$[u,v]$上的某两个变量值对应的$f(x)$的值之间(图5).

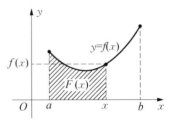

图 4 $[a,x]$上曲边梯形面积为$F(x)$

也就是说,有$[u,v]$上的p和q,使得下面的不等式成立:

$$f(p) \leqslant \frac{F(u) - F(v)}{u - v} \leqslant f(q). \tag{2.3}$$

上式可用语言表达为"函数 $F(x)$ 的差商是 $f(x)$ 的中间值".

注意,我们现在不知道曲边梯形面积的数学定义.但从几何直观上看,这面积应当存在,并且折合成长为 $v - u$ 的矩形后,矩形的高应当在 $[u, v]$ 上这段曲线的某两点高度之间(图 5).

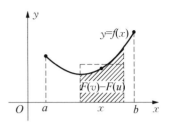

图 5　矩形的高在 $[u, v]$ 上这段曲线的某两点高度之间

上面三个例子中,都涉及两个函数,其中一个函数的差商是另一个函数的中间值.

从这些例子中,提炼出一个问题,这是微积分的基本问题:

若 $f(x)$ 的差商是 $g(x)$ 的中间值,知道了一个函数,如何求另一个?

这个问题解决了,求作曲线切线的问题,求瞬时速度问题,求曲边梯形面积问题,就都解决了.

牛顿和莱布尼兹是天才,他们一下子就想到用无穷小或用极限来解决这些问题.无穷小也好,极限也好,都属于天才的思想,所以长时期内使普通人困惑.普通人的平常的推理,只能想到平常的不等式(2.1),(2.2)和(2.3).对这些不等式,小学生都不会困惑.

问题在于,从这些不等式出发,不借助无穷小或极限概念,能得到问题的答案吗?

3　用平常的推理寻求答案

我们已经从三个经典问题中提炼出来一个数学模型:若函数 $f(x)$ 的差商是 $g(x)$ 的中间值,知道了一个函数,如何求另一个?

为了方便,引入

定义 3.1　若在 I 的任意闭子区间 $[u, v]$ 上,函数 $f(x)$ 的差商都是 $g(x)$ 的中间值,则把 $f(x)$ 叫作 $g(x)$ 在 I 上的甲函数,把 $g(x)$ 叫作 $f(x)$ 在 I 上的乙函数.

显然有

定理 3.1 若 $g(x)$ 是 $f(x)$ 在 $[a, b]$ 上的乙函数,又是 $f(x)$ 在 $[b, c]$ 上的乙函数,则 $g(x)$ 是 $f(x)$ 在 $[a, c]$ 上的乙函数.

这是因为,对于任意的 $u < v < w$,差商 $\dfrac{f(w) - f(u)}{w - u}$ 总在 $\dfrac{f(w) - f(v)}{w - v}$

和 $\dfrac{f(v) - f(u)}{v - u}$ 之间.

学过一些微积分的读者心知肚明,$f(x)$ 的乙函数似乎就应当是 $f(x)$ 的导数. 但是,用甲乙函数之间的差商中值关系能求导数吗?

例 3.1 函数 $g(x) = 2x$ 是 $f(x) = x^2$ 的乙函数.

事实上,对任意 $u < v$,$f(x) = x^2$ 的差商为

$$\frac{f(v) - f(u)}{v - u} = \frac{v^2 - u^2}{v - u} = u + v. \tag{3.1}$$

不等式 $g(u) = 2u \leqslant u + v \leqslant 2v = g(v)$ 表明,$g(x) = 2x$ 是 $f(x)$ 的乙函数.

例 3.2 函数 $g(x) = 3x^2$ 是 $f(x) = x^3$ 的乙函数.

这里有

$$\frac{f(v) - f(u)}{v - u} = \frac{v^3 - u^3}{v - u} = u^2 + uv + v^2, \tag{3.2}$$

当 $uv \geqslant 0$ 时,$u^2 + uv + v^2$ 显然在 $g(u) = 3u^2$ 和 $g(v) = 3v^2$ 之间,这表明,在 $(-\infty, 0]$ 和 $[0, +\infty)$ 上,$g(x) = 3x^2$ 都是 $f(x)$ 的乙函数. 因此在 $(-\infty, +\infty)$ 上函数 $g(x) = 3x^2$ 是 $f(x) = x^3$ 的乙函数.

例 3.3 对任意正整数 n,函数 $g(x) = nx^{n-1}$ 是 $f(x) = x^n$ 的乙函数.

推导类似于上例,从略.

例 3.4 在 $(0, +\infty)$ 上,函数 $g(x) = \dfrac{1}{2\sqrt{x}}$ 是 $f(x) = \sqrt{x}$ 的乙函数.

同样道理,对 $0 < u < v$ 有

$$\frac{f(v) - f(u)}{v - u} = \frac{\sqrt{v} - \sqrt{u}}{v - u} = \frac{1}{\sqrt{v} + \sqrt{u}}. \tag{3.3}$$

不等式 $g(v) = \dfrac{1}{2\sqrt{v}} \leqslant \dfrac{1}{\sqrt{u} + \sqrt{v}} \leqslant \dfrac{1}{2\sqrt{u}} = g(u)$ 表明,$g(x)$ 是 $f(x)$ 的乙

函数.

例 3.5　在$(0, +\infty)$和$(-\infty, 0)$上,函数 $g(x)=\dfrac{-1}{x^2}$ 是 $f(x)=\dfrac{1}{x}$ 的乙

函数.

此时

$$\frac{f(v)-f(u)}{v-u}=\frac{\dfrac{1}{v}-\dfrac{1}{u}}{v-u}=\frac{-1}{uv}. \tag{3.4}$$

不等式 $g(u)=\dfrac{-1}{u^2}\leqslant\dfrac{-1}{uv}\leqslant\dfrac{-1}{v^2}=g(v)$ 表明,$g(x)$是$f(x)$的乙函数.

例 3.6　在$(-\infty, +\infty)$上,函数 $g(x)=\cos x$ 是 $f(x)=\sin x$ 的乙函数.

只要对任意的整数n,证明在$\left[\dfrac{n\pi}{2}, \dfrac{(n+1)\pi}{2}\right]$上函数$g(x)=\cos x$是$f(x)$ $=\sin x$ 的乙函数即可.

注意当$0<h<\dfrac{\pi}{2}$时,有$\sin h<h<\tan h$,从而$\cos h<\dfrac{\sin h}{h}<1.$于是对 $\left[\dfrac{n\pi}{2}, \dfrac{(n+1)\pi}{2}\right]$上的任意两点$u<v$,有:

$$\begin{aligned}\frac{\sin v-\sin u}{v-u}&=\frac{2\sin\left(\dfrac{v-u}{2}\right)\cos\left(\dfrac{v+u}{2}\right)}{v-u}\\&\leqslant\cos\left(\dfrac{v+u}{2}\right).\end{aligned} \tag{3.5}$$

另一方面,有

$$\begin{aligned}\frac{\sin v-\sin u}{v-u}&=\frac{2\sin\left(\dfrac{v-u}{2}\right)\cos\left(\dfrac{v+u}{2}\right)}{v-u}\geqslant\\\cos\left(\dfrac{v-u}{2}\right)&\cos\left(\dfrac{v+u}{2}\right)=\frac{\cos u+\cos v}{2}.\end{aligned} \tag{3.6}$$

这表明,在$\left[\dfrac{n\pi}{2}, \dfrac{(n+1)\pi}{2}\right]$上$\cos x$是$\sin x$的乙函数.从而要证的结论成立.

例 3.7　在$[0, +\infty)$上,函数 $g(x)=\dfrac{3\sqrt{x}}{2}$ 是 $f(x)=x^{\frac{3}{2}}$ 的乙函数.

这个例子计算起来稍繁,但方法大体相同.对 $0 \leqslant u < v$,先计算出

$$\frac{f(v)-f(u)}{v-u} = \frac{(\sqrt{v})^3-(\sqrt{u})^3}{(\sqrt{v})^2-(\sqrt{u})^2} = \frac{u+v+\sqrt{uv}}{\sqrt{u}+\sqrt{v}}. \tag{3.7}$$

再根据 $0 \leqslant u < v$ 和 $u \leqslant \sqrt{uv} \leqslant v$ 估计出:

$$3\sqrt{u}(\sqrt{u}+\sqrt{v}) = 3(u+\sqrt{uv}) \leqslant 2(u+v+\sqrt{uv})$$
$$\leqslant 3(v+\sqrt{uv}) = 3\sqrt{v}(\sqrt{u}+\sqrt{v}). \tag{3.8}$$

从而得到 $\dfrac{3\sqrt{u}}{2} \leqslant \dfrac{u+v+\sqrt{uv}}{\sqrt{u}+\sqrt{v}} \leqslant \dfrac{3\sqrt{v}}{2}$,表明 $g(x) = \dfrac{3\sqrt{x}}{2}$ 是 $f(x)=x^{\frac{3}{2}}$ 的乙函数.

例 3.7 值得注意:所得到的乙函数在包含 0 的区间有定义,但不是差商有界的.

例 3.8 探索问题,$g(x)=3x^2+2ax+b$ 是不是 $f(x)=x^3+ax^2+bx+c$ 的乙函数呢?

如果对 $f(x)$ 分项求乙函数再加起来确实得到 $g(x)$.但是现在还没有证明分项计算乙函数的法则,所以只能直接计算.先求出 $f(x)$ 在 $[u,v]$ 上的差商,记作 $D = \dfrac{f(v)-f(u)}{v-u} = v^2+uv+u^2+a(u+v)+b$,考虑它和 $g(u)$ 以及 $g(v)$ 之差:

$$D-g(u) = v^2-u^2+uv-u^2+a(v-u) = (v-u)(v+2u+a), \tag{3.9}$$

$$g(v)-D = v^2-u^2+v^2-uv+a(v-u) = (v-u)(2v+u+a). \tag{3.10}$$

因为 $(v-u)$ 总是正数,故当 $3u+a \geqslant 0$ 时,(3.9) 和 (3.10) 都非负,即 $g(u) \leqslant D \leqslant g(v)$,说明在 $\left[-\dfrac{a}{3}, +\infty\right)$ 上 $g(x)$ 是 $f(x)$ 的乙函数;当 $3v+a \leqslant 0$ 时,(3.9) 和 (3.10) 都非正,即 $g(v) \leqslant D \leqslant g(u)$,说明在 $\left(-\infty, -\dfrac{a}{3}\right]$ 上 $g(x)$ 也是 $f(x)$ 的乙函数.这肯定了在 $(-\infty, +\infty)$ 上 $g(x)$ 是 $f(x)$ 的乙函数.

上面求出来的乙函数和用取极限方法求出来的导数是一样的. 普普通通的推理和天才巨匠的方法得到了相同的结论. 奇怪的是,这样平常的推理,过去居然没人提到!

由定义直接推出:

定理 3.2 (ⅰ) 函数 $g(x)=0$ 是常数函数 $f(x)=C$ 的乙函数.

(ⅱ) 函数 $g(x)=k$ 是一次函数 $f(x)=kx+b$ 的乙函数.

(ⅲ) 若函数 $g(x)$ 是 $f(x)$ 的乙函数,则函数 $kg(x)$ 是 $kf(x)+c$ 的乙函数.

(ⅳ) 若函数 $g(x)$ 是 $f(x)$ 的乙函数,则函数 $kg(kx+c)$ 是 $f(kx+c)$ 的乙函数.

乙函数还有什么用?

下面的定理说明,乙函数用处很大.

定理 3.3 设在区间 I 上函数 $g(x)$ 是 $f(x)$ 的乙函数. 在 I 的任意子区间 $[u,v]$ 上,若 $g(x)$ 为正,则 $f(x)$ 递增;若 $g(x)$ 为负,则 $f(x)$ 递减;若 $g(x)$ 为 0,则 $f(x)$ 为常数.

根据乙函数的定义就知道,这个命题显然成立.

上面诸例中得到的乙函数其实就是导数. 在当前的高中教材中,根据导数正负判断函数增减是导数的最重要的应用,可是道理说不清楚. 在大学里非数学专业的高等数学课程里,也只能讲一部分道理,不要求完全严谨证明. 因为涉及实数理论、极限概念和连续性,完全说清楚至少要两周的课时. 现在,平平常常的推理就说清楚了,既直观又严谨.

由例 3.8 和定理 3.3,三次函数单调区间的确定以及最大最小值问题就完全而严谨地解决了,新方法的好处露出了冰山一角.

4 导数概念

上面几个例子中找出来的乙函数,除了例 3.7,在有定义的闭区间上都是差商有界的.

差商有界的函数有何特色呢?

定理 4.1(差商有界函数的局部保号性) 设函数 $f(x)$ 在区间 I 上差商有

界,且对任意实数 A 和 $u \in I$ 有 $f(u) > A$(或 $f(u) < A$),则有一个包含 u 的开区间 Δ,使对一切 $x \in \Delta \cap I$ 都有 $f(x) > A$(或 $f(x) < A$).

证明 由 $f(x)$ 在区间 I 上差商有界,有正数 M 使得对于任意 $x \in I$ 有 $| f(x) - f(u) | \leqslant M | x - u |$,也就是

$$f(u) + M | x - u | \geqslant f(x) \geqslant f(u) - M | x - u |. \tag{4.1}$$

于是当 $| x - u | < \dfrac{f(u) - A}{M}\left(\text{或} | x - u | < \dfrac{A - f(u)}{M}\right)$ 时,就有

$$f(x) > f(u) - M \cdot \frac{f(u) - A}{M} = A(\text{或} f(x) < f(u) + M \cdot \frac{A - f(u)}{M} = A). \tag{4.2}$$

证毕.

保号性表明,差商有界函数在每个点处的函数值在某种意义上是有代表性的,它能代表附近一小片的函数值. 这样具有保号性的函数在实际问题中才有意义,才不至于因为自变量的一点误差而引起函数值的大波动,不至产生"差之毫厘,谬以千里"的后果.

一般说来,具有保号性的函数叫作连续函数. 连续函数是一类比差商有界函数更广泛的函数. 上面提到的函数 $y = \sqrt{x}$ 在 $[0, 1]$ 上不是差商有界的,却是连续的. 在中学如果讲连续函数,涉及更多的概念,增加了推理的难度. 从应用范围和思想方法来看,差商有界的函数足够广泛也足够说明思路和方法的实质,但推理要干净利落得多.

进一步看,差商有界的乙函数有何特色呢?

定理 4.2 若在 I 上 $f(x)$ 是 $F(x)$ 的乙函数,且 $f(x)$ 在 I 上差商有界,则有正数 M 使对 I 上的任意两点 u 和 $u + h$,及任意的 $s \in [u, u + h]$(或 $s \in [u + h, u]$)有

$$| F(u + h) - F(u) - f(s)h | \leqslant Mh^2. \tag{4.3}$$

或等价地,当 $h \neq 0$ 时有

$$\left| \frac{F(u + h) - F(u)}{h} - f(s) \right| \leqslant M | h |. \tag{4.4}$$

证明　由乙函数的意义,对 I 上的任意两点 u 和 $u+h$,有 $[u,u+h]$(或 $[u+h,u]$)上的两点 p 和 q,使得

$$f(p) \leqslant \frac{F(u+h)-F(u)}{h} \leqslant f(q), \tag{4.5}$$

将(4.5)的各项同减 $f(s)$ 得

$$f(p)-f(s) \leqslant \frac{F(u+h)-F(u)}{h}-f(s) \leqslant f(q)-f(s). \tag{4.6}$$

注意到 p、q 和 s 都在 u 和 $u+h$ 之间,又因为 $f(x)$ 在 I 上差商有界,故有正数 M 使得

$$\begin{cases} \mid f(q)-f(s) \mid \leqslant M \mid q-s \mid \leqslant M \mid h \mid, \\ \mid f(p)-f(s) \mid \leqslant M \mid p-s \mid \leqslant M \mid h \mid, \end{cases} \tag{4.7}$$

结合(4.6)和(4.7)得到(4.4),去分母后得到(4.3).而(4.3)当 $h=0$ 时仍成立.证毕.

不等式(4.4)表明,当乙函数差商有界时,只要 $h=v-u$ 足够小,甲函数在 $[u,v]$ 上的差商和乙函数在 $[u,v]$ 上的函数值就能非常接近,要多么接近就可以多么接近.也就是说,当时间段足够小的时候,平均速度和瞬时速度的差可以要多么小就多么小.或者说,当函数的曲线上两点足够接近时,过两点的割线的斜率和其中一点处切线的斜率的差,可以要多么小就多么小.这在物理上和几何上都很合理,很符合直观的想象.

现在我们淡化甲函数、乙函数这些临时性的语言,向传统的数学概念靠拢.

定义 4.1(强可导的定义)　设函数 $y=F(x)$ 在 I 上有定义.如果存在一个定义在 I 上的函数 $f(x)$ 和正数 M,使得对 I 上的任意点 x 和 $x+h$(这里 h 可正可负),成立不等式

$$\mid F(x+h)-F(x)-f(x)h \mid \leqslant Mh^2, \tag{4.8}$$

或等价的不等式

$$\left| \frac{F(u+h)-F(u)}{h}-f(u) \right| \leqslant M \mid h \mid, \tag{4.9}$$

则称函数 $y=F(x)$ 在 I 上强可导,并称 $f(x)$ 是 $F(x)$ 的导函数,简称为 $F(x)$

的导数,记作 $F'(x)=f(x)$,或 $y'=f(x)$,或 $\dfrac{\mathrm{d}y}{\mathrm{d}x}=f(x)$.

由定理 4.2 和强可导的上述定义,立刻得到:

推论 4.1 若在 I 上 $f(x)$ 是 $F(x)$ 的乙函数,且 $f(x)$ 在 I 上差商有界,则 $F(x)$ 强可导,且其导数就是 $f(x)$.

强可导函数是否可能有多于一个的导数呢?

定理 4.3(强可导函数的导数唯一性) 若 $F(x)$ 在 I 上强可导,$f(x)$ 和 $g(x)$ 都是 $F(x)$ 的导数,则对一切 $x\in I$,$f(x)=g(x)$.

证明 用反证法.假设有 $x_0\in I$,使得 $f(x_0)-g(x_0)=d\neq 0$.

取 h 使 $x_0+h\in I$ 且 $|h|<\left|\dfrac{d}{4M}\right|$,由 $F(x)$ 强可导,有 $M>0$,使

$$\begin{cases}\left|\dfrac{F(x_0+h)-F(x_0)}{h}-f(x_0)\right|\leqslant M\,|h|,\\[3mm]\left|\dfrac{F(x_0+h)-F(x_0)}{h}-g(x_0)\right|\leqslant M\,|h|,\end{cases} \tag{4.10}$$

于是得

$$\begin{aligned}|d|&=|f(x_0)-g(x_0)|\\&=\left|\left(\dfrac{F(x_0+h)-F(x_0)}{h}-g(x_0)\right)-\left(\dfrac{F(x_0+h)-F(x_0)}{h}-f(x_0)\right)\right|\\&\leqslant\left|\dfrac{F(x_0+h)-F(x_0)}{h}-g(x_0)\right|+\left|\dfrac{F(x_0+h)-F(x_0)}{h}-f(x_0)\right|\\&\leqslant 2M\leqslant|h|<\dfrac{|d|}{2},\end{aligned}$$

$$\tag{4.11}$$

这推出 $2<1$,矛盾.证毕.

定理 4.3 告诉我们,一个函数的乙函数中,至多只有一个是差商有界的,它就是导数.直观上看,它就是例 2.1 中要求的瞬时速度,就是例 2.2 中要求的切线的斜率.

5 导数计算初步

用强可导的定义来计算导数,和前面计算乙函数的方法相比各有千秋.但

用于探索计算的法则,有时更方便,规律性更强.

例 5.1　验证函数 $f(x)=x^3$ 在任意区间 $[a,b]$ 上强可导,且 $(x^3)'=3x^2$.

解　根据函数的差分计算结果得

$$|f(x+h)-f(x)-3x^2h|=|3xh^2+h^3|=|3x+h|h^2 \leqslant 3(|a|+|b|)h^2.$$
$$(5.1)$$

取 $M=3(|a|+|b|)$,由强可导定义,即得所要结论.

例 5.2　验证函数 $F(x)=\dfrac{1}{x}$ 在任意不含 0 的闭区间 $[a,b]$ 上强可导,且 $\left(\dfrac{1}{x}\right)'=-\dfrac{1}{x^2}$.

解　计算函数的差分得到

$$F(x+h)-F(x)=\frac{1}{x+h}-\frac{1}{x}=-\frac{h}{x(x+h)}=-\frac{h}{x^2}+\left(\frac{h}{x^2}-\frac{h}{x(x+h)}\right),$$
$$(5.2)$$

移项,并且设 $m=\min\{|a|,|b|\}$,则有

$$\left|F(x+h)-F(x)-\left(-\frac{h}{x^2}\right)\right|=\left|\frac{h}{x^2}-\frac{h}{x(x+h)}\right|=\left|\frac{h^2}{x^2(x+h)}\right|\leqslant\frac{h^2}{m^3}.$$
$$(5.3)$$

取 $M=\dfrac{1}{m^3}$,由强可导定义即得所要结论.

例 5.3　验证函数 $G(x)=\sqrt{x}$ 在任意不含 0 的闭区间 $[a,b]$ 上强可导,且 $(\sqrt{x})'=\dfrac{1}{2\sqrt{x}}$.

解　计算函数的差商与 $\dfrac{1}{2\sqrt{x}}$ 的差,得到

$$\left|\frac{G(x+h)-G(x)}{h}-\frac{1}{2\sqrt{x}}\right|=\left|\frac{1}{\sqrt{x+h}+\sqrt{x}}-\frac{1}{2\sqrt{x}}\right|$$

$$=\left|\frac{(\sqrt{x+h}-\sqrt{x})}{2\sqrt{x}(\sqrt{x+h}+\sqrt{x})}\right|=\left|\frac{h}{2\sqrt{x}(\sqrt{x+h}+\sqrt{x})^2}\right|\leqslant\left|\frac{h}{8a\sqrt{a}}\right|,$$
$$(5.4)$$

取 $M=\left|\dfrac{h}{8a\sqrt{a}}\right|$，由强可导定义即得所要结论.

例 5.4 验证：（ⅰ）$f(x)=ax+b$ 在任意区间 I 上强可导，且

$$(ax+b)'=a. \tag{5.5}$$

（ⅱ）$f(x)=x^n$（n 为正整数）在任意区间 $[a,b]$ 上强可导，且

$$(x^n)'=nx^{n-1}. \tag{5.6}$$

解 （ⅰ）由于 $|f(x+h)-f(x)-ah|=|a(x+h)-ax-ah|=0\leqslant h^2$，由定义可知 $f(x)=ax+b$ 强可导，且 $f'(x)=a$.

（ⅱ）由于 $f(x+h)-f(x)=(x+h)^n-x^n=nx^{n-1}h+\sum_{k=2}^{n}\mathrm{C}_n^k x^{n-k}h^k$，得

$$|f(x+h)-f(x)-nx^{n-1}h|=\left|\sum_{k=2}^{n}\mathrm{C}_n^k x^{n-k}h^k\right|\leqslant 2^n(|a|+|b|)^{n-2}h^2. \tag{5.7}$$

取 $M=2^n(|a|+|b|)^{n-2}$，由定义可知 $f(x)=x^n$ 强可导，且 $f'(x)=nx^{n-1}$.

由例 5.4(ⅰ)可以推出，常数函数是强可导的，其导数为 0.

上面得到的结论和前面求乙函数所得可谓殊途同归.

下面对求导运算基本法则作初步探讨.

定理 5.1（求导运算的线性性质） 若 $F(x)$ 和 $G(x)$ 都在 $[a,b]$ 上强可导，$f(x)$ 和 $g(x)$ 分别是 $F(x)$ 和 $G(x)$ 的导数，则

（ⅰ）对任意常数 c，$cF(x)$ 在 $[a,b]$ 上强可导，且其导数是 $cf(x)$，即

$$(cF(x))'=cF'(x). \tag{5.8}$$

（ⅱ）$F(x)+G(x)$ 在 $[a,b]$ 上强可导，且其导数为 $f(x)+g(x)$，即

$$(F(x)+G(x))'=F'(x)+G'(x). \tag{5.9}$$

（ⅲ）设 $c\neq 0$，则 $F(cx+d)$ 在 $\left[\dfrac{a-d}{c},\dfrac{b-d}{c}\right]$（或 $\left[\dfrac{b-d}{c},\dfrac{a-d}{c}\right]$）上强可导，且其导数是 $cf(cx+d)$，即

$$(F(cx+d))'=cF'(cx+d). \tag{5.10}$$

证明 （ⅰ）由 $F(x)$ 在 $[a,b]$ 上强可导，$f(x)$ 是 $F(x)$ 的导数，有 $M>0$ 使

$$| F(x+h)-F(x)-f(x)h | \leqslant Mh^2.$$

于是得 $| cF(x+h)-cF(x)-cf(x)h | \leqslant | cM |=M_1h^2$，这证明了所要结论.

（ⅱ）由 $F(x)$ 和 $G(x)$ 都在 $[a,b]$ 上强可导，$f(x)$ 和 $g(x)$ 分别是 $F(x)$ 和 $G(x)$ 的导数，有 $M>0$ 使

$$\begin{cases} | F(x+h)-F(x)-f(x)h | \leqslant Mh^2, \\ | G(x+h)-G(x)-g(x)h | \leqslant Mh^2. \end{cases} \tag{5.11}$$

立得

$$| (F(x+h)+G(x+h))-(F(x)+G(x))-(f(x)+g(x))h | \leqslant 2Mh^2. \tag{5.12}$$

这证明了所要结论（这个法则如果用乙函数的办法推导可要辛苦多了，不信你试试）.

（ⅲ）由 $F(x)$ 在 $[a,b]$ 上强可导，$f(x)$ 是 $F(x)$ 的导数，有 $M>0$ 使在 $[a,b]$ 上有

$$| F(x+h)-F(x)-f(x)h | \leqslant Mh^2.$$

记

$$\begin{cases} u=cx+d, \\ v=c(x+h)+d, \\ R(x)=F(u)=F(cx+d), \\ R(x+h)=F(v)=F(c(x+h)+d), \\ r(x)=cf(cx+d). \end{cases} \tag{5.13}$$

则当 x 和 $x+h$ 在 $\left[\dfrac{a-d}{c},\dfrac{b-d}{c}\right]$（或 $\left[\dfrac{b-d}{c},\dfrac{a-d}{c}\right]$）上时，对应的 u 和 v 在 $[a,b]$ 上. 此时有

$$| R(x+h)-R(x)-r(x)h |=| F(c(x+h)+d)-F(cx+d)-cf(cx+d)h |=| F(v)-F(u)-f(u)(v-u) | \leqslant M(v-u)^2=(Mc^2)h^2. \tag{5.14}$$

这证明了 $R(x)=F(u)=F(cx+d)$ 强可导,导数为 $r(x)=cf(cx+d)$.

至此,多项式求导问题已经完全解决了.

利用强可导的定义不等式,有时可以做方便的近似计算,例如求平方根的近似值.

例 5.5 用例 5.3 中得到的不等式 (5.4) 估计 $\sqrt{4.04}$.

解 在不等式 (5.4) 中,取 $x=a=4$, $h=0.04$, 去分母得到

$$\left| \sqrt{4.04} - \sqrt{4} - \frac{0.04}{2\sqrt{4}} \right| \leqslant \frac{0.04^2}{8 \times 4 \times \sqrt{4}} = 0.000\,025.$$

亦即 $\left| \sqrt{4.04} - 2.01 \right| \leqslant 0.000\,025$.

可见 $\sqrt{4.04} \approx 2.01$,误差不超过 $0.000\,025$.

6 导数的性质及其和乙函数的关系

从定理 4.3 和定理 5.1 的证明看到,不等式 (4.8) 和 (4.9) 是很方便的工具.定理 4.2 指出,从差商有界的乙函数可以推出这两个不等式.反过来呢? 下面就来探讨这个问题.

定理 6.1(强可导函数的导函数差商有界) 设 $F(x)$ 在 I 上强可导,$F'(x)=f(x)(x \in I)$,则存在 $M>0$,使得对任意 u, $v \in I$,有 $\left| f(u)-f(v) \right| \leqslant M \left| u-v \right|$.

证明 记 $h=u-v$,由强可导定义可知有 $M>0$,使对任意 u, $v \in I$,有

$$\begin{cases} \left| F(u)-F(v)-f(v)h \right| \leqslant Mh^2, \\ \left| F(v)-F(u)-f(u)(-h) \right| \leqslant Mh^2. \end{cases} \tag{6.1}$$

于是有

$$\left| (f(u)-f(v))h \right|$$
$$= \left| (F(u)-F(v)-f(v)h) + (F(v)-F(u)-f(v)(-h)) \right|$$
$$\leqslant \left| (F(u)-F(v)-f(v)h) \right| + \left| (F(v)-F(u)-f(v)(-h)) \right| \leqslant 2Mh^2.$$
$$\tag{6.2}$$

两端约去 $\left| h \right|$,即得所要的结论.

定理 6.2(导数不变号则函数单调)　若 $F(x)$ 在 $[a, b]$ 上强可导,其导数 $f(x)$ 在 $[a, b]$ 上恒非负,则 $F(x)$ 在 $[a, b]$ 上单调不减;若 $f(x)$ 在 $[a, b]$ 上恒非正,则 $F(x)$ 在 $[a, b]$ 上单调不增.

证明　设 $f(x)$ 在 $[a, b]$ 上恒非负.

用反证法. 设对于 $[a, b]$ 上任意的 $[u, u+h](h>0)$,有

$$F(u+h) - F(u) = d < 0. \tag{6.3}$$

取整数 $n > \dfrac{2Mh^2}{|d|}$,将区间 $[u, u+h]$ 等分为 n 段,其中必有一段 $\left[v, v+\dfrac{h}{n}\right]$ 使得

$$F\left(v+\frac{h}{n}\right) - F(v) \leqslant \frac{d}{n} < 0. \tag{6.4}$$

因为 $f(v) \geqslant 0$,由强可导定义得:

$$\left|\frac{d}{n}\right| \leqslant \left|F\left(v+\frac{h}{n}\right) - F(v) - f(v)\left(\frac{h}{n}\right)\right| \leqslant M\left(\frac{h}{n}\right)^2. \tag{6.5}$$

于是 $|nd| < Mh^2$,由 $n > \dfrac{2Mh^2}{|d|}$ 推出 $2 < 1$,矛盾. 这证明了 F 在 $[a, b]$ 上单调不减.

若 $f(x)$ 在 $[a, b]$ 上恒非正,则 $-f(x)$ 在 $[a, b]$ 上恒非负,于是 $-F(x)$ 在 $[a, b]$ 上单调不减,从而 $F(x)$ 在 $[a, b]$ 上单调不增. 证毕.

定理 6.3(估值定理)　若 $F(x)$ 在 I 上强可导,其导数为 $f(x)$. 则对 I 上任意两点 $u<v$,总有 $[u, v]$ 上的两点 p 和 q,使有

$$f(p)(v-u) \leqslant F(v) - F(u) \leqslant f(q)(v-u). \tag{6.6}$$

证明　在 $[u, v]$ 上构造一个函数

$$G(x) = F(x) - \frac{(F(v) - F(u))(x-u)}{v-u}. \tag{6.7}$$

则有 $G(u) = G(v)$,并且 $G(x)$ 强可导,

$$G'(x) = f(x) - \frac{F(v) - F(u)}{v-u}. \tag{6.8}$$

若 $G'(x)$ 在 $[u,v]$ 上不变号, 由定理 6.2 知 $G(x)$ 单调, 由 $G(u)=G(v)$ 推出 $G(x)$ 在 $[u,v]$ 上为常数, 从而恒有 $G'(x)=0$, 从 (6.8) 推出 (6.6); 若 $G'(x)$ 在 $[u,v]$ 上变号, 即有 $[u,v]$ 上的两点 p 和 q, 使 $G'(p)<0$ 而 $G'(q)>0$, 从 (6.8) 也推出 (6.6). 证毕.

综合定理 6.3、定理 6.1 和推论 4.1, 得到我们所期待的预料中的结论:

定理 6.4 函数 $F(x)$ 在 $[a,b]$ 上强可导且 $F'(x)=f(x)$ 的充要条件, 是 $F(x)$ 在 $[a,b]$ 上有差商有界的乙函数 $f(x)$.

至此, 在强可导的意义下, 导数和乙函数的关系水落石出. 这样, 一方面把常常使人困惑的导数概念化为清清楚楚的乙函数概念, 另一方面把找寻乙函数的计算化为比较简便的有章可循的导数计算. 所有这一切, 都绕过了极限和无穷小.

下面的推论都是显然的.

推论 6.1(导数的正负和函数增减性的关系) 若函数 F 在 $[a,b]$ 上强可导, $F'(x)=f(x)$, 则

(1) 若 $f(x)$ 在 $[a,b]$ 上恒非负(正), 且不在 $[a,b]$ 的任何子区间上恒等于 0, 则 $F(x)$ 在 $[a,b]$ 上严格递增(减);

(2) 若 $f(x)$ 在 $[a,b]$ 上恒为 0, 则 $F(x)$ 在 $[a,b]$ 上为常数.

推论 6.2(导数相等的函数仅相差一常数) 若 $F(x)$ 和 $G(x)$ 都在 $[a,b]$ 上强可导, $F(x)$ 和 $G(x)$ 的导数都是 $f(x)$, 则 $(F(x)-G(x))$ 在 $[a,b]$ 上为常数.

推论 6.3 若 $F(x)$ 在 $[a,b]$ 上强可导且 $F(a)=F(b)$, $F'(x)=f(x)$. 若 $F(x)$ 在 $[a,b]$ 上不是常数, 则必有 $p\in[a,b]$ 和 $q\in[a,b]$, 使得 $f(p)<0<f(q)$.

7 定积分和微积分基本定理

直观地说, 函数 $f(x)$ 在区间 $[u,v]$ 上的定积分, 就是 $f(x)$ 在 $[u,v]$ 上的这段函数曲线和 x 轴之间的这片曲边梯形的代数面积. 所谓代数面积, 就是说, 曲线在 x 轴上方部分的面积为正, 下方部分面积为负, 正负相加得到的结果 (图 6).

给了区间 I 上的函数 $f(x)$,对于 I 中任意两点 $u<v$,对应于 $f(x)$ 在 $[u,v]$ 上的曲边梯形的代数面积,可以看成二元函数 $S(u,v)$ 的值. $S(u,v)$ 应当满足两个条件. 一个条件是面积的可加性,即 $[u,v]$ 上的面积加上 $[v,w]$ 上的面积,等于 $[u,w]$ 上的面积;另一个条件是 $[u,v]$ 上的面积

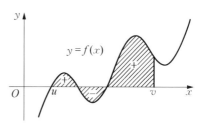

图 6　曲边梯形的代数面积

和区间 $[u,v]$ 的长度之比,应当是 $f(x)$ 在 $[u,v]$ 上的平均值. 根据面积的这些直观的性质,抽象出下面的定义.

定义 7.1(积分系统和定积分)　设 $f(x)$ 在区间 I 上有定义,如果有一个二元函数 $S(u,v)(u\in I,v\in I)$,满足

（ⅰ）可加性:对 I 上任意的 u,v,w 有 $S(u,v)+S(v,w)=S(u,w)$;

（ⅱ）中值性:对 I 上任意的 $u<v$,在 $[u,v]$ 上必有两点 p 和 q 使得 $f(p)(v-u)\leqslant S(u,v)\leqslant f(q)(v-u)$;

则称 $S(u,v)$ 是 $f(x)$ 在 I 上的一个积分系统.

如果 $f(x)$ 在 I 上有唯一的积分系统 $S(u,v)$,则称 $f(x)$ 在(I 的子区间)$[u,v]$ 上可积,并称数值 $S(u,v)$ 是 $f(x)$ 在 $[u,v]$ 上的定积分,记作 $S(u,v)=\int_u^v f(x)\mathrm{d}x$. 表达式中的 $f(x)$ 叫作被积函数,x 叫作积分变量,u 和 v 分别叫作积分的下限和上限. 用不同于 u,v 的其他字母(如 t)来代替 x 时,$S(u,v)$ 数值不变.

根据定义直接验证,可得下面的定理.

定理 7.1　设 $S(u,v)$ 是 $f(x)$ 在 I 上的一个积分系统,c 是 I 上的一个点,令 $F(x)=S(c,x)$,则在 I 上 $f(x)$ 是 $F(x)$ 的乙函数;反过来,若在 I 上 $f(x)$ 是 $F(x)$ 的乙函数,令 $S(u,v)=F(v)-F(u)$,则 $S(u,v)$ 是 $f(x)$ 在 I 上的一个积分系统.

现在可以轻松地得到一个重要的结论了.

定理 7.2(微积分基本定理)　设 $F(x)$ 在 I 上强可导,$F'(x)=f(x)$. 令 $S(u,v)=F(v)-F(u)$,则 $S(u,v)$ 是 $f(x)$ 在 I 上的唯一积分系统,从而有

$$\int_u^v f(x)\mathrm{d}x=F(v)-F(u). \tag{7.1}$$

等式(7.1)就是著名的牛顿-莱布尼兹公式.

证明　由定理6.4，$F'(x)=f(x)$是$F(x)$的乙函数. 由定理7.1推出$S(u,v)=F(v)-F(u)$是$f(x)$在I上的积分系统.

下面证明$S(u,v)$是$f(x)$在I上的唯一积分系统.

设$R(u,v)$也是$f(x)$在I上的积分系统. 取I上任一定点c，令$G(x)=R(c,x)$，则由定理7.1，在I上$f(x)$是$G(x)$的乙函数；又由定理6.4可知$f(x)$在I上差商有界，于是仍由定理6.4(或推论4.1)推出$G(x)$在I上强可导，且$G'(x)=f(x)$.

由推论6.2，在I上$F(u)-G(u)=F(v)-G(v)$为常数，故有

$$R(u,v)=G(v)-G(u)=F(v)-F(u)=S(u,v).$$

这证明了$S(u,v)$是$f(x)$在I上的唯一积分系统，由定义知道定积分记号合理，从而由$S(u,v)=F(v)-F(u)$得等式(7.1)，证毕.

实际上，微积分基本定理从一开始就蕴含在"$F(x)$的差商是$f(x)$的中值"这个基本思路之中. 也就是说，甲函数和乙函数的概念，实质上就已经给出了牛顿-莱布尼兹公式. 本节的定义和推导，不过是数学形式的严谨化而已.

8　结束语

至此，我们完全不用极限而建立了微积分的框架. 所有的定义和推理过程都是初等而严谨的.

在高中数学课程中，要求学生会用微积分方法解决一些实际问题. 这些应用的理论依据主要是两条，一条是导数正则函数增，另一条是微积分基本定理. 这两条在现在的高中教材中都是不能证明的，甚至在大学里非数学专业的高等数学教材中也是不要求完整证明的. 对如此重要的定理学生只能知其然而不知其所以然，这是高等数学教学中长期未能解决的难题.

但愿本文的方法能够化解这个难题. 这不仅是数学问题，更是教学实践才能作出最终回答的问题.

采用强可导的概念，还有不少事情要做. 例如对数函数和指数函数的求导方法，求导法则的推导方法，泰勒公式的推导方法，等等. 这些虽然已经超出现

行课程标准的范围,但毕竟是教师应当了解的.限于篇幅,这里不再展开.如果将文中差商有界的条件降低为一致连续,用非常类似的方法可以证明文中所有结果的类似命题,可参看[7,8,9,10].

当然,极限毕竟是要学的.学了些微积分的基础知识再学极限,也许更容易理解.因为例子更丰富,更现成了.

微积分入门教学难是被广泛关注的问题,愿本文的方案能起到抛砖引玉的作用,欢迎大家批评指正.

参考文献

[1]　SPARKS J C. Calculus Without Limit：Almost [M]. Blomington：Author House，2005.

[2]　张景中,曹培生. 从数学教育到教育数学[M]. 成都:四川教育出版社,1989;台北:九章出版社,1996;北京:中国少年儿童出版社,2005.

[3]　林群. 数学也能看图识字[N]. 光明日报,1997 - 06 - 27(6);人民日报,1997 - 08 - 6(10).

[4]　林群. 画中漫游微积分[M]. 桂林:广西师范大学出版社,1999.

[5]　林群. 微分方程与三角测量[M]. 北京:清华大学出版社,2005.

[6]　LIN Q. A Rigorous Calculus to Avoid Notions and Proofs [M]. Singapore，World Scientific Press,2006.

[7]　张景中. 微积分学的初等化[J]. 华中师范大学学报(自然科学版),2006(4):475 - 484，487.

[8]　张景中. 把高等数学变得更容易——谈微积分的初等化[A]. 大学数学课程报告论坛组委会. 大学数学课程报告论坛论文集:2006[C]. 2007:13 - 23.

[9]　张景中. 把高等数学变得更容易[J]. 高等数学研究,2007(6):2 - 7.

[10]　张景中. 定积分的公理化定义方法[J]. 广州大学学报(自然科学版),2007(6):1 - 5.

4.5 微积分基础的新视角(2009)①

摘 要:微积分是大学数学教学的难点,也是数学机械化研究的重点.如能将其初等化,不仅能解决微积分学教学的难点,同时也能为微积分学的机械化研究提供另一条切实可行的途径.目前国内外学者在微积分初等化方面做了一些工作,但他们所给出的微分与积分定义中的不等式都来源于极限定义所采用的不等式.本文提出了一个函数差商是另一个函数的中值的概念,这个概念刻画了原函数与导数的本质特征.在此基础上,得到了强可导和一致可导的充分必要条件并给出了积分系统更直观的定义.由此,简单完整地建立起了基于初等数学的微积分系统,为微积分系统机械化作了必要的准备;另外,本文的结果也显示了微积分学中许多常用定理的成立不依赖于实数理论的建立.

关键词:微积分初等化;数学机械化;导数;积分

1 引言

从牛顿和莱布尼兹时代算起,微积分学已有三百多年的历史.这段精彩的历史可见文献[1].百余年来,大学数学教材里一直是按照那时形成的理论讲授微积分的基础内容.

微积分的严格化基于所谓 $\varepsilon\text{-}\delta$ 语言的极限概念的引进.而这样表述的极限概念已经成为初学者学习高等数学之路上的一道关卡.如何使微积分入门教学变得容易,是国际数学教育领域的百年难题.张景中在文献[2]中提出了一种"非 ε 语言的极限概念",以克服微积分入门教学的困难.目前(指 2009 年)已有三种教材[3-5]采用了文献[2]中的方法,并在教学实践中取得很好的效果[6].但是,文献[2]中仅仅是对极限概念给出一种新的表述方法,即用一个简单的不等

---

① 本文原载《中国科学》(A 辑:数学)2009 年第 2 期(与冯勇合作).

式刻画极限过程,并没有实现微积分的初等化.

近年来,林群致力于微积分初等化的努力引人注目[7-9].他发现(参考文献[7]第32页),采用"一致微商"的定义可以大大简化微积分基本定理的论证.把"一致微商"的思想和文献[2]中以不等式刻画极限过程的思路结合起来,就是林群在文献[10]中所提出的微积分的初等化的方案.

张景中在文献[11]中,用与文献[12]不同的方式实现了微分学的初等化.后来在文献[13]中,又采用公理化的方法实现了定积分的初等化,从而完整地建立起了基于初等数学的微分系统和积分系统.

本文提出了一个函数的差商是另一个函数的中值的概念,它刻画了原函数和导函数的本质特征.在这个概念的基础上,探索出了最直观的积分系统的定义,并得到了强可导和一致可导的充分必要条件.由此,简单完整地建立起了基于初等数学的微积分系统,为微积分系统机械化作了必要的准备.另一方面,在传统的微积分中,很多定理的证明要用中值定理,例如,导数正则函数增,泰勒公式等,而中值定理的证明要用实数理论.那么,这些定理的成立是不是依赖实数理论? 本文的结果澄清了这些问题:它们不依赖实数理论.

2　导数和定积分的初等定义

本节介绍文献[11,13]中所给出的导数和积分系统及其相关的定义.

定义 2.1(函数的一致连续)　设 $f(x)$ 是定义在区间 $[a,b]$ 上的函数,若对于 $\forall x \in [a,b]$ 和任意的 h,均有下列不等式成立:

$$|f(x+h)-f(x)| \leqslant d(|h|), \tag{1}$$

其中, $d(h)$ 为在 $(0,A]$ 上与点 x 无关的正值单调不减函数,并且倒数无界.则称 $f(x)$ 在 $[a,b]$ 上一致连续.

定义 2.2(一致可导)　设函数 $F(x)$ 在 $[a,b]$ 上有定义.如果存在一个在 $[a,b]$ 上有定义的函数 $f(x)$ 和正数 M,使得对 $[a,b]$ 上任意的 x 和 $x+h$,有下列不等式:

$$|F(x+h)-F(x)-f(x)h| \leqslant M|h|d(|h|), \tag{2}$$

其中, $d(h)$ 为在 $(0,b-a]$ 上与点 x 无关的正值单调不减函数,并且倒数无界.

则称 $F(x)$ 在 $[a,b]$ 上一致可导,并且称 $f(x)$ 是 $F(x)$ 的导数,记作 $F'(x)=f(x)$.

在定义 2.2 中取 $d(x)=x$,就是强可导的定义,可见强可导蕴含一致可导,且导数相同.利用以上的定义,容易证明:

定理 2.1 设 $F(x)$,$G(x)$ 一致(强)可导,并且导数分别是 $f(x)$ 和 $g(x)$,则

(1) 对任意常数 c,$cF(x)$ 一致(强)可导,且其导数是 $cf(x)$;

(2) $F(x)+G(x)$ 一致(强)可导,且其导数为 $f(x)+g(x)$;

(3) $F(cx+d)$ 一致(强)可导,且其导数是 $cf(cx+d)$.

关于积分系统有如下定义:

定义 2.3(积分系统) 设 $f(x)$ 在区间 $[a,b]$ 上有定义;如果有一个二元函数 $S(u,v)(u\in[a,b],v\in[a,b])$,满足

（Ⅰ）可加性:对 $[a,b]$ 上任意的 w_1,w_2,w_3,有 $S(w_1,w_2)+S(w_2,w_3)=S(w_1,w_3)$;

（Ⅱ）非负性:在 $[a,b]$ 的任意子区间 $[w_1,w_2]$ 上,如果 $m\leqslant f(x)\leqslant M$,就必然有 $m(w_2-w_1)\leqslant S(w_1,w_2)\leqslant M(w_2-w_1)$;

则称 $S(u,v)$ 是 $f(x)$ 在 $[a,b]$ 上的一个积分系统.如果 $f(x)$ 在 $[a,b]$ 上有唯一的积分系统 $S(u,v)$,则称 $f(x)$ 在 $[a,b]$ 上可积,并称数值 $S(w_1,w_2)$ 为 $f(x)$ 在 $[w_1,w_2]$ 上的定积分,记作 $S(w_1,w_2)=\int_{w_1}^{w_2}f(x)\mathrm{d}x$.表达式中的 $f(x)$ 称为被积函数,x 称为积分变量,w_1 和 w_2 分别称为积分的下限和上限;用不同于 w_1,w_2 的其他字母(如 t)来代替 x 时,$S(w_1,w_2)$ 数值不变.

上述两个定义都没有用到极限概念,比传统教材上的导数和黎曼积分的定义简明得多,以此为基础建立起来的微积分学也很容易被学生接受和掌握.

注意在定义 2.3 中,积分系统要满足的非负性是一个非严格的不等式.但按照通常定积分的几何意义就是曲线与坐标轴所围成的面积,当然面积满足严格不等式.所谓严格不等式就是

定义 2.4(积分严格不等式) 设 $S(u,v)$ 是 $f(x)$ 在区间 $[a,b]$ 上的一个积分系统,在任意的子区间 $[w_1,w_2]\subseteq[a,b]$ 上,如果 $m<f(x)<M$,就必有 $m(w_2-w_1)<S(w_1,w_2)<M(w_2-w_1)$,则称积分系统 $S(u,v)$ 在区间 $[a,$

b]上满足积分严格不等式.

我们不禁要问,满足定义 2.3 的积分系统是否一定满足积分严格不等式呢? 回答是否定的. 一个反例就是在区间[1,2]上,定义如下函数

$$f(x)=\begin{cases}1, & x \text{ 为无理数};\\ \dfrac{1}{n}, & x=\dfrac{m}{n}, \text{其中} m, n \text{ 为互素的正整数}.\end{cases}$$

在[1,2]上定义二元函数:$S(u, v)=0$. 可以验证该二元函数满足定义 2.3 中的条件(Ⅰ)和(Ⅱ),因此它是函数 $f(x)$ 在[1,2]上的积分系统,但该积分系统不满足积分严格不等式,即在[1,2]上,虽然 $0 < f(x)$ 成立,但是 $S(u, v)=0$.

对定义 2.3 进一步研究可知,若 $S(u, v)$ 是 $f(x)$ 在[a, b]上的一个积分系统,令 $G(x)=S(a, x)$,由于它满足可加性,所以 $S(u, v)$ 可以写成如下的等价形式:

$$S(u, v)=S(a, v)-S(a, u)=G(v)-G(u).$$

在文献[13]中,估值定理的证明要求 $f(x)$ 一致连续,本文证明,如果积分系统满足积分严格不等式,则可以得到估值定理.

定理 2.2(估值定理)　假设 $S(x, y)=G(y)-G(x)$ 是 $f(x)$ 在[a, b]上定义的积分系统,并且满足积分严格不等式,则对于任意的子区间[u, v]$\subseteq$[a, b],都存在 $x_1, x_2 \in [u, v]$ 使得下式成立:

$$f(x_1)(v-u) \leqslant G(v)-G(u) \leqslant f(x_2)(v-u). \tag{3}$$

证明　用反证法证明定理. 假设不存在 $x_1 \in [u, v]$,使得不等式 $f(x_1)(v-u) \leqslant G(v)-G(u)$ 成立,这意味着对任意的 $x \in [u, v]$,恒有

$$f(x) > \frac{G(v)-G(u)}{v-u}. \tag{4}$$

将区间[u, v]等分成 2 段,中点记为 w. 由积分系统 $S(u, v)$ 满足积分严格不等式可知:

$$G(w)-G(u) > \frac{1}{2}(G(v)-G(u)),$$

$$G(v) - G(w) > \frac{1}{2}(G(v) - G(u)).$$

将上两式相加可得:

$$G(v) - G(u) > G(v) - G(u).$$

矛盾,即证明了在区间 $[u,v]$ 上,不可能恒有不等式(4)成立,从而证明了存在 $x_1 \in [u,v]$,使得不等式(3)成立. 同理可证存在 $x_2 \in [u,v]$,使得不等式 $G(v) - G(u) \leqslant f(x_2)(v-u)$ 成立. 定理证毕.

3 积分与微分的新视角

首先回顾高等数学中的定积分. 设 $f(x)$ 是定义在区间 $[a,b]$ 上的函数,如图1所示. $f(x)$ 在 $[u,v]$ 上积分的几何意义就是 $f(x)$、x 轴、直线 $x=u$、$x=v$ 所围的面积. 若记 $[a,x]$ 上曲边梯形面积为 $F(x)$,则在 $[u,v]$ 上这块面积为 $F(v) - F(u)$. 如果把这块面积去高补低折合成长为 $v-u$ 的矩形,则矩形的高应当在 $[u,v]$ 上的某两个变量值对应的 $f(x)$ 的值之间. 也就是说,存在 $[u,v]$ 上的点 p 和 q,使得下面的不等式成立:

$$f(p) \leqslant \frac{F(v) - F(u)}{v - u} \leqslant f(q). \tag{5}$$

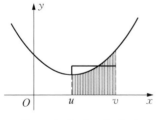

图 1 积分的几何意义

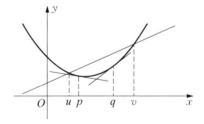

图 2 割线与切线

接下来再看一看高等数学中定义的导数. 设函数 $F(x)$ 在区间 $[a,b]$ 上有定义,如图2所示,$F(x)$ 在 $[a,b]$ 任意点的导数,其几何意义就是函数在这一点的切线的斜率,对区间 $[a,b]$ 上任意两点 u,v,过 $(u,F(u))$,$(v,F(v))$ 的割线的斜率一定介于区间$[u,v]$上的某两点p,q的切线斜率之间.同样地,若将导数看成是物体在某一时刻的速度,则物体在时间段$[u,v]$内有快有慢,但在这一段的平均速度一定介于某两个时刻的速度之间.即,一定存在某个时刻p的速度不大于其平均速度,也一定存在某个时刻q的速度不小于其平均速度.写成数学表达式仍为不等式(5).

根据以上的分析,关系式(5)反映了导数和积分的本质特征,方便引入以下定义.

定义 3.1 设$F(x)$和$f(x)$为在$[a,b]$上定义的两个函数,对任意区间$[u,v]\subseteq[a,b]$均存在$p\in[u,v]$和$q\in[u,v]$满足不等式(5).则称$F(x)$的差商是$f(x)$的中值.

若$f(x)$的差商是$g(x)$的中值,求导数和求积分的问题实际上就是知道了一个函数求另一个函数的问题.

有了以上的定义,下面用一个函数的差商是另一个函数的中值来刻画积分和微分.首先有如下定理:

定理 3.1 设$S(u,v)$为$f(x)$在$[a,b]$上的积分系统,并且满足积分严格不等式.在$[a,b]$上取一点c,令$F(x)=S(c,x)$,则在$[a,b]$上$F(x)$的差商是$f(x)$的中值;反之,若在$[a,b]$上$F(x)$的差商是$f(x)$的中值,令$S(u,v)=F(v)-F(u)$,则$S(u,v)$是$f(x)$在$[a,b]$上的一个积分系统,并且满足积分严格不等式.

证明 由估值定理2.2,可知定理的前半部分正确.关于定理后半部分的证明,只需注意到$S(u,v)=F(v)-F(u)$满足可加性,以及在$[a,b]$上$F(x)$的差商是$f(x)$的中值蕴含了$S(u,v)$的非负性,且满足严格的不等式.于是就完成了证明.

在定义2.3中,积分系统不一定满足积分严格不等式,但常用的积分系统都满足积分严格不等式.如果我们只对满足积分严格不等式的积分系统感兴趣,由定理3.1知,可用下面更直观的定义来代替以前所给出的积分系统的定义.

定义 3.2(积分系统和定积分) 设$f(x)$在区间$[a,b]$上有定义,如果存在一个二元函数$S(x,y)$,$x\in[a,b]$,$y\in[a,b]$,满足

（Ⅰ）可加性:对$[a,b]$上任意的u,v,w有$S(u,v)+S(v,w)=S(u,$

w);

（Ⅱ）中值性：对 $[a, b]$ 上任意的 $u < v$，在 $[u, v]$ 上必有两点 p 和 q，使得

$$f(p)(v-u) \leqslant S(u, v) \leqslant f(q)(v-u);$$

则称 $S(x, y)$ 是 $f(x)$ 在 $[a, b]$ 上的一个积分系统. 如果 $f(x)$ 在 $[a, b]$ 上有唯一的积分系统 $S(x, y)$，则称 $f(x)$ 在 $[a, b]$ 上可积，并称数值 $S(u, v)$ 是 $f(x)$ 在 $[u, v]$ 上的定积分，记作 $S(u, v) = \int_u^v f(x)\mathrm{d}x$，表达式中的 $f(x)$ 称为被积函数，x 为积分变量，u 和 v 分别为积分的下限和上限. 用不同于 u, v 的其他字母（如 t）来代替 x 时，$S(u, v)$ 数值不变.

以下来探讨 $f(x)$ 在什么条件下存在唯一积分系统，该积分系统就是它的定积分.

定理 3.2 设在 $[a, b]$ 上，$F(x)$ 的差商是 $f(x)$ 的中值，且 $f(x)$ 一致连续，则 $f(x)$ 在 $[a, b]$ 上具有唯一积分系统 $S(x, y) = F(y) - F(x)$，其中，$x, y \in [a, b]$.

证明（反证法） 假设存在 $G(x)$ 满足关系式(5)和 $u, v \in [a, b]$，使得 $G(v) - G(u) \neq F(v) - F(u)$. 即有常数 $c > 0$，使得 $c = |G(v) - G(u) - F(v) + F(u)| > 0$. 将 $[u, v]n$ 等分，令 $h = (v-u)/n$，等分点分别记为 $u = x_0$，$x_1, \cdots, x_n = v$. 对于任意等分点 x_i，由公式(5)可得：

$$f(\xi_1^i)h \leqslant F(x_i + h) - F(x_i) \leqslant f(\xi_2^i)h,$$
$$f(\eta_1^i)h \leqslant G(x_i + h) - G(x_i) \leqslant f(\eta_2^i)h,$$

其中 $\xi_1^i, \xi_2^i, \eta_1^i, \eta_2^i \in [x_i, x_i + h]$. 从而有

$$h\sum_{i=1}^{n-1} f(\xi_1^i) \leqslant F(v) - F(u) \leqslant h\sum_{i=0}^{n-1} f(\xi_2^i), \tag{6}$$

$$h\sum_{i=0}^{n-1} f(\eta_1^i) \leqslant G(v) - G(u) \leqslant h\sum_{i=0}^{n-1} f(\eta_2^i). \tag{7}$$

这样，我们推导出

$$h\sum_{i=0}^{n-1}(f(\xi_1^i) - f(\eta_2^i)) \leqslant F(v) - F(u) - G(v) + G(u) \leqslant h\sum_{i=0}^{n-1}(f(\xi_2^i) - f(\eta_1^i)).$$

因而下式成立：

$$c = \mid F(v) - F(u) - G(v) + G(u) \mid$$

$$\leqslant \max\left\{ \left| h \sum_{i=0}^{n-1} (f(\xi_1^i) - f(\eta_2^i)) \right|, \left| h \sum_{i=0}^{n-1} (f(\xi_2^i) - f(\eta_1^i)) \right| \right\}.$$

注意到公式(1)可得：

$$\left| h \sum_{i=0}^{n-1} (f(\xi_1^i) - f(\eta_2^i)) \right| \leqslant h \sum_{i=0}^{n-1} (\mid f(\xi_1^i) - f(\eta_2^i) \mid) \leqslant h \sum_{i=0}^{n-1} (d(\mid \eta_2^i - \xi_1^i \mid))$$

$$\leqslant h \sum_{i=0}^{n-1} d(h) = hnd(h) = (v-u)d(h),$$

$$\left| h \sum_{i=0}^{n-1} (f(\xi_2^i) - f(\eta_1^i)) \right| \leqslant h \sum_{i=0}^{n-1} (\mid f(\xi_2^i) - f(\eta_1^i) \mid) \leqslant h \sum_{i=0}^{n-1} (d(\mid \xi_2^i - \eta_1^i \mid))$$

$$\leqslant h \sum_{i=0}^{n-1} d(h) = hnd(h) = (v-u)d(h).$$

因此，$c \leqslant (v-u)d(h)$，矛盾. 这样证明了 $S(x, y) = F(y) - F(x)$ 是 $f(x)$ 唯一的积分系统.

定理 3.2 与文献[13]中的定理 1 一致.

下面来考察强可导函数和一致可导函数的性质. 有如下定理：

定理 3.3 在 $[a, b]$ 上，$F(x)$ 的差商是 $f(x)$ 的中值，且 $f(x)$ 的差商有界（即存在正数 $M > 0$，使得 $\mid f(x+h) - f(x) \mid < M \mid h \mid$），当且仅当 $F(x)$ 在 $[a, b]$ 上强可导（即满足不等式 $\mid F(x+h) - F(x) - f(x)h \mid \leqslant Mh^2$）.

证明 必要性的证明. 由于在 $[a, b]$ 上 $F(x)$ 的差商是 $f(x)$ 的中值，对于任意的 x 和 $x+h$，存在 $p, q \in [x, x+h]$，使得以下不等式成立

$$f(p) \leqslant \frac{F(x+h) - F(x)}{h} \leqslant f(q),$$

两边同时减去 $f(x)$ 得到

$$f(p) - f(x) \leqslant \frac{F(x+h) - F(x)}{h} - f(x) \leqslant f(q) - f(x).$$

利用 $f(x)$ 差商的有界性，可得

$$\left| \frac{F(x+h) - F(x)}{h} - f(x) \right| \leqslant Mh,$$

两边同乘以 h 得到强可导的关系式.

充分性证明. 若 $F(x)$ 在 $[a,b]$ 上强可导,即在 x 上满足不等式 $|F(x+h)-F(x)-f(x)h|\leqslant Mh^2$,写成等价形式为

$$F(x+h)-F(x)=f(x)h+M_1(x,h)h^2.$$

在 $x+h$ 上,存在关系式

$$F(x)-F(x+h)=-f(x+h)h+M_2(x,h)h^2.$$

两式相加得到

$$f(x+h)-f(x)=(M_1(x,h)+M_2(x,h))h.$$

由于 $M_1(x,h)<M$, $M_2(x,h)<M$,所以

$$|f(x+h)-f(x)|\leqslant(|M_1(x,h)|+|M_2(x,h)|)h=2Mh.$$

这证明了 $f(x)$ 在 $[a,b]$ 上差商有界. 由文献[11]中的估值定理(命题 8)可知 $F(x)$ 的差商是 $f(x)$ 的中值. 定理证毕.

关于一致可导的问题,有如下定理:

定理 3.4 函数 $F(x)$ 在 $[a,b]$ 上一致可导,其导函数为 $f(x)$,当且仅当 $F(x)$ 的差商是 $f(x)$ 的中值,并且 $f(x)$ 在 $[a,b]$ 上一致连续.

证明 充分性证明. 当 $F(x)$ 的差商是 $f(x)$ 的中值,即不等式(5)成立,可得

$$hf(x_1)\leqslant F(x+h)-F(x)\leqslant f(x_2)h$$
$$\Rightarrow hf(x_1)-hf(x)\leqslant F(x+h)-F(x)-f(x)h\leqslant(f(x_2)-f(x))h.$$

由于 $f(x)$ 在 $[a,b]$ 上一致连续可得到不等式(1),从而有 $|f(x_1)-f(x)|\leqslant d(|x_1-x|)\leqslant d(h)$ 和 $|f(x_2)-f(x)|\leqslant d(|x_2-x|)\leqslant d(h)$,因此有 $|F(x+h)-F(x)-f(x)h|\leqslant hd(h)$.

必要性的证明. 反之,若 $F(x)$ 在 $[a,b]$ 上一致可导,其导数为 $f(x)$,即 $F(x)$ 和 $f(x)$ 满足关系式(2),写成等价形式

$$F(x+h)-F(x)=f(x)h+M(x,h)hd(|h|). \tag{8}$$

对于 $x+h$,有

$$F(x)-F(x+h)=-f(x+h)h+M'(x+h,h)hd(|h|). \tag{9}$$

上两式相加并除以 h 得

$$f(x+h)-f(x)=(M(x,h)+M'(x+h,h))d(|h|),$$

注意到 $-1 \leqslant M(x,h) \leqslant 1$ 和 $-1 \leqslant M'(x+h,h) \leqslant 1$，即得

$$|f(x+h)-f(x)| \leqslant 2d(|h|).$$

这与不等式(1)等价，这证明了 $f(x)$ 一致连续. 剩下的就是要证明 $F(x)$ 的差商是 $f(x)$ 的中值. 这可由文献[11]中命题 18 得到. 定理证毕.

4 微积分系统的基本定理

本节将在新定义的基础上证明微积分系统的基本定理，从而建立起微积分体系. 由定义 3.2 非常显然可以得到以下定理：

定理 4.1　设 $F(x)$ 在 $[a,b]$ 上一致可导，其导数为 $f(x)$. 若在 $[a,b]$ 上恒有 $f(x) \geqslant 0$，则 $F(x)$ 单调增；若在 $[a,b]$ 上恒有 $f(x) \leqslant 0$，则 $F(x)$ 单调减. 当不等式中的等号不成立时，$F(x)$ 是严格单调增或者严格单调减.

证明　直接由定理 3.4 可知 $F(x)$ 的差商是 $f(x)$ 的中值，即不等式(5)成立，从而得到本定理的证明.

定理 4.2(微积分基本定理)　设函数 $F(x)$ 在 $[a,b]$ 上一致可导，$F'(x)=f(x)$，则有牛顿-莱布尼兹(Newton-Leibniz)公式：

$$\int_a^b f(x)\mathrm{d}x = F(b)-F(a). \tag{10}$$

证明　由于函数 $F(x)$ 在 $[a,b]$ 上一致可导，由定理 3.4，$f(x)$ 一致连续，并且 $F(x)$ 的差商是 $f(x)$ 的中值，由定理 3.2 可知，$F(x_2)-F(x_1)$ 是 $f(x)$ 在 $[x_1,x_2]$ 上的定积分. 牛顿-莱布尼兹(Newton-Leibniz)公式就是 $f(x)$ 在 $[a,b]$ 上的定积分的记号而已，定理证毕.

定理 4.3(变上限定积分的可导性)　设 $f(x)$ 在 $[a,b]$ 上一致连续并且其定积分存在，定义 $G(x)=\displaystyle\int_a^x f(t)\mathrm{d}t$，则 $G(x)$ 在 $[a,b]$ 上一致可导，并且 $G'(x)=f(x)$.

证明　由函数 $G(x)$ 的定义可知，$S(u,v)=G(v)-G(u)$ 就是 $f(x)$ 在 $[a,$

b]上唯一的积分系统,$G(x)$的差商就是$f(x)$的中值. 即$f(x)$和$G(x)$满足关系式(5). 由$f(x)$在$[a,b]$上一致连续和定理3.4,可知$G(x)$一致可导并且导函数就是$f(x)$. 这样就证明了定理.

下面来证明泰勒公式,首先有如下定理:

定理 4.4(泰勒公式的预备定理) 若H在$[a,b]$上n阶一致(强)可导(n为正整数),且有

(1) $k=0,1,\cdots,n-1$时,$H^{(k)}(a)=0$;

(2) 在$[a,b]$上有$m\leqslant H^{(n)}(x)\leqslant M$;

则在$[a,b]$上有

$$\frac{m(x-a)^n}{n!}\leqslant H(x)\leqslant\frac{M(x-a)^n}{n!}.$$

证明 采用数学归纳法证明:$m(x-a)^k/k!\leqslant H^{(n-k)}(x)\leqslant M(x-a)^k/k!$,其中$k=1,2,\cdots,n$,当$k=1$时,由定理$3.4$得

$$H^{(n)}(x_1)\leqslant\frac{H^{(n-1)}(x)-H^{(n-1)}(a)}{x-a}\leqslant H^{(n)}(x_2),$$

其中$x_1,x_2\in[a,x]$. 从而有

$$m(x-a)\leqslant H^{(n-1)}(x)\leqslant M(x-a);$$

假设$k<n$时成立,即有

$$\frac{m(x-a)^k}{k!}\leqslant H^{(n-k)}(x)\leqslant\frac{M(x-a)^k}{k!}.$$

下证$k+1$时成立,作$G_1(x)=m(x-a)^{k+1}/(k+1)!$,$G_2=M(x-a)^{k+1}/(k+1)!$. 考察

$$\frac{G_2(x_2)-G_2(x_1)}{x_2-x_1}=M\frac{\sum_{i=0}^{k}(x_2-a)^{k-i}(x_1-a)^i}{(k+1)!}. \tag{11}$$

在上式中,假设$(x_2-a)>(x_1-a)>0$,则有

$$M\frac{(x_1-a)^k}{k!}\leqslant M\frac{\sum_{i=0}^{k}(x_2-a)^{k-i}(x_1-a)^i}{(k+1)!}\leqslant M\frac{(x_2-a)^k}{k!}. \tag{12}$$

另一方面,令 $f_2(x) = M \dfrac{(x-a)^k}{k!}$,类似于等式(11),我们推出

$$\frac{f_2(x_2) - f_2(x_1)}{x_2 - x_1} = M \frac{\sum_{i=0}^{k-1} (x_2-a)^{k-1-i}(x_1-a)^i}{k!}.$$

由于 $0 \leqslant x_2 - a \leqslant (b-a)$ 和 $0 \leqslant x_1 - a \leqslant (b-a)$,则有

$$\left| \frac{f_2(x_2) - f_2(x_1)}{x_1 - x_1} \right| = \left| M \frac{\sum_{i=0}^{k-1} (x_2-a)^{k-1-i}(x_1-a)^i}{k!} \right| \leqslant \frac{M(b-a)^{k-1}}{(k-1)!}.$$

这验证了 $f_2(x)$ 在 $[a,b]$ 上差商有界,从而 $G_2(x)$ 在 $[a,b]$ 上一致(强)可导,其导数就是 $f_2(x)$. 由定理2.1知,$H^{(n-k-1)}(x) - G_2(x)$ 在 $[a,b]$ 上一致(强)可导,其导数就是 $H^{(n-k)}(x) - f_2(x)$,从而存在 $x_2 \in [a,x]$,使得

$$\frac{H^{(n-k-1)}(x) - G_2(x) - H^{(n-k-1)}(a) + G_2(a)}{x-a} \leqslant H^{(n-k)}(x_2) - f_2(x_2),$$

由归纳假设知 $H^{(n-k)}(x) - f_2(x) \leqslant 0$. 因此,$H^{(n-k-1)}(x) - G_2(x) \leqslant 0$. 同理可证 $H^{(n-k-1)}(x) - G_1(x) \geqslant 0$. 定理证毕.

定理 4.5(泰勒公式)　若 $F(x)$ 在 $[a,b]$ 上 n 阶一致(强)可导,且在 $[a,b]$ 上有 $|F^{(n)}(x)| \leqslant M$,对 $[a,b]$ 上任意点 c 和 x,记

$$T_n(x,c) = F(c) + F^{(1)}(c)(x-c) + \frac{F^{(2)}(c)(x-c)^2}{2!} + \cdots + \frac{F^{(n-1)}(c)(x-c)^{n-1}}{(n-1)!},$$

则有

$$|F(x) - T_n(x,c)| \leqslant M|x-c|^n/n!.$$

证明　由泰勒公式预备定理的证明,知道 $(x-c)^k/k!$ $(k>1)$ 在 $[c,b]$ 上强可导,并且导数就是 $(x-c)^{k-1}/(k-1)!$. 作 $H(x) = F(x) - T_n(x,c)$,由定理2.1可验证 $H(x)$ 满足泰勒公式预备定理的条件,从而对 $x \in [c,b]$,成立 $|F(x) - T_n(x,c)| \leqslant M|x-c|^n/n!$.

当 $x \in [a,c]$ 时,取 $u = -x$,利用与证明 $(x-c)^k/k!$ $(k>1)$ 强可导相同的方法,可证明 $(u-(-c))^k/k!$ $(k>1)$ 在 $[-c,-a]$ 上强可导,而且导数就是 $(u-(-c))^{k-1}/(k-1)!$,然后令 $G(u) = F(-u)$,对 $G(u)$ 在 $[-c,-a]$ 上应用已经获证的结果,再将 G 代回为 F,就完全证明了所要的结论. 证毕.

5 结论

本文提出了一个函数的差商是另一个函数的中值的概念,这个概念刻画了函数与其导数和函数与其积分关系的本质特征. 在这个概念的基础上,探索出了最直观的积分系统的定义,并得到了强可导和一致可导的充分必要条件,这些充分必要条件也可作为强可导和一致可导的另一等价定义. 由此,将微分、积分系统统一成一个系统,而不是像以前那样,微分系统与积分系统被人为地割裂开来,学生通常是先学习微分系统,然后再学习积分系统. 微积分学机械化是一个重要的研究领域,本文将微积分学初等化了,如果再代数化,就能采用不等式定理机器证明的有关成果来研究微积分学机械化问题. 因此,本文为微积分系统机械化研究提供了必要的准备.

我们知道,在传统的微积分中,很多定理的证明要用中值定理,例如导数正则函数增,泰勒公式等,而中值定理的证明要用实数理论. 那么,这些定理的成立是不是依赖实数理论? 本文的推导过程澄清了这些问题:它们不依赖实数理论.

需要指出的是,由于没有实数理论,不可能一般地讨论定积分的存在问题. 若要讨论,至少需要一条有关实数的公理,例如"有上界的数集合必有最小上界".

致谢 感谢中国科学院数学与系统科学研究院的林群院士对本文工作提出宝贵的意见.

参考文献

[1] 李文林. 数学史概论[M]. 2版. 北京:高等教育出版社,2002:186 - 187,247 - 255.

[2] 张景中,曹培生. 从数学教育到教育数学[M]. 成都:四川教育出版社,1989;台北:九章出版社,1996;北京:中国少年儿童出版社,2005.

[3] 刘宗贵. 非 ε 语言一元微积分学[M]. 贵阳:贵州教育出版社,1993.

[4] 萧治经. D 语言数学分析(上下册)[M]. 广州:广东高等教育出版社,2004.

[5] 陈文立. 新微积分学(上下册)[M]. 广州:广东高等教育出版社,2005.

［6］刘宗贵.试用非ε语言讲解微积分[J].高等数学研究,2002(3):22‐24.

［7］林群.数学也能看图识字[N].光明日报,1997‐06‐27(6);人民日报,1997‐08‐6(10).

［8］林群.画中漫游微积分[M].桂林:广西师范大学出版社,1999.

［9］林群.微分方程与三角测量[M].北京:清华大学出版社,2005.

［10］LIN Q.A Rigorous Calculus to Avoid Notions and Proofs.Singapore:World Scientific Press,2006.

［11］张景中.微积分学的初等化[J].华中师范大学学报(自然科学版),2006(4):475‐484,487.

［12］林群.新概念微积分[A].大学数学课程报告论坛组委会.大学数学课程报告论坛论文集:2005[C].北京:高等教育出版社,2006:27‐32.

［13］张景中.定积分的公理化定义方法[J].广州大学学报(自然科学版),2007(6):1‐5.

4.6 微积分之前可以做些什么(2019)①

摘 要:在引入极限和建立微积分之前,求解几种通常认为要用微积分才能解决的问题.

关键词:差商;增减凸凹;曲线下的面积;曲线的切线

0 引言

微积分所要解决的许多问题,例如求作曲线的切线以及计算曲线包围的面积等,早已经是数学家关注的对象. 许多大师,如阿基米德、开普勒、卡瓦列里、笛卡儿、费马等,为解决这些问题深入思考,并有出色贡献.[1]但正如我们所知,在牛顿和莱布尼兹之前,问题的核心一直未被发现,因而得不到系统性的成果. 而牛顿和莱布尼兹在微积分领域的开创性工作,又经过一个多世纪的艰辛探索,才实现了数学上的严谨化.

站在巨人肩膀上反思,在微积分之前来处理微积分要处理的这些问题,能不能比古人做得更好一些呢?

我们惊讶地发现:从一些很平常的想法出发,即使没有微积分,也能够系统而简捷地解决通常认为用微积分才能解决的许多问题. 如果先学了这些初等而简单的方法,也许能够更好地掌握微积分.

这些平常而简单的思路,居然在两千多年间没有被人们发现,确实值得数学思想发展史的研究者深思.

---

① 本文原载《高等数学研究》2019 年第 1 期(与林群合作).

1　差商控制函数

为了判断函数 $F(x)$ 在某区间上是递增还是递减,很自然的想法是任取该区间上的两点 $u \neq v$,估计差商 $\dfrac{F(u) - F(v)}{u - v}$:如果它总是正的,则 $F(x)$ 在此区间上递增;如果总是负的,则 $F(x)$ 在此区间上递减.

为此,引入下述很有用的差商控制函数的概念.

定义 1.1(差商控制函数)　设函数 $F(x)$ 和 $f(x)$ 都在数集 S 上有定义,若对 S 中的任意两点 $u < v$,总有 $[u, v] \bigcap S$ 中的 p 和 q,使得

$$f(p) \leqslant \frac{F(u) - F(v)}{u - v} \leqslant f(q)$$

成立,则称 $f(x)$ 是 $F(x)$ 在数集 S 上的差商控制函数.

在[2]中称差商控制函数为乙函数.在试用于教学时发现,用差商控制函数的称呼更有助于理解和记忆.

为了方便,今后称上述不等式为差商控制不等式.

今后在不致混淆时,差商控制函数可简称为控制函数.

显然 $F(x)$ 与 $F(x) + C$ 有相同的控制函数.

设 $f(x)$ 是 $F(x)$ 在数集 S 上的一个控制函数,区间 $Q \subseteq S$,则显然有:

若 $f(x)$ 在区间 Q 为 0,则 $F(x)$ 在 Q 为常数;

若 $f(x)$ 在区间 Q 为常数,则 $F(x)$ 在 Q 为线性;

若 $f(x)$ 在区间 Q 为正,则 $F(x)$ 在 Q 递增;

若 $f(x)$ 在区间 Q 为负,则 $F(x)$ 在 Q 递减.

从这些性质可见差商控制函数对了解函数性质的意义.

下面是有关差商控制函数的计算与应用的几个例子.

例 1.1　对任意 $u < v$,$f(x) = x^2$ 的差商为

$$\frac{f(v) - f(u)}{v - u} = \frac{v^2 - u^2}{v - u} = u + v.$$

不等式 $2u < u + v < 2v$ 表明,$g(x) = 2x$ 是 $f(x) = x^2$ 的一个控制函数.

例 1.2 在 $(0, +\infty)$ 上设 $f(x) = \sqrt{x}$,对 $0 < u < v$ 有

$$\frac{1}{2\sqrt{v}} < \frac{f(v) - f(u)}{v - u} = \frac{\sqrt{v} - \sqrt{u}}{v - u} = \frac{1}{\sqrt{v} + \sqrt{u}} < \frac{1}{2\sqrt{u}}.$$

这表明 $g(x) = \dfrac{1}{2\sqrt{x}}$ 是 $f(x) = \sqrt{x}$ 的一个控制函数.

例 1.3 在 $(-\infty, 0)$ 和 $(0, +\infty)$ 上分别求 $f(x) = \dfrac{1}{x}$ 的控制函数.

解 当 $0 < u < v$ 时有

$$\frac{-1}{u^2} < \frac{f(v) - f(u)}{v - u} = \frac{1}{(v - u)}\left(\frac{1}{v} - \frac{1}{u}\right) = \frac{-1}{u \cdot v} < \frac{-1}{v^2}.$$

可见 $g(x) = -\dfrac{1}{x^2}$ 是 $f(x) = \dfrac{1}{x}$ 在 $(0, +\infty)$ 上的一个控制函数;

当 $u < v < 0$ 时有

$$\frac{-1}{v^2} < \frac{f(v) - f(u)}{v - u} = \frac{1}{(v - u)}\left(\frac{1}{v} - \frac{1}{u}\right) = \frac{-1}{u \cdot v} < \frac{-1}{u^2}.$$

可见 $g(x) = -\dfrac{1}{x^2}$ 也是 $f(x) = \dfrac{1}{x}$ 在 $(-\infty, 0)$ 上的一个控制函数.

例 1.4 利用 $f(x) = \dfrac{x}{2} + \dfrac{1}{x}$ 在 $(0, +\infty)$ 上的控制函数讨论 $f(x)$ 的增减性.

解 任取 $(0, +\infty)$ 的子区间 $[u, v]$ 考虑 $f(x)$ 的差商,有

$$\frac{1}{2} - \frac{1}{v^2} < \frac{f(v) - f(u)}{v - u} = \frac{1}{(v - u)}\left(\frac{v - u}{2} + \frac{1}{v} - \frac{1}{u}\right)$$

$$= \frac{1}{2} - \frac{1}{u \cdot v} < \frac{1}{2} - \frac{1}{u^2}.$$

可知 $g(x) = \dfrac{1}{2} - \dfrac{1}{x^2}$ 是 $f(x)$ 在 $(0, +\infty)$ 上的一个控制函数.

从上述不等式可见:当 $0 < u < v \leqslant \sqrt{2}$ 时 $f(v) < f(u)$;当 $\sqrt{2} \leqslant u < v$ 时 $f(u) < f(v)$,即 $f(x)$ 在 $(0, \sqrt{2}]$ 递减,在 $[\sqrt{2}, +\infty)$ 递增;在 $x = \sqrt{2}$ 处取到最小值,如图 1.

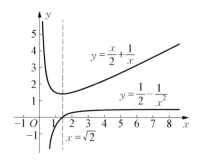

图 1　用控制函数方法判断函数增减

例 1.5　利用例 1.2 中的不等式求 $\sqrt{10}$ 的近似值并估计误差.

解　在不等式 $\dfrac{1}{2\sqrt{v}} < \dfrac{\sqrt{v}-\sqrt{u}}{v-u} < \dfrac{1}{2\sqrt{u}}$ 中取 $v=10$ 和 $u=9$ 得到

$$\frac{1}{2\sqrt{10}} \leqslant \sqrt{10}-\sqrt{9} \leqslant \frac{1}{2\sqrt{9}}.$$

由此得到 $\dfrac{1}{2\sqrt{10}} - \dfrac{1}{6} \leqslant \sqrt{10} - \left(3+\dfrac{1}{6}\right) \leqslant 0$,如果取 $3+\dfrac{1}{6} = \dfrac{19}{6} \approx 3.167$

作为 $\sqrt{10}$ 的近似值,从不等式可知此近似值是过剩近似值,且误差不会超过

$$\left|\frac{1}{2\sqrt{10}} - \frac{1}{6}\right| \leqslant \frac{1}{2} \cdot \frac{\sqrt{10}-3}{3\sqrt{10}} = \frac{1}{6\sqrt{10}\,(3+\sqrt{10}\,)} < \frac{1}{114}.$$

如果进一步取 $v=\left(\dfrac{19}{6}\right)^{2}$, $u=10$ 来计算,得到

$$\frac{6}{38} \leqslant \frac{\dfrac{19}{6}-\sqrt{10}}{\left(\dfrac{19}{6}\right)^{2}-10} \leqslant \frac{1}{2\sqrt{10}} \Rightarrow \frac{6}{38} \cdot \frac{1}{36} \leqslant \frac{19}{6}-\sqrt{10} \leqslant \frac{1}{2\sqrt{10}} \cdot \frac{1}{36},$$

由此得到

$$0 \leqslant \frac{19}{6} - \frac{1}{38\times 6} - \sqrt{10} \leqslant \frac{1}{2\sqrt{10}} \cdot \frac{1}{36} - \frac{1}{38\times 6}.$$

如果取 $\dfrac{19}{6} - \dfrac{1}{38\times 6} = \dfrac{721}{228} \approx 3.162281\cdots$ 作为 $\sqrt{10}$ 的近似值,从不等式可见

此 近 似 值 是 过 剩 近 似 值, 且 误 差 不 会 超 过 $\left| \dfrac{1}{2\sqrt{10}} \cdot \dfrac{1}{36} - \dfrac{1}{38\times 6} \right| =$

$\dfrac{19-6\sqrt{10}}{19\times 72\sqrt{10}} = \dfrac{1}{19\times 72\sqrt{10}(19+6\sqrt{10})} < \dfrac{1}{19\times 72\times 117} = \dfrac{1}{160\,056}$, 达到 6 位有效数字的精度了.

2 用控制函数研究三次函数的增减性和极值

费马(P. Fermat, 1601—1665)提出的求极大值和极小值的代数方法,是微积分诞生前引起热烈讨论的一项重要工作. 应用我们提出的控制函数,可以更简明地处理有关函数增减和极值的问题. 前面举出一个简单的例子. 下面讨论的三次函数性质问题,常见于微积分入门教学.

费马求极值的方法基于极限思考. 用我们提出的控制函数方法,则可以直接处理而不涉及极限.

例 2.1 求证函数 $g(x)=3x^2$ 是 $f(x)=x^3$ 的一个控制函数.

解 对 $u<v$ 计算得

$$\frac{f(v)-f(u)}{v-u} = \frac{v^3-u^3}{v-u} = u^2+uv+v^2.$$

当 $0\leqslant u<v$ 时,有 $3u^2<u^2+uv+v^2<3v^2$;

当 $u<v\leqslant 0$ 时,有 $3v^2<u^2+uv+v^2<3u^2$.

这表明,在$(-\infty,0]$和$[0,+\infty)$上 $g(x)=3x^2$ 都是 $f(x)$ 的控制函数.

能不能由此推出 $3x^2$ 在$(-\infty,+\infty)$上是 x^3 的一个控制函数呢?

确实可以,我们有下面的两个命题.

命题 2.1(差商分化定理) 设 $f(x)$ 在三点 $u<a<v$ 上有定义,记 m 为 $\dfrac{f(a)-f(u)}{a-u}$ 和 $\dfrac{f(v)-f(a)}{v-a}$ 中较小者,而 M 为两者中较大者,则

$$m \leqslant \frac{f(v)-f(u)}{v-u} \leqslant M,$$

且等式仅当 $m=M$ 时成立.

证明　不妨设 $\dfrac{f(a)-f(u)}{a-u}=m$ 而 $\dfrac{f(v)-f(a)}{v-a}=M$，则有

$$f(v)-f(u)=f(v)-f(a)+f(a)-f(u)$$
$$=M(v-a)+m(a-u).$$

由 $m(v-u)\leqslant M(v-a)+m(a-u)\leqslant M(v-u)$ 且等式仅当 $m=M$ 时成立，即得所要结论.

命题 2.2(控制函数的区间可分性)　若 $g(x)$ 是 $f(x)$ 在区间 I 上的控制函数，又是 $f(x)$ 在区间 J 上的控制函数，且区间 I 和区间 J 有公共点，则 $g(x)$ 是 $f(x)$ 在区间 $K=I\bigcup J$ 上的控制函数.

证明　按定义，只要证明对 $K=I\bigcup J$ 的任意子区间 $[u,v]$，总有 $[u,v]$ 中的点 p 和 q，成立下列不等式

$$g(p)\leqslant\frac{f(u)-f(v)}{u-v}\leqslant g(q).$$

若 $[u,v]$ 是 I 或 J 的子区间，结论显然. 若不然，则有 I 和 J 的公共点 $a\in(u,v)$ 使得 $[u,a]$ 和 $[a,v]$ 分别包含于 I 和 J.

由差商分化定理(命题 2.1)，$\dfrac{f(v)-f(u)}{v-u}$ 总在 $\dfrac{f(v)-f(a)}{v-a}$ 和 $\dfrac{f(a)-f(u)}{a-u}$ 之间. 因 $g(x)$ 是 $f(x)$ 在 $[u,a]$ 和 $[a,v]$ 上的控制函数，故在 $[u,a]$ 上有 p_1、q_1 使得 $\dfrac{f(a)-f(u)}{a-u}$ 在 $g(p_1)$ 和 $g(q_1)$ 之间；同理在 $[a,v]$ 上有 p_2、q_2 使得 $\dfrac{f(v)-f(a)}{v-a}$ 在 $g(p_2)$ 和 $g(q_2)$ 之间；令 $g(p)$ 和 $g(q)$ 分别为此 4 值中的最小和最大者，则所证不等式成立.

有了控制函数的区间可分性，就可以确认 $3x^2$ 在 $(-\infty,+\infty)$ 上是 x^3 的一个控制函数. 这使我们猜想到，$3x^2+2ax+b$ 是 x^3+ax^2+bx+c 的一个控制函数.

例 2.2　求证 $g(x)=3x^2+2ax+b$ 在 $(-\infty,+\infty)$ 上是 $f(x)=x^3+ax^2+bx+c$ 的一个控制函数.

证明　求出 $f(x)$ 在 $[u,v]$ 上的差商，记作

$$D = \frac{f(v) - f(u)}{v - u} = v^2 + uv + u^2 + a(u + v) + b.$$

考虑它和 $g(u)$ 以及 $g(v)$ 之差：

$$D - g(u) = v^2 - u^2 + uv - u^2 + a(v - u) = (v - u)(v + 2u + a),$$
$$g(v) - D = v^2 - u^2 + v^2 - uv + a(v - u) = (v - u)(2v + u + a).$$

因为 $(v - u) > 0$，故当 $v > u \geqslant -\dfrac{a}{3}$ 时，上面两式都为正，即 $g(u) < D <$ $g(v)$，说明在 $\left[-\dfrac{a}{3}, +\infty \right)$ 上 $g(x)$ 是 $f(x)$ 的控制函数；当 $u < v \leqslant -\dfrac{a}{3}$ 时，两者都为负，即 $g(v) < D < g(u)$，说明在 $\left(-\infty, -\dfrac{a}{3} \right]$ 上 $g(x)$ 也是 $f(x)$ 的控制函数. 故在 $(-\infty, +\infty)$ 上 $g(x)$ 是 $f(x)$ 的控制函数.

显然，$3ax^2 + 2bx + c$ 是更一般的三次函数 $ax^3 + bx^2 + cx + d$ 的控制函数.

用差商控制函数来讨论函数的增减性和极值时，有时会涉及区间端点处控制函数取值为 0 或不定的情形，对此有下列命题.

命题 2.3（控制函数在开区间上的正负影响闭区间上函数的性质） 设 $g(x)$ 是在区间 I 上的一个控制函数，$u < v$ 是 I 中的两点，若 $g(x)$ 在 (u, v) 上为正，则 $f(x)$ 在 $[u, v]$ 上递增；若 $g(x)$ 在 (u, v) 上为负，则 $f(x)$ 在 $[u, v]$ 上递减.

证明 设 $g(x)$ 在 (u, v) 上恒为正，易知 $f(x)$ 在 (u, v) 上递增. 要证明 $f(x)$ 也在 $[u, v]$ 上递增，只要证明对任意的 $z \in (u, v)$，有 $f(u) < f(z) <$ $f(v)$. 以下往证 $f(u) < f(z)$，类似方法可证 $f(z) < f(v)$.

若 $g(u)$ 为正，则在 $[u, z]$ 上 $g(x)$ 恒正，结论显然. 以下设 $g(u) \leqslant 0$，记 $|g(u)| + 1 = A$，m 为区间 (u, z) 中点，取正数 h 使 $u + h \in (u, m)$ 且 $h < \dfrac{f(z) - f(m)}{A}$.

由控制函数性质可知有 $[u, u + h]$ 上的点 p 使得 $g(p) \leqslant \dfrac{f(u + h) - f(u)}{h}$，故

$$\begin{aligned} f(u) &\leqslant f(u + h) - hg(p) < f(m) - hg(u) \\ &< f(m) + \frac{f(z) - f(m)}{|g(u)| + 1} \cdot |g(u)| < f(z). \end{aligned}$$

同理可证 $g(x)$ 在 (u,v) 上恒为负时 $f(x)$ 在 $[u,v]$ 上递减.

从上面的命题立刻得到函数取到极大或极小的常用判别法.

命题 2.4(极值判别法) 设 $g(x)$ 是 $f(x)$ 在区间 I 上的一个控制函数,$u<v$ 是 I 中的两点而 $x_0 \in (u,v)$;若 $g(x)$ 在 (u,x_0) 上为正、在 (x_0,v) 上为负,则 $f(x)$ 在 x_0 处取到极大;若 $g(x)$ 在 (u,x_0) 上为负、在 (x_0,v) 上为正,则 $f(x)$ 在 x_0 处取到极小.

值得注意的是,这里 $g(x)$ 在 x_0 处的值无关紧要.

于是三次函数的增减性和极大极小问题完全归结为二次函数的正负.

例 2.3 设 $f(x)=ax^3+bx^2+cx+d$,其中 $a \neq 0$,$x \in (-\infty,+\infty)$,则有:

(i) 若 $b^2-3ac \leqslant 0$,当 $a>0$ 时 $f(x)$ 在 $(-\infty,+\infty)$ 上递增,$a<0$ 时 $f(x)$ 在 $(-\infty,+\infty)$ 上递减.

(ii) 若 $b^2-3ac>0$,设 $u<v$ 是方程 $3ax^2+2bx+c=0$ 的两个实根,则 $f(x)$ 的增减性和极大极小情形如下:

若 $a>0$,则 $f(x)$ 在 $(-\infty,u]$ 和 $[v,\infty)$ 上递增,在 $[u,v]$ 上递减;在 $x=u$ 处取极大,在 $x=v$ 处取极小;

若 $a<0$,则 $f(x)$ 在 $(-\infty,u]$ 和 $[v,\infty)$ 上递减,在 $[u,v]$ 上递增;在 $x=u$ 处取极小,在 $x=v$ 处取极大.

列出下表,一目了然.

	$f(x)=ax^3+bx^2+cx+d$, $g(x)=3ax^2+2bx+c$, $g(u)=g(v)=0$				
	x	$(-\infty,u]$	$x=u$	$[u,v]$	$x=v$	$[v,\infty)$
$a>0$	$f(x)$	递增	极大	递减	极小	递增
	$g(x)$	$+$	0	$-$	0	$+$
$a<0$	$f(x)$	递减	极小	递增	极大	递减
	$g(x)$	$-$	0	$+$	0	$-$

图 2 三次函数的增减性和极值($b^2-3ac>0$ 情形)

证明从略,有关图像如图 3 至图 6.

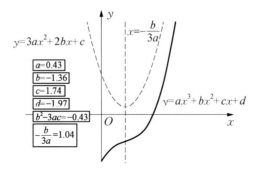

图 3　三次函数 $ax^3 + bx^2 + cx + d$ 曲线 1
$(b^2 - 3ac \leqslant 0$ 且 $a > 0)$

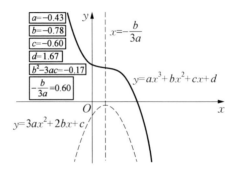

图 4　三次函数 $ax^3 + bx^2 + cx + d$ 曲线 2
$(b^2 - 3ac \leqslant 0$ 且 $a < 0)$

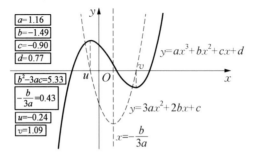

图 5　三次函数 $ax^3 + bx^2 + cx + d$ 曲线 3
$(b^2 - 3ac > 0$ 且 $a > 0)$

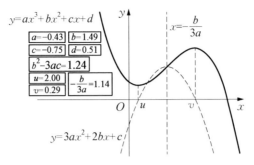

图 6 三次函数 $ax^3 + bx^2 + cx + d$ 曲线 4
$(b^2 - 3ac > 0$ 且 $a < 0)$

3 利用差商控制不等式求余弦曲线下的面积

我们已经看到,控制函数是一个很有用的概念. 下面对更多的函数来求出其控制函数.

例 3.1 求证对任意正整数 n, nx^{n-1} 在 $(-\infty, +\infty)$ 上是 x^n 的一个差商控制函数.

证明 设 $f(x) = x^n$, $g(x) = nx^{n-1}$. 对于 $u < v$ 有

$$\frac{f(v) - f(u)}{v - u} = \frac{v^n - u^n}{v - u} = \sum_{k=0}^{n-1} u^k v^{n-1-k}.$$

当 $0 \leqslant u < v$ 或 $u < v \leqslant 0$ 而 n 为偶数时有

$$g(u) = nu^{n-1} < \frac{f(v) - f(u)}{v - u} = \sum_{k=0}^{n-1} u^k v^{n-1-k} < nv^{n-1} = g(v);$$

当 $u < v \leqslant 0$ 而 n 为奇数时有

$$g(v) = nv^{n-1} < \frac{f(v) - f(u)}{v - u} = \sum_{k=0}^{n-1} u^k v^{n-1-k} < nu^{n-1} = g(u);$$

故 $g(x) = nx^{n-1}$ 在 $(-\infty, 0]$ 和 $[0, +\infty)$ 上都是 $f(x) = x^n$ 的差商控制函数. 由控制函数的区间可分性,$g(x) = nx^{n-1}$ 在 $(-\infty, +\infty)$ 上是 $f(x) = x^n$ 的差商控制函数.

上面得到的结论,对于负整数 n 也成立.

例 3.2 对任意负整数 n,求 $f(x)=x^n$ 在 $(-\infty,0)$ 和 $(0,+\infty)$ 上的差商控制函数.

解 记 $m=-n$,对于 $u<v$,先计算出差商的一般表达式

$$\frac{f(v)-f(u)}{v-u}=\frac{\frac{1}{v^m}-\frac{1}{u^m}}{v-u}=\frac{v^m-u^m}{v-u}\cdot\frac{-1}{u^mv^m}=\frac{-1}{u^mv^m}\sum_{k=0}^{m-1}u^kv^{m-1-k}=-\sum_{k=0}^{m-1}\frac{1}{u^{m-k}v^{1+k}}.$$

当 $u\cdot v>0$ 时容易检验 $-\sum\limits_{k=0}^{m-1}\frac{1}{u^{m-k}v^{1+k}}$ 在 $\frac{-m}{u^{m+1}}$ 和 $\frac{-m}{v^{m+1}}$ 之间,故 $g(x)=$

$-mx^{-(m+1)}=nx^{n-1}$ 在 $(0,+\infty)$ 上和 $(-\infty,0)$ 上都是 $f(x)=x^n$ 的控制函数.

例 3.3 求证 $\cos x$ 是 $\sin x$ 的一个差商控制函数.

证明 当 $0<x<\frac{\pi}{2}$ 时,有 $\sin x<x<\tan x$,从而 $\cos x<\frac{\sin x}{x}<1$.

于是对 $\left[0,\frac{\pi}{2}\right]$ 上的任意两点 $u<v$ 有

$$\cos v\leqslant\cos\frac{v-u}{2}\cdot\cos\frac{v+u}{2}<\frac{\sin v-\sin u}{v-u}$$

$$=\frac{\sin\frac{v-u}{2}\cdot\cos\frac{v+u}{2}}{\frac{v-u}{2}}<\cos\frac{v+u}{2}\leqslant\cos u.$$

由对称性,易知对 $\left[\frac{\pi}{2},\pi\right]$ 上的任意两点 $u<v$ 也有 $\cos v<\frac{\sin v-\sin u}{v-u}$

$<\cos u$;而在 $\left[\pi,\pi+\frac{\pi}{2}\right]$ 和 $\left[\pi+\frac{\pi}{2},2\pi\right]$ 上则为 $\cos u<\frac{\sin v-\sin u}{v-u}<\cos v$.

由三角函数的周期性和控制函数的区间可加性可知,在 $(-\infty,+\infty)$ 上 $\cos x$ 是 $\sin x$ 的差商控制函数.

不等式 $\cos v<\frac{\sin v-\sin u}{v-u}<\cos u\left(0\leqslant u<v\leqslant\frac{\pi}{2}\right)$ 有一个十分有趣的应用.用它可以容易地求出区间 $[u,v]$ 上余弦曲线下的面积(通常称为曲边梯形的面积),并从此萌发出微积分基本原理来!

如图 7,对 $0\leqslant u<v\leqslant\frac{\pi}{2}$,记区间 $[u,v]$ 上余弦曲线下的曲边梯形面积为

$A(u, v)$,则显然有不等式$(v-u)\cos v < A(u, v) < (v-u)\cos u$,即$\cos v <$

$\dfrac{A(u, v)}{v-u} < \cos u$.注意到面积关系$A(u, v) = A(0, v) - A(0, u)$,记$f(x) =$

$A(0, x)$,得到$\cos v < \dfrac{f(v) - f(u)}{v-u} < \cos u$.可见$f(x)$在$\left[0, \dfrac{\pi}{2}\right]$上与$\sin x$有

相同的差商控制函数$\cos x$.这启示我们考虑,能不能就此推出$A(u, v) =$

$f(v) - f(u) = \sin v - \sin u$呢?

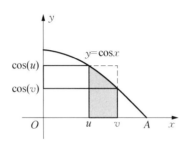

图 7 区间$[u, v]$上余弦曲线下的曲边梯形面积

下面这个并不复杂的命题,给我们以满意的回答.

命题 3.1(控制函数单调时被控制函数差商的唯一性) 设在区间I上的两

个函数$s(x)$和$r(x)$有一个相同的单调的差商控制函数$f(x)$,记$S(u, v) =$

$s(v) - s(u)$,$R(u, v) = r(v) - r(u)$,则对$[u, v] \subseteq I$有$S(u, v) = R(u, v)$.

证明 用反证法.不妨假定$f(x)$单调不减.

若命题结论不真,则有I上的$[u, v]$使$|S(u, v) - R(u, v)| = a > 0$.记

$H = v - u$,取正整数$n > \dfrac{(f(u) - f(v))H}{a}$,将$[u, v]$等分为$n$段,分点为$u =$

$x_0 < x_1 < \cdots < x_n = v$,由$f(x)$在$[u, v]$上不减,故当$x \in [x_{k-1}, x_k]$时有

$f(x_{k-1}) \leqslant f(x) \leqslant f(x_k)$,由差商控制函数定义可得$f(x_{k-1}) \cdot \dfrac{H}{n} \leqslant S(x_{k-1},$

$x_k) \leqslant f(x_k) \cdot \dfrac{H}{n}$;对$k$从1到$n$求和,并记$F = f(x_1) + \cdots + f(x_n)$,得到:

$$\frac{(F + f(u) - f(v))H}{n} \leqslant S(u, v) \leqslant \frac{FH}{n},$$

同理有

$$\frac{(F+f(u)-f(v))H}{n} \leqslant R(u,\,v) \leqslant \frac{FH}{n},$$

可见

$$0 < \mid S(u,\,v)-R(u,\,v)\mid = a \leqslant \frac{(f(v)-f(u))H}{n},$$

这推出 $n \leqslant \dfrac{(f(u)-f(v))H}{a}$，与 $n > \dfrac{(f(u)-f(v))H}{a}$ 矛盾，证毕.

由此立刻得知区间 $[u,\,v]$ 上余弦曲线下的曲边梯形面积 $A(u,\,v)=\sin v-\sin u$. 特别是 $[0,\,v]$ 上余弦曲线下的面积 $A(0,\,v)=\sin v$，即"余弦面积正弦高"！（详见本书 4.7 节）

在微积分建立前，数学家们曾通过种种技巧或繁琐的穷竭法或不够严谨的无穷小理论获得了不少边界含有曲线段的区域的面积公式. 一个被多位学者讨论过的结果是，对正整数 n，区间 $[0,\,x]$ 上曲线 $y=x^n$ 下的面积等于 $\dfrac{x^{n+1}}{n+1}$. 用我们这里的思路，从例 3.1 可知 x^n 是 $\dfrac{x^{n+1}}{n+1}$ 的差商控制函数，再用命题 3.1 立刻得同样的结果.

更重要的是，由此发现了规律性的东西：在一定条件下，求控制函数和计算曲边梯形面积是一对互逆的计算过程，这导向一条建立微积分的新路.

4　差商有界的差商控制函数之唯一性

上面证明了，如果两个函数具有一个相同的单调的差商控制函数，则这两个函数的差商相等.

显然，差商相等的两个函数，他们仅仅相差一个常数.

反过来容易想到：什么情形下差商控制函数是唯一的呢？

如果我们不加任何条件，差商控制函数不具有唯一性. 例如，已经知道在 $[0,1]$ 上函数 $2x$ 是 x^2 的差商控制函数，但容易构造出 x^2 的其他差商控制函数. 例如，若记 $D(x)$ 为著名的迪里赫勒函数（当 x 为无理数时 $D(x)=0$，当 x 为有理数时 $D(x)=1$），则只要 $k>2,kD(x)$ 就是 x^2 的差商控制函数. 理由很简单:x^2 对 $[0,1]$ 上任两点的差商总在 0 和 2 之间!

同为 x^2 的差商控制函数,$2x$ 和 $3D(x)$ 所起的作用不同. 例如,$2x$ 能够让我们知道,x^2 在 $[0,0.1]$ 上的差商在 0 与 0.2 之间,而 $3D(x)$ 只能告诉我们它在 0 与 3 之间. 因此,$2x$ 可以看成是"尽职尽责"的差商控制函数,它确实能把 x^2 的差商很好地控制起来. 如何简单而有效地描述 $2x$ 的好特征,使之区别于 $kD(x)$ 这类怪函数呢? 请看下面的定义.

定义 4.1(差商有界的函数) 设函数 $f(x)$ 在闭区间 $[a,b]$ 上有定义,若有正数 M,使对 $[a,b]$ 中任意两数 u 和 v 都满足不等式

$$|f(u)-f(v)| \leqslant M|u-v|,$$

则称 $f(x)$ 在 $[a,b]$ 上差商有界. 正数 M 叫作 $f(x)$ 在 $[a,b]$ 上的一个李普西兹(Lipschitz)常数.

显然,在 $[a,b]$ 上差商有界的函数一定在 $[a,b]$ 上有界.

差商有界函数经四则运算及复合仍为差商有界的函数.

一般地,若 $f(x)$ 在区间 Q 的任意闭子区间上差商有界,则称其在区间 Q 上差商有界.

下面是差商有界的控制函数的最重要的基本性质.

命题 4.1(差商有界的控制函数的基本性质) 设函数 $g(x)$ 是 $f(x)$ 在 $[a,b]$ 上的差商有界的一个控制函数,M 是 $g(x)$ 在 $[a,b]$ 上的李普西兹常数,则对 $[a,b]$ 中任意两点 $u < v$ 和 $s \in [u,v]$ 有

$$\left| \frac{f(v)-f(u)}{v-u} - g(s) \right| \leqslant M|v-u|;$$

或者等价地

$$|f(v)-f(u)-g(s)(v-u)| \leqslant M(v-u)^2.$$

证明 由差商控制不等式,有 $[u,v]$ 上的点 p 和 q 使 $g(p) \leqslant \frac{f(v)-f(u)}{v-u} \leqslant g(q)$,于是

$$-M|v-u| \leqslant g(p)-g(s) \leqslant \frac{f(v)-f(u)}{v-u} - g(s)$$

$$\leqslant g(q)-g(s) \leqslant M|v-u|.$$

即
$$\left|\frac{f(v)-f(u)}{v-u}-g(s)\right|\leqslant M\mid v-u\mid.$$

或
$$\mid f(v)-f(u)-g(s)(v-u)\mid\leqslant M(v-u)^2.$$

以下称上述不等式为差商有界的控制函数的基本不等式. 在[3]中用此不等式或类似的不等式定义导数, 使微积分基础得以简化.

下面的命题基本上解决了差商控制函数的唯一性问题.

命题 4.2(差商有界的控制函数的唯一性) 设函数 $g(x)$ 和 $h(x)$ 都是 $f(x)$ 在 $[a,b]$ 上的差商有界的控制函数, 则对任意 $t\in[a,b]$ 有 $g(t)=h(t)$.

证明 用反证法, 设对某个 $s\in[a,b]$ 有 $\mid g(s)-h(s)\mid=d>0$, 往推矛盾.

设正数 M 为 $g(x)$ 和 $h(x)$ 在 $[a,b]$ 上的李普西兹常数中较大者, 取 $[a,b]$ 中两数 $u<v$ 使得 $\mid v-u\mid<\dfrac{d}{2M}$ 而 $s\in[u,v]$, 由命题 4.1 有

$$\left|\frac{f(v)-f(u)}{v-u}-g(s)\right|\leqslant M\mid v-u\mid,$$

$$\left|\frac{f(v)-f(u)}{v-u}-h(s)\right|\leqslant M\mid v-u\mid,$$

从而 $d=\mid h(s)-g(s)\mid\leqslant 2M\mid v-u\mid<d$, 矛盾.

前面证明了控制函数单调时被控制函数差商的唯一性. 下面指出, 把单调性条件换成差商有界, 可以得到同样的结论.

命题 4.3(控制函数差商有界时被控制函数差商的唯一性) 设在区间 I 上的两个函数 $s(x)$ 和 $r(x)$ 有相同的差商有界的控制函数 $f(x)$, 记 $S(u,v)=s(v)-s(u)$, $R(u,v)=r(v)-r(u)$, 则对 $[u,v]\subseteq I$ 有 $S(u,v)=R(u,v)$.

证明 用反证法. 设命题结论不真, 则有 I 上的 $[u,v]$ 使 $\mid S(u,v)-R(u,v)\mid=a>0$. 记正数 M 为 $f(x)$ 在 $[u,v]$ 上的李普西兹常数. 取足够大的正整数 $n>\dfrac{2M(v-u)^2}{a}$, 将 $[u,v]$ 等分为 n 段, 分点为 $u=x_0<x_1<\cdots<x_n=v$, 记 $h=\dfrac{v-u}{n}$. 由命题 4.1 可知:

$$\mid S(x_{k-1},x_k)-f(x_k)h\mid<Mh^2,$$

$$\mid R(x_{k-1},x_k)-f(x_k)h\mid<Mh^2,$$

从而

$$| S(x_{k-1}, x_k) - R(x_{k-1}, x_k) | < 2Mh^2.$$

对 k 从 1 到 n 求和得到：

$$a = | S(u, v) - R(u, v) | \leqslant \sum_{k=1}^{n} | S(x_{k-1}, x_k) - R(x_{k-1}, x_k) |$$

$$< 2nMh^2 = \frac{2M(v-u)^2}{n} < a,$$

这推出矛盾.

由此可见,是否差商有界是函数的重要性质.

例 4.1　求证函数 $f(x) = \sqrt{x}\,(x \in [0, \infty))$ 在 $[0, \infty)$ 上非差商有界但在 $(0, \infty)$ 上差商有界,并对 $0 < a < b$ 求它在 $[a, b]$ 上的李普西兹常数.

解　为了指出 $f(x) = \sqrt{x}$ 在 $[0, \infty)$ 上非差商有界,按定义只要证明它在 $[0, \infty)$ 的某个闭子区间上非差商有界,即不满足李普西兹条件即可.下面证明 $y = \sqrt{x}$ 在区间 $[0, 1]$ 上不是差商有界的.

事实上,对于任意给定的正数 M,当 $u = 0$ 和 $v \leqslant \dfrac{1}{2+M^2} < 1$ 时,总有

$$\left| \frac{\sqrt{v} - \sqrt{u}}{v - u} \right| = \frac{1}{\sqrt{v}} \geqslant \sqrt{M^2 + 2} > M.$$

可见对于函数 $y = \sqrt{x}$ 不存在 $[0, a]$ 上的李普西兹常数,即它不是差商有界的(图 8).

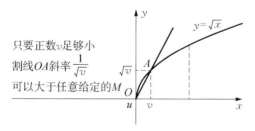

只要正数 v 足够小
割线 OA 斜率 $\dfrac{1}{\sqrt{v}}$
可以大于任意给定的 M

图 8　函数 $y = \sqrt{x}$ 在区间 $[0, 1]$ 上不是差商有界的

另一方面,当 $0 < a < b$ 时对 $[a, b]$ 上任意两点 $u < v$,有

$$\left|\frac{\sqrt{v}-\sqrt{u}}{v-u}\right|=\frac{1}{\sqrt{u}+\sqrt{v}}<\frac{1}{2\sqrt{a}}.$$

这表明 $y=\sqrt{x}$ 在区间 $(0,\infty)$ 上差商有界,且 $\dfrac{1}{2\sqrt{a}}$ 是它在 $[a,b]$ 上的一个李普西兹常数.

例 4.2 求证函数 $\sin x$ 和 $\cos x$ 都在 $(-\infty,+\infty)$ 上差商有界,且对任意两点 $u<v$ 有不等式

$$|\sin u-\sin v|<|u-v|, \quad |\cos u-\cos v|<|u-v|.$$

从而它们在任意区间 $[a,b]$ 上有李普西兹常数 $M=1$.

解 根据三角函数的和差化积公式得

$$|\sin u-\sin v|=\left|2\sin\frac{u-v}{2}\cdot\cos\frac{u+v}{2}\right|\leqslant\left|2\sin\frac{u-v}{2}\right|.$$

当 $|u-v|\geqslant\pi$ 时,显然有 $\left|2\sin\dfrac{u-v}{2}\right|\leqslant 2<\pi\leqslant|u-v|$;

而 $|u-v|<\pi$ 时,由熟知的几何事实可得:当 $0<x<\dfrac{\pi}{2}$ 时有 $0<\sin x<x$(参看图9),从而有不等式 $\left|\sin\dfrac{u-v}{2}\right|<\left|\dfrac{u-v}{2}\right|$.

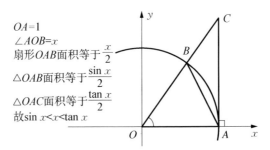

$OA=1$

$\angle AOB=x$

扇形 OAB 面积等于 $\dfrac{x}{2}$

$\triangle OAB$ 面积等于 $\dfrac{\sin x}{2}$

$\triangle OAC$ 面积等于 $\dfrac{\tan x}{2}$

故 $\sin x<x<\tan x$

图 9 一个关于正弦的不等式

于是得

$$|\sin u-\sin v|\leqslant\left|2\sin\frac{u-v}{2}\right|<2\cdot\frac{|u-v|}{2}=|u-v|,$$

从而

$$\mid \cos u - \cos v \mid = \left| \sin\left(u + \frac{\pi}{2}\right) - \sin\left(v + \frac{\pi}{2}\right) \right| < \left| u + \frac{\pi}{2} - v - \frac{\pi}{2} \right| = \mid u - v \mid .$$

5　用差商控制函数求函数曲线的切线

求任意曲线的切线,也是一个古老的数学问题.

讨论这个问题,先要说清楚什么是切线.先来看看圆的切线有何特点.

如图 10,过圆 O 上一点 A 作切线 AB,再作圆的任一条割线 AP.作圆弧 $\overparen{AP}$ 的中点 M,则直线 AM 是 $\angle PAB$ 的角平分线.显然,在切点 A 附近的圆弧和切线 AB 在角平分线同侧,而在割线 AP 的异侧.这表明,在切点 A"附近",切线比任一条割线更接近圆弧.

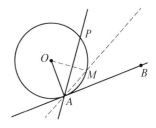

图 10　切线在切点附近比割线更接近圆弧

可以说,在过切点的所有直线中,在切点附近最接近圆弧的是切线.

推广到一般曲线 Γ,也可以说,过曲线 Γ 上一点 A 的所有直线中,如果有一条直线 L 在点 A 附近最接近曲线 Γ,就把这条直线叫作该曲线在点 A 的切线.

说"直线 L 在点 A 附近最接近曲线 Γ",就是直线 L 在点 A 附近比另外任一条过点 A 的直线 L^* 更接近 Γ.更具体地,在 Γ 上存在以点 A 为内点的一小段曲线 $\triangle$,使得对 $\triangle$ 上任意点 B(不同于 A),B 到直线 L 的距离小于它到直线 L^* 的距离.

这样,我们给出了清楚严谨的切线的定义.按此定义,如果曲线在某点有切线,则切线显然是唯一的.

例 5.1　求证曲线 $y = x^2$ 上任一点 $A = (a, a^2)$ 处有切线,其斜率为 $2a$.

证明　如图 11,直线 L 过点 $A = (a, a^2)$ 且斜率为 $2a$,直线 L^* 过点 $A = (a, a^2)$ 但斜率为 $k \neq 2a$,要证明存在以点 A 为内点的一小段曲线 $\triangle$,使得对 $\triangle$ 上任意点 B(不同于 A)到直线 L 的距离小于它到直线 L^* 的距离.

写出两条直线的方程:

$$L : y = 2a(x - a) + a^2,$$

$$L^* : y = k(x-a) + a^2, (k \neq 2a).$$

设 $B = (b, b^2)$ 是曲线 $y = f(x)$ 上另一点,分别计算它到两直线的距离:

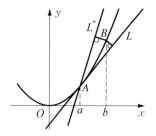

图 11 抛物线的切线

$$d(B, L) = \frac{|2a(b-a) + a^2 - b^2|}{\sqrt{1 + (2a)^2}},$$

$$d(B, L^*) = \frac{|k(b-a) + a^2 - b^2|}{\sqrt{1 + k^2}}.$$

记 $h = b - a$,在上面两式中将 b 代以 $a + h$ 得

$$d(B, L) = \frac{h^2}{\sqrt{1 + (2a)^2}},$$

$$d(B, L^*) = \frac{|kh + a^2 - (a+h)^2|}{\sqrt{1 + k^2}} = \frac{|(k-2a)h - h^2|}{\sqrt{1 + k^2}}.$$

故当 $0 < |h| < \dfrac{|k-2a|}{2\sqrt{1+k^2}}$ 时有

$$\frac{d(B, L^*)}{d(B, L)} = \frac{\sqrt{1 + 4a^2}}{\sqrt{1 + k^2}} \cdot \left| \frac{(k-2a)}{h} - 1 \right| \geqslant \frac{1}{\sqrt{1 + k^2}} \cdot \left(\left| \frac{k-2a}{h} \right| - 1 \right) > 1.$$

于是区间 $(a - |h|, a + |h|)$ 上的一段曲线即为所要的 Δ.

注意切线的斜率 $2a$ 恰是 $y = x^2$ 的差商控制函数 $2x$ 在 $x = a$ 处的值. 这启示我们考虑更一般的命题. 这里控制函数 $2x$ 的差商是常数,推广一下,考虑控制函数差商有界的情形.

命题 5.1(差商有界的控制函数是被控制函数曲线的切线斜率) 设在区间 I 上 $g(x)$ 是 $f(x)$ 的控制函数,且有正数 M 使得对任意 $[u, v] \subseteq I$ 总有 $|g(v) - g(u)| \leqslant M|v - u|$,则 $y = f(x)$ 的曲线 Γ 上任一点 $A = (a, f(a))$ 处有切线,切线斜率为 $g(a)$.

证明 设直线 L 过点 $A = (a, f(a))$ 且斜率为 $g(a)$;另外一条直线 L^* 过点 $A = (a, f(a))$ 但斜率 $k \neq 2a$. 要证明的是存在 $h \neq 0$,使当 $b \in I$ 且 $0 < |b - a| < |h|$ 时曲线 Γ 上的点 $B = (b, f(b))$ 到直线 L 的距离总小于它到直线 L^* 的距离.

写出两条直线的方程：

$$L: y = g(a)(x-a) + f(a),$$
$$L^*: y = k(x-a) + f(a), (k \neq g(a)).$$

分别计算点 $B = (b, f(b))$ 到两直线的距离：

$$d(B, L) = \frac{|g(a)(b-a) - (f(b) - f(a))|}{\sqrt{1 + g(a)^2}},$$

$$d(B, L^*) = \frac{|k(b-a) - (f(b) - f(a))|}{\sqrt{1 + k^2}}.$$

记以 a、b 为端点的区间为 Δ，设 $0 < |b-a| < h = \dfrac{|k - g(a)|}{2M\sqrt{1+k^2}}$. 由于 $g(x)$ 是 $f(x)$ 的差商有界的控制函数且有李普西兹常数 M，由差商有界的控制函数的基本不等式得

$$d(B, L) = \frac{|g(a)(b-a) + f(a) - f(b)|}{\sqrt{1 + g(a)^2}} < \frac{M(b-a)^2}{\sqrt{1 + g(a)^2}} < Mh^2,$$

$$d(B, L^*) = \frac{|(k - g(a))(b-a) + g(a)(b-a) - (f(b) - f(a))|}{\sqrt{1+k^2}}$$

$$\geqslant \frac{||(k-g(a))(b-a)| - M(b-a)^2|}{\sqrt{1+k^2}}$$

$$\geqslant \left| \frac{|(k-g(a))h|}{\sqrt{1+k^2}} - Mh^2 \right|.$$

于是要证明 $d(B, L) < d(B, L^*)$，只要指出有 $\dfrac{|(k-g(a))h|}{\sqrt{1+k^2}} > 2Mh^2$，即 $\dfrac{|k-g(a)|}{\sqrt{1+k^2}} > 2Mh$，这正是条件 $0 < |b-a| < h = \dfrac{|k-g(a)|}{2M\sqrt{1+k^2}}$ 所蕴含的推论.

6 对数函数的定义和控制函数

指数函数和对数函数的定义及性质，在中学和大学里都是难点. 这里用一

种直观严谨而且简单的方法来处理.

这种方法的基点,是考虑反比例函数 $y=\dfrac{1}{x}$ 曲线下的曲边梯形面积. 在克莱因的名著《高观点下的初等数学》[4]中建议这样讲. 在柯朗的名著《什么是数学:对思想和方法的基本研究》[5]中就是这样讲的.

这里接受了这两位大师的建议,并有所简化.

定义 6.1(自然对数) 对于任意两正数 $0<u<v$,记区间 $[u,v]$ 上反比例函数 $y=\dfrac{1}{x}$ 曲线下的曲边梯形面积(图12)为 $L(u,v)$,并约定 $L(u,u)=0$ 和 $L(v,u)=-L(u,v)$. 记 $\ln x=L(1,x)$. 这样,就在 $(0,+\infty)$ 上定义了一个函数 $y=\ln x$,$\ln x$ 叫作 x 的自然对数(图13).

由定义和面积性质有 $L(x,y)+L(y,z)=L(x,z)$,故 $\ln v-\ln u=L(u,v)$,从而得到下面的重要命题.

命题 6.1(自然对数函数的基本不等式和差商控制函数)

（ⅰ）对任意 $0<u<v$ 有,$\dfrac{1}{v}<\dfrac{\ln v-\ln u}{v-u}<\dfrac{1}{u}$;

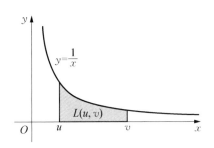
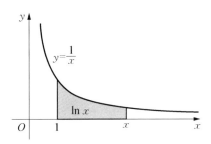

图 12　反比例函数曲线下的面积　　图 13　自然对数 $\ln x$ 的定义

（ⅱ）函数 $\ln x$ 在 $(0,+\infty)$ 上有差商控制函数 $y=\dfrac{1}{x}$.

证明 图 14 中阴影部分的面积就是 $\ln v-\ln u=L(u,v)$,显然有 $\dfrac{1}{v}\cdot(v-u)<\ln v-\ln u<\dfrac{1}{u}\cdot(v-u)$,同除以 $(v-u)$ 得 $\dfrac{1}{v}<\dfrac{\ln v-\ln u}{v-u}<\dfrac{1}{u}$. 此不等式表明 $y=\dfrac{1}{x}$ 是函数 $y=\ln x$ 的差商控制函数.

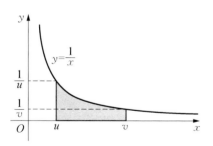

图 14　表示 $\ln v - \ln u$ 的一块
　　　面积的大小估计

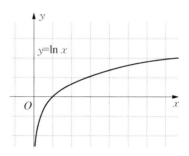

图 15　函数 $y = \ln x$ 的图像

函数 $y = \ln x$ 的图像见图 15.

命题 6.2（自然对数函数 $y = \ln x$ 的性质）

（ⅰ）（递增性）$y = \ln x$ 在 $(0,\ +\infty)$ 上有定义且单调递增；

（ⅱ）（正负区间）$\ln 1 = 0$，当 $0 < x < 1$ 时 $\ln x < 0$，当 $x > 1$ 时 $\ln x > 0$；

（ⅲ）（乘除变加减）对任意正数 A 和 B，有

$$\ln(A \cdot B) = \ln A + \ln B,\ \ln \frac{B}{A} = \ln B - \ln A;$$

（ⅳ）（乘开方变乘除）对任意正数 A、整数 n 和非零整数 m，有

$$\ln A^{\frac{n}{m}} = \frac{n}{m} \cdot \ln A;$$

（ⅴ）（无界性）$\ln x$ 无上界也无下界.

证明　（ⅰ）由其控制函数 $\frac{1}{x} > 0$ 可知 $\ln x$ 递增.

（ⅱ）由递增性和 $\ln 1 = 0$ 可得 $x < 1$ 时 $\ln x < 0$，$x > 1$ 时 $\ln x > 0$.

（ⅲ）对任意正数 A、x 和 $u < v$，由不等式 $\frac{1}{Av} < \frac{\ln Av - \ln Au}{Av - Au} < \frac{1}{Au}$ 得 $\frac{1}{v}$

$< \frac{\ln Av - \ln Au}{v - u} < \frac{1}{u}$，可见两个函数 $\ln Ax$ 和 $\ln x$ 有相同的单调控制函数 $\frac{1}{x}$，故

两个函数之差为常数，即 $\ln Ax - \ln x = C$. 取 $x = 1$ 得 $C = \ln A$，再取 $x = B$ 得

$\ln(A \cdot B) = \ln A + \ln B$，这推出 $\ln B = \ln\left(A \cdot \frac{B}{A}\right) = \ln A + \ln \frac{B}{A}$，即 $\ln \frac{B}{A} = \ln B -$

$\ln A$.

（ⅳ）由 $\ln(A \cdot B) = \ln A + \ln B$ 得 $\ln x^n = \ln(x^{n-1} \cdot x) = \ln x^{n-1} + \ln x$，对 n 作数学归纳可得 $\ln x^n = n\ln x$，取 $x = A$ 得 $n\ln A = \ln A^n = \ln(A^{\frac{n}{m}})^m = m\ln A^{\frac{n}{m}}$，即 $\ln A^{\frac{n}{m}} = \dfrac{n}{m} \cdot \ln A$.

（ⅴ）对任意的 $A > 0$，当 $n > \dfrac{A}{\ln 2}$ 时有 $n\ln 2 > A$ 即 $\ln 2^n > A$，可见 $\ln x$ 没有上界；由 $\ln \dfrac{1}{x} + \ln x = \ln 1 = 0$，可见 $\ln \dfrac{1}{x} = -\ln x$，故也没有下界.

有了自然对数，就容易定义和研究一般的对数了.

定义 6.2（以 a 为底的对数） 设 a 是不等于 1 的正数，记 $\dfrac{\ln x}{\ln a} = \log_a x$，称 $\log_a x$ 为 x 的以 a 为底的对数；特别地记 $\lg x = \log_{10} x$，称为常用对数.

命题 6.3（一般对数函数 $y = \log_a x$ 的性质）

（ⅰ）（增减性）$y = \log_a x$ 在 $(0, +\infty)$ 上有定义，且当 $a > 1$ 时单调递增，当 $a < 1$ 时单调递减；

（ⅱ）（正负区间）$\log_a 1 = 0$，当 $a > 1$ 时，$\log_a x$ 在 $(0, 1)$ 上为负，而在 $(1, +\infty)$ 上为正；当 $a < 1$ 时，$\log_a x$ 在 $(0, 1)$ 上为正，而在 $(1, +\infty)$ 上为负；

（ⅲ）（乘除变加减）对任意正数 A 和 B，对不为 1 的正数 a 有

$$\log_a(A \cdot B) = \log_a A + \log_a B,$$

$$\log_a \dfrac{B}{A} = \log_a B - \log_a A;$$

（ⅳ）（乘开方变乘除）对任意正数 A、整数 n 和非零整数 m，对不为 1 的正数 a 有

$$\log_a A^{\frac{n}{m}} = \dfrac{n}{m} \cdot \log_a A;$$

（ⅴ）（无界性）$\log_a x$ 无上界也无下界；

（ⅵ）对不为 1 的正数 a 有 $\log_a a = 1$ 和 $\log_a 1 = 0$.

命题 6.3 的证明可以由 $\log_a x$ 的定义和命题 6.2 推出.

自然会问，$\ln x$ 是不是 $\log_a x$ 中之一呢？ 如果是，底是什么数？

按定义，如果有一个实数 e 使得 $\log_e x = \ln x$，则 $\ln x = \log_e x = \dfrac{\ln x}{\ln e}$，立刻推

出 $\ln e = 1$. 因此,自然对数就是以 e 为底的对数.

这个实数 e 是多大呢? 在不等式 $\dfrac{1}{v} < \dfrac{\ln v - \ln u}{v - u} < \dfrac{1}{u}$ 中取 $v = 2$ 和 $u = 1$ 得到 $0.5 < \ln 2 < 1$,而 $\ln 4 = \ln 2^2 = 2\ln 2 > 1$,可见应有 $e \in (2, 4)$. 由 $\ln x$ 的 定义可知,在曲线 $y = \dfrac{1}{x}$ 下区间 $[1, e]$ 上的面积为 1. 这就是自然对数的底之几何意义.

函数 $y = \log_a x$ 的图像如图 16.

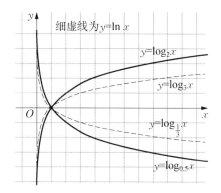

图 16 函数 $y = \log_a x$ 的图像

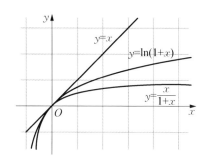

图 17 函数 $\ln(1 + x)$ 的估计

例 6.1 求证 $\dfrac{x}{1 + x} < \ln(1 + x) < x$.

证明 当 $x > 0$ 时,在不等式 $\dfrac{1}{v} < \dfrac{\ln v - \ln u}{v - u} < \dfrac{1}{u}$ 中取 $u = 1$ 而 $v = 1 + x$ 可得 $\dfrac{1}{1 + x} < \dfrac{\ln(1 + x)}{x} < 1$,两端乘 x 得所要不等式;当 $-1 < x < 0$ 时,在同一不等式中取 $u = 1 + x$ 而 $v = 1$ 可得 $1 < \dfrac{\ln(1 + x)}{x} < \dfrac{1}{1 + x}$,两端乘 x 时不等式反号,仍得结论.

图 17 直观地说明了不等式 $\dfrac{x}{1 + x} < \ln(1 + x) < x$.

例 6.2 (换底公式) 设 a 和 b 都是不为 1 的正数,则

$$\log_a x = \log_a b \cdot \log_b x .$$

证明 根据定义有

$$\log_a b \cdot \log_b x = \frac{\ln b}{\ln a} \cdot \frac{\ln x}{\ln b} = \log_a x.$$

例 6.3 求函数 $y = \ln|x|$ 分别在 $(-\infty, 0)$ 上和 $(0, +\infty)$ 上的控制函数.

解 函数 $y = \ln|x|$ 在 $(0, +\infty)$ 上等于 $\ln x$,其控制函数为 $\frac{1}{x}$.

当 $u < v < 0$ 时有 $\dfrac{1}{|u|} < \dfrac{\ln|v| - \ln|u|}{|v| - |u|} < \dfrac{1}{|v|}$,即 $\dfrac{1}{-u} < $

$\dfrac{\ln|v| - \ln|u|}{-(v-u)} < \dfrac{1}{-v}$,反号后为 $\dfrac{1}{v} < \dfrac{\ln|v| - \ln|u|}{v-u} < \dfrac{1}{u}$,表明 $y = \ln|x|$

在 $(-\infty, 0)$ 上的控制函数仍为 $\dfrac{1}{x}$.

7 指数函数的定义及其控制函数

由于当 $u \neq v$ 时 $\ln u \neq \ln v$,故 $y = \ln x$ 有唯一的反函数,记作 $\exp x$.

称 $\exp x$ 为以 e 为底的指数函数. 显然 $\exp x$ 和 $\ln x$ 互为反函数,两者的图像关于直线 $y = x$ 对称,如图 18.

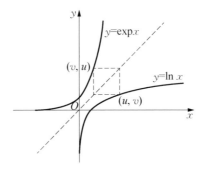

图 18 自然对数函数 $\ln x$ 及其反函数 $\exp x$ 的图像

命题 7.1(指数函数 exp x 的性质)

(ⅰ) $\exp x$ 定义域为 $(-\infty, +\infty)$,对一切 x 有 $\exp x > 0$;

(ⅱ) $\exp x$ 在 $(-\infty, +\infty)$ 上递增;

(ⅲ)(加减变乘除)对任意两数 A、B,有

$$\exp(A+B)=\exp A \cdot \exp B,$$

$$\exp(A-B)=\frac{\exp A}{\exp B};$$

（ⅳ）（乘除变乘开方）对任意正数 A、整数 n 和非零整数 m 有

$$\exp\!\left(\frac{n}{m} \cdot A\right)=(\exp A)^{\frac{n}{m}};$$

（ⅴ）$\exp n=\mathrm{e}^n$，$\exp \dfrac{1}{n}=\mathrm{e}^{\frac{1}{n}}$，$\exp \dfrac{n}{m}=\mathrm{e}^{\frac{n}{m}}$；

（ⅵ）$\exp x$ 差商有界.

证明　（ⅰ）由 $\ln x$ 定义域为 $(0,+\infty)$ 可知对一切 x 有 $\exp x>0$，由 $\ln x$ 无上下界可知 $\exp x$ 定义域无上下界.

（ⅱ）由 $\ln x$ 的递增性推出其反函数递增.

（ⅲ）根据 $\ln(AB)=\ln A+\ln B$ 和反函数关系得：

$$\exp(A+B)=\exp(\ln \exp A+\ln \exp B)$$
$$=\exp \ln(\exp A \cdot \exp B)=\exp A \cdot \exp B.$$

（ⅳ）根据 $\ln A^{\frac{n}{m}}=\dfrac{n}{m}\ln A$ 和反函数关系得：

$$\exp\!\left(\frac{n}{m} \cdot A\right)=\exp\!\left(\frac{n}{m} \cdot \ln \exp A\right)=\exp \ln((\exp A)^{\frac{n}{m}})=(\exp A)^{\frac{n}{m}}.$$

（ⅴ）由 $\ln \mathrm{e}=1$ 得 $\exp 1=\exp \ln \mathrm{e}=\mathrm{e}$，再在（ⅳ）中取 $A=1$ 即得.

（ⅵ）对任意的 $a<b$，有 $0<A=\exp a<\exp b=B$. 由不等式 $\dfrac{1}{v}<$ $\dfrac{\ln v-\ln u}{v-u}<\dfrac{1}{u}$，在 $(0,+\infty)$ 的任意闭子区间 $[A,B]$ 上总有 $\mid \ln v-\ln u \mid>$ $\dfrac{1}{v}\mid v-u \mid \geqslant \dfrac{1}{B}\mid v-u \mid$ 可知 $\ln x$ 的反函数在 $[a,b]$ 上差商有界，从而 $\exp x$ 在 $(-\infty,+\infty)$ 上差商有界.

由上述结论（ⅴ）可见，$\exp x$ 就是以 $\exp 1=\mathrm{e}$ 为底的指数函数. 以后记 $\exp x=\mathrm{e}^x$.

对任意不为 1 的正数 a，$\log_a x$ 的反函数是什么呢？

如果 $f(x)$ 是 $\log_a x$ 的反函数,按定义应当有

$$\log_a f(x) = x,\ x \in (-\infty, +\infty).$$

应用 $\log_a x$ 的定义得 $\dfrac{\ln f(x)}{\ln a} = x$,即 $\ln f(x) = x \cdot \ln a$. 两端取指数函数值得 $\exp(\ln f(x)) = \exp(x \cdot \ln a)$,从而 $f(x) = \exp(x \cdot \ln a)$. 这样就得到了 $\log_a x$ 的 反函数 $\exp(x \cdot \ln a)$. 当 x 为有埋数 $\dfrac{n}{m}$ 时,有

$$\exp\left(\frac{n}{m} \cdot \ln a\right) = (\exp(\ln a))^{\frac{n}{m}} = a^{\frac{n}{m}},$$

所以就记 $\exp(x \cdot \ln a) = a^x$. 即 $\log_a x$ 的反函数为 a^x.

由命题 7.1 容易推出函数 $\exp(x \cdot \ln a) = a^x$ 的性质.

命题 7.2(指数函数 $\exp(x \cdot \ln a) = a^x$ 的性质)

(ⅰ) a^x 定义域为 $(-\infty, +\infty)$,对一切 x 有 $a^x > 0$;

(ⅱ) a^x 在 $(-\infty, +\infty)$ 上当 $a > 1$ 时递增,$a < 1$ 时递减;

(ⅲ)(加减变乘除)对任意两实数 u、v,有

$$a^{u+v} = a^u \cdot a^v,\ a^{u-v} = \frac{a^u}{a^v};$$

(ⅳ)(乘除变乘开方)对任意两实数 u、v,有

$$a^{u \cdot v} = (a^u)^v;$$

(ⅴ) $a^0 = 1$,$a^1 = a$.

命题的证明留给读者. 图 19 是不同底的几个指数函数的图像.

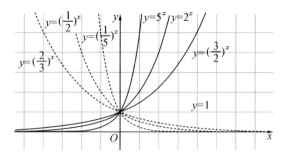

图 19 不同底的几个指数函数的图像

下面求出指数函数的控制函数.

在估值不等式 $\dfrac{1}{v} < \dfrac{\ln v - \ln u}{v - u} < \dfrac{1}{u}$ 中取 $u = \mathrm{e}^x$ 和 $v = \mathrm{e}^y$，得到

$$\frac{1}{\mathrm{e}^y} < \frac{\ln \mathrm{e}^y - \ln \mathrm{e}^x}{\mathrm{e}^y - \mathrm{e}^x} < \frac{1}{\mathrm{e}^x}，\text{即 } \mathrm{e}^x < \frac{\mathrm{e}^y - \mathrm{e}^x}{y - x} < \mathrm{e}^y，$$

这表明函数 $y = \mathrm{e}^x$ 自己是自己的控制函数，这是数学中最美的事实之一.

例 7.1　求证：当 $h \neq 0$ 时有 $h < \mathrm{e}^h - 1 < h \cdot \mathrm{e}^h$.

解　当 $h > 0$ 时在 $\mathrm{e}^x < \dfrac{\mathrm{e}^y - \mathrm{e}^x}{y - x} < \mathrm{e}^y$ 中取 $y = h$ 和 $x = 0$ 得 $1 < \dfrac{\mathrm{e}^h - 1}{h} <$

e^h，乘以 h 得 $h < \mathrm{e}^h - 1 < h \cdot \mathrm{e}^h$；当 $h < 0$ 时取 $y = 0$ 和 $x = h$ 得 $\mathrm{e}^h < \dfrac{1 - \mathrm{e}^h}{-h}$

< 1，乘以 h 得 $h \cdot \mathrm{e}^h > \mathrm{e}^h - 1 > h$. 结论获证.

例 7.2　求证对正整数 n 有 $\mathrm{e}^{\frac{n}{n+1}} < \left(1 + \dfrac{1}{n}\right)^n < \mathrm{e}$，并估计 $\left| \left(1 + \dfrac{1}{n}\right)^n - \mathrm{e} \right|$.

解　在 $\dfrac{x}{1+x} < \ln(1 + x) < x$ 中取 $x = \dfrac{1}{n}$，并乘以 n 得到

$$\frac{n}{n+1} < n \ln\left(1 + \frac{1}{n}\right) < 1,$$

注意到 $n \ln\left(1 + \dfrac{1}{n}\right) = \ln\left(1 + \dfrac{1}{n}\right)^n$ 和 $\exp x$ 的递增性，便得

$$\exp\left(\frac{n}{n+1}\right) < \exp\left(\ln\left(1 + \frac{1}{n}\right)^n\right) < \exp(1),$$

即

$$\mathrm{e}^{\frac{n}{n+1}} < \left(1 + \frac{1}{n}\right)^n < \mathrm{e}.$$

而 $\left| \left(1 + \dfrac{1}{n}\right)^n - \mathrm{e} \right| < \mathrm{e} - \mathrm{e}^{\frac{n}{n+1}} = \mathrm{e}^{\frac{n}{n+1}}\left(\mathrm{e}^{\frac{1}{n+1}} - 1\right) < \dfrac{\mathrm{e}}{n+1}$，最后一步用到了例

7.1 的结果.

8 函数的凸性

增减性相同的函数,其图像仍然会有很大差异.图 20 中的两条曲线弧都是单增的,但弯曲方向却完全不同.

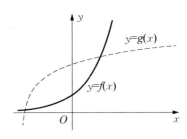

图 20　两个递增函数的曲线凸凹性不同

曲线弯曲方向可以直线为标准作比较.在图 20 中的虚线曲线 $y = g(x)$ 上取两点作弦,两点之间的曲线在弦的上方;在实线曲线 $y = f(x)$ 上取两点作弦,两点之间的曲线在弦的下方.过两点 $(u, F(u))$ 和 $(v, F(v))$ 的直线方程为 $y = F(u) + \dfrac{x-u}{v-u} \cdot (F(v) - F(u))$,故可用下面的方法刻画曲线的凸凹.

定义 8.1(函数的凸性)　设函数 $F(x)$ 在区间 I 有定义.对 I 的任意子区间 (u, v) 记 $L(x, u, v) = F(u) + \dfrac{x-u}{v-u} \cdot (F(v) - F(u))$.

若对 $x \in (u, v)$ 总有 $F(x) \leqslant L(x, u, v)$,则称函数 $y = F(x)$ 在 I 上是下凸的;

若对 $x \in (u, v)$ 总有 $F(x) < L(x, u, v)$,则称函数 $y = F(x)$ 在 I 是严格下凸的;

若对 $x \in (u, v)$ 总有 $F(x) \geqslant L(x, u, v)$,则称函数 $y = F(x)$ 在 I 是上凸的;

若对 $x \in (u, v)$ 总有 $F(x) > L(x, u, v)$,则称函数 $y = F(x)$ 在 I 是严格上凸的.

相应地也称函数曲线是下凸的或上凸的,等等.

图 21 显示严格下凸函数的直观形象.

关于函数的凸性,各种资料中的说法不同.阅读时要细心关

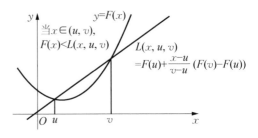

图 21　严格下凸函数图像

注该资料本身的定义或上下文. 这里的说法符合直观, 和各种资料均不冲突, 没有歧义.

不少资料上的定义类似于下面的表达:

设函数 $F(x)$ 在区间 I 上有定义, 若对 I 中的任两点 u 和 v 和任意 $\lambda \in (0, 1)$, 都有 $F(\lambda u + (1-\lambda)v) \leqslant \lambda F(u) + (1-\lambda)F(v)$, 则称 $F(x)$ 在 I 上是下凸的.

相应地, 在不等式中改取符号 $<$、$\geqslant$ 或 $>$, 得到严格下凸、上凸和严格上凸的定义.

事实上, 只要取点 $x = \lambda u + (1-\lambda)v$, 则 $\lambda \in (0, 1)$ 等价于 $x \in (u, v)$, 且 $\lambda = \dfrac{x-u}{v-u}$. 简单的计算表明

$$\lambda F(u) + (1-\lambda)F(v) = F(u) + \frac{(x-u)(F(v)-F(u))}{v-u}.$$

也就是说, 我们的定义 8.1 和这样的定义等价.

不少书上采用另一种方式来定义函数的凸性:

对任意 $u, v \in I, u \neq v$, 若总有 $F\left(\dfrac{u+v}{2}\right) \leqslant \dfrac{F(u)+F(v)}{2}$, 则称函数曲线 $y = F(x)$ 在 I 上是下凸的; 若总有 $F\left(\dfrac{u+v}{2}\right) \geqslant \dfrac{F(u)+F(v)}{2}$, 则称函数曲线 $y = F(x)$ 在 I 上是上凸的.

从我们定义中的不等式显然能推出这样的不等式. 反过来, 对于常见函数, 如限制于差商有界函数, 能够证明两者等价. 这种定义的好处当然是简单. 但由于形式上条件较弱, 用凸性推导函数性质时较费力.

我们的定义 8.1 中的不等式, 左端是曲线弧上对应于变量 x 的点的纵坐标, 右端是曲线弧的弦上对应于变量 x 的点的纵坐标, 直接表示出弦与弧的上下位置关系, 无需更多推导.

关于函数凸性的判断, 有一个非常初等的简单方法:

命题 8.1(**函数凸性的初等判别法**)　设 $g(x)$ 和 $F(x)$ 都在区间 I 上有定义.

若对任意 $[u, v] \subseteq I$ 总有 $g(u) \leqslant \dfrac{F(v)-F(u)}{v-u} \leqslant g(v)$, 则 $F(x)$ 下凸;

若对任意 $[u, v] \subseteq I$ 总有 $g(u) < \dfrac{F(v) - F(u)}{v - u} < g(v)$，则 $F(x)$ 严格下凸；

若对任意 $[u, v] \subseteq I$ 总有 $g(v) \leqslant \dfrac{F(v) - F(u)}{v - u} \leqslant g(u)$，则 $F(x)$ 上凸；

若对任意 $[u, v] \subseteq I$ 总有 $g(v) < \dfrac{F(v) - F(u)}{v - u} < g(u)$，则 $F(x)$ 严格上凸.

证明　若对任意 $[u, v] \subseteq I$ 总有 $g(u) \leqslant \dfrac{F(v) - F(u)}{v - u} \leqslant g(v)$，则对 I 中任意三点 $u < x < v$ 有

$$\frac{F(x) - F(u)}{x - u} \leqslant g(x) \leqslant \frac{F(v) - F(x)}{v - x},$$

因此

$$(v - x)(F(x) - F(u)) \leqslant (x - u)(F(v) - F(x)),$$

整理后得

$$F(x) \leqslant \frac{(v - x)F(u) + (x - u)F(v)}{v - u} = F(u) + \frac{F(v) - F(u)}{v - u}(x - u),$$

即 $F(x)$ 下凸.

其他三种情形证法类似.

回顾前面求取一些函数的差商控制函数的过程，发现我们顺便获得了有关函数的凸性的信息. 例如：

例 1.1 中，由 $2u < \dfrac{v^2 - u^2}{v - u} < 2v$ 知 $y = x^2$ 在 $(-\infty, +\infty)$ 严格下凸.

例 1.2 中，由 $\dfrac{1}{2\sqrt{v}} < \dfrac{\sqrt{v} - \sqrt{u}}{v - u} < \dfrac{1}{2\sqrt{u}}$ 知 $y = \sqrt{x}$ 在 $(0, +\infty)$ 严格上凸.

例 1.3 中，由 $\dfrac{-1}{u^2} < \dfrac{1}{(v - u)}\left(\dfrac{1}{v} - \dfrac{1}{u}\right) < \dfrac{-1}{v^2}$ 知 $y = \dfrac{1}{x}$ 在 $(0, +\infty)$ 严格下凸.

例 3.1 中,对任意正整数 n,当 $0 \leqslant u < v$,或 $u < v \leqslant 0$ 而 n 为偶数时有 $nu^{n-1} < \dfrac{v^n - u^n}{v - u} < nv^{n-1}$,当 $u < v \leqslant 0$ 且 n 为奇数时有 $nv^{n-1} < \dfrac{v^n - u^n}{v - u} < nu^{n-1}$.可知当 n 为偶数时函数 $f(x) = x^n$ 在 $(-\infty, +\infty)$ 严格下凸;当 n 为奇数时函数 $f(x) = x^n$ 在 $[0, +\infty)$ 严格下凸;在 $(-\infty, 0]$ 严格上凸.

例 3.3 中,由于对 $\left[0, \dfrac{\pi}{2}\right]$ 上的任意两点 $u < v$ 有 $\cos v < \dfrac{\sin v - \sin u}{v - u} < \cos u$,可知函数 $\sin x$ 在 $\left[0, \dfrac{\pi}{2}\right]$ 严格上凸.

若函数 $F(x)$ 的曲线每点处都有切线,作出曲线的切线来观察,可以发现凸凹性和切线的关系:函数 $y = F(x)$ 在 I 上是下凸的,相当于曲线弧上每一点处的切线都在曲线弧之下;函数曲线 $y = F(x)$ 在 I 上是上凸的,相当于曲线弧上每一点处的切线都在曲线弧之上.图 22 是下凸的情形.

仔细观察容易发现,下凸曲线上每点处的切线斜率随着 x 的增大而增大,上凸曲线每点处的切线斜率随着 x 的增大而减小,如图 23.

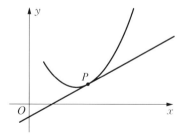

图 22　下凸函数曲线的切线
　　　在下面

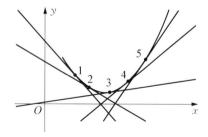

图 23　下凸函数曲线切线斜
　　　率递增

若 $F(x)$ 具有差商有界的控制函数 $g(x)$,则 $F(x)$ 的曲线在点 $(a, F(a))$ 处的切线斜率就是 $g(a)$,这启示我们,可用 $g(x)$ 的单调性来判断函数曲线 $y = F(x)$ 的凹凸性.实际上,只要控制函数 $g(x)$ 单调,就有下面的简明的事实.

命题 8.2(基于控制函数增减性判别函数凸性)　设 $g(x)$ 是函数 $F(x)$ 在区间 I 上的控制函数,则在 I 上有:若 $g(x)$ 非减则 $F(x)$ 下凸,若 $g(x)$ 递增,则 $F(x)$ 严格下凸;若 $g(x)$ 非增则 $F(x)$ 上凸,若 $g(x)$ 递减,则 $F(x)$ 严格上凸.

证明 若 $g(x)$ 非减,对 I 中任意三点 $u<x<v$ 有

$$\frac{F(x)-F(u)}{x-u}\leqslant g(x)\leqslant\frac{F(v)-F(x)}{v-x}.$$

同命题 8.1 证法知 $F(x)$ 下凸. 若 $g(x)$ 递增,则 $F(x)$ 在 I 的任何子区间不可能是线性函数,从而上面的不等式可以成为严格的,即 $F(x)$ 严格下凸. 类似地可论证 $g(x)$ 非增或递减的情形.

例 8.1 确定对数函数 $y=\log_a x$ 的凸性.

解 由 $\log_a x=\dfrac{\ln x}{\ln a}$,当 $0<u<v$ 时有

$$\frac{\log_a v-\log_a u}{v-u}=\frac{\ln v-\ln u}{v-u}\cdot\frac{1}{\ln a}.$$

由 $\dfrac{1}{v}<\dfrac{\ln v-\ln u}{v-u}<\dfrac{1}{u}$,应用命题 8.1 可得(如图 24):

当 $a>1$ 时,$\ln a>0$,从而 $\dfrac{1}{v\ln a}<\dfrac{\log_a v-\log_a u}{v-u}<\dfrac{1}{u\ln a}$,故 $y=\log_a x$ 严格上凸;

当 $a<1$ 时,$\ln a<0$,从而 $\dfrac{1}{u\ln a}<\dfrac{\log_a v-\log_a u}{v-u}<\dfrac{1}{v\ln a}$,故 $y=\log_a x$ 严格下凸.

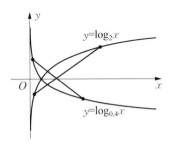

图 24 对数函数的凸性

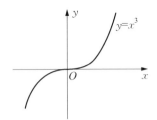

图 25 函数 $y=x^3$ 曲线的拐点

例 8.2 讨论函数曲线 $y=x^3$ 的凹凸性.

解 由例 2.1 中结果和命题 8.1 得(如图 25).

当 $0 \leqslant u < v$ 时有 $3u^2 < \dfrac{v^3 - u^3}{v - u} < 3v^2$，故函数 x^3 在 $[0, +\infty)$ 严格下凸;

当 $u < v \leqslant 0$ 时有 $3v^2 < \dfrac{v^3 - u^3}{v - u} < 3u^2$，故函数 x^3 在 $(-\infty, 0]$ 严格上凸.

这里，函数曲线 $y = x^3$ 在点 $(0, 0)$ 左右的凸性发生了变化，称点 $(0, 0)$ 为此曲线的拐点. 一般说来，若函数曲线 $y = F(x)$ 在经过点 $(x_0, F(x_0))$ 时凹凸性改变了，那么就称点 $(x_0, F(x_0))$ 为该曲线的拐点，也说 x_0 是函数 $y = F(x)$ 的拐点.

9　结语

我们看到，在建立微积分之前，只要应用"差商控制函数"这个概念，也就是考虑一个简单的不等式，就可以解决几大类问题:判断函数的增减凸凹，计算曲边梯形的面积，作曲线的切线，等等.

由于还没有引入实数理论，涉及存在性的问题当然不可能解决. 例如，严格说来，还不知道什么是面积，不能确定余弦曲线下面积或者反比例函数曲线下面积是否存在. 我们获得的计算面积的公式可以这样理解:如果有所谓符合直观认识的面积，这面积就只能按我们求出的公式来计算. 又如，我们还不知道对数函数的反函数是否存在;但可以断定，如果它存在，就必然具有这里推出的各种性质. 也就是说，我们通过严谨的推理，预见到若干数学事实.

把上述解决问题的思路方法用符号概念适当包装一下，对初等函数类找出计算"差商控制函数"的一般公式[2]，就可以在引入极限概念之前严谨而简捷地建立微积分了.

参考文献

[1] 卡尔·B·波耶. 微积分概念发展史[M]. 唐生，译. 上海:复旦大学出版社，2007.

[2] 张景中. 直来直去的微积分[M]. 北京:科学出版社，2010.

[3] 林群. 微积分快餐[M]. 北京:科学出版社，2009.

[4] 菲利克斯·克莱因. 高观点下的初等数学(第一卷)[M]. 舒湘芹，陈文章，杨钦樑，译. 上海:复旦大学出版社，2008:175.

[5] R·柯朗,H·罗宾. 什么是数学:对思想和方法的基本研究(增订版)[M]. 左平,张饴慈,译. 上海:复旦大学出版社,2005.

What Can Be Done Prior to Calculus

Abstract   Before introducing the concept of limit and establishing Calculus, we show several problems that can only be solved by Calculus in popular opinion.

Key words   difference quotient, increase or decrease, area under a curve, tangent line of a curve

4.7　余弦面积正弦高(2019)[①]

边界含有曲线(或曲面)的区域的面积(或体积)的计算,从来就是数学家关注的问题. 阿基米德、开普勒、卡瓦列里、笛卡儿、费马等,为解决这些问题深入思考,并有出色贡献. 在牛顿和莱布尼兹之前,问题的核心一直未被发现,因而得不到系统性的成果. 继牛顿和莱布尼兹在微积分领域的开创性工作之后,数学家们又经过一个多世纪的艰辛探索,才实现了数学上的严谨化.

最近,我们在考察一个有趣的例子时意外地发现:用很简单的初等方法,可以求得多种函数曲线下的面积.

图 1 中实线是余弦曲线,虚线是正弦曲线. 这时阴影部分的面积恰好等于线段 AB 的长度. 这个有趣的事实,可表述为"余弦面积正弦高".

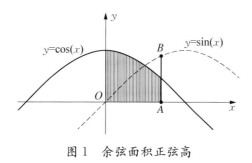

图 1　余弦面积正弦高

下面用初等方法来证明这个有趣的事实.

命题 1　对 $\left[0, \dfrac{\pi}{2}\right]$ 上的任意两点 $u < v$,有

$$(v - u)\cos v < \sin v - \sin u < (v - u)\cos u.$$

证明　当 $0 < x < \dfrac{\pi}{2}$ 时,有 $\sin x < x < \tan x$,从而 $\cos x < \dfrac{\sin x}{x} < 1$.

① 本文原载《初等数学研究在中国(第 1 辑)》(哈尔滨工业大学出版社,2019)(与林群合作).

于是对 $\left[0, \dfrac{\pi}{2}\right]$ 上的任意两点 $u < v$,有

$$\cos v \leqslant \cos \frac{v-u}{2} \cdot \cos \frac{v+u}{2} < \frac{\sin v - \sin u}{v-u}$$

$$= \frac{\sin \dfrac{v-u}{2} \cdot \cos \dfrac{v+u}{2}}{\dfrac{v-u}{2}} < \cos \frac{v+u}{2} \leqslant \cos u.$$

证毕.

如图 2,对 $0 \leqslant u < v \leqslant \dfrac{\pi}{2}$,记区间 $[u,$

$v]$ 上余弦曲线下的曲边梯形面积为 $S(u,$

$v)$,则显然有不等式 $(v-u)\cos v < S(u, v)$

$< (v-u)\cos u$,这启示我们考虑,能不能将

此与上面推出的不等式 $(v-u)\cos v < \sin$

$v - \sin u < (v-u)\cos u$ 对比,就此推出 $S(u,$

$v) = \sin v - \sin u$ 呢?

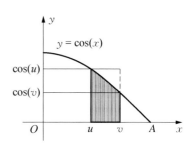

图 2　区间 $[u, v]$ 上余弦曲
线下的曲边梯形面积
$S(u, v)$

下面这个并不复杂的命题,给我们以满

意的回答.

命题 2　设在区间 I 上的两个函数 $s(x)$ 和 $r(x)$ 与一个递减函数 $f(x)$,

对任意的 $[u, v] \subseteq I$ 满足同样的不等式

$$(v-u)f(v) < s(v) - s(u) < (v-u)f(u),$$
$$(v-u)f(v) < r(v) - r(u) < (v-u)f(u),$$

记 $S(u, v) = s(v) - s(u)$, $R(u, v) = r(v) - r(u)$,则对 $[u, v] \subseteq I$ 有

$S(u, v) = R(u, v)$.

证明　用反证法.

若命题结论不真,则有 $[u, v] \subseteq I$ 使 $|S(u, v) - R(u, v)| = a > 0$.

记 $H = v - u$,取正整数 $n > \dfrac{(f(u) - f(v))H}{a}$,将 $[u, v]$ 等分为 n 段,分

点为 $u = x_0 < x_1 < \cdots < x_n = v$.

由题设条件可得

$$f(x_k) \cdot \frac{H}{n} \leqslant S(x_{k-1}, x_k) \leqslant f(x_{k-1}) \cdot \frac{H}{n};$$

对 k 从 1 到 n 求和,并记 $F = f(x_0) + f(x_1) + \cdots + f(x_{n-1})$,得到:

$$\frac{(F + f(v) - f(u))H}{n} \leqslant S(u, v) \leqslant \frac{FH}{n}.$$

同理 $$\frac{(F + f(v) - f(u))H}{n} \leqslant R(u, v) \leqslant \frac{FH}{n}.$$

可见 $$0 < | S(u, v) - R(u, v) | = a \leqslant \frac{(f(u) - f(v))H}{n},$$

这推出 $n \leqslant \dfrac{(f(u) - f(v))H}{a}$,与 $n > \dfrac{(f(u) - f(v))H}{a}$ 矛盾,证毕.

由此立刻得知区间 $[u, v]$ 上余弦曲线下的曲边梯形面积 $S(u, v) = \sin v - \sin u$. 特别是 $[0, v]$ 上余弦曲线下的面积 $S(0, v) = \sin v$,即"余弦面积正弦高"!

这个事实和证明方法,可以推广到非常一般的情形. 为此,引入下述很有用的差商控制函数的概念.

定义(差商控制函数) 设函数 $F(x)$ 和 $f(x)$ 都在数集 S 上有定义,若对 S 中的任意两点 $u < v$,总有 $[u, v] \bigcap S$ 中的 p 和 q,使得

$$f(p) \leqslant \frac{F(u) - F(v)}{u - v} \leqslant f(q)$$

成立,则称 $f(x)$ 是 $F(x)$ 在数集 S 上的差商控制函数,简称为控制函数.

下面是差商控制函数的几个例子.

例 1 对任意 $u < v$,$f(x) = x^2$ 的差商为

$$\frac{f(v) - f(u)}{v - u} = \frac{v^2 - u^2}{v - u} = u + v,$$

不等式 $2u < u + v < 2v$ 表明,$g(x) = 2x$ 是 $f(x) = x^2$ 的一个控制函数.

例 2 在 $(0, +\infty)$ 上设 $f(x) = \sqrt{x}$,对 $0 < u < v$ 有

$$\frac{1}{2\sqrt{v}} < \frac{f(v) - f(u)}{v - u} = \frac{\sqrt{v} - \sqrt{u}}{v - u} = \frac{1}{\sqrt{v} + \sqrt{u}} < \frac{1}{2\sqrt{u}},$$

这表明 $g(x) = \dfrac{1}{2\sqrt{x}}$ 是 $f(x) = \sqrt{x}$ 的一个控制函数.

例 3 在 $(-\infty, 0)$ 和 $(0, +\infty)$ 上分别求 $f(x) = \dfrac{1}{x}$ 的控制函数.

解 当 $0 < u < v$ 时有

$$\frac{-1}{u^2} < \frac{f(v) - f(u)}{v - u} = \frac{1}{(v-u)}\left(\frac{1}{v} - \frac{1}{u}\right) = \frac{-1}{u \cdot v} < \frac{-1}{v^2}.$$

可见 $g(x) = -\dfrac{1}{x^2}$ 是 $f(x) = \dfrac{1}{x}$ 在 $(0, +\infty)$ 上的一个控制函数.

当 $u < v < 0$ 时有

$$\frac{-1}{v^2} < \frac{f(v) - f(u)}{v - u} = \frac{1}{(v-u)}\left(\frac{1}{v} - \frac{1}{u}\right) = \frac{-1}{u \cdot v} < \frac{-1}{u^2}.$$

可见 $g(x) = -\dfrac{1}{x^2}$ 也是 $f(x) = \dfrac{1}{x}$ 在 $(-\infty, 0)$ 上的一个控制函数.

例 4 对任意正整数 n, 求证 nx^{n-1} 在 $(-\infty, +\infty)$ 上是 x^n 的一个控制函数.

证明 设 $f(x) = x^n$, $g(x) = nx^{n-1}$. 对于 $u < v$ 有

$$\frac{f(v) - f(u)}{v - u} = \frac{v^n - u^n}{v - u} = \sum_{k=0}^{n-1} u^k v^{n-1-k}.$$

当 $0 \leqslant u < v$, 或 $u < v \leqslant 0$ 而 n 为偶数时, 有

$$g(u) = nu^{n-1} < \frac{f(v) - f(u)}{v - u} = \sum_{k=0}^{n-1} u^k v^{n-1-k} < nv^{n-1} = g(v).$$

当 $u < v \leqslant 0$ 而 n 为奇数时, 有

$$g(v) = nv^{n-1} < \frac{f(v) - f(u)}{v - u} = \sum_{k=0}^{n-1} u^k v^{n-1-k} < nu^{n-1} = g(u).$$

故 $g(x) = nx^{n-1}$ 在 $(-\infty, 0]$ 和 $[0, +\infty)$ 上都是 $f(x) = x^n$ 的控制函数. 上面得到的结论, 对于负整数 n 也成立.

例 5 对任意负整数 n, 求 $f(x) = x^n$ 在 $(-\infty, 0)$ 和 $(0, +\infty)$ 上的控制函数.

解　记 $m=-n$，对于 $u<v$，先计算出差商的一般表达式

$$\frac{f(v)-f(u)}{v-u}=\frac{\dfrac{1}{v^m}-\dfrac{1}{u^m}}{v-u}=\frac{v^m-u^m}{v-u}\cdot\frac{-1}{u^m v^m}=\frac{-1}{u^m v^m}\sum_{k=0}^{m-1}u^k v^{m-1-k}=-\sum_{k=0}^{m-1}\frac{1}{u^{m-k}v^{1+k}}.$$

当 $u\cdot v>0$ 时容易检验 $-\sum_{k=0}^{m-1}\dfrac{1}{u^{m-k}v^{1+k}}$ 在 $\dfrac{-m}{u^{m+1}}$ 和 $\dfrac{-m}{v^{m+1}}$ 之间，故 $g(x)=$ $-mx^{-(m+1)}=nx^{n-1}$ 在 $(0,+\infty)$ 上和 $(-\infty,0)$ 上都是 $f(x)=x^n$ 的控制函数.

在微积分建立前，数学家们曾通过种种技巧或繁琐的穷竭法或不够严谨的无穷小理论获得了不少边界含有曲线段的区域的面积公式. 一个被多位学者讨论过的结果是：对正整数 n，区间 $[0,x]$ 上曲线 $y=x^n$ 下的面积等于 $\dfrac{x^{n+1}}{n+1}$. 用我们这里的思路，立刻得同样的结果.

更重要的是，由此发现了规律性的东西：在一定条件下，求控制函数和计算曲边梯形面积是一对互逆的计算过程，这类似于微积分基本定理.

利用控制函数，我们能够在初等数学范围内解决大量原来以为用微积分才能解决的问题. 有兴趣的读者可参看作者的文章《微积分之前可以做些什么》（发表在《高等数学研究》2019 年第 1 期，也即本书 4.6 节）.

4.8 先于极限的微积分(2020)①

摘 要：不借助于极限而建立微积分，证明了微积分基本定理、初等函数求导法则以及泰勒公式.

关键词：差商；导数；定积分；泰勒公式

0 引言

为了使微积分变得容易学习而不失严谨，已有不少工作[1—12].

2019 年文[13]指出，从一些很平常的想法出发，即使没有微积分，也能够系统而简捷地解决通常认为用微积分才能解决的许多问题，其中包括判断函数的增减凸凹，求作曲线的切线，以及计算函数曲线下的面积，等等.

将文[13]中的这些方法进一步包装深化，使之和传统的微积分分享共同的符号语言，自然就形成了进入微积分天地的另一条通道. 这条通道无需经过极限的关口，可以称为"先于极限的微积分".

先于极限不是不要极限. 极限是极为珍贵的一份数学遗产，对微积分以及相关学科的成长发展极为重要，不可缺少. 但它并不是微积分入门的拦路虎. 先学一些微积分，接着学极限并非不可. 本文将在文[13]的基础上，建立不依赖于极限的导数和定积分的概念，证明微积分基本定理，给出初等函数的求导法则，引出泰勒公式，并进一步阐述有关的应用.

1 函数在区间上的导数

导数是微积分中重要的基本概念，其经典物理模型是运动物体的瞬时速度.

---

① 本文原载《高等数学研究》2020 年第 1 期(与林群合作).

什么是瞬时速度？这是建立微积分过程中需要克服的第一个难题. 牛顿曾经设想过，当时间区间长度趋于 0 时，平均速度的极限叫作瞬时速度.[14] 但什么是极限呢？

牛顿用一个一般性的难题代替了一个具体的难题. 为了回答这个新的难题，数学家们用了一个多世纪！

牛顿和其后的数学家没有注意到，有一个更平易的办法来理解瞬时速度与平均速度的关系：瞬时速度有时不大于平均速度，有时不小于平均速度.

用函数 $F(x)$ 表示运动质点在时刻 x 走过的路程，则从时刻 u 到时刻 v 该质点走过的路程为 $F(v)-F(u)$，于是它在时间区间 $[u,v]$ 上的平均速度就是 $\dfrac{F(v)-F(u)}{v-u}$. 若函数 $f(x)$ 表示它在时刻 x 的瞬时速度，则"瞬时速度有时大于等于平均速度，有时小于等于平均速度"的数学表达就是：在 $[u,v]$ 上有某两个时刻 p 和 q，使得不等式 $f(p) \leqslant \dfrac{F(v)-F(u)}{v-u} \leqslant f(q)$ 成立.

正是基于上述案例的启发，文[13]引入了下述很有用的差商控制函数的概念.

定义 1.1（差商控制函数）　设函数 $F(x)$ 和 $f(x)$ 都在数集 S 上有定义，若对 S 中的任意两点 $u < v$，总有 $[u,v] \bigcap S$ 中的 p 和 q，使得

$$f(p) \leqslant \frac{F(u)-F(v)}{u-v} \leqslant f(q)$$

成立，则称 $f(x)$ 是 $F(x)$ 在数集 S 上的差商控制函数.

在文[13]中已经看到，差商控制函数是研究函数性质的有力工具.

对差商控制函数加上什么条件才能获得合理的导数概念呢？讨论瞬时速度是为了认识运动过程，如果所设想的瞬时速度能帮助我们尽可能准确地认识运动过程，这设想就是合理的. 至于在具体应用环境下要用什么条件来界定或检验，是进一步细化的任务.

定义 1.2（函数在区间上的宏导数）　设在区间 Q 上 $f(x)$ 是 $F(x)$ 的差商控制函数. 如果在 Q 上以 $f(x)$ 为差商控制函数的任一个函数都有 $F(x)+C$ 的形式，则称 $f(x)$ 是 $F(x)$ 在 Q 上的宏导数，并称 $F(x)$ 在 Q 上可控.

也可以说，$F(x)$ 的宏导数就是专属于它的差商控制函数. 按定义宏导数并

不要求是唯一的.

注意我们仅仅定义了函数在区间上的宏导数,还没有定义一点处的导数. 更细致的探讨表明,宏导数和传统的导数确实不等价,而且互不包含. 宏导数这个词是我们"杜撰"的. 更深入的研究表明,$f(x)$ 是 $F(x)$ 在 $[a,b]$ 上的宏导数当且仅当 $F(x)$ 是 $f(x)$ 的变上限的黎曼积分.

由上述定义和[13]中所得,立刻知道:

命题 1.1(用函数的宏导数研究函数性质) 设 $F(x)$ 在区间 Q 可控,$f(x)$ 是 $F(x)$ 在 Q 上的宏导数,则:

若 $f(x)$ 在区间 Q 为 0,则 $F(x)$ 在 Q 为常数;

若 $f(x)$ 在区间 Q 为常数,则 $F(x)$ 在 Q 为线性;

若 $f(x)$ 在区间 Q 为正,则 $F(x)$ 在 Q 递增;

若 $f(x)$ 在区间 Q 为负,则 $F(x)$ 在 Q 递减;

若 $f(x)$ 在区间 Q 不减(递增),则 $F(x)$ 在 Q 下凸(严格下凸);

若 $f(x)$ 在区间 Q 不增(递减),则 $F(x)$ 在 Q 上凸(严格上凸).

其实,函数的增减凸凹,理论上并不要求上面的 $f(x)$ 是 $F(x)$ 的宏导数,只要它是 $F(x)$ 的差商控制函数就够了.

命题 1.2(函数的差商控制函数差商有界时是其宏导数) 设 $F(x)$ 在区间 Q 有差商控制函数 $f(x)$,则当 $f(x)$ 差商有界时它是 $F(x)$ 的宏导数.

证明 这是宏导数定义与[13]中命题 4.3 相结合之推论.

由文[13]的命题 4.2,差商有界的宏导数若存在必唯一. 这类宏导数在理论和应用上极为重要,故下面给以特别的关注.

定义 1.3(函数在区间上的李普西兹导数) 设 $f(x)$ 在区间 Q 上差商有界,并且是 $F(x)$ 的差商控制函数,则称 $F(x)$ 在 Q 上李普西兹可导,称 $f(x)$ 为 $F(x)$ 在 Q 上的李普西兹导数,记作 $F'(x)=f(x)$.

关于宏导数和李普西兹导数之间的关系,可以证明一个有趣的事实:设有一串定义于 $[a,b]$ 的函数 $f_0,f_1,\cdots,f_n,f_{n+1}$,其中当 $k>0$ 时 f_{k+1} 是 f_k 的控制函数. 那么,只要 f_{n+1} 是 f_n 的宏导数,则对所有 $k<n$,f_{k+1} 是 f_k 的李普西兹导数.

所谓李普西兹导数,按传统意义就是满足李普西兹条件的导数,国外有些教材上有此说法,不是我们的创意. 为简便,本文下面提到的导数均指李普西兹导数,可导也指李普西兹可导;特别是有关命题在传统意义上也成立时,命题表述中就省略李普西兹.事实上,在传统意义下初等函数的导数除个别特殊点外都是李普西兹导数.

按此定义,在[13]中已经求出了一些函数的导数,如

$$(x^2)'=2x,\ (\sqrt{x})'=\frac{1}{2\sqrt{x}},\ \left(\frac{1}{x}\right)'=-\frac{1}{x^2},$$

$$(x^n)'=nx^{n-1}(n\ \text{为整数}),(\sin x)'=\cos x,$$

$$(\ln x)'=\frac{1}{x},\ (\log_a x)'=\frac{1}{x\ln a}(a>0,\ a\neq 1),$$

$$(e^x)'=e^x,\ (a^x)'=a^x\ln a(a>0,\ a\neq 1).$$

根据[13]中命题 4.1,若 $g(x)$ 在 Q 上是 $f(x)$ 的李普西兹导数,则对任意 $[a,b]\subseteq Q$ 有正数 M,使得对 $[a,b]$ 上的任两点 $u<v$ 和任意 $s\in[u,v]$,有不等式

$$\left|\frac{f(v)-f(u)}{v-u}-g(s)\right|\leqslant M\,|\,v-u\,|.$$

下面进一步指出,此不等式也是 $g(x)$ 是 $f(x)$ 的李普西兹导数的充分条件.称上述不等式为一致性不等式.

命题 1.3(函数 $g(x)$ 是 $f(x)$ 的李普西兹导数的充分条件) 设 $g(x)$ 和 $f(x)$ 在 Q 上有定义,且对任意 $[a,b]\subseteq Q$ 有正数 M,使得对 $[a,b]$ 上的任两点 $u\neq v$ 有不等式

$$\left|\frac{f(v)-f(u)}{v-u}-g(u)\right|\leqslant M\,|\,v-u\,|,$$

则 $g(x)$ 在 Q 上是 $f(x)$ 的李普西兹导数.

证明 将题设条件 $\left|\frac{f(v)-f(u)}{v-u}-g(u)\right|\leqslant M\,|\,v-u\,|$ 中的 u、v 交换后得 $\left|\frac{f(v)-f(u)}{v-u}-g(v)\right|\leqslant M\,|\,v-u\,|$,比较两式得 $|\,g(v)-g(u)\,|\leqslant 2M\,|\,v-u\,|$,这证明了函数 $g(x)$ 在 Q 上差商有界.下面来证明 $g(x)$ 是 $f(x)$ 的差商控制函数.这证明的想法很简单很自然:在 $[u,v]$ 上找个很小的子区间,使得 $f(x)$ 在此子区间上的差商大于(小于)它在 $[u,v]$ 上的差商;当此子区间

足够小时,$g(x)$ 在此子区间上的值非常接近 $f(x)$ 在此子区间上的差商,从而也大于(小于)$f(x)$ 在 $[u,v]$ 上的差商,这正是要证明的. 具体写出来就是下面的推导.

若对于所有 $x \in (u,v)$ 差商 $\dfrac{f(x)-f(u)}{x-u}$ 为常数则显然. 不然,由差商分化定理(文[13]中命题 2.1)就有 $[r,s] \subset [u,v]$ 使

$$\frac{f(v)-f(u)}{v-u} - \frac{f(s)-f(r)}{s-r} = d > 0.$$

将 $[r,s]$ 等分为 n 段,记 $h = \dfrac{s-r}{n}$,则 n 段中必有一段 $[p,p+h]$ 使

$$\frac{f(p+h)-f(p)}{h} \leqslant \frac{f(s)-f(r)}{s-r},$$

当 $Mh < d$ 时就有

$$g(p) \leqslant \frac{f(p+h)-f(p)}{h} + Mh < \frac{f(s)-f(r)}{s-r} + d$$
$$= \frac{f(v)-f(u)}{v-u}.$$

同理可证有 $q \in [u,v]$ 使得 $g(q) \geqslant \dfrac{f(v)-f(u)}{v-u}$.

由此立刻得到一个重要的结论:

命题 1.4(函数 $g(x)$ 是 $f(x)$ 的李普西兹导数的充要条件) 设 $g(x)$ 和 $f(x)$ 在 Q 上有定义,则 $g(x)$ 在 Q 上是 $f(x)$ 的李普西兹导数的充要条件是:对任意 $[a,b] \subseteq Q$ 有正数 M,使得对 $[a,b]$ 上的任两点 $u \neq v$ 有

$$\left| \frac{f(v)-f(u)}{v-u} - g(u) \right| \leqslant M \, | \, v-u \, |.$$

下面应用命题 1.4 来验证几条文[13]中已经得到的结果.

例 1.1 求证 $g(x) = 2x$ 是函数 $f(x) = x^2$ 的导数.

证明 计算差商,得

$$\frac{f(x+h)-f(x)}{h} = \frac{(x+h)^2-x^2}{h} = 2x+h,$$

故有

$$\left| \frac{f(x+h)-f(x)}{h} - 2x \right| \leqslant |h|,$$

由命题 1.4 知 $2x$ 是 x^2 的导数.

例 1.2 求函数 $f(x)=x^3$ 的导数.

解 函数 $f(x)=x^3$ 的差商为 $\dfrac{(x+h)^3-x^3}{h}=3x^2+3xh+h^2$,在任意区间 $[a,b]$ 上有不等式

$$\left| \frac{f(x+h)-f(x)}{h} - 3x^2 \right| = |(3x+h)h| \leqslant 3(|a|+|b|)|h|,$$

故得 $f(x)=x^3$ 有导数 $3x^2$.

例 1.3 求 $F(x)=\dfrac{1}{x}(x \neq 0)$ 的导数.

解 对于不含 0 的闭区间 $[a,b]$ 中的 x 和 $x+h$,计算差商,得

$$\frac{F(x+h)-F(x)}{h} = -\frac{1}{x(x+h)} = -\frac{1}{x^2} + \frac{h}{x^2(x+h)},$$

移项,并且设 $m=\min\{|a|,|b|\}$,则有

$$\left| \frac{F(x+h)-F(x)}{h} - \left(-\frac{1}{x^2}\right) \right| = \left| \frac{h}{x^2(x+h)} \right| \leqslant \frac{|h|}{m^3}.$$

故得 $-\dfrac{1}{x^2}$ 是 $\dfrac{1}{x}$ 的导数.

例 1.4 求证 $\dfrac{1}{2\sqrt{x}}$ 是函数 $G(x)=\sqrt{x}\,(x>0)$ 的导数.

解 设 $0<a<b$,在 $[a,b]$ 上估计函数的差商与 $\dfrac{1}{2\sqrt{x}}$ 的差,得

$$\left| \frac{\sqrt{x+h}-\sqrt{x}}{h} - \frac{1}{2\sqrt{x}} \right| = \left| \frac{1}{\sqrt{x+h}+\sqrt{x}} - \frac{1}{2\sqrt{x}} \right|$$

$$= \left| \frac{\sqrt{x+h}-\sqrt{x}}{2\sqrt{x}(\sqrt{x+h}+\sqrt{x})} \right|$$

$$= \left| \frac{h}{2\sqrt{x}(\sqrt{x+h}+\sqrt{x})^2} \right| \leqslant \frac{|h|}{8a\sqrt{a}},$$

即知 $\dfrac{1}{2\sqrt{x}}$ 是 $\sqrt{x}$ 的导数.

将上述不等式写成形式 $\left|\sqrt{x+h}-\left(\sqrt{x}+\dfrac{h}{2\sqrt{x}}\right)\right|\leqslant\dfrac{\mid h\mid^2}{8a\sqrt{a}}$,可以看出

$\sqrt{x+h}$ 的近似值为 $\sqrt{x}+\dfrac{h}{2\sqrt{x}}$ 而误差不超过 $\dfrac{\mid h\mid^2}{8a\sqrt{a}}$,这里 a 可取 x 和 $x+h$ 中

较小者. 例如,$\sqrt{50}=\sqrt{49+1}\approx\sqrt{49}+\dfrac{1}{2\sqrt{49}}=7.071428\cdots$,误差不超过

$\dfrac{1}{8\cdot7^3}\approx0.0004$. 这比文[13]中例 1.5 的方法更为直截了当.

例 1.5 对正整数 n,验证函数 $g(x)=nx^{n-1}$ 是 $f(x)=x^n$ 的导数.

解 由 $f(x+h)-f(x)=(x+h)^n-x^n=nx^{n-1}h+\displaystyle\sum_{k=2}^{n}C_n^k x^{n-k}h^k$,当 $x\in$ $[a,b]$ 时得

$$\left|\dfrac{f(x+h)-f(x)}{h}-nx^{n-1}\right|=\left|\sum_{k=2}^{n}C_n^k x^{n-k}h^{k-1}\right|\leqslant 2^n(\mid a\mid+\mid b\mid)^{n-2}\mid h\mid,$$

可知 $f(x)=x^n$ 有李普西兹导数 nx^{n-1}.

我们看到,利用一致不等式来计算导数,有时更为方便.

2 求导法则

为了更广泛地应用导数知识,就要知道更多函数的求导公式.

应用下面几个求导法则,结合已有的求导公式,可以解决初等函数类的求导问题.

命题 2.1(函数线性组合的求导法) 若 $f(x)$ 和 $g(x)$ 都在区间 I 上可导,则对任意实数 α 和 β,函数 $\alpha f(x)+\beta g(x)$ 也在区间 I 上可导,且有

$$(\alpha f(x)+\beta g(x))'=\alpha f'(x)+\beta g'(x).$$

证明 根据李普西兹可导的定义和题设,对于任意闭区间 $[a,b]\subseteq I$,有正数 M_1 和 M_2 使对 $[a,b]$ 中任意的 x 和 $x+h$ 有下列不等式成立

$$\mid f(x+h)-f(x)-f'(x)h\mid\leqslant M_1 h^2,$$

$$\mid g(x+h)-g(x)-g'(x)h \mid \leqslant M_2 h^2.$$

记 $H(x)=\alpha f(x)+\beta g(x)$，得

$$\mid H(x+h)-H(x)-(\alpha f'(x)+\beta g'(x))h \mid$$
$$\leqslant \mid \alpha(f(x+h)-f(x)-f'(x)h) \mid + \mid \beta(g(x+h)-g(x)-g'(x)h) \mid$$
$$\leqslant (\mid \alpha M_1 \mid + \mid \beta M_2 \mid)h^2,$$

可知 $H(x)=\alpha f(x)+\beta g(x)$ 有李普西兹导数 $\alpha f'(x)+\beta g'(x)$.

命题 2.2（复合函数求导的链式法则） 设函数 $F(x)$ 在区间 I 上可导，$G(x)$ 在区间 J 上可导，且当 $x\in I$ 时有 $F(x)\in J$，则复合函数 $G(F(x))$ 在 I 上可导，且

$$(G(F(x)))'=G'(F(x))F'(x).$$

注意求导数的记号的两种形式：$(G(F(x)))'$ 表示函数 $G(F(x))$ 对 x 求导，而 $G'(F(x))$ 表示 $G(u)$ 对 u 求导后再令 $u=F(x)$ 代入.

证明 为简单且不失一般性，我们对 $I=[a,b]$ 且 $J=[c,d]$ 的情形加以论证.

只要证明有一个正数 M，使对 $[a,b]$ 中的任意两点 x 和 $x+h$ 有不等式 $\mid G(F(x+h))-G(F(x))-G'(F(x))F'(x)h \mid \leqslant Mh^2$ 即可.

记 $F(x)=y$，$F(x+h)-F(x)=H$，则上式左端可以写成

$$\mid G(y+H)-G(y)-G'(y)F'(x)h \mid$$
$$= \mid G(y+H)-G(y)-G'(y)H+G'(y)H-G'(y)F'(x)h \mid$$
$$\leqslant \mid G(y+H)-G(y)-G'(y)H \mid + \mid G'(y) \mid \cdot \mid H-F'(x)h \mid.$$

根据李普西兹可导的定义和条件，有正数 A、M_1、M_2 等，使对 $[a,b]$ 中的任意两点 x、$x+h$ 和 $[c,d]$ 中的任意两点 y、$y+H$，有不等式

$$\mid H-F'(x)h \mid = \mid F(x+h)-F(x)-F'(x)h \mid \leqslant M_1 h^2,$$
$$\mid G(y+H)-G(y)-G'(y)H \mid \leqslant M_2 H^2,$$
$$\mid G'(y) \mid < A, F'(x) < A,$$
$$\mid H \mid \leqslant \mid F'(x)h \mid + \mid M_1 h^2 \mid < (A+M(b-a)) \mid h \mid = M_3 \mid h \mid.$$

把这些不等式用于前式即可.

命题 2.3(多重复合函数求导的链式法则) 设函数 $F(x)$ 在区间 I 上可导,$G(x)$ 在区间 J 上可导,$H(x)$ 在区间 K 上可导,且当 $x \in I$ 时有 $F(x) \in J$,当 $u \in I$ 时有 $G(u) \in K$,则复合函数 $H(G(F(x)))$ 在 I 上可导,且

$$(H(G(F(x))))' = H'(G(F(x)))G'(F(x))F'(x).$$

证明 记 $\varphi(x) = G(F(x))$,得 $(H(\varphi(x)))' = H'(\varphi(x))\varphi'(x)$,再得 $\varphi'(x) = (G(F(x)))' = G'(F(x))F'(x)$,集成两式得

$$(H(G(F(x))))' = (H(\varphi(x)))' = H'(\varphi(x))\varphi'(x)$$
$$= H'(G(F(x)))G'(F(x))F'(x).$$

利用链式法则,可以轻松获得函数乘积与商的求导公式.

命题 2.4(函数乘积的求导法则) 若 $f(x)$ 和 $g(x)$ 都在区间 I 上可导,则函数 $f(x) \cdot g(x)$ 也在区间 I 上可导,且有

$$(f(x) \cdot g(x))' = f'(x) \cdot g(x) + g'(x) \cdot f(x).$$

证明 只要在 I 的任意闭子区间 Q 上考虑即可.

取足够大的正数 A 使得 $f(x) + A$ 和 $g(x) + A$ 在 Q 上都为正值,由于

$$(f(x)+A)(g(x)+A)$$
$$= \exp(\ln(f(x)+A)(g(x)+A))$$
$$= \exp(\ln(f(x)+A) + \ln(g(x)+A)),$$

左端展开求导,右端用复合函数求导的链式法则得

$$(f(x)g(x))' + A(f'(x) + g'(x))$$
$$= (f(x)+A)(g(x)+A) \cdot \left(\frac{f'(x)}{f(x)+A} + \frac{g'(x)}{g(x)+A}\right).$$

整理后得到所要的公式.

命题 2.5(函数倒数的求导法则) 若 $f(x)$ 在区间 I 上可导,且 $f(x) \neq 0$,则函数 $\frac{1}{f(x)}$ 也在区间 I 上可导且 $\left(\frac{1}{f(x)}\right)' = -\frac{f'(x)}{(f(x))^2}$.

证明 把 $\frac{1}{f(x)}$ 看成 $y = \frac{1}{u}$ 和 $u = f(x)$ 的复合函数,用链式法则即可.

于是立刻得到:

命题 2.6(函数商的求导法则) 若 $f(x)$ 和 $g(x)$ 都在区间 I 上可导且 $g(x) \neq 0$，则函数 $\dfrac{f(x)}{g(x)}$ 也在区间 I 上可导，且有

$$\left(\frac{f(x)}{g(x)}\right)' = \frac{f'(x) \cdot g(x) - g'(x) \cdot f(x)}{(g(x))^2}.$$

反函数求导公式，可用类似于文[13]中求指数函数的差商控制函数的方法.

命题 2.7(反函数的求导法则) 若 $f(x)$ 在区间 I 上可导且 $f'(x) \neq 0$，其值域为 J，则其反函数 $g(x)$ 也在区间 J 上可导，且有

$$g'(x) = \frac{1}{f'(g(x))}.$$

证明 对任意 $[u, v] \subseteq J$，由 $f(x)$ 是李普西兹可导的，有 $[u, v]$ 上的点 p 和 q 使得

$$f'(g(p)) \leqslant \frac{f(g(v)) - f(g(u))}{g(v) - g(u)} \leqslant f'(g(q)),$$

即 $f'(g(p)) \leqslant \dfrac{v - u}{g(v) - g(u)} \leqslant f'(g(q))$，这表明 $\dfrac{g(v) - g(u)}{v - u}$ 在 $\dfrac{1}{f'(g(p))}$ 和 $\dfrac{1}{f'(g(q))}$ 之间，即 $\dfrac{1}{f'(g(x))}$ 是 $g(x)$ 的差商控制函数. 由 $f'(x)$ 差商有界及其非零条件，不难验证 $\dfrac{1}{f'(g(x))}$ 差商有界.

上面命题 2.6 和 2.7 的证明中，若仔细推敲，需要假定作为分母的函数的绝对值在所考虑的区间上有正的下界，而不仅仅是非 0. 在引入实数理论后才能证明，对于差商有界函数而言，在闭区间上有正的下界和处处非 0 两个条件是等价的.

上述这些求导法则和传统微积分完全一致，无需多讲什么了.

3 初等函数微分法

数学中最重要也最常见的一大类函数是初等函数. 所谓初等函数，是由不多的几种基本初等函数经过有限次四则运算和复合运算所得到的函数. 基本初等函数共有六类，就是常数函数、幂函数、对数函数、指数函数、三角函数和反三

角函数.

基本初等函数的求导公式,最根本的可以归结为 3 条:$C'=0$,$(\ln x)'=\dfrac{1}{x}$ 和 $(\sin x)'=\cos x$. 从这 3 条出发,使用下列 5 条法则,可以建立基本初等函数求导公式表. 这 5 条法则就是上一节讲的:

（ⅰ）函数线性组合的导数:

$$(\alpha f(x)+\beta g(x))'=\alpha f'(x)+\beta g'(x);$$

（ⅱ）函数积的导数:

$$(f(x)g(x))'=f'(x)\cdot g(x)+g'(x)\cdot f(x);$$

（ⅲ）函数商的导数:

$$\left(\dfrac{g(x)}{f(x)}\right)'=\dfrac{g'(x)f(x)-g(x)f'(x)}{(f(x))^2};$$

（ⅳ）复合函数的导数:

$$(f(g(x)))'=f'(g(x))g'(x);$$

（ⅴ）反函数的导数:若 $f(g(x))=x$,则

$$g'(x)=\dfrac{1}{f'(g(x))}.$$

这 5 条法则可以归结为 2 条,即函数和的求导法则和复合函数求导的链式法则.

从这很少的公式和法则出发,得到基本初等函数求导公式表:

(1) 常数 $C'=0$.

(2) 幂函数 $(x^n)'=nx^{n-1}$(n 是非零整数,$x\in(-\infty,+\infty)$);

$$(x^a)'=\alpha x^{a-1}(\alpha \text{ 是非零实数},x>0).$$

(3) 对数函数 $\qquad (\ln x)'=\dfrac{1}{x}(x>0);$

$$(\log_a x)'=\dfrac{1}{x\ln a}(x>0).$$

（4）指数函数　　　　　　　　$(\mathrm{e}^x)' = \mathrm{e}^x$；

$$(a^x)' = a^x \ln a.$$

（5）三角函数　　　　　　　　$(\sin x)' = \cos x$；

$$(\cos x)' = -\sin x;$$

$$(\tan x)' = \frac{1}{\cos^2 x};$$

$$(\cot x)' = \frac{-1}{\sin^2 x}.$$

（6）反三角函数

$$(\arcsin x)' = \frac{1}{\sqrt{1-x^2}}(|x|<1);$$

$$(\arccos x)' = \frac{-1}{\sqrt{1-x^2}}(|x|<1);$$

$$(\arctan x)' = \frac{1}{1+x^2};$$

$$(\mathrm{arccot}\, x)' = \frac{-1}{1+x^2}.$$

从上面这些公式出发,应用计算导数的运算法则,就能根据初等函数的表达式,求出成千上万种初等函数的导数. 这些计算工作可以机械化地使用计算机软件执行.

下面来讨论一下导数记号问题.

牛顿采用的导数记号是在代表函数的变量名上加个圆点. 用一撇表示求导数运算,则是拉格朗日首先采用的记法.

这个记号很方便,但有不足之处. 例如,如果计算$(u^v)'$,就有了问题:是把u看成自变量,还是把v看成自变量呢? 把u看成自变量,v就是参数,u^v就是幂函数,$(u^v)' = v \cdot u^{v-1}$;如果把v看成自变量,u就是参数,u^v就是指数函数,则$(u^v)' = u^v \cdot \ln u$;两者大不相同.

莱布尼兹建议,用$\dfrac{\mathrm{d}y}{\mathrm{d}x}$、$\dfrac{\mathrm{d}f}{\mathrm{d}x}$或$\dfrac{\mathrm{d}f(x)}{\mathrm{d}x}$来表示函数$y = f(x)$的导数. 按照莱布

尼兹的这种记号, $\dfrac{\mathrm{d}u^v}{\mathrm{d}u}=v\cdot u^{v-1}$ 而 $\dfrac{\mathrm{d}u^v}{\mathrm{d}v}=u^v\cdot\ln u$, 两者就分清楚了.

记号 $\dfrac{\mathrm{d}y}{\mathrm{d}x}$ 作为导数, 本意是一个整体. 但在引进微分的概念后, 也可以看成两个微分的比. 而且这样带来很多方便.

什么是微分? 通常把 $f(x+h)-f(x)$ 叫作函数 f 在 x 处的差分, 通常记作 Δy 或者 $\Delta f(x)$、Δf 等; $f'(x)h$ 叫作 f 在 x 处的微分, 通常记作 $\mathrm{d}y$ 或者 $\mathrm{d}f(x)$、$\mathrm{d}f$ 等. 这样看, 微分的意义很清楚也很简单, 就是 $f'(x)h$, 这里 h 是不同于 x 的独立的变量.

既然 $\mathrm{d}y=f'(x)h$, 把 x 看成 x 自己的函数就有 $\mathrm{d}x=(x)'h=h$, 于是 $\mathrm{d}y=f'(x)h=f'(x)\mathrm{d}x$. 这样, $\mathrm{d}y=f'(x)\mathrm{d}x$ 就成为 $\dfrac{\mathrm{d}y}{\mathrm{d}x}=f'(x)$ 的另一种写法, 即求微分的表达式. 这样一来, 初等函数求导公式可以写成初等函数微分公式:

(1) 常数 $\mathrm{d}C=0$.

(2) 幂函数 $\mathrm{d}x^n=nx^{n-1}\mathrm{d}x$($n$ 是非零整数, $x\in(-\infty,+\infty)$);

$$\mathrm{d}x^a=ax^{a-1}\mathrm{d}x(a\text{ 是非零实数}, x>0).$$

(3) 对数函数 $$\mathrm{d}\ln x=\frac{\mathrm{d}x}{x}(x>0);$$

$$\mathrm{d}\log_a x=\frac{\mathrm{d}x}{x\ln a}(x>0).$$

(4) 指数函数 $$\mathrm{d}e^x=e^x\mathrm{d}x;$$

$$\mathrm{d}a^x=a^x\ln a\,\mathrm{d}x.$$

(5) 三角函数 $$\mathrm{d}\sin x=\cos x\,\mathrm{d}x;$$

$$\mathrm{d}\cos x=-\sin x\,\mathrm{d}x;$$

$$\mathrm{d}\tan x=\frac{\mathrm{d}x}{\cos^2 x};$$

$$\mathrm{d}\cot x=\frac{-\mathrm{d}x}{\sin^2 x}.$$

(6) 反三角函数

$$\mathrm{darcsin}\, x = \frac{\mathrm{d}x}{\sqrt{1-x^2}}\,(\mid x \mid < 1);$$

$$\mathrm{darccos}\, x = \frac{-\mathrm{d}x}{\sqrt{1-x^2}}\,(\mid x \mid < 1);$$

$$\mathrm{darctan}\, x = \frac{\mathrm{d}x}{1+x^2};$$

$$\mathrm{darccot}\, x = \frac{-\mathrm{d}x}{1+x^2}.$$

求导数的运算法则,也可以用微分等式来表示:

（ⅰ）函数线性组合的微分:$\mathrm{d}(\alpha f + \beta g) = \alpha\,\mathrm{d}f + \beta\,\mathrm{d}g$;

（ⅱ）函数积的微分:$\mathrm{d}(f \cdot g) = f\,\mathrm{d}g + g\,\mathrm{d}f$;

（ⅲ）函数商的微分:$\mathrm{d}\left(\dfrac{g}{f}\right) = \dfrac{f\,\mathrm{d}g - g\,\mathrm{d}f}{f^2}$;

（ⅳ）复合函数的微分:$\mathrm{d}f(g) = f'(g)\,\mathrm{d}g$;

（ⅴ）反函数的微分:若 $f(g(x)) = x$,则 $\mathrm{d}g = \dfrac{\mathrm{d}x}{f'(g)}$.

微分等式在表示复合函数的链式法则时更方便. 设 $y = f(u)$ 且 $u = g(x)$, 按链式法则有 $\mathrm{d}y = \mathrm{d}f(g(x)) = f'(g(x))g'(x)\mathrm{d}x$;但由于 $u = g(x)$,所以 $\mathrm{d}u = g'(x)\mathrm{d}x$, 这样就有 $\mathrm{d}y = \mathrm{d}f(g(x)) = f'(g(x))\mathrm{d}u$, 也就是 $\mathrm{d}y = \mathrm{d}f(u) = f'(u)\mathrm{d}u$,可见尽管 u 是中间变量,微分等式 $\mathrm{d}f(u) = f'(u)\mathrm{d}u$ 仍然成立. 这样不论函数复合多少次,都可以按微分等式一层一层地计算. 这叫作微分等式的不变性.

4　定积分及牛顿-莱布尼兹公式

如何计算任意曲线包围的面积,直到 17 世纪初还是数学家面前的难题. 微积分的诞生使这个难题迎刃而解.

一般说来,任意曲线包围的区域总能用直线分割成若干矩形和一些"曲边梯形"(如图 1),所以问题最后归结为曲边梯形面积的计算. 在文

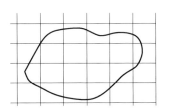

图 1　曲线包围的区域被分割成矩形和曲边梯形

[13]中利用差商控制函数求出了不少曲线下曲边梯形的面积,又利用曲边梯形面积引进了对数函数 $\ln x$. 为了进行更严谨的讨论,必须说清楚什么是曲边梯形的面积.

给了区间 I 上的函数 $f(x)$,对应于 I 中任意两点 $u<v$,$f(x)$ 在 $[u,v]$ 上的曲边梯形的"代数面积"(如图2,在 x 轴上方部分面积为正,下方部分面积为负,取总和),可以看成是某个二元函数 $S(u,v)$ 的值. 基于一般的面积概念,$S(u,v)$ 应当满足两个条件:一个条件是面积的可加性,即 $[u,v]$ 上的面积

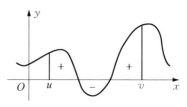

图 2　区间 $[u,v]$ 上曲边梯形的代数面积

加上 $[v,w]$ 上的面积,等于 $[u,w]$ 上的面积;另一个条件是,$[u,v]$ 上的面积和区间 $[u,v]$ 的长度之比,应当是 $f(x)$ 在 $[u,v]$ 上的"平均值". 根据面积的这些直观性质,抽象出"定积分"的定义.

定义 4.1(积分系统和定积分)　设 $f(x)$ 在区间 I 上有定义,如果有一个二元函数 $S(u,v)(u\in I,v\in I)$,满足

（ⅰ）可加性:对 I 上任意的 u,v,w 有

$$S(u,v)+S(v,w)=S(u,w);$$

（ⅱ）中值性:对 I 上任意的 $u<v$,在 $[u,v]$ 上必有两点 p 和 q 使

$$f(p)(v-u)\leqslant S(u,v)\leqslant f(q)(v-u);$$

则称 $S(u,v)$ 是 $f(x)$ 在 I 上的一个积分系统.

如果 $f(x)$ 在 I 上有唯一的积分系统 $S(u,v)$,则称 $f(x)$ 在 I 上可积,并称数值 $S(u,v)$ 是 $f(x)$ 在 $[u,v]$ 上的定积分,记作 $S(u,v)=\int_u^v f(x)\mathrm{d}x$. 表达式中的 $f(x)$ 叫作被积函数,x 叫作积分变量,u 和 v 分别叫作积分的下限和上限. 用不同于 u,v 的其他字母来代替 x 时,$S(u,v)$ 数值不变.

根据定义容易得出:

命题 4.1　若 $S(u,v)$ 是一个积分系统,则

（ⅰ）$S(u,u)=0$;

（ⅱ）$S(u,v)=-S(v,u)$.

证明　（ⅰ）由 $S(u, u) + S(u, v) = S(u, v)$ 推出 $S(u, u) = 0$.

（ⅱ）由 $S(u, v) + S(v, u) = S(u, u) = 0$ 推出 $S(u, v) = -S(v, u)$.

注意到积分系统定义中的不等式可以写成等价的

$$f(p) \leqslant \frac{S(u, v)}{v - u} \leqslant f(q),$$

这就把积分与差商控制函数密切地联系起来.

命题 4.2　设 $S(u, v)$ 是 $f(x)$ 在 I 上的一个积分系统,c 是 I 上的一个点,令 $F(x) = S(c, x)$,则在 I 上 $f(x)$ 是 $F(x)$ 的差商控制函数;

反过来,若在 I 上 $f(x)$ 是 $F(x)$ 的差商控制函数,令 $S(u, v) = F(v) - F(u)$,则 $S(u, v)$ 是 $f(x)$ 在 I 上的一个积分系统.

证明　设 $S(u, v)$ 是 $f(x)$ 在 I 上的一个积分系统且 $F(x) = S(c, x)$,则由可加性有 $S(u, v) = S(c, v) - S(c, u) = F(v) - F(u)$,再由中值性可知 $f(x)$ 是 $F(x)$ 的差商控制函数.

反过来,若在 I 上 $f(x)$ 是 $F(x)$ 的差商控制函数,令 $S(u, v) = F(v) - F(u)$,则由

$$S(u, v) + S(v, w) = F(v) - F(u) + F(w) - F(v)$$
$$= F(w) - F(u) = S(u, w),$$

可知 $S(u, v)$ 满足可加性,再由差商控制函数定义得 $S(u, v)$ 满足中值性.

通过较为深入的讨论可知,这里引入的定积分概念和黎曼积分是等价的.

命题 4.3(微积分基本定理,即牛顿-莱布尼兹公式)　设 $F(x)$ 在区间 Q 上有宏导数 $f(x)$,则对任意 $u \in Q$ 和 $v \in Q$ 有

$$\int_u^v f(x)\mathrm{d}x = F(v) - F(u);$$

反过来,若 $f(x)$ 在 Q 上有唯一的积分系统 $S(u, v) = \int_u^v f(x)\mathrm{d}x$,对任意固定的 $u \in Q$,令 $F(x) = S(u, x) = \int_u^x f(t)\mathrm{d}t$,则 $F(x)$ 在区间 Q 上有宏导数 $f(x)$.

证明　设在 Q 上 $F(x)$ 有宏导数 $f(x)$. 因为 $f(x)$ 是 $F(x)$ 的差商控制函数,由命题 4.2 可知 $S(u, v) = F(v) - F(u)$ 是 $f(x)$ 在 Q 上的积分系统. 按定

积分定义还要证明 $f(x)$ 在 Q 上的积分系统的唯一性. 设 $R(u,v)$ 也是 $f(x)$ 在 Q 上的积分系统, 只要证明 $R(u,v)=S(u,v)$. 为此取任一点 $a\in Q$, 并令 $G(x)=R(a,x)$, 则 $f(x)$ 也是 $G(x)$ 的差商控制函数. 因为 $f(x)$ 是 $F(x)$ 的宏导数, 即专属的差商控制函数, 故有常数 C 使得 $G(x)=F(x)+C$, 从而

$$R(u,v)=G(v)-G(u)=F(v)-F(u)=S(u,v),$$

即 $S(u,v)$ 是 $f(x)$ 在 Q 上的唯一积分系统.

反过来, 若 $f(x)$ 在 Q 上有积分系统 $S(u,v)=\int_u^v f(x)\mathrm{d}x$, 对任意固定的 $u\in Q$, 令 $F(x)=S(u,x)=\int_u^x f(t)\mathrm{d}t$, 由命题 4.2 可知 $f(x)$ 是 $F(x)$ 在 Q 上的差商控制函数, 由积分系统的唯一性, $f(x)$ 是 $F(x)$ 在 Q 上的独享的差商控制函数, 即宏导数.

与传统的微积分教程中所表述的微积分基本定理不同, 这里不仅没有对 $f(x)$ 加上连续性之类的附加条件, 而且定理是双向成立的. 这也是我们考虑采用宏导数概念的初衷.

微积分基本定理把文 [13] 中计算曲边梯形面积的方法提升为一般的公式, 并且建立了符号表示, 开辟了进一步发展提升的空间.

顺便说一下, Lax 在文 [1] 中把函数 $f(x)$ 在区间 S 上的黎曼积分记作 $I(f,S)$, 强调积分是一种运算, 输入是一个函数和一个区间, 输出是一个数. 而 $I(f,S)$ 的值的确定只用到两个性质:

(1) $I(f,S)$ 关于 S 的可加性: 对任何不相交的 S 的子区间 S_1, S_2 有

$$I(f,S_1+S_2)=I(f,S_1)+I(f,S_2);$$

(2) $I(f,S)$ 关于 f 的有界性: 若 $m\leqslant f(x)\leqslant M(\forall x\in S)$, 则

$$m\mid S\mid\leqslant I(f,S)\leqslant M\mid S\mid.$$

从这里可以看出我们的想法和他本质上是相通的. 不过他是先肯定了函数 $f(x)$ 的黎曼可积性, 再探索其性质; 我们则将这两条性质作为考虑定积分的逻辑起点, 再加上唯一性来建立定积分的公理化理论.

若 $f(x)$ 是 $F(x)$ 的宏导数, 则称 $F(x)$ 是 $f(x)$ 的原函数. 牛顿-莱布尼兹公式表明, 只要找到 $f(x)$ 的一个原函数, 就能够轻易地求出 $y=f(x)$ 构成的曲边

梯形的面积,解决了大量的面积计算问题.

例 4.1　如图 3,抛物线 $y = x^2$ 和直线 $y = x + 2$ 交于 P 和 Q 两点,求线段 PQ 所对的抛物线弓形的面积.

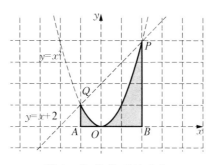

图 3　抛物线下的面积

解　如图,所求弓形面积等于梯形 $ABPQ$ 减去抛物线下阴影部分面积之差. 设阴影部分面积为 S,由于 $f(x) = x^2$ 的原函数是 $F(x) = \dfrac{x^3}{3}$,根据微积分基本定理得

$$S = \int_{-1}^{2} x^2 \,\mathrm{d}x = \frac{x^3}{3} \Big|_{-1}^{2} = \frac{2^3}{3} - \frac{(-1)^3}{3} = 3.$$

容易算出梯形 $ABPQ$ 面积为 $\dfrac{15}{2}$,故所求弓形面积为 $\dfrac{15}{2} - 3 = \dfrac{9}{2}$.

这里和以后用记号 $F(x) \big|_a^b$ 表示 $F(b) - F(a)$,其中变量 x 可以代之以其他字母变量.

例 4.2　求函数 $y = \sin x$ 的曲线在区间 $[a, b]$ 形成的曲边梯形的代数面积.

解　由于 $(-\cos x)' = \sin x$,根据微积分基本定理可知所求代数面积为

$$\int_a^b \sin x \,\mathrm{d}x = (-\cos x) \big|_a^b = (-\cos b) - (-\cos a) = \cos a - \cos b.$$

取特例,令 $a = 0$, $b = \pi$,求得正弦曲线在 $[0, \pi]$ 上的弓形面积为

$$\int_0^\pi \sin x \,\mathrm{d}x = \cos 0 - \cos \pi = 1 - (-1) = 2.$$

为了应用微积分基本定理(牛顿-莱布尼兹公式),常常要找出已知函数的原函数,也就是问已知函数是谁的控制函数.

若 $F(x)$ 是 $f(x)$ 的一个原函数,C 是任意常数,则 $F(x)+C$ 显然也是 $f(x)$ 的原函数.

如果 $G(x)$ 也是 $f(x)$ 的原函数,则 $(F(x)-G(x))'=0$,从而 $F(x)-G(x)$ 是常数. 这表明 $f(x)$ 的所有的原函数都可以表示成 $F(x)+C$ 的形式.

求原函数和求定积分的方法及技巧,叫积分法.

若 $F(x)$ 是 $f(x)$ 一个原函数,$f(x)$ 的所有原函数之集 $F(x)+C$ 叫作 $f(x)$ 的不定积分,记作 $\int f(x)\mathrm{d}x$,即

$$F'(x)=f(x)\Leftrightarrow \int f(x)\mathrm{d}x=F(x)+C.$$

根据微分的定义,得到

$$\mathrm{d}\int f(x)\mathrm{d}x=\mathrm{d}(F(x)+C)=F'(x)\mathrm{d}x=f(x)\mathrm{d}x,$$

$$\int \mathrm{d}F(x)=\int F'(x)\mathrm{d}x=\int f(x)\mathrm{d}x=F(x)+C.$$

这里显示出两个运算符号 d 和 $\int$ 的互逆关系.

有不少数学软件可以用来在计算机上求函数的不定积分,即求原函数. 手算不定积分可以查阅不定积分表.

根据基本初等函数求导公式,可得不定积分公式,这些公式构成基本积分表.这些方面都和传统的微积分一致,无需多讲.

5 定积分的初步应用

由于本文中定积分的定义不同于传统教材上的黎曼积分,所以在应用于解决实际问题时有些说法也会有区别.

曲边梯形的面积是定积分最基本也是最简单的几何模型. 实际上,根据积分系统的定义,只要是依赖于两个参数且满足可加性条件的量 $S(u,v)$,就可以考虑用定积分概念和微积分基本定理来计算它. 为此先要确定一个使 $S(u,$

v)满足中值性条件的函数 $f(x)$,再找到函数 $F(x)$ 使有 $F'(x)=f(x)$,就可以求出 $S(u, v)=\displaystyle\int_u^v f(x)\mathrm{d}x=F(v)-F(u)$.

例 5.1 设 $[a, b]$ 上的函数 $y=F(x)$ 的曲线在 x 轴上方. 该曲线形成的曲边梯形绕 x 轴旋转一周形成一旋转体(图 4),求其体积.

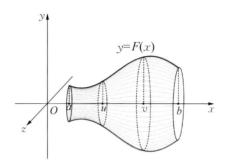

图 4 曲边梯形旋转一周形成的旋转体

解 如图 4,旋转体在平面 $x=u$ 和 $x=v$ 之间部分的体积 $S(u, v)$ 关于参数 u 和 v 显然满足可加性. 想象把这部分体积折合成高为 $v-u$ 的圆柱,则圆柱的半径必在 $[u, v]$ 上的两个函数值 $F(p)$ 和 $F(q)$ 之间,即

$$\pi \cdot F^2(p)(v-u) \leqslant S(u, v) \leqslant \pi \cdot F^2(q)(v-u).$$

于是可取 $g(x)=\pi F^2(x)$ 为被积函数,得到这部分旋转体体积表达式

$$S(u, v)=\int_u^v \pi F^2(x)\mathrm{d}x.$$

考虑 $F(x)=kx$ 的特殊情形,设 $k>0$, $a=0$, $b=H$;对应的旋转体是高为 H、底半径为 $R=kH$ 的圆锥体,而对应于 $[0, H]$ 的子区间 $[u, v]$ 部分是高为 $v-u$,上下底半径分别为 ku 和 kv 的圆台(图5). 圆台体积 $S(u, v)$ 的定积分表达式中被积函数是 $\pi k^2 x^2$. 由 $\left(\dfrac{\pi k^2 x^3}{3}\right)'=\pi k^2 x^2$ 可得圆台体积公式

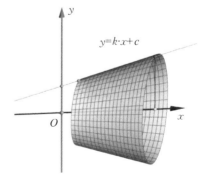

图 5 线段旋转成圆台侧面

$$S(u, v) = \int_u^v \pi k^2 x^2 \, \mathrm{d}x = \frac{\pi k^2 x^3}{3} \Big|_u^v = \frac{\pi k^2 (v^3 - u^3)}{3}.$$

若记 $h = v - u$, 上底 $r = ku$, 下底 $R = kv$, 圆台体积为 $V(r, R, h)$, 则得

$$V(r, R, h) = \frac{1}{3} \pi h (R^2 + Rr + r^2).$$

当 $u = 0$ 时 $r = 0$, 得到圆锥体积公式

$$V(r, h) = \frac{1}{3} \pi R h.$$

这和中学里所学的公式相同.

从这里看到,采用上面定积分的定义,在应用时只要检查可加性和中值性,无需经过无穷分割求和的论述.

在例 5.1 推出的旋转体体积公式中取 $F(x) = \sqrt{R^2 - x^2}$, $x \in [-R, R]$. 函数 $y = F(x)$ 的图像是半径为 R 而圆心在原点的半圆. 它绕 x 轴旋转一周生成半径为 R 的球面. 如果取区间 $[0, h]$ 上的一段圆弧绕 x 轴旋转, 则生成一个下底为球的大圆而高为 h 的球台的侧面, 如图 6.

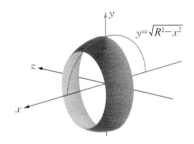

图 6　圆弧旋转成球台侧面

对应的球台体积 $V(R, h)$ 为

$$V(R, h) = S(0, h)$$

$$= \int_0^h \pi F^2(x) \, \mathrm{d}x$$

$$= \pi \int_0^h (R^2 - x^2) \, \mathrm{d}x.$$

这里被积函数是二次多项式,容易求得球台体积公式

$$V_{\text{球台}}(R, h) = \frac{\pi h}{6} \left(F^2(0) + F^2(h) + 4F^2 \left(\frac{h}{2} \right) \right)$$

$$= \frac{\pi h}{3} (3R^2 - h^2).$$

上式中取 $h = R$ 得半球体积为 $\dfrac{2\pi R^3}{3}$, 从而得到体积 $V_{\text{球}}(R) = \dfrac{4\pi R^3}{3}$.

为了计算球台侧面的面积,考虑两个高相等但半径分别为 $R+d$ 和 $R-d$ 的球台之差所形成的球带壳体的体积(图 7):

$$V_{球台}(R+d,\,h)-V_{球台}(R-d,\,h)$$

$$=\frac{\pi h}{3}(3(R+d)^2-3(R-d)^2)=4\pi hdR,$$

图 7　球带壳体

再除以壳体的厚度 $2d$,得到半径为 R 高为 h 的球带的侧面积公式

$$S_{球带}=2\pi Rh.$$

当 $h=R$ 时即为半球的表面积,从而球的表面积 $S_{球}=4\pi R^2$.

从这里可知,高和底面直径相等的圆柱,其侧面积等于它的内切球的表面积(图 8),这是阿基米德自己很满意的发现. 更有趣的是,若球的直径等于圆柱底面直径,则其球带或球冠侧面积等于等高的圆柱侧面积,如图 9.

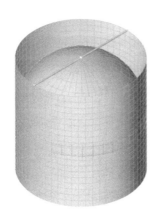

图 8　高和底面直径相等的
　　　　圆柱和它的内切球

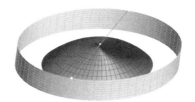

图 9　从与圆柱直径相等的球上
　　　　割下的与圆柱等高的球冠

如果物体在运动的过程中始终受到一个变力的作用,可以应用定积分的概念来计算功.

设 $a<b$ 是 x 轴上的两点,某物体 Q 从 a 到 b 作直线运动,作用于 Q 上的力沿 x 轴方向的分力设为 $F=F(x)(x\in[a,\,b])$. 当 $u<v$ 时设 $W(u,\,v)=$

$-W(v, u)$ 是 F 在 Q 经过 $[u, v]$ 段过程中所做的功,则 $W(u, v)$ 显然有可加性. 如果 F 在 $[u, v]$ 段有上界 B 和下界 A,自然有 $A(v-u) \leqslant W(u, v) \leqslant B(v-u)$. 可见应有 $W(u, v) = \int_u^v F(x)\mathrm{d}x$. 下面看一个例子.

例 5.2 将质量为 m 的物体 Q 从地面垂直提升到高度 H,为克服地心引力需要做的功是多少? 特别地,如将此物体发射使其脱离地球引力,需要的初始速度是多大?

解 物体 Q 与地心距离为 x 时,它所受的地心引力的大小为

$$F(x) = \frac{GmM}{x^2},$$

这里 G 是万有引力常数,M 是地球质量. 若记地球半径为 R,$GmM = C$,可知将物体从地面提升到高度 H 时所做的功应为

$$W(H) = \int_R^{R+H} \frac{C}{x^2}\mathrm{d}x.$$

因为 $\left(\dfrac{-C}{x}\right)' = \dfrac{C}{x^2}$,故得

$$W(H) = \int_R^{R+H} \frac{C}{x^2}\mathrm{d}x = \frac{-C}{x}\Big|_R^{R+H} = \frac{-C}{R+H} + \frac{C}{R} = \frac{CH}{R(R+H)}.$$

比值 $\dfrac{H}{R+H}$ 小于 1 但当 H 很大时接近于 1,故可以认为此物体脱离地球引力所需要的能量为 $\dfrac{C}{R}$,所以物体发射的初速 V 应满足条件

$$\frac{mV^2}{2} = \frac{C}{R} = \frac{GMm}{R}.$$

比较地面重力与万有引力公式,有

$$\frac{GMm}{R^2} = mg,$$

从而有 $GM = R^2 g$,将重力加速度 $g = 9.8$(米/秒平方),地球半径 $R = 6371$(千米) 代入,得

$$V = \sqrt{2Rg} \approx \sqrt{2 \times 6371 \times 9.8 \times 10^{-3}} \approx 11.2(\text{公里} / \text{秒}).$$

所以,垂直向上发射的物体,在不计空气阻力时,只要初速达到每秒 11.2 公里,即可脱离地球引力.此即所谓第二宇宙速度.

定积分应用很多.这里以及下节略举数例,用来说明不借助极限概念如何用定积分解决实际应用问题.

6 定积分的更多应用

前面说明了曲边梯形面积的计算方法.下面讨论更一般的曲线所包围的面积.

将要计算的面积分割成几块,使得每块都是函数图像形成的曲边梯形.分别计算后再加起来,是最普通的思路.

例 6.1 如图 10,求椭圆 $\dfrac{x^2}{a^2} + \dfrac{y^2}{b^2} = 1(a > 0, b > 0)$ 扇形 AOB (图中阴影部分)的面积,进而计算椭圆面积.

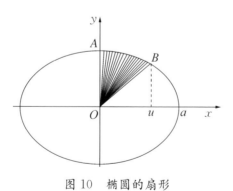

图 10 椭圆的扇形

解 如图,A 和 B 的横坐标分别为 0 和 $u(u > 0)$,则 $\overset{\frown}{AB}$ 可以看成函数 $f(x) = \dfrac{b}{a}\sqrt{a^2 - x^2}$ 在 $[0, u]$ 上的图像,于是要求的扇形的面积 $S(u)$ 等于 $f(x)$ 在 $[0, u]$ 上的曲边梯形面积减去一个三角形的面积 $\dfrac{uf(u)}{2}$:

$$S(u) = \int_0^u \frac{b}{a}\sqrt{a^2 - x^2}\,\mathrm{d}x - \frac{uf(u)}{2}.$$

用换元法可得:

$$\int \sqrt{a^2-x^2}\,\mathrm{d}x = \frac{a^2}{2}\arcsin\frac{x}{a} + \frac{1}{2}x\sqrt{a^2-x^2} + C.$$

用牛顿-莱布尼兹公式计算得出

$$\int_0^u \frac{b}{a}\sqrt{a^2-x^2}\,\mathrm{d}x$$

$$= \frac{b}{a}\left(\frac{a^2}{2}\arcsin\frac{x}{a} + \frac{1}{2}x\sqrt{a^2-x^2}\right)\Bigg|_0^u$$

$$= \frac{ab}{2}\arcsin\frac{u}{a} + \frac{b}{2a}u\sqrt{a^2-u^2}.$$

于是所求扇形面积为

$$S(u) = \frac{ab}{2}\arcsin\frac{u}{a} + \frac{b}{2a}u\sqrt{a^2-u^2} - \frac{uf(u)}{2}.$$

当 $u=a$ 时扇形面积是半个椭圆的面积的一半,所以

$$椭圆面积 = 4S(a) = 2ab\arcsin\frac{a}{a} = 2ab \cdot \frac{\pi}{2} = \pi ab.$$

下面考虑极坐标下的情形.

设有极坐标曲线 $L: r = \varphi(\theta)$, $\theta \in [\alpha, \beta]$. 对于 $[\alpha, \beta]$ 的任意闭子区间 $[u, v]$,记由曲线 L 和射线 $\theta = u$, $\theta = v$ 所围成的曲边扇形面积为 $S(u, v)$,则 $S(u, v)$ 显然具有可加性;再者,与此曲边扇形面积相等且圆心角同为 $v-u$ 的扇形,其半径应为 $R = \sqrt{\dfrac{2S(u, v)}{v-u}}$. 显然在 $[u, v]$ 上有 p 和 q 使得 $\varphi(p) \leqslant R \leqslant \varphi(q)$ (图 11),即得

$$\frac{1}{2}\varphi^2(p)(v-u) \leqslant S(u, v) \leqslant \frac{1}{2}\varphi^2(q)(v-u),$$

可见 $S(u, v)$ 是 $f(\theta) = \dfrac{1}{2}\varphi^2(\theta)$ 在 $[\alpha, \beta]$ 上的积分系统. 若 $r = \varphi(\theta)$ 在 $[\alpha, \beta]$ 上差商有界,则此积分系统唯一,从而有:

$$S(\alpha, \beta) = \frac{1}{2}\int_\alpha^\beta \varphi^2(\theta)\,\mathrm{d}\theta.$$

这就是极坐标系下曲边扇形面积的计算公式. 这里的 $\dfrac{1}{2}\varphi^2(\theta)\mathrm{d}\theta$ 称作极坐标系下的面积元素.

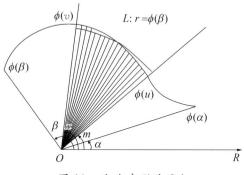

图 11　曲边扇形的面积

在实际问题中,只要能求出被积函数的初等的原函数,由微积分基本定理即可知道定积分的存在性,并且可以用牛顿-莱布尼兹公式来计算. 因此不必担心计算公式中涉及的定积分的存在问题.

例 6.2　计算心脏线 $r=a(1+\cos\theta)(a>0)$ 所围成的图形面积(图 12).

解　应用极坐标系下曲边扇形面积的计算公式得

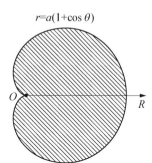

$$S=\frac{1}{2}\int_0^{2\pi}a^2(1+\cos\theta)^2\mathrm{d}\theta$$

$$=\frac{a^2}{2}\int_0^{2\pi}(1+2\cos\theta+\cos^2\theta)\mathrm{d}\theta$$

$$=\frac{a^2}{2}\int_0^{2\pi}\left(1+2\cos\theta+\frac{1+\cos2\theta}{2}\right)\mathrm{d}\theta$$

$$=\frac{a^2}{2}\left(\int_0^{2\pi}\frac{3}{2}\mathrm{d}\theta+\int_0^{2\pi}2\cos\theta\mathrm{d}\theta+\frac{1}{2}\int_0^{2\pi}\cos2\theta\mathrm{d}\theta\right)$$

$$=\frac{a^2}{2}\left(\frac{3\theta}{2}+2\sin\theta+\frac{1}{4}\sin2\theta\right)\Big|_0^{2\pi}=\frac{3}{2}\pi a^2.$$

图 12　心脏线包围的面积

下面讨论平面曲线长的计算.

设函数 $f(x)$ 在区间 $[a,b]$ 上有定义,$[u,v]\subseteq[a,b]$. 把曲线 $y=f(x)$ 在

$[u, v]$ 上的这段长度记作 $S(u, v)$，则 $S(u, v)$ 显然具有可加性.

如果能够进一步说明 $S(u, v)$ 是 $[a, b]$ 上的某个函数 $g(x)$ 的积分系统，就有了计算曲线长度的办法. 关键是把函数 $g(x)$ 找出来.

如果曲线 $y = f(x)$ 是一条斜率为 k 的线段，由勾股定理有 $S(u, v) = (v - u)\sqrt{1 + k^2}$，即斜率的绝对值越大，线段越长(图 13).

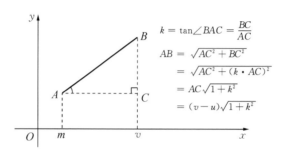

图 13　线段长度与斜率的关系

进一步，如果曲线 $y = f(x)$ 是一条折线，而对 $x \in [u, v]$，组成折线的线段的斜率为 $k(x)$，则必有 $[u, v]$ 上的 p 和 q，使

$$\sqrt{1 + k^2(p)}\,(v - u) \leqslant S(u, v) \leqslant \sqrt{1 + k^2(q)}\,(v - u),$$

也就是说，$S(u, v)$ 应当是 $[a, b]$ 上的函数 $g(x) = \sqrt{1 + k^2(x)}$ 的积分系统. 把对折线情形的分析推广到曲线情形，并且注意到曲线 $y = f(x)$ 在 $x \in [u, v]$ 处的斜率 $k(x) = f'(x)$，便可以合理地认为，$S(u, v)$ 是 $[a, b]$ 上的函数 $g(x) = \sqrt{1 + (f'(x))^2}$ 的积分系统. 如果 $y = f(x)$ 逐段李普西兹可导，则此积分系统唯一，便有

$$S(u, v) = \int_u^v \sqrt{1 + (f'(x))^2}\,\mathrm{d}x.$$

于是 $[a, b]$ 上曲线 $y = f(x)$ 的弧长计算公式为：

$$s = \int_a^b \sqrt{1 + (f'(x))^2}\,\mathrm{d}x.$$

例 6.3　计算曲线 $y = x^{\frac{3}{2}}$ $(0 \leqslant x \leqslant 2)$ 的弧长(图 14).

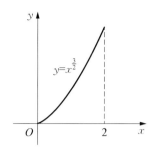

图 14 曲线 $y = x^{\frac{3}{2}}\ (0 \leqslant x \leqslant 2)$

解 由于 $f'(x) = \dfrac{3\sqrt{x}}{2}$，故由弧长公式知：

$$s = \int_0^2 \sqrt{1 + \frac{9x}{4}}\, \mathrm{d}x = \frac{2}{3} \cdot \frac{4}{9}\left(1 + \frac{9x}{4}\right)^{\frac{3}{2}}\ \Big|_0^2$$

$$= \frac{8}{27}(5.5^{\frac{3}{2}} - 1) \approx 3.53.$$

若曲线由参数方程

$$\begin{cases} x = \varphi(t), \\ y = \psi(t) \end{cases} \quad (\alpha \leqslant t \leqslant \beta),$$

给出,则利用定积分的换元法易得曲线由参数方程给出时的弧长计算公式为

$$s = \int_\alpha^\beta \sqrt{(\varphi'(t))^2 + (\psi'(t))^2}\, \mathrm{d}t.$$

若曲线由极坐标方程

$$r = r(\theta) \quad (\alpha \leqslant \theta \leqslant \beta)$$

给出,要导出它的弧长计算公式,只需要将极坐标方程化成参数方程:

$$\begin{cases} x(\theta) = r(\theta)\cos\theta, \\ y(\theta) = r(\theta)\sin\theta \end{cases} \quad (\alpha \leqslant \theta \leqslant \beta),$$

容易求出

$$\sqrt{(x'(\theta))^2 + (y'(\theta))^2}$$

$$= \sqrt{(r'(\theta)\cos\theta - r(\theta)\sin\theta)^2 + (r'(\theta)\sin\theta + r(\theta)\cos\theta)^2}$$

$$= \sqrt{r^2 + r'^2},$$

从而有极坐标方程曲线弧长公式

$$s = \int_a^\beta \sqrt{r^2(\theta) + (r'(\theta))^2}\, \mathrm{d}\theta.$$

例 6.4 计算心脏线 $r = a(1 + \cos\theta)(0 \leqslant \theta \leqslant 2\pi)$ 的弧长.

解 因为

$$\sqrt{r^2(\theta) + (r'(\theta))^2} = \sqrt{a^2(1 + \cos\theta)^2 + (-a\sin\theta)^2}$$
$$= \sqrt{4a^2\left(\cos^4\frac{\theta}{2} + \sin^2\frac{\theta}{2}\cos^2\frac{\theta}{2}\right)} = 2a\left|\cos\frac{\theta}{2}\right|,$$

所以,

$$s = \int_0^{2\pi} 2a\left|\cos\frac{\theta}{2}\right|\mathrm{d}\theta = 4a\int_0^\pi |\cos\varphi|\,\mathrm{d}\varphi$$
$$= 8a\int_0^{\pi/2}\cos\varphi\,\mathrm{d}\varphi = 8a.$$

7 泰勒公式

在牛顿-莱布尼兹公式 $\int_u^v F'(x)\mathrm{d}x = F(v) - F(u)$ 中记 $u = a$,$v - u = h$,得

$$F(a + h) = F(a) + \int_a^{a+h} F'(x)\mathrm{d}x,$$

就可以利用 $F'(x)$ 的定积分和 $F(a)$ 来计算 $F(a+h)$. 作代换 $x = a + t$ 后得到

$$F(a + h) = F(a) + \int_0^h F'(a + t)\mathrm{d}t.$$

若 $F'(x)$ 也李普西兹可导就有

$$F'(a + t) = F'(a) + \int_0^t F''(a + t_1)\mathrm{d}t_1.$$

代入前式得

$$F(a+h) = F(a) + \int_0^h (F'(a) + \int_0^t F''(a+t_1)\mathrm{d}t_1)\mathrm{d}t$$

$$= F(a) + \int_0^h F'(a)\mathrm{d}t + \int_0^h \int_0^t F''(a+t_1)\mathrm{d}t_1\mathrm{d}t$$

$$= F(a) + F'(a)h + \int_0^h \int_0^t F''(a+t_1)\mathrm{d}t_1\mathrm{d}t.$$

一般说来,可以归纳地定义 $F(x)$ 的 n 阶导数是其 $n-1$ 阶导数的导数,并且记作 $F^{(n)}(x)$,即记 $F^{(0)}(x) = F(x)$, $(F^{(n-1)}(x))' = F^{(n)}(x)$. 就有

$$F^{(n)}(a+t_{n-1}) = F^{(n)}(a) + \int_0^{t_{n-1}} F^{(n+1)}(a+t_n)\mathrm{d}t_n.$$

相继代入前式或作数学归纳可得:

命题 7.1(泰勒公式)　若 $F(x)$ 在区间 I 上 $n+1$ 阶可导,a 和 $a+h$ 是 I 上两点,则有

$$F(a+h) = \sum_{k=0}^n \frac{F^{(k)}(a)h^k}{k!} + \int_0^h \int_0^t \int_0^{t_1} \cdots \int_0^{t_{n-1}} F^{(n+1)}(a+t_n)\mathrm{d}t_n \cdots \mathrm{d}t_1\mathrm{d}t.$$

若设 $a+h=x$,则 $h=x-a$, 此等式成为

$$F(x) = \sum_{k=0}^n \frac{F^{(k)}(a)(x-a)^k}{k!} + \int_0^h \int_0^t \int_0^{t_1} \cdots \int_0^{t_{n-1}} F^{(n+1)}(a+t_n)\mathrm{d}t_n \cdots \mathrm{d}t_1\mathrm{d}t.$$

此等式叫作 $F(x)$ 在 $x=a$ 处的 n 阶泰勒展开式,或泰勒公式. 右端的和式叫作 $F(x)$ 在 $x=a$ 处的 n 阶泰勒多项式,通常记作

$$T_n(x, F) = \sum_{k=0}^n \frac{F^{(k)}(a)(x-a)^k}{k!},$$

而 $F(x)$ 与它的 n 阶泰勒多项式之差则称为其 n 阶泰勒展开式的余项,记作

$$R_n(x, F) = F(x) - T_n(x, F).$$

泰勒展开式的余项有多种表示方法. 按上面的展开式有

$$R_n(x, F) = \int_0^h \int_0^t \int_0^{t_1} \cdots \int_0^{t_{n-1}} F^{(n+1)}(a+t_n)\mathrm{d}t_n \cdots \mathrm{d}t_1\mathrm{d}t,$$

叫作泰勒展开式余项的积分表示方法. 在不至于混淆时,可以简单地用 $R_n(x)$ 和 $T_n(x)$ 分别表示 $R_n(x, F)$ 和 $T_n(x, F)$.

通常, $F(x)$ 在 $x=0$ 处的泰勒展开式也叫作马克劳林展开式.

如果当 $x \in [a, a+h]$ 时有 $|F^{(n+1)}(x)| \leqslant M$, 则容易估计出

$$|R_n(x, F)| \leqslant \frac{M|x-a|^{n+1}}{(n+1)!}.$$

当 n 较大或 $|x-a|$ 较小时, $|R_n(x, F)|$ 就会很小. 因此, 泰勒公式提供了用四则运算计算函数值的一个有效的方法.

上面所述多次使用微积分基本定理即可获得泰勒展开式的思路, 见文[8], 不同于传统教材.

微积分基本定理用到了积分, 而在泰勒多项式中只用到函数的导数. 能不能只用导数的性质来获取泰勒公式呢?

命题 7.2 设 $F(x)$, $G(x)$ 在 $[a, b]$ 上可导, $f(x)$ 和 $g(x)$ 分别是 $F(x)$, $G(x)$ 的导数. 如果对一切 $x \in [a, b]$ 有 $f(x) \leqslant g(x)$, 则对一切 $x \in [a, b]$ 有

$$F(x) - F(a) \leqslant G(x) - G(a).$$

证明 令 $H(x) = F(x) - G(x)$, 则对一切 $x \in [a, b]$ 有

$$H'(x) = (F(x) - G(x))' = f(x) - g(x) \leqslant 0,$$

故 $H(x)$ 在 $[a, b]$ 上单调不增, 从而 $H(a) \geqslant H(x)$, 证毕.

命题 7.3(预备泰勒定理) 设 $H(x)$ 在 $[a, b]$ 上 $n+1$ 阶李普西兹可导, 且

(i) $k = 0, 1, 2, \cdots, n$ 时, 有 $H^{(k)}(a) = 0$;

(ii) 在 $[a, b]$ 上有 $m \leqslant H^{(n+1)}(x) \leqslant M$.

则对 $x \in [a, b]$ 上有

$$\frac{m(x-a)^{n+1}}{(n+1)!} \leqslant H(x) \leqslant \frac{M(x-a)^{n+1}}{(n+1)!}.$$

证明 先对 $k = 1, 2, \cdots n+1$ 作不完全的数学归纳证明

$$\frac{m(x-a)^k}{k!} \leqslant H^{(n+1-k)}(x) \leqslant \frac{M(x-a)^k}{k!}.$$

事实上, 当 $k=1$ 时, 在 $[a, b]$ 上有 $m \leqslant H^{(n+1)}(x) \leqslant M$, 由命题 7.2 得

$$m(x-a) \leqslant H^{(n)}(x) \leqslant M(x-a).$$

设 $k < n+1$ 时所要不等式成立,则由命题 7.2 对 $k+1$ 有

$$\frac{m(x-a)^{k+1}}{(k+1)!} \leqslant H^{(n-k)}(x) \leqslant \frac{M(x-a)^{k+1}}{(k+1)!},$$

特别当 $k=n$ 时得到要证明的结论.

命题 7.4(泰勒定理)　设 $F(x)$ 在 $[a,b]$ 上 $n+1$ 阶李普西兹可导,且在 $[a,b]$ 上有 $|F^{(n)}(x)| \leqslant M$,则对 $[a,b]$ 上任意点 c 和 x,有泰勒展开式

$$F(x) = F(c) + F'(c)(x-c) + \frac{F^{(2)}(c)}{2!}(x-c)^2 + \cdots$$
$$+ \frac{F^{(n-1)}(c)}{(n-1)!}(x-c)^{n-1} + R_n(x),$$

并且

$$|R_n(x)| = |F(x) - T_n(x,c)| \leqslant \frac{M|x-c|^{n+1}}{(n+1)!}.$$

证明　令 $H(x) = F(x) - T_n(x,c)$,易验证 $H(x)$ 在 $[c,b]$ 上满足命题 7.3 中的条件,从而当 $x \in [c,b]$ 时,有上述不等式成立.

当 $x \in [a,c]$ 时,取 $u = -x$, $G(u) = F(-u)$,对 $G(u)$ 在 $[-c,-a]$ 上应用上述已经获证的结论,再将 G 回代 F,就完全证明了所要的结论.

利用泰勒公式展开多项式,可得准确的表达式.

例 7.1　按 $(x+1)$ 的幂展开函数 $F(x) = x^4 - 7x^3 + 2x^2 - 3x + 5$.

解　函数 $F(x) = x^4 - 7x^3 + 2x^2 - 3x + 5$ 在任意闭区间 $[a,b]$ 上任意阶可导,且

$$F^{(n)}(x) = \begin{cases} 4!, & n=4; \\ 0, & n \geqslant 5, \end{cases}$$

故当 $n \geqslant 4$ 时 $|R_n(x,F)| = 0$,即 $F(x) = T_4(x,F) = T_n(x,F)$.

下面用待定系数法求 $T_4(x,F)$,设

$$F(x) = A + B(x+1) + C(x+1)^2 + D(x+1)^3 + E(x+1)^4,$$

两端取 $x = -1$,得

$$A = F(-1) = (-1)^4 - 7 \cdot (-1)^3 + 2 \cdot (-1)^2 - 3 \cdot (-1) + 5 = 18,$$

两端相继求导并取 $x = -1$, 得

$$B = F'(-1) = 4 \cdot (-1)^3 - 21 \cdot (-1)^2 + 4 \cdot (-1) - 3 = -32,$$

$$2C = F''(-1) = 12 \cdot (-1)^2 - 42 \cdot (-1) + 4 = 58, \ C = 29,$$

$$6D = F^{(3)}(-1) = 24 \cdot (-1) - 42 = -66, \ D = -11.$$

最后, 显然有 $E = 1$, 从而所求的展开式为

$$F(x) = 18 - 32(x+1) + 29(x+1)^2 - 11(x+1)^3 + (x+1)^4.$$

这种方法说明了泰勒多项式的发现过程.

若不用导数, 此题可设 $x = u - 1$, 代入整理后再用 $u = x + 1$ 回代得到同样结果:

$$F(x) = F(u-1) = (u-1)^4 - 7(u-1)^3 + 2(u-1)^2 - 3(u-1) + 5$$
$$= u^4 - 11u^3 + 29u^2 - 32u + 18$$
$$= (x+1)^4 - 11(x+1)^3 + 29(x+1)^2 - 32(x+1) + 18.$$

例 7.2 写出函数 $F(x) = e^x$ 的 n 阶马克劳林公式, 并求 e 的近似值, 使其误差不超过 10^{-6}.

解 容易计算出

$$F'(x) = F''(x) = \cdots = F^{(n)}(x) = e^x,$$
$$F'(0) = F''(0) = \cdots = F^{(n)}(0) = 1.$$

根据泰勒定理, 对于任意的 $a \leqslant 0 \leqslant b$ 和 $x \in [a, b]$ 得

$$e^x = 1 + x + \frac{1}{2!}x^2 + \frac{1}{3!}x^3 + \cdots + \frac{1}{n!}x^n + R_n(x).$$

若记 $A = \max\{|a|, |b|\}$, 则

$$|R_n(x)| \leqslant \frac{|e^A x^n|}{n!}.$$

取 $x = 1$, 则得无理数 e 的近似式为

$$e \approx 1 + 1 + \frac{1}{2!} + \frac{1}{3!} + \cdots + \frac{1}{(n-1)!}.$$

因为 $x = 1 \in [0, 1]$, 所以

$$|R_n(1)| < \frac{3}{(n+1)!},$$

取 $n=9$，可得 $R_n(1) < 10^{-6}$，此时 $e \approx 2.718\,282$ 即为所求.

图 15 画出了函数 $y = e^x$ 和它的前几个泰勒多项式的图像.

函数 $y=e^x$ 的泰勒多项式

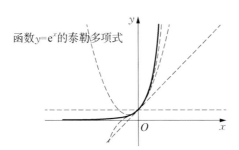

图 15　指数函数的泰勒多项式

例 7.3　求函数 $F(x) = \sin x$ 的 n 阶马克劳林展开式.

解　计算，得

$$\sin x = x - \frac{x^3}{3!} + \frac{x^5}{5!} - \cdots + (-1)^{k-1}\frac{x^{2k-1}}{(2k-1)!} + R_{2k}(x),$$

其中 $|R_{2k}(x)| \leqslant \dfrac{|x^{2k+1}|}{(2k+1)!}$.

如果取 $k=1$，则得近似公式 $\sin x \approx x$，分别取 $k=2,3$，则可得 $\sin x$ 的 3 次和 5 次近似公式 $\sin x \approx x - \dfrac{x^3}{3!}$ 和 $\sin x \approx x - \dfrac{x^3}{3!} + \dfrac{x^5}{5!}$，如图 16.

正弦函数的泰勒多项式

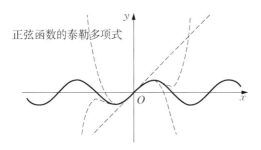

图 16　正弦函数的泰勒多项式

在常见的数学手册上有基本初等函数的马克劳林展开式,这里不再赘述.

8 结语

综上,在文[13]的基础上,建立了不依赖极限的宏导数和定积分概念,证明了无附加条件的微积分基本定理,引入了便于应用的李普西兹导数并导出了适用于初等函数类的求导法则,讨论了有关定积分的一些应用案例,给出了泰勒公式的简捷推导方法.

后续的工作设想,将是引入实数理论和极限概念,使之和现在通用的数学分析接轨融合,以期最大限度地减少进入教学实践的观念阻力.

有关的教学实践,也许有两种方式.对于非数学专业,不妨直接用这里的方法讲微积分,使学生对微积分能够知其所以然;对于数学专业,则可以把这些内容编成一些习题,使学生开阔眼界思路,激发其创新精神,提高其数学素养.这些想法都是粗浅而初步的,欢迎批评指正,让我们共同努力,把我国的高等数学教学做得更好.

参考文献

[1] P. Lax, S. Burstein, A. Lax. 微积分及其应用与计算(第一卷第一、二册)[M]. 唐述钋,黄开斌,黄绿平,等,译. 北京:人民教育出版社,1980.

[2] 林群. 数学也能看图识字[N]. 光明日报,1997-06-27(6);人民日报,1997-08-6(10).

[3] 林群. 大学文科数学[M]. 保定:河北大学出版社,2002.

[4] SPARKS J C. Calculus Without Limit: Alomst [M]. Blomington: Author House, 2005.

[5] LIN Q. A Rigorous Calculus to Avoid Notions and Proofs [M]. Singapore: World Scientific Press, 2006.

[6] 张景中. 微积分学的初等化[J]. 华中师范大学学报(自然科学版),2006(4):475-484,487.

[7] 张景中. 定积分的公理化定义方法[J]. 广州大学学报(自然科学版),2007(6):1-5.

［8］林群.微积分快餐[M].北京:科学出版社,2009.

［9］张景中,冯勇.微积分基础的新视角[J].中国科学(A辑:数学),2009,39(2):247－256.

［10］张景中.直来直去的微积分[M].北京:科学出版社,2010.

［11］林群.微积分减肥快跑[M].北京:科学普及出版社,2011.

［12］张景中.不用极限的微积分[M].北京:中国少年儿童出版社,2012.

［13］林群,张景中.微积分之前可以做些什么[J].高等数学研究,2019,22(1):1－15.

［14］卡尔·B·波耶.微积分概念发展史[M].唐生,译.上海:复旦大学出版社,2007:191.

Calculus Prior to Limits

Abstract　In this paper, the Fundamental Theorem of Calculus, the derivation rule of elementary functions, and Taylor's formula are proved without the use of limits.

Key words　difference quotient,derivative,definite integral,Taylor's formula

4.9 先于极限的微积分中引入连续性(2020)①

摘　要:在"先于极限的微积分"基础上,引入实数公理和函数连续性概念.

关键词:差商有界;戴德金分割;连续函数

0 引言

在[1]和[2]中,给出了先于极限概念的微积分的基本架构.

但是,其中有些地方应当进一步说清楚.

例如,在[1]的第 7 节中用 $\ln x$ 的反函数定义了指数函数 e^x,然后说 e^x 的定义域是 $(-\infty, +\infty)$,这有什么依据呢? 根据反函数的概念,e^x 的定义域是 $\ln x$ 的值域,怎么知道 $\ln x$ 的值域是全体实数的集合呢?

在[1]的第 4 节中引进差商有界的概念后,断言差商有界函数经四则运算及复合仍为差商有界的函数. 如果验证这些断言,将遇到这样的问题:闭区间上非零的差商有界函数的倒数是否一定有界呢?

在[1]的第 6 节中,用曲线下的面积定义了自然对数. 这面积的定义和存在性是不是要进行论证呢?

要严谨地回答这类问题,涉及实数理论和函数的连续性等概念.

在[1]和[2]中,主要讨论了差商有界函数类. 对于传统微积分中大量的应用问题,这已经足够. 但对微积分理论的进一步深入发展,把所考虑的函数类加以扩展很有必要. 本文将在差商有界概念的基础上,扩大讨论的范围,考虑连续函数类. 为了讨论连续函数的性质以回答上面提出的问题,不能不讲点实数理论.

---

① 本文原载《高等数学研究》2020 年第 4 期(与林群、童增祥合作).

1　实数域的基本性质

实数系与有理数系相比,根本的区别在于,实数系是连续的,有理数系不连续.

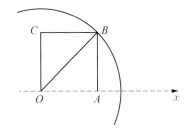

如图 1,设数轴上的所有的有理点组成虚线 Ox. 作边长为 1 的正方形 $OABC$,以 O 为圆心过点 B 作圆弧穿过 Ox,圆弧从稠密的有理数之间穿过而不碰上任何一个有理数,说明有理数系在这里有缝隙.

把有理数系的所有缝隙都用无理数填上,就得到了实数系.怎样用数学的语言说明所有缝隙都填上了呢?设想所有的实数组成了连续的天衣无缝的数直线,在点 P 把直线折成两段,如图 2.那么,点 P 在哪一段上呢?

图 1　圆弧穿过有理数之间的缝隙

只能说,不在左边,就在右边;两边都有或都没有是不可能的.

图 2　折断数直线的思想实验

这里得到的结论,是实数系区别于有理数系的基本特征:

关于实数系连续性的戴德金公理　把全体实数分成 A、B 两个非空集合.如果对任意的 $x \in A$ 和 $y \in B$ 总有 $x < y$,则 A 中有最大数或 B 中有最小数,两者必居其一,且仅居其一.

建立实数系统有两类方法.一类是构造性的方法,例如从有理数出发构造出实数来,或者用无穷小数定义实数,然后证明实数的基本性质,这样上述的戴德金公理就成为一条定理.另一类是公理化的方法,不具体规定什么是实数,而直接列出实数系应满足的基本性质,即公理.公理化的方法比较简便,希尔伯特的著作中使用公理化的方法引入实数.

连续性是自古以来哲学家感兴趣的问题,但一直说不清楚. 有了上述公理,实数系的连续性得到了严谨的界定. 从戴德金公理,可以推出一个更便于应用的命题. 为此先引入:

定义 1.1(实数集的上下确界) 设 S 是实数集,M 和 m 是实数. 如果对任意的 $x \in S$ 都有 $x \leqslant M$,则称 M 是 S 的一个上界;如果对任意的 $x \in S$ 都有 $x \geqslant m$,则称 m 是 S 的一个下界. 所有 S 的上界中若有最小者,称为 S 的最小上界,也称上确界,记作 $\sup S$;所有 S 的下界中若有最大者,称为 S 的最大下界,也称下确界,记作 $\inf S$. 上确界和下确界通称为确界.

注意,数集 S 的上界或下界如果是 S 的元素,显然它一定是确界. 反过来不然,确界也可能不是 S 的元素. 例如,$[0, 1]$ 的最小上界 $1 \in [0, 1]$,而 $[0, 1)$ 的最小上界 $1 \notin [0, 1)$.

一个函数值域的上界或下界,简称为该函数的上界或下界.

在有理数系中,有上界的非空数集不一定有最小上界. 例如,所有平方小于 2 的有理数之集,在有理数系中就没有最小上界.

在实数系中,却有下面有用的结果:

定理 1.1(确界定理) 非空有上界的实数集合 S 必有最小上界,非空有下界的实数集合 S 必有最大下界.

证明 先证明非空有上界的实数集合 S 必有最小上界.

设 S 的所有上界组成集 B,其余的实数构成集 A,则对任意的 $x \in A$ 和 $y \in B$ 总有 $x < y$,由戴德金公理可知 A 中有最大数或 B 中有最小数 a.

若 $a \in A$,则 a 不是 S 的上界,从而有 $c \in S$ 使 $a < c$,于是 (a, c) 中的实数都不是 S 的上界,这证明 A 中没有最大数;于是 B 中有最小数,即 S 有最小上界.

设非空实数集合 U 有下界 m,则所有 U 中元素的相反数构成的集合 V 有上界 $-m$,由已经证明的结论知 V 有最小上界 b,则 $-b$ 显然是 U 的最大下界. 定理获证.

容易证明,确界定理等价于戴德金公理. 这样和戴德金公理等价的命题至少有六个. 不过,为了说清楚一开始谈到的问题,并理清连续函数的性质,有这个确界定理就足够了.

2 区间上连续函数的定义和介值定理

前面多处讨论了差商有界函数. 加上"差商有界"的条件, 很多问题可以简捷地解决. 但对于函数性质的进一步讨论, 这个条件要求过强. 例如, 在 $[0, 1]$ 上函数 x^2 差商有界, 但它的反函数 $\sqrt{x}$ 就不是差商有界的了. 事实上, 前面涉及差商有界条件的命题, 都可以放宽条件, 把"差商有界函数"放宽为"连续函数", 从而得到更一般的结果.

回顾一下差商有界函数的定义:

设函数 $g(x)$ 在闭区间 $[a, b]$ 上有定义, 若有正数 M, 使对 $[a, b]$ 中任意两数 u 和 v 都满足不等式

$$|g(u) - g(v)| \leqslant M|u - v|,$$

则称 $g(x)$ 在 $[a, b]$ 上差商有界.

如果记 $u = x$, $v = x + h$, 则上述不等式可写成

$$|g(x + h) - g(x)| \leqslant M|h|,$$

其右端是自变量 h 的一个函数. 下面基于这个函数非负不减且无正下界的特征进行推广.

定义 2.1(d 函数) 称 $(0, A)$ 上一个非负不减且无正下界的函数为一个 d 函数, 记作 $d(x)$; 约定 $d(-x) = d(x)$.

例如最简单的情形, 函数 $|x|$ 是 d 函数, $\sqrt{x}$ 也是 d 函数. 更一般地当 $k > 0$ 时 x^k 也是 d 函数; 两个 d 函数的和、积以及复合函数仍是 d 函数; d 函数乘上任意正数仍是 d 函数.

由于 d 函数在 $(0, A)$ 上无正的下界, 故它的值可以小于任意正数. 这是 d 函数的重要性质.

用一般的 d 函数 $d(h)$ 来代替 $|h|$, 可以把差商有界函数类进一步推广.

定义 2.2(连续函数) 设函数 $g(x)$ 在闭区间 I 有定义. 如果有一个 d 函数 $d(h)$, 使对 I 中任两点 x 和 $x + h$ 成立不等式

$$|g(x + h) - g(x)| \leqslant d(h),$$

则称函数 $y=g(x)$ 在区间 I 上一致连续.

如果 $g(x)$ 在区间 I 的任意的闭子区间 $[a,b]$ 上一致连续,则称 $g(x)$ 在 I 上连续.

按定义,由 $|\sin(x+h)-\sin x|\leqslant|h|$ 可知 $f(x)=\sin x$ 在 $(-\infty,+\infty)$ 上一致连续;又由 $|\sqrt{x+h}-\sqrt{x}|\leqslant\sqrt{h}$ 可知 $f(x)=\sqrt{x}$ 在区间 $[0,+\infty)$ 上一致连续;但是容易证明函数 $y=\dfrac{1}{x}$ 在 $(0,1]$ 上不一致连续.

根据定义,闭区间上连续的函数也在此闭区间上一致连续. 闭区间上差商有界的函数也在此闭区间上一致连续.

下面来回答对数函数的反函数的存在问题.

对于任意的 $0<a<b$,对数函数 $\ln x$ 在 $[a,b]$ 上满足不等式 $|\ln(x+h)-\ln x|<\dfrac{|h|}{a}$,因而是差商有界的. 因此 $\ln x$ 是 $(0,+\infty)$ 上的连续函数.

连续函数有哪些基本性质呢?

命题 2.1(连续函数的局部保号性) 设函数 $f(x)$ 在区间 I 上连续. 若对 $u\in I$ 有 $f(u)>0$,则有一个包含 u 的开区间 $\Delta_u=(u-\delta,u+\delta)$,使对一切 $x\in\Delta_u\bigcap I$,都有 $f(x)>0$.

证明 取包含 u 的闭区间 $[a,b]\subseteq I$,且 u 不是 I 的端点时注意使 $a<u<b$. 此时有 d 函数 $d(h)$ 使

$$|f(u+h)-f(u)|\leqslant d(h).$$

由 d 函数无正下界,有 $\delta>0$ 使得 $d(\delta)<0.5f(u)$;由 d 函数的单调性,对一切 $|h|<\delta$,只要 $x=u+h\in I$ 即 $x\in\Delta_u\bigcap I$,就有

$$\begin{aligned}|f(x)-f(u)|&=|f(u+h)-f(u)|\\&\leqslant d(h)\leqslant d(\delta)<0.5f(u),\end{aligned}$$

这推出 $f(x)>f(u)-0.5f(u)=0.5f(u)>0$,证毕.

定理叙述中的开区间 $\Delta_u=(u-\delta,u+\delta)$ 叫作点 u 的"δ-邻域". 上述定理描述了连续函数 $f(x)$ 的一个基本的性质:如果在某点处函数值为正,则在此点某邻域函数值为正.

因为若 $f(x)$ 连续则 $-f(x)$ 连续且 $f(x)-c$ 也连续,由上述定理立刻得

推论　若连续函数 $f(x)$ 在某点处函数值为负,则在此点某邻域函数值为负;更一般地,若连续函数 $f(x)$ 在某点处函数值 $f(u)$ 属于某开区间 $\triangle$,则在 $x = u$ 某邻域所取函数值均属于此开区间 $\triangle$.

从连续函数的局部保号性,推出下面非常直观的结果.

命题 2.2(连续函数的介值定理)　设函数 $f(x)$ 在 $[a,b]$ 上连续且 $f(a) \cdot f(b) < 0$,则有 $c \in (a,b)$ 使 $f(c) = 0$(图 3).

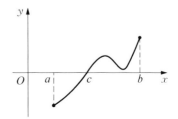

证明　不妨设 $f(a) < 0$ 而 $f(b) > 0$. 设 $[a,b]$ 上所有使 $f(x) < 0$ 的点 x 构成集合 A,则 A 非空有上界. 由确界定理,A 有最小上界 $x = c$. 于是在点 c 的任意邻域 $f(x)$ 必然有负、有非负. 由连续函数局部保号性,$f(c)$ 既不能为正也不能为负,只可能有 $f(c) = 0$,证毕.

图 3　介值定理示意图

命题 2.2 之推论　设函数 $F(x)$ 在 $[a,b]$ 上连续,则 $F(x)$ 在 $[a,b]$ 上取到 $F(a)$ 与 $F(b)$ 之间的所有实数.

证明　为确定不妨设 $F(a) < V < F(b)$,往证有 $c \in (a,b)$ 使 $F(c) = V$. 只要令 $f(x) = F(x) - V$,则 $f(x)$ 在 $[a,b]$ 上连续且 $f(a) \cdot f(b) < 0$,由介值定理有 $c \in (a,b)$ 使 $f(c) = 0$,即 $F(c) = V$. 推论得证.

现在可以回答本文开头提出的反函数存在问题了.

命题 2.3(反函数存在性)　设函数 $F(x)$ 在 $[a,b]$ 上连续而且严格单调,分别记 A、B 为 $F(a)$、$F(b)$ 中较小者和较大者,则有唯一的定义于 $[A,B]$ 的函数 $G(x)$,使对任意 $x \in [A,B]$ 有 $F(G(x)) = x$,且 $G(x)$ 严格单调,值域为 $[a,b]$,对任意 $x \in [a,b]$ 有 $G(F(x)) = x$.

证明　根据条件,当 $F(x)$ 递增时令 $G(A) = a$ 而 $G(B) = b$,当 $F(x)$ 递减时令 $G(A) = b$ 而 $G(B) = a$. 对于 $x \in (A,B)$,应用介值定理及其推论可知有 $c \in (a,b)$ 使 $F(c) = x$,由 $F(x)$ 的严格单调性可知满足 $F(c) = x$ 的点 $c \in (a,b)$ 是唯一的,于是可定义 $G(x) = c$. 这样就在 $[A,B]$ 上定义了函数 $G(x)$. 由定义知道 $F(G(x)) = F(c) = x$.

函数 $F(x)$ 在 $[a,b]$ 上递增或递减分别等价于对任意 $[a,b]$ 上两点 u 和 v,$(F(u) - F(v))(u - v)$ 恒正或恒负,取 $u = G(x)$ 和 $v = G(y)$ 代入,得

$$(F(u)-F(v))(u-v)=(x-y)(G(x)-G(y)),$$

这表明函数 $F(x)$ 在 $[a,b]$ 上递增或递减,分别等价于 $G(x)$ 在 $[A,B]$ 上递增或递减. $G(x)$ 值域显然为 $[a,b]$. 最后,在 $F(G(x))=x$ 中取 $u=G(x)$ 得 $u=G(x)=G(F(G(x))=G(F(u))$. 证毕.

在上述定理中的函数 $G(x)$ 叫作函数 $F(x)$ 在 $[a,b]$ 上的反函数.

自然会问,这个反函数是不是连续的呢? 下面这个更一般的命题,对此给以肯定的回答.

命题 2.4(关于单调函数的连续性) 若函数 $F(x)$ 在 $[a,b]$ 上单调,且其值域为 $F(a)$ 与 $F(b)$ 之间的所有实数,则 $F(x)$ 在 $[a,b]$ 上一致连续.

证明 下面构造一个定义于 $(0,b-a]$ 上的 d 函数,使对 $[a,b]$ 中任两点 x 和 $x+h$ 有

$$|F(x+h)-F(x)|\leqslant d(h).$$

为此,只要令

$$d(h)=\sup\{|F(x+h)-F(x)|:[x,x+h]\subseteq[a,b]\},$$

这样定义的 $d(h)$ 显然是单调不减的,只需证明它没有正的下界.

设 $F(x)$ 的值域为 $[A,B]$. 不妨设 $F(a)=A<B=F(b)$,对任给的正数 $\varepsilon>0$,取足够大的正整数 N,将值域区间 $[A,B]$ 等分为 N 份,使每份长度小于 $\dfrac{\varepsilon}{3}$. 分点顺次为

$$A=y_0<y_1<\cdots<y_N=B,$$

则有对应的 $[a,b]$ 中的分点 $a=x_0<x_1<\cdots<x_N=b$,使 $F(x_k)=y_k$. 由于没有假定 $F(x)$ 严格单调,这里的 x_k 可能不唯一,但总是存在的. 设区间 $[x_k,x_{k+1}]$ 长度中最小者为 δ,则当 $h<\delta$ 时,对任意 $[x,x+h]\subseteq[a,b]$,必有某个 $[x_k,x_{k+2}]$ 包含 $[x,x+h]$,从而有 $|F(x+h)-F(x)|<\dfrac{2\varepsilon}{3}$,由此推出 $d(h)<\varepsilon$,即 $d(h)$ 没有正的下界. 证毕.

从本节推理过程看到,在中学数学课程中习以为常的一些断言,要严谨地说清楚还是颇费口舌的. 同时也澄清了,要说清楚仅仅需要增加一条命题,即戴

德金公理或确界定理.

从介值定理可以得出不少有用的推论,例如

区间上的不动点定理 若 $f(x)$ 在 $[a, b]$ 上连续,且当 $x \in [a, b]$ 时有 $f(x) \in [a, b]$,则有 $c \in [a, b]$ 使 $f(c) = c$.

道理很简单,从 $f(x) \in [a, b]$ 可知 $f(a) \geqslant a$ 和 $f(b) \leqslant b$. 取 $g(x) = f(x) - x$ 则有 $g(a) \geqslant 0$ 和 $g(b) \leqslant 0$. 由介值定理有 $c \in [a, b]$ 使 $g(c) = 0$ 即 $f(c) = c$.

拉格朗日中值定理 若 $F(x)$ 在区间 I 有连续的导数 $F'(x)$,则对任意 $[a, b] \subseteq I$,有 $c \in [a, b]$ 使得 $F(b) - F(a) = F'(c)(b - a)$.

这是因为 $F'(x)$ 是 $F(x)$ 的控制函数,故有 $[a, b]$ 上的 p 和 q,使得

$$F'(p) \leqslant \frac{F(b) - F(a)}{b - a} \leqslant F'(q),$$

取 $G(x) = F(b) - F(a) - F'(x)(b - a)$,则 $G(p) \geqslant 0$ 且 $G(q) \leqslant 0$. 由介值定理有 c 在 p 和 q 之间使 $G(c) = 0$,即 $F(b) - F(a) = F'(c)(b - a)$.

若引入在一点可导的概念,可以减弱拉格朗日中值定理的条件,不要求导数连续. 不过在实际应用中考虑导数连续已经足够广泛了.

3 闭区间上连续函数的最值定理

在前面引进差商有界的概念后,断言差商有界函数经四则运算及复合仍为差商有界的函数.

设函数 $f(x)$ 和 $g(x)$ 分别在闭区间 I 和 J 差商有界,其李普西兹常数和函数绝对值都小于 M,则当 $g(x)$ 的值域含于 $f(x)$ 的定义域时有

$$|f(g(v)) - f(g(u))| \leqslant M|g(v) - g(u)| \leqslant M^2|v - u|.$$

而当 $[u, v] \subseteq I \cap J$ 时,有

$$|f(v) + g(v) - (f(u) + g(u))| \leqslant 2M|v - u|,$$
$$|f(v)g(v) - f(u)g(u)| \leqslant |f(v)g(v) - f(u)g(v)$$
$$+ f(u)g(v) - f(u)g(u)| \leqslant 2M^2|v - u|,$$

这表明差商有界函数的和、差、积以及复合仍是差商有界的. 但在 $g(x)$ 在 J 上

无零点的条件下估计商的李普西兹常数时,出现了新的情况:

$$\left|\frac{f(v)}{g(v)}-\frac{f(u)}{g(u)}\right|=\left|\frac{f(v)g(u)-f(u)g(v)}{g(v)g(u)}\right|$$

$$=\left|\frac{f(v)g(u)-f(v)g(v)+f(v)g(v)-f(u)g(v)}{g(v)g(u)}\right|$$

$$\leqslant\frac{2M^2\mid v-u\mid}{\mid g(v)g(u)\mid},$$

这就需要确认$|g(x)|$在J上有正的下界,才能证明函数商$\dfrac{f(x)}{g(x)}$是差商有界函数.下面的定理使得这个问题迎刃而解.

命题 3.1(连续函数在闭区间上取到最值) 若函数$f(x)$在闭区间$[a,b]$上连续,则$f(x)$在$[a,b]$上取到最大值与最小值.

证明 因为$f(x)$的最小值是$-f(x)$的最大值,故只要证明$f(x)$在$[a,b]$上取到最大值就可以了.为表达方便,将$f(x)$的定义域按如下方式拓广:对于$x<a$令$f(x)=f(a)$,对于$x>b$令$f(x)=f(b)$.

对任一点x,若有点$u\in[a,b]$使对一切$t<x$有$f(u)>f(t)$,则称x为"好点".以下分两种情形:

(i) 若$f(a)$是$f(x)$在$[a,b]$上的最大值,结论真;

(ii) 若$f(a)$不是$f(x)$在$[a,b]$上的最大值,则a为好点;而按好点定义一切$x>b$非好点,故好点组成非空有上界的数集,设其最小上界为y,则$f(y)$必为$f(x)$在$[a,b]$上的最大值(若不然,有v使$f(v)>f(y)$,由连续函数的局部保号性,有$\delta>0$使得对区间$(y-\delta,y+\delta)$内任一点t都有$f(v)>f(t)$;又任取好点$u\in(y-\delta,y)$,有w使对一切$t<u$都有$f(w)>f(t)$;取M为$f(v)$与$f(w)$中较大者,令$z=y+\delta$,即使得对一切$x<z$有$f(x)<M$,这表明$z=y+\delta$为好点,与y为好点上界矛盾).

推论 闭区间上的连续函数必有界.

4 函数在一点连续的概念和极限初步

到现在,我们所说函数的连续性都是区间上的性质.根据定义,若函数

$g(x)$ 在闭区间 I 有定义,且有一个 d 函数 $d(h)$,使对 I 中任两点 x 和 $x+h$ 成立不等式

$$|g(x+h)-g(x)|\leqslant d(h),$$

则称 $g(x)$ 在区间 I 上一致连续;如果 $g(x)$ 在区间 I 的任意的闭子区间 $[a,b]$ 上一致连续,则称 $g(x)$ 在 I 上连续.

而在传统的微积分教程中,则是先定义函数在一点连续的概念.

在我们这里,只要把上述一致连续定义中的任意点 x 固定为点 x_0,并把区间缩小为 x_0 的邻域,就得到了函数在一点连续的概念.

下面引入"半邻域"的概念.所谓点 x_0 的某邻域,就是包含点 x_0 的某个开区间.包含点 x_0 且以 x_0 为右端点的某个半开半闭区间,称为点 x_0 的某个左半邻域;包含点 x_0 且以 x_0 为左端点的某个半闭半开区间,称为点 x_0 的某个右半邻域.左半邻域和右半邻域统称半邻域.从 x_0 的邻域或半邻域中去掉 x_0 后叫作 x_0 的空心邻域或空心半邻域.

定义 4.1(函数的点式连续) 设函数 $g(x)$ 在 x_0 的某个邻域 Δ 内有定义,且有一个 d 函数 $d(h)$,使对任意点 $x_0+h \in \Delta$ 有

$$|g(x_0+h)-g(x_0)|\leqslant d(h),$$

则称函数 $g(x)$ 在点 x_0 处连续.

在一点处连续的函数显然有下列性质:

命题 4.1 若 $f(x)$ 在 x_0 点连续,则 $f(x)$ 在 x_0 的某个邻域有界.

命题 4.2(局部保号性) 若 $f(x)$ 在 x_0 点连续,且 $A<f(x_0)<B$,则存在 x_0 的某邻域 $U(x_0)$,使得对一切 $x \in U(x_0)$ 恒有 $A<f(x)<B$.

回顾前面命题 2.1 中对区间上连续函数的局部保号性的证明,实际上只用到了函数在一点的连续性,所以命题 2.2 可以用同样的方法证明.也就是说,局部保号性不必要求函数在区间上连续,只要在所考虑的点连续就够了.

如果在定义 4.1(函数的点式连续)的不等式中,把函数值 $f(x_0)$ 换成某个实数 R,就引出了函数在自变量趋于一点处的极限的概念:

定义 4.2(函数在一点处的极限) 设函数 $g(x)$ 在 x_0 的某个空心邻域 Δ 有定义,且有实数 A 和一个 d 函数 $d(h)$,使对任意点 $x_0+h \in \Delta$ 有

$$| g(x_0 + h) - A | \leqslant d(h),$$

则称函数 $g(x)$ 当 x 趋于 x_0 时以 A 为极限,记作

$$\lim_{x \to x_0} g(x) = A.$$

这样一来,函数 $g(x)$ 在一点 x_0 连续就等价于 $\lim_{x \to x_0} g(x) = g(x_0)$,即函数 $g(x)$ 在 x_0 有定义且当 x 趋于 x_0 时以 $g(x_0)$ 为极限.

回顾一下我们引入的几个概念,从差商有界到一致连续,再到点式连续,再到函数在一点处的极限,基本是同一个不等式在不同条件下的变化.

函数 $g(x)$ 在闭区间 $[a, b]$ 上差商有界,即有正数 M,使对 $[a, b]$ 上任意两点 x 和 $x + h$ 都有不等式 $| g(x+h) - g(x) | \leqslant M | h |$;

函数 $g(x)$ 在区间 I 上一致连续,即有 d 函数 $d(h)$,使对区间 I 上任意两点 x 和 $x + h$ 都有不等式 $| g(x+h) - g(x) | \leqslant d(h)$.

可见,差商有界和一致连续的区别,在于把不等式右端的具体的函数 $M|h|$ 换成了一般的 d 函数 $d(h)$.这个 $d(h)$ 适用于整个区间.

而一致连续和本节引入的点式连续的区别,在于把不等式中一般的变量 x 换成了一个固定的 x_0,而右端的 $d(h)$ 适用于这个 x_0;对不同的 x_0,对应的 $d(h)$ 可能不同.

在点式连续定义中的不等式中,把函数值 $f(x_0)$ 换成某个实数 A,就是函数在自变量趋于一点处的极限的概念.

这四个概念一个比一个弱.

若函数在某闭区间上差商有界,则它在此闭区间的任一子区间上一致连续,反之则不一定;

若函数在某区间上一致连续,则它在此区间的每一点处连续,反之则不一定(下面将证明,若函数在某闭区间的每一点处连续,则它在此闭区间上一致连续!);

若函数在某点处连续,则它在此点处有极限,反之则不一定.

在关于函数的点式连续的定义中,考虑的是点的一个邻域的情形;如果该函数的定义域或被关心的范围是闭区间,关注的点又是闭区间的端点,则该点的任一邻域都不包含于这个闭区间了.为此需要关注点的半邻域的情形.于

是有:

定义 4.3(函数在一点处的单边极限) 设函数 $g(x)$ 在 x_0 的某个空心左（右）半邻域 $\triangle$ 内有定义,且有实数 A 和一个 d 函数 $d(h)$,使对任意点 $x_0+h\in\triangle$ 有 $|g(x_0+h)-A|\leqslant d(h)$,则称函数 $g(x)$ 当 x 趋于 x_0 时以 A 为左（右）极限,记作 $\lim\limits_{x\to x_0^-}g(x)=A$（$\lim\limits_{x\to x_0^+}g(x)=A$）.

通常用记号 $g(x_0^-)$ 表 $g(x)$ 在 x_0 处的左极限,$g(x_0^+)$ 表 $g(x)$ 在 x_0 处的右极限,即

$$\lim_{x\to x_0^-}g(x)=g(x_0^-),\ \lim_{x\to x_0^+}g(x)=g(x_0^+).$$

注意不要将记号 $g(x_0^-)$ 或 $g(x_0^+)$ 与 $g(x_0)$ 混淆.首先这时函数 $g(x)$ 在 x_0 处可能没有定义;其次即使有定义,$g(x_0)$ 与 $g(x_0^-)$ 或 $g(x_0^+)$ 之间也可能毫无联系.但是容易看出,当三者都存在且相等时,就等价于函数 $g(x)$ 在 x_0 处连续了.

函数极限有左右极限,同样可以定义函数的左右连续性.

定义 4.4 设函数 $g(x)$ 在 x_0 的某左半邻域内有定义且

$$\lim_{x\to x_0^-}g(x)=g(x_0),$$

则称 $g(x)$ 在 x_0 左连续;

若 $g(x)$ 在 x_0 的某右半邻域内有定义且

$$\lim_{x\to x_0^+}g(x)=g(x_0),$$

则称 $g(x)$ 在 x_0 右连续.

函数的左右极限统称单边极限,函数的左右连续性统称单边连续性.如果函数在某区间有定义,在端点单边连续（左端右连续或右端左连续）,又在每个内点连续,则称它在该区间上点点连续.

根据上面的定义,立刻得到:

推论 若某函数在 $[a,b]$ 上一致连续,则它在 $[a,b]$ 上点点连续.若函数在区间 I 上连续,则它在区间 I 上点点连续.

显然,函数在一点连续的充分必要条件是它在此点左连续并且右连续.

比较一下才知道,前面引进的函数在区间上的连续性的概念是多么简单,

而点式连续的概念多么繁琐.

但为了细致地探讨函数在一点附近的局部性质,这样的繁琐是难以避免的.下面有关间断点的讨论是一个有用的例子.

如果函数 $f(x)$ 在点 x_0 处有定义,但不是函数 $f(x)$ 的连续点,则称点 x_0 为函数 $f(x)$ 的间断点.

函数 $f(x)$ 的间断点可作如下分类:

(1) 若 $\lim\limits_{x \to x_0} f(x) = A \neq f(x_0)$,称点 x_0 为函数 $f(x)$ 的可去间断点.

(2) 如果函数 $f(x)$ 在 x_0 处的左、右极限都存在,但不相等,则称点 x_0 为函数 $f(x)$ 的跳跃间断点.称数 $\alpha = \left| \lim\limits_{x \to x_0^+} f(x) - \lim\limits_{x \to x_0^-} f(x) \right|$ 为函数 $f(x)$ 在 x_0 处的跳跃度.

可去间断点与跳跃间断点统称第一类间断点,其主要特征是左右极限皆存在.

(3) 函数的所有其他形式的间断点,称为第二类间断点.其特点是函数至少有一侧的极限不存在.

在图 4、图 5 和图 6 中所显示的函数,分别在 $x = 0$ 处有这三种间断点.

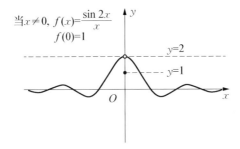

当 $x \neq 0$, $f(x) = \dfrac{\sin 2x}{x}$
$f(0) = 1$

图 4　函数在 $x = 0$ 处有可去间断点

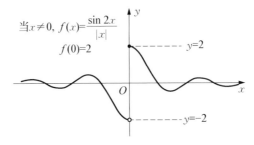

当 $x \neq 0$, $f(x) = \dfrac{\sin 2x}{|x|}$
$f(0) = 2$

图 5　函数在 $x = 0$ 处有跳跃间断点

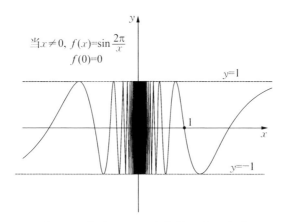

当 $x \neq 0$, $f(x) = \sin \dfrac{2\pi}{x}$
$f(0) = 0$

图 6 函数在 $x = 0$ 处有第二类间断点

连续性满足四则运算法则. 即:

如果函数 $f(x)$, $g(x)$ 在 x_0 处都连续, 则它们的和、差、积在 x_0 处也连续, 并且若 $g(x_0) \neq 0$, 则它们的商 $\dfrac{f(x)}{g(x)}$ 在 x_0 处也连续.

关于复合函数的连续性, 有:

命题 4.3 若函数 $f(x)$ 在 x_0 处连续, $g(u)$ 在 u_0 处连续, $u_0 = f(x_0)$, 则复合函数 $g(f(x))$ 在 x_0 处连续.

由于初等函数都是由基本初等函数经过有限次四则运算和复合运算得到的, 所以任何初等函数都是其定义区间上的连续函数.

关于点式连续, 传统微积分教材一般都讲得相当详细, 此处从略.

5 闭区间上点点连续函数的一致连续性

函数在一点连续属于局部性质. 下面证明, 闭区间 $[a, b]$ 上点点连续函数一定是 $[a, b]$ 上的一致连续函数. 这就意味着从局部性质可以获得整体性质.

将一致连续的定义与点式连续的定义相比较, 会发现其共同点和不同点. 两者都要求关于某 d 函数成立一个不等式. 不同之处在于, 一致连续定义中区间上不同的点有一个共同的 d 函数, 点式连续的定义中不同的点对应的 d 函数可能不同. 下面证明, 在闭区间上点点连续的函数, 不同的点仍有一个共同的 d

函数.

为了更清楚地论证闭区间上点点连续函数的一致连续性,这里引进函数的"振幅"概念.它不仅有助于理解函数的连续性,也对后面对积分的进一步研究有用.

设 $f(x)$ 在区间 I 上有定义且有界,h 是一个正数. 记

$$\omega(h) = \sup\{\,|\,f(u) - f(v)\,|\, : \,|\,u - v\,| \leqslant h\}.$$

直白说,$\omega(h)$ 是这样的数:当 $|\,u - v\,| \leqslant h$ 时总有 $|\,f(u) - f(v)\,| \leqslant \omega(h)$,而对任意 $w < \omega(h)$,则有 u 和 v 满足 $|\,u - v\,| \leqslant h$ 且 $|\,f(u) - f(v)\,| > w$. 称 $\omega(h)$ 是 $f(x)$ 在区间 I 上步长为 h 时的振幅,简称为 $f(x)$ 的振幅函数. 当 h 不小于区间 I 的长度时,$\omega(h)$ 就是 $f(x)$ 在 I 上的上下确界之差,叫作 $f(x)$ 在 I 上的振幅,记作 $\omega(f, I)$.

显然 $\omega(h)$ 非负不减,记其最大下界为 ω_0,叫作函数 $f(x)$ 在区间 I 上的最大局部振幅. 如果 $\omega_0 = 0$,即 $\omega(h)$ 没有正的下界从而是 d 函数. 这时按定义 $f(x)$ 在区间 I 上一致连续. 显然有:

最大局部振幅性质 1 若函数 $f(x)$ 在区间 I 上的最大局部振幅为 A,在区间 J 上的最大局部振幅为 B,且区间 I 与区间 J 有公共内点,则函数 $f(x)$ 在区间 $I \cup J$ 上的最大局部振幅为 A 与 B 中之较大者.

最大局部振幅性质 2 函数在一区间上的最大局部振幅,不大于它在此区间上的振幅(即它在此区间上的上下确界之差).

函数在一点的连续性也可以用振幅来描述. 对 $\delta > 0$ 考虑 $f(x)$ 在半开区间 $[x_0, x_0 + \delta)$ 上的振幅 $\omega(f, [x_0, x_0 + \delta))$,当 δ 变小时它显然不增,记其最大下界为 $\omega(f, x_0^+)$,称为 $f(x)$ 在点 x_0 处的右振幅;类似地,考虑 $f(x)$ 在半开区间 $(x_0 - \delta, x_0]$ 上的振幅 $\omega(f, (x_0 - \delta, x_0])$,记其最大下界为 $\omega(f, x_0^-)$,称为 $f(x)$ 在点 x_0 处的左振幅. 当 $f(x)$ 在 $(x_0 - \delta, x_0 + \delta)$ 上有定义时还可以记 $\omega(f, (x_0 - \delta, x_0 + \delta))$ 的最大下界为 $\omega(f, x_0)$,称为 $f(x)$ 在点 x_0 处的振幅.

显然,$f(x)$ 在点 x_0 连续的充分必要条件是它在点 x_0 处的振幅为 0;而左连续的充分必要条件是它在点 x_0 处的左振幅为 0;右连续的充分必要条件是它在点 x_0 处的右振幅为 0.

下面的定理揭示了点连续和区间上的一致连续的关系.

命题 5.1(闭区间上点点连续函数的一致连续性) 设函数 $f(x)$ 在 $[a,b]$ 上点点连续,则 $f(x)$ 在 $[a,b]$ 上一致连续.

证明 用反证法. 若 $f(x)$ 在 $[a,b]$ 上的振幅函数 $\omega(h)$ 的最大下界 ω_0 为正,下面来推出矛盾.

设当 $x \in [a,b]$ 时 $F(x)=f(x)$, $x<a$ 时 $F(x)=f(a)$, $x>b$ 时 $F(x)=f(b)$,记 $F(x)$ 在 $(-\infty,x]$ 上的最大局部振幅为 w_x,若 $2w_x<\omega_0$,则称 x 为好点. 对 $x<a$,显然 x 为好点,故好点之集非空. 而当 $x>b$ 时显然 x 非好点,故好点之集有上界,故有最小上界 y.

由 $F(x)$ 在 y 连续,有含 y 的开区间 (α,β) 使 $F(x)$ 在 $[\alpha,\beta]$ 上的上下确界之差小于 $0.5\omega_0$. 取 $u \in (\alpha,y)$,则 u 是好点,$2w_u<\omega_0$,于是 $2w_\beta<\omega_0$(因为 u 是好点,$F(x)$ 在 $(-\infty,u]$ 上的最大局部振幅 $w_u<0.5\omega_0$,而 $F(x)$ 在 $[\alpha,\beta]$ 上的上下确界之差小于 $0.5\omega_0$,由 $(-\infty,u)\bigcup(\alpha,\beta)=(-\infty,\beta]$,$F(x)$ 在 $(-\infty,\beta]$ 上的最大局部振幅小于 $0.5\omega_0$). 从而 β 是好点,与 y 为好点集合上界矛盾. 命题获证.

6 回顾:从差商有界到连续

回顾一下:在 [1] 和 [2] 中一系列涉及差商有界函数的命题或定义,可以推广到连续函数,其证明或表述基本不变,只要把具体的 $M|x|$ 换成一般的 $d(x)$ 即可. 下面列出有关内容.

回顾 1([1] 中命题 4.1:差商有界的控制函数的基本性质) 设函数 $g(x)$ 是 $f(x)$ 在 $[a,b]$ 上的差商有界的控制函数,M 是 $g(x)$ 在 $[a,b]$ 上的李普西兹常数,则对 $[a,b]$ 中任意两点 $u<v$ 和 $s \in [u,v]$ 有

$$\left| \frac{f(v)-f(u)}{v-u} - g(s) \right| \leqslant M \mid v-u \mid ;$$

或者等价地

$$\mid f(v)-f(u)-g(s)(v-u) \mid \leqslant M(v-u)^2.$$

对应地有:

连续的控制函数的基本性质 设函数 $g(x)$ 是 $f(x)$ 在 $[a,b]$ 上的连续的

控制函数,则有 d 函数 $d(x)$,使对 $[a,b]$ 中任意两点 $u < v$ 和 $s \in [u,v]$ 有

$$\left| \frac{f(v) - f(u)}{v - u} - g(s) \right| \leqslant d(v - u);$$

或者等价地

$$| f(v) - f(u) - g(s)(v-u) | \leqslant | v - u | d(v - u).$$

原命题证明改造为新命题证明:

由差商控制不等式,有 $[u,v]$ 上的点 p 和 q 使

$$g(p) \leqslant \frac{f(v) - f(u)}{v - u} \leqslant g(q).$$

由函数 $g(x)$ 在 $[a,b]$ 上一致连续可知,有 d 函数 $d(x)$ 使

$$-d(v-u) \leqslant g(p) - g(s) \leqslant \frac{f(v) - f(u)}{v - u} - g(s)$$

$$\leqslant g(q) - g(s) \leqslant d(v - u).$$

即
$$\left| \frac{f(v) - f(u)}{v - u} - g(s) \right| \leqslant d(v - u).$$

或者等价地

$$| f(v) - f(u) - g(s)(v-u) | \leqslant | v - u | d(v - u).$$

和原命题证明相比,只是多了一句"由函数 $g(x)$ 在 $[a,b]$ 上一致连续可知,有 d 函数 $d(x)$ 使",并对应地把 $M | v - u |$ 改为 $d(v-u)$。

回顾 2([1]中命题 4.2:差商有界的控制函数的唯一性) 设函数 $g(x)$ 和 $h(x)$ 都是 $f(x)$ 在 $[a,b]$ 上的差商有界的控制函数,则对任意 $t \in [a,b]$ 有 $g(t) = h(t)$。

对应地有:

连续的控制函数的唯一性 设函数 $g(x)$ 和 $h(x)$ 都是 $f(x)$ 在 $[a,b]$ 上连续的控制函数,则对任意 $t \in [a,b]$ 有 $g(t) = h(t)$。

原命题证明改造为新命题证明:

用反证法,设对某个 $s \in [a,b]$ 有 $| g(s) - h(s) | = c > 0$,可推出矛盾。

由 $g(x)$ 和 $h(x)$ 在 $[a,b]$ 一致连续并结合前一命题,可知有 d 函数 $d_1(x)$

和 $d_2(x)$,使对$[a,b]$的任意含 s 的子区间$[u,v]$有

$$\left|\frac{f(v)-f(u)}{v-u}-g(s)\right|\leqslant d_1(v-u),$$

$$\left|\frac{f(v)-f(u)}{v-u}-h(s)\right|\leqslant d_2(v-u).$$

从而 $0<c=|h(s)-g(s)|\leqslant d_1(v-u)+d_2(v-u)$,这与 d 函数无正下界的性质矛盾.

上述命题的条件可进一步放宽为 $g(x)$ 和 $h(x)$ 在同一点连续,则在此点处相等.

下面列举的命题中都可以把差商有界条件放宽为连续,可作为学习连续性概念的很好的习题.

回顾 3([1]中命题 4.3:控制函数差商有界时被控制函数差商的唯一性) 设在区间 I 上的两个函数 $s(x)$ 和 $r(x)$ 有相同的差商有界的控制函数 $f(x)$,记 $S(u,v)=s(v)-s(u)$,$R(u,v)=r(v)-r(u)$,则对$[u,v]\subseteq I$ 有 $S(u,v)=R(u,v)$.

回顾 4([1]中命题 5.1:差商有界的控制函数是被控制函数曲线的切线斜率) 设在区间 I 上 $g(x)$ 是 $f(x)$ 的控制函数,且有正数 M 使得对任意 $[u,v]\subseteq I$ 总有 $|g(v)-g(u)|\leqslant M|v-u|$,则 $y=f(x)$ 的曲线 Γ 上任一点 $A=(a,f(a))$ 处有切线,切线斜率为 $g(a)$.

回顾 5(参看[2]中命题 1.2,[1]中命题 4.2 和 4.3:函数的控制函数是导数的充分条件) 设 $F(x)$ 在区间 Q 有差商控制函数 $f(x)$,则当 $f(x)$ 差商有界时有 $F'(x)=f(x)$.

回顾 6([2]中定义 1.3,函数在区间上的 L 导数概念) 设在区间 Q 上 $F'(x)=f(x)$,且在 Q 上 $f(x)$ 差商有界,称 $F(x)$ 在 Q 上 L 可导,称 $f(x)$ 为 $F(x)$ 在 Q 上的 L 导数.

对于 L 可导函数,其 L 导数有唯一性.

若 $g(x)$ 在 Q 上是 $f(x)$ 的 L 导数,则对任意 $[a,b]\subseteq Q$ 有正数 M,使得对 $[a,b]$ 上的任两点 $u<v$ 和任意 $s\in[u,v]$,有不等式

$$\left|\frac{f(v)-f(u)}{v-u}-g(s)\right|\leqslant M|v-u|.$$

回顾 7([**2**]中命题 **1. 3**:函数 $g(x)$ 是 $f(x)$ 的 L 导数的充分条件）　设 $g(x)$ 和 $f(x)$ 在 Q 上有定义,且对任意 $[a,b] \subseteq Q$ 有正数 M,使得对 $[a,b]$ 上的任两点 $u \neq v$ 有不等式

$$\left| \frac{f(v)-f(u)}{v-u} - g(u) \right| \leqslant M \mid v-u \mid,$$

则 $g(x)$ 在 Q 上是 $f(x)$ 的 L 导数.

回顾 8([**2**]中命题 **2. 1**:函数线性组合的求导法）　若 $f(x)$ 和 $g(x)$ 都在区间 I 上 L 可导,则对任意实数 α 和 β,函数 $\alpha f(x)+\beta g(x)$ 也在区间 I 上 L 可导,且有

$$(\alpha f(x)+\beta g(x))' = \alpha f'(x)+\beta g'(x).$$

上述内容中 L 可导都可以推广为连续可导.

由此看来,L 可导的概念不仅简明并在应用中相当有效,而且在微积分的理论进一步深化时,也是更一般的推理论证方法的基础.

7　结语

在[1]、[2]和本文中,我们描述了微积分教学改革的一些设想.

在[1]中说明,只要有了函数概念和初步的不等式知识,就能解决不少过去认为用微积分才能解决的问题,例如判断函数的增减、计算曲边梯形的面积等.学了这些知识自然会想到,能不能把这些方法整理提高,从中提炼出概念理论公式方法,形成体系呢?

在[2]中,从[1]的思想提炼出导数和定积分的概念.其中定积分的概念可以证明和黎曼积分定义等价,而导数概念则和传统的微积分教材稍有不同.一个明显的区别是:传统的教材上微积分基本定理要求导数连续,而按我们的定义,微积分基本定理无需对导数另加条件,体现了求导与求积分两种运算的完全可逆性.

在[1]和[2]中,无法证明所讨论的某些对象(例如反比函数曲线构成的曲边梯形的面积、对数函数的反函数等)的存在性. 这些问题的解决有赖于引入实数理论.本文的处理方式是用确界存在定理作为基本工具来实现几个必要命题

的论证.有了实数理论,就可以引入函数连续性和函数极限,与传统的教材系统接轨了.本文的处理方法,是在差商有界函数类的基础上做推广,使学习者能够温故知新,举一反三.

　　微积分的教学改革,长期以来受到广泛关注.希望在[1]、[2]以及本文中提出的想法,能够得到读者指正,并得到更多的在教学实践中检验的机会.

参考文献

　[1]　林群,张景中.微积分之前可以做些什么[J].高等数学研究,2019,22(1):1-15.

　[2]　林群,张景中.先于极限的微积分[J].高等数学研究,2020,23(1):1-16.

Introducing Continuity in Calculus before Limits

Abstract　Based on the 'Calculus before limits', the concepts of real number axiom and function continuity are introduced.

Key words　bounded difference quotient, Dedekind axiom, continuous function

第五章　　数学机械化与几何定理机器证明

5.1　定理机械化证明的数值并行法及单点例证法原理
　　　概述(1989)

5.2　消点法浅谈——兼贺《数学教师》创刊十周年(1995)

5.3　机器证明的回顾与展望(1997)

5.4　几何定理机器证明 20 年(1997)

5.5　自动推理与教育技术的结合(2001)

5.6　数学机械化与现代教育技术(2003)

5.1　定理机械化证明的数值并行法及单点例证法原理概述(1989)①

摘　要:本文浅近地介绍以检验数值实例为基本手段的两种方法——洪加威提出单点例证法和张景中、杨路提出的数值并行法,以及这两种方法与吴文俊数学机械化理论的关系.

用机械的方法证明数学定理,曾是数百年前一些卓有远见的数学家的美妙幻想.由于吴文俊教授的杰出工作[1-7],这一美妙幻想已在电子计算机帮助下成功地变为现实.

在吴文俊数学机械化理论与方法的影响之下,这一研究领域在我国日趋活跃,近年来提出的通过数值实例的检验来证明几何定理的思想与方法,尤其引起广泛的兴趣甚至惊讶.

这里浅近地介绍一下以检验数值实例为基本手段的两种方法——洪加威提出单点例证法[8]和张景中、杨路提出的数值并行法[10-11],以及这两种方法与吴文俊数学机械化理论的关系.

1　最初的起点

一个极为简单的事实,等式

$$(x+1)(x-1)=x^2-1 \tag{1}$$

是一个恒等式.把左端展开,移项,合并,便可证明.

但也可以用数值实验的方法证明.取 $x=0$, 两端都是 -1; 取 $x=1$, 两端都是 0; 取 $x=2$, 两端都是 3. 这就证明了(1)是恒等式.

道理很简单,如果它不是恒等式,就是一个不高于二次的一元代数方程.这

---

① 本文原载《数学的实践与认识》1989 年第 1 期(与杨路合作).

种方程至多有两个根. 现在已有 $x=0$, 1, 2 三个根了, 那表明它不是方程而是恒等式.

推广到高次, 便是:

命题 A 设 $f(x)$ 与 $g(x)$ 都是不超过 n 次的多项式. 如果有 $n+1$ 个不同的数 a_0, a_1, $\cdots$, a_n 使 $f(a_k)=g(a_k)(k=0, 1, 2 \cdots, n)$, 则等式

$$f(x)=g(x) \tag{2}$$

是恒等式.

通俗地说: 要问一个给定的不高于 n 次的一元代数等式是不是恒等式, 只要分别用 $n+1$ 个数值代替变元检验, 即可得出结论.

换句话, 举足够多的数值例子可以证明一元代数恒等式, 其基本依据是: n 次代数方程至多有 n 个根.

现在换一个角度来看等式 (1), 如果有人说, 只要取一个较大的 x 代入, 比如 $x=6$, 就足以证明它是恒等式! 这能行吗?

初看似乎令人吃惊, 细想也就不奇怪了. 在 (1) 式中, 左端展开后最多 4 项, 每项系数的绝对值至多为 1. 整理、合并之后, 系数的绝对值是不大于 5 的正整数或 0. 如果 (1) 不是恒等式, 把它整理之后, 应当是一个方程, 即

$$ax^2+bx+c=0. \tag{3}$$

这里, a, b, c 不全为 0, 都是绝对值不大于 5 的整数. 如果取 $x=6$ 时, 有

$$a \times 6^2+b \times 6+c=0, \tag{4}$$

可知 $a=b=c=0$.

若 $a=0$, 由 $6b+c=0$ 得 $6|b|=|c|$, 当 $b=0$ 时得 $c=0$. 当 $b \neq 0$ 时得 $|c|=6|b| \geqslant 6$, 这与 $|c| \leqslant 5$ 矛盾.

若 $a \neq 0$, 由 $36a+6b+c=0$ 得 $36|a| \leqslant 6|b|+|c|$, 即

$$36 \leqslant |36a| \leqslant |6b|+|c| \leqslant 35. \tag{5}$$

仍然矛盾.

这证明了 (1) 是恒等式.

这种办法也可以推广到高次. 更具体地有:

命题 B 设 $f(x)$ 与 $g(x)$ 都是不超过 n 次的多项式. 如果知道 $f(x)-g(x)$ 的标准展开式中系数绝对值最大者不大于 L, 非 0 系数绝对值最小者不小于 $S>0$. 设

$$|\hat{x}|=p\geqslant\frac{L}{S}+2,$$

则

$$S\leqslant|f(\hat{x})-g(\hat{x})|\leqslant Sp^{n+1}. \tag{6}$$

证　设

$$f(x)-g(x)=c_0x^k+c_1x^{k-1}+\cdots+c_k, \tag{7}$$

这里 $0\leqslant k\leqslant n$, 而 $c_0\neq0$, 若 $k=0$. 显然有(6)成立.

以下设 $1\leqslant k\leqslant n$. 这时

$$
\begin{aligned}
|f(\hat{x})-g(\hat{x})| &\geqslant|c_0\hat{x}^k|-|c_1\hat{x}^{k-1}+c_2\hat{x}^{k-2}+\cdots+c_k|\\
&\geqslant Sp^k-L(p^{k-1}+p^{k-2}+\cdots+p+1)\\
&\geqslant\frac{Sp^k}{p-1}\Big(p-1-\frac{L}{S}\Big(1-\frac{1}{p^k}\Big)\Big)\\
&\geqslant S\Big(p-1-\frac{L}{S}\Big)\\
&\geqslant S.
\end{aligned}
\tag{8}
$$

另一方面, 显然有 $|f(\hat{x})-g(\hat{x})|\leqslant L\cdot\dfrac{p^{n+1}-1}{p-1}\leqslant Sp^{n+1}$.

不等式(6)表明, 对 $|\hat{x}|\geqslant\dfrac{L}{S}+2$, $\hat{x}$ 不可能是方程 $f(x)-g(x)=0$ 的根. 如果计算表明居然有 $f(\hat{x})=g(\hat{x})$, 即可断言 $f(x)=g(x)$ 是恒等式(至于不等式(6)的右端, 后面将用到).

通俗地说: 举一个足够大的数值例子, 即可以证明一条一元代数恒等式. 其基本依据是: 代数方程的根的绝对值, 不超过其绝对值最大的系数与最高次项系数之比的绝对值加 1(在命题 B 中, 采用了略强的条件, 是为了得到(6)中确定的正的下界, 这在后面将用到).

命题 A 与命题 B 都不是什么新鲜事. 但是, 数学里的许多有用的方法, 往往

发源于极其平凡的朴素思想.

着眼于多项式根的界限,从命题 B 起步,可以引出洪加威的单点例证法.

着眼于多项式根的个数,从命题 A 起步,张景中、杨路提出了数值并行法.

两种方法的思想,大体上都是在 1984 年产生的. 这时,吴文俊的工作已在世界上有了广泛的影响. 吴先生的理论与方法揭示了这一领域的光明前景,吸引了他们着手这方面的研究. 在洪加威的著名论文[8]发表前约一年,他与本文作者曾就此不止一次交换过各自的想法. 但都没有改变各自的着眼点.

2 自然的推广

一粒小小的种子,能变成枝繁叶茂的树木. 因为种子里蕴含了树木的信息,但种子还不是树. 要成为树,需要成长的时间与其他条件.

从前面所说的命题 A 与命题 B 起步,发展到定理机械化证明的例证法与并行法,需要进一步的工作.

首先要做的,是从一元推广到多元.

命题 A 的推广是:

定理 A 设 $f(x_1, x_2, \cdots, x_m)$ 是 $x_1, x_2, \cdots, x_m$ 的多项式,它关于 x_k 的次数不大于 n_k,对应于 $k=1, 2, \cdots, m$,取数组 $a_{k,l}(l=0, 1, 2, \cdots, n_k)$,使得 $l_1 \neq l_2$ 时,有 $a_{k,l_1} \neq a_{k,l_2}$. 如果对任一组 $\{l_1, l_2, \cdots, l_{mj}, 0 \leq l_k \leq n_k\}$ 有

$$f(a_{1,l_1}, a_{2,l_2}, \cdots, a_{m,l_m}) = 0, \tag{9}$$

则 $f(x_1, x_2, \cdots, x_m)$ 是恒为 0 的多项式.

证 对 m 作数学归纳. $m=1$ 时即命题 A. 设要证的命题对 $m=j$ 已真,往证它对 $m=j+1$ 也真. 这时把 $f(x_1, x_2, \cdots, x_{j+1})$ 写成

$$c_0 x^n + c_1 x^{n-1} + \cdots + c_n. \tag{10}$$

这里 $x=x_{j+1}$,$n=n_{j+1}$,而 $c_k = c_k(x_1, x_2, \cdots, x_j)$ 是关于 x_k 次数不大于 n_k 的多项式,$k=1, 2, \cdots, j$.

取定 $\hat{x}_k = a_{k,l_k}(k=1, 2, \cdots, j, 0 \leq l_k \leq n_k)$,则 $f(\hat{x}_1, \hat{x}_2, \cdots, \hat{x}_j, x)$ 是 x 的不超过 n 次的多项式. 对于 x 的 $n+1$ 个不同的值 $a_{j+1,0}, a_{j+1,1}, \cdots,$

$a_{j+1, n}$ 总有 $f(\hat{x}_1, \hat{x}_2, \cdots, \hat{x}_j, a_{j+1, t}) = 0$, $t = 0, 1, \cdots, n$. 由命题 A 可知 $f(\hat{x}_1, \hat{x}_2, \cdots, \hat{x}_j, x)$ 是恒 0 多项式. 这表明 $c_k(\hat{x}_1, \hat{x}_2, \cdots, \hat{x}_j) = 0$. 又因 $\hat{x}_k$ 可以是 $a_{k, 0}, a_{k, 1}, \cdots, a_{k, n_k}$ 中任一个, 由归纳前提可知 $c_k(x_1, \cdots, x_j)$ 是恒 0 多项式. 由数学归纳法, 命题得证.

为便于理解, 不妨看一个 $m = 2$ 的特例. 要证明等式

$$(x + y)(x - y) = x^2 - y^2 \tag{11}$$

是恒等式, 注意到它关于 x, y 的次数都不大于 2, 故可取 $x = 0, 1, 2$ 和 $y = 0, 1, 2$, 分别组成变元 (x, y) 的 9 组值 $((0, 0), (0, 1), (0, 2); (1, 0), (1, 1), (1, 2); (2, 0), (2, 1), (2, 2))$ 代入验算即可.

一般说来, 在定理 A 的条件下, 需要验算的变元数值共有 $(n_1 + 1)(n_2 + 1) \cdots (n_m + 1)$ 组.

作者曾把定理 A 在 $m = 2$ 时的特款选作 1985 年度数学专业研究生入学考试的高等代数试题, 竟无人做出. 可见, 这个重要的事实在大学代数课程中似乎没有被提及.

类似地, 命题 B 也可以推广到多元.

定理 B 设 $f(x_1, x_2, \cdots, x_m)$ 是 $x_1, x_2, \cdots, x_m$ 的多项式, 它关于 x_k 的次数不大于 n_k, $1 \leqslant k \leqslant m$. 又设它的标准展开式中系数的绝对值最大者不大于 L, 非 0 系数绝对值最小者不小于 $S > 0$. 如果变元的一组值 $\hat{x}_1, \hat{x}_2, \cdots, \hat{x}_m$ 满足

$$\begin{cases} |\hat{x}_1| = p_1 \geqslant \dfrac{L}{S} + 2, \\ |\hat{x}_2| = p_2 \geqslant p_1^{n_1+1} + 2, \\ |\hat{x}_3| = p_3 \geqslant p_2^{n_2+1} + 2, \\ \cdots \\ |\hat{x}_m| = p_m \geqslant p_m^{n_{m-1}+1} + 2, \end{cases} \tag{12}$$

则有

$$|f(\hat{x}_1, \hat{x}_2, \cdots, \hat{x}_m)| \geqslant S > 0. \tag{13}$$

证 对 m 作数学归纳. 当 $m = 1$ 时, 命题 B 成立. 现在设命题对 $m - 1$ 真, 往

证它对 m 亦真. 记 $g(x_2,\cdots,x_m)=f(\hat{x}_1,x_2,\cdots,x_m)$，则 g 是 $x_2,x_3,\cdots x_m$ 这 $m-1$ 个变元的多项式，它的系数具有的形式为

$$c(\hat{x}_1)=c_0\hat{x}_1^n+c_1\hat{x}_1^{n-1}+\cdots+c_n(0\leqslant n\leqslant n_1), \tag{14}$$

这些多项式 $c(x)$ 是不全为 0 多项式，系数 c_i 的绝对值最大不超过 L，非 0 者绝对值最小不小于 S，由命题 B 可知，当 $c(x)$ 非恒 0 时

$$S\leqslant c(\hat{x}_1)\leqslant Sp_1^{n_1+1}=L_1. \tag{15}$$

而由(12)知 $|\hat{x}_2|=p_2\geqslant p_1^{n_1+1}+2=\dfrac{L_1}{S}+2$. 由归纳前提可知 $|g(\hat{x}_2,\hat{x}_3,\cdots,\hat{x}_m)|=|f(\hat{x}_1,\hat{x}_2,\cdots,\hat{x}_m)|\geqslant S$. 证毕.

定理 B 告诉我们一个似乎出人意料的事实：即使要验证一个多元代数恒等式，也可以只用一个数值例子. 不过这个例子要涉及很大的变元数值. 大到什么程度呢? 从(12)易于看出，大致上有

$$|\hat{x}_m|>\left(\frac{L}{S}\right)^{(n_1+1)(n_2+1)\cdots(n_{m-1}+1)}. \tag{16}$$

这表明，运算涉及的有效数字之长正比于

$$\ln|\hat{x}_m|>(n_1+1)(n_2+1)\cdots(n_m+1)\ln\frac{L}{S}. \tag{17}$$

作一次乘法，运算工作量正比于有效数字长度的平方，即 $(\ln|\hat{x}_m|)^2$. 如果采用精度倍增的模方法，可把工作量降到正比于 $\ln|\hat{x}_m|$，但要附加一些转换工作量.

如果用定理 A 的结果，验算时涉及变元的有效数字之长仅为 $\ln\max\{n_j+1\}=Q$. 但类似的验算工作要进行 $(n_1+1)(n_2+1)\cdots(n_m+1)$ 次，作这么多次乘法的工作量正比于

$$(n_1+1)(n_2+1)\cdots(n_m+1)\cdot Q. \tag{18}$$

一般地说来，这当然要比 $(\ln|\hat{x}_m|)^2$ 小得多. 即使应用定理 B 时采取了精度倍增技术，一般说来仍不用定理 A 合算. 这是因为：

(1) 精度倍增技术要附加转换工作量和必要的空间；

(2) 从证明可看出，定理 A 适用于一般域上的多项式，定理 B 仅能用于赋

范域；

(3) 定理 B 要求检验多个例子,每个例子都很容易算,这本质上适于高度并行化；

(4) 在恒等式不成立的情形,检验多个小例子尤其合算.因一旦有一例失败,即可断言恒等式不成立而停机,而按定理 A 检验一个大例子,必须进行到底才见分晓.

但是,用一个特例就可检验一条普遍的命题,这种观念的确是美妙而吸引人的.基于定理 B 的"单点例证法"发表后,在有关研究领域的国内外同行中引起了很大的兴趣.而另一方面,基于定理 A 的"数值并行法"(也曾被叫作多点例证法)却在计算机上取得了更为成功的实现.

我们把基于定理 A 的检验恒等式方法叫"数值并行法",一方面是为了强调它的适于高度并行计算的特点,另一方面,这一名称比"多点例证法"有更多的内涵,它可以包括另一些类似的但并非多点例证的方法(本文第 4 节将提及).此外,叫"多点例证法"易于产生误解,以为它是"单点例证法"的重复操作或推广.事实上,两者之间并无依赖关系.它们一开始所依赖的原理就不相同.

3　可靠的基础——吴- Ritt 除法

到现在为止,我们只说明了验算一个"大"例子或多个"小"例子可以检验一个代数等式是不是恒等式.这和大家感兴趣的几何定理的机器证明仍有相当大的距离.

通常初等几何中的定理,如果在前提和结论中不涉及不等式,总可以用坐标法化成这样的问题:假设已知有一些代数等式,求证某一个代数等式成立.以熟知的西姆松(Simson)定理为例:

西姆松定理　在 $\triangle ABC$ 的外接圆上任取一点 P,自 P 向 BC, CA, AB 引垂线,垂足顺次为 R、S、T,则 R、S、T 三点在一直线上.

这个定理涉及七个点:A, B, C, P, R, S, T,设它们的笛卡儿坐标为:$A(x_1, y_1)$, $B(x_2, y_2)$, $C(x_3, y_3)$, $P(x_4, y_4)$, $R(x_5, y_5)$, $S(x_6, y_6)$, $T(x_7, y_7)$.为了减少变量,不妨设 $\triangle ABC$ 外接圆心为原点,设圆半径为 1,则可取 $P=(1, 0)$.再由 R 在 BC 上等,得

$$\begin{cases} x_5 = \lambda x_2 + (1-\lambda)x_3, \quad y_5 = \lambda y_2 + (1-\lambda)y_3, \\ x_6 = \mu x_3 + (1-\mu)x_1, \quad y_6 = \mu y_3 + (1-\mu)y_1, \\ x_7 = \rho x_1 + (1-\rho)x_2, \quad y_7 = \rho y_1 + (1-\rho)y_2, \end{cases} \tag{19}$$

这样可以用 λ，μ，ρ 三个参数代替 x_5，x_6，x_7 和 y_5，y_6，y_7 这六个变量. 这时，九个变量 x_1，y_1，x_2，y_2，x_3，y_3，λ，μ，ρ 应当满足六个等式：

$$\begin{cases} A_1 \equiv x_1^2 + y_1^2 = 1, \\ A_2 \equiv x_2^2 + y_2^2 = 1, \\ A_3 \equiv x_3^2 + y_3^2 = 1, \\ A_4^* \equiv (1 - \lambda x_2 - (1-\lambda)x_3)(x_2 - x_3) - (\lambda y_2 + (1-\lambda)y_3)(y_2 - y_3) = 0, \\ A_5^* \equiv (1 - \mu x_3 - (1-\mu)x_1)(x_3 - x_1) - (\mu y_3 + (1-\mu)y_1)(y_3 - y_1) = 0, \\ A_6^* \equiv (1 - \rho x_1 - (1-\rho)x_2)(x_1 - x_2) - (\rho y_1 + (1-\rho)y_2)(y_1 - y_2) = 0, \end{cases} \tag{20}$$

这里，A_1 表示 A 在单位圆上，A_4^* 表示 $PR \perp BC$，等等. 要证的结论是 R，S，T 共直线，即

$$G \equiv (x_5 - x_6)(y_5 - y_7) - (x_5 - x_7)(y_5 - y_6) = 0,$$

对(20)进行约化，利用 A_1，A_2，A_3 可把 A_4^*，A_5^*，A_6^* 变为：

$$\begin{cases} A_4 \equiv 2(x_2 x_3 + y_2 y_3 - 1)\lambda - (x_2 x_3 + y_2 y_3 - 1) + (x_2 - x_3) = 0, \\ A_5 \equiv 2(x_3 x_1 + y_3 y_1 - 1)\mu - (x_3 x_1 + y_3 y_1 - 1) + (x_3 - x_1) = 0, \\ A_6 \equiv 2(x_1 x_2 + y_1 y_2 - 1)\rho - (x_1 x_2 + y_1 y_2 - 1) + (x_1 - x_2) = 0. \end{cases} \tag{21}$$

而结论 G 中则可消去 x_5，$y_5 \cdots$ 而换成(19)中诸右端，整理之，得：

$$G \equiv (\lambda\rho + \lambda\mu + \mu\rho - \lambda - \mu - \rho + 1)[x_1(y_2 - y_3) + x_2(y_3 - y_1) + x_3(y_1 - y_2)] = 0. \tag{22}$$

这里，G 是一个含有九个变元的多项式. 但它的九个变元之间有 A_1—A_6 这六个方程联系着，所以不能用本文上一节所说的验算一个或若干个例子的办法判定它是不是恒为 0. 一般说来，利用这六个方程可以消去六个变元，剩下三个自由变元. 从几何上看，不妨取 x_1，x_2，x_3 为自由变元. 如果能够消去另外六个非自由变元而得到一个仅含 x_1，x_2，x_3 的多项式 $\Phi(x_1, x_2, x_3)$，就可从 $\Phi(x_1$，

x_2，x_3)出发用 x_1，x_2，x_3 的数值来检验了. 吴-Ritt 方程,正好提供了消去非自由变元的可能性.

定理 W(吴文俊-Ritt)　设 f 和 g 都是关于 x_1，x_2，$\cdots$，x_n，y 的多项式

$$\begin{cases} f = c_0 y^m + c_1 y^{m-1} + \cdots + c_m, \\ g = b_0 y^l + b_1 y^{l-1} + \cdots + b_l. \end{cases} \tag{23}$$

这里，$m \geqslant 1$，$l \geqslant 1$，诸 c_k，b_j 是 x_1，x_2，$\cdots$，x_n 的多项式,且 c_0，b_0 不恒为 0，则可以用机械的方法确定出多项式 $Q_1(x_1, \cdots, x_n, y)$ 与 $f_1(x_1, \cdots, x_n, y)$，使得:

(1) 如果一组 $\hat{x}_1$，$\hat{x}_2$，$\cdots$，$\hat{x}_n$，$\hat{y}$ 满足

$$g(\hat{x}_1, \hat{x}_2, \cdots, \hat{x}_n, \hat{y}) = 0,$$

则有

$$Q_1(\hat{x}_1, \hat{x}_2, \cdots, \hat{x}_n, \hat{y}) f(\hat{x}_1, \hat{x}_2, \cdots, \hat{x}_n, \hat{y}) = f_1(\hat{x}_1, \cdots, \hat{x}_n, \hat{y}), \tag{24}$$

(2) f_1 关于 y 的次数小于 m.

这里不再详述这个定理的证法,只指出利用综合除法可得多项式 P，Q_1，f_1 使

$$P \cdot g + Q_1 \cdot f = f_1 \tag{25}$$

就足够了.

继续用定理 W,再一次降低 f_1 中 y 的次数,最后可以把 y 从 f 中消去,即找到一个多项式 $Q = Q_1 Q_2 \cdots Q_r$ 和 x_1，x_2，$\cdots x_n$ 的多项式 F，使对任一组满足 $g(\hat{x}_1, \cdots, \hat{x}_n, \hat{y}) = 0$ 的 $\hat{x}_1$，$\hat{x}_2$，$\cdots \hat{x}_n$，$\hat{y}$，有

$$Q(\hat{x}_1, \hat{x}_2, \cdots, \hat{x}_n, \hat{y}) f(\hat{x}_1, \hat{x}_2, \cdots, \hat{x}_n, \hat{y}) = F(\hat{x}_1, \cdots, \hat{x}_n). \tag{26}$$

更一般地,在代数化了的几何命题中,如果假设条件为(设已按吴-Ritt 方程整理为不可约升列)

$$g_j(u_1, u_2, \cdots, u_s; x_1, x_2, \cdots, x_j) = 0 \quad (j = 1, 2, \cdots, t), \tag{27}$$

而结论为

$$f(u_1, u_2, \cdots, u_s; x_1, x_2, \cdots, x_t) = 0. \tag{28}$$

我们就可以利用(27)顺次从 f 中消去变元 x_t, x_{t-1}, $\cdots$, x_1. 在消去过程中得到多项式 $Q(u_1, \cdots, u_s; x_1, \cdots, x_t)$ 和 $\Phi(u_1, u_2, \cdots, u_s)$,使对任一组满足 (27)的变元 $\hat{u}_1$, $\hat{u}_2$, $\cdots$, $\hat{u}_s$, $\hat{x}_1$, $\hat{x}_2$, $\cdots$, $\hat{x}_t$,有(参看[1]中 132 页引理 4)

$$Q(\hat{u}_1, \cdots, \hat{u}_s, \hat{x}_1, \cdots, \hat{x}_t)f(\hat{u}_1, \cdots, \hat{u}_s, \hat{x}_1, \cdots, \hat{x}_t) = \Phi(\hat{u}_1, \cdots, \hat{u}_s).$$
$$\tag{29}$$

但是我们实际上可以来个"引而不发"——应用 Q 与 Φ 可以机械地得到这一结果,而并不真的去做逐步消去诸变元 x_1, $\cdots$, x_t 的工作.办法是用数值检验法直接判定 $\Phi(u_1, u_2, \cdots, u_s)$ 是不是恒为 0 的多项式.若 $\Phi \equiv 0$,我们就可以断言:对于满足假设条件(27)的 $\hat{u}_1$, $\cdots$, $\hat{u}_s$, $\hat{x}_1$, $\cdots$, $\hat{x}_t$,只要 $Q(\hat{u}_1, \cdots, \hat{u}_s, \hat{x}_1, \cdots, \hat{x}_t) \neq 0$(这就是著名的吴氏非退化条件),则 $f(\hat{u}_1, \cdots, \hat{u}_s, \hat{x}_1, \cdots, \hat{x}_t) = 0$. 简言之:要证的命题一般成立.

数值检验的办法,原则上不难说清楚:取一组 $\hat{u}_1$, $\cdots$, $\hat{u}_s$ 代入(27),解出对应的 $\hat{x}_1$, $\cdots$, $\hat{x}_t$ 代入 f. 若 $f = 0$,则 $\Phi = 0$. 如果求解过程中途不能进行,则表明非退条件 $Q \neq 0$ 不满足,从(29)可知仍有 $\Phi(\hat{u}_1, \cdots, \hat{u}_s) = 0$.

如果出现某一组 $\hat{u}_1$, $\cdots$, $\hat{u}_s$ 及对应的 $\hat{x}_1$, $\cdots$, $\hat{x}_t$,使得 $f \neq 0$,则要检验的命题不真. 这时即可停机,而不必继续检验了.

当然,也可以不用求解的办法,而用综合除法消去部分或全体的 x_1, $\cdots$, x_t,得到 $\Phi(\hat{u}_1, \cdots, \hat{u}_s)$.

这里有两个技术问题,但并不难处理:

(1) 如果用单点例证法,应当知道 Φ 关于变元 u_1, $\cdots$, u_s 的次数和系数绝对值的界限才知如何取诸 $\hat{u}_j$. 如果用数值并行法,也要知道 Φ 关于各变元次数的界限才知道算多少组. 追踪 Φ 的构造过程,这些问题都不难解决. 当然,次数的界限估计要比系数界限估计容易很多.

(2) 在计算机上作数值计算,会有误差. 如何知道最终算出的 $f(\hat{u}_1, \cdots, \hat{u}_s, \hat{x}_1, \cdots, \hat{x}_t)$ 是真正的 0,还是很小的数呢? 洪加威为此写了文[9]. 但用了吴氏理论的结果(29),这个问题十分容易解决:如果假设条件(27)中都是整系数多项式(大量几何命题都是如此!),不难发现(29)中的 Q, f, Φ 也都是整系数多项式. 只要 $\hat{u}_1$, $\hat{u}_2 \cdots$, $\hat{u}_s$ 取整数值,假定 $\Phi(\hat{u}_1, \cdots, \hat{u}_s) \neq 0$ 时必有

$$| \Phi(\hat{u}_1, \cdots, \hat{u}_s) | \geqslant 1, \tag{30}$$

也就是

$$| f(\hat{u}_1, \cdots, \hat{u}_s, \hat{x}_1, \cdots, \hat{x}_t) | \geqslant \frac{1}{| Q(\hat{u}_1, \cdots, \hat{u}_s, \hat{x}_1, \cdots, \hat{x}_t) |} > 0, \tag{31}$$

而 $| Q(\hat{u}_1, \cdots, \hat{u}_s, \hat{x}_1, \cdots, \hat{x}_t) |$ 是可以估出的! 这样,只要数值计算表明 $| f(\hat{u}_1, \cdots, \hat{u}_s, \hat{x}_1, \cdots, \hat{x}_t) | < | Q(\hat{u}_1, \cdots, \hat{u}_s, \hat{x}_1, \cdots, \hat{x}_t) |^{-1}$,即可断言 $\Phi(\hat{u}_1, \cdots, \hat{u}_s) = 0$. 非退化条件 $Q \neq 0$ 满足时即知 $f = 0$.

很清楚,有了吴-Ritt 除法,数值检算的来龙去脉相当简单. 顺便说一句,这里实际上已用更便捷的方法获得了比[8,9]文中更为一般的结果.

现在,回过头来看看本节一开始写出的西姆松定理,要用数值并行法证明它,必须估计消去了 λ, μ, ρ 和 y_1, y_2, y_3 之后得到的 $\Phi(x_1, x_2, x_3)$ 关于自由变元 x_1, x_2, x_3 的次数. 老老实实按吴-Ritt 法做,估出的次数使得我们不得不做数万次的数值检验. 下面我们使用一种变换技巧使数值检验的必需次数大大降低.

作变换:

$$\begin{cases} u_k = x_k + iy_k, \\ v_k = x_k - iy_k, \end{cases} \quad \begin{cases} x_k = \frac{1}{2}(u_k + v_k), \\ y_k = \frac{1}{2i}(u_k - v_k), \end{cases} \quad k = 1, 2, 3; i = \sqrt{-1}. \tag{32}$$

则诸 A_j 及 G 成为 $u_k, v_k, \lambda, \mu, \rho$ 的多项式. 把 u_1, u_2, u_3 看成自由变元,我们来看消去另外六个变元后得到的 $\varphi(u_1, u_2, u_3)$ 中 u_1, u_2, u_3 的次数是多少.

设 f 是 $u_1, u_2, u_3, v_1, v_2, v_3, \lambda, \mu, \rho$ 的多项式. 如果 f 关于这些变元的次数顺次不超过 $k_1, k_2, k_3 \cdots, k_9$,则记作

$$N(f) \leqslant (k_1, k_2, k_3, k_4, k_5, k_6, k_7, k_8, k_9).$$

由(22)及(32)可以看出:

$$N(G) \leqslant (1, 1, 1, 1, 1, 1, 1, 1, 1), \tag{33}$$

这是因为,形如 $x_k y_k$ 的项,才含有 u_k, v_k 的二次项.

利用条件 A_6 从 G 中消去 ρ 得 g_1. 在消去过程中要用 A_6 中 ρ 的系数多项式乘 G, 因而要把 A_6 中诸变量次数与 G 中对应次数相加. 因

$$N(A_6) \leqslant (1, 1, 0, 1, 1, 0, 0, 0, 1), \tag{34}$$

故得

$$N(g_1) \leqslant (2, 2, 1, 2, 2, 1, 1, 1, 0). \tag{35}$$

类似地, 用条件 A_5 消去 μ 得 g_2, 用条件 A_4 消去 λ 得 g_3. 由于

$$\begin{cases} N(A_5) \leqslant (1, 0, 1, 1, 0, 1, 0, 1, 0), \\ N(A_4) \leqslant (0, 1, 1, 0, 1, 1, 1, 0, 0), \end{cases} \tag{36}$$

故得

$$N(g_2) \leqslant (3, 2, 2, 3, 2, 2, 1, 0, 0), \tag{37}$$

$$N(g_3) \leqslant (3, 3, 3, 3, 3, 3, 0, 0, 0), \tag{38}$$

注意到, 经过代换之后, A_1, A_2, A_3 成为

$$\begin{cases} A_1 \equiv u_1 v_1 = 1, \\ A_2 \equiv u_2 v_2 = 1, \\ A_3 \equiv u_3 v_3 = 1, \end{cases} \tag{39}$$

把 u_3^6 乘 g_3, 即可消去 v_3, 得 g_4,

$$N(g_4) \leqslant (3, 3, 6, 3, 3, 0, 0, 0, 0). \tag{40}$$

依次再消去 v_2, v_1 之后, 得到一个仅含 u_1, u_2, u_3 的多项式 $\varphi(u_1, u_2, u_3)$. 而 φ 关于每个变元的次数不超过 6. 一般而言, 检验 φ 是否恒 0 多项式时, 要用 $7 \times 7 \times 7 = 343$ 组变元值代入. 这相当于在单位圆上取七个不同的点, 再从其中任取三点(可重复)作为 A, B, C 来检验此命题, 不过这七个点中可以有复坐标点. 如果七个点中有一个是 $P = (1, 0)$, 则含有 P 点的 $\{A, B, C\}$ 组显然使命题之结论成立, 故实际上只需考虑由其余六点中任取三点的组合, 而且三点中有两点相同时也不必检验. 三个点之间的顺序也与命题结论是否成立无关. 故要检验的组数实际上只有 $\dfrac{1}{6}(6 \times 5 \times 4) = 20$ 组. 显然, 这在微机上是轻而易举的. 在

PB - 700 袖珍机上运行仅需 40 秒.

应当指出,变换(32)的引入不过是虚拟的讨论,目的是估计试验的组数.估计完成之后,具体试验仍可以设定诸 x_k 值代入而不必真的作变换,从而可以不涉及复运算.

由于几何定理中圆方程是常见的,这种降次变换技巧对我们的算法十分重要.对它的详细的讨论与有关证明,请参看[11].

给定 x_1,x_2,x_3 求解 y_1,y_2,y_3 时,解并不唯一.例如,$x_1 = \frac{1}{2}$ 时将有 $y_1 = \pm \frac{\sqrt{3}}{2}$,如何选取符号呢?其实,符号可以任取,因为 $\Phi(x_1, x_2, x_3)$ 中 y_1 并不出现,因而把 $\frac{\sqrt{3}}{2}$ 和 $-\frac{\sqrt{3}}{2}$ 代入时,只要有一个结果使 $\Phi(x_1, x_2, x_3)$ 为 0 就足够了.

如果假设条件中只涉及 4 次以下的方程,则数值计算可以带分母及根式进行,这样,得到的结果是准确的.另外,复数变元的出现也并不影响我们的结论,因为定理 A、定理 B、定理 W 都不排斥复数运算.

4 可喜的前景

数值并行方法用于定理的机器证明,还有许多变化与发展.

(1) 单点例证法与数值并行法可以结合使用.对某些变元用单点法,另一些变元用数值并行法.

(2) 数值并行法与吴-Ritt 除法可以结合使用——先消去一些变元,再对剩下的约束变元用并行法,这样可对不同的问题找寻组合优化的证法.

(3) 既然吴-Ritt 除法可以把"条件等式"问题化为"自由变元恒等式"问题,那么,任一种检验代数恒等式的数值方法都可以和吴-Ritt 除法结合起来形成几何定理机械化证明的数值算法.这已超出了例证法的范围,但仍可以用数值并行法.例如,检验一个代数恒等式,可以通过计算一阶偏导数而实现,可以通过计算某一点的泰勒级数而实现,可以通过计算对某一组点的差分而实现.

这样的每个想法都可引出有前景的研究.

（4）数值并行法还可以用来证明几何不等式. 基本想法是：若 $f(x)$ 是某紧致流形上的 C^∞ 函数. 如果对某点 x_0 有 $f(x_0)>0$，则在 x_0 邻域有 $f(x)>0$，如果 $f(x_0)=0$，则可用展开成台劳级数的方法检验 x_0 邻域是否有 $f(x)\geqslant0$. 这样一来，在每个点 x_0 邻域，不等式 $f(x)\geqslant0$ 是否成立都是可以机械判定的. 用一下有限元覆盖定理即可断言：可以经过有限步骤检验来判定紧致流形上关于 C^∞ 函数的不等式. 这种检验，本质上是并行的.

最后，让我们看看数值并行法在哲学上意味着什么.

数值并行法把一个一般性的断言化为众多的实例来加以检验. 这些实例检验工作，可以由不同的人，在不同的机器上（当然也可以用纸笔），在不同的年代进行. 他们的大量经验结合起来，便可以肯定一条定理成立，这不正是人类使用了数千年甚至更久的经验归纳法吗？除了数学之外，这种经验归纳法已被各种学科承认. 定理机器证明的数值并行法，用演绎的逻辑推出：在一定条件与范围之内，经验归纳法对数学研究也是行之有效的！

定理机器证明的数值并行法，也从一个角度回答了"为什么经验归纳法在各学科的研究中获得了如此之大的成功？"这一哲学问题.

当所研究的规律的数学形式是可用数值并行法处理的命题时，经验归纳法将是可靠的.

当然，我们不能设想数值并行法适用于一切问题，例如哥德巴赫问题. 但它的范围，也不限于欧氏几何. 我们已用它验证了一些非欧几何定理，其中包括新发现的定理.

单点例证法显示了从特殊事例到一般命题的联系，数值并行法则揭示了大量经验中蕴含着客观规律的奥秘. 两者辉映成趣. 但它们又同时在吴氏机械化数学理论中找到了根据，这又从一个方面展示了这个新开垦的领域的丰富内涵与美好前景！

参考文献

［1］吴文俊. 几何定理机器证明的基本原理（初等几何部分）［M］. 北京：科学出版社，1984.

［2］吴文俊. 初等几何判定问题与机械化证明［J］. 中国科学，1977(6)：507-516.

［3］吴文俊. 走向几何的机械化——评 Hilbert 的名著《几何基础》［J］. 数学物理学

报,1982(2):125-138.

[4] WU Wen-tsun. Some Recent Advances in Mechanical Theorem Proving of Geometries[M]. American Mathematical Society, Providence, RI, 1984.

[5] WU Wen-tsun. Basic Principles of Mechanical Theorem Proving in Elementary Geometries [J]. Journal of Automated Reasoning, 1986(3): 221-252.

[6] WU Wen-tsun. A Mechanization Method of Geometry and its applications I: Distances, areas and volumes[J]. J. systems. math, 1986(3): 204-216.

[7] 吴文俊. 几何学机械化方法及其应用[J]. 系统科学与数学,1986(3):204-216.

[8] 洪加威. 能用例证法来证明几何定理吗? [J]中国科学,1986(3):234-242.

[9] 洪加威. 近似计算有效数字的增长不超过几何级数[J],中国科学,1986(3):225-233.

[10] 邓米克. 证明构造性几何定理的数值并行法[J]. 科学通报,1988(24):1851-1854.

[11] ZHANG J Z, YANG L and DENG M K. The Parallel Numerical Method of Mechanical theorem Proving[J]. Theoretical Computer Science, 1990(74): 253-271.

5.2 消点法浅谈

——兼贺《数学教师》创刊十周年(1995)①

几何题千变万化,全无定法,这似乎已成为两千年来人们的共识. 二十世纪五十年代,塔斯基证明一切初等几何及代数命题均可判定,即有统一方法加以解决. 这使人们吃了一惊. 但塔斯基方法极繁,即使在高速计算机上也难于用它证明几个稍难的几何定理. 到了二十世纪七十年代,吴文俊院士提出的新方法,使几何定理证明的机械化由梦想变为现实. 应用吴法编写的计算机程序,可以在 PC 机上用几秒钟的时间证明颇不简单的几何定理,如西姆松定理、帕斯卡定理、蝴蝶定理. 继吴法之后,在国外出现了 GB 法,国内又提出了数值并行法. 这些方法本质上均属于代数方法,都能成功地在微机上实现非平凡几何定理的证明.

但是,用这些代数方法证明几何命题时,计算机只是简单地告诉你"命题为真",或"命题不真". 如果你要问个为什么,所得到的回答是一大堆令人眼花缭乱的计算过程. 你很难用笔来检验它是否正确,更谈不到从机器给出的证明中得到多少启发. 这当然不能令人满意.

能不能让机器产生出简短而易于理解的证明呢? 这对数学家、计算机科学家,特别是对人工智能的专家来说,是一个挑战性的课题. 西方科学家对这个问题的研究,到本文写作时已有三十多年的历史,但尚未找到有效的途径.

1992 年 5 月,笔者应邀访美,对这一问题着手研究. 我们②在面积方法的基础上,提出消点算法,使这一难题得到突破. 基于我们的方法所编写的程序,已在微机上证明了六百多条较难的平面几何与立体几何的定理,所产生的证明,大多数是简捷而易于理解的,有时甚至比数学家给出的证法还要简短漂亮.

更重要的是,这种方法也可以不用计算机而由人用笔在纸上执行. 它本质上几乎是"万能"的几何证题法.

---

① 本文原载《数学教师》1995 年第 1 期.
② 美国维奇塔州立大学周咸青、北京中科院系统所高小山和笔者.

本文将用几个例题,浅近地介绍这种方法的基本思想.先看个最简单的例子.

例 1　求证:平行四边形对角线相互平分.

做几何题必先画图,画图的过程,就体现了题目中的假设条件.这个例题的图如图 1,它可以这样画出来:

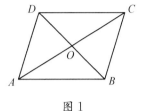

图 1

(1) 任取不共线三点 A、B、C;

(2) 取点 D 使 $DA \parallel BC$, $DC \parallel AB$;

(3) 取 AC、BD 的交点 O.

这样一来,图中五个点的关系就很清楚:先得有 A、B、C,然后才有 D.有了 A、B、C、D,才能有 O.这种点之间的制约关系,对解题至关重要.

要证明的结论是 $AO = OC$,即 $\dfrac{AO}{CO} = 1$. 我们的思路是:要证明的等式左端有三个几何点 A、C、O 出现,右端却只有数字 1.如果想办法把字母 A、O 统统消掉,不就水落石出了吗? 在这种指导思想下,我们首先着手从式子 $\dfrac{AO}{CO}$ 中消去最晚出现的点 O.

用什么办法消去一个点,这要看此点的来历,和它出现在什么样的几何量之中.点 O 是由 AC、BD 相交产生的,用共边定理便得:

$$\frac{AO}{CO} = \frac{\triangle ABD}{\triangle CBD},$$

这成功地消去了点 O.

下一步,轮到消去点 D.根据点 D 的来历:$DA \parallel BC$,故 $\triangle CBD = \triangle ABC$;$DC \parallel AB$,故 $\triangle ABD = \triangle ABC$. 于是,一个简捷的证明产生了:

$$\frac{AO}{CO} = \frac{\triangle ABD}{\triangle CBD}(\text{共边定理})$$

$$= \frac{\triangle ABC}{\triangle ABC}(\text{因 } DA \parallel BC, DC \parallel AB)$$

$$= 1.$$

例 2　如图 2,设 $\triangle ABC$ 的两中线 AM、BN 交于 G,求证:$AG = 2GM$.

仍要先弄清作图过程:

(1) 任取不共线三点 A、B、C;

(2) 取 AC 中点 N;

(3) 取 BC 中点 M;

(4) 取 AM、BN 交点 G.

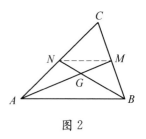

图 2

要证明 $AG = 2GM$,即 $\dfrac{AG}{GM} = 2$,我们应当顺次消

去待证结论左端的点 G,M 和 N. 其过程为:

$$\frac{AG}{GM} = \frac{\triangle ABN}{\triangle BMN}（用共边定理消去点 G）$$

$$= \frac{\triangle ABN}{\dfrac{1}{2}\triangle BCN}（由 M 是 BC 中点消去点 M）$$

$$= 2 \cdot \frac{\dfrac{1}{2}\triangle ABC}{\dfrac{1}{2}\triangle ABC}（由 N 是 AC 中点消去点 N）$$

$$= 2.$$

例 3 如图 3,已知 $\triangle ABC$ 的高 BD、CE 交于 H,

求证:

$$\frac{AC}{AB} = \frac{\cos\angle BAH}{\cos\angle CAH}.$$

此题结论可写成

$$AC\cos\angle CAH = AB\cos\angle BAH,$$

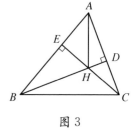

图 3

即 AB、AC 在直线 AH 上的投影相等,即 $AH \perp BC$.

这和证明三角形三高交于一点是等价的.

作图顺序是:(1)A,B,C;(2)D,E;(3)H. 具体作法从略. 要证明

$$\frac{AC\cos\angle CAH}{AB\cos\angle BAH} = 1,$$

关键是从上式左端消去 H. 显然有

$$\cos\angle CAH = \frac{AD}{AH},$$

$$\cos\angle BAH = \frac{AE}{AH},$$

可得

$$\frac{AC\cos\angle CAH}{AB\cos\angle BAH} = \frac{AC\cdot AD\cdot AH}{AB\cdot AE\cdot AH} = \frac{AC\cdot AD}{AB\cdot AE}.$$

为了再消去 D、E，用等式 $AD=AB\cos\angle BAC$ 及 $AE=AC\cos\angle BAC$ 代入，就证明了所要结论.

例 3 表明，消点不一定用面积方法. 但面积法确是最常用的消点工具.

下面一例是著名的帕斯卡定理，这里写出的证法是计算机产生的.

例 4　如图 4，设 A、B、C、D、E、F 六点共圆. AB 与 DF 交于 P，BC 与 EF 交于 Q，AE 与 DC 交于 S.

求证：P、Q、S 在一直线上.

此题作图过程是清楚的：

(1) 在一圆上任取 A、B、C、D、E、F 六点；

(2) 取三个交点 P、Q、S；

(3) 设 PQ 与 CD 交于另一点 R.

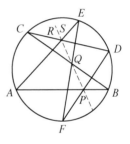

图 4

要证 P、Q、S 共线，只要证 R 与 S 重合，即证明

$$\frac{CS}{DS} = \frac{CR}{DR}, \text{或}\frac{CS}{DS}\cdot\frac{DR}{CR}=1.$$

消点过程如下：

$$\frac{CS}{DS}\cdot\frac{DR}{CR} = \frac{CS}{DS}\cdot\frac{\triangle DPQ}{\triangle CPQ}(\text{用共边定理消去 }R)$$

$$= \frac{\triangle ACE}{\triangle ADE}\cdot\frac{\triangle DPQ}{\triangle CPQ}(\text{用共边定理消去 }S)$$

$$= \frac{\triangle ACE}{\triangle ADE}\cdot\frac{\triangle DEP\cdot\triangle BCF\cdot S_{BFCE}}{\triangle CEF\cdot\triangle BCP\cdot S_{BFCE}}(S_{BFCE}\text{ 为四边形 }BFCE\text{ 面积})$$

$$\left(\text{消去点 }Q，\text{利用了等式：}\frac{\triangle DPQ}{\triangle DEP} = \frac{FQ}{FE} = \frac{\triangle BCF}{S_{BFCE}}，\frac{\triangle CPQ}{\triangle BCP} = \frac{CQ}{BC} = \frac{\triangle CEF}{S_{BFCE}}\right)$$

$$=\frac{\triangle ACE}{\triangle ADE}\cdot\frac{\triangle BCF}{\triangle CEF}\cdot\frac{\triangle DFE\cdot\triangle ABD\cdot S_{ADBF}}{\triangle BDF\cdot\triangle ABC\cdot S_{ADBF}}$$

$$\left(消去点\ P,由:\frac{\triangle DEP}{\triangle DFE}=\frac{DP}{DF}=\frac{\triangle ABD}{S_{ADBF}},\frac{\triangle BCP}{\triangle ABC}=\frac{BP}{AB}=\frac{\triangle BDF}{S_{ADBF}}\right)$$

$$=\frac{AC\cdot AE\cdot CE}{AD\cdot AE\cdot DE}\cdot\frac{BC\cdot BF\cdot CF}{CE\cdot CF\cdot EF}\cdot\frac{DE\cdot DF\cdot EF}{BD\cdot BF\cdot DF}\cdot\frac{AB\cdot AD\cdot BD}{AB\cdot AC\cdot BC}$$

$$=1.$$

这里用到了圆内接三角形面积公式

$$\triangle ABC=\frac{AB\cdot AC\cdot BC}{2d},$$

其中 d 是 $\triangle ABC$ 外接圆直径.

我们再看看西姆松定理的机器证明.

例 5 如图 5,在 $\triangle ABC$ 的外接圆上任取一点 D,自 D 向 BC、CA、AB 引垂线,垂足为 E、F、G.

求证:E、F、G 三点共线.

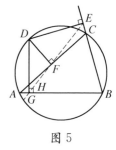

图 5

我们可设直线 EF 与 AB 交于 H,然后只要证明 H 与 G 重合,即证明等式

$$\frac{AG}{BG}=\frac{AH}{BH}.$$

作图过程是清楚的:

(1) 任取共圆四点 A、B、C、D;

(2) 作垂足 E、F、G;

(3) 取 EF 与 AB 交点 H.

消点顺序是先消 H,再消三垂足:

$$\frac{AG}{BG}\cdot\frac{BH}{AH}=\frac{AG}{BG}\cdot\frac{\triangle BEF}{\triangle AEF}\text{(用共边定理消点 }H\text{)}$$

$$=\frac{AD\cos\angle DAB}{BD\cos\angle DBA}\cdot\frac{\triangle BEF}{\triangle AEF}\text{(用余弦性质消点 }G\text{)}$$

$$=\frac{AD\cdot\cos\angle DAB}{BD\cdot\cos\angle DBA}\cdot\frac{\triangle BEA\cdot CD\cos\angle ACD}{\triangle AEC\cdot AD\cdot\cos\angle DAC}$$

$$\left(\text{消点 }F,\text{用等式}\frac{\triangle BEF}{\triangle BEA}=\frac{CF}{AC}=\frac{CD\cos\angle ACD}{AC},\ \frac{\triangle AEF}{\triangle AEC}=\frac{AF}{AC}=\frac{AD\cos\angle DAC}{AC}\right)$$

$$=\frac{CD\cos\angle DAB\cdot\triangle BEA}{BD\cos\angle DAC\cdot\triangle AEC}(\text{化简},\text{由}\angle DBA=\angle ACD)$$

$$=\frac{CD\cdot\cos\angle DAB}{BD\cdot\cos\angle DAC}\cdot\frac{BD\cos\angle DBC}{CD\cos\angle DAB}$$

$$\left(\text{消点 }E,\text{用等式}\frac{\triangle BEA}{\triangle ABC}=\frac{BE}{BC}=\frac{BD\cos\angle DBC}{BC},\right.$$

$$\left.\frac{\triangle AEC}{\triangle ABC}=\frac{CE}{BC}=\frac{CD\cos\angle DCE}{BC}=\frac{CD\cos\angle DAB}{BC}\right)$$

$$=1(\text{因}\angle DBC=\angle DAC).$$

应当说明,在我们的推导中,严格说来应当用有向线段比和带号面积. 在我们的程序中,确实是如此. 但对于具体的图,在用通常的面积和线段比也能说明问题时,添上正负号反而使一部分读者看起来困难,因而就从简了.

下面的例题是 1990 年浙江省中考试题,用消点法可以机械地解出.

例 6　如图 6,E 是正方形 $ABCD$ 对角线 AC 上一点. $AF\perp BE$,交 BD 于 G,F 是垂足.

求证:$\triangle EAB\cong\triangle GDA$.

在 $\triangle EAB$ 和 $\triangle GDA$ 中,显然已知 $DA=AB$,并且

$\angle EAB=\angle GDA=45°$,故只要证明 $DG=AE$,即$\frac{OG}{OE}$

$=1$.

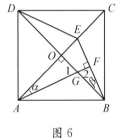

图 6

作图过程为:

(1) 作正方形 $ABCD$,对角线交于点 O;

(2) 在 AC 上任取一点 E;

(3) 自 A 向 BE 引垂线,垂足为 F;

(4) 取 AF 与 BD 交点 G.

消点过程很简单,如图 6,注意到 $\alpha=\beta$,便得:

$$\frac{OG}{OE}=\frac{AO\tan\alpha}{OE}=\frac{AO\tan\angle FAE}{OE}(\text{消去 }G)$$

$$= \frac{AO\tan\angle EBO}{OE}(消去\,F)$$

$$= \frac{AO}{OE}\cdot\frac{OE}{OB} = \frac{AO}{BO} = 1.$$

用了消点法,有时能解出十分困难的问题.1993 年我国参加的国际数学奥林匹克选手选拔赛中,出了一道相当难的平面几何题.入选的 6 名选手中只有 3 名做出了此题.如果知道消点法,不但这 6 名解题能手不可能在这个题上失分,许多具有一般功力的中学生也可能在规定的 90 分钟内解决它(选拔赛仿国际数学奥林匹克,每次 3 题,共 4 个半小时).下面就是例题.

例 7 如图 7,设△ABC 的内心为 I,BC 边中点为 M,Q 在 IM 的延长线上并且 IM＝MQ. AI 的延长线与△ABC 的外接圆交于 D,DQ 与△ABC 的外接圆交于 N.

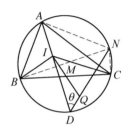

图 7

求证: $AN + CN = BN.$

作图过程:

(1) 任取不共线三点 A、B、C;

(2) 取△ABC 内心 I;

(3) 取 BC 中点 M;

(4) 延长 IM 至 Q,使 MQ＝IM;

(5) 延长 AI,与△ABC 外接圆交于 D;

(6) 直线 DQ 与△ABC 外接圆交于 N.

消点顺序是:N,Q,M,D,I,….

由于 AN、CN、BN 都是△ABC 外接圆的弦,故如记△ABC 外接圆直径为 d,则有

$$AN = d\sin\angle D,\ BN = d\sin\angle BDN,\ CN = d\sin\angle CBN.$$

记 $\angle D = \theta$,$\angle BAC = A$,$\angle ABC = B$,$\angle ACB = C$. 则有

$$\angle BDN = \angle BDA + \angle D = C + \theta,$$

$$\angle CBN = B - \angle ABN = B - \theta.$$

于是,要证的等式化为

$$d\sin\theta + d\sin(B-\theta)=d\sin(C+\theta).$$

利用和角公式展开,约去 d 得

$$\sin\theta + \sin B \cdot \cos\theta - \cos B \cdot \sin\theta = \sin C \cdot \cos\theta + \cos C \cdot \sin\theta.$$

整理之,即知要证的结论等价于:

$(7\cdot1)$ $\quad \dfrac{\sin\theta}{\cos\theta}=\dfrac{\sin C - \sin B}{1-\cos B - \cos C}.$（这时点 N 已消去）

多数选手能做到这一步,但再向前就无从下手了.如果他知道消点法,便会毫不犹豫地继续去消 Q 和 M.

由于 $\triangle IDQ = \dfrac{1}{2}ID \cdot QD\sin\theta$, 故

$$\sin\theta = \frac{2\triangle IDQ}{ID \cdot QD},$$

于是得

$(7\cdot2)$ $\qquad \dfrac{\sin\theta}{\cos\theta}=\dfrac{2\triangle IDQ}{ID \cdot QD\cos\theta}.$

而当前任务是消去 Q. 由 M 是 IQ 中点得

$$\triangle IDQ = 2\triangle IDM,$$

及

$$QD\cos\theta = ID - IQ\cos\angle QID = ID - 2IM\cos\angle MID;$$

代入 $(7\cdot2)$,得

$(7\cdot3)$ $\dfrac{\sin\theta}{\cos\theta}=\dfrac{4\triangle IDM}{(ID - 2IM\cos\angle MID) \cdot ID}.$（$Q$ 点已消去）

由于 M 是 BC 中点,有

$$\triangle IDM = \frac{1}{2}(\triangle IDC - \triangle IDB)$$

(因为 $\triangle IDB + \triangle IDM = \triangle IDC - \triangle IDM$),

并且

$$IM\cos\angle MID = \frac{1}{2}(IB\cos\angle BID + IC\cos\angle CID)$$

（只要分别自 B、C、M 向 ID 作投影，便可看出）

$$= \frac{1}{2}\left(IB\cos\frac{A+B}{2} + IC\cos\frac{A+C}{2}\right)$$

$$= \frac{1}{2}\left(IB\sin\frac{C}{2} + IC\sin\frac{B}{2}\right).$$

代入 $(7\cdot3)$，得

$(7\cdot4)$ $\qquad \dfrac{\sin\theta}{\cos\theta} = \dfrac{2(\triangle IDC - \triangle IDB)}{\left(ID - IB\sin\dfrac{C}{2} - IC\sin\dfrac{B}{2}\right)\cdot ID}.$ （消去 M）

现在，问题已大大简化了. 只要用面积公式与正弦定理，便可得:

$$\triangle IDC = \frac{1}{2}ID\cdot DC\sin\angle IDC = \frac{1}{2}ID\cdot DC\sin B,$$

$$\triangle IDB = \frac{1}{2}ID\cdot BD\sin\angle IDB = \frac{1}{2}ID\cdot DB\sin C,$$

$$\frac{IB}{ID} = \frac{\sin\angle ADB}{\sin\angle IBD} = \frac{\sin\angle C}{\sin\dfrac{A+B}{2}} = \frac{\sin C}{\cos\dfrac{C}{2}} = 2\sin\frac{C}{2},$$

$$\frac{IC}{ID} = \frac{\sin\angle ADC}{\sin\dfrac{A+C}{2}} = \frac{\sin B}{\cos\dfrac{B}{2}} = 2\sin\frac{B}{2},$$

$$\frac{DC}{ID} = \frac{BD}{ID} = \frac{\sin\angle BID}{\sin\angle IBD} = \frac{\sin\dfrac{A+B}{2}}{\sin\dfrac{A+B}{2}} = 1.$$

代入 $(7\cdot3)$ 后得:

$$\frac{\sin\theta}{\cos\theta} = \frac{ID\cdot DC\sin B - ID\cdot DB\sin C}{ID\cdot ID\left(1 - \dfrac{IB}{ID}\sin\dfrac{C}{2} - \dfrac{IC}{IB}\sin\dfrac{B}{2}\right)}$$

$$= \frac{\dfrac{DC}{ID}\sin B - \dfrac{DB}{ID}\sin C}{1 - 2\sin^2\dfrac{C}{2} - 2\sin^2\dfrac{B}{2}}$$

$$= \frac{\sin B - \sin C}{-1 + \cos C + \cos B}$$

$$= \frac{\sin C - \sin B}{1 - \cos B - \cos C}.$$

这就是所要证的. 这里最后一步用了半角公式:

$$\sin^2 \frac{C}{2} = \frac{1}{2}(1 - \cos C).$$

整个证明过程,心中有数,步步为营,繁而不乱. 这是消点法的特点.

例 8 (1994 年国际数学奥林匹克备用题)如图 8,直线 AB 过半圆圆心 O,分别过 A、B 作⊙O 的切线,切⊙O 于 D、C. AC 与 BD 交于 E. 自 E 作 AB 之垂线,垂足为 F.

求证: EF 平分 $\angle CFD$.

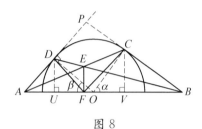

图 8

如图 8,要证 $\angle DFE = \angle CFE$,即证明 $\angle DFA = \angle CFB$. 自 D、C 向 AB 引垂足 U、V,则要证的结论即为

$$\frac{DU}{UF} = \frac{CV}{VF}, \text{即} \frac{DU}{CV} \cdot \frac{VF}{UF} = 1.$$

作图过程为:

(1) 在⊙O 上任取两点 D、C;

(2) 过 O 作直线,与⊙O 在 D、C 处的切线交于 A、B;

(3) 取 AC 与 BD 交点 E;

(4) 分别自 D、E、C 向 AB 作垂线,得垂足 U、F、V.

要证的是

$$\frac{DU}{CV} \cdot \frac{VF}{UF} = 1.$$

设⊙O 的半径为 r,圆上两点 C、D 的位置分别用 $\angle COB = \alpha$,$\angle DOA = \beta$ 来描写,则

$$DU = r\sin\beta, \quad DV = r\sin\alpha.$$

$$\frac{VF}{AV} = \frac{CE}{AC} = \frac{\triangle BCD}{S_{ABCD}},$$

$$\frac{UF}{BU} = \frac{DE}{DB} = \frac{\triangle ACD}{S_{ABCD}},$$

于是得到

(8·1)　$\dfrac{DU}{CV} \cdot \dfrac{VF}{UF} = \dfrac{\sin \beta}{\sin \alpha} \cdot \dfrac{\triangle BCD \cdot AV}{\triangle ACD \cdot BU}.$（消去了 E、F）

为了消去 U、V，可用等式

$$AV = AO + OV = \frac{r}{\cos \beta} + r\cos \alpha = \frac{r(1 + \cos \alpha \cos \beta)}{\cos \beta},$$

$$BU = BO + OU = \frac{r}{\cos \alpha} + r\cos \beta = \frac{r(1 + \cos \alpha \cdot \cos \beta)}{\cos \alpha},$$

代入(8·1)式,得

(8·2)　$\dfrac{DU}{DV} \cdot \dfrac{VF}{UF} = \dfrac{\sin \beta}{\sin \alpha} \cdot \dfrac{\cos \alpha}{\cos \beta} \cdot \dfrac{\triangle BCD}{\triangle ACD}.$（消去了 U、V）

下面问题变得简单了. 设 AD、BC 交于 P,则

$$\frac{\triangle BCD}{\triangle BPD} = \frac{BC}{BP}, \quad \frac{\triangle ACD}{\triangle ACP} = \frac{AD}{AP},$$

$$\frac{\triangle BCD}{\triangle ACD} = \frac{BC \cdot AP \cdot \triangle BPD}{AD \cdot BP \cdot \triangle ACP}$$

$$= \frac{BC \cdot AP \cdot BP \cdot PD}{AD \cdot BP \cdot AP \cdot PC}$$

$$= \frac{BC \cdot PD}{AD \cdot PC}(注意:PD = PC)$$

$$= \frac{r\tan \alpha}{r\tan \beta} = \frac{\tan \alpha}{\tan \beta}.$$

代入(8·2)式,即得

$$\frac{DU}{DV} \cdot \frac{VF}{UF} = \frac{\sin \beta}{\sin \alpha} \cdot \frac{\cos \alpha}{\cos \beta} \cdot \frac{\tan \alpha}{\tan \beta} = 1.$$

一般说来,只要题目中的条件可以用规尺作图表出,并且结论可以表成常

用几何量的多项式等式(常用几何量包括面积、线段及角的三角函数),总可以用消点法一步一步地写出解答.

读者一定关心这样的问题:计算机怎么知道在哪种情形下选择哪种公式来消点呢? 这个问题的通俗解答可参看笔者所著《平面几何新路——解题研究》(四川教育出版社,1994)一书.更详细的论述则另有专著.[①]

简单而直观的理解是:当要消去某点 P 时,一看 P 是怎么产生的,即 P 与其他点的关系,二看 P 处在哪种几何量之中.由于作图法只有有限种(设为 n 种),几何量也只有有限种(设为 m 种),故消点方式至多不外 $m \times n$ 种.这就是几何证题可以机械化的基本依据.

我们不妨把几何与算术对比一下.本来,算术中的四则应用题解法五花八门,灵活多变.但有了代数方法之后,方程一列,万事大吉.初等几何虽有几千年的历史,但在解题方法的研究方面,在 1992 年之前,大体上相当于算术中四则应用题的层次.消点法的出现,使初等几何解题方法的研究进入更高的层次——代数方法的层次.从此,几何证题有了以不变应万变的模式.

但是,消点法并没有结束几何解题方法的研究,相反,它给这一研究开辟了新的领域.目前,消点公式中便于机械化使用的主要是有关面积的一些命题.如何把行之有效的传统方法,如反证法、合同法、添加辅助线法等纳入机械化的框架,尚待探讨.几何作图题、几何不等式等类问题的有效的机械化方法的研究,也都尚未得到令人满意的成果.这一领域的研究,与数学教育的改革关系密切,与计算机辅助教学更有不解之缘,前景广阔,方兴未艾.

另一方面,在中学几何课程中有没有可能教给学生消点法呢? 这是值得一试的.消点法把证明与作图联系起来,把几何推理与代数演算联系起来,使几何解题的逻辑性更强了.这个方向的教学实验如能成功,"几何好学题难做"的问题就彻底解决了.

作为此文的结束,作者愿向《数学教师》表示深切谢意.消点法的出现,源于系统的面积方法.而后者正是十年前(1985 年)在《数学教师》上以"平面几何新路"为题和读者见面的.1984 年,在和岳三立主编的一次畅谈中,我提到用面积

---

① CHOU S C, GAO X S, ZHANG J Z. Machine Proofs in Geometry [M]. Singapore:World Scientific Publishing,1994.

法改造几何教材的想法,得到他的热情支持和鼓励,并辟专栏连载《新路》一年半之久.《平面几何新路》这个书名也是他建议的. 由于每月都要交稿,偷不得懒,也就促使我挤出时间断断续续地研究面积方法. 十年过去了,面积法发展为消点法,并实现为机械算法.《数学教师》也在风风雨雨中苗壮成长,成为我国广大中学数学教师的良师益友. 值此《数学教师》十岁生日之际,我衷心地祝愿她健康地成长,越办越好,为我国数学教育事业的发展作出更多的贡献.

5.3 机器证明的回顾与展望(1997)[①]

机器证明及其应用,是我国"攀登计划"项目之一. 项目核心内容主要是几何定理机器证明和非线性代数方程组理论、算法和应用. 实际上,机器证明研究领域的范围要广泛得多. 在国外更一般地叫作自动推理. 我们把几何定理机器证明和非线性代数方程组作为主攻方向,一方面是因为吴文俊先生在二十世纪七十年代的突出工作,使我国在此方向有领先的优势,另一方面,这两个方向有鲜明的应用背景,近年来在机器证明领域也确是十分活跃,值得重视. 本文只涉及这两个方向,特别是几何定理的机器证明.

由于传统的兴趣和多种原因,几何定理的机器证明在自动推理的研究中占有重要的地位. 近年来,几何定理证明的研究和实践有了很大的进展.

1 从古老的梦想到惊人的突破

能否建立一个通用的几何解题方法,成批地解决问题,以至万理一证,是历史上一些卓越的科学家的梦想.

为此,笛卡儿发明了坐标系;布莱尼兹设想过推理机器;希尔伯特在其名著《几何基础》中给出了一类几何命题的机械化定理. 电子计算机的出现推动了数学机械化. 二十世纪五十年代,塔斯基用代数方法证明了初等几何的机械化的可能性. 到二十世纪六十年代,斯拉格和莫色斯实现了符号积分,代数与分析计算问题的机械化已经初具规模,而几何定理的机器证明看来仍遥遥无期. 接着,格兰特等提出用逻辑方法建立几何推理机,科林斯等改进了塔斯基的代数方法. 直到 1975 年,仍找不到能用计算机判定非平凡几何命题的有效算法. 正当对这一领域的热情由于进展缓慢而趋于冷落之际,吴文俊方法的提出[1]给定理机器证明的研究带来勃勃生机. 用吴法可在微机上很快地证明困难的几何定

---

① 本文原载《数学通报》1997 年第 1 期.

理. 周咸青发展了吴法并把它实现为有效的通用程序, 证明了 512 条非平凡定理, 写成英文专著[2]. 这一进展是自动推理领域一大突破, 被国际同行誉为革命性的工作.

2 从机器判定到可读证明的自动生成

吴法的成功使一度冷落的几何定理机器证明研究活跃起来. 用代数方法证明几何定理的方向受到重视. 新的代数方法接连出现. 在国外, 周咸青等提出了用 Grobner 基方法构作几何定理机器证明的算法和程序并得到成功.[3] 在国内, 洪家威提出了单点例证方法的理论设想, 但因复杂度太大不能实现.[4] 张景中、杨路则提出数值并行方法, 在低档微机(甚至计算器)上实现了非平凡几何定理的机器证明和机器发明[5]. 数值并行方法的优点是所需内存极小, 且易于并行化. 所有这些方法都属于代数方法. 它们的提出和实现丰富了几何定理机器证明的研究. 但与吴法相比, 没有大的突破.

代数方法不能使人满意的是, 它所给出的"证明"是关于大多项式的繁复的计算, 人难于理解其几何意义, 也难于检验其是否正确. 能否让计算机生成人能理解和易于检验的简明巧妙的证明, 即所谓可读证明, 是对自动推理和人工智能领域的一个挑战性的课题. 一些著名的科学家认为, 机器证明的基本思想是以量的复杂取代质的困难, 这就很难想象用机器生成可读证明. 国外一些学者从 20 世纪 60 年代即致力于几何定理可读证明自动生成的研究, 30 多年来进展不大, 未能给出哪怕是一小类非平凡几何定理的机器证明的有效算法和程序.

笔者以自己多年来所发展的几何新方法为基本工具, 提出了消点思想, 和周咸青、高小山合作, 于 1992 年突破了这一困难, 实现了几何定理可读证明的自动生成.[6] 这一新方法既不以坐标为基础, 也不同于传统的综合方法, 而是一个以几何不变量为工具, 把几何、代数、逻辑和人工智能方法结合起来所形成的开放系统. 它选择几个基本的几何不变量和一套作图规则, 并且建立一系列与这些不变量和作图规则有关的消点公式. 当命题的前提以作图语句的形式输入时, 程序可调用适当的消点公式把结论中的约束点逐个消去, 最后达到水落石出. 消点的过程记录与消点公式相结合, 就是一个具有几何意义的证明. 此算法对可构图等式型几何命题是完全的, 但其应用范围不限于这一类命题. 基于此法所编的程序,已在微机上对数以百计的困难的几何定理完全自动地生成了简短的可读证明,其效率也比其他方法高.随所用的几何量的不同,它能生成面积法、向量法、复数法和全角法等多种风格的证明,也能用于立体几何.杨路、高小山、周咸青与笔者合作,把消点法用于非欧几何可读证明的自动生成也得到成功,并得到一批非欧几何新定理.消点法也可用于几何计算和公式推导.基于几何量和消点思想的新原理的建立,像是打开了几何定理机器求解的一个矿床.它也使几何定理机器证明的成果在数学教育中的应用有了现实可能.这一成果被国际同行誉为使计算机能像处理算术那样处理几何的发展道路上的里程碑,是自动推理领域三十年来最重要的工作.

在多数情形下,消点法也可用笔纸证明不平凡的定理.它结束了两千年来几何证题无定法的局面,把初等几何解题法从四则杂题的层次推进到代数方程的阶段.

3　机器证明与人工证明媲美的新阶段

但是,比起人类在几千年间积累起来的丰富多彩的几何知识来,计算机目前所能做的仍是十分有限.应当把几何学家所掌握的方法更多地"教给"计算机,使计算机产生的解法可以与几何学家相比.为此,要分析几何学家有哪些解题方法,计算机已经学会了哪些,以确定下一步应当做什么和如何做.几何学家常用下列四种手段.

W1(检验):对具体图形作观察和计算,以确信命题为真.

W2(搜索):依据常用的引理和已知条件去找寻题图中更多的几何性质.这样做如达不到目的,得到的信息就是进一步工作的基础.

W3(归纳):从结论出发,利用已知信息消去依赖的几何量或几何元素,使结论的真假趋于显然或易于检验.

W4(转化):改变命题的形式,如几何变换、反证法、辅助线等.

手段 W1 的机器模拟已经实现.手段 W3 的机械化研究得到了最大的成功,吴法、GB法、面积法和向量法均属此类.手段 W4 充分体现了人的思维活动的灵活性与丰富性,尚难以机械化.手段 W2(搜索),是传统几何证明活动中的常规方法,是归纳的补充和转化的基础.我们基于前推模式设计并实现了一个"几何信息搜索系统"(GISS). 由于适当选择几何工具,合理组织数据和优化推理的过程,效果极好. 文献中曾提出的用搜索法处理涉及圆的命题,以及找出所有可能推出的几何性质(达到推理不动点)的问题,均为我们的算法完满回答. 我们的程序用 C 语言在 NeXT 工作站上实现,用于 161 个非平凡几何命题,均在合理的时间内达到不动点,并能发现新定理,证得其他方法不能证明的结果. 程序已具有添加某些辅助线的功能.

4 非线性代数方程组的研究

机器生成可读证明的实现并不使代数方法失去价值. 一些特殊问题及代数曲线、曲面的几何问题仍需用代数方法. 代数方法与非线性代数方程组的理论和符号求解密切相关,有广泛应用,是自动推理的一大热点. 数学、物理和工程技术中的许多问题,归根结底要靠解代数方程组. 线性方程组还好办,非线性方程组就成了难关. 特别是非线性方程组的符号求解更难,理论上也更重要.

对非线性代数方程组的研究,19 世纪就提出了各种结式方法. 由于结式法涉及大行列式的计算,算不动,研究就冷下来. 20 世纪有了计算机,人们又研究新的算法. 在 20 世纪 60 年代,国外提出了 GB 法和 Ritt 方法. GB 方法是完全方法. Ritt 方法经吴文俊先生改进后,也成了一种完全方法,叫吴- Ritt 方法,在我国简称吴法(把吴- Ritt 方法用于几何定理的机器证明,也叫吴法. 国外有人把机器证明的吴法叫吴- Ritt 方法,是不确切的. Ritt 和定理机器证明没有关系). 两个方法哪个更好,目前还没有定论. 用于几何定理机器证明,吴法确实比 GB 法强. 我国学者还用吴法解决了许多重要问题,涉及理论物理、微分方程、样条理论和机器人.

虽已有了吴法、GB 法等优秀的完全方法,但是"道高一尺,魔高一丈",更难的问题要求更有力的新方法. 近年来国外一再提出新的思路和算法,欧共体还投资数百万美元组织项目专门研究非线性代数方程组的解法,但均无突破性进展.

基于我们在[7]中提出,在[8][9][10]等文中加以完善的新的理论和算法——结式矩阵法,符红光编写了代数方程组符号求解和机器证明的 MAPLE 程序. 新算法的特点是:

（1）是非线性代数方程组符号求解和相容性判定的完全方法；

（2）不依赖于多项式的因式分解；

（3）用我们提出的弱非退化条件作零点分解,减少多余分支；

（4）子结式计算与数值检验配合,进行大范围消元；

（5）将所给方程组分解为三角列,便于机器证明和最终求解.

经许多例子的演算,它比已知的各种方法有更好的效果.此法能在 PC486 机上解六变量循环方程,反解各种类型的六关节机器人问题,这是其他方法做不到的.

非线性代数方程组研究的又一新进展是杨路等提出的实系数代数方程的判别式系统[11].这不但彻底解决了几世纪悬而未决的关于代数方程的一个基本问题,也使几何不等式机器证明的难题得到了突破.杨路等所写的程序,能快速地证明许多几何不等式,根据已给条件推出几何不等式,并已改正或改进国外一些关于几何不等式的结果.

5　展望与建议

预计在未来十年中初等几何等式型问题的机器求解将基本完成,并进入实用阶段.在前述成果的基础上,会出现新的热点:

（1）在几何定理可读证明自动生成工作的影响下,用几何不变量为工具进行机器求解的研究会有新的进展.例如几何作图的机器求解,几何推理数据库的研究及微分几何可读证明的研究.

（2）几何不等式的机器求解,会随着实代数研究的进展而出现新的突破.

（3）非线性代数方程组的理论与算法,仍将是热点.结式法和插值方法等利于并行的算法会得到更多重视.

（4）微分多项式的机器推导研究将得到开展.

（5）机器证明的成果,特别是非线性代数方程组理论与算法的研究成果,将在数学、物理和工程技术中得到更多的应用.

目前,在几何定理机器证明方面,我国处于国际领先地位.在非线性代数方程组研究领域,竞争激烈,我国已进入先进行列,但还不能说领先.在数学机械化软件开发方面,由于起步晚、队伍小和资金不足等原因,我国远不及欧美先进国家. 我们不应满足于某些方向上的领先地位. 在继续进行几何定理机器证明研究, 保持领先的同时, 要把力量集中到非线性代数方程组的方向上来, 特别应加强对实用而有效的算法的研究. 数学机械化推广应用方面, 也应投入力量, 发挥我们理论与算法方向的优势, 在软件开发方面赶超先进. 在几何定理机器证明成果的基础上, 开发高智能的教育软件和自主版权的符号演算数学软件, 为我国科技教育事业作出贡献.

参考文献

[1] 吴文俊. 初等几何判定问题与机械化证明[J]. 中国科学, 1977(6):507 - 516.

[2] CHOU S C. Mechanical Geometry Theorem Proving [M]. Dordrecht: D. Reidel Pub. Company, 1988.

[3] CHOU S C and SCHELTER W. Proving geometry theorem with rewrite rules [J]. Journal of Automated Reasoning, 1986(3):253 - 273.

[4] 洪加威. 能用例证法证明几何定理吗? [J]. 中国科学, 1986(3):234 - 242.

[5] ZHANG J Z, YANG L and DENG M K. The parallel numerical method of mechanical theorem proving [J]. Theoretical Computer Science, 1990(74):253 - 271.

[6] CHOU S C, GAO X S and ZHANG J Z. Machine Proofs in Geometry [M]. Singapore: World Scientific Publishing, 1994.

[7] ZHANG J Z, YANG L. A Method to overcome the reducibility difficulty in Mechanical Theorem Proving [J]. IC/89/263, 1989.

[8] ZHANG J Z, YANG L and HOU X R. A Note on Wu's Non-Degenerate Condition [J]. Chinese Science Bulletin, 1993(1).

[9] 张景中, 杨路, 侯晓荣. 代数方程组相关性判准及其在定理机器证明中的应用 [J]. 中国科学, 1993(10):1036 - 1042.

[10] 张景中, 杨路, 侯晓荣. 几何定理机器证明的结式矩阵法[J]. 系统科学与数学, 1995(1):10 - 15.

[11] YANG L, HOU X R and ZENG Z B. A Complete Discrimination System for Polynomials [J]. Science in China. Series E. Technological sciences, 1996(6): 628 - 646.

5.4 几何定理机器证明 20 年(1997)①

由于传统的兴趣和多种原因,几何定理的机器证明在自动推理的研究中占有重要的地位.自吴法发表至今(指 1997 年)20 年,几何定理机器证明的研究和实践有了很大的进展.对无序几何命题而言,代数方法、数值方法均能有效地判定其真假,消点法、搜索法更能生成其可读的证明.几何不等式机器证明的研究,由于多项式完全判别系统的建立,也有了突破.研究领域已由机器证明扩展为包括几何作图在内的一般几何问题的机器求解,并有了实际的应用.

1 概述

自 1977 年吴文俊教授的突破性工作[1]发表,已经 20 年了.这 20 年,几何定理机器证明的理论和算法的研究,有了很大进展.在今年(指 1997 年),市场上推出了能在微机上证明非平凡几何定理并能自动生成可读证明的软件[2].用机器证明几何定理——历史上一些卓越的科学家的梦想,已成为生活中的现实.

希望用统一的手段来处理千变万化的几何问题,这种想法大概早已有之.笛卡儿的坐标方法在这个方向跨出了坚实的一步.莱布尼兹曾提出推理机器的设想.希尔伯特在其名著《几何基础》[3]中,还给出了只涉及点和直线的关联性质的一类几何命题的机械判定算法.但是,几何定理机器证明研究领域的形成,却只有在计算机出现之后才有可能.

人们早已掌握了两类证明几何定理的方法:借助于逻辑推理的综合法和借助于笛卡儿坐标的解析法.这两类方法的发展,形成了几何定理机器证明研究领域早期的两条路线.沿解析几何路线而得的各种方法,后来通称为几何定理机器证明的代数方法.

继希尔伯特之后,代数方法的又一成果是塔斯基在 1948 年发表的著名定

---

① 本文原载《科学通报》1997 年第 21 期.

理:一切初等几何和初等代数的命题,即前提和结论都可以用有限多个整系数多项式的等式或不等式表达的命题类,是可判定的.[4] 塔斯基的方法理论上是完全的,但由于计算复杂度过大,不能在计算机上证明非平凡的定理. 1969 年文献[5]中报告了用计算机借助符号计算系统 Formac 证明了帕普斯定理的工作和有关几何定理机器证明的讨论. 所用的技巧接近后来出现的吴法,但未能形成一般的方法. 1975 年,科林斯提出柱面代数分解法[6],解决的问题和文献[4]相同,但效率大为提高,可以在计算机上证明个别不太平凡的几何定理.

沿综合法(也称逻辑法)的路线研究几何定理机器证明,起始于格兰特 1959 年发表的文章[7]. 格兰特实际上只用了丰富多彩的综合法的技巧中的一种,即由要证明的结论出发进行倒退推理的方法,通常称为后推搜索法. 综合法的明显优点是,它能生成有几何意义的传统风格的证明. 故这方面的研究持续不断,如文献[8—10]. 到 1975 年,文献[11]又提出更有效的前推搜索法. 这类方法也被叫作人工智能法,即 AI 法. 由于搜索空间过大的问题未能很好解决,未能形成有效的算法.

在 1977 年之前,几何定理机器证明研究领域状况大致如此.

吴法的成功,激起代数方法空前活跃的研究. GB 法、例证法、相对分解方法等相继提出并成功实现. 最近杨路等提出的多项式完全判别系统[12]和几何不等式的发现与证明程序,更是一大突破. 本文第 2 节将介绍这些进展.

由于代数方法不能提供传统风格的证明,综合法证明的机器实现的研究并没有因代数方法的成功而停滞. 近期,前推搜索方法的研究有了令人鼓舞的进展[13]. 这构成本文第 4 节的内容.

在代数方法和综合方法这两条传统的研究路线之外,1995 年文献[14]中提出基于几何不变量的消点方法并得到成功. 它开始于近年来所形成的几何新方法[15]在计算机上的实现. 由于所用的主要不变量是面积,故常被称为面积法. 这种方法能对大量的非平凡几何问题生成简捷的有几何意义的证明,即所谓可读证明. 在这一工作的影响下,基于不变量的几何定理机器证明的研究有了迅速发展. 这方面的研究成果,本文第 3 节将作介绍. 在最后一节,将对这一领域面临的主要问题和进一步发展的方向作一评述.

由于近 20 年来这个领域的成果极为丰富,稍微详细的介绍都将构成一本专著. 这里只可能从思想方法角度择要简述. 一些有趣的例子不得不割爱. 有兴趣的读者可参看文末的文献,特别是近期的综合性文章[16,17]和它们所附的文献.

2　代数方法的成功和发展

吴法的成功引起了与几何定理机器证明有关的一系列研究,特别是代数方法的研究. 关于吴法的资料已有很多,如原始论文[1]、专著[18]、较通俗的介绍[19-21]和英文综述[22].

就具体方法而言,吴法的思想可以说是朴素的.

第一步:适当取坐标系,化几何命题为代数命题.

第二步:整序,把表达前提的方程组整理成满足一定条件的三角型方程组,即所谓特征列.

第三步:消元或降次,即利用特征列把各约束变元的最高次幂用低次项表示,代入结论方程以尽可能降低各约束变元的次数.

如果第三步运算的结果使结论方程成为恒等式,就证明了命题在非退化条件之下成立,即一般成立. 如果运算后结论方程不是恒等式,且特征列对应的代数簇是不可约的,则可断言命题不真.

经过吴氏和他所领导的研究集体几年的努力,吴法初步实现为有效的计算机程序,这个工作是吴的学生高小山、王东明用 Fortran 完成的.[23] 应用吴法,一批非平凡的几何定理在微机上被证明(可参看文献[23—28]). 在国外,周咸青基于吴法写出了更有效的几何定理证明程序. 在 1984 年出版的文集中,发表了周的阐述吴法的长文(参见文献[29],p. 243—286),报告了他用吴法证明 130 多条非平凡几何定理的工作. 文集并转载吴的原始论文[1]. 自此,吴法在国际自动推理研究领域广为传播.

特征列是多项式组的一种标准形式. 多项式组另一种重要的标准形式是所谓格若勃基[30,31],它是多项式理想理论研究中的重要的工具. 格若勃基简称 GB,特征列简称 CS. 用 CS 于几何定理机器证明成功了,用 GB 行不行呢? 思想常常不是单独产生的. 在 1986 年,文献[32—34]中各自独立地提出了几何定理机器证明的 GB 方法,并且都实现了. 作为处理代数问题的工具,GB 和 CS 各有千秋. 但就几何定理机器证明而论,两种方法虽都对等式型命题有效,以 CS 为工具的吴法在效率上却略胜一筹.[35]

在文献[36]中提出用检验有限个数值例子对代数或几何命题进行概率地证明的方法.由于概率地证明不算真正的证明,这工作未得到重视.1986 年,洪加威提出只用一个例子就能证明几何定理的方法[37],曾引起人们关注,但因复杂度高至今未能实现.1989 年文献[38]提出了用一组数值实例检验几何命题的新方法,即数值并行法,在低档微机(甚至计算器)上实现了非平凡几何定理的机器证明和机器发现.[39]数值并行方法的优点是所需内存小,且易于并行化,已有了用 C 语言写的微机程序[40].1995 年,侯晓荣提出与洪加威思路不同的用一个例子判定几何命题的方法,在微机上实现了用单例的近似检验严格证明几何定理,效率颇高.[41]

此外,Carra 提出维数方法[42],由 Albert 等人在 MATHEMATICA 平台上实现[43].为了避免代数扩域上的因式分解,Kalkbrener(参见文献[43],p. 73—95),王东明(参见文献[44]和文献[43],p. 1—24)和张景中、杨路等[45-47]分别提出类似欧几里得辗转相除的约束变元消去法和代数簇分解方法,这些方法是完全的.用结式消元来实现几何定理机器证明的还有杨路等人的工作(参见文献[47—52]).这些方法大都以 CS 为标准形式,是与吴法相通的.

周咸青在英文专著[35]中,详细阐述了吴法并澄清了其中一些重要细节,系统地讨论了把几何命题转化为代数形式的机械方法,分析和评述了几类不同的代数命题形式——如带非退化条件的形式和无非退化条件的形式(参看文献[54,55]),列举了用他基于吴法写的程序所证明的 512 条非平凡的几何定理,介绍了 GB 方法和他用 GB 方法所写的程序运行的情形,并用大量数据将两种方法作了比较.此书在机器证明领域很有影响.

对吴法的改进和发展有两个主要方面.

一方面扩大其研究范围,如用于空间几何[56]、有限域上的几何[57]、微分几何[43,58-61]和涉及不等式的某些几何问题[62-65].另一方面是发展理论和寻找更有效的方法[66-73].上面提到过的工作[43-53],在不同程度上也可看成是对吴法的改进和发展.

看一个例子,可以对几何定理代数方法的进展略有了解.

特博尔特-泰勒定理 设三角形 ABC 的内心为 P,外接圆为 K. 又设 D 为线段 BC 上任一点.与 DC,DA 及 K 相切的圆的圆心为 Q,与 DC,DA 及 K 相切的圆的圆心为 R,则 P,Q,R 三点共线.

这是法国几何学家塔博尔于 1938 年提出,直到 1983 年才被泰勒证明的定理. 其第一个证明长达 26 页. 周咸青于 1986 年用吴法在 Symbolic3600 计算机上给出它的第一个机器证明,用了 44 个 CPU 小时(文献[35]p. 66). 但这个问题从提出到解决有 45 年之久,这 44 小时并不算多. 吴文俊于 1987 年改进了几何命题的表达方法,在一台 Dual 计算机上用 6 个 CPU 小时就证明了它.[74] 用张景中、杨路提出的含参结式法[50],在 SUN - 386 上或 CONVEX C210 上解决这一问题分别需 1042 和 268CPU 秒[52]. 用王东明的方法(文献[43]p. 1—24),在 Apollo DN10000 上用了 60CPU 秒. 这个问题的最近情形是,用符红光根据文献[49,51]中方法所写的 WR 相对分解通用程序在 PC586/75 上解决它,仅用 8 秒.[41] 文献[41,52]和[43,p. 1—24]中所报告的程序,都是用 Maple 语言写的.

与不等式有关的几何问题,也叫实几何问题. 它的计算机自动求解,一直是定理机器证明的一大难题.

理论上,塔斯基的方法[4]可以解决实几何问题,但效率太低不能实现. 科林斯提出的柱面代数分解方法[6],简称 CAD(Cylindrical Algebraic Decomposition)方法,也是处理实几何问题的完全方法,效率比塔斯基方法高得多,可以证明一些稍难的几何不等式.[75] 把吴法与拉格朗日乘子法结合,用求极值的手段,可处理与不等式有关的一些几何问题.[62,63,70] 将适于处理等式的 CS 方法或 GB 方法和能处理不等式的 CAD 方法结合起来,用于解决实几何问题,有一定效果.[64,65] 在文献[17,76]中有一些实几何机器证明的例子. 此外,在文献[77,78]中提出了能处理实几何的其他方法.

实几何问题的基本困难,在于实代数的基本问题——实系数代数方程根的判别式问题,长期以来没有得到解决. 著名的斯笃姆法只解决了数值系数多项式的实根判定问题,而实几何问题的机器求解需要处理的主要是文字系数的方程. 1996 年,杨路等人提出的多项式完全判别系统[12,41],从理论和实践上完美地回答了这个几世纪悬而未决的难题. 在此基础上写成的程序,已经发明和证明了一批具两个自由参数的几何不等式,其中有数学期刊上征解的未解决的难题,也有对数学家已发表的不完善的结果的补充和纠正. 但这一成果的意义绝不限于几何定理的机器证明. 它对实代数和实代数几何的研究将有明显的影响.

3 几何定理可读证明自动生成的不变量方法

代数方法不能使人满意的是,它所给出的"证明"是关于大多项式的繁复的计算,人难于理解其几何意义,也难于检验其是否正确. 能否让计算机生成人能理解和易于检验的简明巧妙的证明,即所谓可读证明,是对自动推理和人工智能领域的一个挑战性的课题. 一些著名的科学家认为,机器证明的基本思想是以量的复杂取代质的困难,这就很难想象用机器生成可读证明. 尽管如此,用计算机生成几何定理可读证明的研究从 20 世纪 60 年代以来一直在进行中. 继代数方法成功之后,几何定理可读证明自动生成的不变量方法有了显著进展.

在解几何问题时不用坐标而用几何不变量,会使推理和运算的过程更简捷而易于理解,这是明显的事实. 但在机器证明中使用不变量看来比用坐标要难得多,其研究进展也就较慢.

在 1987 年,即吴法发表 10 年后,《计算机辅助几何推理》文集出版[79]. 其中一些文章提出用距离几何或括号代数为工具进行计算机几何推理. 这大概是在几何定理机器证明中运用不变量的早期研究. 随后,文献[80,81]中有类似的工作. 由于所提出的方法有赖于人的干预而不能形成有效的算法,这时的研究正如文献[79]的标题所表明的,还处于计算机辅助推理的阶段.

几何定理可读证明机械化的实现,是由面积方法的应用开始的. 面积方法本是一种古老的几何解题手段. 但长期以来,它仅被看成一种特殊技巧. 自 1982 年,文献[15,82]提出了作为平面几何的一般工具的系统的面积方法. 这种系统的面积方法与消点思想相结合,使几何定理可读证明自动生成的研究得到突破.

消点法的基本思路是:用作图语句表达命题的前提,用几何不变量的有理式表达命题的结论,利用一组预置的引理从结论中逐个消去由作图语句引进的约束点(后引进的先消去),直到水落石出.

1992 年文献[14]中使用了面积方法中的少量基本命题(主要是共边定理),在消点法的框架之下,给出了适用于希尔伯特交点型的平面几何命题类的机器证明算法. 这一算法用 Lisp 语言实现,能有效地生成可读证明. 尽管适用的几何命题类不大,它却是第一个能对成类的几何命题生成可读证明的算法,为几何定理可读证明自动生成的一系列算法提供了方法论的基础.

只用面积这个几何量还不足以处理平面几何中涉及角度大小的许多问题. 为了克服这一困难,文献[83]引入另一个几何量——勾股差,它相当于向量的内积. 有了勾股差,扩展了文献[14]建立的算法,形成了能处理一切可构造平面无序几何命题的完全性算法.

面积相当于向量的外积,勾股差相当于向量的内积. 用面积和勾股差为工具能做的事,当然也能用向量做. 于是,面积法实现之后,文献[84]和[85]几乎同时提出了用向量为工具进行几何定理的机器证明. 前者用格若勃基方法,后者用消点法.

使用向量为几何定理机器证明的基本工具,本质上不受空间维数的限制. 但在平面几何的情形,用复数代替向量,则更加灵活简便. 对有些著名的定理,如 Moeller 定理、Feuerbach 定理,用复数为工具并结合消点法,就能机械地生成其简捷的可读证明. 另有许多在本质上只涉及角度的精彩的定理,如著名的五圆定理、Miquel 定理等,用面积方法、向量方法和其他的代数方法,很难在微机上证明这些定理. 如果引入另一个几何不变量——全角,这类问题就能顺利解决,而且常能生成优美简捷的证明. 在文献[86]和[87]中有六百多个例子,其可读证明是由计算机自动生成的. 介绍消点法的中文资料有文献[88,89]. 把消点法用于非欧几何可读证明的自动生成,也得到了成功[90],并得到一批非欧几何新定理和它们的可读证明[91].

消点法也可用于立体几何定理可读证明的自动生成[92],几何量的计算以及公式推导. 它使几何定理机器证明的成果在数学教育中的应用有了现实可能. 在多数情形下,消点法也可用笔纸证明不平凡的定理. 这结束了两千年来几何证题无定法的局面,把初等几何解题法从四则杂题的层次推进到类似于代数方程解应用题的阶段.

面积等几何量也可以用其他形式表示. 例如,文献[43, P. 139—172]提出用括弧代数的记号(实质上是面积的行列式表示)构造射影几何定理机器证明的算法. 在文献[93]中提出用 Clifford 代数为工具来生成几何定理的可读证明,文献[94]中把面积方法用 Clifford 代数的语言更系统地表达. 这些方法从证明可读性角度看,好象是退了一步. 但从数学统一性的角度看,使用 Clifford 代数的工具则更为深刻了,因而是一个有希望的研究方向. 特别应当一提的是,用

Clifford 代数为工具,还能够生成一些局部微分几何定理的可读证明.

4 能生成传统证明的搜索法

几何定理机器证明的研究虽然有了很大进展,但与人类在几千年间积累起来的丰富多彩的几何知识相比,计算机目前所能做的仍是十分有限(例如,五角星的五角和为 $180°$ 这个初中课本上就有的命题,目前的所有通用算法都不能证明).应当把几何学家所掌握的方法更多地"教给"计算机,使计算机产生的解法可以与几何学家相比.为此,要分析几何学家有哪些解题方法,计算机已经"学会了"哪些,以确定下一步应当做什么和如何做.几何学家常用下列四种手段.

W1(检验):对具体图形作观察和计算,以确信命题为真.

W2(搜索):依据常用的引理和已知条件去找寻题图中更多的几何性质.这样做如达不到目的,得到的信息就是进一步工作的基础.

W3(归纳):从结论出发,利用已知信息消去依赖的几何量或几何元素,使结论的真假趋于显然或易于检验.

W4(转化):改变命题的形式,如几何变换、反证法、辅助线等.

手段 W1 的机器模拟已经实现.手段 W3 的机械化研究得到了最大的成功,吴法、GB 法、面积法和向量法均属此类.手段 W4 充分体现了人的思维活动的灵活性与丰富性,尚难以机械化.手段 W2 是传统几何证明活动中的常规方法,是归纳的补充和转化的基础.在几何定理机器证明的研究中,搜索方法不应被忽视.

搜索方法,就是从前提或结论出发,进行"一切可能的"推理的方法.这是一种很古老的设想,也叫大英博物馆方法.在电子计算机出现之前,对稍复杂的几何图形,全面搜索其性质几乎不可能(对比一下消点法是有趣的:消点法的提出是近年的事,但它实际上在欧几里得之前就有条件实现了).格兰特于 1959 年提出的用后推搜索法实现几何定理机器证明[7],可谓应运而生.搜索法能生成传统形式的证明,也就是像中学生几何课本上那样的证明.这在教育上的应用是十分明显的,因而很吸引人.1975 年内文斯又提出用前推搜索方法做几何证明[11].

无论是前推还是后推,其战略思想是平凡的.困难在于如何实现为有效的算法和程序.为此,文献[95]提出用具体图形引导后推搜索的路线,文献[96]研究了几何推理机器中的知识表示方法,文献[97]则探讨如何在几何证明的问题空间中更有效地搜索. 这些研究在 20 世纪 80 年代初,即吴法发表后不久,初见成效. Coelho 和 Pereira 在文献[98,99]中详细地报告了用 Prolog 语言所写的前推搜索程序运行的情形. Anderson 等则用后推搜索法写出用于计算机辅助几何教学的程序 Geometry Tutor,并在一些学生中做了实验.[100] 这些程序都选用了中学几何课本上常用的定理作为推理的辅助规则,在文献[100]中使用的这类规则与几何图形有关,因而有 300 多条. 另一方面,Quaife 则应用一般的计算机推理系统 OTTER,直接从几何公理出发来推理.[101] 由于用了顺序公理,也能推出一些有序几何的定理.

但是,与代数方法相比,基于综合推理的搜索法的上述进展是相当有限的. 具体表现在:(1)效率低;(2)不具有对某个命题类的完全性,特别是很多常见的著名定理都证明不了;(3)从已发表的例子可见,常要人把必要的辅助线添上,程序才能运行成功;(4)尚不能解决与圆有关的问题和立体几何的问题;(5)未能达到所谓推理不动点——推出所给图形的一切可推出的性质(相对于所选用的定理而言). 这最后两点曾被作为问题特别指出.[99]

在消点法的研究和实践中发现,如能先用搜索法推导出有关图形的一些性质备用,则有助于提高效率和改善证明的质量.[102] 这表明,搜索法虽不是一种完全的算法,但它能和其他方法配合而发挥重要的作用. 为此目的,前推法比后推法更有用. 这是因为,使用前推搜索时,即使没得到要证的结论,在推理过程中也能获悉有关几何图形的许多信息.

在文献[103,13]中,作者与高小山、周咸青合作,基于前推模式设计并实现了一个“几何信息搜索系统”(GISS). 由于适当选择几何工具,合理组织数据和优化推理的过程,效果极好. 文献[99]中曾提出的用搜索法处理涉及圆的命题,以及找出所有可能推出的几何性质(达到推理不动点)的问题,均为我们的算法完满回答. 我们的程序用 C 语言在 NeXT 工作站上实现,用于 161 个非平凡几何命题,均在合理的时间内达到不动点,并能发现新定理,证得其他方法不能证明的结果.[13] 程序已具有添加某些辅助线的功能. 在文献[104]中,这一搜索系统被用于几何作图问题的自动求解. 此程序可经网络用 ftp 来获取.

文献[2]的软件中包含了消点法和前推搜索法的几何定理证明系统,并具有良好的作图界面.

基于传统推理的几何问题机器求解的研究,近期还有文献[105,106]等. 其中研究了某些几何方程的求解及图示几何推理.

5 研究展望和应用前景

综观近二十年来几何定理机器证明的主要进展,有三条线索:基于坐标的代数方法,基于几何不变量的消点方法和基于传统综合推理的搜索方法. 看来,这三类方法的研究各自仍会有进一步的发展.

机器生成可读证明的实现并不使代数方法失去价值. 一些特殊问题及代数曲线和曲面的几何问题仍需用代数方法. 发展非线性代数方程组的并行插值求解方法,综合不同方法的长处以建立有效的人机交互求解系统,都是极有希望的研究方向. 另一方面,由于实系数多项式完全判别式系统的发现[12],几何不等式机器证明的难题有希望得到突破. 几何不等式和几何作图的机器求解及微分几何、微分方程的机器求解,会随着实代数研究的进展而出现新的局面.

关于不变量方法的研究,消点法仍有改进和发展的余地. 一方面可以使用更多的几何不变量,把消点法的应用范围扩大,使它能用于更多的命题和更多种的几何. 多种不变量的综合运用,如角度和长度的综合,是这一研究的难点. 另一方面,由于基本的几何对象除点外还有直线和平面等,所以由消点可以发展到消线、消面、消圆. 方法的多样化可以提高证明的质量,并使证明丰富多彩.

使用 Clifford 代数的工具[93]或距离几何的工具[81]做几何问题机器求解的研究,有希望进一步发展. 用不变量为工具研究几何不等式的机器证明,是有前途的新方向.

传统证明自动生成的研究,会进入实用阶段. 如在发展 GISS 时所看到的那样,前推搜索方法能使几何定理的证明更为传统化,还能搜索出所给几何图形的许多性质,这是几何定理机器证明的其他方法难以做到的. 在文献[13]中所发展的 GISS 程序不过是这个方向的初步成功. 它的方法和技巧有很大的改进余地. 另一方面,将后推搜索与前推搜索联合使用,有可能提高效率.

在 GISS 的基础上研究几何问题机器求解的其他方法,这一方向具有诱人的前景. 高智能的传统几何解题方法的机械化,如辅助线、几何变换、合同法和反证法的计算机实现,显然只有在有效的 GISS 的基础之上才能得以发展.而 GISS 本身,则有可能发展为更一般的几何推理数据库,成为几何研究和教学的有用的工具.

几何作图机械化的研究,不但有传统的兴趣,更有广泛的应用.它目前在国际上是一个很活跃的研究领域(可参看文献[104]所引用的一些文献).在消点法和 GISS 基础上,文献[104]发展了一类几何作图问题的求解算法并实现为有效的程序.这个程序对一大类尺规可解的几何作图问题能自动地生成作图步骤和可读证明.这一方向的研究,可说是方兴未艾,有大量的工作可做.

在过去的二十年,几何定理机器证明的各种方法都有长足的发展.如何把不同的方法综合起来,组织成有效的几何问题计算机自动求解或人机交互求解系统,将成为更有意义的研究方向.

这二十年来的进展,使得几何定理机器证明的研究从基础研究领域扩展到了应用研究和开发研究的领域.

几何定理机器证明研究成果的应用,有间接的,也有直接的.

在研究几何定理机器证明时,创造或发展了一些新的方法或代数工具,它们可用来解决其他领域的问题.这是间接的应用.如机构设计、曲面造型、计算机辅助设计、机器人控制、计算机视觉以及其他有关的数学问题(参看文献[107—113]).

把几何定理机器证明的程序发展为软件,或者嵌入计算机应用软件,这就是直接的应用.这类应用的实际需求,主要有两个方面.

一是为研究者、教师和数学爱好者提供智能性几何解题电子词典,对两千多年的初等几何作一个相对完美的总结.这一工作工程浩大,但如做得好,将是对文化事业的重要贡献.

另一方面,应用几何定理机器证明研究的成果或在研究中所形成的思想和方法,可以研究开发出具更高智能的理科教育软件和供广大科技工作者、教师和学生使用的数学工具软件.这方面有形成软件产业的现实可能性.事实上,中国科学院成都地奥公司已投资人民币数百万元,与成都计算机应用研究所、广州师范学院教育软件研究所合作,开始了开发高智能性中学理科教育软件的工作.教育的应用对机器证明提出了更高的要求:必须用学生能接受的方式给出证明,要有十分友好的界面,能在学生证明时提示和纠正错误.社会的需求还会把机器证明的研究推向更广的领域,不仅研究几何定理的机器证明,而且要探讨一般理科问题的机器求解方法.

数学工具软件能在很大程度上用计算机代替人的高级脑力劳动.好的数学工具软件能产生很大的社会效益,经济效益也是可观的.国外从20世纪60年代就开始了这种软件的研究开发工作.国家"攀登"计划项目"数学机械化及其应用"的建议书中,已经把相应的软件研究与开发列为重要内容之一.相信在未来5—10年中,我国在几何定理机器证明领域不仅会出现一批高水平的基础研究成果,体现我国在这一领域的学术水平的优秀软件也将脱颖而出.

致谢　本文提到的作者本人的研究工作曾得到国家"攀登计划"项目基金、"863"国家高科技基金、国家自然科学基金和中国科学院特别支持基金及美国国家科学基金、意大利 ICTP 等多方面的资助.

参考文献

[1] 吴文俊.初等几何判定问题与机械化证明[J].中国科学,1977(6):507—516.

[2] 高小山,张景中,周咸青.几何专家(软件)[M].台北:九章出版社,1997.

[3] D.希尔伯特.几何基础[M].江泽涵,等,译,北京:科学出版社,1958.

[4] TARSKI A. A Decision Method for Elementary Algebra and Geometry [J]. Texts & Monographs in Symbolic Computation, 1951(3): 188.

[5] CERUTTI E, DAVIS P J. Formac meets pappus: some ober vations on elementary analytic geometry by computer [J]. The American Mathematical Monthly, 1969(8):895 - 905.

[6] COLLINS G E. Quantifier elimination for real closed fields by cylindrical algebraic decomposition [J]. ACM SIGSAM Bulletin, 1975(1):10 - 12.

[7] GELERNTER H. Realization of a geometry-theorem proving machine [J]. Proc. Int. Conf. on Information Processing, 1959:273 - 282.

[8] GELERNTER H, HANSEN J R, LOVELAND D W. Empirical explorations of the geometry theorem proving machine [A]. Proc Western Joint Comp Conf [C]. San Francisco, 1960:143 - 147.

[9] GILMORE P C. An examination of geometry theorem machine [J]. Artifical Intelligence, 1970(3 - 4): 171 - 187.

［10］ GOLDSTEIN I. Elementary geometry theorem proving ［J］. Elementary geometry theorem proving，1973.

［11］ NEVINS A J. Plane geometry theorem proving using forward chaining ［J］. Artificial Intelligence，1975(1)：1 - 23.

［12］ 杨路,候晓荣,曾振柄. 多项式的完全判别系统［J］. 中国科学(E 辑：技术科学),1996(5)：424 - 441.

［13］ 张景中,高小山,周咸青. 基于前推法的几何信息搜索系统［J］. 计算机学报,1996(10)：721 - 727.

［14］ ZHANG J Z, CHOU S C, GAO X S. Automated production of traditional proofs for theorems in Euclidean geometry I. The Hilbert intersection point theorems［J］. Annals of Mathematics & Artificial Intelligence，1995(1)：109 - 137.

［15］ 张景中. 面积关系帮你解题［M］. 上海：上海教育出版社,1982.

［16］ CHOU S C, GAO X S. A survey of Geometric reasoning using Algebraic methods ［M］. Birkhaüser Boston，1996.

［17］ WANG D. Geometry machines：from AI to SMC ［A］. International Conference Aismc - 3 on Artifrcial Intelligence & Symbolic Mathematical Computation ［C］. Springer-Verlag，1996：213 - 230.

［18］ 吴文俊. 几何定理机器证明的基本原理(初等几何部分)［M］. 北京：科学出版社,1984.

［19］ 井中. 一个古老的梦实现了！——几何定理机器证明的吴法浅谈［J］. 自然杂志,1990(10)：682 - 688,703.

［20］ 吴文俊,吕学礼. 分角线相等的三角形［M］. 北京：人民教育出版社,1985.

［21］ 吴文俊. 走向几何的机械化［J］. 数学学报,1982(2)：2 - 12.

［22］ GAO X S. An introduction to Wu's method of mechanical geometry theorem proving ［A］. SHI Z, ed. Automated Reasoning ［C］. North-Holland ：Elsevier Sci Pub，1992.

［23］ WANG D, GAO X S. Geometry theorem proved mechanically using Wu's method-part on Euclidean geometry ［J］. MM- preprints. MMRC，1987(2)：75 - 106.

［24］ GAO X S. Transcendental function and mechanical theorem proving in elementary geometries ［J］. Journal of Automated Reasoning，1990(4)：403 - 417.

［25］ 王东明,胡森. 构造型几何及其机器证明系统［J］. 系统科学与数学,1987(2)：

69 - 78.

[26] WANG D. On Wu's method for proving constructive geometric theorems [A]. Proc IJCAI'89 [C], Detroit, 1989, 419 - 424.

[27] WU W. A mechanization method of geometry and its applications, I: Distances, ateas and volumes [J]. J. Systems. math, 1986(3): 204 - 216.

[28] WU W. A report on mechanical theorem proving and mechanical theorem discovering in geometries [J]. Adv Sci China Math, 1986(1):175.

[29] BLEDSOE W W, LOVELAND D W. Automated theorem proving: after 25 years [M]. American Mathematical Society, 1984.

[30] BUCHBERGER B. An algorithm criterion for the solvability of a system of algebraic equations [J]. A equations Math, 1970(4):374.

[31] BUCHBERGER B. Grobner bases. An algorithmic method in polynomial ideal theory[J]. Multidimensional Systems Theory, 1985.

[32] CHOU S C, SCHELTER W F. Proving geometry theorems with Rewrite Rules [J]. Journal of Automated Reasoning, 1986(3):253 - 273.

[33] KAPUR D. Using Grobner bases to reason about geometry problems [J]. Journal of Symbolic Computation, 1986(4):399 - 408.

[34] KUTZLER B, STIFTER S. A geometry theorem prover based on Buchberger's algorithm [J]. JSC, 1986(2):389.

[35] CHOU S C. Mechanical Geometry Theorem Proving [M]. Boston: D Reidel, 1988.

[36] SCHWARTZ J T. Fast probablistic algrithm for verification of polynomial identities [J]. Springer Berlin Heldelberg, 1979.

[37] 洪加威. 能用例证法证明几何定理吗? [J]. 中国科学, 1986(3): 234 - 242.

[38] 张景中, 杨路. 定理机械化证明的数值并行法及单点例证法原理概述[J]. 数学的实践与认识, 1989(1):36 - 45.

[39] ZHANG J Z, YANG L, DENG M K. The parallel numerical method of mechanical theorem proving [J]. Theoretical Computer Science, 1990(74):253 - 271.

[40] YANG L, ZHANG J Z, LI C Z. A prover for parallel numerical verification to a class of constructive geometry theorems [J]. Journal of Guangzhou University (Natural Science Edition), 2002.

［41］杨路,张景中,侯晓荣.非线性代数方程组与定理机器证明［M］.上海:上海科技教育出版社,1996.

［42］CARRA F G, GALLO G. A procedure to prove statements in differential geometry［J］. Journal of Automated Reasoning, 1990(2):203－209.

［43］HONG H. Algebra approaches to geometric reasoning. J. C. Baltzer, 1995.

［44］WANG D. A method for proving theorems in differential geometry and mechanics［J］. J. Univ. Comput. Sci., 1996(1):658－673.

［45］ZHANG J Z, YANG L. A method to overcome the reducibility difficulty in mechanical theorem proving［J］. ICTP preprints, IC/89/263, Trieste, 1989.

［46］YANG L, ZHANG J Z, HOU X R. An efficient decomposition algorithm for geometry theorem proving without factorization［J］. MM-preprints, MMRC, 1993(9):115－131; also in: Proc ASCM'95, Beijing, 1995:33－41.

［47］张景中,杨路,侯晓荣.几何定理机器证明的 WE 完全方法［J］.系统科学与数学,1995(3):200－207.

［48］KAPUR D, SAXENA T, YANG L. Algebraic and geometric reasoning using Dixon resultants［J］. Acm Issac, 1994:99－107.

［49］SHI H. On the resultant formula for mechanical theorem proving［J］. MM-preprints, MMRC, 1989(4):77－86.

［50］张景中,杨路,侯晓荣.代数方程组相关性判准及其在定理机器证明中的应用［J］.中国科学(A 辑),1993(10):1036－1042.

［51］张景中,杨路,侯晓荣.几何定理机器证明的结式矩阵法［J］.系统科学与数学,1995(1):10－15.

［52］YANG L, ZHANG J Z. Searching dependency between algebraic: an algorithm applied to automated reasoning［A］. Artificial Intelligence in Mathematics, IMA Conference Proc［C］. Oxford: Oxford Univ Press, 1994:147－156.

［53］YANG L, HOU X R, Gather-and-fift: a symbolic method for solving polynomial systems［A］. Proc ATCM'95［C］. Singapore, 1995.

［54］CHOU S C, YANG J G, On the algebraic formulation of certain geometry statements and mechanical theorem proving［J］. Algorithmica, 1989(1－4):237－262.

［55］KUTZLER B. Careful algebraic translations of geometry theorem［A］. Proc ISSAC'89［C］. Portland, 1989:254.

[56] WANG D K. Mechanical solution of a group space geometry problems [A]. Proc IWMM'92 [C]. Beijing,1992:236 – 243.

[57] LIN D, LIU Z. Some results on theorem proving in geometry over finite fields [A]. Proc ISSAC'93 [C]. Kiev, 1993:292 – 300.

[58] CHOU S C, GAO X S. Automated reasoning in differential geometry and mechanics using the characteristic set method [J]. Journal of Automated Reasoning, 1993 (2): 161 – 172.

[59] CHOU S C, GAO X S, Automated reasoning in differential geometry and mechanics using the characteristic set method [J]. Journal of Automated Reasoning, 1993 (2): 161 – 172.

[60] CHOU S C, GAO X S. Automated reasoning in differential geometry and mechanics using the characteristac set method [J]. Journal of Automated Reasoning, 1993(2): 161 – 172.

[61] WU W T. Mechanical theorem proving of differential geometries and some of its applications in Mechanics [J]. Journal of Automated Reasoning, 1991(2): 171 – 191.

[62] WU W T. On problems involving inequalities [J]. MM-preprints, MMRC, 1992(7): 1 – 13.

[63] WU W T. On a finiteness theorem about problems involving inequalities [J]. Systems Science and Mathematical Sciences, 1994(7): 193.

[64] CHOU S C, GAO X S, ARNON D. On the Mechanical proof of geometry theorems involving inequalities [A]. HOFFMANN C, ed. Issues in Robotics and Nonlinear Geo [C]. Greenwich: JAI Press,1992:139 – 181.

[65] MCPHEE N F. Mechanically proving geometry theorems using Wu's method and Collins' method [D]. The University of Texas at Austin, 1993.

[66] CHOU S C, GAO X S. Ritt-Wu's decomposition algorithm and geometry theorem proving [J]. Lecture Notes in Computer Science, 1990.

[67] KAPUR D, WAN H K. Refutational proofs of geometry theorem via characteristic set computation [A]. Proc ISSAC'90 [C]. Tokyo, 1990:277 – 284.

[68] KO H P. Geometry theorem proving by decomposition of quasi-algebraic sets: an application of the Ritt-Wu principle [J]. Artificial Intelligence,1988(1 – 3): 95 – 122.

[69] KO H P, CHOU S C. A decision method for certain algebraic geometry

problems [J]. Rocky Mountain Journal of Mathematics Math, 1989.

[70] WU W T. A mechanization method of geometry and its applications III. MeChanical proving of polynomial inequalities and equation-solving, IV. Some theorems in planer kinematics[J]. Journal of Systems Science and Complexity, Systems Science and Mathematical Sciences, 1988(1):5-21; 1989(2): 97-109.

[71] WU W T. A report on mechanical geometry theorem proving [J]. Progress in Natural Science Materials International, 1992(2):3-19.

[72] ZHANG J Z, YANG L, HOU X R. A note on Wu Wen-tsun's non-degenerate condition [J]. ICTP Preprints, IC/89/160, 1989; Computer Math [M]. Singapore: World Sci Press, 1993:127-135.

[73] 张景中,杨路,侯晓荣. 关于吴氏非退化条件的一个注记[J]. 科学通报,1992, 37(19):1821.

[74] WU W T. On reducibility problem in mechanical theorem proving of elementary geometries [J]. Chinese Quarterly Journal of Mathematics, 1987(2):1-18, 19-20.

[75] ARNON D S. Geometric reasoning with logic and algebra [J]. Artificial Intelligence, 1988(1-3): 37-60.

[76] WANG D. Reasoning about geometric problems using algebraic methods [J]. Proceedings Medlar, 1991.

[77] GUERGUEB A, MAINGUENE J, ROY M F. Examples of automatic theorem proving in real geometry [A]. Proc ISSAC'94 [C]. Oxford, 1994:20-24.

[78] REGE A. A complete and practical algerithm for geometric theorem proving [A]. Proc 11th Ann Symp Computational geometry[C]. Vancouver, 1995, 277-286.

[79] CRAPO H. Computer-aided geometric reasoning. Vol. I, II. [A]. Workshop (INRIA Sophia-Antipolis)[C]. INRIA, Rocquencourt, 1987.

[80] FEARNLEY-SANDER D. The idea of a diagram [A]. Ait-Kaaci H, Nivat M, eds. Resolution of Equations in Algebraic Structures [C]. San Diego: Academic Press, 1989:27-150.

[81] HAVEL T F. Some examples of the use of distances as coordinates for Euclidean geometry [J]. Journal of Symbolic Computation, 1991(5-6): 579-593.

[82] 井中,沛生. 从数学教育到教育数学[M]. 成都:四川教育出版社,1989.

［83］ CHOU S C, GAO X S, ZHANG J Z. Automated production of traditional proofs for constructive geometry theorems ［A］. IEEE Symposium on LOGIC IN COMPUTER SCIENCE ［C］. IEEE, 1993:48－56.

［84］ STIFTER S. Geometry theorem proving in vector spaces by means of Grobner bases ［A］. ISSAC-93 ［C］. Keiv. 1993:301－310.

［85］ CHOU S C, GAO X S, ZHANG J Z. Automated geometry proving by vector calculation ［A］. Proc ISSAC-93 ［C］. Keiv, 1993:284－291.

［86］ CHOU S C, GAO X S, ZHANG J Z. Machine Proofs in Geometry ［M］. Singapore: World Scientific, 1994.

［87］ CHOU S C,GAO X S, ZHANG J Z. A collection of 110 geometry theorems and their machine produced proofs using full-angles ［A］. International Workshop on Automated Deduction in Geometry ［C］. Springer-Verlag, 1996.

［88］ 张景中. 平面几何新路——解题研究［M］. 成都:四川教育出版社,1992.

［89］ 张景中. 消点法浅谈［J］. 数学教师,1995(1):8－13, 31.

［90］ CHOU S C, GAO X S, YANG L, et al. Automated production of readable proofs for theorems in non-Euclidean geometries ［A］. International Workshop on Automated Deduction in Geometry ［C］. Springer-Verlag, 1996.

［91］ CHOU S C, GAO X S, YANG L, et al. A collection of 90 mechanically solved geometry problems from non-Euclidean geometries ［A］. International Workshop on Automated Deduction in Geometry ［C］. Springer-Verlag, 1996.

［92］ CHOU S C, GAO X S, ZHANG J Z. Automated production of traditional proofs in solid geometry ［J］. Journal of Automated Reasoning, 1995(2):257－291.

［93］ LI H, CHENG M. Proving theorems in elementary geometry with Clifford algebraic method ［J］. Chinese Math. Progress, 1997,26(4):357－371.

［94］ LI H. Clifford algebra and area method ［J］. M-M Research preprint, 1996 (14): 37－69.

［95］ REITER R. A semantically guided deductive system for automatic theorem proving ［J］. International Joint Conferences on Artificial Intelligence, 1976,25(4):328－334.

［96］ ELCOCK E W. Representation of knowledge in a geometry machine ［J］. Machine Intelligence, 1997(8):11.

[97] ANDERSON J R. Tuning of search of the problem space for geometry proofs [A]. Proceedings of the 7th International Joint Conference on Artificial Intelligence Vancouver [C]. 1981:157 - 162.

[98] COELHO H, PEREIRA L M. GEOM: A prolog geometry theorem prover [A]. Laboratorio Nacional de Engenhaaria Civil Memoria [C]. No. 525, Portugal: Ministerio de Habitacaoe Obrass Publicas, 1979.

[99] COELHO H, PEREIRA L M. Automated reasoning in geometry theorem proving with prolog[J]. Journal of Automated Reasoning, 1986(4): 329 - 390.

[100] ANDERSON J R, BOYLE C F, YOST G. The geometry tutor [A]. In: Proc IJCAI'85 [C]. Los Angeles, 1985:1 - 7.

[101] QUAIFE A. Automated devdlopment of Tarski's geometry [J]. Journal of Automated Reasoning, 1989(1): 97 - 118.

[102] 张景中,杨路,高小山,等. 几何定理可读证明的自动生成[J]. 计算机学报, 1995(5):380 - 393.

[103] CHOU S C, GAO X S, ZHANG J Z. A deductive database approach to automated geometry theorem proving and discoving [J]. Journal of Automated Reasoning, 2000(3): 219 - 246.

[104] CHOU S C, GAO X S, ZHANG J Z. A method of soving geometric constraints [J]. M-M Research Preprint, 1996(14):18 - 36.

[105] BALBIANI P. Equation solving in projective planes and planar ternary rings [J]. LNCS, 1994(850):95.

[106] BALBIANI P, FARINAS DEL CERRO L. Affine geometry of collinearity and conditional term rewriting [A]. Term Rewriting, French Spring School of Theoretically Computer Science, Font Romeux, Advanced Course [C]. Spinger Berlin Heidelberg, 1995.

[107] MMRC. Mathematics-Mechanization Research preprints. Nos. 1 - 15 [C]. 中国科学院系统科学研究所,1987 - 1997.

[108] GAO X S. Transformation theorems among Cayley-Klein geometries [J]. Systems Sciences and Mathematical Sciences, 1992(3): 260 - 273.

[109] GAO X S. Computations with different rational parametric equations [A]. Proc ISSAC'91 [C]. Bonn, 1991:122 - 127.

［110］ GAO X S, WANG D K. On the automatic derivation of a set of geometric formulae ［J］. Journal of Geometry, 1995(1 - 2):79 - 88.

［111］ WU W T. Central configurations in planet motions and vortex motions ［J］. MM-preprints. MMRC, 1995(13): 1 - 14.

［112］ 吴文俊,王定康. 计算机辅助图形设计中的代数曲面拟合问题[J]. 数学的实践与认识,1994(3):26.

［113］ 吴尽昭,刘卓军. 一阶谓词演算定理机器证明的余式方法[J]. 计算机学报,1996(10):728 - 734.

5.5 自动推理与教育技术的结合(2001)①

1 自动推理研究近年的进展

自动推理研究有两条路线:一是研究一般的推理规律和方法,二是面向具体领域的研究.多年的经验表明,面向具体领域的研究其成效更为显著.符号计算软件的普及和深蓝计算机系统战胜国际象棋世界冠军是两个广为人知的例子.后一个例子有很大的广告效应,前一个例子却有实际的意义.近 20 年来,符号计算软件的广泛应用使得大量的高级脑力劳动可以由计算机代替科技人员承担.这大大缓解了因数学教育质量下降带来的人才缺乏的危机,提高了科技活动效率.

符号计算软件是 20 世纪 60 年代开始出现的.目前世界上最为流行的有加拿大的 MAPLE 和美国 MATHEMATICA.这种软件是实现数学机械化的必要工具.应当说,在我们提出数学机械化之前十多年,西方发达国家的科学家已经在这方面做出了许多实际的成果.

最古老的数学分支是初等几何.但初等几何定理证明的机械化研究却是进展最缓慢的.代数、微积分的机械化是在 20 世纪 60 年代基本成功的.几何证明的机械化的突破,肇始于 1976 年吴文俊院士提出的新方法.此后 20 多年来,我国及华裔科学家在此领域一再取得国际领先的成果.其中主要包括:

(1) 定理证明的例证法(1985—1992)

(2) 几何定理可读证明自动生成的原理和方法(1992—1995)

(3) 处理非线性代数方程组的更有效的算法(1989—1996)

(4) 几何作图问题的自动求解(1995—1997)

(5) 符号系数代数方程的完全判别系统(1996—1999)

① 本文原载《中国青年科技》2001 年第 8 期.

(6) 不等式发现和证明的有效算法(1996—1999)

以上工作中,特别值得注意的是最后两项:符号系数代数方程的完全判别系统的发现、不等式发现和证明的有效算法的提出.

代数方程是数学的经典研究对象,在科学技术和工程活动中有广泛的应用.确定一个代数方程有多少实根以及每个根的重数,是代数学的基本理论问题,也是有广泛应用的实际问题.当方程的系数是符号而不是数值时,对涉及序关系的推理更为重要.这样重要的基本问题,在数学中长期得不到回答.直到20世纪60年代,五次及更高次的方程是否有判别式系统,如有的话,如何写出其判别系统的问题仍未解决.1996年彻底解决了符号实系数多项式的完全判别系统的计算问题.1999年进而解决了符号复系数多项式的完全判别系统的计算问题,并给出了多项式(复的或实的符号系数及符号与数值系数混合)完全判别系统的自动生成的算法和程序.这是用计算机自动推理解决重大的数学问题的一个典型的例子.

几何或代数中的不等式的推导和证明,是自动推理领域长期来面临的一个困难问题.吴文俊院士称它为"一大难题".1996年以来,杨路等人的一系列工作,使这一大难题得到突破.用杨路所提出的算法和程序,在计算机上发现或证明了上千的几何不等式,其中有数百个是数学工作者在书刊上提出而未解决的问题.用计算机代替或帮助数学家工作,又在一个新领域获得成功.

应当指出的是,尽管我们在自动推理某些领域一再取得领先的成果,但就总体实力而言,仍未进入国际先进行列.这表现在我们虽然提出了一些好的方法,但没有开发出相应的好的软件.我们的方法和算法,是在人家的平台上实现的.目前国家"973"项目"数学机械化与自动推理平台"的主要目标之一,就是要建设有自主版权的符号计算软件系统作为推理平台,力求在今后几年内,在这一领域提高总体实力,进入国际先进行列.

2 自动推理新成果的应用前景

自动推理的一系列新成果,可望在下列领域找到应用:

(1) 物理、化学、生物等基础研究领域.如求解理论物理中提出的非线性代数方程组,计算大分子结构等.

（2）高技术研究中的复杂计算. 如图像处理中变换参数的优化, 机器人设计中的动作驱动问题等.

（3）提高符号计算软件的性能或扩大其功能范围, 使其能更好地服务于科学研究、工程技术和教育.

（4）几何推理和作图的自动化可用于加强 CAD 的智能性.

（5）用于发展教育技术.

上述各项中, 最后一条是值得关注的新动向.

3 发展教育技术的瓶颈问题

教育技术是随信息技术的发展而迅速发展起来的领域. 我国有的大学几年前就成立了教育技术系. 最近微软投资三千万美元与美国某大学合作开发教育技术, 表明它开始受到产业界的关注.

教育技术, 顾名思义是教育和技术产生的交叉领域. 从技术方面看, 主要涉及多媒体技术、网络技术和人工智能技术. 最早热起来的是多媒体技术. 国内多次举行的教育软件大赛, 名称上都叫作"多媒体教育软件大赛", 说明大家已经形成这样的观点: 教育技术是离不开多媒体的了. 近两年, 网络技术也热起来了. 远程教育受到从上到下的重视, 有钱的学校都在忙着建设校园互联网. 而人工智能技术在教育中的应用, 还是比较冷的.

这是因为, 人工智能主要靠软件, 这种高知识含量的软件开发起来难度很大, 要做更多的基础性工作.

多媒体、网络和人工智能都属于信息抹术. 三者解决的问题各不相同. 多媒体技术要处理的是信息的表现形式, 网络技术要处理的是信息的传播方法, 人工智能技术要处理的是信息本身的组织、生成和转化, 涉及信息的本质.

在目前发展教育技术的工作中, 到处听到这样的呼声: 硬件不难, 有钱就行, 困难的是缺少教学资源, 找不到好用的教育软件.

为了开发教育软件, 国家设立了基地, 投资上亿. 全国各地开发教育软件的企业有两百多家. 市场上的教育软件有两千多种. 教师们又开发了大量的课件. 十几年来, 有关部门多次举行优秀教育软件或优秀多媒体课件的竞赛和评选活动. 为什么大家仍说找不到好用的教育软件呢?

关键在于,大量的教育软件没有智能性.没有智能性的教育软件实际上是电子翻页器,是屏幕上的习题集或课程录像.许多学生认为,用教育软件复习不如看参考书,因为看书又省钱又不像计算机那样费眼力.许多教师认为,现成的课件不好用,因为无法修改,无法因地因时制宜,无法把自己的教学经验加进去.由于人工智能技术未能在教育软件开发中得到足够的重视,形成大量工作的低水平重复和人力物力的浪费.

教师和学生所想要的好的教育软件应具有那些功能呢?

一般的学生希望,软件能解答他们学习中的疑难问题或和他们合作探讨问题,而不是提供一套内容固定的习题集.

学习较好的学生希望,软件应为他们提供培养创新能力的环境,而不是单纯地灌输知识.

教师希望,软件应当是他们有力的助手,而不是代替他们讲课的录像带或VCD光碟.软件应当像助教一样,帮他们解答学生提出的一般问题,帮他们做一些比较机械的工作,使他们有时间和精力做更具创造性的工作.软件应当提供具有学科知识资源支持的多媒体编辑功能,使他们能方便地备课和制作课件.

目前的情况距这些要求尚远.要改变这种不能令人满意的情况,出路在于充分应用人工智能技术特别是自动推理技术,研究开发教育软件智能平台.

4 教育软件智能平台

我们所设想的教育软件智能平台,是面向学科的.如平面几何平台、初中物理平台等.

它主要由下列九个子系统组成:

(1)学科知识库.其中记录了本学科教学大纲所要求的知识内容.知识本身有两类,一类是数据性的,一类是规律性的.如化学元素的原子量,物质的溶解度,是数据;而酸和碱可以中和为盐是规律.推理库中的知识,既可以表达为文本,又可以作为解题推理的基础.

(2)知识元件表示系统.知识表达要由一些形象直观的基本图形符号构成.如几何中的圆、线段,物理中的滑轮、电流计等,都可以叫作知识元件.这些元件不是互相独立的图片,它们之间有内在的逻辑关系.如圆和直线可以相交产生交点,电池、电阻和电流计适当连接可以从图上读出电流数值. 这一系统具有动态构图、模拟测量、图形变换和轨迹生成等功能.

(3) 与知识元件相联系的问题生成系统. 它使用户能将知识元件组合成具体的情景,添加条件,提出结论猜想或目标以构成问题.

(4) 基于学科知识和逻辑规则的自动推理系统. 它将学科知识用于具体的情景,反复推理,得到与情景和问题有关的信息.

(5) 基于学科知识库和自动推理系统,并联系着情景和问题的临时信息库. 它是题解生成的基本素材.

(6) 基于学科知识库、自动推理系统和临时信息库,支持计算机与用户合作解题的交互推理系统.

(7) 具有多媒体功能,联系着学科知识库、知识元件表示系统、自动推理系统和临时信息库,并支持 OLE 的教师进修备课及课件制作系统.

(8) 支持课件独立演示的课件演播系统.

(9) 帮助学生自学的预习、复习及自我测试系统.

目前国内外还未见有关于有以上功能的软件的报道. 具有上述部分功能的软件已经出现,如一些符号计算软件有解题能力,但不能提供解题过程,只给出最后答案. 有一些几何作图软件有动态作图功能和轨迹生成功能,但不能推理. 有一些支持多媒体功能的课件开发平台但不具备学科知识及推理功能.

具备上述九个子系统的功能的教育软件智能平台,一旦研究开发成功,它将成为一般学生复习预习自学应考的平台,成绩优秀的学生培养其创新能力的活动平台,教师备课进修及课堂演示的平台;开发教学资源库、制作课件的平台,教师组织学生进行课外学习活动的平台.

这种教育软件智能平台有待于研究和开发. 中国科学院成都计算机应用研究所与广州师范学院教育软件研究所合作,经过两年多的研究开发,已推出智能性接近这种平台的系列软件《数学实验室》及中学物理、化学智能软件. 目前,他们在广州市科委及其他多方面的支持下,开始了平面几何、解析几何等课程的教育软件智能平台研究开发工作. 预计很快可推出测试版. 笔者认为,这一方面的研究和开发极为重要,将结束我国教育软件十年来徘徊不前的局面,为我国教育技术的发展和教育事业的发展作出贡献.

5.6 数学机械化与现代教育技术(2003)①

1 数学机械化应当有更多的直接受益者

谈到数学机械化,大家都会想到我国的数学家吴文俊院士.吴老在 20 世纪 70 年代发表的《初等几何的判定问题与机械化证明》,突破了国际数学机械化领域 20 多年来的一大难题,同时在中国举起了数学机械化的大旗.自 20 世纪 80 年代以来,吴老的这项工作在国际同行中得到广泛的流传和赞誉,被称为"吴方法".吴方法的出现在国际上激起了这一领域的新一轮研究高潮.在吴方法的激励和吴老的直接领导下,中国人这 20 年来在数学机械化领域确有不俗的表现:他们不仅在各个领域应用吴方法取得了一系列丰富的成果,还进一步在可读机器证明、多项式判别系统以及不等式机器证明等方向取得了新的突破.我国在数学机械化领域的这些研究工作,迄今仍居于国际先进行列.

正如吴老多次指出的那样:数学机械化的研究有着鲜明的应用目标,就是要更多地用计算机替代人的重复性、机械性的数学劳动,扩展人类脑力劳动机械化的范围.数学机械化的研究和应用,不能不使用计算机和数学软件.而数学机械化的研究成果往往是论文,把论文变为软件,才能使更多的人受益.正是在变论文为软件方面,我国至今仍落后于其他一些国家.有鉴于此,有关的"973"项目被命名为"数学机械化与自动推理平台".这里的"自动推理平台",所指的就是要研究开发的数学软件.可喜的是,项目主持者在网上发布了这方面的工作成果———一套我国独立开发的免费的数学软件.该软件的一些基本功能已接近于国际流行的同类产品.这标志着我国的数学机械化研究进入了一个新的阶段,到达了一个新的起点———开始拥有独立知识产权的数学软件.

---

① 本文原载《信息技术教育》2003 年第 1 期.

现代计算机出现以后,数学机械化的步伐大大加快了.大量的科学研究人员、工程技术人员以及高等学校理工科的教师和学生,使用数学软件来推导公式、求解方程、处理数据、描绘曲线、辅助设计和制作图纸,享用着数学机械化的成果,提高了工作的效率.要想使更多的人关心、参与和支持数学机械化的活动,我们应当努力扩大数学机械化的应用范围,了解从事哪些行业的人有可能是数学机械化的受益者,研究他们的需求,满足他们的需求,把可能的受益者变成现实的受益者,使数学机械化直接受益面更加扩大.基于这种想法,我们就会注意到一个庞大的人群:教师群体.他们有可能成为数学机械化的直接受益者.

2　教育信息化对数学机械化的潜在需求

为了收集有关数学教育的资料,笔者从网上下载了不少数学课件.仔细阅读分析这些课件后,觉得制作这些课件的老师们实在是太辛苦了.有一个课件,仅仅画了个有立体感的圆台,作图步骤竟有 485 步之多.作者所用的工具是著名的动态几何作图软件"几何画板",缺乏立体作图的功能.而如果用具有立体几何作图功能的软件来做这件事(这样的国产软件已不只一种,如"Z+Z 智能教育平台"的"立体几何"),只要 1 分钟就够了,而且作出的圆台还可以作侧面展开,用平面切割出截面,以及测量体积和表面积、侧面积等.

作几何图只是数学活动的一种.更多的数学活动是计算和推理论证.教师工作中大量的数学活动是可以用计算机来完成的.但是,大多数中小学理科教师还没有从数学机械化的丰富成果中得到本应得到的好处.在信息技术高度发展的今天,他们在教学活动中仍然从事着许多机械性、重复性的劳动.应当说,这是一个很大的群体.我国大约有 1.5 亿中小学生,若以每 150 名学生配备 1 位数学教师来计算,数学教师就构成一支百万大军了.我国开展教育信息化的工作已有十几年,但是,"教育资源严重不足""有路无车,有车无货"的呼声依然不绝于耳.据报载,北京某中学用了上亿资金实现了校园网络化,上课时使用率却很低,就是因为缺乏好的教学资源!造成这种现状的根本原因是:缺乏好的教学工作平台.

教师用计算机上课、备课、制作课件以及指导学生的课外活动,要有一定的软件环境,这样的软件环境通常叫作教学工作平台.到目前为止,绝大多数学校的教师所用的工作平台,或是从国外引进的多媒体制作工具软件,或是国内模仿这些软件自行开发的,其基本设计思想是:教师准备好多媒体教学素材,软件把素材编辑链接起来.这种设计思想没有全面考虑教学工作中的多种需求,没有致力于用计算机尽可能地替代教师的机械性、重复性劳动,把大量困难繁琐的工作留给了教师(特别是理科教师).结果之一:工作效率低下,出现了用计算机制作课件比传统备课更费力、更花时间的怪现象,计算机辅助教学反而给教师增加了负担.结果之二:这些平台不能为教师提供即兴发挥的环境,教师只能在课堂上机械地演示准备好的课件,多年积累的教学经验无用武之地.结果之三:这样的平台制作出的课件不容易分解组合修改,交互性差,难以实现教学资源共享,难以用于学生的实践活动.结果之四:在课件制作活动中,出现了大量低水平的重复性工作.

理想的教学工作平台,应当支持教与学的全过程,让教师能够发挥传统黑板教学的经验,尽可能地减轻以至取代教师的重复性、机械性劳动,应当是知识型、智能型和"傻瓜"型的工具.在众多工具平台教学软件中,小小的"几何画板"受到了许多教师的喜爱,因为它初步具有上述的基本特点.而其不足之处,也在于由于功能所限,未能充分体现这些特点.这里最关键的,是用计算机代替教师的机械性、重复性劳动,让教师提高效率.在设计制作这种理想的教学工作平台的工作中,数学机械化的思想、方法和具体的成果大有用武之地.

3 教育技术对数学机械化提出了新课题

教学过程中的数学活动是为了说明思想概念,阐述道理方法,指导操作训练.比起数学研究和工程技术来说,教学中要解决的数学问题要容易得多,算是"小儿科".但是,它所要的不仅仅是最后的结果和数据,还要有生动明白的过程,这就给数学机械化提出了另一种风格的问题.

在数学机械化的发展过程中,人们曾一度认为让计算机自动生成容易理解和检验的几何定理证明(所谓可读证明)是几乎不可能的.这一问题在 20 世纪 90 年代得到突破时,不少专家指出,计算机生成可读证明的成果,将在教育上有所应用. 这种看法大体上是对的,教学中用到的证明应当是可读的,但仅仅可读还不够,还要有更多的要求. 例如:在证明推理中用到的知识应当是学生学过的,但学生的知识在不断增长,所以推理中的规则应当是动态的、可以变化的. 根据教学的需要,计算机提供的解题方法应当是多样的(一题多解),题解的表达应当是可详可略的. 与数学机械化研究中常用单一的算法解题不同,教学中要求把代数、几何或三角的方法综合起来解决问题. 在多数情形下,不仅需要得到问题中提出的结论,而且要提供有关的丰富信息. 为了指导训练学生,完全的自动解题并不是最重要的,适当的交互则更为有利. 特别是如何对学生的解答进行评判修改,也被提到日程上来了. 上面是一些一般的问题,还有一些具体的问题:如何用课本上提供的工具作多项式的因式分解、提供初等不等式的证明、化简根式或三角表达式、分析解答应用问题和解决初等的组合问题等,这些都有待提出有效的算法.

数学机械化的研究,已经提供了不少强有力的算法,能解决很难的问题. 但另一方面,一些人处理起来不算难的问题(如证明任意五星形五个角之和为 180 度),却不好用计算机来表达和求解. 教学过程中的作图,也有自己独特的要求,最基本的要求是动态构图. 图形动起来就会有新的问题,如何方便而直观地画出动态立体图形,如何联系解题推理制作表达物理和化学现象的动态图形,也都有待研究和实践. 数学机械化的研究,通常是针对一类明确的问题,探索单纯的算法. 在教育技术的应用中,问题的界限是不清楚的,有待我们界定,方法是综合而受限制的,并且可能要将数学方法和其他学科的方法(如知识科学、计算机软件技术等)结合起来,才能得到满意的结果.

4　从几何证明软件到智能教育平台

吴文俊院士十分关心数学机械化在教育中的应用,特别是在数学教育中的应用. 他曾经指出,数学教育的现代化,离不开数学的机械化. 同时他又说,教育的改革要谨慎,将数学机械化的成果用于教育,要十分慎重. 近年来,我们将数学机械化用于教育的曲折过程,说明吴老的看法是正确的. 早在 1993 年,吴老主持的"攀登计划"项目"定理机器证明及其应用"就曾经设立预研子课题,探索数学机械化的成果在教育中应用的可能性,数学教育家吕学礼积极地参加了这项工作.到 1996 年,基于吴法和几何定理可读证明自动生成的成果,出现了智能型的系列教育软件"数学实验室",软件的动态图形和自动解题功能引起了人们的关注.其中之一的"几何专家"(高小山等)实现了吴法、面积法、向量法以及前推搜索等多种方法,受到了好评.同一系列的软件"立体几何"(李传中等),实现了立体的动态构图,其交互解题功能和计算机评点用户解题的功能也颇有新意.值得一提的还有"三角函数"(符红光),初步实现了三角表达式的化简、计算和三角恒等式的证明.但是,这些以智能解题为特色的软件,并没有在教师和学生中迅速传播.这表明,它们还不能充分满足广大师生的需求.教师和学生究竟需要什么样的软件? 经过两年多的实践和思考,我们认识到:教师和学生在教学过程中的需求是多种多样的,不仅仅是解题,而且主要不是希望计算机自动求解.于是开始形成了"智能知识平台"的概念.

教育活动的主要内容涉及知识的传播.用于教学的教育软件实质上是满足人们知识需求的系统.人们对知识的需求是多种多样的,大体包括:

(1) 引用资料.这是对知识的最通常、最基本的使用方式.

(2) 解决问题.特别是专业科技问题,如用数学软件来解方程、求最大公因式,用绘图软件画几何图形、工程图样等.为满足这类需求,知识要以基于一定算法的可执行程序的形式存储.

(3) 科学传播.这就要将知识组织成生动通俗的表现形式,如教师备课和制作课件、科普作者进行创作.这不仅要使用资料和解题程序,还要求提供方便的表现手段,以便演示其作品.

(4) 学习进修,包括知识学习和技能培训.这要求资料组织得由浅入深以循序渐进,解题程序要有过程,便于举一反三,并辅以练习、测评等.

(5) 学术研究.这要求知识库具有高层次的专业内容和有效率的解题器,以支持知识创新活动.

简单地说,人们对知识系统的需求,基本上是为了引用知识、运用知识、传播知识、学习知识和发展知识.在这一系列活动中,相当多的工作可以应用数学机械化的思想、方法和成果来解决.在某一知识领域内的一定层次上,能够满足人们引用知识、运用知识、传播知识、学习知识和发展知识的需求的计算机系统,即能够使这些活动尽可能机械化的计算机系统,我们称之为一个智能知识平台.这里设想的智能知识平台是面向学科领域的,并且是分层次的.如果将其学科知识水平定位于和某一等级学校的课程大纲相符合,它就成了针对某个学科的智能教育平台.对于数理学科,在构建其智能教育平台时,为了满足人们运用知识、传播知识和发展知识的需求,数学机械化扮演着更重要的角色.

5　数学机械化用于教育为教师和学生带来什么

智能教育平台的思想提出以后,有些专家认为这样的平台只能等国外开发出来后,我们来引进.确实,从美国引进的"几何画板",在我国教育信息化进程中起到了积极的作用."智能教育平台"思想的产生,也部分地受到"几何画板"的启发.但是,我们不能等待人家的软件根据我们的需求来升级."几何画板"已经出来十几年了,版本到了 V4.0,数学教学中十分需要的立体构图、符号计算和智能推理的功能仍未能实现.借助我们在数学机械化领域的学术优势,自己组织力量,未必不能成功.果然,近几年来,我国教育软件界有几支力量,不约而同地朝着开发智能教育平台类型的软件进军.这类软件有"数学实验室(系列)""数理平台""仿真物理实验""Z+Z 智能教育平台(系列)".其中,"Z+Z 智能教育平台"(以下简称智能平台)目前已经开发出"平面几何""解析几何""立体几何""初中代数""三角函数"和"初中化学"六个软件,功能较为全面,充分体现了数学机械化和教育技术的结合带来的好处.

(1) 本来就要做的事,做得更快更容易,提高了效率

教师不论用什么模式来教,学生不论用什么方法来学,他们都要写、画和计算.这些劳动中有些部分是机械的、重复的,并且劳动过程本身对达到教学目标意义不大.对教师来说,这类劳动所占比例更大.用计算机代替教师、学生完成这些工作,能够提高效率,减轻负担,使教师、学生把精力和注意力用到更高层次的教学和学习环节.

(2) 过去想到而做不到的,可以轻松实现

许多现象和过程,在黑板和纸笔提供的教学环境中,教师只能讲一讲,学生只能想一想.用了计算机和智能平台,则可以演示、操作.例如:

● 对在屏幕上作出的立体图形(如各种正多面体)进行操作,并从不同的角度观察——平移、旋转、缩放、分割、取截面、表面展开以及把空间的多边形放到平面上看等.

● 对大量数据的处理以及对庞大的数和式的运算感受. 如算一算 10 000 的 3 次方和 3 的 10 000 次方,比较一下,对指数增长会有震撼性的感受.

……

以上这些活动,都可以直接应用智能平台的基本功能现场即兴操作,不必制作课件. 教师在通常的备课过程中就可以做好准备.

(3) 创造出过去可能想不到或不敢想的教学资源

有了计算机和智能平台作为工具和教学的环境,教师和学生的创新潜能会得到更多的激励,设计制作出新的课件和学件. 这些课件和学件可以直接联系课程内容,也可能是课程内容的扩展和深化,可供学生欣赏、操作、研究以及制作发展. 由于数学机械化的支持,像下面这样的课件或学件,一般在常规的备课时间内就可以完成.

● 万花筒:一个正三角形和几个随意选取的运动点连成的简单图形,经过反射,填充色彩,竟构成了美丽的图案. 这些图案的形状和色调不断地变化,表现出对称的美. 学生可以用鼠标拖动关键的几个点,创造出多种图案.

● 金字塔问题:用一个平面切割正四棱锥,截面可能是正五边形吗? 因为金字塔是正四棱锥形,这个问题也叫金字塔问题. 屏幕上显示出平面切割锥体得到的截面变化的情形,并且把截面的平面形状同步画出来. 当平面到达某个位置,截面确实是正五边形. 学生可以测量它的边和角来检验,并进一步思考,如何找出平面的这个位置?

……

6 结束语

综上所述,数学机械化的介入,将积极推动课程(特别是理科课程)和信息技术的整合,为现代教育技术的发展增添活力;反过来,在教育技术方面的应用,更丰富了数学机械化的内容. 两个学科的结合,将提出一系列的课题. 除了在本文第 3 节中提到的问题外,还可以从教育的角度,提出软科学类型的问题:数学机械化在教育中的应用,对学生学习兴趣、学习方法和科学素质等会有什么影响? 如何充分发挥其积极的效果,避免可能有的消极影响? 如何将数学机械化的成果更好地和知识科学、信息技术结合起来,创造出理想的智能教学环境？数学机械化的思想、方法和成果，如何更多地用于其他学科的教学？为了回答这些具有实际意义的问题，仅仅进行理论探讨是不够的，只有有一定规模的教学实践才能提供有说服力的答案.

教育在中国是受到广泛关注的大事，教育信息化是发展教育的必由之路. 教育信息化的关键是资源与软件，这已经成为多方面的共识. 因此，中国是潜在的教育软件的大市场，教育软件产业在中国可能有大发展. 数学机械化与教育技术的结合，会产生大家所期望的教育软件精品，不仅会为广大师生带来直接的好处，也将推动教育软件产业的发展.

第六章　　　信息技术与动态几何

6.1　从 PPT 到动态几何与超级画板(2007)

6.2　超级画板在高中数学教学中的应用(2008)

6.3　基于《超级画板》开设《动态几何》课程的实践与思考(2008)

6.4　教育技术研究要深入学科(2010)

6.1 从 PPT 到动态几何与超级画板(2007)[①]

1

什么叫 PPT,大家很清楚. 现在作报告,屏幕上放映的讲稿叫作 PPT. 本来,PPT 是微软 Office 软件包中的一个软件 Powerpoint 生成的文件的后缀,是一种文件格式. 现在,一做幻灯片大家都说做 PPT 了. 我这里用的不是微软的 Powerpoint,用的是超级画板.

用超级画板做的这个 PPT 的特点,你们可以看出来. 这个标题我嫌它太大了,就可以用鼠标拉得小一点;嫌小了我就可以把它拉大. 这叫可变换的文件. 用 Powerpoint 做的,放大或者是缩小就比较麻烦,要通过调字号等方式. 现在也可能有改进了,但我没用过.

为什么想到这个话题呢? 前不久我在网上看到一位数学老师的帖子. 他说:

"大家还都记得 PPT 时代吧? 那是一场革命. PPT 技术运用于教育教学,着实对教育教学起到了划时代的作用,人们在欣赏与追求的同时,盲目地将它使用于所有的学科课堂,当然,这也包括我们的数学课堂. Flash 等多媒体软件的出现,又掀起一波追逐与效仿,信息技术与数学学科的整合似乎蒸蒸日上."

这就是说,一开始,咱们都不会用电脑. 后来引进了电脑,用电脑来讲课,很多老师要学 PPT. 为什么老师要学 PPT 呢? 因为国家培训教师时要求考 PPT,就是微软的 Powerpoint. 大家在课堂上就用 PPT 来演示讲课的内容. 只要做好课件,一下一下地按键,就能把一堂课讲下来. 这样讲课效果如何呢? 那位老师

[①] 本文是笔者 2006 年 5 月 13 日应邀在西北工业大学所作公众演讲的整理稿,原载《高等数学研究》2007 年第 2 期和第 3 期.

接着说:

"后来,越来越多的数学教师开始反思——PPT 与 Flash 到底改变了什么?它在课堂上代替了教师的板书的同时,给我们学生的数学学习带来了什么改变? 又给我们的教师带来了什么改变?

"教师们为一节课课件的开发累了,学生们在观看华丽的影音作品的同时也傻了,所以,更多的教师发现,这些所谓的课件,只能用在优质课、公开课、课件展评等一些华而不实的项目上,老师们照旧一本书、一支笔,还是站在那三尺讲台,重复前面走过的路,我们突然想起了 PPT 的另一个名字叫作'演示文稿'……"

教师们因为制作课件累了,学生们观看作品的同时也傻了. 这就是一位教师对第一代的教学工具的评价. 这个观点不仅仅是在中国才有. 前两年在美国和其他较早将现代信息技术用于课堂的地方,也有专家提出,信息技术最好用在课前和课后,不要在课上用. 在课堂上,还是一张黑板、一支粉笔的交流比较好,老师讲的比较得心应手,学生和老师的交流要好过放幻灯片、放电影. 当然,还有很多老师讲课时用 PPT,但毕竟不是主流了. 有调查说,在深圳、珠海等比较发达地区调查,看老师用了电脑是不是能减轻负担. 结果表明,用电脑不但负担没减轻,还加重了. 加重的原因就是做课件. 制作一节课的课件有时要用几十个小时,上百个小时,甚至有的老师用上千个小时做一节物理课的课件. 老师做得非常辛苦. 而原来用黑板教书,按照规定,一般是一比一点五,就是一节新课备课的标准时间是一个半小时. 如果是第二次教,就是一比一了. 但实际上半小时也就够了. PPT 和 Flash 等类似的工具,算是第一代的教学软件吧. 当然,第一代的东西,到后来还是会延续着用的. 比如,现在还有人用毛笔. 并不见得后面的出来了前面的就要消失.

那位老师接着说到了第二代的教学软件:

"几何画板引入我国,着实改变了这一切,它的启示性、动态性、操作性、兼容性、数学构造的基础性,等等,无一不体现'21 世纪的动态几何'这一美誉. 因此,我们的数学教学,不再只是应付优质课、公开课这些令我们教育者汗颜的形式. 也因此,我们不顾一切地追求它、崇拜它、学习它、使用它,我们的课堂变了,不知不觉中,又一场革命开始了. 更因此,我们中间出现了若干此中高手和专门研究几何画板的专家,想必大家不会陌生."

　　这里提到了几何画板.在座的同学,用过美国的几何画板的请举手,我看看有多少……差不多有百分之十吧.几何画板是美国国家科学基金在 20 世纪 80 年代支持的一个项目的成果.在网上搜寻中学数学课件和物理课件,其中有很大一部分是用几何画板做的.很遗憾的是,我们国家大多数人用的几何画板,严格来说都是盗版的.它不是免费软件,但是没有加密,所以大家就广泛地拷贝了.

　　几何画板的最主要的特色,是动态作图.动态作图和动画可不是一个概念.所谓动态作图,是说所作的图形的几何特征,在运动变化时会保持不变.例如,在屏幕上画两条线段,在它们相交的地方用鼠标一点,作出一个交点.用鼠标拖动线段的端点,线段就跟着动,这时交点也会跟着动,总保持它是这两条线段的交点这个几何特征.一般说来,在作图的开始,总要画一个或几个任意点,也叫自由点.这些点是可以用鼠标拖动的.在这些自由点的基础上,再作圆,作直线,作平行线和垂直线,圆和线又可以产生交点,这样作出来的图形,包含了点、线、圆之间的许多几何关系.如果在拖动自由点时,有关的对象会自动作相应的运动以保持这些集合关系,这样的图形就叫作动态几何(Dynamic Geometry)图形.把 Dynamic Geometry 作为关键词用 google 搜索一下,能找到十多万个网页,有软件、论文、书、学术活动消息.可见动态几何的学习、应用和研究已经成为很活跃的领域.事实上,动态几何在教育领域的积极作用已为国际所公认.

　　但是几何画板也有它的弱点.它在作画方面很强,但是计算方面比较弱.如果用作课件的话,几何画板还要与 Powerpoint 配合来做.因为它的课件功能也比较弱.还有,它没有编程的功能.用户画图时用几何画板,计算又要用到其他软件.其实,许多专业性软件,多数人只用它很小部分的功能.站在开发商的角度上来看,最好做出各种各样的专业软件,让各行各业都用这一套东西.这样开发容易,市场大.而对用户来说恰好相反,就像数学教师,要计算,要画图,要做幻灯片,就希望有一个软件能够有各种功能,各种功能又不用太强,只要够用就行,这样又方便易学,又省钱省事.我们开发超级画板,就是站在用户的立场上设计的.

　　那位老师在说了几何画板后,接着就讲道:

　　"……开发了超级画板系列软件,真的应该是令国人振奋的一件事儿!它的功能在某些程度上是几何画板无法比拟的.当然,两岁的软件与二十岁的软件相比在有些地方还是不成熟的,这点,很多熟悉超级画板和几何画板的板友应该是清楚的.在全国很多省市基地也已经普及开展了该项课题研究,太多的教师、太多学生从此受益……"

我们开发超级画板是从 1996,1997 年开始的,现在(指 2006 年)差不多十年了.开始是因为要做几何定理机器证明的软件,后来了解到老师和同学需要的功能很多,其中几何证明还不是最重要的,就改变思路,发展出了超级画板.这不是超级大国的超级,而是超级市场的超级,就是常用的东西什么都有.这样,可以把教学软件划分为几个时代了.第一代就是 PPT 的时代.用 Powerpoint 做的课件比较精美,华丽,但是交互性不强,没有开放性,交互性的做起来很辛苦.第二代,以几何画板为代表,交互性很强,有的老师当堂就可以做出动态图形和动画了.但是它的功能不够全面.超级画板可以说是第三代教学软件的开始吧,它简直是为我国数学教育量身定做的.

2

超级画板的特点,我把它总结为多快好省:

多,就是功能多,资源多,作品能够一件多用.

快,指学得快,用得快,做事情快,还可以即插即用.

好,指人性化、动态化、参数化、可视化、程序化,用了还想用.

省,就是省钞票、省力、省时间,它是免费的,不用白不用.

免费版的超级画板,有哪些功能? 简单来说:

超级画板的免费版本=动态几何作图+函数曲线作图+几何图形变换+图形和表达式动态测量+逻辑动画+图形跟踪和轨迹+符号计算+数值计算+编程环境+统计图表工具+公式编辑器+课件平台+……

超级画板的基本功能是动态几何,就是几何画板的功能.它加了编程环境,可以赋值,编写语句,作循环,用程序作图等,有些地方比 Basic 方便;它的统计图表功能,就是 Excel 的基本功能;它的课件平台功能,代替 Powerpoint,而且更灵活方便,各科老师都可以用.一屏上可以放许多的文本框,需要用哪一个就把哪一个放大,不用的时候就缩小,非常自在.而且还可以隐藏,就像使用黑板,不用的时候可以把它擦掉,但不同的是这个擦掉以后可以重现.它有符号计算功能,就是 MATHEMATICA 的基本功能.几何画板的计算器,分数相加只能得出小数;超级画板可以得出分数,也可以得出小数.

超级画板画几何图形的操作比几何画板等国外的动态作图软件方便得多.我们在动态几何的基础上加了一些创新,就是按照老师和同学们在纸上作图的习惯来设计这个软件.不是让用户来适应技术而是用技术来服务用户,来适应用户的习惯.这就是人性化的设计.老师要在黑板上画一个点 C 到一条直线 AB 的垂足,只要先作直线 AB 和点 C,再画一下.如果用通常的动态几何作图软件,例如几何画板,每一步都要告诉计算机我要作什么,在计算机上作一个点 C 到一条直线 AB 的垂足要多少个动作呢?我们用几何画板来具体作一遍:(1)单击"直尺工具"图标;(2)作线段 AB;(3)单击"点工具"图标;(4)作点 C;(5)单击"选择工具"图标;(6)选择线段 AB;(7)执行菜单命令"构造垂线",作出垂线;(8)单击"点工具"图标;(9)作垂线与 AB 的交点,即垂足;(10)单击"选择工具"图标;(11)选择垂线;(12)执行菜单命令"显示隐藏垂线";(13)单击"直尺工具"图标;(14)从点 C 到垂足连线段.一共十四个动作.要是实际上仔细考察,执行菜单命令每次都是两个动作,就有十六个动作了.分析这十六个动作,真正的作图动作,包括隐藏垂线,只有六个动作.其他的动作都是人在和计算机沟通,向计算机汇报我下面要做的事.用超级画板,作垂足和用粉笔在黑板上画作类似,就是按下鼠标一拖,这时计算机会提示是否要作垂足.于是松开鼠标的左键表示肯定,计算机就把垂足作出来了.作图过程中,鼠标的动作就体现了人的想法,不必另外专门向计算机报告.只要单击一次"画笔"图标,进入智能作图状态,计算机就时时刻刻估计揣摩人的意愿,通过鼠标的位置和状态猜测人要做什么,及时显示出提示向人请示.在智能作图状态,单击左键作点,按下左键拖动画线,单击左键再按下左键拖动作圆;还可以作线段中点、平行线、垂直线、等长线段、圆的切线、圆和直线的交点、平行四边形、等腰三角形等二十多种基本几何图形(图 1).讲课时直接画就是,不必频繁地使用图标菜单,显得更为流畅.当然,你要用图标菜单也行.

几何图形有了动态的性质,就更有趣,更丰富多彩,更有利于培育逻辑思维和形象思维,发展创新意识.如图 2,画两条直线,以交点为心作圆,圆上任取一

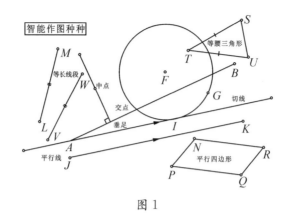

图 1

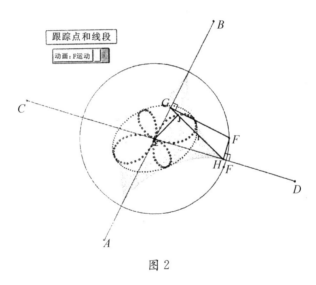

图 2

点 F,自 F 向两直线引垂足 G、H,作线段 GH 的中点 I. 当 F 在圆上运动时,点 I 的轨迹是什么样的? 用超级画板的跟踪功能跟踪,就看出来像椭圆. 学生如果想,从圆心向 GH 引垂足 J,跟踪一下点 J 如何? 这更有趣,原来是一条四叶玫瑰线. 还可以跟踪线段 GH,结果像一张渔网. 从平凡的图形里,马上可以发现许多原来想不到的东西!

超级画板可以对图形作变换,有平移、旋转、镜面反射和仿射变换等功能. 例如,利用平移和镜面反射,可以作出有趣的密铺曲线形. 如图 3,同样的一种图案可以铺满平面. 如果拖动左下角图案上的红点,可以改变图案的形状,使它像鱼、像鸟或像小狗,变化无穷.

密铺曲线形

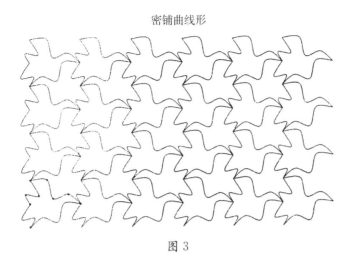

图 3

　　看看图 4,一个大圆里装了七个圆,相邻的圆相切.单击动画按钮,其中六个圆还能在大小两圆之间运动.当然,要保持相切,它们的大小在运动时还必须不断地变化.这叫斯坦纳圆列.如何构造出来的呢?原来,这一组巧妙安排的圆,是由旁边的一组小圆变过来的.这组小圆,一个大的里面装七个大小一样的小圆,是不难画出来的.奥妙在于使用了"反演变换".

斯坦纳圆列

动画:C运动

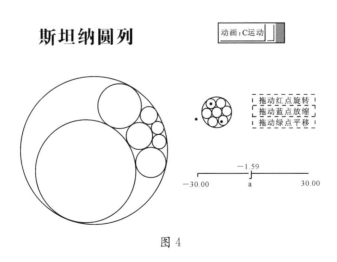

拖动红点旋转
拖动蓝点放缩
拖动绿点平移

−1.59

−30.00　　　a　　　30.00

图 4

　　看了这几个例子,你对动态几何以及免费的超级画板的功能,会有一点印象了吧.下面再看看其他功能.

3

函数及其图像,是数学课程的重要内容.超级画板提供了制作动态函数图像的丰富的功能,并具有辅助教学和学习的一些附加的功能,例如在函数曲线上取点,作函数曲线的切线,列出函数值的表格,对曲线和 x 轴之间的面积填充或作细分,等等.另外,还有许多办法作出教学所需的特殊效果.

图 5 是函数图像和根据样本点数目 n 自动列出的动态函数表.图 6 是根据样本点数目 n 自动作出的积分分割,以及积分和测量.

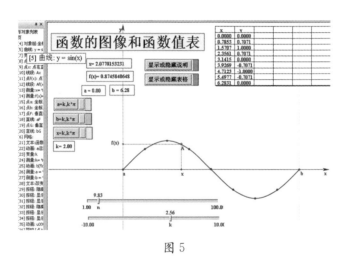

图 5

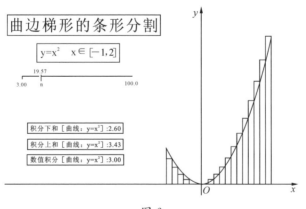

图 6

超级画板作参数曲线和极坐标曲线也很方便. 只要输入或粘贴曲线方程的表达式、变量的范围、样本点的多少就可以了. 表达式中可以有字母参数. 拖动参数或用动画按钮驱动参数, 曲线就会连续地变化. 图 7 是用参数方程表示的摆线和它生成的原理.

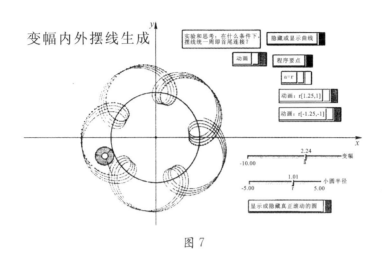

图 7

图 8 和图 9 显示出泰勒级数和三角级数收敛的情形.

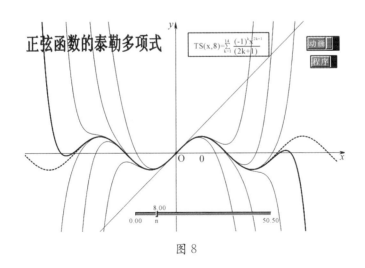

图 8

用超级画板还可以模拟随机现象、物理现象. 图 10 是在模拟投针实验, 图 11 是模拟布朗运动.

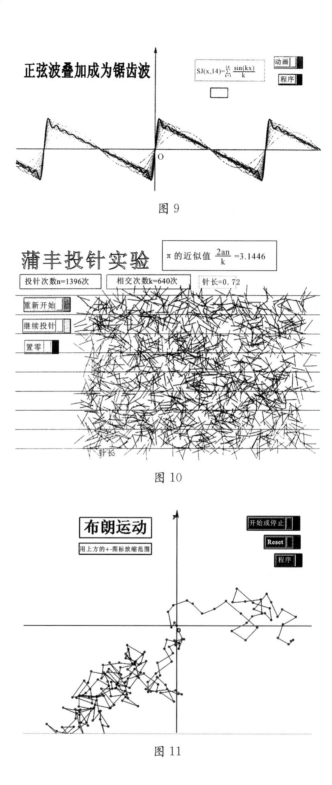

正弦波叠加成为锯齿波

$SJ(x,14) = \sum_{k=1}^{14} \frac{\sin(kx)}{k}$

动画
程序

图 9

蒲丰投针实验

π 的近似值 $\frac{2an}{k} = 3.1446$

投针次数n=1396次   相交次数k=640次   针长=0.72

重新开始
继续投针
置零

针长

图 10

布朗运动

用上方的+-图标放缩范围

开始或停止
Reset
程序

图 11

超级画板不是立体作图软件,但也能够画立体图.如图 12、13、14.关于公式编辑、符号计算、编程环境、课程制作,这里就没有时间谈了.超级画板入门,一般要培训两天.详细的学习,可以开一个学期的课程.我写的《超级画板自由行》,就是为课程准备的教材.

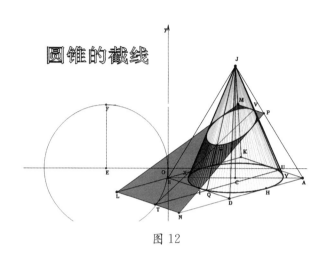

图 12

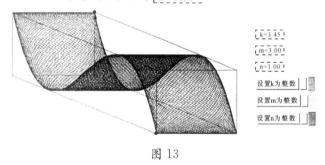

图 13

4

有些中学数学教材中,已经把"Z+Z"作为信息技术与课程整合的主要软件工具.

两年前(指 2004 年),由教育部基础教育课程教材中心立项,启动了名为"Z

马鞍形曲面

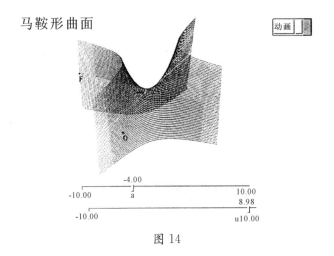

| 动画 |

```
          -4.00
-10.00      a              10.00
                           8.98
-10.00                   u10.00
```

图 14

"+Z智能教育平台应用于国家数学课程改革的实验研究"的研究项目,吸引了十九个省的一百多所中学参加到这项理论和教学实践相结合的研究活动中来.到项目成果书出版之日,项目尚未结题,但已有大量第一手的资料发表.科学出版社于 2005 年 11 月出版的《超级画板与数学新课程》一书中,提供了几十个将"Z+Z"用于数学教学的成功的例子.

在《中国教育报》等报刊上,发表了多篇老师和同学在教学或学习中使用"Z+Z"的心得与体会.老师和同学们认为,学习数学用超级画板,有助于理解概念,启迪思路,它是实验探索和发现创新的平台.

不少人把数学看成是枯燥乏味的课程.其实数学很美,很有趣,很好玩.用超级画板来做数学,更容易发现数学的美.例如,从一点的坐标 x、y 出发,用下列公式又算出两个数来,作为第二个点的坐标.

$$f(x, y) = x^2 + y^2 + a - \mathrm{trunc}(x^2 + y^2 + a)$$
$$g(x, y) = 2xy + b - \mathrm{trunc}(2xy + b)$$

这里函数 trunk(x) 表示 x 的主干部分,例如 trunk(3.4) = 3, trunk(-2.7) = -2. 这样继续迭代,得到很多点,把这些点画出来,是什么图形呢? 令人惊奇的是,对于参数 a 和 b 的某些数值,竟能画出很漂亮的图案! 图 15、16、17 是三个例子.自己动手设置参数,发现新的图案,是很有挑战性的探索和创造体验!

　　看着计算机按照自己给出的公式和参数计算,一个一个地把点画出来,画到成百上千个点,形成一幅意外的图案,令人激动而惊讶. 有的老师说,做起这样的实验,简直上瘾,夜里 12 点过了还不困. 所以有老师反映,学生玩起超级画板能够入迷,甚至不去网吧打游戏了! 不少学校的经验说明,学生用上超级画板后,对数学的兴趣更高,成绩有明显的进步.

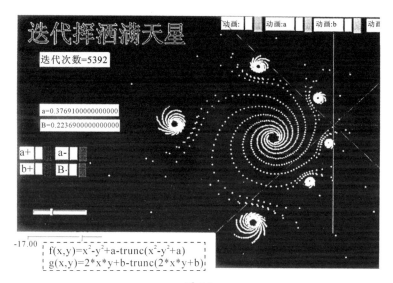

图 15

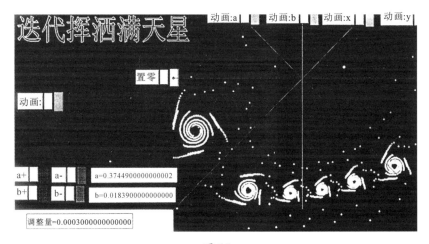

图 16

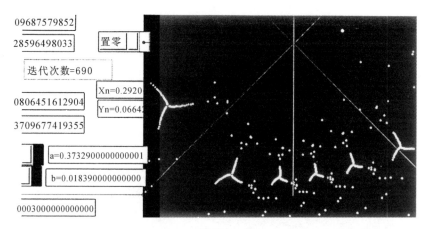

图 17

超级画板的免费试用版有如此强大的功能,还要花钱买注册版干什么呢?

真是天外有天. 注册版的功能,要比免费试用版更强大.

首先,学起来更容易,用起来更快捷. 省事省时省力,提高工作效率.

第二,注册版具有"对象锁定"的功能. 可以保护用户作品的知识产权.

第三,注册版具有几何和三角推理的功能.

第四,注册版的作图功能中包含了"宏"和"迭代"的功能. 就可以将指定的作图操作记录为"宏",便于以后直接调用. 图形的迭代也可以记录添加到菜单中,方便调用.

第五,注册版具有把页面直接保存为网页文件(html 格式)的功能,网页文件保持原来页面上的动画和其他交互功能,还比原来的超级画板文件体积小得多,便于传输.

第六,注册版支持一个文档有多个页面,还有方便的课件制作与编辑功能,按钮的生成与编辑功能.

第七,注册版有方便的几何图形标注功能,可以对角和线段方便地进行多种标注.

第八,注册版有"视窗"功能.你可以在页面上建立矩形、椭圆形或任意多边的视窗,并指定和每个视窗关联的图形对象. 这样,和某个视窗关联的对象,只能显示在视窗内的部分. 这在课堂教学中十分有用.

第九,注册版制作统计图表的功能更强更方便,能够自动地把动态数据填入统计表格.

第十,注册版可以生成"关联点",能制作许多特殊效果的动画,例如追赶运动的动画.

第十一,注册版支持更多种类对象的插入,例如可以插入 Flash 动画.

第十二,注册版支持中学数学教学需要的更多的内容,例如复数运算的图形表示,二元一次不等式解的图形区域显示,排列组合的直观表示,等等.

最后,看一个使用注册版本证明几何定理的例子.

如图18,画一个不规则的五角星,五个角就是五个三角形. 作这五个三角形的五个外接圆,相邻的两圆有一个新产生的交点,要证明这五个点(K、L、M、N、P)在同一个圆上.

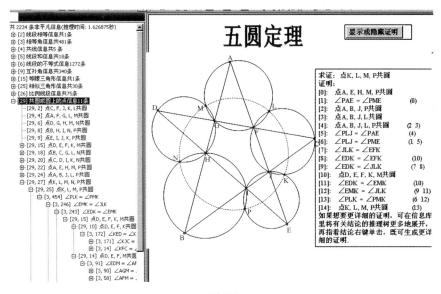

图 18

把要证明的结论在有关的对话框里输入后,启动自动推理,约两秒左右,就证出来了. 左边出现的信息库里,有很多关于这个图形的信息. 例如,相似三角形就有三十对. 有关多点共圆的信息有十一条,其中最后一条就是要证明的五点共圆! 单击这条信息前的+号,显示出推出此信息的条件,此条件如果不是命题的假设,就可以再单击再展开. 展开到一定程度,明白了,就用右键在要证明的信息处单击,屏幕上就会自动生成传统风格的证明. 这证明可详可略,对应于左边信息库里的推理树的展开的程度.

最后提一下,动态几何的作图软件,世界上现在有四十多种了.据我所知,超级画板是功能最全,使用最方便的.它的免费版本比国外的收费版本的功能还要强.但它也有不足之处,例如,当图形很复杂的时候,它的运行速度比较慢.也发现一些 bug,改过来了.可能还有,我们会不断地改进,为我国的教育信息化更好地服务.

注 由于近年来互联网的应用日益广泛,超级画板的开发团队已经推出了具有 3D 功能的网络升级版动态几何软件网络画板,支持手机、平板、PC 等一切可上网的设备,而且不用下载安装,登录有关网站(www.netpad.net.cn)即可使用.在此网站也可以下载超级画板的免费版本,以及购买强功能版本的注册码.

6.2　超级画板在高中数学教学中的应用(2008)[①]

在高中数学教学中要做的各种事情,有不少是机械性、重复性的劳动.例如,几何作图、描点画曲线、作统计表和统计图、繁琐的计算以及书写公式等.这些工作交给计算机来做,可以事半功倍,有利于腾出更多的时间和精力投入到更具创造性的教书育人活动中去.

还有些事情,不用计算机几乎不能做.例如,画一个旋转的立方体、让变动的点、线、圆留下轨迹,对变化的几何量实时测量,把13自乘1000次,等等.安排计算机做这些,有利于在教学或学习中把某些问题表现得更清楚,理解得更透彻.

简单说来,使用计算机的好处至少有两条,一条是减轻负担,一条是提高兴趣.对老师们说来主要是减轻负担,对同学们说来主要是提高兴趣.

使用计算机做事,离不开软件.有很多软件可以做上面说的这些事.例如,作动态几何图形的软件、画函数曲线的软件、造统计表的软件、进行计算或公式排版的软件等.但是,软件多了,学起来就要花更多的力气,用起来切换麻烦,还有兼容问题.常常听老师们说,要有一种多功能的教学工具软件就好了.

现在要说的"Z+Z智能教育平台":超级画板(以下简称"超级画板"),就是这种多功能的教学工具软件.买生活必需品上超级市场,应有尽有;在高中数学教学活动中用超级画板,得心应手,左右逢源.超级画板的"超级"之意,就是比照超级市场而来.至于"Z+Z",则是"知识+智慧"的意思.

超级画板有一个免费版本,可以在 www.netpad.net.cn 下载.这个免费版本的功能已经足够支持高中数学教学和信息技术整合的需求了.当然,如果有条件使用全功能的注册版本,就更为方便.

下面要讲的就是如何在数学教学中使用超级画板的免费版本.

---

① 本文原载《高等函授学报(自然科学版)》2008 年第 1 期和第 2 期.

1 超级画板免费版本的主要功能

超级画板的免费版本能够做什么?

具体说来,它的主要功能和特色有:

(1) 几何作图

超级画板的基本功能是智能几何作图. 不必打开菜单选择,无需点击图标切换,用鼠标在屏幕上作几何图形,好像在黑板上或纸上画图一样挥洒自如. 不仅可以作点、作线段、作圆,还能作中点、垂足、交点、平行线、垂直线、等长线段、圆的切线以及平行四边形等各种基本图形.

用了菜单和命令,作图功能更强大. 点的作图有坐标点、整点、直线和各种曲线上的点、三角形的巧合点、线段上的比例点等;直线的作图有线段、射线、直线、向量、平行线、垂直线、角平分线、圆锥曲线的切线以及两圆的公切线等;常见多边形的作图有正方形、矩形、平行四边形、等边三角形、等腰三角形、直角三角形、正多边形、圆内接或外切正多边形以及和已知多边形保持全等的克隆多边形;圆和圆弧的作图有已知圆心和半径的圆、已知圆心和过一点的圆、过三点的圆或圆弧、圆上的圆弧和圆周角对的圆弧.

(2) 圆锥曲线的作图. 不但可以作出已知中心和指定参数的椭圆及双曲线、已知顶点和指定参数的抛物线,还能根据各种几何条件或代数条件作出所要的圆锥曲线. 例如过指定五点的圆锥曲线、已知方程的圆锥曲线、已知两焦点和曲线上一点的椭圆或双曲线、已知焦点准线和离心率的圆锥曲线等. 还能作出已知圆锥曲线的准线和渐近线.

(3) 其他曲线作图. 有函数曲线、参数方程曲线、极坐标曲线以及经过若干指定点的曲线. 曲线方程表达式中的系数可以是用字母表示的可变参数,函数的定义区间的端点也可以是变量. 曲线的样本点的多少可以设定.

(4) 图形具有动态性. 几何图形中的非约束点可以拖动,参数可以变化,点的拖动或参数的变化引起图形的变化. 但在千变万化中,图形的几何性质却保持不变. 比如画出一个任意三角形和它的三条高线来,三高交于一点. 拖动三角形的顶点,三角形变了,三条高线也变了. 但高线仍然是高线,它们仍然交于一点. 动态作图的好处是显然的:已经作好的图形可以调整使之更易于观察或更美观;在图形的变化中观察其不变的特点来发现定理;在变化中观察几何量之间的关联总结规律等.上述作图功能和后面经变换产生的图形,都具有这种动态性质.

(5) 几何变换.有对几何图形、曲线和可变换文本进行反射、平移、旋转及仿射变换的功能.变换的原像运动变化时,其映像会作相应的变化.变换的几何条件(如旋转中心)或参数(如旋转角或仿射变换的系数)发生变化运动时,也会引起映像的运动和变化.

(6) 动画、跟踪和轨迹.可以让图形中的一个或几个点沿一定的路线(如线段、圆)运动,也可以让图形中的参数发生变化.点动了或参数变了,与点或参数有关的直线、圆、曲线、文本以及相关的点等几何对象就跟着运动变化.让运动的点、线、圆在屏幕上留下轨迹是十分有趣的,软件提供了这项极其有用的功能.由点、线、圆的简单作图所产生的点运动起来,可形成相当复杂多变的轨迹,包括数学史上许多有名的曲线.而圆和线的轨迹,常能形成美丽的图案.

(7) 文本和公式.可以在屏幕上任何位置书写文字、符号和数学公式.书写多重的根式、分式也轻而易举,写起来比常用的公式编辑器还方便.写好的文字和公式可以任意移动,随时隐藏或重现,改变内容、字体和颜色.当然,还可以打印.

(8) 动态测算.可以测量屏幕上画出的几何图形中的各种几何量,如长度、角度、面积、体积、点的坐标、直线和二次曲线的方程等.还可以对测量出的数据进行计算,测量几何量的数学式的值.测算的结果是动态的,随着图形的变化而变化.还可以把测量数据作为作图的参数.

(9) 符号计算.可以对带字母的数学式进行计算,如多项式的乘积的展开、因式分解、大整数的方幂等.

(10) 编程环境.提供了功能较强的交互编程环境,支持赋值语句、条件语句和循环语句,可以定义函数进行计算或作图.对算法部分教学给予支持.

(11) 有随机变量设置功能和统计图表自动生成功能,对统计概率部分的教学给予支持.

(12) 插入外部对象.可以把在常用的办公软件中建立的图片、文字、幻灯片、表格,以及声音、动画等多媒体材料插入或链接到超级画板文件中.

(13) 课件或学件制作与演示.可以添加按钮或图标,来控制文字、公式、图形的隐藏或显示,运动对象的停止或启动,多媒体插件的播放或结束,让教学内容按预定的方案演示. 也可以制作由学生自己动手探索主动获取知识的"学件",用文字或声音提示他们点击按钮、图标或进行一定的操作,在观察和体验中独立地得到判断、结论或提出问题,在获得知识的同时提高学习能力. 用超级画板制作课件或学件过程简单,具有"所见即所得"的特点,并且完全是可视化操作. 课件或学件具有"全开放,强交互,高透明"的特点,易于修改重用,允许用户介入操作,制作过程易于说明了解,为教学经验交流提供了方便. 所制作的课件,在同一屏幕上的多种对象可以随时放缩移动,隐藏显示;还可以在屏幕上随时作图、计算、写文本、排公式,比常用的其他演示工具更适合于课堂教学.

要对这些丰富的功能运用自如,当然需要较多的学习和实践. 但入门上手却相当容易. 特别是教育部教育信息技术工程研究中心最近开发的"方便面"(方便空白页面),使超级画板免费版本的入门达到了几乎不用培训的程度. 下面我们就来体验一下吧.

2 超级画板的界面和基本操作

超级画板的免费版本可以即插即用,无需安装. 把软件拷贝到 U 盘上,往计算机上一插就能使用.

打开超级画板,界面如图 1.

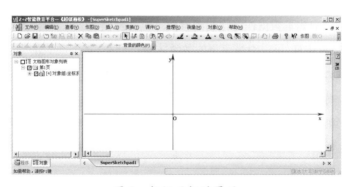

图 1 超级画板的界面

图 1 中,画有一个坐标系的大窗口是我们写字画图的地方,简称"作图区".

作图区左方有一个较小的窗口,窗口左上角和下方都有"对象"两字.这个窗口叫作"图形对象工作区".下面的"对象"两字旁边,还有灰色的"程序"两个字.用鼠标单击"程序",就从"图形对象工作区"切换到了"程序工作区".后面要专门讲"程序工作区".图形对象工作区里已经有几行字了.其中有一行里有"对象组:坐标系"几个字,前面有个数字[4],小方框里有＋号和勾号.

单击带勾的小方框,勾不见了.同时,作图区里的坐标系也消失了.再单击这个小方框,勾又有了,坐标系又出现了.原来这个带勾的小方框是负责作图区里的坐标系的隐藏或显示的.

再单击带＋号的小方框,＋号立刻变成了－号,同时,这一行变成了五行,每行前面都有带勾的小方框.单击第一行的带勾的小方框,五个勾就都消失了.当然,如我们所料,作图区的坐标系也隐藏了.再单击它,隐藏的东西又显示出来.分别单击下面的几个勾,就知道它们都有什么作用了.

注意到这几行前面的数字[0][1][2][3],就明白了数字[4]的来历.原来,坐标系是一个对象组,它由 0 号对象、1 号对象、2 号对象和 3 号对象组成.顺序排下来,它就是 4 号对象了.这样把对象编号编组,为今后的操作带来不少方便.

单击"对象组"所在一行前面的－号,它变回＋号,五行又变成一行.

在作图区画图写字时,超级画板会自动地对所创造的新对象进行编号,记录到对象工作区.在对象区点一点,就能控制每个对象的隐藏和显示.这是超级画板专为教学和学习方便而设计的.

从作图区向上看,有一排或两排图标按钮,组成工具栏.工具栏上面是菜单.这么多的菜单和按钮,用不着马上一个一个去了解它.先用一用最重要的.

在上方中部,有个按钮画了一支笔.它是自左而右的第十四个按钮,叫"画笔"按钮.画笔按钮的右边是"文本"按钮,左边是"选择"按钮.这是超级画板的三个最常用最重要的按钮.

用鼠标左键单击(以下简称"单击")"画笔"按钮,该按钮上多了一个方框,说明当前它被激活,画笔功能起作用了,进入了智能作图状态.

这时把鼠标的光标(以下简称"光标")下移到作图区,光标从一个箭头变成了一只执笔的手.你可以试一试作图了.

单击一下,画出了一个点 A.

按下鼠标左键拖动(以下简称"拖动"),画出了一条线段 BC.

双击鼠标左键,但第二击不松开就拖动,就画出了一个圆.

光标移动到线段 BC 中部,这里会出现"中点"字样.这时单击,就作出了线段 BC 的中点.

超级画板悄悄地把所创建的几个对象的编号记录下来了.如图 2.

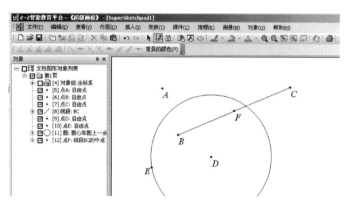

图 2　超级画板自动记录所作的一切

对象工作区里增加了 8 个对象.每个对象前面有个带勾的小方框.单击它,勾消失了,对应的对象也隐藏了.再单击,消失的东西又显示出来.

"画笔"按钮的右边,是"文本"按钮.单击它,会出现文本输入对话框.在对话框里可以输入汉字、英文或数学公式.如图 3 所示,在文本输入对话框里键入汉字和一些符号,作图区立刻出现一个文本框,对象工作区同时出现一个新对

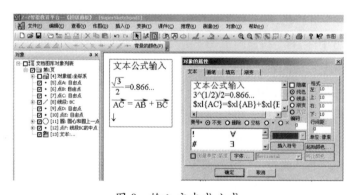

图 3　输入文本或公式

象. 从图中看到,根式、分式和向量记号的输入很方便.

　　单击对话框下方的"确定"按钮,对话框关闭,文本对象创建完成.

　　现在转向"画笔"按钮左边的"选择"按钮. 这是一个最常用的按钮.

　　单击"选择"按钮,选择功能被激活. 这时把光标指向圆周,圆周就会变成淡红色. 指向线段或点,指向文本框,它们都会变色. 光标离开它,它的颜色又会复原.

　　光标指向圆周单击一下,这个对象就被选择了. 被选择的对象的编号[11], 会出现在作图区的下方. 这时把鼠标的光标移开,圆周的颜色也不会恢复.

　　选择一个对象,就可以对它进行种种操作. 例如:删除它(按 Delete 键);改变线的粗细,点的大小,文本栏中字的大小(单击＋号变粗变大,－号变细变小). 如果没有选择任何对象,单击＋号按钮所有几何图形放大,－号则缩小.

　　还可以改变线的颜色,给圆填上颜色,改变对象的透明度,设定对图形对象跟踪(在右键菜单里单击"跟踪"),等等.

　　光标指着被选择的对象按右键,在右键菜单中单击"属性",即可打开该对象的属性对话框,如图 4. 有关属性对话框的操作内容十分丰富,以后针对不同的对象分别详谈.

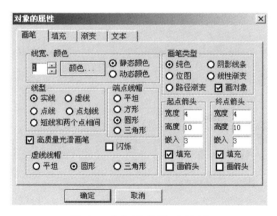

图 4　对象的属性对话框

　　还可以对选择的对象进行测量,以所选择的对象为基础来作图等.

　　选择对象也可以在图形对象工作区选择. 图上的两个对象重合或比较接近时,在对象工作区选择比较方便.

　　按钮上方就是菜单. 当你看到这个免费版本软件的许多菜单命令不能激活

时,不要失望.大量的功能可以通过"文本作图"来实现,可参看文[1]或[2].

单击上方的菜单项"作图",展开菜单.通常开始只展开一半.把鼠标的光标下移,使它全部展开,再单击菜单上的命令"文本作图",就能打开文本命令作图对话框(参看后面的图10).

像文本命令作图如此常用的命令,最好把它变成按钮,随手单击,便可打开.操作步骤如下:

将光标移到工具栏的右端,也就是一排按钮的最右边.单击这里的灰色小条,会出现一个按钮,上面有"增加或删除按钮"字样.把光标移到这个按钮上稍停,会打开一个含有"自定义"命令的菜单,如图5.

图5 打开"自定义"命令菜单

单击"自定义"项,打开自定义对话框,如图6.

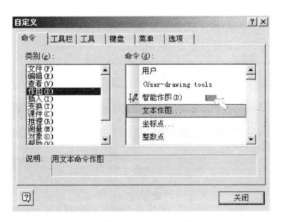

图6 自定义工具栏对话框

单击对话框左栏中的"作图",则作图菜单下的命令自动在右边栏里列出.将光标指着"文本作图",按下鼠标左键,光标处会出现一个灰色的小矩形.把灰色小矩形向上拖到工具栏里,工具栏里会出现一个 I 字,这时松开鼠标左键,

"文本作图"按钮就出现在工具栏里了.

作为练习,建议把测量菜单里的"测量表达式"命令拖到工具栏里,变成按钮.因为这是一条很有用的功能.

也可以打开自定义工具对话框里的"键盘"栏,给自己常用的菜单命令定义快捷键,操作起来更方便了.

3 用智能画笔作几何图形

单击"画笔"按钮,就进入了智能作图状态.

上面已经试过在智能作图状态作点、画线段、画圆以及作线段的中点了.更多的几何图形,如平行线、垂线、圆的切线等,又该如何作呢?

我们来继续体验.

(1)自由点和网格点:单击,作出一个可以任意拖动的点.

通过修改属性,可以把自由点变成网格点.这只要将光标指向该点单击右键,在右键菜单中单击"属性",打开点的属性对话框修改即可.

想要看见网格,可以在坐标系的 X 轴下方附近单击来选择坐标系(作图区下方出现坐标系的编号"[0]").再在右键菜单中单击"属性",打开坐标系的属性对话框,如图 7.

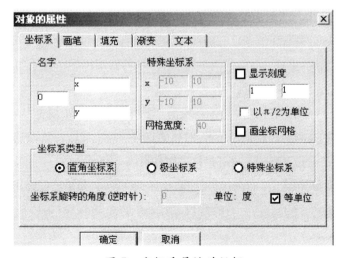

图 7 坐标系属性对话框

在对话框右部"画坐标网格"前面的小方框中单击,使勾号出现,再单击确定结束操作,网格出现了.再拖动该点,就看得出是网格点了.

(2)线段、直线和射线:按下鼠标左键拖动画出线段.按下处和松开处分别作出线段的起点和终点.通过属性选择,可以把线段变成射线或直线.

(3)等长线段:拖动鼠标画线段时,如果正在画的线段和一条已有的线段 PQ 长度接近相等,会出现提示文字"相等",同时线段 PQ 会变色.这时松开鼠标左键,就画出一条和 PQ 等长的线段.用这一功能可以方便地作等腰三角形.

(4)等边三角形:如果先画出了线段 PQ 接着由 Q 继续画线段时,出现"等边"提示并且线段 PQ 变色,松开鼠标左键就得到一个以 PQ 为边的等边三角形.

(5)垂直相等:如果先画出了线段 PQ 接着由 Q 继续画线段时,出现"垂直相等"提示并且线段 PQ 变色,松开鼠标左键就得到一个以 Q 为顶点的等腰直角三角形,不过它的底边没有画出来.使用这一功能,还可作正方形.

(6)圆周上或线段上的点:鼠标移动到圆周或线段上要作点之处,圆周或线段会变色,这时单击即可.用这种方法也可以作出其他曲线上的点.

(7)圆周或线段之间的交点:这包括圆周与圆周、线段与线段、线段与圆周三类交点.移动鼠标到交点位置,相交的两个对象都会变色,附近出现"交点"字样,这时单击即可.

(8)与已知线段垂直的线段:在拖动鼠标画线段时,如果已经画出(但尚未画完)的线接近垂直于一条已有的线段、射线或直线,这线段(射线或直线)会变色,附近会出现"垂直"字样.这时松开鼠标左键,就画出了一条垂直线段.用这一功能容易画出直角、中垂线等.

(9)点到直线(或射线、线段、线段的延长线)的垂足:用鼠标从直线外一点拖动画线段,当画到接近垂足位置,对应的直线(射线、线段或线段的延长线)变色并且出现"垂足"字样时,松开鼠标左键即可.

(10)与已知线段平行的线段:拖动鼠标画线段时,如果已经画出(但尚未画完)的线接近平行于一条已有的线段、射线或直线,这线段(射线或直线)会变色,附近会出现"平行"字样.这时松开鼠标左键,就画出了一条平行线段.

(11)平行四边形:拖动鼠标画线段时,如果已经画出(但尚未画完)的线段接近平行于并且长度接近等于一条已有的线段,已有的线段会变色,附近会出现"平行四边形"字样.这时松开鼠标左键,就画出了平行四边形.

(12) 圆的切线:拖动鼠标画线段时,如果已经画出(但尚未画完)的线段所在的直线接近于和一个圆相切,圆周会变色并且附近出现"相切"字样,这时松开鼠标左键,就画出了一条和圆相切的直线(没有切点).

超级画板的智能作图有二十多条,可以直接作出所有的基本几何图形.但是也不必一条一条地看着说明去学.掌握下面三条基本规律便能举一反三,得心应手.

Ⅰ:左键单击松开作点,左键按下拖动画线,左键双击(第二击不抬起)拖动画圆.

Ⅱ:屏幕上出现的提示符合要求时单击或松开即完成提示的操作.例如,鼠标指向所要的交点并出现"交点"字样时单击就作出交点,鼠标拖动画线并出现"平行"字样时松开左键就画出了平行线段.

Ⅲ:与作图有关的几何对象会变色.例如,作交点时相交的线或圆会变色,作垂直线时与所画线段垂直的线会变色.所以看见提示时要注意一下哪些东西变色,确认是否符合要求,以免作错.

注意,不论是用智能作图、菜单作图或文本作图,你所作出的图形中的有些点、线或圆是可以拖动的.在拖动时,图形变了,但图中的几何关系不变.中点还是中点,垂足还是垂足,交点还是交点,切线还是切线,等等.这叫作动态几何作图.

此外,这么多智能作图功能,有时不一定都有用.不用时可加以限制,免得出现一些不必要的提示.如果要限制智能作图,可单击菜单项"查看",在展开的菜单中把鼠标移到"智能画笔的类型"处,展开下一级子菜单,如图8.

如果只要画自由点、线段和圆,就单击第一条"只能画自由点";如果还要作交点、中点、圆上的和线上的点,就单击第二条"只能画自由点和对象上的点";如果要保持全部的智能作图的功能,可以单击第三条(图8显示的当前状态就是第三条,如不想改变此状态,可以不做操作,在其他空白处单击关闭菜单了事).

在高中数学教学中,几何作图还是有用的.下面的例子顺便说明了超级画板的动画、跟踪和轨迹等功能的操作.

图 8 选择智能画笔的类型

例 1 椭圆和双曲线的生成.

椭圆的基本定义,是到两定点的距离之和为定值的点的轨迹.把这个定义中的和改为差,就成了双曲线的定义.使用超级画板的智能画笔功能,几分钟就能做出按定义生成椭圆和双曲线过程的动画.

如图 9,以 A 为圆心过 B 作圆,在圆内取一点 C,在圆上取一点 D;连接线段 AD、CD,作 CD 的中点 E;过 E 作 CD 的垂线交 AD 于 F.因为 F 在 CD 的中垂线上,故 $CF=DF$,因而 $AF+CF=AF+DF=AD=AB$;这表明 F 到 A、C 两点距离之和等于圆的半径.容易证明,当 D 在圆上运动时,点 F 的轨迹是以 A、C 为焦点,以圆半径为长轴的椭圆.

选择点 D 并单击右键,在右键菜单中单击"动画",调出记录点 D 运动轨迹的"动画"按钮.再选择点 F 并单击右键,在右键菜单中单击"跟踪"对点 F 进行跟踪.这时若启动动画,会发现点 F 的踪迹画出一个椭圆.

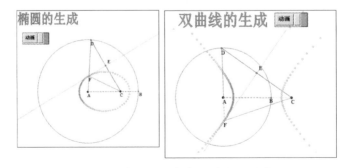

图 9 对点跟踪生成椭圆和双曲线

把点 C 拖到圆外,再启动动画,则点 F 的踪迹画出双曲线.

B 改变圆的大小,拖动点 C 改变两焦点的距离,就可以改变椭圆或双曲线的形状.但是每次都要重新启动动画用点 F 的踪迹来画曲线.要想及时地观察到曲线随着点 B、C 变化的情形,可以作出点 F 的轨迹.

在免费版本的右键菜单中,轨迹命令是灰色的,不能激活.但是可以用文本命令作图来画轨迹.用作图菜单或自定义的按钮打开文本作图命令对话框,注意到点 D 的编号为 10,点 F 的编号为 14,双击"动画、跟踪和轨迹"类的文本作图命令 Locus(……),使上面空白栏里出现此命令,注意要作的轨迹是"D 为主动点时 F 的轨迹",而点 D 的编号为 10,点 F 的编号为 14,所以在命令中填写 10 和 14,成为 Locus(10,14),如图 10.

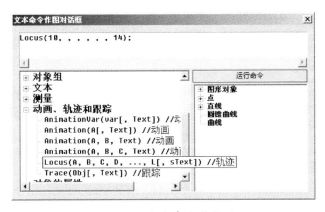

图 10　用文本命令作轨迹

单击"运行命令"按钮,运行后生成点 F 的轨迹.拖动点 C,F 的轨迹随之变化.将点 C 由圆内拖到圆外,点 F 的轨迹就由椭圆变为双曲线.如图 11.

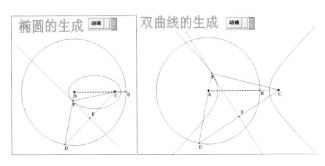

图 11　用轨迹生成椭圆和双曲线

例 2　用向量法解一个几何问题.

如图 12, $ABCD$ 是平行四边形, E 是 BC 的中点,连 DE 和对角线 AC 交于 F, 求 AF 和 CF 的比.

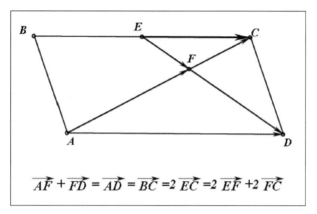

$$\overrightarrow{AF} + \overrightarrow{FD} = \overrightarrow{AD} = \overrightarrow{BC} = 2\overrightarrow{EC} = 2\overrightarrow{EF} + 2\overrightarrow{FC}$$

图 12　向量法解一个几何问题

根据平面向量的基本定理,图下部的向量连等式清楚地给出了解答: $AF = 2CF$.

连等式中向量记号的输入方法,前面图 3 中作了直观的说明. 几何图形中向量的箭头,是在相应线段的属性对话框里设置的.

顺便提到,这个题目是高中数学教材[3]中的例题. 这里的方法体现了向量解题的特色,比该书中的解法简单得多.

高中数学教学中还用到一些立体几何作图. 超级画板也可以模拟立体作图,可参看文献[1]或文献[2]有关立体几何的一章,以及文献[1]所附赠的光盘中的课件.

4　用"方便面"作曲线图

高中数学教学和学习中常常要画曲线,包括函数曲线、圆锥曲线、参数曲线等. 超级画板免费版本的不少操作,包括这些曲线作图,要用文本命令执行. 为了容易学习,容易操作和容易记忆,为老师们提供了一个可以免费下载的"方便空白页面"文档(由教育部教育信息技术工程研究中心开发),文件名简称为"方便面".它目前支持 80 多个简单而容易记忆的命令.

命令的构造规律如下:汉字命令不超过 3 个字时,取拼音的第一个字母组成英文命令.例如:函数表就是 hsb,旋转就是 xz,平移就是 py.汉字命令长度超过 3 个字时,一般取前面 2 个字和最后一个字的拼音的第一个字母组成命令.例如:函数曲线就是 hsx,极坐标曲线就是 jzx,圆内接正 n 边形就是 ynx,等等.这样很快就可以记住命令.

少数命令要用 4 个或更多的字母.例如,作圆锥曲线的切线的命令是 yzqx,测量点的 x 坐标的命令是 cxzb,等等.

存盘时用"另存为"命令,把文件名从"方便面"改为自己需要的名字.

以下举例说明在方便空白页面上的操作方法.

(1) 列函数表描点连线,取函数表这 3 个字汉语拼音的首字母,能轻松记住这个命令是 hsb.

列函数表,当然要告诉计算机是什么函数、变量范围以及样本点个数.

因此,命令格式为"hsb(A,a,b,n);",这里 A 是函数表达式,表达式中默认 x 是自变量,a 和 b 是自变量的最小和最大值,n 是样本点的个数.

例3　列出正弦函数在区间 $[0, 2\pi]$ 上 15 个点处的函数值表,并描点画曲线.

解　在左下方单击"程序"按钮打开程序区,在程序区输入或粘贴下列命令(注意,在英文状态下输入):"hsb($\sin(x),0,2*pi,15$);",再把光标放在命令最后的分号后面,按 Ctrl＋Enter 键,屏幕上的作图区就会出现函数表和对应的散点图.还有一个"动画"按钮.单击"动画"按钮,就能看到画曲线的过程(图 13).

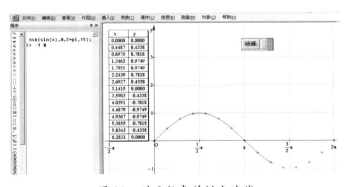

图 13　列函数表并描点连线

　　如果还要显示出样本点,可以将鼠标指着曲线单击右键打开右键菜单,在菜单中单击"属性",打开曲线的属性对话框(图14),在对话框左下部勾选"画点";若要改变样本点的个数,可在对话框右部改写曲线的点数;最后单击确定即可. 如图14所示,我们还可以修改函数的表达式,x 的变化范围等. 软件的这种设计,非常有利于探究性学习.

　　改变曲线的点数之后,表格的大小如果不够用,可以改变表格的行列数. 将鼠标指着表格单击右键打开右键菜单,在菜单中单击"属性",打开表格的属性对话框(图15),在对话框左下部可以修改其行列数. 还可以双击表格第一行的文本"y",将它改为 $\sin(x)$.

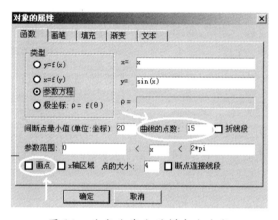

图14　改变曲线上的样本点个数

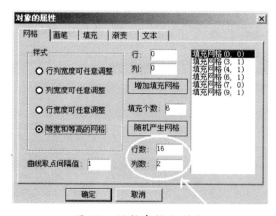

图15　调整表格行列数

(2) 函数曲线作图如果只要作函数曲线,不要函数表,可以在"方便面. zjz" 文档的程序区简单地使用命令"hsx(A);",A 是函数表达式.自变量范围默认 为[$-10, 10$],样本点个数默认为100,这些参数可以用上面所说的方法在图 14 所示对话框里修改.

例 4　画函数 $y = \dfrac{1+x}{1+x^2}$ 的图像.

解　在程序区输入:"hsx($(1+x)/(1+x\hat{\ }2)$);",再把光标放在命令最后的 分号后面,按 Ctrl+Enter 键即可,如图 16.

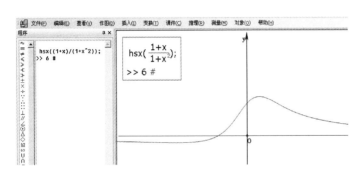

图 16　用"方便面"命令"hsx"画函数曲线

(3) 带参数动态曲线作图这是用计算机作函数图像的热门问题,下面是一 个典型例子.[4][5][6]

例 5　作一般正弦函数 $y = a\sin(bx + c)$ 的动态图像.

解　在程序区输入两条命令 "hsx($a * \sin(b * x + c)$);blc3(a,b,c);". 前 一条命令根据参数的缺省值画曲线,后一条命令建立三个参数的变量尺.一次 或分别执行后生成曲线和三条变量尺,拖动变量尺上的滑钮改变参数值,就可 以看到曲线随参数的变化而连续变化(图 17).

不少老师认为作含变量函数的动态图像是个难题,现在难题解决了.只要 两个命令,函数线(hsx)和变量尺(blc),想忘掉都难!

用智能画笔还可以直接在曲线上作点.作出的点可以在曲线上运动.在图 18 中曲线上作了点 A. 在对象工作区查出点 A 的编号为 10(也可以单击点 A, 其编号就显示在屏幕下方),用"方便面"的切线命令"qx(10);"就可作出切线, 如图 17.

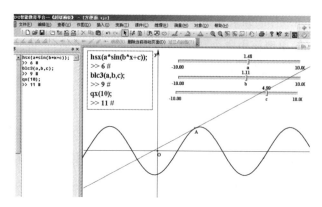

图 17　带有 3 个参数的一般正弦曲线

（4）对曲线作几何变换超级画板提供了丰富的几何变换命令. 这里举例说明反射、平移、旋转在函数图像有关教学中的应用.

例 6　用反射说明对数函数 $y=\log^2 x$ 和指数函数 $y=2^x$ 的图像关于直线 $y=x$ 对称.

解　用命令"hsx(log(2,x));"作出对数函数 $y=\log^2 x$ 的图像. 用作坐标点的命令"zbd(8,8);"作坐标为(8，8)的点 A；用画笔功能从原点到 A 连线段后回到选择状态. 按着 Ctrl 键，顺次选择线段 OA 和曲线这两个对象，打开右键菜单单击"关于直线的对称图形"，就作出了函数 $y=\log^2 x$ 的图像关于直线 OA 对称的曲线. 为了便于将它和指数函数 $y=2^x$ 的图像比较，在它的属性对话框里将其线型修改为"点线"，宽度修改为 5. 再用命令"hsx(2^x);"作出指数函数 $y=2^x$ 的图像，可以看到此图像和已有的点线重合，如图 18.

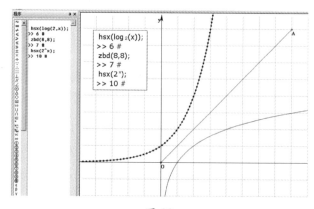

图 18

当然,也可以用其他方法验证对数函数 $y=\log_2 x$ 和指数函数 $y=2^x$ 的图像关于直线 $y=x$ 对称. 例如,使用在曲线上取点测量的方法.

例 7　用平移将正弦曲线变成余弦曲线.

解　用命令"hsx$(\sin(x))$;"和"hsx$(\cos(x))$;"作正弦曲线和余弦曲线,用命令"zbd$(u,0)$;"作坐标点 $A(u,\ 0)$. 再输入并执行平移命令"py$(6,1,8)$;"这里 6 是要平移的对象(正弦曲线)的编号,1 是平移向量起点(原点)的编号,8 是平移向量终点(点 A)的编号. 执行命令后,图上又出现一条曲线,就是正弦曲线沿向量 OA 平移所得. 为了动态呈现正弦曲线平移成为余弦曲线的过程,可在右键菜单中单击"动画",做出参数 u 的动画. 频率设置为 30,变量范围设置为从 0 到 $3*pi/2$(或$-pi/2$),类型为 1 次运动. 单击"动画"按钮,可以看到曲线从正弦图像连续变为余弦图像. 若对运动中的曲线进行跟踪,则如图 19所示.

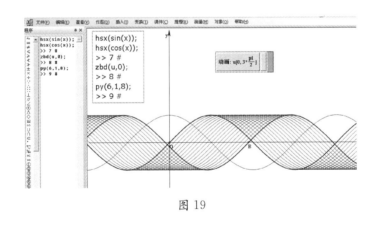

图 19

例 8　演示奇函数 $y=x^3-x$ 的图像旋转 $180°$ 与自身重合.

解　用命令 "hsx$(x\hat{\ }3-x)$;"作出奇函数 $y=x^3-x$ 的图像. 再执行"旋转"命令"xz$(6,1,t)$;"作出以原点为中心将此图像旋转角度 t 所得到的曲线. 命令中的参数 6 是函数图像的编号;参数 1 是原点(旋转中心)的编号;参数 t 是旋转角变量. 为了动态地呈现旋转过程,可以做参数 t 的动画,方法如同上面做参数 u 的动画一样. 频率可设置为 30,t 的变化范围从 0 到 pi,类型仍选 1 次运动. 单击"动画"按钮,可以看到图像旋转 $180°$ 与自身重合的过程. 若对旋转的图像进行跟踪,则如图 20 所示.

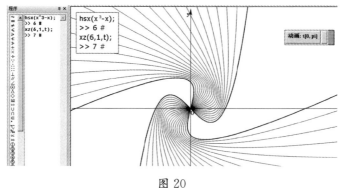

图 20

(5) 圆锥曲线作图

用超级画板的"方便面"作圆锥曲线也很方便. 根据方程作圆锥曲线的命令是"yzx(E);"(圆锥线),参数 E 为曲线方程;已知圆锥曲线上五点作圆锥曲线的命令是"wdx(A,B,C,D,E);"(五点线),参数是五个点的标号;已知半长轴 a 和半短轴 b 作标准椭圆的命令是"ty(a,b);"等.

例 9 从圆锥曲线的统一定义出发,利用几何关系生成随着离心率的变化而变化的圆锥曲线.

解 ① 如图 20,把 y 轴作为准线;用作坐标点的命令"zbd($2,0$);"作焦点 F;

② 用作坐标点的命令"zbd($x,0$);"作顶点 A;

③ 用命令"blc(x);"作 x 的变量尺,把 x 调整到 0 到 2 之间,设置变量尺属性让其范围为 0 到 2;

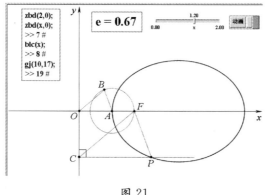

图 21

④ 以 A 为圆心过 F 作圆;

⑤ 在圆 A 上取点 B,连线段 AB、BO;

⑥ 过 F 作 BO 的平行线和 Y 轴交于 C;

⑦ 过 C 作 X 轴的平行线 CP;

⑧ 过 F 作 AB 的平行线和直线 CP 交于 P.

由作图过程可知 $\triangle PFC$ 相似于 $\triangle ABO$,故

$$\frac{PF}{PC} = \frac{AB}{AO} = \frac{FA}{AO} = \frac{2-x}{x}.$$

这表明点 P 到点 F 的距离与它到 y 轴的距离之比为定值 $e = \dfrac{2-x}{x}$,故点 P 的轨迹是以 y 轴为准线点 F 为焦点,离心率为 $e = \dfrac{2-x}{x}$ 的圆锥曲线.

要作出点 P 的轨迹,可在"方便面"的程序区键入命令"gj(10,17);",执行后生成所要的轨迹. 这里 gj 是轨迹之意,10 和 17 分别是主动点 B 和轨迹点 P 的编号.

用菜单命令"测量|测量表达式",对 $\dfrac{2-x}{x}$ 作测量,再把生成的测量数据的右端表达式改为 e;拖动 x 的变量尺上面的滑钮,则 e 的值随之变化,圆锥曲线也随之变化. 为了能够使 e 准确地取值 1,可以在右键菜单中单击动画命令,在出现的对话框中键入变量名 x 做变量动画,在动画设置对话框里把变量范围设置为 1.9 到 1,就可以用"动画"按钮使离心率取值 1,观察椭圆变成抛物线的过程.

(6) 其他作图

使用"方便面"的命令,能做的事情很多. 例如,画参数曲线的命令是"csx (X,Y,t);"(参数线),其中 X 和 Y 是两个坐标的参数表达式,t 是参数名;画极坐标曲线的命令是"jzx(R);"(极坐线),其中 R 是极坐标下曲线方程 $\rho(\theta)$ 表达式,在输入方程时用 t 代替 θ;作正多边形的命令是"znx(n);"(正 n 形),其中 n 是多边形的边数;等等.

有些事情,例如两个区域公共部分的填充,通常不容易做. 例如,讲集合的运算要画文氏图,把两个圆的公共部分填充起来表示交集. 在超级画板的"方便

面"命令中,有区域交的命令"qyj(A,B);",其中 A 和 B 是两个区域的编号.

例 10　填充两圆的公共部分,并填充其中一个圆和一个正五边形的公共部分.

解　用智能画笔作两个圆,再用"方便面"命令"znx(5);"作一个正五边形.顺次选择五边形的五个顶点,在右键菜单中单击"多边形",作出五边形的内部区域.两圆的编号是 8 和 11,用命令"qyj($8,11$);"可以填充两圆的公共部分.五边形的内部区域编号是 23,用命令"qyj($11,23$);"可以填充一圆和五边形的公共部分.分别选择被填充的部分,在其属性中选择适当的填充图案,如图 22.

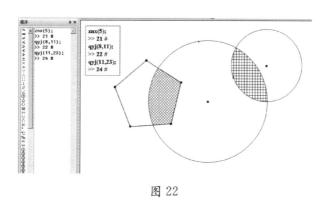

图 22

5　符号计算和编程

数学教学不但要用到数值计算,也要作符号计算.例如,计算 $\dfrac{1}{2}+\dfrac{2}{3}$ 得到 $\dfrac{7}{6}$,计算 $\sqrt{3}+\sqrt{27}$ 得到 $4\sqrt{3}$,从 $a+a+a$ 得到 $3a$,从 $xxxxx$ 得到 x^5,从 $(a+b)^3$ 得到 $a^3+3a^2b+3ab^2+b^3$ 等,都属于符号计算.这是普通计算器做不到的.曾经有位老师求助于笔者,他在教等比数列的时候,谈到象棋与国王的故事,需要计算 2^{64},但试了不少软件,都只能得到科学计数法的结果,而此时恰恰需要一个准确的大数,才能给学生震撼的感觉.上面的这些计算实例,参看图 23.

超级画板还能做因式分解,下面是一个有趣的例子.

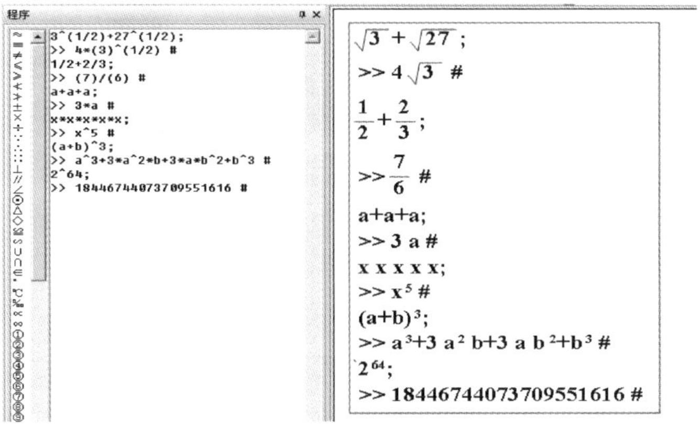

图 23　在程序区作计算

例 11　一位苏联数学家发现,当 $n \leqslant 100$,多项式 $x^n - 1$ 的因式系数非 0 即 ± 1,所以很自然地问:是不是对于所有的正整数都这样?

解　此题可用计算机来实验.用超级画板"方便面"的因式分解命令 "fj($x^{105}-1$);"的结果表明,当 $n = 105$ 时,有一个因式中有一项为 $-2x^{41}$,所以该猜想不成立.

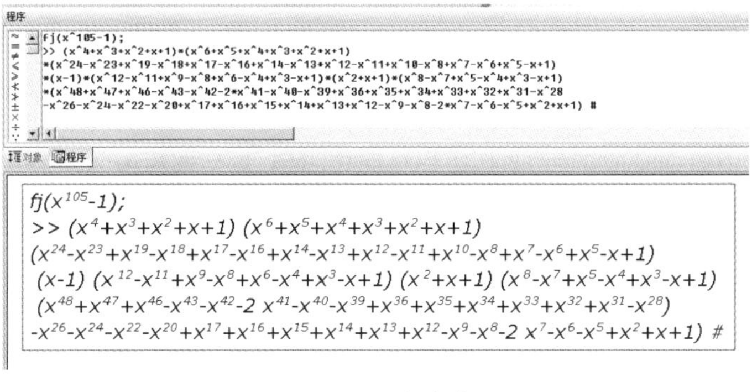

图 24　因式分解

在 2003 年版课程标准中,算法已被列为高中数学的必修内容.学习算法,最好能有编程的实践.学生自己动手编编程序,在计算机上运行程序,对算法的理解就会更深刻.在超级画板的程序区里,可以编写和运行简单的程序,还能用程序作图,完全能满足教学的需要.

例 12 多项式展开、二项式定理、数列等内容都涉及杨辉三角,试编写生成杨辉三角的程序并运行.

解 在超级画板的程序区输入这几行程序:

$$jc(n)\{if(n==0)\{1;\}else\{n*jc(n-1);\}\}$$

$$c(n,k)\{(jc(n)/(jc(n-k)*jc(k)));\}$$

$$yh(m)\{for(k=0;\ k<m;\ k=k+1)$$

$$for(i=0;\ i<=k;\ i=i+1)$$

$$\{Text(2*i-k+3,\ m-k-5,\ c(k,i));\}\}$$

执行命令,然后输入"yh(12);",再次执行,结果生成 12 层的表,如图 25.

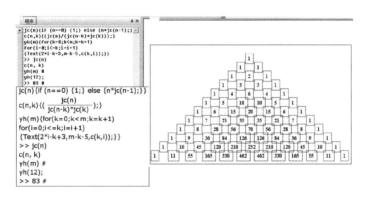

图 25　编程生成杨辉三角

程序中用到赋值语句,条件语句和循环语句,都是课程内容所要求的.

6 对统计概率教学的支持

超级画板中有一个模拟随机数生成的函数 rand(x,y),可以用来模拟一些概率现象.例如掷骰子、投针算圆周率等,如图 26 和图 27.

此外,超级画板还支持统计图表的制作.使用"方便面"命令"tjb(m,n);"(统计表),就能生成 m 行 n 列的统计表.通过属性设置,可以制作条形图,折线图以及饼形图.如图 28.

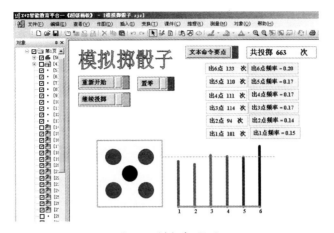

图 26　模拟掷骰子

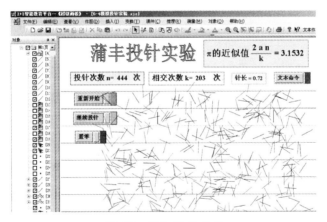

图 27　模拟投针实验

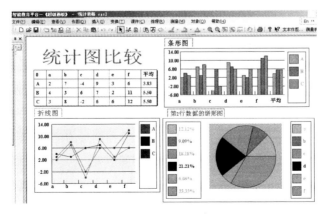

图 28　统计图表

7 结束语

从上面所说的可以看到,超级画板提供了数学课程和信息技术整合的绝好的环境.特别是使用"方便面"文档,入门十分容易.关键是尽快动手用起来.建议老师们由浅入深,分四个层次来做.

第一个层次:举重若轻,做能够省时省力的事.

计算机和软件无非是工具,如同圆规直尺三角板.重要的是自己的教学经验和特长要保持要发挥.原来怎样上课备课现在仍然可以保持自己的习惯和套路.但是,用计算机画一些比较复杂的图形总比用粉笔黑板方便吧? 用计算机作计算或书写推导公式总要快捷准确些吧? 这些工作,本来也能做,用了信息技术能够做得更快更方便,好像用圆珠笔代替毛笔一样.学习新的工具要花时间精力,但学会了能减轻劳动,是值得的.

第二个层次:心想事成,做过去想到做不到的事.

过去,在教学过程中常有一些想象或虚拟的比方,但实际上做不到.例如在黑板上画一个圆内接正多边形,说如果正多边形的边数越来越多,它的面积和周长就越来越接近圆的面积和周长.用了超级画板,画一个边数会逐步增加的正多边形是轻而易举的事.又如让几何图形和函数图像随参数的变化而变化,让运动的图形留下踪迹,让统计图表跟着数据的变化而变化,许多过去想到做不到的事,现在都可以在教学现场即兴发挥,随意操作.另外,"电子黑板"上写的画的东西会自动被储存,可根据教学需要随意隐藏显示或改变其颜色大小位置,这都是过去想到做不到的,现在是家常便饭了.

第三个层次:推陈出新,做过去没有想到的事.

随着对超级画板操作的熟悉,受同行所做的课件的启发,更多地吸取或总结了别人或自己的经验,就会产生创新的愿望和灵感.原来想不到的知识表现方式,现在可以设计出来了.使用超级画板,可以制作引人入胜的动画,设计游戏式的课件和学件,使用自动解题、交互解题、几何图形的信息搜索、编程、迭代等智能性更高的功能建设教学资源,推出创新的成果.

第四个层次:众志成城,教师带领学生都来用信息技术做数学.

教学资源丰富了,对信息技术运用自如了,备课方法、讲授方法、学习方法、教学组织会自然地发生变化.例如,学生看到老师在课堂上运用自如地作图、计算、推导,看到老师创作的引人入胜的动画,就会产生自己动手试一试的强烈的愿望.如果有条件,最好组织学生自己动手在教师的指导下探索、试验,尝试开展研究性的学习.信息技术的介入,会使学生全身心地投入到教学活动之中,对课程内容产生浓厚的兴趣.教学模式会自然地转变,学生的数学素养和成绩会显著提高.

参考文献

［1］张景中.超级画板自由行[M].北京:科学出版社,2006.

［2］张景中,彭翕成.动态几何教程[M].北京:科学出版社,2007.

［3］李增沪.普通高中课程标准实验教科书(数学必修4)(A版)[M].北京:人民教育出版社,2004.

［4］赵航涛,杨涛.在 Flash 中画 $y = A\sin(Bx + C)$ 函数的图像[J].中小学电教,2005(8):67-68.

［5］孟治国.计算机绘制正弦函数图像[J].电脑知识与技术,2005(32):76-77.

［6］王永生.应用《几何画板》制作各种正弦函数图像[J].赤峰学院学报(自然科学版),2005(6):17-19.

6.3 基于《超级画板》开设《动态几何》课程的实践与思考(2008)①

摘 要:《动态几何》是一门以操作和思考为基础的课程.动态几何能帮助我们更深刻地认识几何对象的本质.《超级画板》在数学教学中的应用主要体现在平面几何、代数运算、解析几何、函数、概率统计、立体几何和算法编程等方面.在教学过程中,要关注学生能力的差异,处理好操作与探究的关系、学习与实践的关系.

关键词:动态几何;超级画板;教师教育;数学

文[1]曾介绍过开设《动态几何》课程在数学教与学中的价值.我们在华中师范大学已经实验了一学期.本文将总结半年来的收获和不足,以利于该课程更好地发展下去.

本文包括三部分:一是开设《动态几何》课程的实践,包括教材编写、教学设计、作业考查等方面的措施;二是关于《动态几何》课程在数学教师教育方面的作用调查,包括调查对象、调查结果和讨论;三是学生自选的探究问题结果统计.

1 开设《动态几何》课程的实践

1.1 教材编写

我们在《超级画板自由行》[2]的基础上进行了改编,删除了一些较繁琐的例子,加进更多结合中学数学教学的实例,如井田问题、用剪拼方法说明余弦定理等,写成《动态几何教程》[3],作为试用教材.

1.2 教学设计的策略

我们经常根据作出的图形,提出更多的问题并用《超级画板》作进一步的探

---

① 本文原载《数学教育学报》2008 年第 5 期(与江春莲、彭翕成合作).

索,得到结论后再拖动某些对象看能否得到普遍的结论.如果有,我们还鼓励学生进一步从数学的角度给出证明,如在《数学通讯》专栏"超级画板帮你教数学"发表的《当点被分裂开来》一文就是我们在课堂、课后探究的结果.

教授操作性课程经常面临的一个问题是学生无法跟上老师的操作.我们发现了这一问题的一个比较好的解决方案,那就是让一个学生在讲台上代替老师操作,而老师边讲解边在教室巡视,了解学生的进度,发现需要帮助的学生并及时给予帮助.

1.3　作业考查

本课程的考查内容包括三部分:一是平常的作业,一般是书上的练习题;二是自选问题的探究,这项任务的完成对学生来说有一定的难度,老师给出的建议是在近五年的高考题中选一道适合用《超级画板》进行探究的问题进行延拓,这部分考查结果统计附后;三是上机考试,上机考试的题型包括文件生成(4分)、图形设计三个(18分)、基本作图三个(30分)、动画课件基本制作一个(12分)、简单计算和编程两个(16分)和两道探究性问题(20分).

1.4　其他

这是一门依托于软件操作的课程,学生需要时间和上机条件熟悉软件.为方便学生上机,学院在每节课后面都不安排其他的实验课,这样学生就可以根据自己的实际情况决定是否继续上机.在中间长达十周的时间里,我们每次都让学生交完当天的操作作业后才离开,这样保证多数学生在短时间内熟悉基本操作.

文[1]也指出《动态几何》的知识与技能,对学生的自学能力、探索精神、科学素质都有积极的影响,所以我们积极鼓励并指导学生进行问题探究.在我们的指导下,张燕同学完成了论文《超级画板中的点函数命令及其应用》.

2　《动态几何》课程在数学教师教育方面的作用调查

在进行完一学期的《动态几何》教学后,我们对学生进行了关于《动态几何》课程和《超级画板》功能的调查.调查问卷分两部分.一部分是了解学生对课程和软件的看法,共二十七道多项选择题.这些选择题采用了 Likert 五等级记分法,问卷的编制构想主要从课程开设的实际出发,涵盖从《动态几何》课程在数学学习方面的作用,到该课程与依托的软件之间的关系以及对《超级画板》在中学数学各部分内容(平面几何、代数运算、解析几何、函数图像、概率统计、立体几何、算法编程、经典范例、自动推理等)学习中所起作用的评价等方面内容. 为避免因个别问题反向描述引起的回答出入,全部采用正向描述. 每个选项分为5、4、3、2、1共5个等级,依次表示非常适合、比较适合、一般、比较不适合、非常不适合. 另一部分是调查学生对该软件对于中小学学生数学学习作用的认识,即对数学能培养的能力和学习兴趣等方面作用的评价. 参与当天调查的学生45人,收回有效问卷41份,有效率为91.1%. 前一部分调查的信度系数(Cronbach's Alpha)$\alpha = 0.84$,后一部分的信度系数 $\alpha = 0.90$,所以该调查是可信的. 下面对这些方面的调查结果作一些粗略的分析.

2.1 对《动态几何》课程的看法

文[4]将《超级画板》的主要功能概括为"写画测变,编演推算",但动态几何的重点还是图形在某些对象的驱动变化下,几何性质的保持与变化. 换句话说,动态几何能帮助我们更深刻地认识几何对象的本质. 学生对这一陈述的回答是非常肯定的(Mean$=4.64$,SD$=0.57$),超过95%的学生选择了"非常适合"或"比较适合"(后文中合称为"肯定选项"). 所以基于《超级画板》的《动态几何》的学习将在数学教学,特别是几何的教与学中发挥重要的作用.[1]

动态几何图形的构造依赖于对图形对象之间关系的深刻认识. 如在$\triangle ABC$中,要在BC边上作两点E、F,使得$\angle BAE = \angle CAF$(如图1). 我们可以这样来作:(1)在BC边上取点E,(2)测量$\angle BAE$,(3)将直线AC旋转同样大小的角,交BC于点F. 但这样作出的图形,当点E拖到CB的延长线上时,点F却没能跟着运动到CB的反向延长线上. 所以在这里需要对图形有更深刻的认识,那就是直线

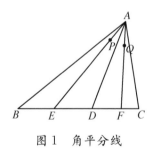

图1　角平分线

AE和AF关于$\angle BAC$的角平分线AD对称. 所以点F正确的作法,是先作出$\angle BAC$的角平分线AD,然后作点P关于AD的对称点Q,AQ与BC的交点就是F. 所以动态几何图形的构造需要较高的逻辑思维能力,学生对这一陈述的回答是非常肯定的(Mean$=4.13$,SD$=0.79$),超过75%的学生选择了肯定选项. 学生对陈述"思考如何构造动态几何图形提高了我的思维能力"的回答也是

非常肯定的(Mean＝4.09,SD＝0.67),超过 85％的学生选择了肯定选项.

2.2　对依托的软件与课程关系的认识

爱因斯坦曾回忆学习几何的体会,他说几何中的很多断言,本身并不是显而易见的,但可以很可靠地加以证明,以至于任何怀疑都不可能.平面几何的很多命题,借助于《超级画板》可以"显而易见"地展现出来;如果心存怀疑的话,借助于《超级画板》,我们可以很容易地得到具有同样特点的新图形,再次检验断言的真假.所以《超级画板》能帮助我们理解《动态几何》的本质特征.学生对这一陈述的回答是非常肯定的(Mean＝4.29,SD＝0.73),近 90％的学生选择了肯定选项.所以选择《超级画板》进行《动态几何》的学习是恰当的.

有感于《中小学教师教育技术能力标准(试行)》及其配套的培训教程,我们曾撰文探讨教师教育技术培训中软件的选择问题.[5]对这些即将走上讲台的教师来说,我们自主研发的《超级画板》的适应性如何呢?我们设计了 3 个问题调查了解这方面的信息.这 3 个陈述分别是"课下我花很多时间学习该课程""我对《超级画板》能很快上手""要对《超级画板》应用自如,我还需要下大力气".对这 3 个问题回答的均值分别为 3.11、3.71 和 4.09,选择肯定选项的百分比依次为 22.8％、55.5％和 80.0％.在课下没有多大比例的学生花很多时间学习该课程的情况下,仍有过半数的人感觉能很快上手,说明该软件智能化程度确实很高,能满足实际学习和教学的需要.当然,要达到"推陈出新"的境界还需要下大功夫.

2.3　对《超级画板》在数学各部分教学方面作用的认识

在这一部分我们将结合具体的例子说明《超级画板》在数学各部分内容教学中的应用,并报告调查结果.

2.3.1　在平面几何教学中的作用

《超级画板》智能画笔构图方便.无需在任何菜单和工具之间进行切换,直接利用鼠标即可作出任意点、线(指线段、射线或直线,下同)、圆,直线、圆、圆锥曲线等几何对象上的点,以及线与线、线与圆、圆与圆、线与圆锥曲线等几何对象间的交点.根据选定的几何条件,通过单击菜单命令可以快速地作出等边三角形、平行四边形、任意正多边形等常见多边形.其设计基于数学常识和习惯,所以智能作图有在纸上画图的感觉.学生对这一陈述的回答是比较肯定的(Mean＝3.69,SD＝0.97),超过 62％的学生选择了肯定选项.

在使用《超级画板》作图写字时,它会自动对创造的新对象进行编号并将其记录到"图形对象工作区",这样的处理有三个好处:(1)便于查找图形对象之间的关系;(2) 便于更改图形对象的属性;(3) 便于传播,因为我们可以通过阅读该工作区的内容弄懂图形的构造原理,便于自学和传播. 对陈述"《超级画板》能记录对象顺序及关系,便于我们自学",学生的回答也是非常肯定的(Mean=4.31,SD=0.70),超过 90%的学生选择了肯定选项.

在前面我们提到《超级画板》对学生的探究发现能力的培养,对此,我们设计了两个问题了解学生的看法. 这两个陈述分别是"《超级画板》画图准确,能让我们用肉眼看出一些规律性的东西,如点共线、点共圆等"和"《超级画板》的测量功能能很快检验一些猜想的正确性". 学生对这两个问题的回答也非常肯定(前者 Mean=4.53,SD=0.63;后者 Mean=4.64,SD=0.61),约 93%的学生选择了肯定选项.

利用《超级画板》的对称、放缩、平移、旋转等功能可以很方便地作出几何教学中的动画,如制作通过旋转说明三角形面积公式的课件仅需要 24 步,除去作坐标系的 4 步,实际只有 20 步,这 20 步中 14 步是作基本的点、线和文本,所以关键的仅 6 步,其中有 2 步是对称性重复的,这样算来只有 3—4 步是需要花力气掌握的(如图 2). 所以用《超级画板》制作课件简单、方便,对这一陈述,学生的回答也相当肯定(Mean=4.13,SD=0.81),约 78%的学生选择了肯定选项. 利用《超级画板》的这些功能还可以作出美丽的图案(如图 3). 在图 3 中,不仅周围的 5 个"风车"可以自行绕中心转动,而且也可以一齐围绕整个图形的中心转动. 学生对陈述"《超级画板》能帮助我们设计漂亮的图案"非常肯定(Mean=4.53,SD=0.76),约 90%的学生选择了肯定选项.

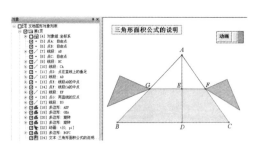

图 2 三角形面积公式的说明

图 3 风车示意图

"几何几何,想破脑壳"是学生觉得几何难学的真实反映.几何难学其实是推理证明的表述难学.在使用《超级画板》作图的过程中,计算机会自动将所作图形的几何特征整理为图形条件记录在系统中,同时还允许人工增添"附加条件".计算机能根据这些图形条件和添加的附加条件进行推理,推理得到的大量几何信息,被自动整理成推理信息库.对于得到的任何一条结论,我们可以逐步展开,查看其推理过程;根据展开的推理步骤,计算机还可生成或详或略的解答过程.所以《超级画板》的自动推理功能将使几何证明变得更简单,学生对这一陈述的回答也是非常肯定的(Mean=4.45,SD=0.76),约89%的学生选择了肯定选项.当然,也有学生在开放性的问题中指出,推理功能的使用会不会让学生放弃思考,变得思维懒惰.好的东西就像一把"双刃剑",恰当合理地利用才能带来好处.

2.3.2　在代数运算教学中的应用

《超级画板》代数运算快速、准确,也可以用来进行数学探究.如对形如 $f(x)=\dfrac{cx+d}{ax+b}(a\neq0)$ 的 n 次迭代还原函数的求解.[6]另外,对 x^n-1 进行因式分解,当 n 取小于105的正整数时,其不可再分解的具有整系数的因式各系数的绝对值都不超过1,但这一结论对 $n=105$ 却不成立.[7]若采用微软推出的数学软件 Math 3.0,所得结果如图4所示,分解不彻底;采用超级画板,所得结果如图5所示,该猜想很快得到检验.对"《超级画板》进行代数运算快速、准确"的陈述,学生的回答非常肯定(Mean=4.29,SD=0.73),约84%的学生选择了肯定选项.

Input　factor($x^{105}-1$)

Output　$(x-1)(x^6+x^5+x^4+x^3+x^2+x+1)(x^{28}+x^{21}+x^{14}+x^7+1)(x^{70}+x^{35}+1)$

图4　因式分解运算结果(一)

Factor($x^{105}-1$);
>> $(x^4+x^3+x^2+x+1)(x^6+x^5+x^4+x^3+x^2+x+1)$
$(x^{24}-x^{23}+x^{19}-x^{18}+x^{17}-x^{16}+x^{14}-x^{13}+x^{12}-x^{11}+x^{10}-x^8+x^7-x^6+x^5-x+1)$
$(x-1)(x^{12}-x^{11}+x^9-x^8+x^6-x^4+x^3-x+1)(x^2+x+1)(x^8-x^7+x^5-x^4+x^3-x+1)$
$(x^{48}+x^{47}+x^{46}-x^{43}-x^{42}-2x^{41}-x^{40}-x^{39}+x^{36}+x^{35}+x^{34}+x^{33}+x^{32}+x^{31}+x^{28}-x^{26}$
$-x^{24}-x^{22}-x^{20}+x^{17}+x^{16}+x^{15}+x^{14}+x^{13}+x^{12}-x^9-x^8-2x^7-x^6-x^5+x^2+x+1)$ #

图5　因式分解运算结果(二)

2.3.3 在解析几何教学中的应用

《超级画板》提供了丰富的解析几何作图命令，如作直线的命令就有 7 种，不仅包括了通常的点斜式、截距式、斜截式和一般式，还有点与 x 轴截距、点与 y 轴截距、点与倾斜角等，其中的参数既可以是准确的数，也可以是通过变量尺或动画控制的参数. 作二次曲线的命令就有 13 条之多，其中椭圆 3 条、双曲线 3 条、抛物线 4 条，还有由方程、统一定义、以及 5 点所确定的二次曲线作图命令. 这些丰富的命令为解析几何的教学带来了极大的方便. 不仅如此，还可以用智能画笔在二次曲线上直接取点，过该点作二次曲线的切线，方便探究与二次曲线有关的问题.[8] 所以学生对陈述“《超级画板》解析几何命令丰富，能满足教学的需要”也非常肯定(Mean＝4.27，SD＝0.76)，约 86％的学生选择了肯定选项.

2.3.4 在函数教学中的应用

文[9]曾系统地介绍了《超级画板》在函数教学中的应用，如列函数表描点连线、函数曲线作图、描点数目动态变化、带参数的函数曲线作图、函数曲线上作动点、对曲线进行跟踪变换、作动态切线、曲边梯形积分和以及几何量的动态测量等. 另外，对高中新课程增加的三次函数性质及最值的求解，《超级画板》也提供了两个非常重要的命令“PolyExtremum(n)；”和“PolyMaxMin(n)；”，这里的参数 n 是函数曲线的编号. 在免费版本的《超级画板》文本作图中输入两个命令“Function(2 * x^3 ＋ 9 * a * x^2 － 24 * a^2 * x ＋ 1, － 10, 10, 500,)；”和“PolyExtremum(5)；”即可得到图 6 所示的结果. 再接着输入“PolyMaxMin(5)；”可以得到一个较图 6 稍详细的结论. 学生对《超级画板》在函数教学中的应用也给予了很高的评价(如表 1).

函数的极值[曲线: $y = 2*x^3+9*a*x^2-24*a^2*x+1$]:
$y'=-24*a^2+18*a*x+6*x^2$, 所以
当 $x\in(-8, -4*a)$ 时, $y' = 0$, 函数 $y=2*x^3+9*a*x^2-24*a^2*x+1$ 是增函数.
当 $x\in(-4*a, a)$ 时, $y' = 0$, 函数 $y=2*x^3+9*a*x^2-24*a^2*x+1$ 是减函数.
当 $x\in(a, +8)$ 时, $y' = 0$, 函数 $y=2*x^3+9*a*x^2-24*a^2*x+1$ 是增函数.
因此当 $x=-4*a$ 时, 函数 $y=2*x^3+9*a*x^2-24*a^2*x+1$ 有极大值, 并且
$y_{极大}=112*a^3+1$
因此当 $x=a$ 时, 函数 $y=2*x^3+9*a*x^2-24*a^2*x+1$ 有极小值, 并且
$y_{极小}=-13*a^3+1$

图 6 函数的极值

表 1　《超级画板》在函数教学中的应用调查结果

	陈　述	Mean	SD	选择肯定选项的学生所占百分比
1	《超级画板》能根据函数图像上点的个数作出对应的函数值表,方便老师的演示	4.40	0.69	88.9%
2	《超级画板》能作出带参数的函数图像,参数驱动引起的变化便于学生发现其中的数学规律	4.64	0.57	95.6%
3	《超级画板》能直接计算出曲边梯形的积分上和、积分下和,便于学生认识积分概念	4.33	0.74	84.5%
4	《超级画板》能直接显示三次函数的最值并对单调性进行分析,得出结论,便于学生理解这些数学概念之间的关系	4.42	0.66	91.1%
5	函数图像的翻转与旋转便于学生理解函数与其反函数之间的关系	4.61	0.54	97.7%

2.3.5　在概率统计教学中的应用

利用《超级画板》的随机函数 $rand(m,n)$ 可以生成 (m,n) 之间的随机数,由此可以实现随机事件的模拟,如模拟掷硬币实验、模拟掷骰子、模拟蒲丰投针实验等,这些课件可以直接拿到课堂上给学生演示,不仅具有真实感,还能大大节约教学时间.学生对陈述"《超级画板》随机函数模拟的概率实验形象直观,可以拿来就用"的回答非常肯定(Mean=4.40,SD=0.91),约 87% 的学生选择了肯定选项.学生在课堂上做出这样的模拟实验时非常兴奋.

用《超级画板》制作统计表格,只需要在同样规格的表格之间通过命令"StatDataAssoc(m,n);"即可实现编号为 m 和 n 的表格之间的关联.这样,改动编号为 n 的表格中的数据,编号为 m 的表格中的数据也就随之更改,我们可以将编号为 m 的表格的类型设置为表格、条形图、折线图、饼形图中的任意一种,很方便地实现表格数据与统计图的转换.所以用《超级画板》绘制的统计图表内容丰富,调整更改方便.学生对这一陈述的回答非常肯定(Mean=4.53,SD=0.81),约 85% 的学生选择了肯定选项.

2.3.6　在立体几何教学中的应用

尽管《超级画板》的基础是二维平面,但我们通过数学手段作出的三维图形十分形象直观,如长方体的截面(图 7)、圆锥的截线(图 8)、圆柱圆锥面上的螺旋线等,这些立体图形立体感强,只需拖动个别的点就可以调整图形得到不同的效果,所以学生对《超级画板》在立体几何教学中应用的两个陈述评价也很好(前者:Mean=4.14,SD=1.09;后者:Mean=3.95,SD=0.96),选择肯定选项的学生所占百分比分别为 80% 和 68%。

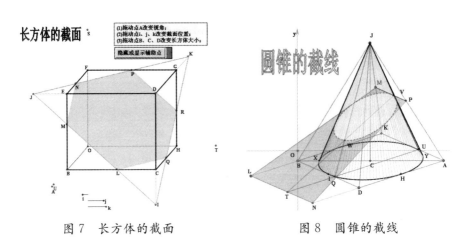

图 7 长方体的截面　　　　　图 8 圆锥的截线

2.3.7 在算法编程教学中的应用

文[10—13]曾详细介绍了《超级画板》的算法及其在数学教学中的应用,其赋值语句符合数学的表述习惯,写成"$a=3$;"的形式。另外,还可以把所作图形的对象编号用相应的字母代替,如"$A=\mathrm{Point}(1,1,A)$;$cl=\mathrm{CircleOfRadius}(A,1,cl)$;"就作出了点 $A(1,1)$ 和以 A 为圆心、半径为 1 的圆 cl。这样以变量代表对象,方便编程时引用和检查。学生对这种处理评价很好(Mean=4.11,SD=0.71),选择肯定选项的学生占 80%。

在 2003 年版高中数学课程标准中加进了有关算法和编程的内容,这给老师和学生提出了挑战。《超级画板》提供的多种函数方便了师生的使用,如 $\lg(a)$ 之类标准数学函数 19 个,因式分解"$\mathrm{Factor}()$;"之类的一般运算函数 27 个,系统函数 13 个,包括 $c\sin\alpha+d\cos\alpha=\sqrt{c^2+d^2}\sin(\alpha+\beta)$ 在内的各类三角函数公式 123 个,还有 168 个既可用文本作图(应用时可直接从菜单选择,而不需要自己键入函数命令)也可用程序实现的命令。这些命令的灵活应用在教材[2]所举范例中体现得淋漓尽致。

2.3.8 经典范例

教材[3]"经典范例"一章包括了 57 个典型应用实例,如可控制点数的完全图、杨辉三角、二分法动画、四龟互追、高尔顿实验、雪花曲线等. 对陈述"《动态几何教程》包含的经典范例很有代表性",学生评价很好(Mean＝4.33,SD＝0.74),选择肯定选项的学生占 84%.

2.4 对《超级画板》对中小学数学教学作用的认识

我们设置了 15 个问题,了解这些将为人师的学生对《超级画板》应用于中小学数学教学作用的认识,调查结果见表 2.结果表明除对提高学生成绩和计算能力还存怀疑外,学生对《超级画板》在中小学数学教学中的作用还是充满信心的.有这样的信念,相信这些教师将会在自己的数学教学中自觉运用《超级画板》.

表 2 《超级画板》在中小学数学教学中的作用调查结果

	陈 述	Mean	SD	选择肯定选项的学生所占百分比
1	有助于学生理解数学概念,特别是几何概念的本质	4.50	0.59	95.4%
2	有助于学生形象直观地理解抽象的数学概念	4.70	0.60	93.0%
3	便于学生进行自主探究	4.48	0.82	84.1%
4	便于学生发现丰富多彩的数学世界	4.68	0.52	97.8%
5	有助于提高学生学习数学的兴趣	4.77	0.48	97.7%
6	有助于保持学生学习数学的较高兴趣	4.50	0.63	93.2%
7	有助于提高学生的数学成绩	3.52	0.73	47.7%
8	有助于提高学生的计算能力	3.23	0.86	31.8%
9	有助于发展学生的空间想象能力	4.45	0.70	88.6%
10	有助于发展学生的逻辑思维能力	4.14	0.85	79.5%
11	有助于提高学生的发现和创新思维能力	4.57	0.59	95.5%
12	有助于提高学生提出问题的能力	4.32	0.77	81.8%

	陈　　述	Mean	SD	选择肯定选项的学生所占百分比
13	有助于提高学生分析问题、解决问题的能力	4.05	0.83	72.7%
14	有助于提高学生数学建模的能力	4.18	0.92	79.6%
15	有助于提高学生数学研究的能力	4.41	0.69	88.7%

3　学生自选的探究问题

我们布置了一项课程作业,建议学生自选问题进行探究. 对该班完成作业的 47 名学生的作业进行的统计表明,选择了解析几何问题的最多(27 人,占 57.4%),其次是平面几何(7 人,占 14.9%)和函数图像(4 人,占 8.5%).其他类型则较少,分别是立体几何、线性规划各 2 人,不等式、代数、概率、编程和综合应用(数形结合求最值)各 1 人.

选择解析几何的人最多,一个可能的原因是学生对高中学习的解析几何内容熟悉,另外一个原因可能是《超级画板》在这方面的命令比较丰富,使用起来方便.

4　反思

4.1　学生能力的差异

基于《超级画板》软件开设的《动态几何》课程内容,很大一部分是对操作原理的理解和熟练.关于课程和软件的两个开放性问题的回答,也较明显地反映出学生对老师提出的不同要求. 如有的学生说"老师讲课速度太快,操作跟不上""希望老师能够把复杂的操作多演示几遍",也有学生反映"多讲综合性的课件制作".若讲综合性强的案例,有时候 1 次课(90 分钟)只能讲 1 个例子.领会得快的学生第 1 节课结束的时候就已经完成了,慢的呢,第 2 节课快下课了还是没完成.所以有学生建议减少课堂人数,改成小班教学.对于这种能力上的差异,可以先测试学生的软件学习和操作能力,然后比较按能力分班和采取一高一低匹配两种方案的整体效果,从中选择较合适的模式.

4.2　操作与探究关系的处理

《超级画板》能很快作出图形中特殊点的轨迹,测量点的坐标、线段的长度、图形的面积并进行这些测量数据的计算,为学生的探究提供了一个很好的工具.但我们不能仅停留在观察的阶段,我们还应该对得到的结果进行证明.我们上课时常面临两种困惑:一是当我们提出一个问题再让学生提出问题时就只能有一两个学生小声地回答,学生参与不够踊跃;一是探究出结果后,笔者讲自己的证明前,希望学生能大胆地说出自己的证明,常常鸦雀无声.多数学生是思考了不出声还是没有思考? 如果是后者,则需要采取一些激励措施让学生的思维动起来.

4.3　学习与实践关系的处理

我们在课堂上给学生展示过《超级画板与数学新课程》中的例子[14],但没有要求每个学生具体地制作一节完整的数学课的课件.这种内容可以考虑作为作业的一部分,而且可以小组合作的形式完成.批改呢,最好是面批,那样可以更好地帮助学生理解如何将数学教学原理应用于数学教学设计.

5　结束语

《动态几何》是一门以操作和思考为基础的课程.学生不仅要学会软件的操作从而能根据教学的要求制作课件,更要学会如何利用软件进行数学探究性活动.教师只有自身具备较丰富的体验才能更好地组织学生进行类似的活动,将数学新课程的基本理念真正落实.这对于从事《动态几何》教学工作的老师提出了更高的要求.

参考文献

[1] 张景中,江春莲,彭翕成.《动态几何》课程的开设在数学教与学中的价值[J].数学教育学报,2007,16(3):1-5.

[2] 张景中.超级画板自由行[M].北京:科学出版社,2006.

[3] 张景中,彭翕成.动态几何教程[M].北京:科学出版社,2007.

［4］张景中.《超级画板》的初步认识和体验[J]. 数学通讯,2007(1):7-8.

［5］张景中. 教师教育技术培训和水平考试应积极选用国产优秀教育软件[J]. 科学新闻,2006(14):8-9.

［6］张景中,彭翕成. 何不使用《超级画板》[J]. 数学通讯,2007(23):4-6.

［7］华罗庚. 从孙子的神奇妙算谈起[M]. 北京:中国少年儿童出版社,2006.

［8］江春莲,彭翕成. 相似圆锥曲线的一个重要性质[J]. 数学通讯,2007(21):33-34.

［9］张景中,彭翕成. 函数作图软件的评价和选择[J]. 数学通报,2007(8):1-8.

［10］彭翕成.《超级画板》帮你教算法(1)[J]. 数学通讯,2007(15):13-15.

［11］彭翕成.《超级画板》帮你教算法(2)[J]. 数学通讯,2007(17):6-8.

［12］彭翕成.《超级画板》帮你教算法(3)[J]. 数学通讯,2007(19):12-14.

［13］彭翕成.《超级画板》帮你教算法(4)[J]. 数学通讯,2007(21):12-13.

［14］王鹏远,马复. 超级画板与数学新课程[M]. 北京:科学出版社,2005.

Introduction of Dynamic Geometry Course Based on Supersketchpad: An Experimental Study

Abstract: Dynamic Geometry was a theoretical and practical course. Dynamic geometry could help us look into the essence of geometrical objects in a deeper sense. Supersketchpad can be used to teach various mathematics topics such as plane geometry, algebraic manipulations, analytical analysis, function, probability and statistics, solid geometry, algorithms and programming, etc. In the teaching process, attentions need to be paid to the discrepancies of students' abilities, a good balance between practical and theoretical aspects, as well as a good balance between learning and practice.

Key words: Dynamic geometry; Supersketchpad; teacher education; mathematics

6.4　教育技术研究要深入学科(2010)^①

摘　要:随着教育技术的不断普及,教育软件在教学中应用得也越来越多,但现在有不少人对教学中使用教育软件的效果持怀疑态度.由使用教育软件的效果谈起,笔者提出了在中国教育技术的发展过程中要重视发展深入学科的信息技术,并以数学教育软件为具体应用实例,阐述了针对具体学科发展深入学科的教育技术,有助于更好地促进教育技术的繁荣发展.

关键词:教育技术;教育软件;深入;学科

1　前言

教育软件的研究是教育技术研究的重要组成部分.教育软件是一种特殊的学习工具,以计算机软件为载体,通过使用计算机技术展现学科教学内容,与学生进行交互,达到提高学生学习效果和效率的目的.它包括专业教学软件、由教学软件制作的课件、由许多课件组成的教学资源库及一些用于专门学习某方面知识的教育小游戏等.本文所指的教育软件,是以上用于教育教学目的的软件集合.

长期以来,教育软件都是为多学科教育教学服务的,强调兼容并包,但这也恰恰使得教育技术的研究理论在多个学科的具体实践中,过于注重共性,没有针对具体学科进行研究和开发,在应用时的效果难如人意.近年来市场上出现了一些课程辅助学习软件,譬如 CSC"英语学习的革命""数学实验室""物理仿真实验室""化学仿真实验室"等教育软件,逐步走向了学校、老师、学生和众多的家庭.这些都是自发的市场行为,已经向深入学科迈出了第一步,但是还有更多的问题需要去研究,譬如深入学科的理论研究尚未大规模地开展、教育软件的使用效果评测有待改进等.

---

① 本文原载《电化教育研究》2010 年第 2 期(与葛强、彭翕成合作).

2 调查引起的争论

教育软件越来越多,有更多的人会产生疑问:使用教育软件,有助于提高学生的成绩吗?

2.1 对教学软件实际效果的质疑

据《华盛顿邮报》报道,美国在 2004—2005 年间对全国 132 所学校的 9424 名学生使用的 15 种阅读和教学软件产品进行评估.2007 年 4 月,美国国家教育评估中心向国会提交的研究报告显示,使用教学软件者与不使用者在标准化考试中的成绩相差无几.[1] 此报告结果一出,中外教育技术界人士纷纷表达自己的质疑.

在这份调查中,以学生成绩来衡量教育软件的效果,没有涉及教育技术在其他方面所起的效果,而且没有考虑老师和学校主管人员对信息技术的使用情况与支持程度.显然,没有管理层的支持,教育信息化设施发挥的作用就相当有限.许多人也表达了同样的意见.即使这样,还是有一些成功的个案.有领导支持的学校,教育技术工作就开展得比较好.另外,一些专家对老师使用软件的熟练程度和方式是否正确也存在疑问.由此,仅凭借一些成绩数据的调查就得出结论,对教育技术的发展是个沉重的打击,以至于以偏盖全,影响了大家对整个教育技术学科的认识.2007 年,布什政府取消了对"通过技术增强教育项目"(Enhancing Education Through Technology,EETT)的投入.[2] 教育软件究竟能不能提高学生的成绩,引发了大家广泛的思考和讨论,特别是一线教学的老师们,都有切身的体会.

2.2 我国教育技术界对调查报告的反应

对这项调查结果,我国教育技术界也有类似的反应.黄荣怀认为,教育软件遭遇生产力悖论,教育信息化目前处于波动期,主张以创新激发学习兴趣;技术特征与用户特征直接影响应用效果,教师决定了教育软件效果的发挥.[3] 王鹏远认为,教育信息化所面临的生产力悖论,其深层次的原因是:技术和教育本身脱节,教育信息化理论和教学实际脱节,教育技术专家和广大教师脱节;教育信息化的可持续发展必须立足于创新,这包括技术创新、理论创新和应用创新.[4] 王运武认为,教育信息化建设所产生的效益在很大程度上是隐性的,很难用量化的标准来衡量;长期以来我们习惯于把资金用于教育信息化的基础设施建设,在教育信息化人才培养方面投入不够;我们对教育信息化如何有效支撑教与学的研究不足,缺乏教育信息化有效支撑教与学的有效方法和模式.[5]燕洪伟认为,研究的记录中缺乏一项重要内容,就是作为使学校教育技术取得成功的关键因素——领导者对信息技术的认识;技术是否能提高考试成绩的研究成果是很难从与其他没有使用教育软件而产生的考试成绩的比较中得出的.[6]这些观点都具有代表性,从不同角度阐述了对教育技术现状的认识与思考.

在教育软件的使用方面,中国有相当一部分学校也没有取得明显的预期效果.在学术交流和开会讨论时,众多专家谈起这个事情,对美国的调查结果并不感到意外.现实情况是,不少老师有计算机多媒体不用,而用黑板粉笔.一方面是,老师们习惯于传统的教学方式,有利于启发式教学,易于随时表达和更新自己的观点,这种方式学生们易于接受.另一方面是,计算机教学主要是通过投影的方式进行的,事先花了很多功夫做好的课件,无法做到即时更新和与学生交互.而投影是一种简单的重复,又类似于填鸭式的教学,尽管手段先进,速度很快,却忽略了学生对新知识的消化理解能力并没有快速增加,相反因为速度太快、知识太多,学生在有限的时间内不能够理解知识,效果反而比原来的黑板粉笔模式降低了.现在的学生都厌倦了投影机与 PPT,老师做累了,学生看傻了.真正负责的老师是以传道授业解惑为己任的,需要恰当地选用适宜本学科的教学方式与信息技术.

一样的信息技术硬件设备,产生的实际教学效果是不一样的.关键是我们使用什么样的教育软件,怎么去使用教育软件.

3　深入学科看教育软件

一般地说,"使用教育软件能否提高学生成绩"这是一个假问题,是没有意义的.我们认为,只有具体的问题才有意义:对什么学科? 用什么软件? 怎样用才能够提高学生的成绩,展现信息技术的效果? 我们的研究表明:针对具体学科,恰当地使用好的软件,确实有好的效果.什么是好的软件?

3.1　教学中所用软件的三个层次

在实际的教学中,由于学科不同,所使用的教学软件也是千差万别,但总的来说,无外乎以下三种层次的软件.

第一层次:各行各业都用的普适办公软件.譬如上网使用的搜索引擎、电子邮件系统、办公软件等.这些软件在教育、工业、农业、商业等各行各业都正普遍使用.这些软件的设计和开发本身就是有着鲜明的目标,为从事某项具体业务提供方便的.由于这种业务是在各行各业中普遍存在的,是具有共性的,所以说这种层次的软件是普适性的.像 Word、PowerPoint,由于大家都比较熟悉这类软件,它们被用在课堂中也就不足为奇了.

第二层次:各科教学都能够使用的通用教学软件.这些软件是为教学设计的,是各个学科通用的.这些软件在设计之初,的确是为了教学,但它强调兼容并包,只考虑到了教学上的共性,却没有为各个具体学科做出更加详细和易用的设计.像方正奥思、Authorware、SmartExam 在线考试系统、万维试题库系统等,更多的是强调共性,怎样出试题评测学生.

第三层次:为特定的学科量身定做的学科教学软件.众多的学科工具软件就属于这一层次,老师们总是在使用适宜于所教具体学科的软件.如大学计算机课程"数据结构",有教师就专门为此开发了一个软件用于演示教学,教师和学生反映都很好,普通软件是无法做到的.在专门软件的帮助下,理解各种数据结构和算法的效果比单纯地讲理论要好得多.物理实验强调观察实验反应的各个方面,要注意到质量、速度、温度等各种现象,如果没有实际条件做实验,就必须要有专门的软件来仿真模拟.又如学习数学,要画图,要计算,要看参数变化对函数值的动态影响等,就要发挥计算机的优势.当然,用计算机技术来实现某门具体的课程并不存在障碍.

3.2　学科教学软件最受欢迎

正所谓有的放矢,经验告诉我们,其中第三层次的软件效果最好,最受师生欢迎.当然其他软件也是可以使用的,术业有专攻,是最好的.对于企业来说,最喜欢开发第一个层次的普适办公软件,花比较少的力气而获得较多的使用者,一个主要功能各行各业都适用.最不喜欢做的就是第三个层次,为特定学科量身定做的学科教学软件,做起来最麻烦,特别是还需要建设和充实各个学科的资源库,如果没有后续资源与服务工作的支持,老师们遇到问题无法解决,没有现成的资源可供利用,重复劳动过多,反而造成了负担,老师们就又不喜欢使用了.中国的学科门类众多,专门为某门课或是学科投入大量的经费,鲜有耳闻.

但国家也投入了大量的时间和精力,建设精品课程、网络课堂等,使得更多的老师和学生受益.可这往往是国外各种复杂软件设计出来的作品,真正的开发平台并不是我国拥有自主知识产权的.而且,普适的软件开发竞争太激烈了,国产软件普遍竞争不过外国的软件,必然导致分化,进入买方市场.教育软件要量身定做,最终要得到发展,这也是国产软件生产适用中国国情所必须走的未来之路.

3.3 学科教学需要什么样的软件

对于基础学科来说,需要什么样的软件,还是太笼统.针对中小学数学来说,什么样的数学教学软件会受到老师和学生的欢迎呢?根据经验,主要从以下几个方面考虑.

(1)功能齐全,交叉集成

老师在教学和辅导学生中,需要用到各式各样的功能和方法,如果能交叉集成到一个软件中,使用一个软件就能完成所有的教学需求就好了.就像在一个超级市场中购物一样,应有尽有.譬如,对于数学教学软件,功能需求可以总结为八个字:"写",写公式、写文字;"画",画几何图形、函数曲线、画动画、画轨迹;"测",测量几何图形的长度、面积、角度、数学表达式的值;"算",要能作数值计算和符号计算;"编",要能编写简单的程序和算法;"演",要适宜于在课堂等公共场合演示;"推",能够进行几何和数学公式的推理;"变",要能作图形的变换,如平移、旋转、放缩等.

一个软件,既能画图,又能计算,还能演示,而不用频繁地在各个专业软件中切换,集各种有用的功能于一身,必定能提高课堂的教学效率.试想,如果在课堂中使用多个软件,对老师来说意味着要多掌握几个软件的使用技能.如果有一个软件使用不熟悉或是失败了,那么这节课就会被学生们认为是失败的.老师们不应当被众多软件所束缚.

(2)入门容易,即学即用

现在很多老师的教学任务都很繁重,如果一个软件要培训上一个星期才能投入使用,这样的培训是有困难的.而无系统培训,很多软件就无法正常使用.往往是这样的培训投入巨大,在实际使用中也相当繁琐,没有后续的服务与交流,同事们使用同样软件的也不多,还不如直接用黑板粉笔来得省时省力,于是这类软件如同"鸡肋",食之无味,弃之可惜.不能达到即学即用的软件,是没有生命力的. 活学活用, 即学即用, 学了一两个功能之后, 就马上能在教学中派上用场, 才是老师们喜欢的. 而且入门容易的软件也可以教会学生, 让学生在课下模仿操作, 重温课堂学习, 巩固知识. 这样师生教学相长, 更能提高学习效果.

(3) 简化操作, 适应习惯

如同人的秉性, 习惯很难改变. 左右手各有分工, 不要轻易调整. 新软件不要轻易改变使用者的固有传统习惯, 造成不一致性. 当然, 在传统操作的基础上, 如果能简化操作, 提高效率, 相信每一个人都会喜欢这样的软件. 这就需要深入一线, 观察使用者的操作流程与细节处理, 重视用户的潜在需求. 传统能够流传至今, 自然有其道理. 像数学软件中的"单击作点, 拖动作线, 右击作圆"就是很好的创意. 多个功能通过点击鼠标一两次就能实现, 而不用频繁地切换各种作图工具.

(4) 强化交互, 开放兼容

只有大家都说好, 大家都在用, 交互性强, 才是真正的好软件. 教师与学生都能使用, 都乐于使用, 才能在实践中真正掌握知识. 尤其在相邻阶段学科知识上, 要兼容以往, 保持一贯性, 避免每年都要学习新软件. 只有老师才会使用的软件, 其流通范围必然大打折扣. 现在的教学理念, 强调师生互动交流, 应当体现在各个方面, 不能简单局限于提问与回答. 亲自动手来操作软件, 会更加令人难忘. 如果这是一个有趣的游戏软件, 交互性强, 又会有哪个学生不愿意玩呢?

教育需求与企业追求有一致的目标, 也有矛盾的地方. 对于企业来说, 要画图可以用几何画板或 Photoshop, 要做动画可以用 Flash, 要作计算可以用 Mathematica, 要编程可以用 C++, 要做图表可以用 Excel, 要演示可以用 PPT 等. 这些单个的软件功能都非常强. 然而对普通用户来说, 平常用到的功能只占总功能的 10%—20%; 对一个老师来说, 每个功能都会用到一部分, 并不需要深入使用更复杂的功能. 如果把这些常用的功能集成到一个软件中, 则又不符合企业的利益需求, 就和企业的追求相矛盾了. 用户希望的软件就像是个超级市场, 而企业想的是搞专卖店. 一致的地方是都希望把软件做好, 发展教育技术, 在各取所需的基础上, 朝着一个共同的目标努力, 给老师和学生们推广实用、喜欢用、方便的信息技术.

4 教育软件要深入学科

教育软件要深入学科,我们首先从熟悉的中学数学做起. 根据中学数学教育的需要,我们使用动态几何技术和自动推理的最新成果,开发了一个"Z+Z智能教育平台"——SSP-Super Smart Platform,即超级画板,这是一款数学教育软件,有免费版和注册版. 免费版可以完成日常教学所需的功能;注册版除了使用起来更加方便快捷外,还具有自动推理的功能. 这款教育软件的使用与推广给了我们不少思考和启示.

4.1 教育软件要深入学科

注重广大老师的实践情况和研发人员的亲身体会,将日常教学需求融合进软件中,是每一个教育软件开发者值得深思的地方. 让软件适用于老师,而不是让老师去适应软件. SSP 的开发人员专注于老师与学生的实际需求. 其基本的功能按照日常教学而设计,如动态几何、图形标注、曲线作图、符号计算、自动推理、文本编辑、公式生成、动态测量、动画生成、跟踪轨迹、编程环境、统计图表、课件制作、对象插入链接. 随着教育信息化的发展和教学手段的改进,会有更加高级的需求产生,这也是下一阶段 SSP 的升级目标,紧跟教学需求和时代的步伐. 这些功能是开放的,学生可以参与和修改课件的制作.

譬如,正 N 边形在一条直线上滚动,形象生动,手段先进. 学生可以拖动按钮,参与到 N 的变化和滚动中,理解多边形的特点. 这样的学科教学软件所产生的效果是普适性软件所无法比拟的. 像 Flash 做这样的东西要花很多时间,课件的制作和传授的知识本身是脱节的. 而且做好后只能播放观看,学生无法按照自己的理解进行探索式学习. 只有量身定做的软件,才能满足老师和学生的要求. 像平面几何中的反射,在 SSP 中可以很容易做到,而且是动态的,线动,参照物变,参照物变反射物也变化. 像自行车、三圆生百图等经典的超级画板例子,有无穷的变化.[7] 据使用者反映,操作这样的智能软件更有吸引力. 有时候,就连使用者在制作课件的过程中也会惊奇地发现比设计目标更好的效果,而且再重复做这个课件是省时省力的. 显然,一些演示性的软件并不具备这样的效果. 教育软件的开发,追求的正是这种效果.

4.2 由实践看效果

虽然美国的调查报告初步结论是使用教学软件对考试成绩没有什么效果，并且大家对调查方式和内容争论不止. 我们通过 SSP 近几年的使用效果，进行过长期跟踪，发现坚持使用好的软件，并且使用恰当，一定会产生好的效果. 深圳宝安区西乡中学赵小明老师从 1999 年到 2009 年已经实践了十年，在计算机多媒体机房用超级画板给学生上课，进行几何作图、测量、计算和证明. 这所学校原是一个普通的乡镇中学. 经过三年的训练，赵小明所带的学生的数学成绩突出，仅次于区重点中学学生的成绩. 经过十年的发展，由于坚持使用超级画板教学，这个学校已经成了深圳宝安区的名校了. 2003—2006 年，北京大学附中广州分校王明宇老师的实验也取得了很好的效果. 还有很多超级画板与数学课程相结合的成功案例，请看参考文献[8]. 他们的心得体会是要教会学生使用，使学生学会使用. 老师示范指导，学生亲自动手操作，动脑学习，这不正是我们掌握知识的切身体会吗？ 这样的软件能够减轻教师的负担，提高学生的兴趣.

由此可以看出，教育软件的发展，有赖于深入具体学科，做好用好教学软件. 我们是仅仅做了中学数学的尝试，教育技术界的精英们也都纷纷开始了深入学科的尝试，像北京师范大学的何克抗教授深入研究了语文教学与信息技术的结合，华南师范大学的李克东教授也先后研究了小学语文、初中数学的教育技术. 这些都是深入学科的研究案例，相信不久就会有好的研究结果出现.

4.3 课程与技术整合

做什么事情都不可能一蹴而就，需要一个过程，尤其是教育教学这样复杂的活动更是如此. 当课程与技术有效整合后，给广大师生带来了方便. 本来要做的事，现在做省力省时；原来想到做不到的事，现在能够做到；原来想不到不敢想的事，现在创造出来了. 老师带领学生，用计算机做数学、学数学，学与玩结合起来了.[9]

5 教育软件深入学科的启示：教育技术研究深入学科大有可为

教育技术研究深入学科有多方面的工作可做.

5.1 深入学科明方向

在教育信息化战略的制定过程中，有专家提出，教育技术的发展有赖于深入学科、博采众长、自主创新、讲求实效.

(1) 深入学科为教育理论谋创新

很多人认为,要采用现代教育理论来指导教育技术学科的发展.现代教育理论是近十几年发展起来的,还没有经过长期的实践检验,一切都是"摸着石头过河",只有经过未来若干年之后才能知道理论正确与否.教育技术无论受哪一个流派理论的指导都不可避免具有局限性,所以要结合各派理论的精华,用在教育信息化的实践中,博采众长.颇为流行的建构主义推行的方法有时难免机械、不灵活,没有考虑具体的老师情况和学生状况,大家都很疲倦.现在中国的教育技术没有形成自己的特色.因此,要建立适合中国国情的教育技术,就要在博采众长的基础上自主创新,自主创新来源于深入学科、讲求实效、创新理论.深入学科,才会和一线教师有共同的语言,做好同一件事情,才有可能发展有用的理论,譬如信息技术与课程整合、信息化环境下的教学设计、教育软件的开发理论基础、教育软件的效能评测研究等.

(2) 深入学科为教育技术学谋方向

教育技术学作为教育学下面的二级学科,在中国有三十年的发展历史(截至 2010 年).改革开放推动我国教育技术迅猛发展,已经开辟了很多的研究方向,譬如现代教育技术理论、远程教育理论、教育技术研究方法、教育资源开发与管理等,但这些方向之间的联系还不是那么紧密.深入学科就像是一根线,串起了许多研究的明珠,定会取得一些新的成果.中国有很多的学科,不同的学科、不同的阶段又有不同的规律和内容.小学语文、中学语文、大学语文,教法和学法是不一样的,这种规律值得研究.如果一个地区专门搞好一个学科的教育技术研究,在全国合理分布各个学科研究点,那么全国的教育技术研究就会活跃起来,取得成果也就指日可待了.如此,十年之后的景象肯定是焕然一新了.

(3) 深入学科为教育软件谋发展

一说起软件,一般人总是提起微软、英特尔等国外的大公司.国内的软件公司明显比不起国外的大公司,经常在电视、电影镜头里看到国外很多专业的软件,效果很好,而我们国内本土的知名软件屈指可数.各行各业都应当有自己的专业软件,教育行业也应当如此.各个学科由于知识体系与特点不同,必须要有专业学科软件.譬如,美国的几何画板,在中国已经流行了很多年,做了很多数学课件,在平常课堂或是公开课上都能看到它的身影.而中国的超级画板,后来者居上,功能比之更强,然而受惯性思维的影响,认为外国的软件就比中国的好,市场占有率远不如美国的几何画板.超级画板有待于有志从事教育技术事业的学生去掌握.目前,已经有华中师范大学、广州大学等几所高校开设了"动态几何"课程,专门学习使用和研究超级画板辅助数学教育,已经取得了可喜的效果.这些掌握有一定实践技能的学生就业时明显更具有优势.

(4) 深入学科为学生谋就业

尽管教育技术学专业有着明确的培养目标,然而一些在校生对自己在毕业以后到底能够做什么工作还比较迷茫,没有清晰的职业定位.许多教育技术专业的毕业生对自己的工作感到不满意,甚至有的学生找不到工作,尤其是一些地方高校的教育技术学专业毕业生更是如此.[10] 在教育技术界广为流传着这样一句话:"搞理论搞不过学教育学的,搞技术搞不过学计算机的."很多中小学宁愿要计算机专业的毕业生,也不愿意要教育技术学专业的毕业生,这成为教育技术学本科生、研究生的困惑,使得学生就业无所适从.他们的出路在哪里? 如果能够深入学科,掌握主流的学科教学软件,能够用其制作课件,辅助一线教师教学与培训,进行数字化教育资源建设与管理,必定能受到中小学的欢迎.掌握了实在的本领,在找工作时就会信心满怀,能够在教育战线上施展自己的才能了.

5.2　深入学科要做事

深入学科,有很多事情可做.

(1) 深入学科,可以做学科专业教学研究工作

教育学中有教学论,那是普适性的理论与方法,是一种宏观的指导方法,没有针对具体一个学科提出系统的论述.有的人理论水平高,善于做研究,那么可以从具体学科入手,从教育技术应用得好的地方进行观察研究,总结经验,提炼理论,譬如语文教学方法论、数学教学方法论.

(2) 深入学科,为教育技术做实实在在的事情

举个例子,电影是一种播放和展现工具,但是不同的电影导演制作出来的电影水平可就大不相同了.同样,教育软件是客观的,不同的老师使用会有不同的效果.在教学活动中怎么使用教育技术,有很多可以研究的地方.现代信息技术有很大的潜力可以完成各种需要,但是只有深入学科才能发掘出真正的需求.结合学科,深入一线,才能大有可为.深入学科,才能了解传统与现状,优秀

的教育传统是要保持、继承和发扬光大的.传统的教学方法有其存在的道理,不了解它,就无法继承和改进传统方式,就无法做到有效的创新.现代教育技术是一座桥梁,一边是传统教育,另一边是现代教育.要架好这座桥梁,就要了解两边的情况,不了解传统教育,就无法很好地过渡到现代教育.如果闭门造车,不深入学科,就不了解老师们是如何教的,是如何使用教育技术的.教学上各个学科的共性不能违背,具体学科的个性发展更要丰富多彩.共性的,是大家都容易知道的.不深入学科,则无法发展个性.只有深入学科,才能够检验理论、丰富理论、发展理论.

(3) 深入学科,可以研发专业的教育软件

譬如,会搞信息技术开发的,潜下心来,花几年工夫做了个语文或数学教育软件,还有很多数字化教学资源需要开发和建设,都可以去做.像南京金华科软件有限公司出品的"仿真实验室"系列软件,就是依据各个基础学科开发的,如化学、物理等,有交互性和智能性.还有动态几何软件和符号计算软件在教育上的成功应用,说明专业学科软件是有助于辅助教学的.[11]其他学科也应当研发类似的专业软件.对比国外,这些软件还需要建立自己的丰富资源库,提供后续服务的网站,能够及时解答用户在使用过程的一些问题,必然会受到使用者的欢迎.现在很多的教学资源库要么是通用的数据库,要么是 Word 文档,软件是很通用,但教师二次加工和再开发就比较费事了.教学资源库到底应当建成什么样子? 遵循什么样的标准? 都是值得研究的问题.譬如,现在的小学数学应用题,很多家长在辅导孩子时都会遇到,怎样只用小学的方法就能解决这些问题? 这些方法在数学上是很简单的.但是用计算机操作一个这样的题目,给出具体的解答,这样的软件还有待开发.这个不是不能做,而是没有人肯花大力气去做,没有长期去做,没有深入学科去做.现在一些企业怕麻烦,也不肯深入学科去做,都想做大而全的软件,做成"巨无霸".成功的软件都是为专业用途开发的软件.如果一个企业或是学校专门只主攻一个学科的软件和资源建设,那么只用几年工夫就可以见到效果.教育软件的开发标准、测试、资源库的建设也有待于进行一系列的专题研究.

(4) 深入学科,成为信息技术能手,为就业谋出路

中国教育技术人才的培养,是从本科到硕士到博士,从而造成了很多学生是一路上学上到博士,只知道教育技术,而不知道各个具体学科的情况,就是知

道,也是若干年之前自己求学时的片段,实践经验欠缺.具有广泛的学科背景,才能在新的教育技术中与自己熟悉的学科进行结合与创新.因此,我们的学生在上学期间就要选定自己的职业方向,为现在中小学的常设课程做调研,去听课,了解现在学校使用信息技术的现状,然后有针对性地补充教学知识,学会相应的信息技术使用与软件制作资源的方法,到毕业时,能系统地制作出初中或是高中一门课一年以上所使用的资源.要培养一批真正熟悉教学的软件制作队伍,规范教育软件市场.[11]只有深入学科了、重视了,才会出成果.学校喜欢接收这样的毕业生.

6 总结与展望

教育技术的发展前景是广阔的,道路也是坎坷的.随着信息技术的飞速发展,教育技术搭上了这趟快车,取得了巨大的成就,教育技术的观念在教育系统已经深入人心,现代化的教育设备配备较之以往有了很大的进步,但配套的教育软件发展还不如人意.本文结合具体学科对教育软件进行了分析,讨论了学科教学需要什么样的软件,提出教育软件要深入学科,教育技术研究更要深入学科.现代教育理论主张将信息技术与课程整合,根据课程的特点、内容要求和学生特点进行研究,向深入学科迈出可喜的步伐.当教育技术研究的各个方面都深入学科时,从实实在在的工作做起,那么就有很多东西可以研究.有了扎实的工作基础,自然就能总结出经验和教训,提炼出新理论,再指导实践发展.如此循环,教育技术学科就会像滚雪球一样,越来越壮大.

信息技术在不断进步,有很大潜力能够满足教育需求,但只有深入学科,服务于教育,才能发现需求,满足需求.传统教育的优秀做法如能借助信息技术而发扬光大,教育技术定会有更好的发展.

参考文献

[1] U. S. Department of Education. Effectiveness of Reading and Mathematics Software Products: Findings from the First Student Cohort [DB/OL]. http://ies. ed. gov/ncee/pdf/20074005. pdf,2007.

[2][3] 黄荣怀,张进宝.教育软件遭遇生产力悖论[N].中国计算机报,2007 -

07 - 30.

[4] 王鹏远. 也谈教育软件遭遇生产力悖论[J]. 中国信息技术教育,2008(9):
53 - 56.

[5] 王运武. 教育信息化发展亟需转型[J]. 中国教育信息化,2009(2):16 - 19.

[6][9] 燕洪伟. 教育软件能不能提高成绩——美国一项调查研究引发争议[J].
中国教育信息化,2007(7):62 - 63.

[7] 张景中,彭翕成. 动态几何教程[M]. 北京:科学出版社,2007.

[8] 王鹏远,马复. 超级画板与数学新课程[M]. 北京:科学出版社,2005.

[10] 李成新. 地方高校教育技术学专业学生就业问题撷探[J]. 临沂师范学院学报,
2009(1):54 - 56.

[11] 张景中,王继新,张屹,彭翕成. 教育信息技术学科的形成和展望[J]. 中国电化
教育,2007(11):13 - 18.

[12] 许纯厚. 发展教育软件的策略[J]. 电化教育研究,2005(2):63 - 66.

第七章　　数学教育及其他

7.1　从战略高度加速高级软件人才培养(2001)

7.2　我们这样编湘教版的高中数学教材(2006)

7.3　感受小学数学思想的力量——写给小学数学教师们(2007)

7.4　小学数学教学研究前瞻(2007)

7.5　为数学竞赛说几句话(2010)

7.6　从数学科普到数学教学改革(2016)

7.7　2019版普通高中数学(湘教版)教科书的主要特色(2019)

7.1　从战略高度加速高级软件人才培养(2001)^①

20 世纪 80 年代中期刚刚起步的中国软件产业,已有长足发展.1990 年,中国软件销售额只有 2.2 亿元,1999 年就达到了 176 亿元,比 1998 年增长了 27.5%.2000 年中国软件销售额达 230 亿元人民币,比 1999 年增长 30.7%.据估计,2001 年中国软件市场规模将超过 300 亿元人民币.如此高速的持续增长,是多数其他行业望尘莫及的.

但是,在世界约 1000 亿美元的软件产业产值中,中国所占的份额是很小的.与中国同为发展中大国的印度,软件业的年出口额达 50 亿美元,而中国却不到 2 亿美元.如果看信息产业的总出口额,中国又大大超过了印度.可见,中国的软件产业规模,在同行业中与国际上可比的竞争者相差很多,在国内各类信息产业中也远远落在后面.

这一方面表明中国软件产业的发展仍有巨大的空间.另一方面又引起我们思考,如何才能更快更好地发展中国软件产业,赶超国际上的先进者?发展任何产业都要资金、人才和技术.软件产业是典型的知识产业,培养大批高级软件人才,是我国软件产业成败的关键.

1　软件产业的人才结构

随着信息产业的持续发展,软件人才供不应求,是世界范围的现象.这种情形在一二十年内难有大的改善,应当从战略上及早重视软件人才的培养.软件产业对人才的需求是多方位、多层次的.不同类型的软件,不同领域的应用软件,特别是专业应用软件的开发,需要不同方位的软件人才;在开发同一类型或同一应用领域软件的过程中,又需要不同层次的人才.

理论上说,要开发一个软件,先要作需求分析(确定软件应满足的用户需

---

① 本文原载《中国高等教育》2001 年第 17 期.

求),再作项目设计(确定软件的基本结构)、程序设计(把软件编程工作分解为基本的模块,有时还要作算法设计),最后才是写程序代码和用户手册.这样一来,就有了不同层次分工的可能.比如,作需求分析的叫需求分析设计师,作项目设计的叫项目分析师,作程序设计的叫程序设计师,写程序代码的叫程序员.软件开发工作需要最多的是程序员.各种分析设计师的人数加起来也不过10%左右,程序员人数要占约90%.而且,软件工作中的各种分析设计师,特别是程序设计师,也应当懂得写程序或有写程序的经历,在某种意义上也是程序员,不妨称之为高级程序员甚至超级程序员.至于一般的程序员,通常也称为"软件蓝领"或"软件工人".

软件人员的这种分工,是在软件产业发展过程中形成的.随着社会对软件需求的大幅增长,特别是大型软件的广泛应用,在信息产业发达的国家和地区,软件的开发由个人创作或小作坊式的制作方式开始转向现代工业式的企业化生产.软件设计和编码的分工明确了.少数高级软件人才进行创意和设计,多数软件工人按设计和分工来写程序代码.印度成为世界上的软件出口大国,一是由于英语的优势,但更主要的,是广泛实现了工厂化的软件开发.

在中国,已经有了大量出色的程序员.他们或者独立创作,或结成小组合作开发,既设计,又编码,甚至还参加推销.他们善于独立作战或几个水平相近的伙伴联合战斗,但很难成为大型软件工程中按规范协同工作的齿轮或螺丝钉.像金庸小说里的大侠中侠小侠,虽然武艺高强,但组不成打大仗的正规军.侠客们不愿加入大型软件工程中当守纪律听命令的战士,因为中国有大量小型的软件作坊,甚至一两个人撑起来的店铺,他们自由自在地干事也过得不错.到大部队当元帅将军参谋长,他们又当不了,因为他们缺少软件工程的组织能力、理论水平和实践经验.他们既非软件工人,又非软件设计师或软件工程管理人员.但他们却干着这几种人的活.

可是不要小看了他们.中国软件业的热闹风光,主要是他们打出来的.国产软件里的精品,主要是他们的创造.他们中间会有少数人在中国软件产业发展的大潮中脱颖而出,锻炼成为将才.

中国软件人才队伍的现状,反映了中国软件产业初级阶段的现状.软件企业规模小(绝大多数软件企业编程人员不到十人),软件开发资金少,自然倾向于低风险长周期的作坊式制作.有些形式上较大规模的软件开发,底层人员做的多是数据录入之类的简单的半脑力劳动,而不是相互有机关联的程序员工作.

随着社会对软件需求的增长和国家政策的鼓励推动,中国的软件产业的大发展已有山雨欲来之势.软件产业规模增长和软件开发的工厂化需要一大批软件工人.通过职业教育和英语强化教学从受过基础教育的青年中培训出大量软件工人来并非难事.但如果没有高级软件人才来设计、来管理,软件工人也就不能有效地工作.可见,培养能够设计软件和组织管理软件工程的高级软件人才,就显得格外重要.

2 关于高级软件人才的培养

高级软件人才,是软件业的将才.尽管其需求量在软件人才总量中只占百分之几,但仍然是最稀缺的人才.这种人才的培养,不是大学或研究生院里可以完成的,也不是由企业能够单独完成的,更不是简单的培训所能胜任.如同出色的演员,运动员或画家,是先天禀赋,后天培养,实战锻炼和社会筛选的综合作用所造就的.

说起人才短缺,大家自然把目光转向学校,寄希望于教育.但对信息产业所急需的高级或中级软件人才而言,学校培养出来的,只能是人才的毛坯.这不像培训打字或开汽车,拿到证书就能顶用.学校教材不可能满足信息产业千差万别的需求,更不可能跟上信息技术日新月异的进展.即使在大学里,也是基础性专业教育,是定向的通才教育,片面追求"学以致用",就会削弱学生发展的后劲和适应能力.当然,教育对培养高级软件人才仍然有着一等的重要性.为了我国在未来十到二十年间能涌现大批优秀的软件人才,我想到下面几点.

(1)计算机从娃娃抓起,看来软件也要从娃娃抓起.这不是要小学生就学编程.重要的是从小养成好的语言素质、数学素质和习惯于合作共事的社会素质.印度成为软件大国,英语好占了大便宜.语言,数学和社会素质与早期教育关系极大,要从娃娃抓起.软件设计是一种综合性创造活动,高级软件人才不能只知道计算机,也要具有哲学、艺术等多方面的修养.这种全面的素质培育,应当从基础教育抓起.

(2)信息技术,特别是软件技术,本质上是数学技术.学生时代讨厌数学害怕数学的,十之八九将来不会喜欢编软件,因为他不善于逻辑思维.而青少年中的数学爱好者,大多是从喜爱几何开始.中学时代的几何学习,对一个人数学素质以至科学思维的能力影响极大.几何虽然有两千多年的历史了,但它的内容和方法随着数学和科学技术的进展不断在推陈出新,保持着旺盛的活力.信息技术为古老的几何宝库添加了新的光辉:动态构图、机器证明、空间模拟观测这些角色比起传统的直尺圆规铅笔更加引人入胜.与信息技术相结合的中学几何教学活动,是培养科学人才特别是软件人才的天然苗圃.西方一些国家在教育上的投入远远领先,但却仍然面临信息科技人才奇缺的现实.我以为一个主要原因,在于他们近几十年来数学教育方向上的失误:在中学课程中过多地砍掉了几何.与国外对比,我国的基础数学教育包括几何教学是强项.在今后的改革中应当结合信息技术大力发扬我们这个好传统,使几何成为中学里最重要的课程之一,让更多的学生为几何题着迷.他们中的许多人将会成为未来的软件精英.

(3) 职业学校能培养出大量从事初级劳动的软件工人,大学里应当着眼于培养高级软件人才的后备军.我国许多大学里的软件专业,是在近几年适应形势匆忙上马的.合格的教师不足,更缺少学术带头人.在课程安排方面,往往是花大量课时讲了很多种编程语言,忽视一般的软件设计、软件工程中的原理.讲编程语言时,往往是照本宣科,脱离编程实际.其实,认真学一两种语言,懂得软件工程的道理,懂得面向对象编程的道理,懂得算法的道理,懂得数据结构和编译的原理,再有一段实际编程和小组合作工作的经验,更有利于今后在软件产业中的工作和发展.至于其他多种编程语言和技术技巧,用到时自己学或培训一下很容易.

(4) 软件方向的硕士或博士研究生,其中相当部分可能成为未来的高级软件人才.但目前有两个问题要解决:一是在培养过程中过于重视发表论文,其结果使学生不能安心坐下来学习和从事开发软件的研究与实践.我以为,软件方向的人能做出好软件比写出那些不起多大作用的论文更值得提倡.另一个问题是,对研究生招生名额限制太死.一方面企业需要人才,一方面学校或研究所有条件培养人才,可某些环节在供求之间卡着,不许你多培养.真不知道是为了什么.

(5) 现在进大学的学生,等到研究生毕业,一般要七年.七年后的信息产业,和今天肯定大不一样了. 在培养高级软件人才时,不能不想到几年后的科学技术发展的形势. 信息技术的未来大趋势是智能化. 智能化的基础在数学. 软件方向的人才数学基础扎实,就容易接受新技术. 国内外许多搞数学的,改行成了计算机科学家或软件专家,就是有力的证明. 所以我主张,学计算机的,特别是软件方向的,在大学里多学点数学,会一生受益.

总之,培养高级软件人才,是长期的综合性的工程. 在学校里打好扎实的基础是根本. 出了校园,还要经过实践、选择、继续学习才能成为大器.

3 人才与环境

最后应当提到,高级软件人才的培养当然与环境分不开. 这包括政策环境、社会环境、学术环境、产业环境多个方面. 环境不利,人才就会外流. 花大力气培养人才结果是为他人作嫁衣裳.

这个问题,早已受到国家和各方面的重视. 近年来信息人才在国内成长和发挥作用的环境已经大为改善. 港澳回归,对吸引海外人才、留住国内人才也起了相当有利的作用. 相信今后情况会更好.

中国人是聪明的. 在国内外软件产业工作的中国人都有出色的成绩. 随着中国软件产业的发展,将有大批高级软件人才成长起来.

7.2 我们这样编湘教版的高中数学教材(2006)^①

半个世纪以来,我国和世界各国(特别是发达国家)的数学家、数学教育家及有关政府人员,对数学教育的改革进行了积极的探索,在教育理念、教学方法、教学内容等多个方面进行了大量的研究和实践.几年来,由我主编的湘教版高中数学教材,结合课程标准认真研究了国内外同类教材的长处和不足,例如,美国的教材,欧洲国家的教材,亚洲国家的教材,以及国内传统的教材等,取长舍短,用新的方法处理了现有国内外教材未能解决或解决得不好的问题,体现出自己的特色,编写出了这套符合中学师生使用的高中数学教材.

本教材的作者队伍阵容整齐,编写者均为在高校执教的数学家,不但在数学上有很深的造诣,而且都有过较长时间的中学教学经验,他们在现代数学观点下亲自执笔中学数学的教材内容,写得深入浅出.

在编写过程中,又请了多个中学特级教师阅读,并由他们配备习题,应该说这是一套符合当今中学教学要求的高质量的数学教材,使用者若真正学懂了这套教材中的内容,应该可以从容面对任何形式的中学考试,包括高考.

下面具体介绍一下这套教材的编写理念和特点.

1 编写理念

按照《基础教育课程改革纲要(试行)》的精神和要求,我们以《普通高中数学课程标准(实验)》为依据,编写出了一套反映时代特征,体现数学文化,使学生在九年义务教育的基础上进一步提高作为未来公民所必需的数学素养,真正让教师感到好教、学生感到好学的高中数学教材.

---

① 本文原载《数学通报》2006 年第 3 期.

2 本教材与国内外教材的不同点

2.1 国内外同类教材对于各部分数学知识之间的内在联系,没有或较少进行揭示.本教材注重不同数学内容的内在联系,注重向学生揭示数学的多样性背后隐藏的思想和方法的主线.

例如,同类教材对于三角、解析几何、向量、复数等内容的处理,往往没有统一的线索.我们以向量为主线,内容的展开简洁明快,解题方法易学有效,更有利于减轻学生负担,培养学生的数学概括能力和抽象思维能力,提高其数学素养.

例如,讲直线的一般方程时,特别指出一次项系数是直线的法向量的坐标,只教了法向量这一招,就可以在直线方程这一部分打遍天下,代替了对一大堆知识点和公式的死记硬背,减轻了学生的负担,大大增强了他们解决问题的能力.

2.2 为了减轻学生负担,国内外同类教材往往采取删减内容的办法.本教材在删减不必要的繁琐内容的同时,还注意通过引导学生对数学方法的掌握来提高效率.有些新的内容很有用,能帮助学生在学习其他内容或解决问题时节省时间,这样虽花费了时间也是划算的,总的看来就是减轻了负担.但如果学了不用,那就是增加负担.教材中增加新的内容时应当算账,看是否要花很多的时间去学,学了之后用处的大小.如果学起来容易,用处也大,就是应当做的事情.例如有关向量的知识,很容易学,而且学了之后在平面几何、解析几何、立体几何、三角公式、复数以至于在高中物理学习中都是有效的工具,学习它就是很划算的.以往的教材中向量出现得很晚,用得太少,为学向量而学向量,花的时间就不合算.

从根本上看这不是单纯的减轻负担的问题,而是提高学习效率的问题:怎样在有限的时间中学到更好、更多有用的东西? 提高效率是主要的考虑,但还不是唯一的考虑.有时候要适当"折腾",保持一定的负担和训练强度,以锻炼思维,才能较为熟练和牢固地掌握必要的知识和培养能力.

2.3 国内外同类教材对于数与形之间的相互关系重视不够,特别是对于几何的作用重视不够.本教材特别重视几何直观对推理和代数运算的说明与启发作用.

例如,关于复数的引进,国内外同类教材往往只从代数出发,用定义的方式规定 $i^2 = -1$. 我们则从几何变换入手,使学生看到复数的出现是几何变换探索的必然结果. 这样不仅直观易懂,而且更有利于体现数学的思维特色,提高数学素养.

又如,在用向量方法证明几何命题时特别指出,向量的各个运算律都是有几何意义的,在利用这些运算律进行向量运算时,相当于运用了这些基本的几何定理进行推理. 因此,我们通过例题要求学生自己去了解它们的几何意义,自己给出几何证明,让学生加深了解向量的代数与几何内涵之间的关系.

2.4 国内外同类教材中提出的联系实际的问题,或者是让学生应用已知的数学知识,或者是用简单的类比方法为即将引进的数学概念或方法做准备. 往往先举生活中的实例,再由这个实例提出一般的概念、理论和法则. 但如果只是借一个实例来教给学生一般的概念、理论和法则,可能会让学生形成不完全归纳的错误习惯. 只要你是将知识"呈现"给学生,即使是通过实例来呈现,就仍然是将知识灌输给他们,而不是让他们自己去发现.

我们采取的方式,不是向学生"呈现"知识,而是向他们提出一个问题,让学生尝试去解决;在解决问题的过程中引入所需的概念,建立一套理论和法则. 我们安排的数学实验,力求使学生在动手动脑的过程中体会到数学概念引进的必要性和必然性,让学生有自己发现的感觉,认识数学知识发生发展的过程.

2.5 国内外同类教材中往往把数学的严谨性和直观易学对立起来,多数是为了降低难度,或者为了直观易学而过多地放弃了数学的严谨性,也有的是为了严谨而增加难度. 本教材基于教育数学的研究和实践,注重对数学概念的表述方法加以改进使之适合教育的需要,在保持严谨的同时化难为易. 例如,我们给出了微积分基本定理的初等表达形式和相对严谨的论证,使得将来没有机会进一步学习微积分的学生也能从实质上理解这个被誉为"人类精神的最高胜利"的重要成果. 对于将来继续学习微积分的学生,将这里的初等证明与严谨的极限方法对比,也是一次有益的数学思考.

2.6 国内外同类教材普遍注意用图片、故事或实例来提高学生的兴趣. 本教材不仅注意吸取同类教材的这些长处,还注意引导学生较深入地思考一些问题,发掘数学本身的趣味. 例如,国内外同类教材在引进新类型的数时,往往说有了新的数,一种运算可以通行无阻了.本教材在引进复数时,提出:"为什么不引进一个数,让 0 作除数的运算能通行无阻呢?"讨论这个问题,使学生认识到新数的引进要符合数系本身的规律,使数学素养在思考中提高.

2.7　国内外同类教材对排版与内容的关系没有足够的重视,常常把一段重要的话甚至一组数学式排在一页两面,给读者带来不便.我们尽量采用"屏幕式排版",使形式为内容服务,增强了教材的可读性,有利于提高教学效率,也为电子教案的制作提供了帮助.

2.8　在中学教材中安排数学实验,是我们的创新.课程标准提倡将现代化教学手段和信息技术与数学课程整合,我们编写教材时引入数学实验就是这种整合的一种尝试.一部分实验直接进入正文内容,另一部分结合正文内容进行安排,加深对正文内容的理解,并且提供对于正文内容用实验的方式进行探索和研究的机会.比如在定积分的概念之后,安排用计算机计算单位圆面积;结合几何概率用随机投点法来计算圆周率.还有一部分紧密结合数学或物理课程内容作为学生的扩展性练习.如画球面镜反射平行光线的图来观察它的聚光效果,根据胡克定律画弹簧振动的图像并观察它是否是正弦曲线,等等.

我们还提供与教材同步配套的教参、教案、光碟、课件和相关的素材,供师生们选择应用.

7.3　感受小学数学思想的力量

——写给小学数学教师们（2007）[①]

小学生学的数学很初等,很简单.

尽管简单,里面却蕴含了一些深刻的数学思想.

1　函数思想最重要

最重要的,首推函数的思想.

比如说加法,2 和 3 加起来等于 5,这个答案"5"是唯一确定的,写成数学式子就是 2+3=5.如果把左端的 3 变成 4,右端的 5 就变成 6,把左端的 2 变成 7,右端的 5 就变成 10.右端的数被左端的数唯一确定.在数学里,数量之间的确定性关系叫作函数关系.加法实际上是一个函数,由两个数确定一个数,是个二元函数.如果把式子里的第一个数"2"固定了,右端的和就被另一个数确定,就成了一元函数.

在中学里学习函数概念,只讲一元函数,以为多元函数复杂,不肯讲.其实,小学生先熟悉的是多元函数,因为学过的大量的数量关系是多元函数的例子.矩形面积等于长乘宽,是二元函数;梯形面积等于上底加下底的和再乘高除以 2,是三元函数.所以多元函数的概念更容易理解.讲函数概念,不妨一开始就讲多元函数,具体研究,再从一元函数开始,这样比只讲一元函数更容易理解.

当然,不用给小学生讲函数概念.但老师有了函数思想,在教学过程中注意渗透变量和函数的思想,潜移默化,对学生数学素质的发展就有好处.

比如学乘法,九九表总是要背的.三七二十一的下一句是四七二十八,如果背了上句忘了下句,可以想想 21+7=28,就想起来了.这样用理解帮助记忆,用加法帮助乘法,实质上包含了变量和函数的思想:3 变成 4,对应的 21 就变成了

[①]　本文原载《人民教育》2007 年第 18 期.

28. 这里不是把 3 和 4 看成孤立的两个数,而是看成一个变量先后取到的两个值. 想法虽然简单,小学生往往想不到,要靠老师指点. 挖掘九九表里的规律,把枯燥的死记硬背变成有趣的思考,不仅是教给学生学习方法,也是在渗透变量和函数的数学思想.

做除法要试商. 80 除以 13,商是多少? 试商 5 余 15,不够;试商 6 余 2,可以了. 这里可以把余数看成是试商数的函数. 试商的过程,就是调整函数的自变量,使函数值满足一定条件的过程.

小学数学里有很多应用题,解题的思想方法常常是因题而异. 可不可以引导学生探索一下,用一个思想来解各种各样的题目呢? 试商的思想,其实有普遍意义,可以用来求解许多不同类型的问题,包括应用问题,只要问题中的条件数据和解答之间有确定性的关系.

例如,修一条长 32 千米的公路,已经修了 24 千米,已修的路程是剩下的几倍? 我们用类似试商的办法来试解. 如果是 1 倍,剩下的是 24 千米,总长 48 千米,比题设数据大了;如果是 2 倍呢,剩下的是 12 千米,总长 36 千米,仍比题设数据大;3 倍呢,剩下 8 千米,总长 32 千米,正好符合要求.

我想很多老师不会这样引导学生思考,认为这是个笨办法. 其实,这个办法具有一般性,把试解的倍数看成自变量,把根据试算出的总长看成试解倍数的函数,找寻使函数值符合题目要求的自变量,这个思路能解决很多问题,是"大智若愚".

这样思考试算,最终也会发现具体的规律,列出通常的算式.

找寻使函数值符合一定要求的自变量,也就是解方程. 方程本质上是函数的逆运算. 加法看成函数,减法是解对应的方程;乘法看成函数,除法就是解对应的方程.

函数思想和方程的方法,是一个事物的两面,都是大智慧,贯穿数学的所有领域.

2 "数形结合"在小学是可能的

数学要研究的东西,基本上是数量关系和空间形式. 当然,发展到今天,还要研究类似于数量关系的关系以及类似于空间形式的形式,甚至于一般关系的形式和一般形式的关系,等等.现在的课程标准把中小学数学分成了数与代数、空间与图形、统计与概率等几个模块.如何让这几块内容相互渗透、相互联系,是值得研究的问题.

提到数形结合,往往觉得是解析几何的事情.其实,数和形的联系,几乎处处都有.

在数学当中,几何具有非常重要的地位.几乎所有重要的数学概念,最初都是从几何中来的.所以有人说,几何是数学思想的摇篮.几何不仅是直观的图形,而且还需要推理,推理就要使用语言,所以几何的语言很重要.我们在教学或者编写教材的时候,往往是学数的时候就讲数,到了学几何的时候就讲几何,缺少把两者联系起来的意识.

例如,有一套教材开始就让学生玩积木,也就是认识立体图形.立体图形比平面图形更贴近生活,比数更贴近生活,是更基本的东西,这是教材的优点.但是,如果在玩积木时不仅让学生注意一块积木是方的、圆的、尖的,还让他们数一数某块积木有几个尖(顶点)、几个棱、几个面,就在学生头脑中播下形与数有联系的种子.

在认识数的时候,要举很多的例子,如一个苹果、一只小白兔等.我就想,在举例的时候能不能照顾到几何?比如学生在学习"1"的时候,就要学生用"1"来造句,书上可不可以有一些关于几何的句子?如"1个圆有1个圆心""1条线段有1个中点""1个正方形有1个中心"等.有的老师会说,这样不行,学生不能理解.我想,可以画图帮助学生理解,学生虽然不知道这些概念准确的含义,但看看图就有一个直观的、初始的印象.孩子学语言不是通过理解,而是通过模仿开始的,如果在学数的时候,能举一些几何上的例子,这对他将来学习几何肯定会有帮助.同样,在学习"2"的时候,我们可以教学生说:"一条线段有两个端点."不需要让学生知道什么是线段,只要画一条线段,指出两头是端点.到后来学几何知识时,回头一想,他会感觉非常亲切,因为他早已经会说了.在学"3"的时候,可以画一个三角形,让学生说"三角形有3条边、3个顶点";学"4"的时候,可以画一个正方形,让学生说"正方形有4条边、4个顶点";学"5"的时候,可以画个五角星;认识"10"的时候,除了10个指头,不妨画一个完全五边形让学生数一数有几条线段(图1);学到100以内的数,就可以告诉学生正方形的角是90度;等等.小孩子记忆力好,早点记一些东西,以后再慢慢理解.

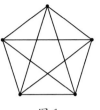

在中国古代的私塾里,学生入学后往往先让他们背几个月,甚至一年,然后才开讲.当然这种教育方式不能作为模式,但是也并非没有可取之处.学生已经会背了,再讲的时候,他印象就非常深刻了.我们讲建构主义,先要有信息进去才能建构,一个人闭目塞听,不和外界接触,是很难建构出东西来的.

图 1

总之,几何语言的早期渗透可不可能,值得研究.

形与数的结合,还提供了更多的数学之美的欣赏机会.关于数学的美,美国数学教育家克莱因有过这样的描述:"音乐能激发或抚慰情怀,绘画使人赏心悦目,诗歌能动人心弦,哲学使人获得智慧,科技可以改善物质生活,但数学能提供以上一切."怎样才能让学生逐步体会到数学的美呢? 在小学阶段,可以先从几何图形上感知数学之美.现代信息技术提供了前所未有的可能.举个例子,这里有一些美丽的图案(图 2).

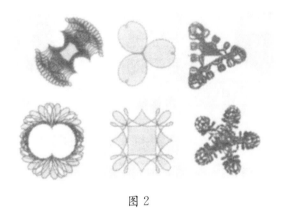

图 2

你能想到,这些图案竟是同一种曲线的不同形态吗?

这条曲线其实很简单,如图 3,用超级画板[①]软件画一个圆,圆上取 3 点 A、B、C,在弦 AB 上取点 G,再在线段 CG 上取点 H,利用软件的轨迹作图功能,作出 3 点 A、B、C 在圆周上运动时点 H 的轨迹,并把 3 点运动速度的比值分别设置为 k、m、n 的整数部分,作出这 3 个参数的变量尺.只要调整 3 个参数

---

① 该软件可以从网站 www.netpad.net.cn 上免费下载.

和点 G、H 的位置,就能创造出成百上千种不同的图案. 这样几分钟就能做出来的课件,让孩子们玩上几个星期都不会失去兴趣. 在潜移默化之中,数学之美会渗入幼小的心灵.

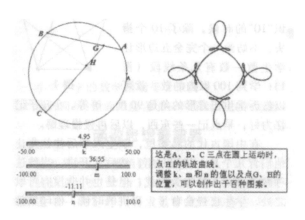

图 3

一位教师让她九岁半的孩子玩这类超级画板课件,孩子很快被超级画板所吸引. 玩到第三天,就不想上网打游戏了. 不到一个星期,就对超级画板上了瘾,很快学会了从屏幕上截取图片,把自己的作品保存起来. 图 4 就是这个三年级学生的作品. 他还根据自己的想象力给每个图案起了名字.

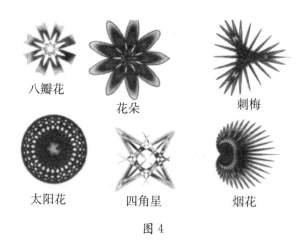

八瓣花　花朵　刺梅

太阳花　四角星　烟花

图 4

数形结合的思想,不仅是上面这些简单的例子,下面还会谈到.

3　寓理于算的思想容易被忽视

小学里主要学计算,不讲推理.但是,计算和推理是相通的.

中国古代数学主要是找寻解决各类问题的计算方法,不像古希腊讲究推理论证.但是,计算要有方法,这方法里就体现了推理,即寓理于算的思想.

数学活动中的画图和推理,归根结底都是计算.推理是抽象的计算,计算是具体的推理,图形是推理和计算直观的模型.我们可以举些例子,让学生慢慢体会到所谓推理,本来是计算;到了熟能生巧的程度,计算过程可以省略了,还可以得到同样的结果,就成了推理了.有的人认为几何推理很难,学几何一定要先学实验几何.其实,实验和推理不一定要截然分开.早期学实验几何阶段可以推理,后期学会推理时也需要实验.所谓实验,无非是观察和计算."对顶角相等"这样简单的几何命题,实际上就是通过一个算式证出来的,这里的推理证明就是计算.

要把计算提升为推理,就要用一般的文字代替特殊的数字,再用字母代替文字.不要怕让学生早点接触字母运算.讲到"长方形的面积＝长×宽"的时候,不妨告诉学生,这个公式可以用字母表示成 $M = C \times K$.这里用了面积、长、宽的汉语拼音首字母,学生很容易理解.再说明用别的字母也可以.

为什么说这样能把计算提升为推理呢?看一个简单的例子.设一个三角形 a 边上的高为 h,而 b 边上的高为 g,根据三角形面积公式,就知道 $a \times h = b \times g$;如果 $a = b$,则 $h = g$.这就推出了一条规律:如果三角形的两条边相等,则此两边上的高也相等.也就是证明了一条定理.这种证明方法比利用全等三角形简单明了.

我曾经在一张小学升中学的数学试卷上看到这样一道题:"正方形的面积是 5 平方分米,求这个正方形的内切圆的面积."表面上看,这个问题小学生解决不了,因为要求圆的面积,一般要知道圆的半径,这题中就需要先知道正方形的边长,而正方形的面积是 5 平方分米,边长就是 $\sqrt{5}$ 分米,小学生没有学过开方,似乎没有办法进行计算.而实际上,正方形的面积是它边长的平方,圆的面积用到的是半径的平方,并不一定要知道半径,知道半径的平方就行了,而此题中半径的平方是直径平方(即正方形面积)的四分之一,所以是能够解决的. 但有很多学生解决不了,而告诉他们答案后,学生往往觉得非常简单. 这是为什么呢? 这就说明学生不能把计算转化为推理. 引导学生认识计算和推理的关系,从计算发展到推理,是很重要的. 这里有很值得研究的问题.

小学生学的是很初等的数学,但编教材和教学研究要有高观点. 英国著名数学家阿蒂亚说过,"数学的目的,就是用简单而基本的词汇去尽可能多地解释世界","如果我们积累起来的经验要一代一代传下去,就必须不断努力把它们简化和统一","过去曾经使成年人困惑的问题,在以后的年代,连孩子们都容易理解". 这几句话,我觉得非常亲切,因为多年来我一直在想能不能把数学变简单一点,把难的变成容易的,把高等的变成初等的. 我想,高等的与初等的数学之间,没有必然的鸿沟,主要看人们如何理解. 把变量与函数的思想、形数结合的思想和寓理于算的思想结合起来,往往能够化难为易,化繁为简.

人们以前认为三角函数是非常难学的,是高等数学的内容. 它既不是加减乘除,又不是开方,它是超越函数. 在数学史上,函数这个词是和三角紧密联系在一起的. 一次函数、二次函数都是算术运算的结果,就算没有函数的概念,学生也是比较容易理解的. 三角函数则不然,一定要有"对应"的概念,函数的概念才说得清楚. 有关三角的推导也是数学教学的难点. 1974 年,我在新疆教过中学,那时发现学生学习三角比较困难,就开始研究如何把三角变容易. 在我写的一本书里(《平面三角解题新思路》,中国少年儿童出版社,1997 年出版)讲了这方面的具体想法. 最近发现,三角不但可以变得很初等、很容易,而且可以成为初中数学的一条主线,把几何和代数联系在一起. 我把这种思想写成一篇文章(《下放三角全局皆活》,《数学通报》,2007 年 1-2 期). 张奠宙先生说,按我的这种思路,三角里的正弦函数,可以在小学里引进. 如何引进呢? 他把我提出的正弦函数的新的定义方法,作了生动、通俗而精彩的表述. 下面这段文字引自他的文章.

矩形用单位正方形去度量,结果得出长乘宽的面积公式. 那么平行四边形的面积怎么求? 自然是用单位菱形,同样可以得出平行四边形的面积是"两边长的乘积,再乘上单位菱形面积的因子",原理完全相同. 一个明显的事实是:单位正方形压扁了,成为单位菱形,两者的区别在于角 A. A 是直角,面积为 1,A 不是直角,面积就要打折扣. 这个折扣是一个小数,和 A 有关,记作 $\sin A$(图 5).

张奠宙先生还说:"如果能从小学就学 $\sin A$,当然是一次解放."

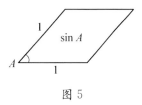

图 5

我们看到,数学可以有不同的讲法.看清了问题的实质,就能把难的变成容易的,把高等的变成初等的.就能把"过去曾经使成年人困惑的问题",变得"孩子们都容易理解".

不考虑矩形面积公式,不用单位菱形,也能在小学里讲正弦.怎么讲?先问:一个等腰直角三角形,如果腰长为1,面积是多少呢?学生容易回答,是 0.5.进一步探索,如果这个等腰三角形的顶角不是 $90°$,比如是 $60°$,它的面积是多少呢?学生从图上会看到,$90°$ 变成 $60°$,面积会变小,要打个折扣.多大的折扣呢?这可以从纸上测量出来一个近似值.老师进一步告诉大家,这个折扣的更精确的数值,可以在计算器或计算机上查出来,它叫作 $\sin 60°$,约等于 0.866,这就引进了正弦函数.知道了正弦函数,就能解决许多实际的几何问题.如果问,这个 0.866 怎么得来的,就引出进一步的数学方法.这样不仅教给学生知识,更重要的是教他如何提问题、如何思考、如何获取新的知识.

这里,既有数形结合,又有寓理于算,还贯穿着变量和函数的思想.有些老师不是说缺少好的探索问题吗?这就是非常有意义的探索问题,它给学生留下很大的思考空间,会使学生长远获益.

陈省身先生说过,数学可以分为好的数学与不好的数学.好的数学指的是能发展的、能越来越深入、能被广泛应用、互相联系的数学;不好的数学是一些比较孤立的内容.他举例说,方程就是好的数学.

函数的思想、数形结合的思想、寓理于算的思想,都属于好的数学.这些思想是可以早期渗透的.早期渗透是引而不发,是通过具体问题来体现这些思想.比如引进了 $\sin A$,用这个概念解决几个看来很困难的问题(参看前引文章和书),学生会惊奇,为何能如此简捷地解决问题?学下去,过三年五年,他就体会到,是数学思想的力量.

7.4 小学数学教学研究前瞻(2007)^①

怎样继续深化小学数学教学研究,是很多从事小学数学教学的老师和研究者关心的问题.作为一个小学数学教学的外行,我主要从数学的角度谈一些想法,希望老师们考虑一下,能不能以此作为教学研究的切入点.

1 数形结合

数形结合是大家经常说的.基本上说,数学是研究数量关系和空间形式的科学.现在的课程标准把数学划分为"数与代数""空间与图形""统计与概率""实践与综合应用"四大领域,怎样把这四大领域相互渗透? 这是一个值得研究的问题.

几何在数学中具有非常重要的地位,几乎所有重要的数学概念都是从几何中得出来的,所以有人说几何是数学思想的摇篮.几何不仅有直观的图像,而且还有推理,推理就要使用语言.在教孩子们认识数的时候,要举很多例子.我们往往举一只小白兔、一个胡萝卜、一个苹果等.大家举例子的时候能不能照顾到几何呢? 比如,幼儿园就学数了,学"1"的时候,可不可以让孩子用"1"来造句:一个圆有一个圆心,一条线段有一个中点,一个正方形有一个中心? 有人可能会说,学生对这些句子没有理解,不知道什么意思.不知道意思,我们可以在旁边画个图形,让学生初步感知其中的意思.他虽然不知道概念的准确含义,比如圆的定义,但看了一些图之后,有了直觉的印象,就从形象上熟悉了圆,以后看见一个东西,就知道这是圆的,那不是圆的.我个人觉得,学语言一开始不是理解,而是模仿.小孩子学的第一句话是"妈妈",不管从伦理学上还是生物学上,他不理解"妈妈"是什么意思,只知道一叫"妈妈",那个人会抱他,给他喂奶.如果学生在刚开始

---

① 此文系笔者在"2006 中国名师名校长论坛——小学'新思维数学'教学成果展示暨张天孝小学数学教学改革五十年思想研讨会"上所做的主题报告,由成安宁整理,原载《小学教学(数学版)》2007 年第 1 期.

学数学的时候,能了解一些几何上的例子,这对他将来学习几何语言乃至学习几何推理都是很有帮助的.有的教材,代数部分只讲代数,几何部分只讲几何,没有把代数和几何结合起来.杭州现代小学数学教育研究中心编写的《新数学读本》有一个很突出的优点,一开始就让学生认识图形,其实认识图形比认识数更基本.

在中国古代的时候,老师一般先不讲要学的内容,而是先让学生背,背会后才讲.当然,这个教学方法不能作为模式,但并非没有可取之处.如果学生已经会背了,再讲的时候,他就不需要翻书了.现在经常讲建构主义,信息要先存入头脑里才能建构.一个人如果闭目塞听,不和外界接触,他的脑海里是建构不出东西来的.当学生学数的时候,反正老师都要举例子,与其举那些苹果、桃子的例子,还不如多举几个几何的例子.例如,在学习"2"的时候,我们可以教学生说"一条线段有两个端点",不需要让学生知道什么是线段,只要画一条线段让学生来认识就行了.在学"3"的时候,可以画一个三角形,让学生说"三角形有三条边三个顶点";学"4"的时候,可以画一个正方形,让学生说"正方形有四条边四个顶点";学"5"的时候,可以画个五角星……讲到"100以内的数"的时候,可以画个60°的角,告诉学生这个角是60°.每次讲到数要举例子的时候,都画个几何图形,将来学几何的时候,学生的语言关就比较容易过.学几何,语言是一关,语言要从小学抓起,长大了就不好学了.会一些几何语言,到学几何推理时,学生回头一想会觉得非常亲切,因为他早已经会说了.

小学生刚开始学加法时,计算对他们来说还是比较困难的.如果借助一些图形,特别是计算机屏幕上的动态图形帮助学生学习计算的话,他们会非常有兴趣.我在《数学杂谈》(中国少年儿童出版社)这本书里,一开始就讲了方格纸上的加减乘除,用方格纸上画线的方法解一些应用题,就是为老师们提供这方面的材料.

几何推理能不能早期让学生来认识?大家可以研究讨论.数学活动里的画图和推理,归根到底都是计算.推理是抽象的计算,计算是具体的推理,图形是推理和计算的直观模型.我们可以举些例子,让学生慢慢体会:所谓推理,本来是计算,到了熟能生巧的程度,计算过程可以省略了,还可以得到同样的结果,就成了推理.比如,一个三角形ABC(如图1),如果D是底边AB的中点的话,三角形ACD和CDB两边的面积就会相等.这可以计算出来:假设$AD=DB=3$,三角形的高是4,那么它们的面积都是6.最后可以得出结论:如果一个三角形的一条中线将它分成两个三角形,那么它们的面积相等.先是计算得出相等,后来不算也知道它们相等,这就由计算转向推理了.再比如图 2,上面一个四边形 $ABOC$,下面一个三角形 BOC,设 $AO=2OD$,四边形面积是三角形面积的多少倍? 这对于小学生来说是个很难的问题.但是如果知道 AO 是 OD 的 2 倍的话,也就知道了三角形 AOB 的面积是三角形 BOD 面积的 2 倍.当然,如果给出具体的数据,也是能够计算出来的.这样算过之后,就会进一步推出一般的规律:四边形 $ABOC$ 和三角形 BOC 的面积比等于线段 AO 和 OD 的长度的比,计算就转化成推理了.一份初中招考试卷上有这样一道题:已知正方形的面积等于 5(如图 3),求这个正方形的内切圆的面积.表面上看这个问题小学生解决不了,因为求出圆的半径才能算圆的面积.但是要知道圆的半径就要知道正方形的边长,而正方形的边长是 $\sqrt{5}$,小学生不会求.实际上,正方形的面积是边长的平方,圆的面积是利用半径的平方来求的,不需要知道半径,只要知道半径的平方就行了.很多小学生做不出来这个题目,但一告诉他们答案,他们也会觉得很简单,为什么呢? 这说明他们不能把计算转化为推理.我们可以推出正方形的面积和它的内切圆的面积的比是多少,知道了这个比值,这道题就容易多了.

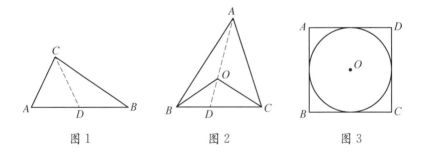

图 1   图 2   图 3

2 动静结合

小学数学教材里学的内容是初等数学.但是作为教材编写人员应该想着高等数学.这样,编出来的教材是不一样的.我们可以想一想,教给小学生加减乘除,那么加减乘除有什么用呢? 现在,就连出去买菜的老太太都拿着计算器算账.我们教应用题"鸡兔同笼",有没有人把鸡和兔子关在笼子里数了它们有几只脚,还不知道鸡和兔的数目的? 我们说数学是思维的体操,思维的体操应向什么方向引导? 怎样教学才能使学生将来上了大学后回想起他小学里学的东西时觉得对他大学的学习还有帮助? 能不能引导学生逐步从常量渗透到变量? 比如,《新数学读本》里,让学生考虑问题中量与量之间的函数关系,这样做就非常好. 小学里讲了很多应用题,这些应用题有什么共同点? 很多教材都没有指出. 其实是有共同点的:大量的题目,都涉及一次函数关系. 举个鸡兔同笼的例子,鸡和兔共有 12 个头、34 只脚,有多少只鸡? 学生只会想到这些字面的意思,但是数学家、老师和教材编写人员可以想到这样一个表:

鸡(只)	1	2	3	4	5	6	7	8	9	10	11
兔(只)	11	10	9	8	7	6	5	4	3	2	1
总脚数	46	44	42	40	38	36	34	32	30	28	26

这个表说明,你的答案和你要做的题目中的某个数,有函数关系. 如果这样问小学生:"1 只鸡对不对呀?""不对. 1 只鸡和 11 只兔子共有 46 只脚,不是 34 只脚呀!"但是,数学家不这样想,数学家就会考虑多少只鸡和多少条腿之间的关系,随着鸡的增加腿的数目在减少,这是函数关系. 假设一个答案代进去不对,必然可以由某一个数检验出来,不对的答案和题目中某个数之间有个关系,知道了这个关系,就知道答案往上调整还是往下调整,很快就会得到正确答案. 这是个笨办法,学生不理解,以为这个办法不好. 但这个办法有个特点:几乎所有的应用题都能用它来求解. 因为小学应用题基本上都是一次函数. 这个方法从解决具体问题的角度来看是个笨办法,但从数学观点来说,是个高等观点. 学生掌握了这个方法,有了这个观点,就可以解决各种各样的应用题了. 即使很简单的题目,也可以把它由静态变成动态. 比如,有几个盘子和若干核桃,加 1 个盘子,每个盘子恰好可以放 6 个核桃,减 1 个盘子,每个盘子恰好可以放 9 个核桃. 问有多少盘子和多少核桃. 从假定最初有 2 个盘子算起,就可以列个表:

盘子数(个)	2	3	4	5	6	7
加一个盘子的核桃数(个)	18	24	30	36	42	48
减一个盘子的核桃数(个)	9	18	27	36	45	54

这个列表的过程好像是为了解决这一个问题,所以学生只想到解答这一个题目,然而它是一种通用的方法——试探法. 如果每道应用题都这样列表,它就渗透了变量的概念、函数的概念和对应的概念. 我觉得小学学这些东西是为了将来的发展,学常量是为了讲变量,学应用题是为了将来讲方程、讲函数. 初中老师在讲函数的时候,能不能回顾小学的例子来说明,把前后连在一起? 现在的教材,常常是各自编各自的,没有相互渗透、相互联系,从而导致学生感觉数学是支离破碎的,不是一条线贯穿起来的. 特别是在中小学的时候,它是有一条线的,我们应该在小学的时候就考虑这条线,到了中学再加强这条线,到了大学再真正了解这条线.

3 有为和不为

在小学数学教学研究中,哪些可以不做而我们现在还在做? 哪些应该做、可以做,我们还没有做? 哪些是应该将来学的现在已经学了? 哪些是应该小学就学的,而现在没有学? 这些问题我觉得全世界都没有做彻底的研究. 举个例子,现在小学教材里编排了一些概率统计知识,我不否定概率统计很重要,但概率统计放在哪个年龄段学效率更高呢? 是学生把加减乘除学得很透的时候再学比较好,还是一开始就学比较好? 这是值得研究的. 再比如三角函数,是放在高中学得快,还是放在初中学得快? 我觉得三角函数放在初中学是最好的,学了三角函数之后,后面什么都容易了,它是工具嘛! (相关论述可参阅《小学教学(数学版)》2006 年第 6 期《学习数学的几点体会》一文)

我听过一节示范课"观察物体",老师让学生在课堂上从各个方向观察实物. 没错,这是实践,但是这个实践有没有必要在课堂上来做? 小孩子在不会说话的时候就知道一个物体从不同方向看是不一样的,老师只要一提醒,孩子就可以在脑海中回忆起很多生活中的例子. 很多教材上都有"认识人民币"这样的内容,这是生活中很重要的知识,就算课堂上不教给学生,也不必担心他不认识货币. 生活中必然能学会的东西为什么要教? 我们留一点时间教那些学生在生活中不可能学到的,或者他一辈子都不可能学到的宝贵的东西,不是更好吗? 现在的课程标准里面没有珠算,我个人认为应该加上珠算. 因为珠算是一个模型,它是最简单的计算器,它里面有算法思想. "三下五除二"就是加 3 的算法.

我们不需要学生把算盘打得非常熟练,但是他要知道这种方法. 大家都知道"授之以鱼,不如授之以渔". 究竟哪些是"鱼",哪些是"渔",值得我们研究.

其实,有很多很多的问题需要我们进行研究,进行教学实践. 在此,我只是抛砖引玉,为大家提供一些可能研究的切入点.

7.5 为数学竞赛说几句话(2010)^①

近日,看到朱华伟教授写的《从数学竞赛到竞赛数学》一书.该书是"走进教育数学"丛书中的一本,读后很是欣慰.竞赛数学当然就是奥林匹克数学.华伟教授认为,竞赛数学是教育数学的一部分.这个看法是言之成理的.

数学要解题,要发现问题、创造方法.年复一年进行的数学竞赛活动,不断地为数学问题的宝库注入新鲜血液,常常把学术形态的数学成果转化为可能用于教学的形态.早期的国际数学奥林匹克试题,有不少进入了数学教材,成为例题和习题.竞赛数学与教育数学的关系,于此可见一斑.

写到这里,忍不住要为数学竞赛说几句话.有一阵子,媒体上出现不少讨伐数学竞赛的声音,有的教育专家甚至认为数学竞赛之害甚于黄、赌、毒.我看了有关报道后第一个想法是,中国现在值得反对的事情不少,论轻重缓急还远远轮不到反对数学竞赛吧?再仔细读这些反对数学竞赛的意见可以看出,他们反对的实际上是某些为牟利而又误人子弟的数学竞赛培训.就数学竞赛本身而言,它是面向青少年中很小一部分数学爱好者而组织的活动.这些热心参与数学竞赛的数学爱好者(还有不少数学爱好者参与其他活动,例如青少年创新发明活动、数学建模活动、丘成桐中学数学奖),估计不超过约两亿中小学生的百分之五.从一方面讲,数学竞赛培训活动过热产生的消极影响和升学考试体制以及教育资源分配过分集中等多种因素有关,这笔账不能算在数学竞赛头上;从另一方面看,大学招生和数学竞赛挂钩,这也正说明了数学竞赛活动的成功得到认可.对于青少年的课外兴趣活动,积极的对策不应当是限制、堵塞,而应当是开源分流.发展多种课外活动,让更多的青少年各得其所,把各种活动都办得像数学竞赛这样成功并且被认可,数学竞赛培训活动过热的问题自然就化解或缓解了.

2009 年 7 月

---

① 本文原载《中等数学》2010 年第 1 期.

7.6 从数学科普到数学教学改革(2016)[①]

记得我上小学的时候,就在儿童读物上看到过米老鼠.如今(指 2016 年)70 多年过去了,米老鼠的可爱形象长盛不衰,依然吸引着众多的孩子们.

写科普 30 多年,有没有为读者奉献过一个长盛不衰的小东西呢?

回顾自己的作品里,还真有一个类似的角色.

它是什么呢?原来是一个边长为 1 的小菱形,也叫作单位菱形.我在 1980 年发表的一篇数学科普文章里,推出了这样一个小菱形.我给它起名叫正弦.

1 事情的缘起

文章引用小学课本上的一幅图,用来说明矩形面积等于长乘宽:

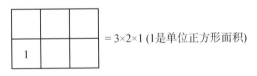

图 1

接下来让矩形变斜成为平行四边形,单位正方形就成了边长为 1 的小菱形,计算面积的公式就变成了这个样子:

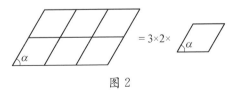

图 2

---

① 本文原载《科普研究》2016 年第 2 期.

图 2 的等式右端最后一个东西表示的是"有一个角为 α 的边长为 1 的菱形的面积". 为了简便, 给它一个名字叫"角 α 的正弦", 用符号 sin α 来表示.

这样就有了一个新的平行四边形面积公式. 取一半, 就是已知两边一夹角的三角形面积公式:

$$S_{\triangle ABC} = \frac{bc\sin A}{2} = \frac{ac\sin B}{2} = \frac{ab\sin C}{2}.$$

从这个公式可以变出不少花样来. 例如, 如果三角形的两个角相等, 不用画图就看出两个角的对边相等; 又如, 把这个式子同乘以 2, 再同除以 abc, 就立刻推出有名的正弦定理. 正弦定理按课程标准是高中的学习内容, 可是高中学了用处不大. 而初中一年级如果懂了正弦定理, 就会带来不少乐趣, 对解决几何问题也会大有帮助.

本来, "正弦"和符号"sin"是三角学的术语, 表示多种三角函数中的一种. 早在公元前 2 世纪, 希腊天文学家希帕霍斯(Hipparchus of Nicaea)为了天文观测的需要, 将一个固定的圆内给定度数的圆弧所对的弦的长度, 叫作这条弧的正弦. 经过近两千年的研究发展, 科学家又引进了余弦、正切等更多的三角学概念. 现在初中三年级课本上的正弦定义, 把直角三角形中锐角的对边与斜边的比值, 叫作这个锐角的正弦, 是 16 世纪形成的概念. 但是, 只有锐角的正弦还不够用. 为了几何中的计算就常常用到钝角的正弦了, 进一步的学习更需要任意角的正弦. 因此, 到高中阶段, 要引进 18 世纪大数学家欧拉所建立的三角函数的定义系统, 把正弦与坐标系、单位圆以及任意角的终边联系起来.

按照两百年来形成的数学教学体系, 正弦是一个层次较深的概念. 即使仅仅提到锐角的正弦, 也要先有相似形的知识. 所以, 要到初中三年级才讲.

但是, 初中一、二年级的学生, 从算术进入几何和代数, 正是逻辑思维形成的关键时期. 这时, 向他们展示不同类型知识之间的联系以激发其思考是非常重要的. 三角概念, 首先是正弦概念, 是数形结合的纽带, 是几何与代数之间的桥梁. 如果能够不失时机地在初中一年级引入正弦, 使学生有机会把几何、代数、三角串连起来, 进而体会近现代函数思想的威力, 岂不妙哉? 这些是我在1974 年在新疆 21 团农场子女学校教书时开始想到的.

也巧, 我注意到"有一个角为 α 的边长为 1 的菱形的面积"在数值上正好等于课本上的正弦,而且不论锐角、直角、钝角都是成立的.信手拈来,就用它引进正弦,不是大大方便了吗?这样一来,无需到初三,更无需到高中,初一甚至小学五、六年级都可以讲正弦了.

这样引进的正弦,所联系的几何量不是两千年前引入的弦长,不是四百多年前引入的线段比,也不是两百多年前数学大师欧拉建议的任意角终边与单位圆交点的坐标,而是小学生非常熟悉的面积.

这样定义正弦是一次"离经叛道".但在客观上,在数学中是成立的.课本上不这样讲,写在科普读物里却没有错.不但没错,还能够让读者开眼界、活思维、提兴趣、链知识、学方法.

这样的正弦定义,比起初中三年级课本上的定义,至少有四个好处:更简单,更直观,更严谨(这里直角的正弦为1,因为它就是单位正方形的面积,课本上要用极限来解释),更一般(这里的定义覆盖了锐角、直角、钝角和平角的情形,课本上只包括锐角).缺点也有:来晚了.

于是一发而不可收,单位菱形成为我的作品中的常客.

2 三十年的历程

我在1980年发表的小文《改变平面几何推理系统的一点想法》中,把单位菱形面积叫作正弦,不过是开了一个头.

1982年,在《三角园地的侧门》一文中,我正式提出了用单位菱形面积定义正弦.

1985—1986年,岳三立先生邀我为他主编的《数学教师》月刊写了长篇连载的《平面几何新路》,更详细地发挥了用单位菱形面积定义正弦的作用.

1989年,《从数学教育到教育数学》在四川教育出版社出版.这本书"杜撰"了"教育数学"的概念(十五年后,即2004年,中国高等教育学会增设了"教育数学专业委员会"),从单位菱形面积定义正弦出发,展开了设想中的几何推理体系方案之一.

1991年7—10月,《中学生》杂志连载了我的科普文章《神通广大的小菱形》.

1992年,四川教育出版社出版了我的"教育数学丛书",其中,《平面几何新路》一书,用单位菱形面积引入正弦,展开三角.

1997年,在中国少年儿童出版社出版的《平面三角解题新思路》一书中,我将用单位菱形面积定义正弦作为全书的出发点.后来,这些内容被收入该社2012年出版的《新概念几何》中.附带说一句,《平面三角解题新思路》是"奥林匹克数学系列讲座"丛书中的一本,这说明用单位菱形面积引入正弦的主张不仅仅是科普,已开始进入奥数.

此后的近十年间,我又多次在科普演讲中一再提起这个小菱形.听众有老师、大学生、高中生、初中生及小学高年级的孩子和家长.于是我常常想,这个小菱形能不能更上一层楼,进入课堂,为数学教育的发展作出贡献?

有的老师说,这样引进正弦很有趣.不过,讲讲科普可以,如果在数学课程里这样讲,就要误人子弟了.

我理解,他是怕这样会影响成绩,分数上不去.

2006年,我在《数学教学》月刊发表了《重建三角,全盘皆活——初中数学课程结构性改革的一个建议》一文,大胆地提出能不能通过用单位菱形面积引入正弦的办法让初中一年级学习三角.我国数学教育领域的著名学者张奠宙先生当即发文《让我们来重新认识三角》回应,热情支持,对"用单位菱形面积引入正弦"给予高度评价,还提出了有关教学实验策略的宝贵建议.

张奠宙先生看得很远.他在2009年出版的《我亲历的数学教育》一书中回顾此事时写道:"如果三角学真的有一天会下放到小学的话,这大约是一个历史起点."

2007年,我的更详细的《三角下放,全局皆活——初中数学课程结构性改革的一个方案》一文在《数学通报》1—2期连载刊登.

真的要改革数学课程的结构,只有顶层设计远远不够.老师需要可以操作的方案.为此,我写了《一线串通的初等数学》,由科学出版社在2009年出版.这是"走进教育数学丛书"中的一册.

这本书提供了两个具体教学设计:一个是直接用单位菱形面积引入正弦;另一个是用半个单位菱形(也就是腰长为1的等腰三角形)的面积引入正弦.前者如上面所述,是导出一个平行四边形面积公式,取一半得到三角形面积公式,由此展开.后者则直接奔向三角形面积公式.两者本质相通,风格不同,前者更直观,后者较严谨.

2012 年，王鹏远老师和我合写的《少年数学实验》在中国少年儿童出版社出版，其中把用单位菱形面积引入正弦的过程用动态几何图像来表现，设计成一次数学实验活动. 王老师还亲自为初中生做了有关的科普讲座.

3　从科普渗入课堂

经过 30 年的发酵，用单位菱形面积定义正弦的想法，终于从科普开始渐渐渗入课堂. 从互联网上看到，有些大学生、硕士生在他们的毕业论文里，提到他们把用单位菱形面积定义正弦的想法在高中做了教学实验，引起高中学生和老师的兴趣.

我下载了华东师大 2008 年的一篇教育硕士论文《高中阶段"用面积定义正弦"教学初探》. 作者王文俊是在高中教师岗位上进修攻读硕士学位的. 他利用假期补课中的 3 节课（每节 35 分钟），为无锡市辅仁高中高一、高二的 4 个班198 名学生讲解用单位菱形面积定义正弦的有关内容，对教学效果和学生的想法做了详细的调研分析，还了解了十几位教师的看法.

论文作者在研究结论中认为："总的看来，学生、教师均对用面积定义正弦持欢迎态度. 与以往比较呆板枯燥的定义相比，新定义出发点别具一格，体系的走向简洁易懂，学生易于接受也就在情理之中了."

具体的统计数据表明，在高一学生中，有 53% 的人认为用单位菱形面积定义正弦更容易理解和接受，认为初中课本上的定义更容易理解和接受的则为18%，其余 29% 的人认为两者差不多. 认可新定义的占 82%.

而在高二的学生中，认为用单位菱形面积定义正弦更容易理解和接受的为36%，认为初、高中课本上的定义更容易理解和接受的则为 19%，其余 45% 的人认为两者差不多. 认可新定义的总数仍有 81%，但对新定义的热情远低于高一的学生. 论文作者分析，这是"先入为主"之故. 高二的学生在高一阶段学习和应用传统的定义有 22 个课时了；高一学生的三角知识仅仅是初三学的那一点，对新的定义印象相对来说更深一些.

不论如何，科普内容刚进课堂就有如此的影响，还是难免令人喜出望外.

这篇论文还提到，台湾省台北县江翠国民中学的陈彩凤老师曾经给资优班学生讲过用单位菱形面积定义正弦的三角体系，获得学生热烈回响. 可惜未能见到有关的研究论文或报告.

做过有关教学实验的,还有青海民族学院数学系的王雅琼老师. 她的文章《利用菱形的面积公式学习三角函数》刊登于 2008 年第 11 期的《数学教学》月刊. 从内容上分析,是针对高中数学教学的.

继续前面的话题. 既然高一学生比高二学生更喜欢用单位菱形面积定义正弦,是不是初中学生学习新的定义效果更好呢? 这更为重要. 希望初中一年级的学生能够领略三角学,并且由此把三角、几何和代数串连起来,这正是引入这个小菱形的初衷.

这一位吃螃蟹的是宁波教育学院的崔雪芳教授. 她与一位有经验的数学教师合作,于 2007 年底在宁波一所普通初级中学初一的普通班上了一堂"角的正弦"的实验课. 实验的结果被写成《用菱形面积定义正弦的一次教学探究》一文,发表于《数学教学》2008 年第 11 期.

那么,初一普通班的学生能不能学懂正弦呢?

文章得出的结论说,"初步结果显示,学生可以懂. 三角和面积相联系,比起直角三角形的'对边比斜边'定义更直观,更容易把握".

文章介绍了这一节课的教学设计,"菱形面积定义正弦"教学效果的形成性检验,最后在"教学反思"中说,用菱形面积定义正弦能够"降低教学台阶,学生掌握新概念比较顺利","克服了以往正弦概念教学中从抽象到抽象的弊端","教学引申比较顺利,变式训练的难度大大降低,学生在学习过程中始终保持浓厚的兴趣,对后续学习产生了强烈的期待,学习的动力被进一步激发","这种全新的课程逻辑体系将有利于学生'数、形'融合,使后续学习的思维空间得到整体的拓展","在三角、几何、代数间搭建了一个互相联系的思维通道".

崔教授的实验研究没有就此止步. 她接着又组织了宁波市 4 所初中的 7 个班进行了实验. 这 4 所学校分别代表了宁波城区生源较好学校、生源一般学校、城乡结合部学校和城区重点学校 4 种类型. 经过 2 年对不同生源结构班级的实验以及教师、专家访谈,得到的结论是:在初一"以'单位菱形面积'定义正弦引进三角函数是可行的;用面积方法建立三角学有利于初中学生构建三角函数直观的数学模型,形成多方面的数学学习方法,多角度把握'数学本质'";"'重建三角'的学科逻辑十分有利于中学生的数学学习".

这 2 年实验的较详细的总结,被写成论文《数学中用"菱形面积"定义正弦的教学实验》,于 2011 年 4 月发表于《宁波大学学报(理工版)》24 卷 2 期.文章建议,应把用"菱形面积"定义正弦编入地方或校本课程,做进一步的实验.

后来,崔教授就此主题继续实验研究,完成了浙江省教科规划课题《基于初中数学"用菱形面积定义正弦"教学实验"重建三角"教学逻辑的策略研究》的研究,该课题于 2012 年 3 月结题,获宁波市教科规划研究优秀成果二等奖,还发表了几篇文章.其间她编写了《换一种途径学三角》的读本作为实验教材,在宁波市几所中学进行了不同程度的教学实验,从 1 节课发展到 6 节课,组织了多次针对性的教学分析和研讨,获得了一批第一手的研究资料.

在我国做教学改革实验,"统考成绩如何"这个坎是绕不过去的."用单位菱形面积定义正弦"从科普进入课堂,作为校本、补充、教学实验看来都没有问题了,但如果正式进入教学以取代原有体系中某些相应内容,就有了"统考成绩如何"的风险.你学这一套,统考是原来的一套,学生能适应吗? 家长能放心吗? 校领导以及上级部门敢负责批准你做这个实验吗?

在广州市科协启动的"千师万苗工程"项目的支持下,广州市海珠区的海珠实验中学大胆尝试,进行了贯穿初中全程的"重建三角"教学实验,使得在科普读物中流转 30 年的"用单位菱形面积定义正弦"第一次光明正大地进入了课堂.

2012 年 6 月,海珠实验中学设立了"数学教育创新实验班",生源主要是数学相对薄弱但语文、英语等成绩尚可的学生,入学分班平均分实验一班 62.5 分、实验二班 64 分.两个实验班共有 105 名学生,其中实验一班还有 4 名阿斯伯格综合症的学生和 10 名小学成绩鉴定为较差的学生,两个实验班的数学课由青年教师张东方担任.

实验班不直接使用统编的数学教材,而是将上面提到的科普读物《一线串通的初等数学》的主要内容与人教版数学教材上的知识点进行整合,形成一种新的体系结构.新体系中有 90 节课是根据我那本书的内容设计的,这 90 节课主要分布在初一下学期到初三上学期这 4 个学期,其余 270 节课基本上是按课本的内容来讲.当然不可避免会受到那 90 节课的影响.

从面积出发引进正弦的效果,前面叙述的教学实验结论中已经讲了.在这次更多课时、更为正式的教学实验中,效果就更加明显.七年级下学期引入单位菱形面积定义正弦后,代数、几何知识密切联系起来,学生的思维能力提升,分析和解决问题的能力增强了. 从测试成绩上也有了明显的表现.

1 年后,实验一班和二班在海珠区统一测试中,分别以平均分 140 分和 138 分领先于区平均 91 分的成绩(满分 150 分),在全区 80 个班中为第一名和第八名. 八年级上学期末,又以平均分 136 分和 133 分领先于区平均分 87.76 分,分列第一和第五. 八年级下学期,两班以平均分 145 分和 141 分(区平均分 96.83 分),分列第一和第三. 九年级上学期,两班以平均分 137.5 分和 129.75 分(区平均分 93 分),分列第一和第五.

2015 年中考,两个班的数学平均成绩分别为 131.47 分和 131.11 分,单科优秀率达到 100%(该校的中考数学成绩单科优秀率为 66.91%). 数学素质的提高对其他各科成绩有了正面影响,这两个班中考总平均成绩分别为 733.96 分和 730.25 分,显著超过 4 个对比班总平均成绩 664 分,更超过广州市中考总平均成绩 532.50 分.

据实验班的数学老师张东方介绍,使用了调整后的教材结构方案,学生探索和解题的能力明显提升,尤其是解决综合题的能力大大增强了. 有一次测试,全区有 15 名同学成功解答压轴题,其中有 12 名都是来自这两个实验班.

有些说法好像把素质教育和应试教育对立起来. 其实,真正提高了素质,是不怕考试的. 这一轮实验表明,你按统编教材考,我按自己处理过的体系学,不跟指挥棒转,反而考得更好. 原因就是学生的思考能力上来了,数学素质提高了.

海珠实验中学的教学实验,引起了关注. 广东省最近立项的下一轮实验,第一批就有 17 所学校参加.

4 反思与展望

本文这个案例并不具有一般性,但令人惊喜,引人深思.

科普读物和学校教材,各有自己的定位和特色. 科普读物浩如烟海,而教材的体例篇幅和内容则严格受限. 科普读物的内容如能进入教材,也是稀有的、偶发的特例. 但这特例既然可能出现,也自有其理由.

在校学生是科普传媒的广大受众中重要的一个部分. 这部分受众一方面学教材,一方面读科普. 教材和科普既然作用于同样的受众,这里就会有联系,就会相互影响.比如,教师读多了科普,讲课就更生动;学生读多了科普,正课就理解得更深,回答问题的思路就更广,写作文时想象力更强,素材也更丰富.教师为了教学更出色,会找有关教材内容的科普资料;学生对教材上的问题想得深入了,就会激发起读有关主题科普的兴趣.进一步,科普作者(可能本身就是教师或曾经是教师)会联系教材写作品;教材编者会参考科普做教材或教辅.于是,教材上语焉不详的东西会成为科普的选题;科普作品中的精彩创意也有可能进入教材.

当前市面上的出版物很多,一本科普读物的受众是很有限的.例如,尽管 30 年间我至少在前述 5 篇文章和 5 本书里用各种手法向读者推荐"单位菱形"这个角色,而且其中有些书先后由 2 个、3 个出版社印行了,但了解者依然很少.前面引用的硕士论文里提到:作者所访谈的 14 位高中教师(任教于江苏省一所四星级重点高中),其中虽有 3 位看过我的书并知道有关的机器证明研究和数学教育软件"超级画板",但都没有看过或听说过"用单位菱形面积定义正弦".由此可见,科普读物受众确实不多.但其中的内容一旦进入教材或教辅,其传播面将成倍扩大,持续传播的时期将大大延长.

比起教材来,科普读物更为通俗生动.科普读物中富有创意的部分一旦进入教材,就有可能为课本添加新鲜血液,推动教学改革.本文前述的教学实验若能完全成功,其影响将遍及全国 2 亿青少年,甚至在国际数学教育领域产生可观的影响.若不能完全成功,相信也会进入教辅教参,并成为数学教育研究领域的热点.

科普和课堂的联系与影响,可能蕴含着科普创作理论研究的许多极有价值的课题.愿本文提供的案例,能引发对这一方面的关注.

7.7 2019 版普通高中数学（湘教版）教科书的 主要特色(2019)^①

摘　要:湘教版普通高中数学教材围绕函数、几何与代数、统计与概率、数学建模活动与数学探究活动四条主线设计整体逻辑框架,搭建教材内容基本结构.以学生发展为本,培养和提高学生的数学核心素养;遵循教学规律,注重教材的科学性、严谨性和思想性,使教材好教;遵循学生的认知规律,注重教材的可读性、探索性,使学生好学;通过丰富多彩的栏目设计,增强教材的弹性.

关键词:湘教版高中数学;新教材体系结构;高中教材修订特色;数学核心素养

为全面贯彻党的教育方针,认真落实教育部《关于全面深化课程改革、落实立德树人根本任务的意见》,加快实现教育现代化和建设教育强国的宏伟目标,并为学生的终身发展奠定良好基础,湖南教育出版社聘请以张景中、李尚志、郑志明教授为代表的 10 余位关心教育的数学家、数学教育专业人士、数学编辑共同组成教材编写委员会,编写了湘教版普通高中数学教科书.教材编委会遵循《普通高中数学课程标准(2017 年版)》确立的基本理念和目标要求,以发展学生数学核心素养为导向,通过选取体现时代发展、科技进步和符合学生生活经验的鲜活素材,采取符合学生认知规律的呈现方式,帮助学生在获得必要的基础知识和基本技能、感悟数学基本思想、积累数学基本活动经验的过程中,进一步发展其思维能力、实践能力和创新意识,编写出一套全面反映改革精神、具有中国特色的高中数学教材.

1 教材的体系结构

湘教版高中数学教材包含必修和选择性必修两类课程.必修课程由 5 个主

---

① 本文原载《基础教育课程》2019 年第 13 期(与胡旺合作).

题组成(含预备知识),共 144 课时,对应编写两册教材.选择性必修课程由 4 个
主题组成,共 108 课时,对应编写两册教材.

高中数学课程内容分为 4 条主线:函数、几何与代数、统计与概率、数学建
模活动与数学探究活动.合理设计内容主线的逻辑结构是整套教材体系结构的
关键,我们特别关注以下几个方面:

(1)同一主线内容的纵向逻辑结构、不同主线内容之间的横向联系应体现
数学应有的逻辑性和严谨性.

(2)凸显主线内容与核心素养的相互融合.

(3)在符合高中学生认知规律的基础上,循序渐进、螺旋上升;为解决初高
中内容衔接的问题,增设预备知识.

(4)高度关注数学建模活动与数学探究活动的实施,通盘考虑数学文化的
渗透、现代信息技术的融合.

(5)合理设计习题系统,重视习题编排的整体性、层次性、开放性和有效性,
全面达成"学业质量标准"的相应要求.

整套教材的基本架构如表 1.

表 1　湘教版高中数学教材的基本结构

册次	必修第一册	必修第二册	选择性必修第一册	选择性必修第二册
预备知识	第 1 章　集合与逻辑 第 2 章　一元二次函数、方程和不等式			
函数	第 3 章　函数的概念与性质 第 4 章　幂函数、指数函数和对数函数 第 5 章　三角函数	第 2 章　三角恒等变换	第 1 章　数列	第 1 章　导数及其应用
几何与代数		第 1 章　平面向量及其应用 第 3 章　复数 第 4 章　立体几何初步	第 2 章　平面解析几何初步 第 3 章　圆锥曲线与方程	第 2 章　空间向量与立体几何

册次	必修第一册	必修第二册	选择性必修 第一册	选择性必修 第二册
概率与 统计	第6章　统计学初步	第5章　概率	第4章　计数 原理	第3章　概率 第4章　统计
数学 建模		第6章　数学 建模	数学建模专题 (2个)	数学建模专题(2 个)
其他	数学文化　数学实验			

2　教材的主要特色

2.1　以学生发展为本,培养和提高学生的数学核心素养

2.1.1　在结构体系的编排和内容的选择上,凸显与核心素养的融合

本套教材的编写以发展学生数学核心素养为宗旨,编委会在深入研究数学核心素养的内涵、价值、表现、水平及其相互联系的基础上,以数学核心素养为导向,抓住函数、几何与代数、概率与统计、数学建模活动与数学探究活动等内容主线,明晰数学核心素养在内容体系形成中表现出的连续性和阶段性,引导学生从整体上把握课程,促进学生数学核心素养的形成和发展.

比如,本套教材特别关注不同主线内容之间的内在联系,注重向学生揭示数学的多样性背后隐藏的共同点及共同的思想方法.数与形是数学的两大主角:几何主要研究图形,直观形象但不易于计算;算术和代数有规有矩,但过于形式化的数字、符号、运算也容易让人舍弃现实背景,陷入数的海洋而不知来龙去脉.我们应取长补短,需要计算的时候将几何问题转化为代数问题来计算,需要理解的时候将代数内容转化为几何图形来帮助理解.而这种转化需要一座桥梁——向量,它具有丰富的物理和现实背景,集数、形于一身,兼有代数与几何的优点,能有效达成培养核心素养的目标.基于这种认识,我们以向量为工具主线,引领"几何与代数"其他内容(如三角、复数、解析几何、立体几何等)关键知识的呈现、关键概念的引入,将"直观想象"与"数学运算"的融合做到恰如其分,帮助学生感悟数学知识之间的内在关联,从整体上把握数学的本质,提升其核心素养.

又如,数学建模既是用已有知识解决现实世界中的实际问题的思想方法和实践过程,也是用已有知识解决新的理论问题、探索和发现新知识的思想方法和实践过程.本套教材通盘谋划数学建模活动的设计,在**必修第一册**第 4 章、第 5 章的函数应用部分,强调运用所学知识解决实际问题,让学生初步体验数学建模;在**必修第二册**设置第 6 章"数学建模"介绍数学建模的意义、方法,并围绕丰富多样的现实问题,引导学生经历数学建模的全过程;在选择性必修中结合主题内容适时设计数学建模活动,帮助学生在有声有色的数学建模过程中逐渐形成和发展数学核心素养,在潜移默化中发展问题意识和创新意识.

2.1.2　重视培养学生科学理性的思维方式

基于数学核心素养的活动设计应该把握数学的本质,创设合适的教学情境,提出合适的数学问题,引发学生思考与交流,展示数学概念、结论等的形成、发展过程,形成和发展数学核心素养.

本套教材按照"观察—抽象—探索—猜测—分析和论证"的数学思维方式进行编写.我们把数学的思维方式概括为"观察客观现象,抓住其主要特征,抽象出概念或建立模型;然后运用直接判断、归纳、类比、推理、联想等方法进行探索,猜测可能有的规律;最后通过深入分析和逻辑推理进行论证,揭示事物内在的规律".具象为教材的呈现形式如图 1 所示.

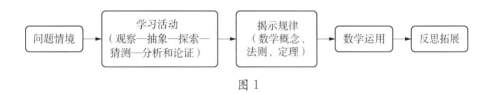

图 1

例如,**必修第一册**"3.2.1　函数的单调性与最值",首先提出一个问题:"给定一个函数的解析式或图像,你能不能从中看出这个函数的性质呢?"接着引导学生以数学的眼光来认识:"函数尽管千变万化,但函数值毕竟是实数,实数变化,无非是变大变小.要问函数的性质,首先在大小上做文章.大,大到什么程度? 上面封顶不封顶? 小,小到什么程度,下面保底不保底?"随后创设情境(呈现一幅上证指数走势图),鼓励学生用自己的语言来描述图像的变化,并设问:"只靠眼睛观察得到的认识是否准确? 描点连线画图的可靠性如何保证?"鼓励学生持续深入地思考.接着用计算机作出同一个函数的两个图像(分别取 10 个点和 50 个点连线),可看出二者明显不同. 数学思维在这里进一步升华:光靠描点作图、看图来研究函数的性质是不够的,从解析式出发研究函数性质,在数学推理的指导下画图,对函数性质的了解才会更全面、更准确. 为此,要用更严密的数学语言来描述函数的性质,接着引出函数单调性的概念,并提出一个问题:"对函数的递增或递减性质,除了用语言来定义、用图像来直观表示,能否用数学符号更简明地刻画呢?"从而让学生知道,由函数递增(递减)的充要条件可引出两个差的商 $\dfrac{f(x_1) - f(x_2)}{x_1 - x_2}$ 来刻画函数的单调性. 最后,利用旁注进一步归纳,直击数学的本质:"函数的单调性把自变量的变化方向和函数值的变化方向联系起来,描述了函数的变化过程和趋势,是函数的最重要的特征之一."

学生经历这样一个深度学习的过程后,数学的眼光、数学的思维、数学的语言表达将产生积极的变化,这对于培养其科学理性的思维方式及促进其核心素养的形成和发展是有积极意义的.

2.2 遵循教学规律,注重教材的科学性、严谨性和思想性,使教材好教

科学性、严谨性是数学教材的基本要求. 湘教版教材的编委大多是数学家,重视逻辑结构的严密性,做到主线清晰又科学严谨,精准设计知识的纵向逻辑结构,加强知识间的横向联系,形成结构化的教材体系,便于读者整体把握.

教材高度重视内容表述的科学性和准确性. 编者对于课本中定理的证明有四种处理方法:(1)给予严格证明;(2)用图形或实例加以说明;(3)将定理放在习题中,让学生证明;(4)放在各章的补充内容中加以证明.

在给学生讲道理时,如果有的道理学生暂时还接受不了,我们就用"可以说明……"等表述方式,这样做有利于学生从小养成科学严谨的思维方式,知道科学真理不是权威说了算,也不能仅从一两个具体例子就得出一般性结论,而应该让它接受实践和逻辑推理的检验;暂时不明白的道理,待将来学习更多的知识后去理解它.

思想性是数学教材的灵魂. 编者始终将数学思想的渗透作为教材编写的灵魂,作为帮助学生养成良好思维品质和关键能力的抓手,贯穿于整套教材编写的过程之中. 如在函数主线中,突出模型思想;在几何与代数主线中,着意从数与形的角度来整体认识事物,突出数形结合;在概率与统计主线中,强调模型思想,并运用模型解决实际问题,关注统计思维与确定性思维的差异、归纳推断与

演绎证明的差异,适时渗透统计思想;在学习活动的每一个关键之处和核心概念的阐述中,适时渗透抽象、推理、模型思想;以"贴士"的形式展示相应的数学思想方法;等等.

2.3　遵循学生的认知规律,注重教材的可读性、探索性,使学生好学

新时代的新教材应具有扑面而来的时代感.在素材的选取上,我们充分发挥数学课程的育人功能,有机渗透社会主义核心价值观,弘扬中华优秀传统文化,同时汲取中国特色社会主义新时代的鲜活题材(如复兴号高铁、量子卫星、大飞机、FAST 射电望远镜、大数据、人工智能、奥运会、大众创业万众创新等题材).这种润物细无声的教育方式既能将立德树人落到实处,又能吸引学生关注数学与社会生活、科技发展的联系,培养其爱国主义情操,并将爱国热情转化为建设伟大祖国的强大动力.

问题永远是启发思考、引导数学探索的原动力.我们创设了许多有利于促进学生发现问题、提出问题的情境,向学生提出一个个问题,鼓励学生去尝试解决,在解决问题的过程中引入所需的概念,建立起一套理论和法则.我们希望以这种方式来展开关键性内容的阐述,使学生在动手动脑的过程中体会到数学概念引进的必要性,收获自主发现的喜悦,认识数学知识发生发展的过程.例如,选择性必修第一册"圆锥曲线",从生活中的实验及现象入手引出古希腊学者的思考,展示圆锥曲线研究产生的背景;以实验的形式并借助直角坐标系刻画圆锥曲线,系统研究它们的性质;最后展示圆锥曲线在现实世界的应用.整个过程,现实的实验与思维的实验交相辉映,学生在历史与现实的时空变幻中体会到,原来古希腊几何学的圆锥曲线竟然是大自然(宇宙)至善至美的杰作.

通俗易懂的语言是提升学生自主学习效率的利器.数学教材追求理性严谨是自然的,但也容易板着面孔讲数学,陷入学生学起来索然无味的窘境.其实,最精彩、最深刻的关于数学的基本想法都是简单的、自然的.我们在编写教材时,在语言上适度口语化,不板着面孔讲数学,尽量用贴近学生生活和情感、通俗明白的语言讲明数学内容最精华的内核,再与准确的数学语言相对照,让学生体会从感性的口语到理性的数学语言的提升过程.

2.4　丰富多彩的栏目设计,增强教材的弹性

教材设计了丰富多彩的栏目,注重让栏目发挥导学、导教的功能.教材正文设计了三种小贴士:在学生易混淆处或一些关键的思维节点,采用"提示"框;在

体现核心知识归纳、彰显数学思想与方法、渗透数学文化的地方,采用"归纳"框;在启发学生思考、引发进一步反思的地方,采用"问题"框.

为丰富学生对数学的认识,同时也降低教材正文的难度,我们设计了"多知道一点"栏目,供学有余力或有兴趣的学生自行阅读.

每章的"小结与复习"鼓励学生建构符合个体认知特点的知识结构图,以整体把握数学的结构;以提问的方式启发学生归纳小结,帮助其理解数学知识的本质,提升数学核心素养.

我们将习题系统定位为学生发展数学核心素养的平台,设置"练习""习题""复习题"三种习题形式,还设计了"学而时习之""温故而知新""上下而求索"栏目.在"上下而求索"栏目中,呈现了一些具有开放性、探索性的问题,重点关注数学探究活动的落实,同时也为不同层次的学生进行个性化学习提供可能.

数学承载着思想和文化.教材有意识地在情境描述、重要概念的背景、习题系统中有机设计数学文化的融入点.教材专设"数学文化"栏目,邀请国内科普名家撰写文字,开拓学生的视野,激发其学习兴趣,培养其科学精神.

教材还设计了"数学实验"栏目.基于"网络画板"这一动态数学学习环境,利用现代信息技术为学生理解概念创设背景,为探索规律启发思路,为解决问题提供直观.同时,我们开发了多样化的数字资源(如微视频、课件、备课云等),在落实核心素养进课堂的同时,以教育信息化带动教育现代化,为核心素养时代的教与学真正插上科技的翅膀.

附录　数学美妙好玩——张景中院士访谈录(2015)^①

　　张景中院士的研究涉及计算机科学、数学、数学教育、教育信息技术等多个领域,他是数学、计算机科学和教育信息技术三个方向的博士生导师,创建了几何定理可读证明自动生成的理论和算法,提出了定理机器证明的一系列新算法,开拓了教育数学研究方向.

　　张景中院士重视数学科普工作,于 1990 年被中国科普作家协会评为新中国贡献突出的科普作家,他的著作《数学家的眼光》被中外专家誉为"是一部具有世界先进水平的科普佳作". 北京师范大学曹一鸣教授团队在开展"与数学家同行"的活动时,专门就有关问题对张院士做了一次专访,请他对数学和数学学习的相关热点问题发表看法. 张院士以简单形象的例子为载体,讲述了他的看法,使大家获益匪浅.

1　数学的趣味所在

　　访谈人:张院士您好,非常感谢您接受我们的采访. 能否谈谈您有关学习数学,特别是中小学时代学习数学的一些经历?

　　张景中:我在上小学、中学的时候,数学的课本或读物没有现在这么多. 我的学习经历也很普通,没有参加过数学竞赛,也没有别的什么特殊的经历. 平时就是做老师布置的题目,老师把题留给我们,我就按部就班地做. 我当时比较喜欢的是提前看一看,能看明白的就先做了,有不明白的就先认真听老师讲再做. 我想自学其实是很重要的. 说老实话,我对数学的兴趣是在高中时看到一本微积分的书后才逐渐产生的. 那本书我虽然有很多地方看不太懂,但是觉得很妙,因为书中讲了很多奇妙的方法,比如怎样最快求出最大值、最小值等. 这样的方

---

^① 曹一鸣,等.数学美妙好玩,让人感觉解放——张景中院士访谈录[J].湖南教育,2015(10):22-25.

法引发了我学习数学的兴趣.因此上大学就选择了数学.到学微积分的时候,才真正越学越感受到其中的奥妙.

访谈人:您到高中的时候才对数学感兴趣,某种程度上是因为觉得数学的确很美妙.您曾主编"好玩的数学"这套广受欢迎的丛书,您能谈谈数学好玩在什么地方吗?

张景中:我觉得数学好玩是因为数学非常理性,首先在学习和研究的过程中,数学能够让人感觉到解放.

访谈人:感觉到解放?

张景中:对,数学能够让很多原来不行的东西都变得行了.刚开始学数学时,有一些清规戒律,随着我们不断地往下学,这种清规戒律就不断地被打破,使人一次又一次地感觉到解放.比如,原来负数是不能开方的,后来经过一定的发展,负数就能够开方了.再如,原来只是有穷个数相加,后来无穷个数也可以相加.在这个逐渐学习的过程中,你就会感觉数学的清规戒律越来越少.再如,非欧几何发展后,三角形的内角和就不只是 $180°$,可以是大于 $180°$,也可以是小于 $180°$.还有很多很多这样的例子.

由此你可以看到,数学里面无禁区.你只要想做的都可以做到,原来没有规定的你也可以规定,原来他是这样定义的,你可以那样定义,这让我感觉到了解放.

访谈人:如您所说,数学在很大程度上能够让我们感觉到解放,但是这种"解放感"可能不是大多数人能够体会到的,甚至有人认为,数学是僵化、束缚人们手脚的藩篱.您的这一深入浅出的解读可以让我们更好地理解康托所说的"数学的本质在于自由".人们只有认识到数学是自由的,才能体会数学是美好的.您觉得哪些是大多数中小学生能够感受、体验到数学是好玩的地方?

张景中:我想应该是力量感.数学是很有力量的.因为有时候,你只需要学一个小时,解决问题的力量跟以前就大不相同了.比如,在小学里,那种很难的应用题,当然现在讲得比较少了,但是还有很多四则运算的应用题.有的应用题,学生拿回去,自己不会,家长也不会,解起来很困难.到后来,学了代数,列个方程就可以解出来了.你越不断学习,就越会觉得数学给人带来的力量简直是不可想象的.

　　比如读书,有两种书:一种书读过之后感觉作者写得好,想的和自己差不多;另一种书是只要不看这本书,可能你一辈子也想不出这个方法、这种思想.数学书有很多都是后面这一种,为什么呢? 因为其中的很多问题的解决方法都是世界上许许多多爱动脑筋的人想了很久,终于想出来的.这种方法是前人经过几百年才探索出来的,如果你学会了,那么你就在一节课里往前进了几百年.如果让你自己想,可能一辈子都想不出来.这种书有阳刚之美,也就是有特别的创造性.这种原创性的问题,我们在数学学习中、在数学教学时几乎每个星期都会遇到,而且自己在解题时,也会创造出新的东西来.所以,如果老师在教学时也能带给学生一种力量感,经常让学生体会到昨天还不会的问题今天就会了,那么学生对数学的看法就会不同了.

　　访谈人:除了感觉到解放和力量,您觉得数学还能让我们感觉到什么呢?

　　张景中:数学还能让人感觉到震撼.比如,在集合论里面,两个无穷都是无穷,居然还可以比较大小,这是非常奇妙的.许多科学家在学习数学的过程中也感到了震撼.伟大的科学家爱因斯坦在他的回忆录中这样描写道:"在我 12 岁的时候,叔父给了我一本几何书,其中有一道题让我感到震撼.什么题呢? 是这样一道题:一个三角形,作出它的三条高.完成之后,我发现这三条高居然定会交于一点! 人们不仅能发现这个事实,还给出了证明.这个几何定理使我从 12 岁开始便有了研究科学的梦想."后来,爱因斯坦果然实现了这个梦想.另外,我想还有些事情在历史上对人的思想是有震撼感的.比如,勾股定理,中国人很早就发现了.但西方国家认为,勾股定理是古希腊的毕达哥拉斯最先发现的,当时他不知道中国已经有人发现了,以为这是他首先发现的.因此,他就认为这是上帝给他的启示,非常兴奋.据说他杀了 500 头牛,请全城的人来赴宴,庆祝这件事情.许多哲学家说,有一个直角三角形摆在那里好像就一目了然了,但有人忽然告诉你,你没有看清楚它里面蕴含的规律.这在哲学上是非常有启示意义的.这说明了数学给人带来的好处,表面上看不出什么的事情,它的背后却隐藏着一定的规律.再比如,假定全班有 50 个学生,如果你问有没有两个人的生日是同一天的,回答几乎都是有的.我们可以用概率进行推断,这种情况发生的可能性在 97% 以上,而且可以马上算出来.有很多事情好像是随机的,但它里面蕴含有很强的数学规律.再说简单一点,比如 13 自乘 10 000 次(即 13^{10000}),我们可能知道它是很长的一个数,但是不知道它究竟有多长,是什么样子.有了计算机,马上就能将它的结果一位一位地罗列出来. 这也是数学的力量. 计算机的原理是数学家首先提出来的,在还没有电子管的时候,数学家就已经提出了电子计算机的模型,而这个理想又过了很多年才在技术上得以实现.

2 让数学变得更容易

访谈人:事实上,即使我们说数学是好玩的,但还是有很多人认为数学是非常难,非常枯燥的. 您认为怎么样才能够让大众更易于接受数学呢?

张景中:怎么让数学更容易,这是一个值得思考的问题. 我觉得可以先解放学生的思想. 我们以前的教材把乘法中的数分成乘数和被乘数,乘数写在后面,被乘数写在前面. 比如,有 3 个孩子,每个孩子 2 个苹果,求一共有几个苹果. 书中要求必须写成 2×3,而写成 3×2 就是错. 事实上,乘法交换律是个非常重要的规律,在学生最开始学乘法的时候,如果告诉他 3×2 等于 2×3,3 个 2 或 2 个 3 无论是写成 3×2 还是 2×3 都是可以的,学生的出错率就会降低,因为他们的思想得到了解放. 在这里,出错是因为有规定. 客观上 2×3 等于 3×2,你规定它不错它就不错,何必因这些规定而让学生多出错呢? 我们最初辛辛苦苦地告诉学生 2×3 不能写成 3×2,到后来又告诉学生 2×3 和 3×2 是一样的,这就有些像在做无用功了,现在的新教材已经不再对此做强制的区分了. 再如,讲分数的时候,将分数分成带分数、真分数、假分数,老师花费很多时间去讲,到后来会发现这些东西是没有什么用的,而且科学技术上根本就不怎么用带分数的. 所以我想在数学学习中,像这样可有可无、无伤大雅的东西,让学生花许多精力去学习是不划算的. 所以在数学已经这么难的情况下,就不要再人为地制造困难了.

其次,我想在教学中,老师要抓住本质的东西,讲清楚数学概念. 我举一个小例子. 小学的时候学习了平行四边形的面积是底乘以高. 但是,你有没有想过这个计算公式是怎么来的呢? 一个长 4 厘米、宽 3 厘米的矩形,可以分成 12 个边长为 1 厘米的正方形,它的面积就是 12 厘米^2. 如果这个矩形是用木条钉成的,我们不小心把它弄歪了,变成了平行四边形,那么它的面积就是 12 个边长为 1 厘米的菱形的面积的和了(这个例子,如果让五、六年级的学生探讨,他们可能会得出非常深刻的结论). 如果你能把 1 个单位菱形的面积算出来,那么,整个平行四边形的面积自然就知道了.关键是如何求单位菱形的面积呢？通过探讨你会发现,其面积大小依赖于菱形的角的大小.我们先把这个角记为 A,A 不一样,面积就不一样,这就是函数的概念.回到面积,这个问题小学生是没有办法解决的,但我们知道这个面积是 $\sin A$.小学生不知道是什么意思,但如果告诉他们用计算器上的一个键可以算出来,就可以进一步得到正弦函数的定义:对于边长为 1 的菱形,有一个角是 A,我们就把它的面积叫作 $\sin A$.这样一来,我们虽然不知道角 A 的单位菱形的面积是多少,但是先给它起个名字 $\sin A$,由此从一个小学问题探讨得出了正弦的定义.但是它的难度降低了,范围拓宽了,概念清楚了.这相对于传统教学来说,能够让学生一下子知道钝角的正弦的定义,角是直角时,正弦值是 1 也很容易理解了,不再需要通过极限去说明.

我们如果在小学的内容里去掉一些不必要的东西,在中学的内容里改变一些不好的定义,那么就可以把很难的东西变得容易,从原理上讲逻辑将变得更严密.如果按照这个思路,我们的课改会使学生学得更容易、更快乐,而且比原来学得更多.现在的教育理念大多在讲教学的组织方法.如果我们再进一步,不仅在方式方法上,还能在内容上再改进一步的话,可能会更好.这就要求小学要做好铺垫.怎么铺垫呢？小学里面要逐步渗透函数思想、符号思想,还有定义的思想.数学里面的概念、定义都是人给的,人规定的,人起的名字,比如你开始时不知道 30°角的单位菱形的面积,就给它起个名字,我们就可以得出公式,有了公式就可以列方程,列了方程一解就知道了,这就是数学方法.

3　学习数学的动力和意义

访谈人:现在有很大一部分人会认为,如果不考就不必要教,不考就不必要学,因为与成绩无关,与升学无关.您觉得面对这种情况,该怎么应对呢？

张景中:其实,我觉得学习的趣味性很重要,学习的目的不是为了考试,没有必要完全以考试为动力.教学应该让学生对学习有兴趣,数学教学也应该如此.数学的趣味性不在外部,而在它的内部.要让学生能够钻研到里面,体会到数学的趣味性.要做到这些,需要提高老师的水平、教材的水平以及整个社会考试的引导.我们现在的考试,要求学生在一两个小时内完成一二十道题目,实际是让学生在有限的时间内解更多的题,而不要做过多的思考,我想这是很不好的.有人认为奥数有很多缺点,但是我想奥数至少有一点是值得肯定的,那就是它提倡思考,它要求在4个半小时内做出3道题目,也就是说平均每道题目有1个半小时可以用来思考.但我们的考试考的更多的是记忆,学生不会思考,只是通过大量的训练掌握了一些做题的具体步骤或者是解题技巧来应对考试,这样学生在遇到真正的新问题的时候,可能就不知道怎么做了.

访谈人:现在,很多人都不喜欢学习数学,觉得可能没什么用.基于您多年科研与科普的经验,从一个数学家的眼光来看,您觉得数学有用吗? 或者说我们应该怎样正确对待数学这门学科呢?

张景中:我想这个问题比较复杂,有各种不同的情况.事实上,有的人一辈子都搞不好数学,但他可以做好其他的事情.我想就大多数人来说,有了基本的数学知识,对理解这个世界,甚至对社会的和谐都是有好处的.我觉得数学是基本的文化素养之一.但我也不排除特例.有人不学数学也可以活得很好,生活得很好.从统计意义上来说,大多数人学了数学,能够提高他对这个世界的认识.数学对性格的陶冶也好,对处理问题的理性也好都是有帮助的.

数学可以很好地锻炼人的思维方法和能力,知道什么事情讲个什么道理.我觉得我们现在社会主义核心价值观,只有24个字,就与数学有好多相通的地方.法治,这个法就和数学有共同点,我们社会要有不能违反的法律法规,数学也是这样的.数学就先约定了一些规则之类的,比如公理,这个公理就是我们在解题和研究的时候都要遵守的,否则就不能解决问题了.平等也是符合数学理论的.数学是平等的,在数学领域,无论怎样权威的人,如果说错了,任何人都可以指出来,错了就是错了,不可能是对的,否则是会被质疑的.数学不是一人一票决定的事情,数学文化在很多点上符合社会主义核心价值观.我想在学习数学的过程中,人们是能够更好地体会到社会准则的.

其实数学能够培养人们的一种理性精神,帮助大家形成一种契约精神,遵守规矩去做事情.